마음의 새로운 과학

인지혁명의 역사

마음의 새로운 과학

하워드 가드너 지음
장병탁 외 7인 옮김

The Mind's New Science

A History of the Cognitive Revolution

서울대학교출판문화원

인지혁명의 역사

마음의 새로운 과학

초판 1쇄 발행 2018년 7월 5일
초판 3쇄 발행 2022년 5월 30일

지은이 하워드 가드너
옮긴이 장병탁 외 7인

펴낸곳 서울대학교출판문화원
주소 08826 서울 관악구 관악로 1
도서주문 02-889-4424, 02-880-7995
홈페이지 www.snupress.com
페이스북 @snupress1947
인스타그램 @snupress
이메일 snubook@snu.ac.kr
출판등록 제15-3호

ISBN 978-89-521-1853-0 93180

이 저서는 2007년 정부(교육과학기술부)의 재원으로
한국연구재단의 지원을 받아 수행된 연구임(NRF-2007-361-AL0016).

서문

1970년대 중반부터 '인지과학'이라는 용어가 내 귀에 들리기 시작했다. 당시 나는 인지적 문제에 관심이 큰 심리학자였으므로, 자연스럽게 이 새로운 과학의 방법론과 그 영역이 궁금해졌다. 이 영역에서는 어떠한 체계적인 문서도 찾을 수 없었던 때였고, 주변의 연구자들에게 물어도 혼란스럽기만 했기 때문에 나는 더 파고들어 보자는 결심을 했다. 스스로를 인지과학자라고 칭하는 이들이 쓴 연구들에 빠져들면서 나는 인지과학이 철학에 깊이 뿌리를 내리고 있으며, 따라서 어떤 면에서는 긴 역사를 가지고 있음을 확신하게 되었다. 동시에 이 분야는 매우 새로워서 선도하는 학자들이 모두 살아 있었고, 그들 중 일부는 무척 젊었다.

나는 이 분야의 기반을 확립한 학자들과, 당시 가장 연구에 열중했던 학자들의 증언에 크게 의존하여 연구를 수행하면 유용한 결실이 있을 것이라 생각했다. 그러나 현재의 실험실 연구에 대한 구술 기록이나 학술적 설명 대신(두 작업 모두 결과적으로 다른 저자들이 수행했다), 포괄적인 인지과학 연구를 해보기로 했다. 여기에 철학적 기원, 각 영역별 역사, 핵심이라 여겨지는 최근 연구, 이 야심 찬 학문의 전망에 대한 나의 평가 등, 긴 견해를 포함시킬 수 있을 것이다.

나는 슬로언 재단이 인지과학 연구를 많이 지원한다는 사실을 알게 되었다. 그래서 나는 인지과학의 역사를 저술할 수 있을지 재단 프로그램 담당자인 케네스 클리빙턴에게 문의했다. 기쁘게도 재단은 선뜻 허락해주었고, 나는 1981년 초부터 공식적인 연구를 시작했다. 슬로언 재단 관리부서 전체에 감사를 전하며, 프로그램 책임 관리자인 케네스 클리빙턴과 에릭 워너에게 감사를 전한다. 두 사람은 이 조금은 위험한 연구를 하려는 내 노력을 전적으로 뒷받침해주었다.

연구 중에 나는 국내외 인지과학자 수십 명과 공식적으로 인터뷰를 하고, 비공식적으로 토론을 나누었다. 기억하는 한, 내가 찾은 학자들은 그 누구도 인터뷰를 거부하지 않았고, 심지어 인지과학에 회의적이었던 이들조차도 대부분은 호의적이고 유용한 정보를 주었다. 인터뷰하는 것을 멈추고 한동안 저술작업을 해야 했던 것이 유감스러웠다. 더욱 안타까운 것은, 내가 여러 가지로 배웠던 사람들의 많은 연구를 결국 책에서 논의할 수 없었던 것이다. 안타깝지만, 검토 가치가 높았던 그 연구들 중 절반이라도 포함시켰다면 이 책의 분량은 지금보다 몇 배는 더 커졌을 것이다.

먼저 기꺼이 나와 함께 자신의 연구와 인지과학 분야를 논의해준 많은 사람들을 언급하고 감사를 표해야겠다(아래 목록에서 우연히 빠진 사람에게는 진심으로 사과한다). 감사하고 싶은 이들의 이름은 다음과 같다. 조너선 애들러, 앨런 올포트, 존 앤더슨, 데이나 발라드, 존 바와이즈, 엘리자베스 베이츠, 브렌트 벌린, 네드 블록, 대니얼 보브로우, 마거릿 보든, 스탠리 브랜즈, 조앤 브레스넌, 존 실리 브라운, 로저 브라운, 제롬 브루너, 피터 브라이언트, 알폰소 카라마짜, 노엄 촘스키, 길리언 코헨, 마이클 콜, 로이 드안드레드, 대니얼 데닛, 휴버트 드레이퍼스, 제롬 펠드먼, 찰스 필모어, 제리 포더, 마이클 가자니가, 클리퍼드 기어츠, 이제는 세상을 떠난 사랑하는 나의 스승 노먼 게슈윈드, 새뮤얼 글룩스버

그, 넬슨 굿먼, 찰스 그로스, 패트릭 헤이즈, 제프리 힌튼, 스티븐 이사드, 필립 존슨-레어드, 로널드 카플란, 폴 케이, 새뮤얼 제이 키저, 스티븐 코슬린, 조지 라코프, 장 라브, 제롬 레트빈, 로버트 르바인, 클로드 레비-스트로스, 크리스토퍼 롱게-히긴스, 존 매카시, 제이 맥클렐런드, 진 맨들러, 알렉산더 마샥, 존 마셜, 자크 멜러, 수재나 밀라, 조지 밀러, 마빈 민스키, 줄리어스 모라브식, 존 모턴, 울릭 나이서, 프레다 뉴컴, 앨런 뉴얼, 도널드 노먼, 대니얼 오셔슨, 도메니코 패리시, 스탠리 피터스, 마이클 포스너, 칼 프리브럼, 힐러리 퍼트넘, 라즈 레디, 리처드 로티, 엘리너 로슈, 데이비드 럼멜하트, 로저 섕크, 이즈리얼 셰플러, 존 설, 로버트 시글러, 허버트 사이먼, 에런 슬로먼, 브라이언 캔트웰 스미스, 스튜어트 서덜랜드, 레너드 탤미, 셸던 와그너, 테리 위노그래드, 에드거 주리프.

몇몇 친구들과 동료들은 친절하게도 이 책의 초안을 한 번 이상 비판적으로 읽고 평을 해주었다. 그들에게 큰 빚을 졌다. 마거릿 보든, 하이럼 브라우넬, 대니얼 데닛, 마사 파라, 조세프 그로진스키, 제롬 케이건, 베니 섀넌, 에릭 워너, 내 아내, 엘렌 위너, 그리고 익명의 여러 리뷰어들의 유용한 평, 비평, 응원에 감사한다. 그들의 피드백에서 많은 것을 얻었다. 남아 있을까 걱정인 오류와 부적절한 표현은 내게 그 책임이 있다.

이 책이 준비되는 여러 해 동안, 운 좋게도 린다 러바인, 수잔 맥코넬, 크리스틴 마이어, 클라우디아 스트라우스의 도움을 받았다. 현재 내 연구 조수인 마라 크레체프스키는 원고를 출판하는 과정에서 내게 귀중한 도움을 주었다. 또한 그녀는 원고를 작성하는 데도 큰 공헌을 했다. 하버드의 코니 울프와 슬로언 재단의 카멜라 로프레도에게도 감사를 전한다. 돌리 애펠, 다마리스 샤핀, 이저벨 에클스, 낸 코츠, 로라 스티븐스-스와니가 타이핑과 조판 작업을 해주었다. 분명 이들은 새뮤얼 존슨이 『실락원』에서 “어느 누구도 그것이 더 길어지기를 바라지 않을 것이다”라고 표현한 그 느낌에 동의할 것이다.

최근 내가 쓴 세 권의 책도 그렇지만, 운 좋게도 출판사 베이식북스(Basic Books)의 많은 이들로부터 도움을 받았다. 편집 측면에서는 이 원고의 이전 버전에 사려 깊은 의견을 준 주디스 그레이스먼, 제인 아이세이, 마틴 케슬러에게 무척 감사하다. 린다 카본은 이 프로젝트 에디터로서 원활하게 일을 진행시켜 주었다. 피비 호스는 개발 에디터로서 드러난 많은 문제점들을 해결하는 데 도움을 주었고 내가(그리고 때로 인지과학이) 부족한 부분을 놀라울 정도로 잘 찾아주었다. 다른 생에서 그녀는 인지주의자가 될 위험이 있다.

이 책을 내 부모님께 바칠 기회를 얻은 것이 가장 큰 기쁨이다.

하워드 가드너,
매사추세츠주, 케임브리지
1985년 4월

역자서문

인지과학(Cognitive Science)은 마음의 본성과 작동 원리 및 기제를 탐구하는 학문 분야로서 우리가 세상을 어떻게 지각하고 이해하고 기억하고 살아가는지를 연구한다. 인지과학은 철학, 심리학, 언어학, 인공지능, 신경과학, 인류학이 만나서 마음(Mind)이라는 공통 주제를 학제적으로 다룬다. 『마음의 새로운 과학』은 1950년대에 시작된 소위 '인지과학 혁명'의 역사를 다루고 있다. 당시 주류였던 행동주의(behaviorism)에 대한 반발로부터 시작된 계산주의(computationalism) 인지과학 패러다임과 1980년대에 시작된 연결주의(connectionism) 인지과학 패러다임이 등장하기까지 인지과학의 흐름을 그 연구 배경과 함께 큰 그림을 중심으로 논의하고 있다. 인지과학에 대한 많은 저술이 쓰였음에도 불구하고 이 책처럼 포괄적으로 그리고 체계적으로 인지과학의 역사적 흐름을 제시한 책은 드물다. 현시점에서 돌이켜보자면 시간이 많이 지났음에도 불구하고 여전히 인지과학의 미래에 대한 나침반과 같은 역할을 해줄 수 있는 지침서이다.

마음의 기원과 기능과 구조에 대한 논의는 최근의 관심사만이 아니고 이미 고대 그리스 시대의 아리스토텔레스와 그 이전까지도 거슬러 올라간다. 학문이 발전하고 시대정신이 변화하면서 마음의 본성에 대한 주요 입장들이 변화해왔으며, 이러한 변화 또는 발전의 역사와 문맥을 이해하는 것은 학문을 더욱 발전시키고 미래를 예측하고 만들어 나가는 데 중요하다. 그러나 우리는 종종 이러한 역사적·철학적인 배경을 이해하지 못한 채 눈앞의 문제에만 집착한 나머지 너무나 좁은 시야로만 접근함으로써 더욱 크고 중요한 것들을 놓치는 우를 범한다. 이 책의 원저자인 하버드 대학의 하워드 가드너 교수는 특유의 박식함과 읽기 쉬운 필치로 인지과학 관련 학문 분야에서의 발전 흐름을 서술함으로써 전 학문을 아우르는 통찰력을 제공하고 있다. 이 점에서 『마음의 새로운 과학』은 인지과학 관련 연구자뿐만 아니라 4차 산업혁명 시대를 준비하는 대학생과 일반인들에게 꼭 필요한 교양 서적으로 추천할 만하다.

한 가지 유의 사항은 이 책 초판은 1985년에 나왔으며 따라서 초기 30년의 인지과학만을 다루었다는 점이다. 이 책이 발간된 시기에는 체화된 인지(embodied cognition)나 확장된 마음(extended mind)과 같은 논의가 별로 없을 때였다. 더 정확하게 이야기하자면 고전적인 계산주의 인지과학에서는 이러한 개념을 순수 인지과학 연구에서 배제하여야 한다고 보았다. 따라서 이 책은 두 가지 관점에서 살펴볼 필요가 있다. 하나는 제2판이 나온 1987년까지의 인지혁명의 흐름을 이해하는 데 도움을 줄 것이다. 다른 하나는 그 이후의 인지과학 발전 과정을 통해 원래 인지과학 혁명의 한계가 무엇이었는지를 이해하는 데 도움을 줄 것이다. 이러한 후속 변화의 틀 안에서(1987년 이후) 그때까지의 변화를(초기-1987) 재조명해보는 것은 미래의 인지과학과 관련 학문을 발전시키는 데 큰 통찰력을 제공해줄 수 있을 것이다.

인공지능이 최근 제2의 도약을 하고 있는 현재 『마음의 새로운 과학』이 출간되는 것은 더욱 큰 의의를 지닌다. 인지과학과 인공지능은 그 출발부터 항상 맥을 같이하여 왔다. 인지과학이 마음을 이해하고자 하는 기초과학이라면 인공지능은 마음을 모사한 기계를 만들고자 하는 응용과학이다. 인공지능은 인지과학을 바탕으로 하면서도 또한 인지과학 연구를 도와주는 도구를 제공한다. 이미 튜링테스트, 중국어 방 논쟁, 강 인공지능과 약 인공지능 논의 등을 통해서 인지과학/뇌과학과 인공지능은 서로 영향을 주고받았다. 이 점에서 『마음의 새로운 과학』 출간 이후 1987년부터 현재까지의 인지과학의 변화를 이해한다면 앞으로 인공지능이 어떤 변화를 가져올지를 예측하는 데 도움이 될 것이다. 인지과학이 계산주의를 고집할 때 인공지능은 기호주의에 집착하였고, 이어서 인지과학이 연결주의로 전환할 때 인공지능은 신경망 기반의 머신러닝 인공지능 시대로 발을 내딛기 시작하였다. 인지과학이 연결주의에 이어 체화된 인지를 강조해온 것을 이해한다면, 최근 인공지능이 가상세계의 에이전트에서 물리세계의 로봇으로 발전하고 있는 것은 자연스러운 진화의 과정으로 보인다. 인간수준 인공지능(human-level AI)이나 범용인공지능(artificial general intelligence)에 대한 최근의 논의 또한 인지과학에서의 의식, 자유의지, 의도와 같은 선행 연구들과 무관하지 않다.

『마음의 새로운 과학』이 출간되기까지 많은 사람들의 도움과 협조와 격려가 있었다. 어려운 시간을 할애해서 번역진에 참여해주신 서울대학교 인문대학 협동과정 인지과학전공의 겸임교수님들, 인류학 분야의 강윤희 교수님, 철학 분야의 김기현 교수님, 심리학 분야의 김청택 교수님, 지각심리학 분야의 이상훈 교수님, 신경과학 분야의 이인아 교수님, 언어학 분야의 정민화 교수님, 철학 분야의 한성일 교수님(가나다순)께 감사드린다. 학제적 특성상 어느 한 분이라도 참여하지 않았다면 이 책의 현재 수준을 유지할 수 없었을 것이다. 또한 원고 정리와 교정에 많은 도움을 준 서울대 인지과학연구소의 여러 분께 깊은 감사의 마음을 전한다. 마지막으로 인지과학에 대한 폭넓은 식견을 바탕으로 전체적인 번역의 일관성 유지와 교정에 큰 힘이 되어준 이은석 조교와 출판 과정을 함께해준 서울대학교출판문화원 여러 분께 심심한 감사의 마음을 전한다.

2018년 6월
관악산 연구실에서
역자를 대표하여 장병탁

| 차례 |

제2부 인지과학: 역사적 관점

제1부

인지혁명

제1장

소개: 『메논』이 가져다준 것

> 내가 끝까지 지키고 싶은 가치 하나는 이런 것이다. 알려지지 않은 것을 알아내야겠다는 생각이 들면 더 잘하고 더 용감하고 더 부지런해져야 한다는 것이다. 모르는 것을 찾기가 불가능하니 아예 시도할 필요가 없다고 생각할 때보다도 더욱더.
>
> —소크라테스, 『메논』

> 유럽 철학 전통의 가장 안전하고 보편적인 정의는… 그것이 플라톤에 대한 일련의 주석들에 있다는 것이다.
>
> —화이트헤드(Alfred North Whitehead)

1.1 그리스인들의 의제

플라톤의 대화록인 『메논(*Meno*)』에서, 소크라테스는 노예 소년에게 그의 기하학 지식에 대해 계속 질문을 던진다. 처음에 그 노예는 지식이 상당한 것처럼 보였고, 2피트 길이의 변으로 구성된 정사각형의 면적이 4제곱피트인 것도 자신 있게 답했다. 그러나 8제곱피트 면적의 변들의 길이는 얼마인가 하는 소크라테스의 질문에는 4피트라고 답한다. 소크라테스는 소년이 완전히 혼동하고 있으며 변의 길이는 8의 제곱근이어야 한다는 것을 알지 못하고 있음을 알려준다.

이 대화의 핵심은 정평이 나 있는 소크라테스적 방식의 많은 질의응답에 있다. 이 질답을 통해, 소크라테스는 근본적으로 소년에게서 4피트 변의 정사각형의 면적이 사실 16제곱피트라는 지식을 이끌어내는 데 성공한다. 즉, 소년이 생각했던 것보다 두 배가 더 많은 면적이다. 또, 기하학적 기술을 쓰면 이렇게 더 큰 정사각형 안에 8제곱피트인 정사각형을 내접시킬 수 있다는 지식을 이끌어내는 데도 성공한다. 이렇게 해서 소크라테스는 자신이 만족할 때까지, 또 소년의 주인인 메논이 만족할 때까지, 질문을 통해 소년이 다양한 기하학적 관계를 계산하는 데 필요한 모든 지식을 함양할 수 있게 한다.

이 플라톤 대화편의 논점은 한 소년의 지식 범위 탐구 이상이다. 여기서 아마도 인간의 지적 역사 최초로 지식의 본질에 대한 포괄적인 고찰, 즉 지식은 어디서 왔는가, 무엇으로 구성되어 있는가, 인간의 마음에 어떻게 표상되었는가가 다루어졌다. 또 기본적으로 상당한 논란이 있지만, 인간의 지식에 대한 특정 이론도 제안되었다.

플라톤에 따르면(그리고 아마도 소크라테스에 따르면), 우수한 지식 영역은 수학과 정밀 과학에 고유하게 내재한다. 더구나 가장 순수한 형태의 지식은 현실에서는 슬쩍 엿볼 수만 있는 이상화된 형태나 원형이다. 기하학적 소재(물론 이것 역시 순수 지식의 모든 소재들에 포함된다)의 이해는 이미 인간의 영혼에 태어날 때부터 이식되어 있다. 『메논』의 대화에서 나타나듯이, 가르침의 임무는 그저 내재된 지식을 의식적인 자각으로 불러오는 것에 불과하다.

지식의 본질에 대한 그리스인들의 관심, 특히 논쟁거리가 풍부한 이론들과 암시적 이미지들은 서구의 지적 전통을 관통하며 끊임없이 반향을 일으켰다. 아리스토텔레스는 중세의 토대가 되었다. 지식에 대한 논의는 대개 신학자의 전유물이었다. 그다음, 르네상스와 계몽주의 시대에는 철학자들이 논의를 지속하며 당시 새롭게 떠올랐던 경험과학의 발견에 본격적으로 기대기 시작했다. 데카르트, 로크, 칸트 같은 사상가들은 지식에 관한 이론적 및 경험적 문제들을 거침없이 다루었고, 나폴리의 학자 비코(Giambattista Vico)는 이러한 소재를 다루는 학문에 '새로운 과학(Scienza Nova)'이라는 이름을 붙였다. 19세기 말에 이르자, 새로운 과학들과 철학의 특수 분야들이 융성했다. 이 중 상당수는 인간의 마음의 본질을 다루고자 했다.

오늘날, 백 년 전에는 상상도 할 수 없었던 도구와 개념을 가진 새로운 사상가들이 인지과학자라는 이름을 걸고 연구 중인 많은 문제들은 그리스인들이 2,500년 전 처음 품었던 문제들과 상당수가 동일하다. 선조들처럼, 인지과학자들도 오늘날 뭔가를 안다는 것이 무엇을 의미하는지, 또 정확한 믿음을 가진다는 것이 무엇을 의미하는지, 또는 모른다는 것과 오해한다는 것이 무엇을 의미하는지에 대해 질문한다. 그들은 (외부 세계의 객체와 대상에 대해) 무엇이 알려진 것인지, 또 자신의 지각 도구, 학습 메커니즘, 기억, 합리성을 아는 사람을 이해하기 위해 탐구한다. 그들은 지식의 원천을 고찰한다. 지식은 어디서 왔으며 어떻게 저장되고 흘러나오며, 어떻게 잃는 것일까. 그들은 개인 간 차이에 대해 궁금해한다. 누구는 일찍 배우고, 또 누구는 어렵게 배우는가. 어린이는, 기록 시대 이전 사회의 사람은, 뇌 손상을 겪은 사람은, 또 성숙한 과학자는 무엇을 알 수 있는가.

더 나아가 인지과학자들은 그리스인들과 마찬가지로, 다양한 지식의 매체에 대해 추측한다. 형태, 이미지, 개념, 단어란 무엇인가. 또 이러한 '표상의 방식들(modes of representation)'은 서로 어떻게 연관되는

가. 그들은 주류의 '일반적인 이해' 또는 '상식'과는 달리, 어떤 감각 기관이 우선하는지 궁금해한다. 그들은 언어에 대해 숙고한다. 말을 할 때 거기에 담긴 힘과 함정에 대해, 말이 생각과 믿음에 영향을 미치는 가능성에 대해 주목한다. 그리고 마침내 바로 그 안다는 행위의 본질에 대해 추측한다. 우리는 왜 알고 싶어하나. 아는 것의 제약은 무엇인가. 인간의 앎에 대한 과학적 지식의 한계는 무엇인가.

그러므로, 이 '새로운 과학'의 뿌리는 고대 그리스에 있다. 인간의 지식의 본질을 파헤치기 위해 그들이 전념했던 것들을 보면 그렇다. 그러나 동시에, 급진적으로 새로운 것이기도 하다. 안락의자에 앉아 사색만 하던 것에서 완전히 벗어나서, 인지과학자들은 경험적 방법론을 사용하여 완전히 무장하고 그들의 이론과 가설을 테스트하면서 반박 가능성을 줄인다. 그들을 이끄는 질문들은 그저 그리스 시절 문제의 재탕이 아니다. 인공지능 같은 새로운 학문 덕분에, 생각하는 인공 장치의 가능성 같은 새로운 질문이 연구를 자극한다. 더군다나, 인지과학자들은 다양한 학문 영역에서 성취한 최근의 과학적 및 기술적 혁신을 포용한다. 그들의 연구 수행의 핵심에는 20세기 중반 출현한 컴퓨터가 있다. 컴퓨터의 등장은 우리가 살고 있는 세계와 인간의 마음에 대한 인류의 생각을 바꿀 것이라는 기대를 갖게 한다.

1.2 인지과학의 정의와 범위

새로운 분야의 지식을 제안하고 기반을 다지는 과정에서, 많은 연구자들은 따로 자신만의 정의를 형성하게 된다. 또 인지과학이라는 용어가 1970년대 초반 처음 퍼지기 시작하면서 많은 과학자들이 이 학문 분야의 본질과 범위를 정의하려고 했다(Bruner 1983; Collins 1977; Mandler

1981; Miller 1979; Norman 1980; Rumelhart 1982 참조). 따라서 본론으로 들어가기 전에 내가 인지과학이라는 것을 어떻게 이해하는지 이야기하는 것이 중요할 것이다.

나는 인지과학을 오랫동안 이어져 내려오는 인식론적 질문들에 대답하기 위한 통시적이고 경험적인 기반의 노력으로 정의한다. 여기서 질문들이란 특히 지식의 본질, 지식의 구성 요소, 지식의 원천, 지식의 발전, 지식의 구축에 관련된 것들이다. 인지과학이라는 용어가 때로는 광의적으로 모든 형태의 지식, 즉 생물이 가지는 지식뿐만 아니라 무생물이 가지는 지식, 인간이 가진 지식, 그리고 비-인간이 가진 지식까지 포함하는 경우가 있으나, 나는 이 용어를 주로 인간의 지식을 설명하려는 노력에 적용할 것이다. 나는 우리의 철학적 조상들의 흥미를 유발했던 질문들이 분명하게 답변될 수 있는지, 또는 교육적으로 재정의될 수 있는지, 아니면 영구적으로 철회될 수 있는지에 관심이 있다. 이러한 가능성에 대한 열쇠를 쥐고 있는 것이 오늘날의 인지과학이다.

나는 인지과학계의 노력과 일반적으로 연관된 다양한 특성과 측면들 중에서 다섯 가지가 매우 중요하다고 생각한다. 물론 모든 인지과학자가 모든 특성을 수용하는 것은 아니다. 그러나 이 특성들은 인지과학계를 대표한다고 볼 수 있는 것들이다. 독자는 자신이 관심 있는 특성들 전부 또는 대부분을 이 책에서 발견한다면 인지과학을 다루는 사람이라고 간주해도 된다. 관심 있는 것이 거의 없으면 그 사람은 내가 정의하는 인지과학 바깥의 학문을 다루고 있다고 가정하면 되겠다. 이러한 특성들은 제3장 끝에서 더 공식적으로 소개하며, 책 전반을 통해 반복적으로 다시 다룰 것이다. 그러나 지금은 첫 대면이 중요하다.

첫째로, 인간의 인지적 활동에 대해 말할 때, 정신표상(mental representation)에 대해 이야기하는 것, 그리고 분석의 층위를 한편으로는 생물학적 또는 신경학적 층위로부터, 또 다른 한편으로는 사회학적 또는 문화적 층위로부터 완전히 분리하여 상정하는 것이 필요하다고 믿는 입장이 있다.

둘째로, 인간의 마음을 이해하는 것의 핵심은 전기 컴퓨터에 있다고 믿는 입장이 있다. 컴퓨터가 다양한 유형의 연구 수행에 필수적일 뿐만 아니라, 인간의 마음이 어떻게 기능하는가에 대한 가장 성공적인 모델의 역할을 한다는 것이다.

앞의 두 가지 특성은 현재의 인지과학에 대한 핵심적인 믿음을 내포한다. 그러나 다음의 세 가지 특성은 방법적 또는 전략적 특징에 방점을 둔다. 셋째 특성은 인지적 기능에 중요할 수도 있는 특정 변인들을 의도적으로 경시한다. 이 특성을 포함하는 것은 인지과학계를 쓸데없이 복잡하게 만들 수 있다. 여기 해당하는 변인들에는 감성적 변인 또는 감정의 영향, 역사적·문화적 변인들의 기여, 특정 행동 또는 사고가 발생하는 배경 맥락의 역할 등이 있다.

넷째 특성으로, 인지과학자들은 학제적 연구를 통해 얻을 것이 많으리라는 믿음을 가지고 있다. 현재 대부분의 인지과학자들은 특정 학문들, 특히 철학, 심리학, 인공지능, 언어학, 인류학, 신경과학 분야에 속해 있는 사람들이다(나는 이 학문들을 '인지과학들(cognitive sciences)'이라고 여러 차례 지칭한 바 있다). 언젠가는 이 학문들 간의 경계가 약해지고 하나로 통합된 인지과학을 이루며 거의 다 사라지게 될지도 모르겠다.

다섯째, 다소 논쟁의 여지가 있는 이 특성은 현대 인지과학의 핵심 구성 요소가 서구의 철학적 전통에 있는 인식론 학자들이 오랫동안 연구했던 문제들의 의제이자 관심 주제들이라는 주장이다. 내 생각에는, 그리스 시대로 거슬러 올라가는 철학적 전통이 없었다면 인지과학의 존재는 상상도 할 수 없었을 것이다. 현재의 형태는 당연히 말할 것도 없다.

1.3 이 책의 목적과 계획

내가 인지과학에 대한 책을 쓰기로 한 것은 이 분야가 최근 수십 년 동안 과학자들이 수행한 새로운 탐구들 중 가장 흥미로웠기 때문이다. 인지과학이 자신의 모든 목표를 근원적으로 달성할 수 있을지, 지금 이 시점에는 알 수 없다. 그러나 역사를 돌이켜보고 현재의 성취를 평가하기에는 좋은 기회로 보인다.

내가 보는 역사는 두 부분으로 나뉜다. 첫 번째는 20세기에 있었던 다양한 학문 간 대화와 프로젝트로 이루어져 있다. 1950년대 중반 인지과학의 비공식적 태동 이전과 태동 전후에 있었던 것들 말이다. 인지과학의 설립에 대한 내용은 다음 두 장에서 다룰 것이다. 두 번째 부분, 즉 이 책의 제4-9장은 앞서 언급한 인지과학을 구성하는 여섯 분야에 대해 간략한 역사를 각각 다루었다(다른 분야들, 사회학이나 경제학 같은 분야가 추가될 수도 있었다. 인류학과 신경과학 분야의 '경계선'이 지워질 수도 있었다. 하지만 인지과학의 주요 방점은 이 6개 분야가 효과적으로 찍었다고 생각한다). 내가 보기에 이 여러 인지과학들 각각의 간략한 역사는 오늘날 주요 주제들에 대한, 인지과학 분야들이 현재 접근하고 탐구하고 있는 방법들에 대한, 향후 수행될 가능성이 높은 연구 주제에 대한 적절한 소개가 될 것이다.

역사를 다루는 제1-2부의 각 장은 한두 가지의 주요 주제를 담고 있다. 반복되는 논점이라는, 그리고 그 문제가 해당 분야의 중심에 있다는 느낌을 전달하기 위해 선택했다. 예를 들어 철학에서 나는 합리주의자의 설득과 경험주의자의 반박 사이에 있었던 지속적인 논쟁을 추적한다. 합리주의자는 마음이 이미 존재하고 있는 계획(scheme)을 기반으로 경험을 능동적으로 조직화하는 것으로 보고, 경험주의자는 정신 과정을 환경에서 획득한 정보의 반영으로 본다. 인류학에서는 원시인의 생각과 현대 서구 사회의 전형적인 개인의 생각을 비교하는 고전적이고 다양한 시도들을 조사했다. 방법론적 관점에서 이들 동일 분야에 접근하면서, 철학이 결국은 경험 기반의 인지과학으로 점차 대체될 것인가 하는 질문을 던진다. 또 인류학은 개인별 사례 연구를 초월할 수 있는가(혹은 더 나아가서 초월해야 하는가) 하는 질문을 던진다.

물론 이렇게 주제를 짜는 것은 그 학문의 바탕에 있는 복잡한 영역을 겉만 훑고 마는 꼴이 될 수도 있다. 그래도 나는 이러한 주제들을 통해 언어학자가 문제를 어떻게 바라보는지, 신경과학과 인공지능 분야에서 프로세스의 개념화로 얻어낸 문제들(그리고 해답들)로부터 심리학자가 무엇을 고찰하는지 등이 전달되기 바란다. 이렇게 특정 학문 분야에서 선정한 인지과학에 대한 매일의(그리고 매년의) 관심사에 몰입함으로써만 다른 분야의 연구자들이 인지과학적 연구로 협업할 때 발생하는 가능성과 그 어려움을 제대로 알 수 있게 된다. 마지막으로 각 사례를 검토하고, 현재 상황이 어떠한지, 특정 인지과학에서의 주요 논쟁을 참고와 함께 제시한다. 뒤집어 보면, 이 논쟁들은 인지과학자들에게 연구 동기를 부여하고 학계를 강화하는 데 중요한 일부 요인들을 제공하는 것이다.

각 역사들은 개별적으로 다루어지지만, 서로 섞이게 되면 매혹적이고 예상치 못한 유사점이 두드러지게 나타난다. 과학의 영역은 진공 상태에서는 거의 자라지 못한다. 다윈의 핵심적인 저술들의 전파, 전쟁의 발발, 위대한 대학들의 등장과 같은 이질적인 변수들이 반향을 일으켰고, 때로는 서로 간에 거의 접촉이 없는 분명히 동떨어진 분야 간에도 결합이 일어나 대격변이 발생했다. 대부분의 경우 나는 그냥 이러한 유사점들이 나오는 대로 기술한다. 그러나 제3부가 시작되면 다양한 인지과학들 전반에 영향을 미친 것으로 보이는 역사적 흐름 몇 가지에 대해서는 짚고 넘어갈 것이다.

이 책의 제3부는 개별 인지과학의 방법들을 택해 현재 진행 중인 연구들을 검토하는 데 할애했다. 이 연구들은 인지과학에 있어 매우 필수적이다. 따라서, 제10장에서 13장까지는 전통적 분야 내의 작업으로부터 수많은 학문 분야 간 교차점에서 가장 돋보이는 일련의 연구들로 관심을 돌린다. 그러니까 하나의 통합된 인지과학의 원형으로 간주할 수 있을 만한 연구들이다. 나는 질적으로 가장 수준 높은 연구들을 다루고자 했다. 만약 인지과학이 지적 프로젝트로 평가되어야 한다면 이들은 가장 뛰어난 사례들로 인정받아야 한다.

현재의 인지과학적 연구에 대한 이들 4개의 장은 공통적인 구조를 가지고 있다. 인지과학이 기본적인 철학적 질문들을 해명하려 한다는 내 주장에 맞춰, 각 장은 항상 인식론적 문제로 시작한다. 예를 들어 제10장에서 나는 우리가 어떻게 세계를 지각하는지에 대한 연구를 기술한다. 제13장에서는 인간의 합리성의 범위에 대한 대립되는 주장들을 다룬다. 제10장에서 13장으로 진행될수록 가장 국한된 주제에서 가장 광의의 주제로 나아간다. 당연히 구체적인 질문에는 가장 확실한 답이 있을 것이고, 광의의 주제에 대해서는 해결되지 않은 질문들이 주변을 배회할 것이다.

인지과학에 대한 나의 개인적 고찰은 마지막 장으로 미뤄두었다. 이 장에서 나는 인지과학의 주요 주제들을 간략한 역사 및 학제 간 연구 검토 측면에서 돌아볼 것이다. 또한 새롭게 떠오른 탐구 주제 두 가지인 계산론적 패러독스와 인지론적 도전에 대해 논의하며, 이는 제3장에 더 자세히 소개되어 있다. 내 생각에 인지과학의 미래는 계산론적 패러독스가 어떻게 해결될지, 인지론적 도전에 어떻게 대응할지에 달려 있다.

혹자는 인지과학이 아주 오래된 과거와 비교적 짧은 역사를 가졌다고 한다. 그 이유는 인지과학의 뿌리가 고전 시대로 거슬러 올라가지만, 인정받는 연구 분야로 떠오른 것은 지난 수십 년에 불과하기 때문이다. 또한 인지과학을 발생시킨 다양한 구성 요소들이 20세기 초에 모두 존재했으며, 실제 탄생일은 20세기 중반 직후라는 주장도 온당해 보인다. 왜 인지과학이 그때 그런 형태로 떠올랐는지를 제1부의 나머지 부분에서 다루겠다.

제2장

인지과학의 기반 구축

2.1 힉슨 심포지엄과 행동주의에 대한 도전

1948년 9월, 캘리포니아 공과대학(Caltech) 캠퍼스에서 열린 '행동의 뇌 메커니즘(Cerebral Mechanisms in Behavior)' 학회에 여러 학문 분야의 대표적인 저명 과학자들이 모였다. 이 학회는 힉슨 재단(Hixon Fund)의 후원을 받았으며(Jeffress 1951), 그 목적은 신경계가 행동을 어떻게 조절하는가에 대해 활발하게 논의하는 데 있었다. 그런데 이 학회는 공식 주제가 암시하는 것보다 그 범위가 훨씬 넓었다. 예를 들어 개회사 연사였던 수학자 폰 노이만(John von Neumann)은 전기 컴퓨터(당시에는 너무 새로워서 SF 같은 느낌을 주었다)와 두뇌(화제가 된 지 꽤 되었다) 간의 충격적인 비교를 선보였다. 다음 연사인 수학자 겸 신경생리학자 매컬러(Warren McCulloch)는 '왜 마음은 머릿속에 있는가'라는 도발적인 제목을 사용하여 폰 노이만처럼 두뇌가 정보를 처리하는 방식에 대해 다양한 측면의 논의를 시작했다. 그는 신경계와 '논리 장치(logical device)' 간의 어떤 유사성을 탐구하여 인간이 세계를 지각하는 방법의 이유를 파악하고자 했다.

위의 연사들처럼 최신 혁신 기술에 둘러싸여 있지는 않지만 인간 행동의 문제에 대해서는 훨씬 박식했던 심리학자 래슐리(Karl Lashley)는 가장 전복적이면서도 가장 기억에 남는 연설을 남겼다. 「행동의 순차 문제(The Problem of Serial Order in Behavior)」라는 발표문에서 그는 과거 수십 년 동안 심리분석 분야를 지배했던 원칙(혹은 교리)에 대해 의문을 표하며 완전히 새로운 연구 의제를 제시했다. 앞으로 진행될 논의의 측면에서, 래슐리는 인지과학에 필요한 주요 구성 요소 일부를 파악했으며, 동시에 당시까지 이 구성 요소들이 부상하는 것을 막았던 압력을 비판했다.

래슐리의 발언이 가진 중요성을 평가하기 위해서는 당시 그(와 인간 심리학에 흥미를 가지고 있던 그의 수많은 동료들)가 겪은 당시로부터 과거 수십 년 동안의 과학적 분위기를 고려할 필요가 있다. 세기가 바뀌면서, 새로운 인간 과학의 근간에 눈을 뜬 연구자들은 정신적 생명의 핵심 문제들, 즉 사고, 문제 해결, 의식의 본질, 인간 언어 및 문화의 독특한 측면 등을 다루기 시작했다. 이러한 논의들은 서구 철학의 의제와 직결되어 있었지만, 연구자들은 순수한 성찰을 넘어 엄격히 실험적인 방법으로 나아갔다.

불행히도 당시 대부분의 연구자들이 선호했던 과학적 방법은 내성(introspection)이었다. 즉 훈련된 관찰자가 자신의 사고 패턴의 본질과 과정에 대해 스스로 관찰하는 방법을 썼던 것이다. 이러한 내성은 시사하는 바가 있기는 했지만(사실 너무 많이 시사하기도 했다), 과학에 핵심적인 지식 축적으로 이어지지는 못했다. 내성주의는 자신의 무게를 감당하지 못하고 무너져 내렸다고 볼 수 있다. 그러나 사실 이는 '행동주의자'로 알려져 있던, 대부분 젊은 미국인 과학자로 구성되어 있던 그룹의 좀 더 공격적인 방법에 패배한 것이다.

행동주의자들은 관련 명제 두 가지를 내놓았다. 첫째, 행동의 과학에 관심이 있었던 이들 연구자는 누구나 적용하고 정량화할 수 있는 공식적으로 인정된 관찰 방법만 엄격하게 제한해서 사용하려 했다. 주관적 고찰이나 개인적 내성은 금지된다. 어떤 학문이 과학이 되려면, 그 요소가 물리학자의 안개 상자나 화학자의 플라스크처럼 관찰 가능해야 한다. 둘째, 이렇게 행동의 과학에 관심이 있는 연구자는 오로지 '행동'에만 집중해야 한다. 마음, 사고, 상상과 같은 주제들과 계획, 욕망, 의도 같은 개념을 일관되게 삼가야 한다. 기호, 생각, 스키마, 또 기타 가능한 정신표상의 형태와 같은 가설의 정신적 구성체를 지지해서도 안 된다. 이러한 구성체는 이전의 철학자들이 적절한 수준으로 밝힌 바가 전혀 없었고, 내성주의자들을 끓는 물 속으로 던져 넣어버렸다. 행동주의자들에 따르면, 이렇게 미스터리한 정신적 실체들에 기대지 않더라도 모든 심리적 활동을 적절하게 설명할 수 있다.

행동주의자 규범의 강력한 요소는 환경의 우월성과 결정력에 대한 믿음이다. 개인이 자신의 생각과 의도에 의해 행동한다거나 개인의 인지 기관이 자율적으로 구조화되는 특정 성향을 체화하고 있기 때문에, 개인을 환경의 다양한 힘과 요인들을 수동적으로 반영하는 자로 보았다. 이러한 학습과 특정 행동의 발생이 어떻게 일어나는지를 설명하기 위해 조절과 강화의 원칙을 상세 기술하는 정교한 설명 도구가 구축되었다. 파블로프(Ivan Pavlov), 스키너(B. F. Skinner), 손다이크(E. L. Thorndike), 왓슨(J. B. Watson) 같은 학자들에 의해 관심이 높아진 행동과학은 개인이 할 만한 행동, 그리고 그런 행동이 일어날 만한 환경은 어떤 것이라도 설명할 수 있다는 믿음을 주었다(사람이 생각하는 것들은 이러한 측면과는 무관하다고 간주된다. 생각이 단순히 위장된 행동으로 재정의되지 않는 한). 역학이 물리 세계의 법칙을 설명했듯이, 인간 행동은 그 행동을 반영한 역학 모델을 구축하면 설명될 것이다.

행동주의는 과학계가 필요로 했던 많은 것들에 대해 이야기했다. 여기에는 꽤 합리적인 것들도 있다. 아무런 과학적 통제나 반박 가능성도 없이 표면적인 가치에 대해 내성적 증거를 받아들여야 하는 불편함이라든가, '의지'나 '목적' 같은 불분명하고 광의적인 개념과, 동물 행동에 적용했던 것과 똑같은(그리고 분명히 큰 성공을 거둔 방식의) 구성체를 사용하여 인간 행동을 규명하려는 시도에 대한 불만 등이 그러했다. 내성주의에 의지하다 생겨난 문제점들이 드러나기 시작하자(어떤 문제들인지는 제4장에서 기술하겠다) 행동주의는 세기 초 수십 년 동안은 신선한 공기로 느껴졌다. 당연하게도 행동과학은 당시 최고의 연구자 세대를 빠르게 휘어잡았다.

그러나 돌이켜 보면, 행동주의에 대한 엄격한 추종에 따른 대가는 너무나도 비쌌다. 행동주의가 지배하던 1920-1940년대, 인간의 언어, 계획, 문제 해결, 상상 등의 본질에 대한 질문은 은밀하게 그리고 힘겹게 이루어졌으며, 그것도 용인이 되는 경우에만 가능했다. 래슐리의 논문은 행동주의자의 규범에 대한 추종 때문에 마음에 대한 과학적 연구가 불가능해졌다는, 사려 깊은 과학자들 사이에서 점점 커져가던 인식을 구체화했다.

래슐리는 두뇌 또는 컴퓨터에 대한 새로운 통찰이 심리과학 안으로 들어오기 전에, 행동주의와 직접적으로 맞서야 한다는 점을 깨달았다. 따라서 래슐리는 힉스 심포지엄의 모두 발언에서 인간 행동에 대한 어떤 이론도 복잡하게 조직된 행동들(테니스, 악기 연주, 그리고 무엇보다도 말하기)을 설명해야 한다는 그의 확신을 밝혔다. 그는 "언어의 조직화에 대한 문제들은 내게는 거의 다 대뇌 활동의 특성으로 보인다"고 언급했다(Jeffress 1951, 121에서 재인용). 이 한 문장으로 래슐리는 자신의 행동주의자 동료들이 어둠 속으로 추방시켰던 주제를 인간 심리학의 핵심으로 복귀시켰다. 동시에 그는 신경생리학의 지배적인 이론적 설명틀(자극과 반응 간의 간단한 연합 연쇄)을 똑같이 심리학에서 사용한다면 이렇게 순차적으로 생성되는 행동을 하나도 설명할 수 없을 것이라고 덧

붙였다. 이러한 행동 연쇄는 어떤 연쇄의 다음 단계가 이전 단계에 기반할 수 없을 정도로 매우 급속하게 일어난다는 것이 이유였다. 예를 들어 아르페지오로 연주를 할 때, 단순하게 봐도 피드백을 위한 시간은 없으며, 이전 음에 의지하여 다음 음을 낼 시간도, 그 이전 음을 생각해볼 그 어떤 방법도 없다. 마찬가지로 사람들이 늘 하는 실수들, 예를 들어 말실수 같은 것들은 그 문장에서 훨씬 나중에 나올 말들이 미리 나오는 경우일 때가 많다. 다시 말해, 'A가 B를 불러일으키는' 선형적인 연쇄를 상정하는 설명이 통하지 않는 것이다.

래슐리에 따르면 이러한 행동의 연쇄는 미리 계획 및 조직되어야 한다. 이 조직화는 위계적으로 생각하는 것이 가장 좋은데, 광범위한 전반적인 계획들이 있고, 이 안에서 정밀하게 조율된 행동 연쇄들이 점차 조화를 이루게 된다. 따라서, 예를 들어 말을 하는 경우, 이 위계의 가장 높은 지점들은 발화를 하려는 전반적인 의도에 연계되고, 구문론 선택과 소리의 실제 생산은 위계의 낮은 지점들에 위치한다. 신경계는 전반적인 계획이나 구조를 담는다. 이 안에서 개별적인 반응 단위체들이 환경으로부터 받은 특정 피드백과는 별개로 배치될 수 있다(그리고 배치되어야 한다). 환경으로부터 들어오는 자극에 따른 행동이 아니라, 중앙의 두뇌 처리 과정이 한 생명체가 복잡한 행동을 수행하는 방식들을 실질적으로 미리 앞서 결정한다. '또는', 간단하게 말해서, 이 형식이 특정 행동을 미리 앞서 결정한다고 래슐리는 결론지었다. 그 생명체 내에서 발산되는 조직화 없이 환경이 시키는 대로 행동이 결정되는 것이 아니라는 것이다.

표준적인 시간 행동 분석을 거부함과 동시에, 래슐리는 신경행동학적 분석의 두 가지 주요 교리에 대해서도 도전했다. 신경계가 대부분 비활성화 상태에 있다는 믿음, 각각의 반응 행동들은 특정 형태의 자극이 나타날 때만 활성화된다는 믿음이 그것이다. 래슐리의 신경계는 언제나 활성화된, 위계적으로 조직된 단위체들로 구성되어 있으며, 이에 대한 통제는 주변 자극이 아닌 중심에서 발현된다. 그는 "대뇌 기능을 반응 행동이나 뉴런의 연합 연쇄의 개념으로 표현하려는 시도들은 내게는 실패가 예견된 것이나 다름없어 보인다. 그들은 정적인 신경계를 상정하고 시작하기 때문이다. 우리가 볼 수 있는 증거들은 모두 다 하나같이 동적이고 끊임없이 활동적인 시스템, 더 나아가 수많은 상호작용 시스템의 구성체를 가리키고 있다"고 말했다.

다루기로 결정한 주제의 측면, 그 주제들을 다루는 방식의 측면에서 래슐리는 급진적 자세를 취했다. 인간 행동을 다루는 과학자들은 인간 언어 연구에 나서는 것을 주저했다. 언어의 복잡성, 행동의 형식 측면에서 보이는 언어의 상대적 '비가시성' 때문이었다. 그리고 그들이 언어를 다룰 때는 보통 더 단순한 생명체(쥐나 비둘기 같은)의 더 간단한 형태의 유추(미로찾기라든가 새장 안 모이 쪼기 같은)를 끌어들이려고 했다. 래슐리는 언어에 초점을 맞추었을 뿐만 아니라 그 복잡성을 한껏 즐겼으며, 다른 운동 활동들 역시 동일하게 복잡하다고 주장했다.

보통 확립된 지식에 도전하는 과학자는 힘든 시기를 거치게 마련이다. 과학자들의 모임에서 (야심이 있고 질투심이 강한 경우가 많은) 주류 학자가 동료에게 경의를 표하는 일은 드물다. 그러나 힉슨 심포지엄에 참석한 이들의 언급을 보면, 래슐리의 동료들은 행동주의 학파와 긴밀하게 연결되어 있었던 과학자의 독창적이고 명석한 발표에 깊이 감동받은 듯하다. 래슐리 자신도 "오늘 너무 좋은 반응들이 나와서 좀 당황스러웠다"고 말한 바 있다(Jeffress 1951: 144에서 재인용). 철옹성 같은 학파가 무너지기 시작했고 완전히 새로운 의제가 생물학적 행동학계에 도전장을 던졌다고 해도 과언이 아니었다.

2.2 과학사의 중요한 한 순간

힉슨 심포지엄에 참가한 학자들은 과학사에서 중대한 접점에 서 있었다. 물리적 과학이 전 세기들을 통해 비틀거리며 진보 중일 뿐만 아니라 생물학과 신경과학에서의 당시 최근의 혁신에 대해서도 잘 알고 있었다. 더구나 20세기 중반에는 고대 시절의 중요한 수수께끼 두 가지(물질의 본질과 살아 있는 것의 본질)가 계속 풀려나가는 중이었다. 그러나 이와 동시에 고대인을 매혹시켰던 세 번째 수수께끼, 즉 인간의 마음에 대한 수수께끼는 여전히 상대적으로 불명확한 상태였다.

과학뿐만 아니라 인문학 교육을 받은(당대 많은 학자들이 그랬지만) 힉슨 심포지엄 참가자들은 처음으로 그리스인들을 훈련시키고, 계몽주의 시대에는 지적인 대화의 주가 되었던 인식론적 이슈들을 잘 알고 있었다. 참가자들은 종의 기원과 진화에 대한 다윈의 영향력 높은 설명이 나온 이후, 많은 과학자들이 인간의 행동과 사고에 대한 연구에 대해서도 이와 비견되는 엄격함을 추구하고 있었음을 알고 있었다. 지적 능력의 후퇴로 간주했던 철학과의 직접적인 연결을 자주 거부하며(그들은 이를 후퇴하는 지적 능력으로 생각했다), 19세기의 이 학자들은 심리학, 언어학, 인류학, 사회학, 다양한 신경과학 등 개별적으로 분리된 과학 영역을 출범시켰다. 인간의 본질에 대해 열정적인 이들 과학자들이 대학교 안에 연구소 기반을 효과적으로 확립하는 데 성공했음은 부인할 수 없는 사실이다. 그러나 각각의 새로운 학문 분야들이 중요한 진실에 어느 선까지 도달했는지는 세기 중반에도 계속 논쟁 중이었다. 또한 패서디나(Pasadena) 회의에 참석한 이들은 행동주의자들의 과학 프로그램에 많이 익숙해져 있었다. 그리고 그들은 래슐리의 철저한 추론으로 무장된 논문에 의해 힘을 받은 직관, 즉 인간의 마음에 대한 행동주의자의 설명은 전혀 답이 되지 않는다는 직관을 공유했다.

그러나 다른 변수들 역시 인지에 대한 과학이 때맞춰 시작하는 것을 방해했다. 행동주의에 안착해 있던 여러 철학 학파들, 즉 실증주의, 물리주의, 검증주의 등은 관찰할 수 없고 신뢰도 높은 측정이 불가능한 개념이나 생각 같은 실체들을 거부했다. 심리분석에 대한 중독 역시 존재했다. 많은 학자들이 프로이트의 직관에 흥미를 느끼면서도, 임상 인터뷰와 회상으로 구성된 개인사를 기반으로는 어떤 과학 분야도 구성될 수 없다고 느꼈다. 더 나아가 그들은 의견 불일치를 허용하지 않는 분야의 가식에 깊이 분노했다. 기득권층인 행동주의자들의 '강경 노선' 신조와 프로이트주의자들의 자유로운 추측 사이에서, 인간 사고 과정의 영역에 과학적으로 훌륭한 방식으로 초점을 맞추는 것은 어려운 일이었다.

마지막으로 세계 정세가 과학계 활동에 큰 타격을 가했다. 먼저, 유럽의 기존 과학계는 전체주의자들에 의해 갈기갈기 찢겼으며, 이후 미국 과학계는 이론적 의제는 옆으로 내려놓고 전쟁을 치르는 데 협조하라는 요구를 받았다.

최악의 시기에 전쟁은 많은 재능 있는 연구자들을 죽음 또는 불구로 내몰았으나, 또한 어떤 과학적·기술적 활동들을 자극하기도 했다. 미국에서는 전쟁을 위해 많은 숫자 조합들을 아주 빠르게 '깨부술' 수 있는 계산 기계가 필요하게 되었다. 컴퓨터는 곧 현실이 되었다. 전쟁 때문에 필요해진 것들은 그 외에도 많았다. 예를 들어 수학자 위너(Norbert Wiener)는 더욱 정확한 대공 무기를 고안하라는 요구를 받았다. 이 작업이 요구한 것은 '목표물의 위치를 발포자가 알 수 있고, 발포 제어 시 수정이 가능하며, 신관을 알맞게 장착할 수 있어 정확한 순간에 발사체를 폭발시킬 수 있는 좋은 총기, 좋은 발사체 및 화력 통제 시스템'이었다(Heims 1980: 183에서 재인용). 메사추세츠 공과대학(MIT)에서 이 프로젝트를 수행한 위너와 그의 동료인 젊은 엔지니어 비글로우(Julian Bigelow)는 장치 엔지니어링의 피드백 측면과 인간 신경계가 합목적적인 행동을 유지하는 항상성 과정 사이에 중요한 유사점이 있다는 결론을 내렸다. 수학적 정밀성으로 개발된 계획, 목적, 피드백에 대한 생각은 행동주의자의 신조와는 정반되는 것이었다. 또한 전쟁은 수많은 총격 피해자들을 양산했다. 뇌 손상 환자를 치료하는 의료진은 신경계 부상으로 어떤 작업이 수행 가능하고 어떤 작업이 일시적 혹은 영구적으로 불가능한지를 평가하라는 요구를 받았다. 또한 선전 선동의 효과에서 전투부대 지휘자 선정에 이르기까지, 개인을 중심에 놓은 수많은 문제들이 인간 행동을 연구하는 과학자들을 필요로 했고 전후 인간 과학이 나아갈 기초 개념을 창출했다(Bruner 1944; Murray 1945; Stouffer et al. 1949). 전쟁을 치렀던 다른 국가들도 마찬가지여서, 영국에서는 튜링(Alan Turing)과 크레이크(Kenneth Craik)가 컴퓨터에 관심을 갖게 되었고, 러시아에서는 루리아(Alexander Luria)가 전쟁에서 뇌가 손상된 환자들을 대상으로 고통스러운 연구를 수행했다.

1940년대 말, 어쩌면 새롭고 마침내 효과적인 과학적 맹습이 인간의 마음에 쏟아질 때가 무르익었을지도 모른다는 느낌이 널리 퍼지기 시작했다. 패서디나에서는 그게 느껴졌는데, 분명 그 외 다른 지역에서도 마찬가지였을 것이다. 흥미롭게도, 전후 시기에 결실을 맺은 모든 연구들이 사실 이전의 이론적 노력을 기반으로 구축되었다. 원래 시작되었던 시기가 20세기 초까지 거슬러 올라가는 경우도 종종 있었다. 그러나 이러한 연구는 행동주의자 운동 때문에 파묻혀버렸고 전쟁 발발로 인해 예상치 못한 방식으로 변화되는 경우도 생겨났다. 당시 인지과학 연구 노력의 핵심 요소였던 이 아이디어들은 힉슨 심포지엄 참가자들과 그 외 1940-1950년대에 인지과학의 토대를 세우려는 첫 번째 공동 노력에 참여한 학자들에게는 이미 익숙한 것이었다. 이제 이들 아이디어를 최상의 과학적 용도로 사용할 때가 되었다.

2.3 인지과학의 핵심적인 이론적 근원

2.3.1 수학과 계산

20세기로 전환되는 시기는 수학과 논리학에 매우 중요하다. 고전 시대에 아리스토텔레스가 개발한 삼단 논법 추론 논리가 근 2천 년을 지배했다. 그러나 독일 논리학자 프레게(Gottlob Frege)의 연구 덕분에 새로운 형태의 논리학이 등장했다. 바로 추상적인 기호를 조작하는 논리학이다. 이는 19세기 말부터 진화하기 시작했다. 제4장에서 자세히 다루겠지만, 이후 20세기 초 영국의 수리학자 러셀(Bertrand Russell)과 화이트헤드(Alfred North Whitehead)는 기초 연산 법칙을 기초 논리 명제로 줄이는 방법을 찾는 시도로 엄청난 성공을 거두었다. 화이트헤드와 러셀의 연구는 세대를 막론하고 수학 지향적인 사상가 모두에게 영향을 미쳤다. 여기에는 위너나 폰 노이만 같은 인지과학의 토대를 세우는 데 중요한 공헌을 한 연구자들도 있었다.

1930년대, 당시에는 비교적 알려지지 않은 영국의 수학자 튜링은 논리-수학적 연구들을 진행하고 있었다. 이 연구들은 궁극적으로 인지과학에 가장 거대한 영향을 미치게 된다. 1936년 그는 한 간단한 기계의 개념을 개발했다(후에 '튜링머신'으로 불린다). 이 기계는 원칙적으로 생각할 수 있는 모든 가능한 계산을 수행한다. 이 '이론적' 기계 바탕에 깔려 있는 개념은 간단했다. 필요한 단 한 가지는 무한으로 긴 테이프와 스캐너였다. 테이프는 기계를 통과할 수 있고 스캐너는 이 테이프에 쓰인 것을 읽는다. 테이프 자체는 동일한 정사각형들로 나뉘며, 각 정사각형들은 비어 있거나 일종의 사선이 그어져 있다. 기계는 테이프를 네 가지 유형으로 움직일 수 있다. 오른쪽으로 이동, 왼쪽으로 이동, 사선 삭제, 사선 인쇄. 이 간단한 조작으로 기계는 어떤 종류의 프로그램도 실행할 수 있었다. 이 프로그램은 바이너리 코드(예를 들어 빈칸과 사선으로 이루어진 코드)로 표현될 수 있다. 더 일반적으로, 한 작업을 실행하기 위해 필요한 단계들을 분명하게 표현할 수 있는 한, 그것은 튜링머신으로 프로그래밍될 수 있고 실행될 수 있다. 그리고 이 튜링머신은 (길이에 상관없이) 테이프를 스캔하고 명령을 실행하기만 하면 된다(Davis 1958: McCorduck 1979).

튜링이 보여준 바와 그가 증명한 공리는 계산 장치에 흥미를 가진 연구자들에게 근원적으로 중요한 것이다. 그것은 바이너리 코드(0과 1로 단순하게 구성된)가 무한한 수의 프로그램을 고안하고 실행할 수 있다는 것, 이 원칙으로 조작되는 기계가 구성될 수 있다는 것을 암시한다. 계산 장치를 좋아했던 그는 이 같은 가능성들에 대해 점점 열정적으로 몰두하게 되었다. 사실 그는 1950년(너무나도 이른 40대 초반의 나이로 자살하기 바로 직전)에 질문에 답을 하는 어떤 기계를 프로그래밍해서 그 기계가 제출한 답과 살아 있는 인간이 제출한 답을 질문자가 구별할 수 없게 할 수 있을 것이라고 시사했다. 이것이 불멸의 개념인 '튜링머신 테스트'이다. 이 테스트는 컴퓨터가 정말 생각을 할 수 있을 것인지에 대해 의심하는 이를 논파하는 데 사용된다. 관찰자가 프로그래밍된 기계의 반응을 인간의 반응과 구분할 수 없다면, 그 기계는 튜링테스트를 통과했다고 말한다(Turing 1963).

이런 아이디어들의 함의는 인간 사고에 흥미를 가진 과학자들을 빠르게 사로잡았다. 이들은 생명체의 행동이나 사고 과정을 정확하게 기술할 수 있다면, 동일한 방식으로 조작되는 계산 기계를 설계할 수 있음을 깨닫게 되었다. 따라서, 어떻게 인간이 실제로 기능하는지에 대한 기능주의적 관념의 타당성을 컴퓨터에서 테스트하는 것도 가능할 수 있다. 또 진짜 인간처럼 생각한다고 확신을 갖고 주장할 수 있을 만한 기계를 구성하는 것도 가능할지 모른다.

튜링의 아이디어를 기반으로 폰 노이만은 튜링머신에 자신을 복제하도록 지시하는 프로그램을 고안하는 데 몰두했다. 여기에 프로그램 내장(stored program)에 대한 강력한 아이디어가 나왔다. 즉 컴퓨터의 내부 메모리 속에 저장되어 있는 프로그램이 컴퓨터를 통제하는 것이다. 따라서 이 기계는 새로운 작업을 할 때마다 힘들게 다시 프로그래밍을 할 필요가 없게 된다(Goldstine 1972). 이 개념은 컴퓨터가 자기 자신의 프로그램을 준비하고 실행도 할 수 있다는 가능성을 처음 열었다.

2.3.2 신경 모델

인지과학의 토대를 세우는 데 관련된 중요한 두 번째 생각은 1940년대 초 워런 매컬러(Warren McCulloch)와 젊은 논리학자 월터 피츠(Walter Pitts)에게서 나왔다. 매컬러는 힉슨 심포지엄의 두 번째 발표자였다. 이 핵심적인 아이디어는 정말 간단했다. 그러나 실제 그 수학적 분석은 결코 범상치 않았다. 매컬러와 피츠(McCulloch and Pitts 1943)는 하나의 신경세포, 그리고 그 세포와 다른 신경세포 간의 연결들의 조작(소위 신경망)이 논리학 측면에서 모델링될 수 있음을 보인다. 신경은 논리문으로 볼 수 있고, 신경 발화(또는 비-발화)의 전부 아니면 전무(all-or-none)라는 속성은 (한 명제가 참 또는 거짓인) 명제 계산 조작에 비교될 수 있다(Heims 1980: 211). 이 모델은 활성화된 뉴런이 다음 뉴런을 발화시키는 것으로 생각할 수 있다. 한 논리 연쇄에서 요소 또는 명제가 다른 명제를 함축할 수 있는 것과 동일한 방식이다. 따라서, 논리든 뉴런이든 실체 A에 실체 B를 더하면 실체 C를 함축한다. 더 나아가 뉴런과 논리 간의 공통점을 전기 용어로 생각할 수도 있다. 신호가 회로를 통과하거나 통과하지 못하는 것으로 볼 수 있는 것이다. 매컬러와 피츠가 보여준 것의 최종적인 결과는 다음과 같다. "완전히 명료하게 설명될 수 있는 것은 어떤 것이든 (……) 적절하고 유한한 신경망으로 실현 가능하다"(von Neumann and Bernstein 1982: 68에서 재인용).

새로운 계산 장치를 설계하는 이들은 매컬러와 피츠가 내놓은 아이디어에 매료되었다. 이들의 발표 덕분에 튜링머신의 개념을 이제 두 가지 방향으로 보게 되었다. 바로 엄청나게 많은 전부 아니면 전무의 뉴런들로 구성된 신경계와 명백하게 기술될 수 있는 모든 과정을 실현할 수 있는 컴퓨터이다. 튜링이 엄청난 능력을 가진 계산 기계의 원칙적 가능성을 보여주었다면, 매컬러와 피츠는 적어도 하나의 가공할 만한 기계인 인간의 두뇌가 논리학 원칙으로 연산되며, 따라서 뇌를 강력한 컴퓨터로 볼 수 있음을 보여주었다.

결과적으로 매컬러는 자신의 추론을 너무 멀리까지 진행시켰다. 그는 인식론의 근본적인 문제가 오로지 중추 신경계에 대한 지식을 통해서만 기술되고 해결될 수 있다고 확신했다(McCorduck 1979). 또 사고에 대한 자신의 주장을 당시 신경계 지식에만 지나치게 연결했다. 혹자는 매컬러와 그의 동료들이 생리적 수준에서 두뇌를 모사하는 기계를 구축하려 하지 않고 논리 기계와 신경계 사이에 직접적인 매핑을 시도한 것이 인지과학 발전에 역행하는 요소였다고 생각한다. 예를 들어 문제 해결에서 일어나는 인간의 사고와 컴퓨터 프로그램에 내재된 전략을 직접 매핑하려고 했던 것이다(McCarthy 1984). 그러나 다른 한편으로, 신경계의 가장 중요한 측면이 더 잘 이해될 수 있었던 것은 매컬러의 분석에 기인한 바 크다. 그는 신경세포별로 고도 특화된 속성에 대한 연구를 지원했다. 최근 컴퓨터과학자들은 더 나아가 신경세포들의 본질과 그것들 사이의 연결에 대한 아이디어를 직접적으로 다시 한 번 끌어들이고 있다(이 책 10.6 '대립의 해소방안' 참조). 모든 것을 감안해볼 때, 다방면에 몰두했던 매컬러의 연구 정신은 인지과학 성장의 자양분이 되었다.

2.3.3 사이버네틱스

폰 노이만이 프린스턴에서 수학, 논리학, 신경계의 증거들을 하나로 통합하려고 노력하던 그때, 수학자 노버트 위너도 MIT에서 동일한 연구를 진행하고 있었다(Heims 1980; Wiener 1964). 수학 천재로서 폰 노이만보다 더 명성을 떨쳤던 위너는 겨우 이십대 초반의 나이에 폰 노이만과 마찬가지로 수학 분야에서 근본적인 발견들을 이루었다(위너는 브라운 운동, 폰 노이만은 양자이론 분야를 연구했다). 두 사람 다 일찍부터 수학 분야 연구에서 실용적인 성향을 보였으며, 더 나아가 그들은 자기 분야의 발전에 큰 영향을 미쳤다.

1930-1940년대, 안정적인 상황에 접어든 위너는 점점 다양한 실용적인 프로젝트에 참여했다. 그는 대공화기, 유도 미사일, 항로 제어 등의 전자 자동제어 장치를 연구하면서 피드백, 자기 수정 및 조절 시스템(기계든 인간이든 상관없이)의 본질에 대해 생각하기 시작했다. 그는 바네바 부시(Vannevar Bush)와 밀접하게 협업했다. 부시는 컴퓨터 발전의 선구자였다. 위너는 또한 종종 협력했던 매컬러와 피츠의 논리 연결 시스템과 인간 신경계 간의 강력한 유사성을 비롯한 연구에 충격을 받기도 했다.

위너는 당대의 모든 것을 앞서 나간 인물이었다. 그는 당시 다양한 과학적·기술적 발전들이 하나로 응집될 수 있다는 사명감 같은 확신에 차 있었다. 또한 그는 이러한 발전들이 하나의 새로운 과학, 즉 조절과 커뮤니케이션의 문제들에 입각한 과학으로 구성될 것이며, 이러한 문제들이 20세기 중반의 중심 문제라고 보았다. 그는 이러한 견해를 1943년 논문인 「행동, 목적, 목적론(Behavior, Purpose, and Teleology)」에서 처음으로 공식화했다(Rosenblueth, Wiener, and Bigelow 1943). 이 논문에서 위너와 공저자들은 조절 엔지니어링 문제와 커뮤니케이션 엔지니어링 문제는 분리될 수 없다는 개념을 내놓았다. 더 나아가 그들은 전기 엔지니어링 기술에 방점을 둔 것이 아니라, "전기든, 기계든, 신경이든 상관없이 전송되어야 하는" 메시지라는 더욱 근원적인 개념에 방점을 두었다. 저자들은 당시로서는 급진적인 개념을 도입했다. 피드백을 산출하는 기계가 자신의 목표와 실제 결과 사이의 차이를 계산하고, 그 후 이 차이를 줄이기 위해 작업하는 것을 '목표를 향한 노력'이라 표현해야 한다는 개념이었다. 기계는 목적을 갖고 있다는 것이었다. 저자들은 또한 중추 신경계에 대한 새로운 개념도 개발했다. 위너는 다음과 같이 말했다.

> 중추 신경계는 더 이상 자족적인 기관으로 보이지 않는다. 감각 신호가 입력되면 이를 수용하고 근육으로 신호를 내보낸다. 그와는 반대로, 신경계의 가장 독특한 몇몇 활동들은 신경계에서 근육으로, 다시 감각 기관을 통해 신경계로 들어가는 순환적인 과정들로만 설명할 수 있다. 그것들이 자기 수용 기관이든, 특수 감각 기관이든 상관없다. 이는 우리가 보기에, 신경과 시냅스의 기초적인 과정뿐만 아니라 전체로서 통합된 신경계의 기능에 대해 집중하는 신경생리학 연구 분야에서 새로운 진전이 될 것이다. (Wiener 1961: 8)

이는 래슐리의 신경 조직에 대한 생각, 그리고 행동주의 반응반사에 대한 비판과 놀라울 정도로 유사하다.

곧 위너는 다양한, 서로 연결되는 아이디어들의 합성을 시도했고, 이를 기념비적인 『사이버네틱스(*Cybernetics*)』(힉슨 심포지엄 개최연도와 같은 1948년 제1호)에 발표했다. 그는 자신이 새로운 과학을 다음과 같이 규정했다. "우리는 조절 및 커뮤니케이션 이론 전 분야를, 기계 영역이든 동물 영역이든 상관없이, 사이버네틱스라는 이름으로 부르기로 결정했다"(1961: 11). 이어지는 다음 몇 쪽에서 그는 인간 신경계, 전기 컴퓨터, 기타 기계의 조작 등 각 분야의 발전을 하나로 연결하는 통합된 비전을 기술했다. 또 그는 폰 노이만, 매컬러와 피츠처럼 생명체의 기능과 새로운 커뮤니케이션 기계의 조작 간에 매우 중요한 유사점이 있다는 그의 믿음을 강조했다. 위너의 통합은 근본적으로 인지과학에 수용되지는 않았지만(오히려 소련에서 높은 위상을 차지했다), 학제적 시도의 가능성을 선도적으로 보여주었다.

2.3.4 정보 이론

인지과학의 또 다른 중요 선구자는 섀넌(Claude Shannon)이다. MIT의 전기공학자였던 그는 보통 정보 이론 창시자로 명망이 높다. 그는 이미 1930년대 말 MIT 대학원생이라는 신분으로 중대한 통찰을 얻었다. 그는 논리학의 원칙(참과 거짓 명제 측면에서)이 전기공학 계전 스위치의 두 가지 상태(켜짐 및 꺼짐)을 기술하는 데 유용하다는 점을 알았다. 그는 석사학위 논문에서 (컴퓨터에서 쓰이는 종류의) 전기 회로가 사고의 근본적인 조작 기능을 구현할 수 있을 것이라고 제안했다. 제6장에서 이 연구를 더 상세히 기술할 것이다. 이 연구는 컴퓨터 분야에서 후속 연구에 지대한 영향을 끼쳤다.

이후 10년 동안, 섀넌은 워런, 위너와 부분적으로 협력하면서 정보 이론의 핵심 개념을 계속 발전시켰다. 정보는 내용이나 재료와는 아무런 상관없이 2개의 동일한, 그리고 유연하게 대체 가능한 개체들 간의 단일 결정으로 간단하게 생각할 수 있다. 정보의 기본 단위체는 비트(bit: '이진 숫자(binary digit)'의 줄임말이다), 즉 2개의 동등한 대체 가능 개체로부터 하나의 메시지를 선택할 때 필요한 정보의 양이다. 따라서, 8개의 동등한 대체 가능 개체들로 하나의 메시지를 선택하려면 3개의 정보 비트가 필요하다. 첫 번째 비트는 1/8에서 1/4로, 두 번째는 1/4에서 1/2로, 세 번째는 나머지 대체 가능 개체들 중 하나를 선택한다. 위너는 이런 방식의 개념화가 가지는 중요성을 이렇게 설명했다. "정보는 정보이지, 물질이나 에너지가 아니다. 이를 받아들이지 못하는 한 어떤 물질주의도 현 시대를 버틸 수 없을 것이다"(Wiener 1961: 132).

위너의 통찰 덕분에, 정보를 특정 전송 장치와 별개로 생각하는 것이 가능해졌다. 어떤 메커니즘이든 상관없이 어떤 메시지 통신이든 상관없이 그 효율에만 집중할 수 있게 되었으며, 인지 과정도 그것이 체화된 매체와는 별개로 고려할 수 있게 되었다. 정보 유형에 상관없이 처리 기제를 기술하기 위해 노력하던 심리학자들에게 아주 중요한 기회였다. 사실 인지과학자들은 모든 정보를 동등하게 대하고 내용의 유형에 대한 논란을 무시해도 되는지 아주 최근에 와서야 고민하기 시작했다.

2.3.5 신경심리 신드롬

인지과학에 영향을 준 또 다른 중요한 업적은 예상치 못했던 과학의 오지에서 나왔다. 인간의 두뇌 손상 후 발생하는 인지 기능 부족에 대한 분석이 그것이다. 역설적으로 이 과학 분야는 전쟁의 모방에 크게 의존했다. 1차대전 당시, 두뇌 손상 후 발생하는 실어증(언어 능력 부족), 실인증(인식 능력 부족), 기타 정신적 병리 유형에 대한 연구가 크게 발전했다. 뉴욕, 옥스퍼드, 파리, 베를린, 모스크바 등지의 연구실들은 온통 뇌 손상 피해자들을 연구하느라 바빴다. 신경심리학자들이 서로 자신의 연구 결과들을 논의하면서, 문화와 언어의 경계를 넘어 상당한 공통점이 있음이 드러났다. 예를 들어 실어증은 언어에 상관없이 유사한 형태를 띠었다. 정신 과정에 대한 전적으로 환경론적 설명에서 허용되는 것보다도 훨씬 더 많은 규칙성이 신경계의 인지 기능조직화에 존재하는 것처럼 보였다. 더 나아가, 신경쇠약의 패턴은 간단한 자극-반응 붕괴로 쉽게 설명될 수 없었다. 오히려 많은 사례에서 행동 반응의 위계가 바뀌었다. 예를 들어 특정 실어증에서는 일반적인 문장 구조가 보존되지만, 피험자들은 개개의 단어를 그 구조 안에 정확하게 끼워 넣지 못했다. 어떤 실어증에서는 문장의 구조가 망가지지만 그 안에 든 각각의 단어는 의미를 전달했다. 따라서 이는 사고에 대한 반사호(reflex-arc) 모델에 또 다른 타격을 주었다. 동시에 두뇌 손상 시 나타나는 특정 능력 및 장애 현상을 관찰하면, 보통 인간에서는 인간의 마음이 어떤 식으로 조직되는지에 대한 풍부한 암시를 얻을 수 있었다.

1940년대 말, 미국, 영국, 소련에서 커뮤니케이션 엔지니어링과 신경심리학 같은 다양한 영역에서 어떤 주제들이 주목받기 시작했다. 나는 미국에서의 이야기만 주로 다루지만, 다른 국가의 관점에서도 비슷한 이야기를 제시할 수 있다. 이런 영역들의 학자들은 새롭고 흥미진진한 많은 관점들을 글로 남길 뿐만 아니라 서로 열심히 만나 의견을 나눴다. 인지과학의 궁극적인 창시자 중 한 명인 허버트 사이먼(Herbert Simon)은 당시 시카고 대학의 대학원생이었다. 그는 1940년대 대학원 시절을 일종의 '비밀 대학(invisible college)'으로 칭했다(Simon 1982). 사이먼은 시카고에서 매컬러, MIT에서 섀넌의 석사 논문을 접했다. 그는 위너와 폰 노이만이 화이트헤드, 러셀, 프레게의 철학적 저작에서 자라난 기호논리학의 문제들을 다루고 있다는 것을 알았다. 사이먼 자신은 카르나프(Rudolf Carnap)와 함께 시카고에서 연구 중이었다. 당시 카르나프는 논리의 구문에 대한 핵심 개념들을 내놓았다. 제라드(Ralph Gerard), 클뤼버(Heinrich Klüver), 스페리(Roger Sperry), 와이스(Paul Weiss) 등과 같은 생물학계의 리더들, 그리고 힉슨 심포지엄 참가 학자들이 근처 연구소들에서 신경계의 문제들을 연구하고 있었다. 마찬가지로 이와 동일한 많은 영향이 1940년대에 브루너(Jerome Bruner), 촘스키(Noam Chomsky), 매카시(John McCarthy), 밀러(George Miller), 뉴얼(Allen Newell) 등 인지과학의 창시자들에게로 옮겨가고 있었다.

2.4 촉매역할을 한 만남들과 주요 저작물

1940년대에 당시 인지과학이 기반으로 삼을 지적 중심지는 이미 부상하고 있었다. 위너와 같은 몇몇 학자들은 실험적인 지적 합성을 시도했고, 이보다 더 많은 학자들, 즉 사이먼 같은 학생에서 폰 노이만 같은 대가에 이르는 여러 학자들이 새로운 연구 분야(들)가 곧 떠오르리라는 것을 예감하고 있었다. 여전히 행동주의자는 이에 암묵적으로 저항했으며 인간의 마음 역시 물질과 유전학 연구 방식처럼 효과적으로 연구될 수 있을 것인지에 대해 약간이나마 의심이 존재했다. 그러나 이 정도로는 방대한 성과 속에서 인간 인지 분야의 뉴턴을 기다리던 이들의 열정을 죽일 수 없었다

이 시대의 지적 역사를 보면 인지의 문제에 관심 있는 사람들 사이에 많은 만남이 이루어졌으며, 또 매우 많은 저작물들이 나와 마음에 대한 새로운 학제적 과학을 증진시키는 데 활력소가 되었음을 알 수 있다. 물론 인지과학은 이런 학회나 저술 없이도 생겨날 수 있었을 것이며, 아마도 현재의 형태도 그대로 가질 수 있었을지 모른다. 그러나 특히 학자들이 때로는 멀리 떨어져 있는 학문 분야까지도 손을 뻗어 힘을 합칠 때에는, 주기적으로 함께할 수 있는 자리를 갖고, 서로에게 질문하며, 기록만 봐서는 좀처럼 알 수 없는 과학적 방법론, 선입견, 직감 등의 여러 측면을 발견하는 것이 무척 중요하다.

당시 힉슨 심포지엄은 1940년대와 1950년대 인지적 성향의 과학

자들 사이에서 열린 많은 학회들 중 하나에 불과했다. 그렇지만 이 심포지엄은 우리의 이야기에서 중요한데, 두뇌와 컴퓨터 사이의 연결, 그리고 당시 만연했던 행동주의에 대한 거침없는 도전이라는 두 가지 이유 때문이다. 이 새로운 분야의 역사를 통틀어, 열정적인 인지과학자들이 서로를 만날 수 있었던 또 다른 몇 가지 환경들을 언급하지 않을 수 없다.

이 시기 과학 연보를 보면, 조시아 메이시 재단(Josiah P. Macy Foundation)이라는 이름이 눈에 띈다. 1944년 겨울, 폰 노이만과 위너는 프린스턴에서 한 모임에 참가한다. 후에 '사이버네틱스'라 불리게 되는 학문에 관심이 있는 모든 이들이 모이는 자리였다. 메이시 재단이 후원한 이 행사에는 앞서 소개한 많은 학자들이 참가했다. 위너가 후에 회상하기로, "모임이 끝나갈 무렵 분명해진 것들이 있었다. 다양한 분야의 연구자들 간에 매우 강력한 공통분모가 형성되었다는 것, 각 분야의 사람들이 다른 이들이 더 잘 발전시킨 개념들을 그새 사용할 수 있었다는 것, 공통의 용어집을 만들기 위해 몇 가지 시도해야 한다는 것"(Wiener 1961: 15)이었다.

이러한 초기 만남들을 통해, 매컬러는 메이시 재단과 함께 1946년 피드백의 문제에 대한 일련의 모임을 만들었다. "스무 명 정도를 넘지 않는 적절한 규모로, 이틀 연속 다양한 관련 분야 연구자들이 모여 하루 종일 비공식 논문 발표, 토론, 식사를 함께하는 구상이었다. 이렇게 하다 보면 각자의 차이를 철저히 살펴보고 같은 방향에서 사고의 발전을 기할 수 있을 것이었다"(Wiener 1961: 18). 결과적으로 이 모임은 1년에 한 번씩 열 번 열렸다. 원래 모임의 명칭은 '생명 및 사회 시스템의 순환 인과 및 피드백 메커니즘(Conference for Circular Causal and Feedback Mechanisms in Biological and Social Systems)'이었으나 위너의 요청에 따라 곧 (그리고 다행스럽게도) '사이버네틱스 학회(Conference on

Cybernetics)'로 줄였다. 이 학회의 녹취록을 살펴보면, 학자들이 서로에게 알려준 확실한 증거들, 처음 표명한 관심 주제들, 때로는 예상치 못했던 프로젝트 등을 바로 알 수 있다. 예를 들어, 학회의 토론 중 그레고리 베이트슨(Gregory Bateson)은 피드백에 대한 아이디어를 처음 접했고 이로부터 분열증에 관한 그의 '이중구속(double-bind)' 이론을 발전시켰다.

특히 보스턴과 프린스턴, 캘리포니아에서 학계의 움직임이 활발했다. 1950년대 초, 프린스턴 고등과학원(Princeton Institute for Advanced Study. 폰 노이만은 이곳의 상임연구원이었다)의 원장이었던 오펜하이머(J. Robert Oppenheimer)는 이러한 심리학 분야의 새로운 몇몇 아이디어들을 적용하는 데 관심을 가졌다. 그는 정기적으로 일군의 심리학자들을 과학원으로 초청하여 심리학의 최근 발전에 대해 들었다. 이 자리에 참석한 학자들 중에는 얼마 안 가 인지과학의 출범에 근본적인 역할을 하게 되는 두 명의 재능 있는 젊은 심리학자, 밀러와 브루너가 있었다.

다시 말하지만, 아이디어들을 혼합하여 육성한다는 것은 예측하기가 힘들었지만 전도유망했다. 오펜하이머는 심리학자들이 바라보는 지각의 문제들과, 원자 및 아원자 수준의 연구에서 중대하게 보이는 관찰의 문제들 사이에 존재하는 유비(類比)에 특히 흥미를 가졌으며 불확정성 원리의 혼돈스러운 암시에 대해 숙고하고 있었다. 이 원리에 따르면 한 입자의 위치와 속도를 측정 도중 영향을 미치지 않고 확인하는 것은 불가능하다. 한편 브루너는 '객관적인 데이터'로 추정되는 것에 대한 관찰자의 태도와 예측의 영향을 연구하고 있었다. 어느 날 오펜하이머가 그에게 말했다. "심리학자들이 연구하는 지각이란 게 결국은 물리학의 관찰과 다를 수가 없어요. 그렇지 않소?"(Bruner 1983: 95-96에서 재인용)

보스턴에서는 MIT와 그 협력 연구소였던 링컨 연구소(Lincoln

Laboratories)에서 인지를 주제로 하는 논의가 계속 진행되고 있었다. 여기서는 일군의 젊은 엔지니어들과 심리학자들이 폭격 시 조기 경보와 같은 응용 문제들을 다루고 있었다. 근처 하버드의 명망 높은 학술원(Society of Fellows)에서는 고위 연구원들은 행동주의자 사고의 영향이 지배적이었으나, 언어학자 노엄 촘스키와 수학자 마빈 민스키(Marvin Lee Minsky)를 비롯한 젊은 연구원들은 이미 다른 (그리고 반행동주의적인) 방향의 이론 연구를 진행하고 있었다. 행동과학 연구를 지원하기로 결정한 포드 재단(Ford Foundation)은 팰로앨토에 행동과학 고등연구원(Center for Advanced Study in the Behavioral Sciences)을 설립하고 미국의 심리학자들 중 상당수에게(아마도 1/3이었을 것이다) 자금을 지원했다. 캘리포니아 남부의 랜드 코퍼레이션(Rand Corporation)에서는 일군의 수학자 및 엔지니어들이 계산 기계를 개발하고 있었다. 두 명의 젊은 과학자 뉴얼과 사이먼은 정말 생각할 줄 아는 기계의 창조 가능성에 대해 이야기하기 시작했다. 그리고 영국에서도 이와 유사한 레이쇼 클럽(Ratio Club)이 1949년 출범했다. 레이쇼 클럽은 동물과 기계의 정보처리에 대한 개념을 주로 다루었으며, 회원은 주로 심리학자, 엔지니어, 의사, 마음 또는 '마음 쓰기(minding)'에 관심이 있는 심리학자들로 구성되었다. 튜링이 이 모임에 종종 참석했다. 수년간 만남이 지속된 이 단체는 전임 교수직을 받은 회원은 무조건 축출되는 흥미로운 규칙이 있었다. 그럴 경우 그가 다른 회원들에 대한 잠재적 통제력을 가지게 될 수도 있기 때문이었다(McCorduck 1979: 78).

이렇게 직접 만나는 많은 모임들 외에도, 1940년대 말부터 1950년대 말까지 다양한 분야에서 여러 권의 책들이 발표되어 새롭게 떠오르는 학제적 아이디어가 더 많은 대중에게 알려졌다. 그런 책으로, 힉슨 심포지엄에 가장 비견될 만한 저작물은 아마 로스 애슈비(W. Ross Ashby)의 『두뇌를 위한 설계(*Design for a Brain*)』(1952)일 것이다.

영국의 의사 겸 수학자였던 애슈비는 인간의 정신적 활동을 기계적 방식으로 설명할 수 있기를 바랐다. 그는 단지 논리학의 공리적 방법론만을 사용하여 적응하는 행동 또는 학습이 가능한 기계를 설계할 수 있는 방법을 탐구했다. 당시 행동주의의 지배력을 고려하면 당연하게도, 애슈비는 의식이나 의도적 행동과 같은 것들을 입에 담기 꺼려했다. 대신 그는 한 생명체가 혼돈에서 안정으로 전환하는, 그리하여 생존 가능성을 강화하는 방법에 대해 주의를 돌렸다. 안정은 "그 기계가 자기조직 시스템, 즉 자극에 반응하고 안정 상태로 들어가기 위해 행동과 때로는 모양까지 바꾸는 시스템"이기 때문에 출현할 수 있다(McCorduck 1979: 83). 애슈비의 연구는 밀러, 민스키, 뉴얼, 사이먼 같은 젊은 학자들의 흥미를 불러일으켰는데, 그 이유는 그가 단지 잘 작동하는 기계를 만드는 데만 관심 있던 것이 아니기 때문이었다. 애슈비는 이렇게 선언한 바 있다. "나의 목표는 단순히 살아 있는 뇌를 복제하는 것이 아니다. 살아 있는 두뇌가 특정한 그것만의 방식으로 뭔가를 잘못한다면, 나는 내 인공 두뇌도 그런 식으로 잘못하기를 바란다. 나는 만약 신경계가 기계적으로 또 동시에 적응적으로 행동한다면 거기에 무엇이 필요한지, 신경계가 어떤 속성을 반드시 가져야만 하는지 연역 추론을 시도했다." 끈질기게 논리적인 진행 방식, 큰 뜻을 품은 인지과학자들의 주의를 끄는 인간과 기계의 행동 간의 '미세한' 차이의 가능성조차도 거부하는 자세에서 애슈비의 열망이 얼마나 큰지 볼 수 있다. 엄격한 행동주의 및 기계적 규범에 대한 그의 광적인 집착은 결과적으로 후대 연구자들을 더욱 독려했다. 그의 도전은 적어도 그 연구 정신의 측면에서는, 오늘날의 많은 인지과학자들의 귀감으로 남아 있다.

영미 외 지역에서도 새롭게 등장한 인지과학 논의와 관련된 책들이 나타나기 시작했다. 예를 들어 언어학 분야에서는 야콥슨(Roman Jakobson)과 그의 동료들이 언어가 구성되는 음운(기본 소리)들로 이루어지는 언어의 변별 자질들, 즉 언어의 단위체 또는 구성 블록에 대한 그들의 첫 발견들을 발표했다(Jakobson and Halle 1956). 신경심리학 분야에서는 도널드 헵(Donald Hebb)이 신경계 성장 모델을 개발하여 시·지각의 많은 측면들을 설명했고, 학습의 과정과 지능의 성장 및 퇴조에 대해 뛰어난 해석을 제공했다. 인류학 분야에서는 베이트슨이 가족 구성원 간 같은 사회적 체계 안의 피드백 시스템에 대한 개념을 소개했다(Bateson et al. 1956). 마르코프 프로세스 및 통계 모델 같은 새로운 수학적 혁신이 빠르게 사회과학계의 주의를 끌었다. 프레더릭 바틀릿(Frederic Bartlett), 클로드 레비-스트로스(Claude Lévi-Strauss), 알렉산더 루리아, 장 피아제(Jean Piaget), 레프 비고츠키(Lev Vygotsky) 등 유럽 대륙에서 주목을 받은 여러 학자들이 영미 학계에서도 점점 존경을 받기 시작했다.

그러나 이 모든 것은 무대 설치의 과정에 불과하다. 인지과학의 기본 아이디어는 매컬러, 튜링, 폰 노이만, 위너, 피츠의 초기 논문들에 모두 포함되어 있었으며 메이시 학회, 레이쇼 클럽, 하버드 학술원, 기타 다양한 기관과 장소에서 뜨거운 논쟁이 벌어지고 있었다. 중요한 논문과 책이 저술되고 논의되었다. 여전히 이 모든 활동들은 어떤 면에서는 기존의 연구 분야 바깥에서 진행되고 있었다. 이는 교과목 밖의 문제였으며 행동주의 심리학자, 구조주의 언어학자, 기능주의 사회인류학자, 동물 학습 신경심리학자 등의 주류 학자들은 조금씩 미심쩍은 시선을 보냈다. 이 분야들은 그 기반부터 급격한 지각변동을 여러 차례 겪게 된다. 그리 오래되지 않아서 말이다.

제3장

인지과학: 첫 몇 십 년

3.1 합의된 탄생일

아마추어 역사가들이 이러한 합의에 도달한 적은 좀처럼 없었다. 살아있는 주요 학자들은 인지과학이 1956년 즈음에 공식적으로 승인되었다는 것에 거의 만장일치로 동의했다. 심리학자 밀러(George A. Miller)는 심지어 그 날짜를 1956년 9월 11일로 지정했다(1979).

왜 이 날인가? 밀러는 의사소통 이론 및 인문과학의 많은 선도적인 인물들이 참석한, 1956년 9월 10-12일에 MIT에서 열린 정보 이론 심포지엄에 초점을 맞추었다. 심포지엄의 둘째 날이 밀러의 마음속에 중요하게 부각되었는데, 이는 두 논문 때문이었다. 첫 번째 논문은 뉴얼과 사이먼이 발표한 것으로, '논리 이론 기계(logic theory machine)'를 묘사하였으며, 이는 계산 기계에 의해 수행된 첫 번째 완전한 정리증명이었다. 두 번째 논문은 젊은 언어학자 촘스키의 것으로, 그는 '언어의 세 가지 모델'의 개요를 설명했다. 촘스키는 섀넌의 정보-이론적 접근에서 유래된 언어 생산의 모델은 '자연 언어(natural language)'에 성공적으로 적용될 가능성이 없음을 보였고, 언어적 변형에 근거하여 문법에 대한 자신의 접근법을 소개했다. 밀러는 "다른 언어학자들이 언어가 수학의 모든 형식적 정밀성을 갖추고 있다고 말해왔지만, 촘스키는 이 주장을 성공적으로 이행한 첫 번째 언어학자였다. 나는 바로 이것이 우리 모두를 흥분시켰다고 생각한다"(Miller 1979: 8)고 회상했다. 우연찮게도, 그날 밀러 역시 중대한 논문을 발표했다. 그 논문은 인간의 단기기억의 능력이 대략 일곱 가지 항목으로 제한된다는 주장을 대략적으로 설명한 것이었다. 밀러는 자신의 반응을 다음과 같이 요약하였다.

> 나는 이성적이라기보다는 직관적으로, 인간실험심리학, 이론언어학, 그리고 인지 과정의 컴퓨터 시뮬레이션이 모두 하나의 더 큰 전체의 부분들이며, 미래에는 이들이 공유하는 문제들이 혁신적으로 정교화되고 조직화되는 모습을 보게 될 것이란 강한 신념을 가지고 심포지엄을 나섰다. (……) 나는 인지과학이 시작되기 20년 전부터, 내가 그것을 뭐라고 불러야 할지 알기도 전에 인지과학을 향해 나아가고 있었다. (1979: 9)

밀러의 증언은 다른 목격자들에 의해서도 확인된다. 심리학자인 브루너는 "새로운 은유들이 1950년대 중반에 존재하게 되었고 그중 가장 설득력 있는 것 중 하나는 계산[의 은유]이다. (……) 나의 '세대'는 인지적 혁명—그 한계를 우리는 여전히 헤아릴 수 없는 혁명—을 창조하고 육성했다"(1983: 274, 277)고 선언했다. 마이클 포스너(Michael Posner)는 "인지에 대한 이 아이디어들의 혼합은 1950년대 초기에 심리학에 도착한 정보처리 언어에 의해 촉발되었다"(Posner and Shulman 1979: 374)고 결론짓는다. 그리고 조지 맨들러(George Mandler)는 다음과 같이 말했다.

현재는 모호해 보이는 이유들에 의해 20세기의 전반기에는 다양한 긴장과 부적절함이 있었는데, 그것들이 협력하여 심리학에서 새로운 운동을 생산하게 되었다. 이 새로운 운동은 정보처리라는 이름으로 처음 도입되고, 후일에 현대 인지심리학으로 알려지게 되었다. 그리고 이 모든 것은 1955년과 1960년 사이의 5년이라는 기간에 일어났다. 이 5년의 기간 동안, 그 연구자들에게 막 명료해지기 시작한 사건이었다. (1981: 9)

마지막으로, 이 기간 내 그들의 역사에 대하여, 컴퓨터과학자인 뉴얼과 사이먼은 다음과 같이 선언한다.

최근 12년 동안 과학적 관점에 전반적인 변화가 일어났다. 이 변화는 여기서 소개된 관점과 일치한다. 우리는 이 변화가 대략 1956년에 시작된 것으로 볼 수 있는데, 심리학에서는 브루너, 굿나우, 그리고 오스틴의 『사유에 대한 연구(*Study of Thinking*)』 및 밀러의 '마법의 수 7(The magical number seven)'의 출현을 통해서, 언어학에서는 촘스키의 '언어의 세 가지 모델'을 통해서, 그리고 컴퓨터과학에서는 논리이론 기계에 대한 우리의 논문을 통해서이다. (1972: 4)

이렇게 일치하는 기억들은 몇 가지 중요한 저술들을 강조하는데, 이것들은 (아마 놀랍지 않게도) 동일한 작은 연구자 집단으로부터 나왔다. 그러나 사실 관련 문헌의 목록은 거의 무한하다. 일반적인 인지과학 문헌을 고려한다면 사후에 출판된 폰 노이만의 책 『컴퓨터와 뇌(*The Computer and the Brain*)』(1958)가 목록의 선두에 있어야 한다. 이 책—실제로는 폰 노이만이 위독하여 하지 못했던 의뢰 강연들의 모음—에서 선구적인 컴퓨터과학자 폰 노이만은 원래 그가 익슨 심포지엄 기고문에서 간단히 언급했던 주제 다수를 발전시켰다. 그는 다양한 종류의 컴퓨터에 대한 논의를 포함시켰고, 프로그램의 개념, 컴퓨터에서 기억의 작동, 그리고 그 자신을 복제하는 기계의 가능성을 분석했다.

내가 인지과학에 기여하는 것으로 언급한 분야들에서 주요 연구들이 나왔다. 앞서 내가 인용한 증인들은 심리학, 언어학, 그리고 인공지능 분야의 주요한 글들을 언급하였는데 더 많은 항목이 추가될 수 있다. 신경과학자들은 신경계에서 낱개의 뉴런으로부터 나오는 자극을 기록하기 시작했다. MIT에서 신경생리학자 제롬 레트빈(Jerome Lettvin)과 움베르토 마투라나(Humberto Maturana)가 이끈 매컬러의 연구팀은 개구리의 망막으로부터 이를 기록했다. 개구리의 망막에서 뉴런은 매우 구체적인 형태의 정보, 예를 들면 그들의 수용 영역을 3-5도 각도로 가로지르는 '벌레 같은' 작은 어두운 점에 즉각 반응했다. 또한 1950년대 후기에, 경쟁 연구팀인 하버드의 데이비드 허블(David Hubel)과 토르스텐 비셀(Torsten Wiesel)은 고양이의 시각피질세포로부터 자극을 기록하기 시작했다. 그들은 명도, 대비, 양안성, 그리고 선의 방향을 포함한 구체적 정보에 반응하는 신경세포의 위치를 찾아냈다. 결국 1981년에 노벨상을 받은 이 일련의 연구들은 신경계에 암호화된 극한 세부성에 이목을 집중시켰다.

1950년대 중반은 인류학 분야에도 특별했다. 이 시기에 해럴드 콘클린(Harold Conklin), 워드 구디너프(Ward Goodenough), 플로이드 라운스버리(Floyd Lounsbury)의 첫 번째 책들이 새롭게 생겨난 인지심리학 혹은 문화의미론 분야에 등장했다. 연구자들은 외딴 문화권에 거주하는 사람들의 명명하기, 분류하기, 개념 형성 능력에 대한 데이터를 체계적으로 수집했고, 형식언어로 이 언어적이고 인지적인 행동들의 본성을 기술하고자 했다. 그들은 관련 인지 과정들이 어디서든 유사하다고 강하게 주장하면서도, 전 세계에서 찾아낸 매우 다양한 인지적 행동을 기록했다.

이에 덧붙여 1956년 여름, 수학과 논리학 훈련을 받고 컴퓨터의 문제 해결 능력에 관심을 지닌 일단의 젊은 학자들이 서로의 관심사를 논하기 위해 다트머스 대학에 모였다. 참석자 대부분은 '인공지능(artificial intelligence)'으로 불리게 된 분야를 연구하는 학자들 대부분이었는데, 일반적으로 인공지능의 창시자로 여겨지는 네 사람, 매카시, 민스키, 뉴얼, 사이먼이 포함되었다. 이 모임에서 과학자들은 다른 선도적인 연구자들과 함께 문제를 해결하고, 패턴을 인식하고, 게임을 하고, 논리적으로 추론할 수 있는 프로그램에 대한 아이디어를 검토하고, 다가오는 해에 논해야 할 주요한 이슈들을 제시하였다. 비록 이 논의에서 어떠한 통합도 이루지 못했지만, 참가자들은 MIT, 스탠퍼드, 그리고 카네기-멜론 캠퍼스를 중점으로 하는, 일종의 영구적 '내집단'을 결성한 것으로 보인다. 인공지능에 있어 1956년 여름의 이 모임은 의사소통 과학자들에게 몇 달 후 MIT에서의 회의가 그랬던 것만큼이나 중요한 것이었다.

경험과학에서 제외된 학자들 역시 새로운 기계들의 함의를 숙고하고 있었다. 프린스턴의 미국 철학자 힐러리 퍼트넘(Hilary Putnam 1960)은 혁신적인 개념의 집합을 제시하였다. 그가 기술한 바에 따르면, 튜링머신 개념의 발전과 컴퓨터의 발명은 고전적인 심신 문제를 해결—혹은 해소—하는 데 도움을 주었다. 동일한 프로그램들이 같은 컴퓨터 혹은 다른 컴퓨터에서 구조적으로 동일한 문제 해결 작업을 수행할 수 있다는 것은 명백했다. 따라서 논리적 작업 그 자체('소프트웨어')는 그것이 실행되는 특정한 '하드웨어'와 별개로 기술될 수 있다. 더 기술적으로 말하자면, 튜링머신의 '논리적 기술'은 그것의 물리적 구현에 대한 어떠한 구체적 사양도 포함하지 않는다는 것이다.

인체와 인간의 사유 과정에 대한 유비관계는 명백했다. 인간의 뇌

(혹은 '신체적 상태')는 계산적 하드웨어에 상응하며, 사유나 문제 해결의 패턴('심적 상태')는 인간 신경계의 특정한 구조와 전혀 별개로 기술될 수 있었다. 나아가 인간은 컴퓨터와 마찬가지로 프로그램을 지니고 있었고, 두 존재자 모두에서 프로그램을 기술하기 위해 동일한 상징 언어가 적용될 수 있었다. 이러한 개념들은 인공지능에서의 다양한 시연이 갖는 인식론적 함의를 명료히 했을 뿐만 아니라, 동시대 철학과 인지과학의 경험적 연구가 훨씬 더 가까이 접촉하도록 했다.

또 다른 유의미한 연구는 통상적으로 정의되는 인지과학의 범위 밖에 있는 분야로, 콘라드 로렌츠(Konrad Lorenz, 1935)와 니콜라스 틴베르헌(Nikolas Tinbergen, 1951)의 노력에 의해 1930년대 및 1940년대에 유럽에서 발전한, 동물의 행동에 대한 행동학적 접근이었다. 미국의 비교심리학자들이 통제된 실험실 환경을 엄밀히 고수하던 바로 그 시기에, 유럽의 행동학자들은 동물들을 그들의 야생의 서식지에서 연구해야 한다고 결론지었다. 이 자연적인 조건하에서 신중히 관찰하고, 현장에서 점차 비공식적인 실험을 수행하면서, 행동학자들은 동물들과 그들의 자연적 환경 간의 뛰어난 조화, 각 종의 특징적인 환경(Umwelt, 혹은 세계관), 그리고 '중대한' 혹은 '민감한' 기간 동안 극적인 발달상의 중요한 단계를 촉진하는 특정한 자극(혹은 해발인(解發因))을 밝혀냈다. 행동학은 어느 정도 미국의 전공이라기보다는 유럽의 전공으로 남았다. 그러나 여전히, 자연 발생적인 상황에서 나타나는 행동의 표본을 더 넓은 폭으로 얻고자 하는 의지가 있었고, 그러한 의지는 인지 연구에서 행동학적 개념을 용인하도록 하였으며 동시에 탐사 방식을 자유롭게 하였다.

3.2 1960년대: 차츰 박차를 가하다

1950년대에 심어진 씨앗들은 다음 10년간 빠르게 싹을 틔웠다. 정부 및 민간기업에서 상당한 금전적 지원을 제공했다. 지적 수준을 설정한 것은 1950년대에 주요 연구를 개시한 선도적인 연구자들, 그리고 그 이전 세대의 가장 열정적인 지성인들을 물리학과 생물학이 꾀어낸 것과 같은 방식으로 인지 분야에 매력을 느끼게 된 재능 있는 학생들의 집합이었다. 이 '인지의 판매'에 있어 주요한 두 인물은 1960년에 하버드에서 인지 연구 센터를 설립한 브루너와 밀러였다. 한 설에 따르면 이 센터는 두 심리학자가 학부장인 맥조지 번디(McGeorge Bundy)에게 지식의 본성에 전념하는 연구 센터를 만드는 데 도움을 달라고 요청하면서 시작되었다. 소문에 따르면 번디는 "그러면 그것이 하버드 대학이 하는 일과 어떤 차이가 있겠소?"라고 반응했다고 한다(Bruner 1983: 123에서 재인용). 번디는 승인을 해주었고, 브루너와 밀러는 행동과학의 새로운 계획들에 호의적이었던 심리학자 존 가드너(John Gardner)가 당시 회장으로 있던 카네기사로부터 지원을 받는 데 성공했다.

그 후로 10년이 넘게 하버드 센터는 객원 학자들이 안식년에 초대받고, 대학원생들과 박사 후 과정 연구생들이 인지 분야의 최신 견해를 얻기 위해 모여드는 현장 역할을 했다. 센터의 방문자 명단은 인지과학에서의 명사 인명록처럼 읽히는데, 거의 대부분이 한 번쯤은 센터를 방문했고, 다수가 거주지에서 한 학기 혹은 1년을 보냈다. 그리고 센터의 실제 프로젝트와 결과들이 그 분야의 생존에 필수불가결한 것은 아니었더라도, 센터의 존재, 그곳에서 회자되는 아이디어들, 그리고 후속 연구에서 아이디어들이 시행되는 방식에 영향을 받지 않은 이 분야의 젊은 학자는 거의 없었다. 실제로 심리학자인 마이클 포스너와 고든 슐먼(Gordon Shulman)은 인지과학이 시작한 장소를 하버드 센터로 꼽왔다(Posner and Shulman 1979).

1960년대에 여러 저술이 하버드 센터와 다른 연구 기관에서의 아이디어들에 접근할 수 있도록 해주었다. 밀러—그의 동료인 신경과학자 칼 프리브럼(Karl Pribram)과 수학적 지향을 지닌 심리학자인 유진 갤런터(Eugene Galanter)와 함께—는 심리학 및 다른 연관 분야에 엄청난 영향을 미친 『계획과 행동의 구조(*Plans and the Structure of Behavior*)』(1960)라는 제목의 얇은 책으로 60년대를 열었다. 이 책에서 저자들은 표준 행동주의와 신용을 잃은 반사호(反射弧)에 종말을 고하고, 대신에 행동, 피드백 루프, 그리고 피드백을 고려한 행동의 재조정 측면에서 행동에 대한 인공두뇌학적 접근을 요구했다. 반사호를 대체하기 위하여, 그들은 'TOTE(Test-Operate-Test-Exit) 유닛'이라 불리는 행동의 단위를 제시했다. TOTE 유닛의 중요한 속성은 그것이 전체를 아우르는 TOTE 유닛의 위계적 구조 내에 그 자신을 삽입할 수 있다는 것이었다. 이러한 TOTE 유닛을 개념화하는 수단으로, 저자들은 프로그램을 지닌 컴퓨터를 선택했다. 만약 컴퓨터가 목표(혹은 목표들의 집합), 목표를 수행할 수단, 목표가 수행되었음을 검증할 수단, 그리고 새로운 목표로 나아가거나 작업을 끝내는 선택지를 지니고 있다면, 이것은 인간의 모델로 삼기에 충분했다. 컴퓨터는 계획(위계적으로 조직된 과정), 이미지(세계에 대한 전체 사용 가능한 지식), 목표, 그리고 다른 유심적 개념들을 통해 인간을 기술하는 것을 이론적으로 정당화시켰다. 그리고 유심적 개념을 강력히 지지함으로써 이 세 선도적인 과학자들은 이제 실제로 제한된 자극과 반응 이야기를 버리고, 더 제약 없고, 상호적이고, 목적의식이 뚜렷한 모델을 사용하는 것을 정당하게 만들었다.

몇 년 후 인지심리학에 대한 교과서들이 나타나기 시작하면서 이러한 사유의 방식이 미친 영향이 명백해졌다. 단연코 가장 영향력 있었던 것은 컴퓨터 사용에 능한 실험 심리학자 울릭 나이서(Ulric Neisser)의

『인지심리학(*Cognitive Psychology*)』(1967)이었다. 나이서는 인간 행동에 대해 매우 '구조적'인 관점을 제시한다. 그의 설명에 따르면, 모든 인지는 지각의 처음 순간 이래로 독창적인 분석과 종합 과정을 포함한다. 그는 컴퓨터과학자들에게는 '집행'에 대한 논의를 지지한 것에 경의를 표했고, 정보과학자들에게는 데이터의 입력, 처리, 변형을 논한 것에 경의를 표했다. 그러나 동시에 나이서는 컴퓨터-정보 형식의 분석에 대한 무비판적 수용을 거부했다. 그의 관점에서 얼마나 많은 비트의 정보가 처리될 수 있는지에 대한 객관적 계산은 심리학과 관련이 없는데, 왜냐하면 인간은 전화와 같은 단순한 정보 전달 수단으로서는 불가능한, 선택적인 집중을 하기 때문이다. 나이서는 컴퓨터 프로그램을 둘러싼 주장들에 대하여 유사한 회의적 의구심을 표했다.

> [이 프로그램들 중] 그 무엇도 인간의 심적 과정의 복합성을 조금도 공정하게 대하지 않는다. 인간과는 달리, '인공지능' 프로그램들은 단호하고, 방해할 수 없고, 비감정적인 경향이 있다. (……) 이 책은 이러한 종류의 모델, 그리고 인지 과정에 대한 지나치게 단순한 다른 이론들에 대한 광범위한 반론으로 이해될 수 있다. (1967: 9)

나이서 이후로, 일반적으로는 인지과학적 접근을 수용하면서도 '진정한 신봉자'와 활발한 논쟁에 참여하는 것이 가능해졌다.

시뮬레이션의 힘에 대한 열렬한 지지자들은 이 시기에 조용히 있은 적이 거의 없었다. 1969년 콤프턴 강연 '인공물의 과학(The Sciences of the Artificial)'에서, 사이먼은 그의 접근법에 대한 철학적 설명을 제공했다. 그가 설명한 바에 따르면, 컴퓨터와 인간의 마음 둘 다 '상징계'로 이해되어야 했다. 즉, 이 둘은 다양한 종류의 상징을 처리하고, 변형하고, 정교화하고, 그리고 다른 방식으로는 조종하는 물리적 존재자라는 것이다. 그리고 1972년에 뉴얼과 사이먼은 그들의 기념비적인 저작 『인간의 문제 해결(*Human Problem Solving*)』을 출판했다. 이 책에서 그들은 '일반적인 문제 해결' 프로그램들을 기술하고, 인지 연구에 대한 그들의 접근법에 대한 설명을 제공했으며, 이 연구 분야에서 그들의 주장을 상세히 열거한 역사적 부록을 포함시켰다.

인지과학의 다른 하위분야에서도 관련된 내용에 대한 교과서와 책이 나타나고 있었다. 매우 영향력 있는 선집은 제리 포더(Jerry Fodor)와 제럴드 캇츠(Jerrold Katz)의 『언어의 구조(*The Structure of Language*)』(1964)로, 철학, 심리학, 그리고 언어학에서의 촘스키적 관점을 보여주는 글들을 포함했고, 언어에 대한 이전의 접근법이 아닌 바로 이 접근법이 왜 적절한 과학적 입장일 가능성이 높은지를 입증하고자 했다. 인공지능에서는 에드워드 파이겐바움(Edward Feigenbaum)과 줄리언 펠드먼(Julian Feldman)이 그 시대에 가장 잘 운영되었던 프로그램들 다수를 소개한 『컴퓨터와 사유(*Computers and Thought*)』(1963)라는 선집을 내놓았다. 이들의 선집이 명백한 '카네기 편향'을 보였다면, 1968년에 마빈 민스키가 편집한 선집 경쟁작인 『의미론적 정보처리(*Semantic Information Processing*)』는 MIT의 입장을 강조했다. 그리고 인지인류학 분야에서는 킴벌 롬니(Kimball Romney)와 로이 드안드레드(Roy D'Andrade)의 영향력 있는 글들에 더하여(1964), 1969년에는 스티븐 타일러(Stephen Tyler)의 교과서인 『인지인류학(*Cognitive Anthropology*)』이 등장했다.

1969년 즈음에는 단기기억에 대한 수많은 저술이 쏟아져 나왔다. 한 덩어리로 묶지 않는 이상, 그 누구도 인지과학에서 중요한 단행본들, 논문들, 그리고 유명인들을 모두 열거할 수 없었다(비록 내 인용 목록이 괴로울 정도로 길어 보이지만, 나는 대략 1970년까지의 인지과학을 수박 겉핥기식으로 다루었을 뿐이다). 몇몇 분야에서는 대단한 활동이 있었고, 명백한 진보의 분위기 역시 있었다. 한 컨퍼런스에서 열렬한 참가자는 다음과 같이 선언했다.

> 우리는 주요한 지적 모험의 시작점에 있는지도 모른다. 물리학이 르네상스 말기에 처해 있던 입장과 비교할 만한 곳, 즉 많은 것들이 발견되기를 기다리고 있고, 이를 어떻게 시작해야 할지에 대한 아이디어를 직감하기 시작하는 그 위치 말이다. 현대 물리학의 초기 발전의 경우에는, 과학의 진보가 새로운 종류의 지적 정교함을 포함하는 것으로 밝혀졌다. 과학의 진보는 새로운 수학, 새로운 존재론, 그리고 과학적 방법론에 대한 새로운 관점들을 포함했다. 내 추측은 현재의 상황에도 동일한 종류의 진전이 요구되고 있다는 것이다(그리고 또한 동일한 시간적 규모로 말이다). 아마도 그때와 같이 지금도, 이는 쇠퇴해 가는 지성 및 제도의 관습과 맞서는 힘겨운 전투가 될 것이다. (Sloan Foundation 1976: 10)

임박한 혁신에 대한 흥분과 함께, 한 분야의 활동량이 이 지점까지 성장하면 인류는 종종 어떤 종류의 조직을 설립하거나 새로운 사업을 시작하였다. 바로 이러한 일이 인지과학에서 1970년대 초반, 그리고 중반에 일어났다. 개인들, 이해관계, 그리고 학문 분야들을 조직적 구조로 합병할 시기가 무르익었다.

3.3 슬로언 계획

이 시기에 운명은 과학에 관심을 가진, 뉴욕에 근거지를 둔 민간재단의 형태로 개입하였는데 그것은 바로 알프레드 P. 슬로언 재단(Alfred P. Sloan Foundation)이었다. 슬로언 재단은 '특별 프로그램(Particular

Program)'에 자금을 지원했다. 슬로언 재단은 유의미한 진보를 불러일으키고자 하는 희망하에, 몇 년간 한 영역에 상당 금액을 투자했다. 1970년대 초기에 특별 프로그램이 신경과학에서 개시되었다. 이 특별 프로그램은 신경계를 탐구하는 학문 분야들의 집합이었으며, 그 범위는 신경심리학과 신경생리학에서부터 신경해부학, 그리고 신경화학까지 걸쳐 있었다. 이질적 분야에서 소집된 연구자들은 슬로언 재단의 기금을 통해 공통의 개념과 공통의 조직적 틀을 탐구할 자극을 받았다. 이제 슬로언 재단은 가급적이면 과학에서, 비슷한 양의 자금을 투자할 유사한 분야를 찾아내고자 했다.

슬로언 재단 담당자들과의 대화 그리고 출판된 기록을 보면, 슬로언 재단이 인지과학에 개입하게끔 이끈 주요한 사건들을 재구성하는 것이 가능하다. 1975년 초에 재단은 몇몇 분야의 특별 프로그램을 지원하는 것을 고려하고 있었다. 그러나 1975년 말에는 인지과학에서의 특별 프로그램이 적극적 고려 대상이었다. 다음 해에 주요 인지과학자들이 그들의 관점을 공유하는 회의가 몇 차례 열렸다. 아마도 이 분야에 임박한 자금 투입을 감지하고서, 슬로언 재단에 초대받은 거의 모든 과학자들이 자신의 일정을 조정해 회의에 참석했다. 비록 새로운 인지과학 운동에 대해 분명한 비판이 있었지만, 대부분의 참가자들(인정하건대 이해관계가 얽힌 집단들)은 인지과학 분야의 장래성 및 유연한 연구와 훈련에 대한 지원을 강조했다.

슬로언 재단은 신경과학을 지원했던 시기의 신경과학만큼 인지과학이 성숙하지 않았다는 것을 인식했지만, 담당자들은 "그럼에도 불구하고, 주된 탐구에 개입한 많은 권위자들에 의해 확증된 많은 지표들이 인지과학의 많은 분야들이 수렴되고 있음을 보여주고, 나아가 연구 도구와 기술들이 이론적 지식체를 설립하는 데 공유될 수 있도록 각 분야 간의 연락선을 개발해야 할 중요한 필요성이 있다"(Sloan Foundation

1976: 6)고 결론지었다. 숙고 끝에 재단은 1,500만 달러의 자금 투입을 포함한, 5년에서 7년간의 프로그램에 착수하기로 결정하였다(이 투자액은 궁극적으로 2,000만 달러까지 증가했다). 처음에 이 투자는 다수의 연구 기관에 대한 작은 연구비 형식이었지만, 궁극적으로는 소수의 주요 대학에 대한 대규모 연구비 형식을 채택했다.

한 세대 전에 메이시 재단이 원동력을 제공한 것처럼, 슬로언 재단의 계획은 인지과학 분야에 촉매 역할을 했다. 한 명 이상의 학자들이 비꼬아 말한 것처럼, "어느 날 갑자기 정신을 차려보니 내가 평생 인지과학자였다". 즉시 『인지과학(*Cognitive Science*)』이라는 학술지가 설립되었고, 첫 번째 간행물은 1977년 1월에 발표되었다. 그리고 그 후로 곧 1979년에 동일한 이름의 협회가 설립되었다. 캘리포니아 샌디에고 대학의 도널드 노먼(Donald Norman)은 이 두 사건에 중요한 역할을 했다. 협회는 첫 번째 연례 회의를 대대적인 축하 속에 1979년 8월 캘리포니아의 라졸라(La Jolla)에서 개최했다. 프로그램, 코스, 소식지, 그리고 관련된 학문 용품들이 전국적으로, 그리고 해외에서까지 등장했다. 심지어 인지과학에 대한 책들까지 발간되었는네, 이 중에는 모턴 헌트(Morton Hunt)의 유명한 해설서인 『우리 안의 우주(*The Universe Within*)』(1982)가 있었으며, 슬로언 재단이 지원한 나의 역사 에세이 역시 포함된다.

한 분야의 탄생을 선언하는 것은, 그 분야에 (중심부이든 주변부이든 간에) 속해 있지만 (인정받을 만한 과학적 진보는 고사하고) 어떠한 합의점도 가지지 못했던 연구자들에게 지지대 효과를 불러왔다. 한 분야를 설립하거나 합의를 이끌어내는 데 있어서, 후원자들은 거의 항상 필수적인 존재였다. 비록 후원자가 필연적인 충분조건은 아니었지만 말이다. 실제로 인지과학 분야가 무엇인지, 누가 이를 이해하는지, 누가 이를 위협하는지, 그리고 이 분야가 어떤 방향으로 가야 하는지에 대한 긴장은

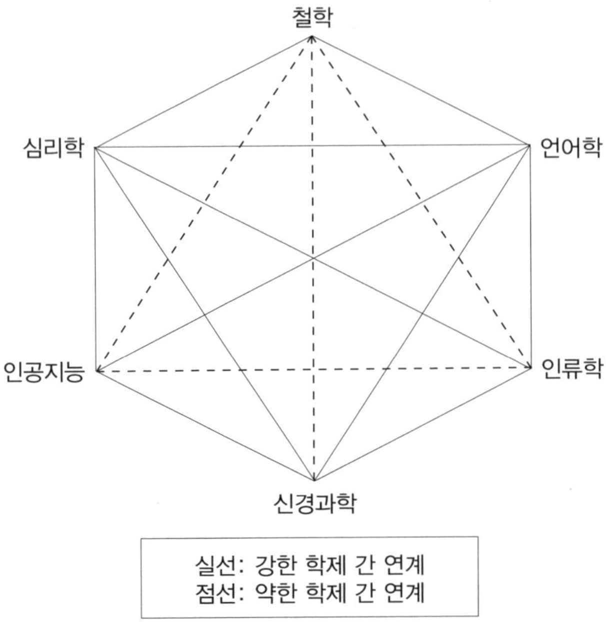

인지과학들 간의 연계

슬로언 재단의 모든 개입 단계와 밀접하게 연결되어 있었다(그리고 이는 오늘날까지 지속되고 있다).

인지과학 연구에 대한 슬로언 재단의 지원이 낳은 논쟁의 징후는 1978년 재단에서 의뢰한 보고서에 대한 반응에서 나타났다. 이 「최신 보고서(State of the Art Report)」(곧 줄여서 'SOAP'로 불리게 된)는 인지과학 분야의 선도적 학자 열두 명이 초고를 썼고, 또 스무 명의 고문들에게 조언을 받았다. 저자들의 관점에서, "이 분야를 존재하게 만든 것은 공통의 연구 목적이다. 이 목적은 곧 마음의 표상적·계산적 능력 및 뇌에서의 이 능력의 구조적·기능적 재현을 발견하는 것이다"(1978: 6). 저자들은 여섯 가지 구성 분야들 간 상호관계의 개요를 준비했다. 이는 인지 육각형이라 명명되었다. 육각형은 이미 구축된 분야 간 연관성을 나타내고, 형성될 수 있지만 아직은 형성되지 않은 종류의 연관성을 제안하기 위한 노력으로 실선과 점선이 사용되었다.

SOAP의 저자들은 내가 보기에 일련의 중요한 연구들을 조사하고, 주요 전제들을 제시함으로써 인지과학 작업에 대한 일반적 헌장을 제공하기 위하여 진지한 노력을 기울였다. 그리고 어떻게 다른 문화권의 개인들이 색깔에 이름을 붙이는지에 대한 사례를 사용하여, 저자들은 어떻게 다른 학문 분야들이 그들의 통찰을 결합하는지를 실제로 보여주었다(나는 이 색을 명명하는 사례를 제12장에서 구체적으로 다룰 것이다). 그러나 학계 일반에서는 이 보고서에 대해 뚜렷하게 부정적인 관점을 취했다. 사실 너무나 많은 독자들이 맹렬한 반대를 표했기 때문에 원래 계획과는 반대로 이 문서는 출판되지 않았다. 나는 이 부정적인 반응이 각 독자가 이 문서를 자기 자신의 분야 및 연구 프로그램의 관점에서 접근했다는 사실로부터 비롯되었다고 생각한다. 합리적 보편성을 갖고자 노력하는 가운데, 저자들은 그저 대부분의 독자들이 자신들의 작업이 경시되고 있다고 생각하게 만들었을 뿐이었다. 게다가 여전히 합의된 연구 패러다임이 없었기 때문에—전제나 방법론에 대한 어떠한 합의도 없었다—, 인지과학자들은 자신이 선호하는 패러다임을 전체 분야에 투사하는 경향이 있었다. 이러한 요인들을 고려해보면, 1978년에 인지과학자들 다수의 지지를 얻을 문서를 작성한다는 것은 아마도 가능하지 않았을 것이다.

물론 슬로언 재단의 후한 지원 덕택이든 인지과학 분야에 질서를 부여할 현대판 뉴턴이나 다윈 덕택이든 신비로운 합의점이 나타났다면 좋았을 것이다. 그러나 이 두 기적적인 사건이 모두 부재한 상황에서, 인지과학을 이해하고자 하는 우리에게는 이 분야에 대한 잠정적인 정식화를 제시하는 일이 남겨졌다. 이 책의 제1장에서 나는 인지과학의 현재적 정의를 제시했고, 이 분야의 다섯 가지 구성 요소를 언급했다. 이제 약 30년 전 인지과학의 시작을 이끈 지적인 힘들을 개략적으로 설명했으니, 그 함의 및 문제적 측면을 고려하기 위하여 나는 이 주제를 더 자세히 논의하고자 한다. 그런 뒤에 나는 동시대 인지과학의 중심부에 존재하는 모순과 도전을 기술함으로써 이 도입부를 끝맺을 것이다.

3.4 인지과학의 주요 특성들

나는 내 자신의 연구를 통해 인지과학의 다섯 가지 특성들 혹은 '증상(symptom)들'에 대한 구분이 유용하다는 것을 발견하였다. 처음 두 특성들은 인지과학의 '핵심 가정'들을, 나머지 세 특성들은 방법론적 혹은 전략적 특성들을 나타낸다. 이러한 특성들은 인지과학의 가장 '강한 버전'들이 공유하는 공통된 특성일 뿐 아니라 인지과학을 비판할 때 초점이 되는 부분이기도 하다. 나는 이러한 특성들을 열거한 후 인지과학에 가장 적대적이었던 사람들이 제기한 비판들을 서술할 것이다. (가장 강경한 비판가들에 의해 제기된) 이러한 비판들은 이 책의 적절한 부분에서 부연 설명된 후 결론 장에서 검토될 것이다.

3.4.1 표상

인지과학은 '표상의 단계(level of representations)'라 불릴 수 있는 독립된 분석의 한 단계를 가정하는 것이 정당하다는—사실은 필수적이라는—믿음에 입각해 있다. 이 단계(표상의 단계)에서 연구를 진행할 때 과학자는 상징, 규칙, 심상—입력과 출력 사이에서 발견되는 표상적 대상들을 이용하며, 이러한 표상적 대상들이 통합되고 변형되며 상호 대조되는 방식들을 탐구한다. 이 단계는 다양한 인간 행위, 행동 및 사고를 설명하는 데 있어 필요한 단계이다.

인지과학자는 표상적 단계를 선택하는 과정에서 인간 사고를 설명하는 전통적 방식들이 불충분하다고 주장한다. 신경과학자들은 신경세포(nerve cells)의 측면에서, 역사가나 인류학자는 문화적 영향의 측면에서, 일반인이나 소설가는 경험적 혹은 현상적 단계의 측면에서 인간 사고를 설명하는 방식을 택할 것이다. 이러한 단계들이 다양한 목적에 유용하다는 데는 의문의 여지가 없지만, 인지과학자들이 상정하는 가정은 과학적 목적을 위해 인간 인지행동은 상징, 도식, 심상, 관념 및 정신표상의 여타 다른 형식들을 통해 기술되어야 한다는 것이다.

인간을 마음속에 관념을 가지고, 심상을 형성하며, 상징, 관념, 혹은 언어를 조작하는 존재로 묘사하는 것은 일상 언어의 관점에서 볼 때 특별하지 않다. 그러나 일상 언어에서 그러한 개념들을 사용하는 것과 수용 가능한 과학적 구성물의 단계로 진화된 개념들을 사용하는 것과는 엄청난 차이가 있다. 신중한 이론가들은 반드시 필요한 경우를 제외하고는 설명의 단계들이나 설명의 요소들을 가정하지 않으려 한다. 또한 (설명의) 특성 단계의 존재를 공표하기 전에, 그 단계에서 사용되는 구조나 메커니즘을 기술할 수 있기를 원한다. 신경 시스템의 구조나 메커니즘에 대한 기술은 상대적으로 문제시되지 않지만—신경 시스템의 구성 단위를 (적어도 원리적으로는) 볼 수 있고 조사할 수 있기 때문에—정신적 표상의 단계의 구조나 과정들에 대한 기술은 훨씬 문제가 많은 것으로 확인되었다.

표상적 견해를 비판하는 사람들은 대체로 행동주의자 진영에서 나온다. 그러한 비판가들은 오컴의 면도날을 휘두르며 마음의 구성물은 백해무익하고, 관념, 개념, 규칙들을 기술하는 것보다는 명시적 행위나 신경학적 구조를 기술하는 것이 보다 합리적이며, 표상적 단계에 의존하는 것은 불필요하고 오도적이며 비일관적이라 생각한다.

덜 극단적이기는 하지만 궁극적으로 완전하지 않은 것으로 간주되는 또 다른 비판은 일상적 담화에서 계획, 의도, 믿음 및 기타 그와 유사한 것들의 필요성을 인정하면서도 과학적 언어의 필요성도, 그리고 정신적 표상에 관여하는 분석 단계도 부정한다. 이 견해에 따르면 계획에서 신경 시스템으로 곧바로 갈 수 있어야 한다. 왜냐하면 모든 계획이나 의도가 표상되어야 하는 곳이 바로 거기, 신경 시스템이기 때문이다. 즉 일상 언어와 신경학만으로 충분하며 정신적 표상들에 대한 논의는 불필요하다는 것이다.

물론 표상의 단계가 필요함을 인정하는 학자들 사이에도 논쟁은 여전히 진행 중이다. '정식(card-carrying)' 인지과학자들 사이의 최근 이론적 담론은 어떤 의미에서 보면 정신적 표상을 개념화하는 최선의 방식에 대한 논의라고 할 수 있다. 일부 학자들은 정신적 표상에는 단일 형식(일반적으로, 명제나 진술을 특징으로 하는 형식)만이 존재한다고 주장하며, 다른 학자들은 적어도 두 형식—한 형식은 그림(혹은 심상)에 가까우며 다른 형식은 명제에 가까운—이 존재한다고 주장한다. 또 다른 학자들은 다양한 형식들을 가정할 수 있으며 정확한 형식 하나를 결정할 수 없다고 주장한다.

모든 인지과학자들은 정신 과정은 궁극적으로 중추 신경 시스템 내에서 표현될 수 있다고 생각한다. 그러나 최근 인지 연구에 있어 뇌과학이 가지는 적절성에 대해서는 상당한 이견이 존재한다. 최근까지 이에 대한 지배적 견해는—신경 시스템에 대한 세부적 지식이 아직 확립되지 않았다는 이유에서, 그리고 정신적 표상의 독립된 단계를 정당화하는 것을 보증하기 위한 의도에서—인지과학은 신경 시스템에 대한 세부적 지식과 분리되어 탐구되는 것이 가장 이상적이라는 것이다. 인지적 단계가 보다 확실해지고, 보다 많은 발견들이 뇌 과학에서 이루어질수록, 분리하자는 이러한 견해는 줄어들 것이다. 신경과학자들은 당연히 표상적 견해에 가장 미온적인 반응을 보여왔지만, 심리학자, 언어학자, 컴퓨터과학자들 사이에서는 이 견해가 신념(an article of faith)이라 할 수 있다.

3.4.2 컴퓨터

모든 인지과학자들이 컴퓨터를 연구의 중심으로 취급하는 것은 아니지만, 거의 모든 인지과학자들이 컴퓨터의 영향을 강하게 받아온 것이 사실이다. 첫째로 컴퓨터는 '존재-증명(existence-proof)'으로 작동한다. 만약 인간이 만든 기계가 추론하고 목표를 가지며 행위를 교정하고 정보를 변형하는 등의 일을 할 수 있다면 인간 또한 확실히 이와 동일한 방식으로 특징지어질 수 있다. 1930년대와 40년대 컴퓨터의 발명 및 50년대 컴퓨터의 '사고'에 대한 증명이 인간의 마음을 설명하려는 학자들에게 강력한 돌파구를 마련해주었다는 사실에는 의심의 여지가 없다.

컴퓨터는 인간 사고의 모델로 기능할 뿐 아니라 인지과학 연구의 유용한 도구로도 작용한다. 대부분의 인지과학자들이 컴퓨터를 이용해 데이터를 분석하고 있으며, 컴퓨터를 통해 인지 과정들을 시뮬레이션하는 인지과학자 또한 점차 증가하고 있다. 컴퓨터 시뮬레이션에 토대를 둔 인공지능은 인지과학의 중추적 분과이면서 다른 분과들을 낙후되고 불필요한 것으로 만들 확률이 가장 높은 분과로 간주된다.

원리적으로 보면 컴퓨터가 인지과학의 필수 조건인 것은 아니다. 하지만 실제로 컴퓨터에 대한 회의는 일반적으로 인지과학에 대한 회의로 이어진다. 일부 비판가들은 컴퓨터가 인간 인식에 대한 불완전한 일련의 모형들(전화 교환대, 수압 펌프, 혹은 홀로그램과 같은) 중 최신의 모델일 뿐이며 컴퓨터만을 특별하다고 생각할 이유가 없다고 주장한다. 즉 활동적 유기체를 '정보-처리 체계'로 간주하는 것은 근본적 오류라는 것이다. 컴퓨터가 인간 사고에 대한 이해를 증진하기보다는 오히려 방해하는 장난감일 뿐이라는 시각도 존재한다. (컴퓨터를 통해) 수많은 방식으로 행위를 시뮬레이션할 수 있다는 사실은 실제로는 인간 행위 및 사고에 대한 정확한 기술을 발견하는 일을 방해해왔다고 볼 수 있다. 인공지능의 지지자들이 하는 과도하게 낙관적인 주장은 기계나 프로그램에 회의적인 사람들에 의해 종종 악의적으로 인용되곤 한다.

인지과학은 컴퓨터에 널리 관여되어 있고, 인간 사유에 대한 모형으로서 컴퓨터가 지니는 유용성에 대한 믿음은 인지과학에 만연해 있지만, 분과마다 차이가 존재한다. 한 분과가 컴퓨터와 얼마나 내재적으로 연관되어 있는지는 그 분과가 인지과학과 얼마나 연관되어 있는지에 대한 신뢰할 수 있는 지표라 할 수 있다. 컴퓨터는 인공지능의 중추이며, 오직 극소수의 컴퓨터과학자들만이 인간 인식에 대한 모형으로 컴퓨터가 지니는 유용성에 회의적이다. 컴퓨터를 사용하는 접근 방식에 대한 의구심이 언어학과 심리학에 존재하지만, 대부분의 심리학자와 언어학자는 컴퓨터를 옹호하는 데 이의를 제기하지 않는다.

하지만 나머지 인지과학에서는 컴퓨터와의 연관성이 점차 문제시되고 있다. 많은 인류학자들과 신경과학자들은 그들이 컴퓨터를 연구에 사용하는지와 관계없이, 그들이 관심을 갖고 있는 인식의 측면과 관련해 컴퓨터가 그에 대한 성공할 만한 모형인지에 대해 아직 확신을 내리지 못하고 있다. 많은 신경과학자들은 중재하는 컴퓨터 모형 없이도 두뇌가 자신의 방식대로 해답을 제시할 것이라 생각하고 있다. 많은 인류학자들은 인간 사유에 대한 핵심은 컴퓨터로 개념화하기 어려우며 육체 외부에 있는 역사적·문화적 힘에 있다고 믿는다. 컴퓨터에 대한 철학자들의 태도는 맹목적 열광에서부터 강력한 회의에 이르기까지 다양한데, 이로 인해 철학자들은 인지과학 연구를 위한 특히 흥미롭고 중요한 정보제공자 집단이 된다.

3.4.3 정서, 맥락, 문화 및 역사에 대한 경시

주류 인지과학자들이 정서적 영역이나 행동 및 사고와 관련된 맥락, 혹은 역사적·문화적 분석에 반드시 반감을 갖고 있는 것은 아니지만, 실제로는 이러한 요소들을 가능한 최대한으로 배제하려고 하며 이는 인지과학적으로 사고하는 인류학자들에게 있어서도 마찬가지다. 이는 실행성(practicality)에 대한 질문이다. 만약 이러한 개별적이며 현상학적인 요소들까지 고려된다면, 인지과학은 불가능하게 될 것이다. 모든 것을 설명하려는 노력은 무엇도 설명하지 못하는 것으로 귀결된다. 따라서 적어도 잠정적으로는, 인지과학은 이러한 불분명한 개념들에 의존하지 않고도 대개의 경우 적절한 설명이 가능할 수 있도록 문제를 정의하고 탐구한다.

인지주의에 대해 비판가들은 두 가지 방식을 통해 주로 대응해왔다. 일부 비판가들은 정서, 역사 및 맥락이 과학에 의해 결코 설명될 수 없다고 주장한다. 이러한 개념들은 본질적으로 인간주의적 혹은 심미적 차원으로, 다른 분과들 혹은 실용적 영역의 너머에 있다는 것이다. 이러한 요소들이 인간 경험의 핵심이기 때문에, 이를 배제하려는 모든 과학은 처음부터 문제가 있다. 다른 비판가들은 정서, 문화, 역사 및 맥락적 요소들 중 일부 혹은 모두가 인간 경험의 핵심이지만 과학적 설명을 초월해 있다고는 생각하지 않는다. 이들은 이러한 요소들을 배제하는 인지과학에 대해 인간주의적 및 심미적 차원들을 인위적으로 분류하는 것은 옳지 않으며 인지과학자들은 인지과학을 시작부터 철저히 연구하고 그러한 차원들을 사고 및 행위에 대한 모델에 완전히 통합해야 한다고 주장한다.

3.4.4 학제적 연구에 대한 믿음

궁극적으로는 단일한 인지과학이 존재할 것이지만, 그러한 단일 인지과학은 아직 요원하다는 것이 공통된 견해이다. 특정 분과의 연구가들은 다른 분과 연구자들과의 생산적 상호작용에 큰 기대를 걸고 있다. 힉슨 심포지엄과 메이시 학회 참가자들의 전통을 따라 연구자들은 공동 작업을 통해 단일 분과의 관점에서 얻어진 것보다 훨씬 강력한 통찰을 얻을 수 있을 것이라 기대한다. 예를 들어 연구자들은 시지각 및 언어처리에 있어서의 최근 연구를 제시하고 있는데, 이러한 연구는 심리학, 신경과학, 인공지능에서 얻어진 증거를 너무나 당연하게 이용하게 되어 그러한 분과들의 경계가 흐려지기 시작했다.

회의론자들은 분과들을 혼합하는 방식으로는 진보를 이룰 수 없으며 각각의 개별 분과들이 제자리에 위치하는 것이 더욱 바람직하다고 생각한다. 어떤 분과들이 어떤 방식을 통해 인지과학에 궁극적으로 기여할 것인지 불분명하기 때문에, 아까운 많은 시간이 신중하지 못한 공동 작업에 낭비될 우려가 있다는 것이다. 이와 같은 관점에서 개별 인지과학을 추구하는 것은 전적으로 올바르며 균일한(seamless) 단일 분과를 제정하는 것은 신중하지 못하다. 분과들 사이에 협력이 있어야 하지만 혼동이 있어서는 안 된다.

3.4.5 고전적 철학 문제들에 대한 뿌리

이미 언급했듯 나는 고전적 철학 문제들이 최근 인지과학의 주요 요소이며 인지과학을 이로부터 분리하는 것이 실제로 어렵다고 생각한다. 고대 그리스 철학자 및 계몽주의 시대의 후계자들이 벌이는 논쟁들은 인지과학 저서에서 두드러지게 나타나고 있다. 나는 이러한 전통적 문제들이 반드시 최선의 방식으로 표현되어왔거나 심지어 그 문제들이 해결될 수 있다고 생각하지 않지만, 인지과학의 탐구를 위한 논리적 출발점이 될 것이라 생각한다.

하지만 인지과학자들과의 토론을 통해 나는 이러한 견해가 논쟁적이라는 것을 깨달았다. 또한 어떤 과학자들 혹은 어떤 과학이 철학적 기반을 가진 인지과학을 수용할 것일지도 예측 불가능하다. 각 분과의 일부 인지과학자들은 철학적 토대의 중요성—실은 불가피성—에 손쉽게 동의한다. 반면 다른 학자들은 과거의 철학적 연구 전체가 그들의 관심사에 무관하거나 심지어 인지과학적 노력에 해가 된다고 생각한다. 이는 물론 인지과학의 근본적인 방법론적 측면을 다루고 있는 것이라기보다는 권위적 고전을 읽고 논의하는 것이 얼마나 유용한가에 대한 개인적 의견을 다루고 있는 것이긴 하다. 하지만 그 이유가 무엇이든 인지과학자들은 플라톤의 『메논』, 데카르트의 『방법서설』, 칸트의 『순수이성비판』의 중요성에 대해 단일한 견해를 가지고 있지는 않다.

인지과학에서 철학이 수행하는 역할에 논란이 있다는 바로 그 사실 때문에라도, 철학의 초기 역사를 탐구하는 일은 유용할 것이다. 바로 이를 통해서만, 인지과학자들이—그들이 이를 인지하고 있는지와 상관없이—하고 있는 것이 사실 수십 년 전, 심지어 수 세기 전에 철학자들에 의해 먼저 다뤄졌던 그 의문들을 탐구하고 있는 것이란 점을 알 수 있다. 과학자들은 그러한 의문들이 적절히 정식화되었는지, 철학자들이 그러한 의문들을 해결하는 데 있어 중요한 발전을 이루었는지, 현대의 철학자들이 과학적 탐구에 있어 적절한 역할을 하고 있는지에 대해 상이한 의견을 가질 것이다. 철학자들은 고대부터 인간 지식에 대한 정의를 특별한 탐구 영역으로 삼아왔기 때문에 이러한 문제들에 있어 철학자들이 갖는 역할에 대한 검토는 여전히 의미를 갖는다. 또한 철학자들은 인지과학적 탐구의 본성과 범위에 대해 숙고해왔기에 철학자들의 생각은 신중하게 검토될 가치가 있다.

내가 보기에, 인지과학의 각 특성 혹은 징후들은 이미 1940년대에 이루어진 논의들에서 찾아볼 수 있으며 1950년대 중반에 광범위하게 다루어졌다. 인지과학에 대한 모든 저서가 이러한 특성들을 반드시 담고 있거나 기술하지는 않겠지만 그중 거의 대부분이 결여된 저서는 찾아보기 어렵다. 인지과학 논의를 정당화하는 것은 이러한 특성들이 반세기 전에는 두드러지지 않았으며 이러한 특성들이 다시금 논의되지 않을 때 인지과학의 시대가 끝날 것이라는 사실이다.

인지과학의 궁극적 운명에 대한 논평들은 이 책의 결론에서 다루기 위해 대부분 유보하였다. 그러나 다음 장을 위한 일종의 이정표로서 인지과학의 운명에 대해 나의 주요 견해들을 미리 언급하는 것은 유용할 것이다. 인지과학에 대한 초기의 도취는 예리한 예감에 기반하고 있다는 것이 나의 생각이다. 즉 초기 열광은 인간 사고가 컴퓨터의 작용과(특히 지난 세기 중반에 널리 보급되었던 전자 직렬 디지털 컴퓨터) 주요한 측면에서 유사할 것이라는 예감에 기인한 것이다. 인간의 사고 과정들이 어느 정도로 컴퓨터의 작용과 유사한지를 말하기에는 아직 이르다고 할 수 있다. 내가 제대로 파악했다면 지난 수십 년간 이루어진 주요 결과 중 하나는 인간의 고차적 사고 과정들이—가장 분명하게 인간의 사고 과정으로 간주되는 과정들—특정 컴퓨터 모형의 관점에서 적절히 분석될 수 있는지는 여전히 의문시된다는 것이다.

이는 내가 '계산 패러독스(computational paradox)'라 명명한 현상으로 이어진다. 컴퓨터 영역에서 얻어진 방법들과 모델들의 엄격한 적용은 역설적이게도 과학자들이 인간이 원형(prototypical) 컴퓨터와 매우 상이하게 사고하는 방식들을 이해하는 데 도움이 되어왔다. 이는 어떠한 인지 과정도 컴퓨터의 작용과 유사하지 않다는 것을 의미하지는 않는다—실은 일부 인지 과정은 컴퓨터와 매우 유사하다. 인지 과정들이 컴퓨터상에서 모델화될 수 없다는 주장은 더더욱 아니다. 명확히 배치될 수 있는 것들은 분명 모델화될 수 있기 때문이다. 의미하는 바는 인지과학의 초기 저술들에 만연했던, 인간 인식에 대한 체계적·논리적·이성적 견해가 대부분의 인간 사고 및 행위를 적절히 기술하지 못한다는 것이다. 인지과학은 계속 진행될 수 있겠지만, 인간 사고에 대해 더 참된 컴퓨터 모형을 추구해야 할지는 의문의 여지가 있다.

인지과학은 역설을 산출할 때에도 도전에 직면해왔다. 나의 연구에 따르면 주류 인지과학은 인지심리학, 인공지능, 철학 및 언어학의 많은 부분을 어렵지 않게 망라한다는 것이 분명해 보인다. 그러나 또한 분명해 보이는 것은 다른 분과들이 인지과학의 경계를 설정했다는 것이다. 대부분의 신경과학은 표상의 문제 및 모델로서의 컴퓨터의 문제가 제기되지 않는 연구의 단계에서 진행된다. 인류학계에서는 이러한 스펙트럼의 다른 극단에서 인지과학의 방법들을 배제해왔으며, 주요 문제들이 역사적·문화적 혹은 문학적(literary) 관점에서 보다 적절히 다루어질 수 있다는 믿음이 널리 퍼져 있다(또한 점차 증가할 것이다).

여기에 인지과학의 과제들이 놓여 있다. 인지과학의 중요한 과제는 독자성을 확립하고 컴퓨터를 사용한 접근법과 표상적 접근법이 유효하게 적용되는 영역임을 밝히는 것이다. 나는 비록 인지과학의 탐구 영역이 예상했던 것만큼 광범위하지는 않지만 인지과학이 독자성 확립 및 유효 영역 증명에서는 이미 성공을 거두었다고 생각한다.

인지과학자들은 인식의 모든 주요 특성들을 완전히 설명할 수 있기를 원한다. 그러나 인지과학자들(혹은 다른 과학자들)은 인지과학을 인접한 분과들과—특히 하위 경계에서는 신경과학, 상위 경계에서는 문화적 연구와—가교할 수 있어야 한다. 이를 어떻게 달성할 수 있는지(혹은 이것이 가능한지)는 이 시점에서 단언할 수 없다. 그러나 언어, 지각 혹은 문제 해결의 인지적 측면들이 신경과학적·인류학적 측면들과 통합될 수 없다면 인지과학은 불완전하며 구체성에서 멀어진 분과로 남을 것이다. 달리 말하면 누구도 생물학, 화학, 물리학의 독자성을 문제시하지 않는다. 그러나 원자적·분자적·유기적 지식의 구성 요소들로 이루어진 단일한 설명이 제시될 수 없다면 유기체와 무기체의 모든 본성은 모호한 상태로 남겨질 것이다.

그러나 이러한 모든 위험들이 우리의 연구에 앞서 있다. 우리는 이전 장에서 20세기 초에 존재했던 다른 요소들이 어떻게 인지과학의 기반을 형성했는지를 보았다. 나의 궁극적 목표는 인지과학의 최근 상태와 미래 전망을 적절히 평가하기 위해 인지과학에서 이루어진 최고 연구 중 일부를 면밀히 고찰하는 것이다. 그러나 (인지과학에 대한) 이 목표를 달성하기 위해서는 인지과학 내의 의문들에 대한 체계화 그 자체가 어떤 방식으로 발전하여 과거의 철학적 기술들을 벗어났는지를 반드시 고려해야 한다. 같은 이유로 인지과학의 분과 학문들을 특징지어 온 특정 역사들, 방법들, 문제들 또한 반드시 이해해야 한다. 궁극적으로 이러한 철학적·역사적 배경은 최근 학제적 인지과학 연구의 범위와 본성을 상당 부분 결정해왔다. 이 책의 제2부에서 나는 인지과학의 아이디어를 가능하게 하고 그 분야의 연구가들이 인지과학 연구의 성공을 결정하게 될 여러 분과들을 면밀히 살펴볼 것이다.

제2부

인지과학: 역사적 관점

제4장

이성, 경험, 그리고 철학의 위상

철학은 언제나 자신의 장례사들을 땅에 묻는다.

―에티엔 글리슨(Etienne Glison)

심리철학처럼 이리도 적은 진보가 이루어진 지식의 영역은 없다. 인간의 정신은 이것이 육체와 독립적인 것처럼, 그리고 일반적으로 말해 비교적 적은 물리 지식을 가졌던 철학자들에 의해 연구되어왔다. 참으로, 마음의 현상들을 실험과 관찰에 비추어 조사하려는, 혹은 그것들을 그들의 비정상적인 측면에서 분석하려는 시도는 이루어진 적이 없다. (……) 데이터 없이, 공리 없이, 정의 없이, [정신과학은] 자신이 풀 수 없는 문제들을 제안한다. (……) 인간의 정신은 감각과 이성에 대한 이해에서 달아나, 지나가는 모든 사색가가 움이 터 성숙해질 수 있는 어떠한 좋은 씨앗도 질식시키는 정신적인 잡초를 심는, 알래스카의 빛과 함께 버려진 들판에 놓여 있다.

―데이비드 브루스터(David Brewster, 1854)

4.1 데카르트의 정신

이 장에서 나는 철학의 역사와 오늘날의 위상을 살펴봄으로써 인지과학에 대한 조사를 시작한다. 이 선택은 적절한 결정이다. 철학은 가장 오래된 인지과학일뿐만 아니라, 철학의 인식론적인 분과는 초기의 의제—경험적인 성향의 인지과학자들이 오늘날 다루는 사안들과 주제들의 목록—를 제공해왔다. 철학자들은 심적 표상의 본성, 인간의 사고가 얼마나 (영적인 것이 아닌) 기계적인가, 이성과 감정 사이의 관계와 같이 최근 유행하는 문제들을 해결하려고 수 세기 동안 참으로 애써왔다.

르네 데카르트(René Descartes)는 어쩌면 인지과학의 원형이 되는 철학적 조상이다. (규정과 출범에 어느 정도 기여한) 근대의 바로 초기에 집필한 그는 어떤 면에서 자기 자신의 직관에 대한 확신에 찬 의지, 수학적 사고의 중요성에 대한 공헌, 우리가 그리스인들과 연관 짓는 본유관념들에 대한 믿음을 회상시킨다. 동시에 감각 시스템의 작동, 두뇌과정의 본질, 그리고 인간 본성에 대한 가능 모델로서의 자동장치에 대한 호기심이라는 측면에서 그는 현대인과 다르지 않다.

1623년, 바이에른의 한 작은 농가에 은거하고 있던 데카르트는 뒤따르는 서구 사상에 심오한 영향을 끼칠 성찰을 시작하고 있었다. 데카르트는 앞선 사상가들에 의해 제시된 체계에 환멸을 느끼고 있었다. "[철학은] 여태까지 없었던 최고의 정신들에 의해 수 세기 동안 일구어져 왔으나 그럼에도 그 안에서 논쟁의 대상이 아닌 것은 하나도 없었다"(Wilson 1969: 111에서 재인용). 이러한 불확실성과 싸우기 위해, 데카르트는 체계적인 회의의 방법을 이끌어냈다. 그는 그가 확신하지 않는 모든 증거에 의문을 제기하기로 했고, 그때 그에게 남겨진 것은 그 자신의 의식 상태, 그 자신의 의심뿐이었다는 것을 깨달았다. 의심하는 그리하여 또한 사고하는 그의 능력을 근거로, 데카르트는 새로운 철학을 구축할 안전한 기반을 알아냈다.

데카르트 철학의 정수는 그 자신의 정신, 그리고 더 나아가 개인들의 정신 일반이었다. 그 자신의 정신의 내용에 대한 탐구를 통해, 데카르트는 그가 가장 타당한, 가장 덜 도전받을 지식을 구축할 수 있다고 느꼈다. 그는 명백하고 뚜렷한, 그리하여 의심할 나위 없는 사고를 찾고 있었다. 특권적인 지위는 의심의 구속을 가장 덜 받는, 그리하여 참일 것이 명백해 보이는 산수와 기하학의 관념들에 주어졌다. 나아가 이러한 관념들은 외부의 원천에서 그의 마음에 도달한 것이 아니었다. 그보다 그것들이 정신 자체로부터 발생되었다고 생각하는 것이 옳았다.

> 또한 여기서 내가 더 중요하게 생각하는 것은 나는 내 안에서 순수한 없음(nothingness)이라고 가정될 수 없는 특정한 것들에 대한 관념의 무한성을, 그것들이 내 사고의 바깥에 어쩌면 존재하지 않을지라도, 발견한다는 것이다. 이러한 것들은 내가 그것들을 생각하거나 생각하지 않는 범위 내에 있을지라도, 내 상상의 산물들은 아니다. 이와 달리, 그것들은 그들 자신의 참되며 불변하는 본성을 가진다. 따라서 가령 내가 삼각형 하나를 상상할 때, 어쩌면 내 사고 밖 세상의 어느 곳에도 그러한 도형이 없을 수 있고, 혹은 있었던 적이 없다고 하더라도, 그 도형은 불변하며 영원한, 내가 고안하지 않았으며 어떤 방식으로도 내 정신에 의존하지 않는 어떤 확실한 본성 (……) 혹은 본질을 갖지 않을 수 없다. (1951*: 61)

데카르트의 관점에서 정신은 특별하고, 인간 존재의 중심이며, 기

* 원래의 출판 연도는 참고문헌에 적혀 있다.

본적으로 믿을 만하다. 정신은 완전히 다른 종류의 존재자인 인간의 육체와 구분되며 그것과 독립적으로 작동한다. 육체는, 인간에 의해 만들어진 기계와 비견될 수 있는, 자동장치(automation)로 가장 잘 생각된다. 이것은 부분들로 나눌 수 있으며, 어떠한 근본적인 것도 바꾸지 않고서 구성 요소들을 제거할 수 있다. 그러나 우리가 인간의 육체와 같이 복잡하게 자동제어장치를 고안할 수 있다고 해도 그것은 결코 인간의 정신을 닮을 수 없는데, 이는 정신이 통일되어 있으며 분해될 수 없기 때문이다. 나아가 인간의 정신과 달리, 육체적인 기계는 다른 개체들에 그것의 사고를 전함에 있어 결코 언어나 여타 기호들을 구사할 수 없다. 자동화는 정보를 흉내 낼지는 몰라도, "이것이 그의 앞에서 말해질 수 있는 모든 것에 절절히 답하기 위해, 가장 하등한 종류의 인간도 할 수 있는 것처럼, 다양한 방식으로 언어를 구사하는 일은 결코 없을 것이다"(Wilson 1969: 138에서 재인용).

데카르트는 두 구분되는 존재자—이성적인 정신과 기계적인 육체—를 상정하는 것이 그들의 상호작용에 대한 어떠한 설명도 받아들이기 힘들게 한다는 것을 알고 있었다. 어떻게 비물질적인 존재자가 기계적인 실체를 통제하고, 그것과 상호작용하고, 혹은 그것에 반응할 수 있는가? 그는 이 문제를 풀기 위한 다양한 시도들을 했고, (그도 알다시피) 그중 어느 것도 완벽히 설득력이 있지는 않았다. 하지만 정신과 육체의 상호작용을 설명하려는 시도의 과정에서, 데카르트는 생리학적으로 편향된 심리학자가 된다. 그는 어떻게 심적 상태들이 감각 경험의 세계 안에서 존재할 수 있는지에 대한 모형들—지각되고 다루어져야 하는 물리적 대상들을 특징으로 하는 모형들—을 고안한다. 그는 묻는다.

> 인간의 육체에 담겨 있는 동물적인 영혼들이 그 구성원들을 움직일 수 있는 힘을 가지기 위해서 그것의 신경과 근육의 구조는 어떠해야

> 하는가. (……) 각성, 수면, 그리고 꿈을 유발하기 위해서는 두뇌상의 어떤 변화가 필수적인가. 어떻게 빛, 소리, 냄새, 맛 그리고 외부 대상과 관련된 여타 모든 속성들이 다양한 관념들을 감각들의 개입을 통해 두뇌에 각인시킬 수 있는가. (Wilson 1969: 137에서 재인용)

그리고 그는 심지어 최초의 '정보-처리' 장치 중 하나를 제안했다. 데카르트의 도해는 두 눈으로부터 온 신호들이 송과선 위에서 한 번 더 뒤집히고 단일한 상으로 결합되는 것과 함께, 어떻게 시각적 감각들이, 망막을 통해, 신경 미세 섬유를 따라, 두뇌로 전해지는지를 보여주었다. 거기, 그 완전히 결정적인 단계에서, 정신(혹은 영혼)은 외부의 실재에 대한 완전한 표상을 생산하는 육체와 상호작용할 수 있었다. 이제 정신은 그 상을 의식적으로 지각하며, 음악가가 악기를 연주하듯이 두뇌를 이용할 수 있었다(Fancher 1979: 133-134).

지식의 기원에 대해 반성해온 많은 이들처럼, 데카르트는 한때 모든 경험과 사고들이 감각을 통해 유발된다고 생각했다. 하지만 그는 성찰을 통해 감각의 가치를 낮추어 보고 모든 사고와 창의성을 정신의 덕분으로 보게 되었다. 그는 그의 감각에 대한 경험의 근원이 있었다는 것을 인정하는 한편, 그것들의 의의를 최소화했다.

> 나는 내 안에 지각하는, 즉 감각 대상들의 관념을 받아들이고 인식하는 수동적인 능력이 있다는 것을 의심할 수 없다. 그러나 만약 내 안에 혹은 다른 무언가 안에 이러한 관념들을 형성하고 생산할 수 있는 또 다른 능동적인 능력 또한 없었다면 이것은 내게 무가치했을 것이며 나는 어떤 방식으로도 이것을 사용할 수 없었을 것이다. (1951: 75)

플라톤이 모든 종류의 것을 가질(혹은 기억할) 수 있는 정신을 믿을 때, 데카르트는 정신, 그 사고하는 능동적인 존재자가 진리의 궁극적인 결정권자라고 단언했다. 그리고 그는 관념들을 경험적인 것보다는 본유적인 원인들에 궁극적으로 귀속시켰다.

> 사물에 대한 어떠한 관념도, 우리가 그것들을 사고를 통해 상상하는 형태로, 감각에 의해 우리에게 주어질 수 없다. 그만큼, 경험을 가리키는 이러한 환경들을 제외하고, 우리의 관념들 속에는 정신 혹은 생각하는 능력을 타고나지 않은 어떤 것도 없다. (……) 다른 때보다는 지금, 그것들은 본유적인 능력을 통해 마음에게 이러한 관념들을 형성할 기회를 주는 무언가를 전송한다. (Chomsky 1966: 67에서 재인용)

만약 데카르트가 외부 경험을 모두 포기할 수 있었더라면, 그는 기꺼이 그렇게 했을 것이다. 다시 플라톤처럼 그는 인간의 오류와 변덕을 경험의 변동에, 그리고 우리의 합리성, 이해와 참된 지식을 그 자체의 관념들을 비추는 정신에 돌렸다. 또한 그렇게 하면서 그가 도발할 생각을 가진 미래의 경험주의적 철학자들에게 가능한 가장 강력한 도전을 던졌다.

관념과 정신, 감각 경험과 육체, 언어의 힘과 구조화의 중요성, 의심하는 자아에 대한 그의 논의에서, 데카르트는 철학적 논의들을 지배할 그리고 이어지는 수 세기 동안 경험과학에 영향을 끼칠 안건을 마련했다. 나아가 그는 합리적인, 하지만 상상 가능한 어떤 기계에 의해서도 모방될 수 없는 도구로서의 정신에 대한 강렬하며 논쟁적인 그림—오늘날 인지과학에서 여전히 논쟁이 되는 그림—을 제안했다. 그러한 그림을 만들어내고 또 그러한 입장을 채택하면서, 데카르트는 철학에서 가장 풍성하게 될 시대를 개시하는 데 기여했다. 알프레드 노스 화이트헤드(Alfred North Whitehead)가 적었듯이, "뒤따르는 두 세기 하고도 한 분기까지 이어지는 유럽인들의 지적 삶에 대한 간단하면서도 충분히 정확한 서술을 하자면 그들이 17세기의 천재가 그들에게 제공한 관념들의 축적된 자산에 기생해왔다는 사실이다"(1925: 42).

그리스인들에 의해 최초로 제안된, 그리고 데카르트에 의해 17세기로 옮겨진 의제는 화이트헤드가 존경하는 철학자들에게서 열렬히 논의되었다. 로크, 흄, 그리고 버클리에 의한 최초의 경험주의적 반응, 칸트에 의해 제안된 대담한 종합, 그리고 칸트 학파의 전통에 대한 최종적인 도전들은 지식에 대한 철학적 논쟁의 획기적인 사건들이다. 이후, 이들 초창기의 저술가들과 연관된 인식론적 정통이 가장 혹독한 비판을 겪고 있었던 바로 그 시기에, 컴퓨터가 등장했다. 이내 '기능주의'와 '지향성'과 같은 이름들을 따르는 새롭게 발견된 철학적 관점들은 또다시 꽤 괜찮은 인식론의 가능성을 제기했다. 이는 사고의 표상적인 본성이 지지될 수 있는, 그리고 전통적인 철학적 관심사들이 인지적으로 편향된 과학자들의 작업들과 통합되는 협조적인 과학적 노력이었다.

2개의 중요한 주제가 지난 몇 세기 동안 철학에서 되풀이되어왔다. 첫 번째 것은 합리주의자들과 경험주의자들 사이의 긴장을 포함한다. 합리주의자의 신조를 따르는 이들은 정신이 감각 경험의 세계를 이용하는 추론 능력을 보여준다고 믿는다. 경험주의자들은 심적 과정이 외부의 감각적 인상들을 반영하거나, 혹은 그것에 근거하여 구성된다고 믿는다. 뒤따르는 많은 경험주의자들이 이것에 반응할 때, 플라톤과 데카르트 모두 합리주의자의 극단을 받아들였다. 우리 시대에는 인지주의자들이 합리주의의 특정 형태나 합리주의-경험주의의 혼합된 형태를 받아들이는 경향이 있는 반면, 행동주의자들은 경험주의를 고수해왔다.

두 번째 것은 분과에 편향된 주제가 학문적인 분야들의 세계, 특히 과학과의 연관성 내의 철학의 실제적 위상에 관여한다. 또 한 번, 데카르트와 플라톤은 공통의 관점을 공유한다. 그들의 자신감 넘치는 입장에 따르면, 경험적으로 편향된 학자들의 관찰이 신빙성을 낮게 부여받는 반면, 철학적 반성은 보다 우선적인 일이 된다(데카르트의 시대에 과학은 막 확립되기 시작하고 있었지만, 그는 과학적 탐구들을 수행했고 분명히 자기 자신을 과학적인 연구자로 생각했다). 뒤따르는 세대에서 과학의 결과물들과 규칙들은 점점 더 가시적이게 되었다. 참으로 어떤 안건들(가령 물질의 근본적인 본성)은 물리과학에 의해 매우 적절히 해명되어서 그것들은 철학의 권한 밖에 놓였다. 마침내, 대부분은 아닐지라도 많은 철학자들이 과학의 발견들에 정통해야 할 뿐만 아니라 그들의 활동을 과학적으로 그럴듯한 방식으로 정당화할 필요성을 느꼈다. 최근 수십 년간, 과학이 계속해서 우세해지면서, 철학적 탐구의 가치는 다시 도전받고 있다.

몇몇 인지주의자들의 관점에서 보면, 경험적으로 편향된 탐구의 증가는 철학을 불필요한 것으로 만든다. 철학의 안건에 답하려는 과학이 있다면, 철학자들에게 남은 일은 무엇인가? 그러나 나는 이러한 결론이 틀렸다고 주장할 것이다. 나는 이 작업에서 철학자들이 특정한 사안들을 제안하고, 거기에 답하려는 시도 속에서 경험적 분과들이 발생하며, 후에 그 결과들을 해석하고 그 작업을 위한 새로운 노선을 제안하는 데 있어 철학자들이 경험과학자들과 협력하는 변증법적 방식을 본다. 데카르트와 그의 동시대 인물들에 의해 제기된 안건들은 궁극적으로 수 세기 후의 심리학자, 언어학자, 그리고 신경과학자들의 관심사가 되었다. 또한 실로 가능한 자동제어장치로서의 인간에 대한 데카르트의 상들은 오늘날 인공지능의 중심이 되고 있다. 경험적 결과물들에 비추어, 철학자들은 때때로 그들이 관여해왔던 사안들을 근본적으로 재개념화해왔다. 그리고 이러한 재개념화는 결국 경험적 작업을 지속시키고 지휘하며 이것의 해석을 도와왔다. 과학적 작업의 궁극적인 결정권자나 아니면 궁극적인 피해자가 되기보다, 철학자들은 인지에 대한 과학적 연구 속에서 중요한 시녀가 되어왔다(그리고 계속될 것이다).

4.2 데카르트에 대한 경험주의자의 반응

4.2.1 로크의 경쟁 모형

데카르트의 입장은 곧 영국 경험주의 철학자들 무리, 그중에서도 주로 존 로크(John Locke), 조지 버클리(George Berkeley), 그리고 데이비드 흄(David Hume)의 도전을 받는다. 로크는 우리가 내성적 증거에 근거해 어떤 지식이라도 받아들일 수 있는지를 물음으로써 시작했다. 그는 대신 감각 경험을 유일하게 믿을 만한 지식의 원천으로 생각했다. 그는 본유 관념에 대한 믿음이 쓸모없고 사람들을 오도한다고 이의를 제기했다. "우리는 오직 감각에 의해서만 어떤 다른 것의 존재성에 대한 지식을 가질 수 있다"고 그는 선언했다. "한 인간에 대한 그림이 세계 안에서의 그의 존재를 입증하지 않으며, 또 꿈이라는 환각이 그것으로써 참인 역사를 만들지 않는 것과 마찬가지로, 우리 정신 안에 어떤 관념을 가진다는 것은 그것의 존재성을 증명해 보이지 않는다(Hanfling 1972: 356에서 재인용). 또한 한 유명한 구절에서, 그는 지식의 기원에 대한 그의 궁극적인 대답을 발표했다.

> 그렇다면 우리가 말한 대로, 정신을 모든 속성들이 결여된, 어떠한 관념들도 없는 백지라고 해보자. 어째서 이것이 마련될 수 있는가? 어디로부터 이것이 그 방대한 저장고를 구하고, 부지런하며 경계 없는 인간의 공상은 거의 끊임없는 다양성을 가지고 이것에 무엇을 그려왔는가? 어디로부터 이것이 이성과 지식의 소재들을 갖는가? 여기에 나는

경험으로부터라고 한마디로 답한다. (Herrnstein and Boring 1965: 584에서 재인용)

이 말들이 경험주의자들의 세계관을 요약해준다.

(경험주의자의 설명에서) 세계에 대한 경험은 지각과 함께 시작하는 반면, 분명히 거기에서 끝나지 않는다. 로크는 (그가 '일차적'인 것과 '이차적'인 것, '단순한' 것과 '복합적'인 것으로 부른) 다양한 외부 속성들을 구분하는 데 상당한 노력을 들였다. 그는 어떻게 복합적인 관념들이 단순한 것에서부터 자라나는지를, 그리고 관념들이 서로에 연관되는 다양한 방식들을 강조했다. 그는 단어들이 관념들을 의미하고 추상적인 혹은 일반적인 관념들—가령, (고유한 면과 각을 가진 구체적인 삼각형에 대비되는) 삼각형에 대한 일반적인 관념의 개념—을 가능하게 만드는 과정을 묘사한다. 또한 결국에 그는 이러한 관념들을 알아볼 수 있는 개인 혹은 자아, "이성과 반성을 가지며, 자기 자신을 자기 자신으로, 즉 다른 시공간에서 사고하는 같은 것으로 고려할 수 있는 지적인 존재"(Copleston 1964: 111)를 상정한다.

로크의 인식론은 데카르트의 것과 반대의 극단의 영역—외부 세계의 대상들에 대한 경험—에 초점을 맞춘다. 그러나 로크는 결국 추상화와 일반화를 할 수 있는 유기체, (경험과의 단순한 비교로부터라기보다) 이러한 관념들의 상호작용으로부터 특정한 종류의 지식을 도출해내며 결국 합리적이고 의식적인 자아인 유기체를 구성할 수 있었다. 로크식의 개인이 칸트식의 개인과 강한 친족성을 지닌다고 제안하는 것은 공상이 아니다. 그러나 그들은 각각에 도달하는 방식에서 심오하게 다르다.

4.2.2 버클리와 흄의 회의적 논조

로크의 후계자들은 인간에 대한 그의 모형의 특정 측면들에 회의를 표했다. 버클리(1929)는 물질적 세계의 존재성에 관하여, 우리가 그것을 부정할 정도로 우리의 지각과 떨어진 채 유아론적이게 되었다고 주장했다. 그는 '일반적인 관념(general idea)'이라는 개념을 조롱했고 수학의 특권적인 지위에 도전했다. 그는 언어를 의사소통의 장벽으로, 존재하지 않는 존재자들에 대한 믿음을 조장하는 것으로, 사고의 불명확성을 야기하는 것으로, 또 반성보다는 감정을 일으키는 것으로 보았다. 그는 경험하는 자아의 원초성, 그것만으로 감각을 가지거나 관념을 지각하는 것을 가능하게 만드는 지각하는 정신을 신뢰했다.

흄의 회의주의는 상이하지만 동일하게 파괴적인 방향으로 나아갔다. 그의 특별한 골칫거리는 규칙적으로 서로의 뒤를 잇는 두 사건 사이의 특권적인 연관성으로서의 인과성에 대한 관념이었다. 흄은 과거의 사건들에 대한 특정한 상관관계들로부터 한 사건이 다른 하나를 야기한다는 일반화를 추론할 권한이 없다는 것을 설득력 있게 증명하였다. 우리가 가정할 수 있는 최선은 자연이 미래에 과거에서와 같은 것을 수행할 것이라는 점이다. 이러한 가정은, 관습적 혹은 습관적인 우리의 사고방식이지, 필연적으로 주어진 연관성은 아니다. 이와 같이, 인과적 현상들에 대한 과학적 설명들에서, 흄은 이성적인 질서에 관한 확신의 기반을 약화시켰다.

그는 지각이 귀속되어 있는 '정신(the mind)'이라는 이름의 실체 혹은 장소의 존재에 의문을 제기했으며, 정신의 중심성에 대한 데카르트식의 믿음에 대해서도 동일하게 무자비했다. 흄에 따르면, 우리는 단지—지각에 의해—물질을 아는 것처럼 정신을 안다. 사실, 정신은—몇몇 지각들이 연속적으로 등장하는 일종의 극장으로서의—일련의 관념들에 대한 추상적인 이름으로 가장 잘 생각된다. 사고의 과정 배후에는 어떠한 관찰이나 통제도 없다(Wolff 1967: 92). 역사가인 윌 듀런트(Will Durant)가 언젠가 재치 있게 말했듯(1926), 흄은 버클리가 물질을 무너뜨렸던 만큼이나 빠르게 정신을 무너뜨렸다.

후기 영국 경험주의자들은 그들 사이의 만연한 회의적 압박에도 불구하고, 철학의 신예들이 숙고할 것으로 기대되는 일련의 맞물린 사안들—감각 경험의 본성, 대상의 범주, 언어의 역할, 개인의 의식적 자아의 위상—을 (또한 오늘날의 신출내기 인지과학자들에게 제시된 사안들을) 만들어냈다.

오래지 않아 개인의 입장들이 계속 바뀌는 반면, 이것이 중심적인 안건이라는 믿음은 논의의 모든 참가자들에 의해 당연한 것으로 여겨졌다. 사실상 우리의 지각 기관들이 외부 세계에서 지각된 속성들로부터 구성된다는 믿음은 단단히 자리 잡혀서, 수년 동안 전문가들은 비전문가들만큼이나 왜 우리가 그러한 방식으로 세계를 지각하는지에 대한 경쟁 설명을 제시하는 데 어려움이 있었다. 그러나 그 모든 것에도 불구하고 정신의 본성은 계속하여 논의를 지배하였다. 모든 이들 중에서도 가장 회의적이었던 흄조차 이 중심적인 의제에 천착하였다.

> 그러므로, 정신의 상이한 활동들을 아는 것, 그것들을 서로로부터 분리하는 것, 그것들을 그것들의 적절한 제목 아래 분류하는 것, 그리고 반성과 물음의 그 대상이 만들어질 때 그것들이 포함된 그 모든 무질서해 보이는 것들을 정돈하는 것(……)은 과학의 중요 부분이 되었다. (……) 정신이 몇몇 힘과 능력들을 가지고 있다고 믿는 것, 이 힘들은 서로 구분되고, 또 직접적인 지각과 정말로 구분되는 것은 성찰에 의해 식별할 수 있다는 것, 그리고 이 주제의 모든 명제들에 대한 참과 거짓, 그리고 인간 이해의 영역을 넘어서지 않고 놓여 있는 참과 거짓

이 있다는 것에는 의심의 여지가 없다. (1955: 22)

4.3 칸트와 토대 철학

18세기 후기 즈음, 독일의 학자 임마누엘 칸트(Immanuel Kant)는 경쟁 대안들에 직면한다. 하나는 영국 경험론자들에 의해 선호된 것으로, 사고를 일상적인 경험을 반영하거나 그것을 기반으로 하는 도구로만 여겼다. 다른 하나는 데카르트, 라이프니츠, 그리고 대륙적 전통의 다른 철학자들에 의해 선호된 것으로, 보편적인 사고의 영역을 모든 가능성을 조직하고 드러내는 것으로서 강조했다. 라이프니츠는 경험론자들에게 직접적으로 답했다. 감각에 있지 않은 그 어떤 것도 마음속에 있지 않다는 로크의 진술을 다루면서, 라이프니츠는 "정신[지적 능력] 자체 이외의 그 어떤 것도 아니다"라는 데카르트의 강력한 응수를 덧붙인다. 합리주의자들은 순수한 사고에 구현된 보편적인 원리들을 찾았던 반면, 경험론자들은 (그들이 흥미로운 사실을 드러내지 못하는 동어반복이라고 일축했던) 선험적인 진술들과 증명들을 의심했다.

1781년 처음 출판된 기념비적인 저서인 『순수 이성 비판』에서, 칸트는 이러한 합리주의자와 경험론자의 관점들을 종합하고자 분투했다. 이 과업을 달성하기 위해, 필연적인—그리하여 선험적인—, 하지만 단지 정신 안에서 동어반복적으로 상기되는 것이 아니라 어떤 의미에서 또한 경험에 의존하는 지식이 존재할 수 있는지에 관한 물음에 직면해야 했다. 그는 라이프니츠의 체계적인 분석과 데카르트의 전통을, 로크, 흄, 그리고 버클리에게서 지배적인 것으로 보였던 일상적인 경험의 변화에 적용해야 했다. 칸트는 이 대립의 극단을 조사하기로 했다. 즉 경험의 본싱을 이해하고, 더 중요하게는 정신의 본성을 분석하기로 했다.

이 과정의 아마도 중요한 절차에서, 칸트는 마음으로 하여금 이것이 그러는 방식으로 경험을 파악하고 필연적인 지식들을 생산할 수 있도록 허락하는 무언가를 이해해야 했다. 그가 선험적 종합(synthetic a *priori*)이라고 불렀던 것을 분석함에 있어, 칸트는 어떻게 지식이 경험과 함께 시작하고(그리하여 순수하게 분석적이지 않게 되고) 또한 이것으로부터, 혹은 이것에서부터 발생하지 않는지(그리하여 순수하게 후험적이지 않게 되는지)를 보여야만 했다. 그는 필연적인—일단 그것들이 발견되었을 때는 그러했던—연산, 기하학, 뉴턴의 물리학, 전통적인 논리학, 즉 논란의 여지가 없어 보이는 인간 정신의 궁극적인 성과물들의 근원을 설명해야 했다.

칸트의 출발점은 개인의 자아, 그 자신의 앎과 판단을 가진 개인이었다. 이러한 의미에서 칸트는 데카르트주의자였다. 그는 자아, 초월적인 자신에 대한 지식에서 시작했다. "나는 생각한다"는 동반하는 모든 명제들을 가능하게 해야만 한다. 이 초월적인 자아가 수동적인 도구가 아닌 것처럼 말이다. 칸트는 그의 후계자들이 그랬던 것보다 더, 정신을 감각과 관념을 주조하고 조직화하는 경험의 혼란스러운 다양성을 사고의 정돈됨과 통일성으로 변형하는 능동적인 이해 기관으로 보았다. 초월적인 자아는 항상 능동적인 주체이다. 그 자체로는 알려지지 않은 채로 자신의 조작에 내재된 규칙들을 따르며, 이것은 우리의 경험을 가능하게 만든다.

그럼에도 불구하고 이 자아, 이 조직하는 정신적 존재자는 폐쇄적인 방식으로 활동하지 않는다. 이것은 외부 세계에 의존하며 그에 의해 활성화된다. 우리가 도달할 수 있는 참에 가장 가까운 것은 우리의 섬세한 본성을 통해 최상의 조건하에 발생하는 정보를 우리가 만들 수 있다는 주장이다. 이러한 가정 위에서 칸트는 지식이 어떻게 감각 경험의 '가공되지 않은' 재료들에서 기인하고 그것들로부터 구축되는지 상세히 알려주는 체계를 발전시켰다.

칸트의 모형은 몇몇 부분들로 분석될 수 있다. 먼저, 주체 외부에 존재하며 우리의 지식이 그로부터 출발해야 하는 구체적인 감각 세계—감각적 다항체(manifold)—가 있다. 그러나 이러한 감각 세계는 직접적으로 지각될 수 없다. 사물 자체(물자체, das Ding an sich)로의 어떠한 특권적인 접근도 존재하지 않는다. 우리는 항상 누메논(noumena)—알려질 수 없는 외부 세상—이 아닌 현상—겉모습—을 대해야 한다. 어떠한 현상이라도 특정한 대상들 자체에 의해 야기된 감각들로 구성되어 있다. 그 현상의 형식은 다항체를 특정한 방식으로 질서 지우는 우리의 주관적인 기관에서 기인한다. 우리가 인간으로서 세계를 이해하는 데 사용하는 직관의 실제 형식들은 우리의 '선입관'이다. 예컨대, 우리는 사물들을 시공간 안으로의 그것들의 구현(embeddedness)이라는 측면에서 보아야 한다. 우리에게는 선택의 여지가 없다.

그러나 시공간의 내적 속성들에 덧붙여 우리의 이해는 칸트가 (아리스토텔레스를 따라) '사고의 범주들'이라고 불렀던 것들에 주의를 기울인다. 순수한 이해의 이 기초적인 개념들—양(단일성, 복수성, 그리고 총체성), 질(실재, 비실재, 그리고 제한), 관계(실체와 사건, 원인-결과, 그리고 상호 의존)와 같은 것들—은 심적 장비, 즉 인간의 이해가 지니고 있다고 간주되는 순수 종합 개념을 구성한다. 이것들만이 개인으로 하여금 그의 경험들에 대한 감각을 이해하도록 허락한다.

이 범주들은 선홍색 조각이나 신선한 붉은 체리—감각 경험에 대한 경험론자들의 설명을 지배해왔던 사례들—와는 거리가 있어 보인다. 칸트가 날것의 감각 정보와 추상적인 선험적 범주들 사이에 끼워 넣어진 또 다른 차원—도식(schema)의 차원—에 대한 분석을 고안했기에, 그 또한 그렇게 생각해왔을지도 모른다. 특유의 애매함을 지닌 채 그가 말하듯이, "한 개념에 대한 상을 제공하는 데 있어 보편적인 상상의 절차에 대한 표상을, 나는 이 개념의 도식이라고 이름 붙인다"(Wolff 1967: 76에서 재인용). 이러한 설명적인 장치를 고안함에 있어, 칸트는 이 범주들이 구체적인 이용을 확인할 수 있는 환경들을 밝히고자 했다. 한 도식은 어떤 의미에서 지적이고, 또 다른 의미에서 합리적인 매개 표상으로 기여한다. 이와 같이 한 도식은 감각 경험의 측면에서 직접적으로 활성화되지만 그 경험에 대한 해석을 제공하는 것으로서 그럴듯하게 생각될 수 있다. 오늘날 인지과학자가 말할지 모르듯, 칸트는 '정신적 표상'의 세계에 들어섰다.

도식들의 본성과 작동이 칸트 학파의 학자들에게까지 어려움을 가하는 동안, 인식론자들은 그 추상적인 범주들을 동원하며 특정한 사례들을 다룰 그러한 차원의 분석을 필요로 했다. 그 도식들은 부분적으로는 '규칙들'이며 그럼으로써 순수 이해와 연관된다. 그러나 그것들은 또한 부분적으로 '인상들'이어서 그렇게 경험적 지각과 연결된다. 각 범주의 도식은 그로써 이것이 경험 대상들 일반에 적용될 수 있는 조건을 결정한다. 이와 같이, 양의 범주에 대한 도식은 수, 질에 대한 도식은 강렬함의 정도, 관계에 대한 도식은 시간 속에서의 영속성, 기타 등등이다. 나아가, 그 도식들은 또한 구체적인 경험의 수준에서 발견된다. 우리가 개라는 개념을 백구에게 적용할 수 있기 때문에, 우리는 우리 상상 안에서 개에 대한 도식적인 표상—그 개념 자체와 구분될 수 있는 그 개념의 도식—을 생산할 수 있어야 한다. 도식적인 이론은 이같이 어떻게 범주들이 경험적인 귀결들을 가질 수 있는지를 증명한다.

칸트가 어떠한 종류의 경험적 결과물도 발표하지 않았고, 또 이 주제에 대한 그의 저술들은 난해하기로 악명이 높은 반면, 그의 생각은 오늘날 인지과학의 이론적 저술들 대부분에 영향을 미쳐왔다. 칸트가 모색하던 것은 (내가 보기에) 표상의 차원을, 지식이 한편으로는 물리적 세계에, 다른 한편으로는 타고난 정신적 구조에 관계되기 위해 어느 존재자 안에서라도 표상되어야 하는 방식을 설명할 수 있을 용법으로 묘사하는 방법이었다. 우리가 오늘날 이 사안들을 다루는 데 덜 복잡한 언어를 사용하고 있을지 모르지만, 나는 그 누구도 그 문제의 본성을 묘사하는 데 있어 그리고 어떻게 지식이 가능한지, 혹은 그가 말하는 지식의 가능성에 대한 조건들에 대한 적절한 해결책을 개념적인 차원에서 제안하는 데 있어, 칸트를 뛰어넘지 못했다고 생각한다.

칸트는 그 과업의 광대함에 대한 어떠한 오해도 갖지 않았다—그러나 그는 이것을 다루는 자신의 능력에 큰 자신감이 있었다. 그는 『순수 이성 비판』의 초판 서문에서 이렇게 선언했다. "나는 감히 풀리지 않아온, 혹은 그 해결의 열쇠가 적어도 제공되지 않은 형이상학적 문제는 하나도 없다고 주장한다"(Russell 1961: 680에서 재인용). 재판의 서문에서 그는 그 자신을 코페르니쿠스에 비견하여, 본인이 지식을 능동적인 사고자의 정신에 둠으로써 철학에 코페르니쿠스적인 혁명을 가져왔다고 주장했다.

스스로의 능력에 대한 칸트의 믿음에 전염성이 있음이 증명되어, 철학적으로 편향된 많은 학자들은 그가 지식의 습득이 가능한 영역을 경계 지었다고 믿게 되었다. 영역에 대한 칸트의 도식화는 왜 심리학에 대한 과학이 가능하지 않았던가에 대한 세 가지 이유, 즉 정신이 그 자신을 연구하는 와중에 영향을 받는다는 사실, 실험을 위해 필수적인 공간적 연장의 결여, 그리고 모든 과학에 필수적인 수학적 기반의 부재를 포함했다. 칸트는 결론 내리길, "따라서 심리학은 결코 내적인 감각에 대한 역사적인(그리고 엄밀한 의미에서, 할 수 있는 한) 체계적인 자연스러운 신조 이상의 그 무엇도 될 수 없을 것이며, 그것은 영혼에 대한 자연스러운 기술이지 영혼에 대한 과학이라거나 심지어는 심리학의 실험적 신조도 아니다"(Watson 1979: 88에서 재인용). 수년 동안 이 경고는 연구자들로 하여금 인지적 문제에 관심을 가지는 데 제약을 가했다.

4.4 논리경험주의자들의 기획

칸트의 기획, 그의 결론, 그리고 심지어 그의 경고들은 뒤이은 연구에 견줄 데 없는 영향을 가했다. 초기 인식론자들이 각각 가공할 만한 적수를 불러일으켰던 반면, 칸트의 인식론은 수년간 경쟁 이론이 없는 상태였다. 그는 명백히 철학적 저술에서 경쟁하는 두 조류—사고의 원초성과 경험의 원초성—를 조화시켰다. 또 그의 논증은 충분히 어려웠고, 표준적인 합리주의자와 경험주의자의 입장에 대한 그의 비판은 충분히 강력했으며, 정신 작용의 본성에 대한 그의 탐구는 충분히 혁명적이었던 데다, 철학에 대한 그의 견해는 충분히 안심할 만한 것이어서 취약점이 드러나기까지는 수년이 걸렸다.

칸트 덕분에, 철학은 잠시나마 학문 분야의 창공에서 특별한 위치를 누렸다. 지식이 무엇인가, 어떻게 이것의 획득이 가능한가, 그리고 왜 뉴턴식의 과학이 필수적이었나에 대한 자신의 소위 '증명'에 비추어, 칸트는 철학에 '최상' 혹은 '메타' 학문이라는 지위를 부여했다. 모든 학자들은 지식의 가장 근본적인 측면을 다루는 이 근본적인 주제를 연구할 것이라고 기대받았다. 교육받은 모든 사람들은 칸트를 읽지 않는 것을 용인받지 못할 터였다. 철학적 분석에 심각한 의심을 품은 이는 대개 침묵을 지켰다. 또한 과학과 철학은 함께 앞으로 나아갈 것이라고 계속하여 가정되었다.

마침내 칸트의 인식론에 도전한 이들은, 그의 사변적인 방법을 채택한 철학자들이 아닌 논리학자들이었다. 칸트는, 아리스토텔레스 이래로 논리학은 "한 걸음도 나아가지 못한 어느 모로 보나 폐쇄되었으며 완성된 신조의 체계"(Abel 1976: 52에서 재인용)라고 선언했었다. 그러나 사실 칸트에서, 한 세기하고도 한 분기 후, 조지 불(George Boole), 고틀로브 프레게, 주세페 페아노(Giuseppe Peano), 찰스 샌더스 퍼스

(Charles Sanders Peirce), 그리고 궁극적으로는 러셀과 화이트헤드 같은 사상가들이 논리학에서 많은 공식의 재정립을 가져왔다. 실로 논리학은 일련의 거의 정확한 절차가 되기보다, 거기에 새로운 발견들이 정기적으로 흡수될 수 있는 비경험적인 과학이 되었다. 닐스 보어(Niels Bohr), 게오르크 칸토어(Georg Cantor), 알버트 아인슈타인(Albert Einstein), 막스 플랑크(Max Planck)와 같은 학자들이 수학의 세계뿐만 아니라 물리적 우주의 세계에 대한 우리의 이해를 다시 썼듯이, 수학과 물리학에서도 이같이 극적인 진보가 있었다. 마침내, 칸트가 최고의 존경을 표했던 영역들에서의 진보는 그의 궁극적인 가정 중 많은 것에 의문을 제기했다. 그것은 시공간의 주어진 본성, 수학적 명제들의 원천, 논리학의 불변하는 규칙들, 심리학의 불가능성 등이었다.

주류 인식론에 가장 큰 영향을 끼쳤던 작업은 20세기 초, 영국 케임브리지에서 화이트헤드와 러셀에 의해 수행되었다. 수학적으로 편향된 이들 논리학자들은 수학이 논리학으로 환원될 수 있다는 것을 보여주는 일에 착수했었던 독일의 논리학자 프레게의 작업에 영향을 받았었다. 프레게가 적었듯, "일견 수학 특유의 것이라고 보이는 n으로부터 n+1로의 추론도 논리학의 일반 법칙들에 기반을 두고 있다"(Hanfling 1972: 103에서 재인용). 프레게의 통찰을 기반으로 하여, 화이트헤드와 러셀은 논리학의 기본 규칙들로부터 이 규칙들이 칸트 시대 이래로 20세기에 재정립되어왔듯이, 수학의 전부를 도출하고자 했다. 이 철학자들이 수학적 지식의 선험적 종합 개념을 경험에 의존하는 것으로 의심한다는 점에서 부분적으로는 명백히 반칸트 학파였으며, 그들 연구의 이러한 측면들에서, 화이트헤드와 러셀은 크게 성공했다.

그러나 화이트헤드와 러셀의 전체적인 구상은 철학에 가장 큰 영향을 미쳤다. 그들의 작업은 경험과학, 논리학, 그리고 수학 사이의 더 친밀한 유대를 이끌었고, 그리하여 그들 연구들 사이의 경계들이 더 이상 날카롭게 그어질 수 없었다. 칸트가 철학을 궁극적인 토대 학문, 즉 그것에 의해 다른 과학들이 판단되어야 할 기준으로 보았던 반면, 화이트헤드와 러셀은 이러한 학문적 시도들을 하나의 더 큰 연구의 일부로 보았다. 참으로 러셀은 그가 확신하여 선언하듯 많은—대부분은 아닐지라도—전통적인 철학적 물음들이 논리학의 용어로 표현되고 이 용어들 안에서 해결되거나 해결될 수 없음이 밝혀질 수 있다고 믿었다.

> 근대 분석적 경험주의는 (……) 수학과의 합병 그리고 강력한 논리적 기술의 진전을 통해 로크, 버클리, 그리고 흄의 경험주의와 달라진다. 따라서 이것은 특정 문제들에 대해 철학이 아닌 과학적 성격을 가진 명확한 대답을 얻을 수 있다. 그 체계-구축가들의 철학에 견주어 볼 때, 이것은 우주 전체에 대한 블록 이론(block theory)을 일거에 고안해야 할 필요 없이 문제들과 차례로 씨름할 수 있다는 장점을 가진다. 이러한 측면에서 근대 분석적 경험주의의 방법들은 과학의 그것들을 닮아 있다. 나는, 철학적 지식이 가능한 한, 그러한 방법들을 통해 찾아질 것이라는 것에 의심이 없다. 나는 또한 이 방법들을 통해 오래된 여러 문제들이 완전히 해결될 수 있다는 것에도 의심이 없다. (……) 다음과 같은 질문들을 보라. 수란 무엇인가? 시공간이란 무엇인가? 정신은 무엇이고, 무엇이 문제인가? 나는 우리가 당장 이 모든 오래된 물음들에 명확한 답을 줄 수 있다고 말하는 것이 아니라, 마치 과학에서처럼, 우리가 그를 통해 참으로의 연속적인, 즉 각각의 새로운 국면이 앞서 있었던 것에 대한 부정이 아닌 그것의 개선에서 유래하는, 방법이 발견되어왔다고 말하는 것이다. (Russel 1961: 788-789)

과학적 연구의 공헌자들과 같이, 화이트헤드와 러셀은 어떤 개인이라도 처음에 직면하게 될 감각 경험의 세계에 대한 수용에서 시작했다. 그들은 즉각적으로 알려지는 것과 논리학의 도구들을 이용한 추론을 통해 알려질 수 있는 것 사이의 간극을 좁히고자 했다. 궁극적으로 감각 자료로부터의 논리적 구성을 통해 외부 세계에 대한 설명을 제공하는 일이 가능해야 했다. 이 두 영국인은 러셀이 도전했던 '체계-구축가들'에 의해 제기된 것만큼이나 나름대로 야심 찬 계획을 제시했다. 동시에 러셀의 접근이 장구한 철학적 질문들—소크라테스의 시대까지 거슬러 올라가는 질문들—에 경험적으로 타당한 답변들을 궁극적으로 제공할 수 있다는 명시된 믿음은 그를 인지과학의 대열에 서게 했다.

지난 세기의 인식론적 안건들이 칸트의 기념비적인 논문을 통해 구술되었던 것과 마찬가지로, 이 세기—특히 내가 가장 관심 있는 영미 세계—의 철학적 연구 대부분이 러셀과 화이트헤드의 기획을 추구하려는 노력으로 간주할 수 있다. 뒤에 살펴볼 것이지만, 과학적 철학이라는 그들의 조합은 심각한 결함이 있다고 밝혀져 왔다. 그럼에도 여러 관찰자들은 논리적 경험주의의 방법들로 인간의 감각 경험에 접근하려는 시도를 통해 많은 것을 얻었다고 느낀다. 지금의 목표를 위해서는 더 중요해졌는데, 논리경험주의 학파는 여러 선구적인 인지과학자들에 강한 영향을 끼쳤다.

화이트헤드-러셀의 기획에 의해 영감을 받은 최초의 사상가들 중 한 명은 오스트리아의 젊은 철학자 루트비히 비트겐슈타인(Ludwig Wittgenstein)이었다. 그가 1918년 러셀의 첫 번째 글에 대해 썼던 『논리철학 논고(*Tractatus Logico Philosophicus*)』(1961)에서, 비트겐슈타인은 언어에 잠재해 있는 논리적 구조를 증명하려 시도했다. 그가 바라보듯 어떤 의미에서 언어는 사실의 구조에 대한 그림—실로, 세계에 대한 그림—을 제공한다. 이같이 비트겐슈타인은 세계의 대상들에 관한 배열, 정신 내의 사고, 그리고 언어 내 단어들 사이의 형식적인 대응을 상정했다.

필연성에 대해 고찰하길, 아리스토텔레스는 이것이 사물들로부터 나오는 것이라고 생각했고, 칸트에게 이것은 우리 정신의 구조로부터 도출되는 것이었다. 반면 『논고』에서 비트겐슈타인은 이것이 언어로부터 기인하는 것으로 본다. 비트겐슈타인은 언어를 러셀과 화이트헤드의 기획에 투입했다. 비트겐슈타인의 연구에서 철학은 명제들을 명확하게 하는 활동이 되었는데, 철학적 분석에 의해 명백해진 명제들이 그 자체로 철학의 명제들은 아니며 그보다는 세계에 대한 비철학적인 명제들이었다(Kenny 1973). 철학이 자연과학의 명제들을 명백히 해주는 동시에, 그것은 또한 존재에 대한 형이상학적 물음들의 터무니없음을 폭로할 수 있었다.

잘 알려졌듯이, 비트겐슈타인은 초기의 언어와 세계에 대한 자신의 '그림 이론'을 의심하고 이후에 사실상 완전히 단념하게 되었다(Wittgenstein 1968). 그러나 언어를 논리적으로 분석하고 또 그 분석을 지각된 세계에 연관시키고자 하는 그의 기획은 양차 세계대전 사이에 논리적 경험주의자들로 구성된 '비엔나 학파(Vienna circle)'에 의해 채택된 철학 계획의 중추적인 구성 요소가 되었다. 파이글(Herbert Feigl), 노이라트(Otto Neurath), 슐리크(Moritz Schlick), 그리고 특히 카르나프와 같은 학자들이 본격적으로 에이어(A. J. Ayer)가 "언어, 진리, 그리고 논리학(language, truth, and logic)"(1936)이라고 불렀던 것을 한데 묶고자 했다. 이 학파의 일반적인 목표는 전통적인 철학적 물음들 중 어떤 것이 형식적인 용어로 바꾸어 말해질 수 있고 어떤 것이 그럴 수 없는지를 확인하는 것이었다. 그럴 수 없는 것들(가령, 천상의 천사들에 관한 문제)은 형이상학적인 것으로 낙인찍히고 더 이상의 논의가 곧바로 금지되었다. 논리학의 용어들로 취급되기에 적합한 명제들(가령, 기하학적 각도에 대한 것들)은 또한 그것들이 증명되어 참인 것의 창고에 더해질 수 있는지를 살피고자 했다.

논리경험주의자들의 기획 중 한 가지 중요한 요소는 '입증주의(verificationism)'였는데, 이 신조는 경험적인(비논리적인) 진술들이 탐구의 이상적인 조건들 아래서 입증될 수 있다고 가정했다. 이때 요구되는 전부는 이야기되고 있는 것을 측정하고 입증할 방법뿐이다. 카르나프가 말하듯, 한 명제의 참을 확인하기 위해 우리는 사람들이 그 명제를 사용하는 조건들을 관찰해야 한다. 사실상 한 명제의 의미는 이것의 입증 방법이다. 기획의 또 다른 신조는 '물리주의(physicalism)'였다. 비엔나 학파는 심적 상태란 일상적으로 구축된 명제들이 드러난 행위를 가리키는 것들과 논리적으로 동등하다고 믿었다. 참으로 심리학의 모든 문장은 인간이나 다른 동물들의 신체적 행위에 대한 기술로 재정립될 수 있다. 마침내 비엔나 학파는 학문의 특별한 혹은 토대적인 영역으로서의 철학 개념을 부인했다. 이 철학자들이 관여하는 한, 철학이 일부가 되는 하나의 경험적인 과학만이 있었다(Ayer 1982: 128). 그 역할은 과학의 언어를 묘사하고 비판하는 것이었다.

이러한 일련의 생각들로 무장한 채, 카르나프는 논리경험주의자의 믿음들을 실제로 이행해보기로 했다. 러셀은 논리적 이해를 통해 경험으로부터 세계를 규정하는 것에 대해 말했다. 그리고 카르나프는 세계에 관련된 모든 문장들을 감각 자료의 언어로 번역하고자 했다. 물질적 대상에 대한 모든 문장에 대응하는, 감각 자료에 대한 문장은 그 대상 경험의 기본적인 현상적 요소들을 표현해줄 수 있다.

이러한 종류의 감각을 중심으로 하는 문장들을 고안해온 카르나프의 기획 다음 단계는 문장들 사이의 관계를 조사하는 것이었다. 그가 보기에, 전통적인 철학의 문제들은 문장들의 전체 체계들 사이의 이론적 관계를 조사함으로써 가장 잘 검토되어왔다. 한 존재자의 본성은 우리가 그 용어를 사용하는 문장들과 그 언어의 다른 문장들 사이의 추론적 관계들을 규명하기만 하면 확인된다. 궁극적으로 카르나프는 철학의 대부분이 논리학의 구문론에서 다루는 그러한 사안들로 환원될 수 있다고 믿었다. 구문론상의 오류를 (논리적 분석을 사용함으로써) 피할 때, 한 철학적 문제는 해소되거나 해소될 수 없는 것으로 밝혀질 수 있다.

내가 이미 암시해왔듯이 카르나프(와 비엔나 학파)의 기획은 전혀 결실이 없었다. 그러나 그 시도는 유의미한 것으로 여겨져 왔다. 비엔나 학파의 기획을 비판해온 미국의 영향력 있는 철학자인 넬슨 굿맨(Nelson Goodman)은 카르나프의 대표작에 대해 말한다.

> 『구조(*Aufbau*)』[세계에 대한 논리적 구조]는, 명백하고 정합적이며 엄격한 전례 없는 기준들과 함께, 현대 논리학의 강력한 기술들을 철학에 가져다준다. 이것은 수학과 [관련된다고 여겨져 왔던] 새로운 방법들과 원리들을 [철학에] 적용한다. (……) 철학에 대한 잠재적인 중요성은 기하학에서 유클리드의 연역적 방식의 중요성에 비견될 수 있다. (……) [이것은] 여전히 비수학적인 철학에서의 문제들에 대한 논리적 취급 중에 우리가 가진 가장 완전한 사례들 중 하나다. (1972: 22)

이같이, 러셀과 카르나프와 함께 굿맨은 논리적 분석의 기술들이 기존의 많은—전부는 아닐지라도—철학적 문제들을 해소할 가능성을 가지며, 그 문제들을 일거에 공격하는 것이 성공에 도달하는 최선의 수단이라고 믿는다.

논리경험주의의 영웅담이 인지과학의 역사에 매우 중요한 또 다른 이유가 있다. 화이트헤드-러셀 전통에서 영감을 받아 카르나프와 그의 동료들은 일상적인 과학적 발견들을 논리학의 기본 요소들로 표현하고자 했다. 대략적으로 말해 우리는 이러한 시도를 과학, 더 특정적으로는 과학에서 사용되는 언어의 논리적 구조에서의 탐색—과학의 구문론에 대한 연구—으로 간주할 수 있다. 내가 보기에 인지과학에서 진행 중인 작업의 주요 요소는 논리경험주의의 이미지로 묘사되어왔다. 즉, 정신의 작동(그리고 심적 내용의 문제들과의 불편한 상관관계)을 강조할 구문론—일련의 기호들과 그들의 연속에 대한 규칙들—에 대한 상상이다. 이같이 촘스키(1965)가 문법의 기초적인 작동을 상정할 때, 리처드 몬태규(Thomason 1974)가 의미론의 논리를 조사할 때, 뉴얼과 사이먼(1972)이 컴퓨터에서 인간의 추론을 가상으로 구현할 때, 혹은 브루너(1973)와 밀러(1956)가 분류 혹은 '덩어리로 나누기(chunking)'의 규칙을 알아내려 할 때, 그들은 정신의 논리—아마도 유일한 논리—를 알아내려 하는 것이다. 이러한 상상은 노골적으로 '사고 언어'를 찾는, 그리고 심지어는 카르나프의 특정 방법들을 전용하는 제리 포더(Jerry Fodor)의 저술들에서 더 명백하게 관통한다. 이같이 과학적 연구 전반에 부적절하다고 증명된 모형은 여전히 제한된 인지적 영역의 연구를 자극한다.

경험적인 체험의 세계에 논리적 방법들을 적용함에 있어, 비엔나 학파의 사람들은 합리주의와 경험주의의 정신을 결합했다. 그들은 또한 과학적 진술들과 실천들을 분석하기 위한 도구들을 제공함으로써 실험과학의 세계 안에 철학의 자리를 확립하고자 했다. 지나고 나서 보니 그들의 절차는 인위적으로 강요된 것이며, 또한 이론에 대한 그들의 생각은 행동주의자와 실증주의자의 비난에 너무 속박되어 있었다. 그러나 비엔나 학파의 기획의 저술과 그 교리에 반대 입장에 선 인지주의자들마저 종종 그들의 접근 정신을 취한다.

4.5 논리경험주의에 대한 해명과 철학의 수정된 역할들

1930년대 후반과 1940년대 초반, 한 무리의 철학자들이 하버드에서 정기적으로 만났다. 그들 중에는 하버드의 철학자인 굿맨과 콰인(W. V. Quine)이 있었고, 게다가 카르나프, 러셀, 그리고 알프레드 타르스키(Alfred Tarsky)와 같이, 전쟁으로 피폐해진 유럽에서 온 여러 방문객들도 있었다. 논리경험주의와 관계된 이 철학자들의 가정 대부분은 늘어나는 혹독한 비판을 받았다. 무엇보다도, 그들에게 '날것의 정보'에 대해 이야기하는 것이 가능한지에 대한 의문이 제기되었다. 즉, 그것을 면밀하게 살펴보고 그것에 근거할 수 있는 순수한 감각 자료말이다. 지식은 점점 명제를 사용하는 문제로 여겨지게 되었고, 이제 순수하고 즉각적인 소여를 아는 것에 대해 말하기는 의심스러워졌다. 보다 더 강력하게는 '의미'와 '참'을 분석하기 위해 고안된 논리적 장치 전부가 도전을 받게 되었다. 칸트의 시대 이래로 분석적 참과 종합적 참 사이의 구분이 소중히 여겨져 왔던 반면, 콰인(1953)은 이것이 궁극적으로 변호의 여지가 없다는 것을 보였다. 의미 자체의 개념이 '의미 단독에 의해 참인' 혹은 "정의에 의해 참인" 특정한 진술들에 대한 귀속을 정당화하기에 충분히 명백하지 않다. 나아가 과학적 이론의 논리적(혹은 분석적) 요소들과 경험적 요소들은 그것들이 참에 대한 상이한 기준의 대상이 되는 것으로 여겨진다고 인정받을 정도로 구분될 수 없었다. 어쨌든 유클리드의 원리들은 확실히 선험적인 참이었던 것으로 보이겠지만, 그러한 참은 비유클리드적인 기하학에 의해 궁극적으로 위태로워질 수 있다. 누군가 그의 직관들을 공유하지 않는 다른 이들과 직면할 때, 어떤 참이 언어에 기인하는지, 공통의 경험에 기인하는지를 확립할 방법이 없다. 궁극적으로 언어가 있는 만큼 언어를 세계에 연관시킬 많은 방식들이 있고, 언어 체계가 있는 만큼 많은 논리적인 구문론들이 있다.

이러한 그리고 다른 비판들의 결과로서 미국의 주요 철학자인 힐러리 퍼트넘(Hilary Putnam)은 다음과 같이 결론지었다.

> 논리경험주의의 위대한 실증적 논제들(의미는 입증의 방식이다; 형이상학적 명제들은 말 그대로 의미가 없다; 수학은 규약에 의해 참이다) 중 단 하나도 옳은 것으로 밝혀진 바 없다. 이것은 [카르나프가 시도한 것처럼] 철학적인 논제들을 언어적인 것들로 변하게 함으로써, (……) 얻어낸 결과물들이 일률적으로 부정적이라면, 철학을 더 과학적으로 만들 수 있으며 어려운 과학적 연구를 통해 철학적 명제들의 진리치를 결정지을 수 있다. (1975a: 20)

그래도 퍼트넘은 이러한 역사를 밝히는 방식으로 "[논리경험주의]가 실패한다고 하더라도, 현대의 기호논리학, 많은 현대 언어 이론, 그리고 동시대 인지과학의 분야가 모두 이 시도들의 파생물이다"(1984: 274)라고 선언함으로써 이 비판을 완화시켰다.

콰인과 퍼트넘 같은 비판가들은 논리경험주의의 붕괴를 유감스럽게 생각하며 인지과학에, 아마도 이 움직임이 초기 철학적 작업들에 적어도 몇몇 방법들과 열망을 공유한다는 것을 감지하며, 동조를 표해왔다. 그러나 1940년대 말까지, 데카르트와 함께 시작하여 여러 우여곡절 후에도 논리경험주의자들의 진영에 여전히 남아 있던 전통에 대한 훨씬 더 공격적인 목소리들이 제기되고 있었다. 이 비판에 가장 선명하게 관련된 삼인조의 이름은 라일(Gilbert Ryle), (후기 저술들에서의) 비트겐슈타인, 그리고 오스틴이다.

4.5.1 길버트 라일

유명한 저서 『정신의 개념(*The Concept of Mind*)』(1949)에서, 라일은 데카르트와 함께 시작한 유심론의 '공식 신조(official doctrine)'에 명쾌하게 맞섰다. 라일의 묘사처럼, 모든 사람이 정신과 육체를 가지며, 정신은 공간에 있지 않고 그들의 활동은 기계적인 규칙들의 대상이 되지 않으며, 정신의 운용은 사적이고 그 사람 혼자에게만 접근 가능하며, 사실상 2개의 상이한 종류의 존재 혹은 상태가 있다—일어나는 모든 것은 물리적이거나 정신적인 존재성을 갖는다—는 믿음을 수반했다. "정신적 사건들은 '정신'이라고 알려진 격리된 장에서 발생하며, 정신에서 발생하는 것과 그와 다른 것에서 발생하는 것 사이의 직접적인 인과적 연관이 없다"(1949: 13). 라일은 이 신조를, 이것과 연관된 많은 가정들과 언어적 변주들과 함께, "기계 속 유령의 독단"이라고 이름 붙였다. 그는 "나는 이것이 완전히 거짓임을, 또한 세부적인 면에서가 아니라 원칙적으로 거짓임을 증명하길 바란다"(16)고 선언하고, 그 바람에 대한 정당화에 330쪽의 책을 바쳤다.

라일의 기본적인 주장은 정신에 관한 담론이 범주의 오류를 포함하고 있다는 것이었다. '정신들(minds)'에 대해 말하는 것은 완전히 괜찮지만, 건물, 도로, 잔디, 사람, 그리고 다른 물리적으로 명시 가능한 존재자들 외의 그것들과 분리되는 '대학'이라 불리는 장소가 있다고 가정하면 안 되는 것과 마찬가지로, 우리는 그 자신의 위치, 사건 등등을 가진 '그 정신(the mind)'이라고 불리는 공간이 있다는 생각의 덫에 빠지지 않아야 한다. 라일에게 정신이 분리된 존재성을 가진다고 이야기하는 것은 한 종류의 존재자(일련의 성향들에 대한 추상적인 기술)를 이것이 마치 그 성향들 중 다른 하나 그 자체인 것처럼 잘못 다루는 것과도 같았다. "이론적으로 흥미 있는 범주-오류는", 라일이 지적하길, "개념들을 적용하는 데 완전히 능숙한 사람들에 의해, 적어도 그들에게 익숙한 그러나 여전히 그들의 추상적인 생각 속에서, 그 개념들을 그것들이 속하지 않는 논리적 유형에 할당하기 쉬운 상황에서 만들어진 것이다"(1949: 17). 데카르트가 우리의 정신생활을 지배하고 활동의 무대인 육체와 유사하지만, 그것과는 따로 떨어진 실체를 상정했기 때문에 정신은 이론적으로 흥미로운 오류가 된다.

데카르트의 견해가 가진 약점을 폭로하며, 라일은 어떻게 우리가 범주의 오류를 포함하거나 실제 사태에 어긋나지 않는 방식으로, 일반적으로 '정신적(mental)'이라고 칭해지는 존재자들과 경험들에 대해 이야기할 수 있는지를 다음과 같이 보여주려 했다. 전반적으로 그는 행동주의자의 입장을 취했다. 우리가 한 사람을 '특징(traits)' 혹은 내면의 의지적 능력을 가진다고 이야기하는 것은, 우리는 단지 사람들이 특정한 방식으로 행동하는 경향이 있으며 적절한 유도 상황에서 그렇게 할 개연성이 있다는 것을 가리킨다. 라일은 개개인이 특권적인 접근권을 가진 것이 정신 안에서 실제로 일어나는지에 의문을 제기했다. 그 대신 우리 자신에 대해 우리가 발견할 수 있는 것은 관찰과 심문을 통해 다른 이들로부터 우리가 알아낼 수 있는 종류의 것들과 원칙적으로 다르지 않으며, 한 사람의 정신에 대해 말하는 것은 단지 그의 삶의 요소들이 정렬된 특정한 방식에 대해 말하는 것이라고 주장했다.

만약 보거나 이해하는 일이 어떠한 내적인 이해 혹은 지각적인 메커니즘에 대한 상정을 포함하는 것이라면, 라일은 어떻게 우리가 무언가를 보고 이해하는지에 관한 문제에 관심이 없다고 선언했다. 우리가 철학적인 분석가로서 할 수 있는 최선은 한 개인이 무언가를 보고 있거나 이해하고 있음을 보고하는 상황을 이해하고자 하는 것이다. 또한 이러한 상황들은 보고하는 개인들의 범위에 전반적으로 걸쳐 접근 가능해야 할 것이다. 라일은 개념적인 질문들("한 개인이 무언가를 이해했다고 보고할 것 같은 상황들은 무엇인가?")에 대해 내적인 메커니즘을 들먹이는 대답들("나는 특정한 정보를 특정한 방식으로 처리하기 때문에 무언가를 이해한다")에 반대했다. 그의 견해에서 (데카르트나 칸트와 같은 식으로) 내적인 메커니즘을 상정하는 것은 우리의 이해에 아무것도 더해주지 않는다. 라일은 '표상적인 차원'을 수용할 이유를 보지 못했을 것이다. 또한 그는 전과학을 도식, 규칙, 혹은 표상과 같은, 그가 문제가 있다고 본 상정들을 가진, '내적인 존재자들'에 근거지우려는 당대의 시도들에도 동조하지 않았을 것이다.

4.5.2 루트비히 비트겐슈타인

비트겐슈타인은 많은 철학적 난제들이 사람들이 말을 사용하는 방식에 대한 세심한 주의를 통해 해소될 수 있을 것이라고 보았다. 그의 초기 저술들에서, 그는 언어를 세계를 이해하는 수단—세계의 구조를 간파하는 특권적인 수단—으로 여겼다. 그러나 이제, 그는 언어 자체를 많은 문젯거리를 낳는 것, 그리고 우리가 철학적 문제들에 대한 치료로서 어떻게 언어를 사용하는지 이해하게 되는 훈련으로 보았다. 후기 작업에서 비트겐슈타인은 문제들을 해결하고자 하지 않았으며, 그보다 문제들이 그 해소를 극도로 어렵게 만드는 방식으로 발달해온 용어들의 망에서 발생했음을 보이고자 했다. 그가 언급했듯이, 그가 철학을 연구하는 목적은 파리에게 파리통에서 빠져나가는 방법을 보이고자 하는 것이었다.

비트겐슈타인은 언어를 본질적으로 공적인 혹은 공동의 활동으로 보게 되었다. 우리는 공동체의 타인들에 의해 언어로 들어서게 되며, 이와 같이 말을 사용하는 방법을 알게 된다. 우리는 확실히, 가령 고통과 같은 사적인 경험을 가지지만, 고통이라는 단어의 사용은 이것이 다른 사람들에 의해 규칙적으로 사용되는 방식과 그런 환경에서 온다. 우리는 처음에 고통이라는 단어를 우리가 느끼는 무언가를 명명하는 것으로 사용하지 않는다. 그보다 사람들이 행하는 다양한 활동들과 다른 사람들이 상처입음과 관련되어 말하는 다양한 종류의 것들에 그 단어가 새겨넣어진다.

더 일반적으로 말해, 비트겐슈타인은 언어를 일련의 게임으로 생각하는 것이 유용하다고 생각했다. 우리는 항상 많은 언어 게임—우리가 언어적 계산대들의 집합 주변을 누비는 타인들과의 상호작용—에 개입되어 있다는 사실에서 출발한다. 그리고 일련의 게임에서와 같이, 이러한 작은 조우들 각각은 그 자신의 규칙 집합을 가지고 있다. 그런데 이 규칙들은 서로 중첩되기 때문에 이들을 찾아내는 일은 쉽지 않다. 언어 게임은 끊임없이 맞물린다. 이 얽힌 사태에 더해, 단어들은 뚜렷하고 분명한 의미를 갖지 않는다. '게임'이라는 단어 자체 역시 모든 그리고 오직 모든 게임들을 설명하기에 충분한 어떠한 정의도 없이 의미의 가족(family of meanings)을 갖는다. 임의의 시간에 발생하는 많은 언어 게임, 그리고 그것들의 중첩되는 본질적인 성격을 고려하여 비트겐슈타인은 그와 동료들이 한때 희망했었던 엄격한 방식으로 철학적 문제를 풀어낸다는 것을 체념했다. 그것들이 기만적으로 표현되어왔다는 것을 보임으로써 그 문제들을 모두 해소한다는 것이 더 납득할 만했다.

전통적 문제들에 대한 비트겐슈타인의 태도는 심리학, 특히 그가 빈에서의 초기 연구 도중 맞닥뜨린 형태의 심리학에 대한 그의 언급에서 확인할 수 있다. 그가 보기에 심리학자들은 그들이 이해하지 않는 문제들을 풀기 위해 애쓰고 있었다. 진정으로 과학적이라기보다, 이 문제들은 사실 언어의 특정한 사용에 내재되어 있었다. 비트겐슈타인은 많은 유심론의 단어들—믿다, 상상하다, 욕구하다와 같은 것들—이 실제로 사용되는 복합적이고 중첩적인 방식을 묘사했다. 정신적이라고 추정되는 활동들이 실제로 어떻게 '작동'하는지를 설명하려 하는 대신, (라일과 같이) 심리학자들은 행위와 경험에 대해 말하는 방식들 사이의 관계를 연구하는 것이 더 이치에 맞을 것이다. 비관적인 평가에서 비트겐슈타인은 단언한다.

> 심리학의 혼란스러움과 무력함은 이것을 신생 과학이라고 부름으로써 설명되지 않을 것이다—실험적인 방법들의 존재는 우리로 하여금 우리가 우리를 곤혹스럽게 만드는 문제들을 해결할 수단이 있다고 생각하게 만든다. 문제들과 방법들이 서로를 지나쳐 감에도 말이다. (……) 심리학적인 현상들을 설명하는 것이 아니라 받아들이는 것—그것이 그리도 어려운 일이다. (Hacking 1982: 43에서 재인용)

비트겐슈타인은 심리학의 물음들에 흥미를 가진 탐구자들이, 중대하다고 상정되는 물음들에 답하는 실험들을 구성하려 하기보다, 그들이 흥미를 가지는 현상, 그리고 그중에서도 이런 영역들에서의 용어 사용에 대해 숙고해야 한다고 느꼈다. 그는 날카로운 분석을 이끌어 냈다. "끊임없이 '왜'라고 묻고 있는 사람들은 한 건축물 앞에 서 있으면서 『베데커(*Baedeker*)』[여행 안내 책자]를 읽는, 그리고 여기 적힌 건축에 대한 역사를 읽느라 바빠서 그 건축물을 보지 못하는 여행객과도 같다. 단지 묘사만 하는 대신 설명하고자 하는 경향이 나쁜 철학[을 낳는 것이다]"(43).

4.5.3 J. L. 오스틴

마치 누군가 원하기라도 했던 것처럼—언어에 관심을 가졌던 또 다른 영국 철학자인 오스틴에 의해 논리경험주의 철학의 관에 최후의 못이 박혔다. 오스틴은 우리가 논리경험주의자들이 원했던 것처럼 어떤 문장을 단순히 액면 그대로 받아들일 수 없다는 것을 설득력 있게 보여주었다. 대부분은 아닐지라도 많은 문장들이 문자 그대로의 의미('발화 의미') 측면에서뿐만 아니라 발화의 전달자에 의해 놓인 사용('화자 의미') 측면에서도 고려되어야 한다. 오스틴이 윌리엄 제임스(William James)에 대한 그의 강연, '말로써 어떻게 행동할 것인가(How to Do Things with Words)'에서 설명하듯이 말이다.

> 문장처럼 보이는 많은 발화가 사실에 대한 단순한 정보를 기록하거나 전달하도록 전혀 의도되지 않거나, 혹은 단지 부분적으로 의도되었다고 일반적으로 생각되게 되었다. (……) 전통적 철학에서의 많은 곤혹들은—(흥미로운 비문법적인 방식으로) 무의미하거나 아니면 아주 다른 무언가로서 의도된 발화들을 사실에 대한 단순한 진술들로 여기는—실수에서 발생해왔다. (1962: 2-3)

이같이, "이곳은 매우 덥다"는 창문을 열어달라는 요청일 수도, 혹은 방 안의 온도에 관련된 주장과 같이 날카로운 논의에 대한 언급일 수 있다. 어떤 진술도 누가, 어떤 맥락에서, 어떤 근거로 이것을 발화했는지에 따라 아주 다른 효력을 가질 수 있다는 것이 확립되고 나서는, 문장에 대한 중립적인 평가라는 개념은 버려져야만 했다. 이사야 벌린(Isaiah Berlin)은 1950년대 초, 오스틴이 옥스퍼드에서 그의 생각을 발표하던 것을 회상한다.

> 프레디 [A. J.] 에이어는 비엔나 학파에 계속 많은 관심을 가지고 거기에 있었다. 저녁시간이 반쯤 지났을 때 우리 모두 카르나프와 비엔나 학파가 끝났다는 것을 알았다. 오스틴은 분석 명제와 종합 명제 사이

의 구분을, 그것들의 발화 내(illocutionary)* 힘에 의해 명제들을 분류하는 그의 더 일반적인 방식의 특별한 경우로 만들었다. 이것은 충격적이었다. (Bruner 1982: 41에서 재인용)

언어의 일상적인 사용에 초점을 맞추길 강조하는 와중에, 오스틴, 라일, 그리고 비트겐슈타인은 지식, 참, 그리고 과학과 같은 주제들의 근본이 되는 '초-학문으로서의 철학' 개념을 피할 것을 경고하고 있었다. 어쩌면 이러한 언어적 물음들 중 몇몇은 경험과학의 방식으로 접근될지도 모르나, 확실히 철학자들은 그것들을 공격하거나 해결할 특권적인 수단이 없었다. 철학이 어떠한 특별한 임무라도 가졌다면(그리고 이 분석가들은 여기에 회의적이었다), 이것은 종종 인간의 사고를 지배하는 언어 습관에 주의를 기울이고 논의의 모호한 형식을 해명하는 것을 돕는 일이었다.

전통 철학의 계획 중 어느 것이라도 구원될 수 있을까? 그 자신이 초기 비판의 주요한 건설자들 중 하나였던, 콰인은 그렇게 생각한다. '제일 철학'의 한 유형으로서의 인식론의 꿈이 실패했음을 지적하면서, 그는 이 활동의 정당한 역할이 남아 있다고 주장한다.

그러나 나는 이 지점에서 인식론이, 새로운 무대와 명확해진 지위에 서지만, 여전히 계속된다고 말하는 것이 더 유용할 것이라고 생각한다. 인식론, 혹은 이와 같은 무언가는 심리학, 그리고 따라서 자연과학의 한 장으로 이해된다. 이것은 자연 현상, 즉 물리적 인간 주체를 연구한다. 이 인간 주체는 실험적으로 통제된 특정 투입—예컨대, 다양

* '발화 내 행위(illocution)'는 한 진술이 발화되는 목적—예컨대, 답하려는, 공지하려는, 혹은 부탁하려는—을 가리킨다.

> 한 주파수로 방사하는 특정한 양식—을 부여받았으며 마땅한 때에 그 주체는 산출로서 삼차원의 외부 세계와 이것의 역사에 대한 기술을 전달한다. 빈약한 투입과 쏟아지는 산출 사이의 관계는 항상 인식론을 촉발하고 어느 정도 비슷한 이유로 우리가 연구를 유도하는 관계이다. 즉, 어떻게 증거가 이론에 연관되는지, 그리고 어떤 방식으로 자연에 대한 우리의 이론이 어떤 가능한 증거들도 초월하는지를 보기 위한 관계이다. (Royce and Rozeboom 1972: 18에서 재인용)

콰인은 하나의 대안을 제시하고 있다. 고전적으로, 철학자는 어떻게 그가—혹은 어떤 이라도—그의 감각을 통해 발견한 증거들에 근거하여 이론, 그리고 세계에 대한 이해를 가질 수 있는지를 고려했다. 그러나 지난 50년 동안 누적된 비판들은 이러한 노력이 세계에 대해 우리가 가진 지식의 독자적인 정당화를 제공할 수 있는 어떠한 방식도 없다는 것을 보여주었다. 순수한 감각 경험도, 명백한 의미도, 언어의 분명한 사용도, 특권적인 구문론도, '우선적인' 철학적 문제도 없다. 그러나, 경험심리학 분야는 이러한 사안들에 접근하는 방법을 제공한다. 콰인이 보기에, 우리는 더이상 감각 자료로부터 과학을 연역하길 꿈꾸지 않는다. 과학자는 (철학자이든 심리학자이든) 이제 경험하는 주체가 어떻게 개인이 경험을 이해할 수 있는지를 발견하는, 선호되는 방식의 연구를 수행한다. 로크와 칸트는 완전히 중요성을 잃지는 않았으나 주체와 세계 사이에 특정하게 규정된 상호작용을 연구하는 경험적 탐구자들에 의해 대체된다. 콰인은 그가 좋아하는 은유를 인용한다. 즉, 과학의 구축과 재구축이 우리들 모두 각각 배를 타고 떠 있으면서, 그 배를 널빤지 하나하나로 재건해야 하는 선원으로 만든다. 이러한 입장에서 인지과학자들은 인식론적 물음의 전통적인 구조를 재건한다고 생각할 수 있다.

4.6 리처드 로티: 인식론은 필요한가?

콰인과 같은 장면을 살피면서, 리처드 로티(Richard Rorty)는 훨씬 덜 낙관적인 결론에 도달한다. 여러 차례 논의된 그의 저서 『철학과 자연의 거울(*Philosophy and the Mirror of Nature*)』(1979)에서, 로티는 인식론 전체에 대한 의문을 제기한다. 그는 철학에 대해 급진적으로 상이하며 훨씬 더 겸손한 입장을 제안하는데, 그것은 비트겐슈타인, 라일, 오스틴이 추구한 기획을 약화시킬지도 모르는 입장이며, 또한 확실히 콰인에 비해 훨씬 덜 의욕적이고 훨씬 덜 낙관적인 입장이다. 그리스 시대 이래 모든 철학에 대한 로티의 인상깊은 비판은 본질적인 관심을 가졌을 뿐만 아니라, 적어도 내가 여기서 묘사해왔듯이, 인지과학이라 불리는 학문에 대한 심오한 의문을 제기했다.

로티에 따르면, 철학자들은 그들의 학문을 지속되는 의문들, 누군가가 성찰하기 시작하자마자 발생하는 수수께끼들에 직면하는 것으로 생각해왔다. 이 익숙한 옛날이야기 중에는 다음과 같은 질문들이 있었다. 어떻게 한 사람이 무언가를 알게 되는가? 그리고 지식의 한계는 무엇인가? 이 근본적인 사안들을 파헤치는 것은 정신에 대한 무언가를 발견하는 일이다.

> [철학은] 지식의 기반을 이해하며 이러한 기반을 인식주체로서의 인간(man-as-knower), 지식을 가능하게 만드는 '정신적 과정' 혹은 '표상 활동'에 대한 연구에서 찾는다. 안다는 것은 정신 밖의 것을 정확히 표상한다는 것이다. 따라서 지식의 가능성과 본성을 이해하는 일은 정신이 그러한 표상을 구축할 수 있는 방식을 이해하는 것이다. 철학의 주요한 관심은 표상에 대한 일반 이론이 되는 것이다. (……) 우리는 '정신적 과정'에 대한 이해에 근거한 '지식 이론'의 개념을 17세

> 기에, 그중에서도 로크에게 기대고 있다. 우리는 '과정'이 발생하는 구분되는 존재자로서의 '정신'에 대한 개념을 같은 시기, 그중에서도 데카르트에게 기대고 있다. 우리는 순수 이성에 대한, 여타 사고방식의 주장을 옹호하거나 부정하는, 재판소로서의 철학 개념을 18세기, 그중에서도 칸트에게 빚지고 있는데, 이 칸트의 개념은 정신 과정에 대한 로크의 개념과 정신적 실체에 대한 데카르트식의 개념에 대한 찬성을 전제한다. (1979: 3-4)

로티는 이러한 분석의 습관—정신에 대해 생각하는 특정한 상들을 발동시키는 것—을 그가 했던 것과 같은 유해한 시도로 생각한다. 사실, 다른 곳에서 그의 생각은 진전된다.

> 나는 정신에 대한 개념을 서구의 지성인들이 그들이 신학들의 신 개념이라는 오점을 마침내 단념했을 때 집착하게 되었던 오점이라고 말하고 싶다. 정신의 형언할 수 없음은 신적인 것의 형언할 수 없음과 같은 문화적인 기능을 제공한다—이것은 과학이 결정적인 발언을 하지 않는다는 것을 미약하게 암시한다. (Rorty 1982b: 31)

로티의 입장에서 이러한 믿음들의 집합은 특정한 종류의 활동에 대해 잘못된 방식으로 생각하던 장구한 역사의 정점이다. 이 활동들이 잘못되었다고 꼬리표를 다는 것—라일이 그러해왔듯이—에는 문제가 없다. 그러나 이 '유령'을 완전히 떨쳐버리는 유일한 방식은, 치료사가 환자로 하여금 과거의 활동과 실수에 대한 이력을 떨치도록 돕듯이, 이것의 역사를 검토하는 것이다. 이같이 로티의 노력의 주된 부분은 철학이 잘못했던 다양한 방식들을 보이려는 노력으로서 서구의 철학적 사고에 대한 재구성, 혹은 해체를 포함한다.

로티에 의해 해석된 발전의 연속은 다음과 같이 요약될 수 있다. 그리스 시대에 믿음은 믿음의 대상과의 직접적인 맞닥뜨림을 통해 결정되었다. 이러한 방식으로 『메논』의 노예 소년은 한 삼각형을 탐구함으로써 기하학의 참을 발견했다. 지식은 직접적으로 관찰될 수 없는 이상적인 형상에 대한 정확한 표상을 갖는 것의 문제였다.

데카르트의 관용이라고 할 수 있는 다음 단계에서는 우리의 지식이 유사-시각적 능력—로티가 자연의 거울이라고 이름붙인 것—의 활동에 달렸으며 정확한 표상들의 조립으로 이루어져 있다고 생각되었다. 이러한 표상들은 정신 안에 있다. 그리고 '내면의 눈'이 그것들의 충실함을 시험할 어떠한 표지를 찾기를 바라며 그것들을 조사한다. 경험주의자들이 많은 측면에서 데카르트와 다름에도 불구하고, 그들은 관념을 조사하는 구분되는 영역으로서의 그의 유심론적인 정신 개념을 보존했다. 로크는 그가 어떻게 정보가 우리의 의식에 들어오는지—라는 고전적인 심리학적 질문—를 설명할 때에, '왜' 우리는 우리가 믿는 것을 믿는가—라는 고전적인 철학적 질문—과 더불어, 치명적인 혼동을 끌어들였다.

그의 후계자들과 달리, 임마누엘 칸트는 누구라도 사물에 대해 직접적으로 접근하는 것이 불가능하다고 이해했다. 즉, 우리는 대상 자체가 아닌 대상에 대한 명제에 대한 지식을 가진다. 그러나 가장 정확한 표상을 찾아내려는 노력에서, 칸트는 궁극적으로 의심될 수 없는 특별한 특권적 표상 집합을 상정했다. 로티의 수정주의식 설명에 따르면, 이러한 표상들은 모든 지식의 토대로 여겨지게 된다. 그리고 칸트는 철학자들에게 세계에 대해 진술하고 물음들을 규정하는 중대한 지위를 부여했다.

로티의 입장에서 보면, 칸트 시대 이래로 철학의 상당수가 이러한 환상을 유지하고자 해왔다. 그러나 전통적인 인식론에 대한 일련의 강력한 비판들 덕분에 이 환상은 혹독한 벌을 받았다. 고전적인 철학적 문제들의 중요성과 정당성에 대한 비트겐슈타인의 공격이 있었다. 우리가 객관적인 지식이라는 망상을 실현하려고 분투하기보다는 지식을 실용적인 방식으로 사용하려고 해야 한다고 주장했던 실용주의자 존 듀이가 있었다. 그리스 시대 이래로 서구 철학을 사로잡아 왔던 다양한 이미지들과 은유들을 분석했던 현상학자 마르틴 하이데거가 있었다. 그리고 아마 가장 강력하게도, 러셀-화이트헤드의 기획과 더불어 감각 자료로부터의 논리적인 구성을 통해 확실한 지식에 도달하려는 비엔나 학파 양측의 실패가 있었다.

최근의 철학사에 대한 로티 자신의 해석은 내가 이미 언급한 비판에 특별히 크게 의존하고 있다. 그는 다음과 같은 결론에 도달한다. 관념과 그 대상들 간의 관계를 조사함으로써 우리 믿음의 타당성을 설명하는 어떠한 방식도 없다. 그보다 정당성은 우리가 믿는 것을 다른 이들에게 납득시키려는 사회 과정이며 확장된 대화이다. 우리는 지식이 우리 믿음의 정당성에 이르지, 실제에 대한 한층 더 정확한 표상에 이르지 않는다는 것을 이해할 때 지식의 본성을 이해한다. 로티가 결론내리듯, "주장들이 표현하는 내적인 표상의 속성이 아닌 사회에 의해 정당화된다면, 특권적인 표상들을 고립시키려는 시도는 아무 의미도 없다"(1979: 174).

콰인이 자신의 (그리고 다른 이들의) 설명의 급진적인 함축을 완전히 인정하지는 않았기 때문인지, 그는 인식론이 '아는 주체(knowing subject)'를 연구하는 심리학자의 중재를 통해 계속 지탱할 수 있다고 믿었다. 그러나 로티의 의견에 따르면, 심리학은 결코 인식론이 실패해왔던 것에 성공할 수 없다. 저서 중 흥미로운 장에서, 로티는 잘못 계획되고 뒤떨어졌다고 밝혀진 바로 그 철학적 물음들에 답하는 것을 심리학이 시도할 수 있는 차선의 도전이라고 본 콰인과 같은 사상가들에 의해 만들어진 과도한 주장들로부터 심리학을 구제하고자 한다. 로티는 자신이 관념들 '자체'에 관한 관념(idea of ideas *per se*)—그가 "이상적인 관념(idea idea)"이라고 부르는 것—에 이의를 제기하지 않는다고 단언한다. 과학자들의 생각처럼, 정신 속의 관념들은 두뇌 속의 뉴런만큼이나 유명하다. "이상적인 관념"에 의해 가해진 충격은 인식론적 권위에 대한 사이비 설명, 즉 정신의 눈이 의미나 감각 자료와 같은 특별한 존재자에 대한 직접적인 지식을 갖는다는 주장에 의한 것이었다(1979: 209).

로티는 비트겐슈타인과 그의 제자 노먼 말콤(Norman Malcolm) 같은 비평가들이 심리학에 너무도 가혹하다고 비난한다. 참으로 로티는 심리학자 피터 도드웰(Peter Dodwell)의 주장(1971), 즉 심리학자들이 어떤 사안을 탐구할지, 그리고 그들에게 가장 말이 되는 방법들로, 그리고 개념들과 함께, 그것들을 연구하기로 결정할 최고의 위치에 있다는 주장을 반대하지 않는다. 심리학자들의 탐구들이 '어떻게 추상이나 인식, 혹은 불변성이 가능한가?'나 '신경계 안의 어디에서 정보가 처리되기 시작하는가?'와 같은 질문들에 답을 제공한다고 하지 않는 한에서 말이다.

그러나 심리학이 건전하다는 진단을 받았다고 결론내린다면, 내 생각에 이는 로티에 대한 심각한 오해가 될 것이다. 그의 저서 중 다른 부분에서 로티는 우리가 관념이나 느낌이나 믿음에 대해 말하는 것이 아닌, 두뇌 속 다양한 섬유들의 자극에 대해서만 말하는 사회로부터 온 대척지 주민(Antipodean)을 상상한다. 더 나아가 그 대척지 사람은 왜 우리 지구인들이 그러한 유심론적 담론을 고집하는지를 이해하지 못한다. 그들에게 경험에 등장하는 유일한 것은 두뇌 부분들의 자극이다. 로티는 심리학적인 경험이 신경학과 동일시되는, 이 유물론주의 입장에 완전히 동조하는 듯 보인다. 그의 저서에 나오는 다양한 언급들을 살펴보자.

> 심리학자는 덜이 아니라 더 기계론적이 되어야 한다. (……) 그들은 정신을 거쳐 신경심리학으로 바로 들어가야 한다. (1979: 217)
>
> 이는 만약 심리학이 지금 그런 것보다 더 단순하고 명백했다면, 아무도 심리학에 대한 필요성을 느끼지 못했을 것이라고 말하는 것이다. (237)
>
> 우리는 그 기계가 무엇에 좌우되는지를 그 프로그램을 읽는 것보다 그것을 열어보고 들여다봄으로써 더 쉽게 찾아낼 기계를 상상할 수 있다. (238)
>
> 만약 우리가 인과적 메커니즘을 다룰 심리생리학을 갖는다면, 그리고 그에 대한 관찰 문장들이 이론을 구축하고 해체하는 데 사용되거나 기피되는 사건들을 기록할 사회학과 과학사를 갖는다면, 인식론은 할 일이 없다. 우리는 이 결과가 콰인과 통할 것이라고 생각할 것이지만, 사실 그는 이것을 부정한다. (225)

그리고 그 대척지 사람이 철학에 줄지도 모르는 영향을 논하는 맥락에서, 로티는 다음처럼 덧붙인다.

> 신경학과 구분되며 문화 발전과 유사한 학문으로서의 심리학의 소멸은 궁극적으로 우리를 자연의 거울에 대한 이미지로부터 철학자들의 동일성 이론들보다 훨씬 더 효과적으로 해방시켜줄 수 있다. (121)

요컨대 로티는 심리학에 반대되는 논증을 원칙적으로 제시하거나 동기부여받지는 않았으나, 심리학이 결코 고안되지 않았을지도 모른다고, 또 언젠가 이것이, 몇몇 사람들에게 유감스럽게도, 사라질 것도 당연하다고 느낀다. 신경생리학은 우리가 희망을 둘 훨씬 더 확실한 과학인 것처럼 보인다. 인지과학의 학제 간 사안은 로티에 의해 직접적으로 다뤄지지 않았지만, 이 문제에 대한 그의 몇몇 생각들은 다음의 이야기로부터 별도로 얻어질 수 있다.

> 언젠가 예컨대, 촘스키, 피아제, 레비-스트로스, 마르크스, 그리고 프로이트에 의해 만들어진 다양한 분류학이 다 함께 흘러들어 자연에 대한 하나의 위대한 보편 언어(Universal Language)를 말할 것이라는 오직 그 가정—때때로 구조주의에 귀속되는 가정—만이 인지과학이 인식론적 함의를 가졌다는 것을 시사할 것이다. 그러나 그 제안은, 우리가 운동하는 물질에 대해 충분히 알게 되면 모든 것을 예측할 수 있을지도 모르기 때문에, 완성된 신경생리학이 우리로 하여금 갈릴레오가 그의 동시대 인물들보다 우월하다는 것을 보여줄 수 있을 것이라는 제안만큼이나 오도되고 있다. 우리 자신을 설명하는 것과 정당화하는 것 사이의 간극은 이 설명에서 프로그래밍 언어가 쓰였는지 아니면 하드웨어 언어가 쓰였는지의 간극만큼이나 크다. (1979: 249)

로티는 서구 철학이 따랐던 경로는 필연성이 아닌 역사의 경로라고 믿었다. 이 영역의 역사—혹은 심지어 이것의 존재—는 완전히 달랐을 것이다. 만약 그리스인들이 시각을 본보기로 지식을 구축하지 않았더라면, 데카르트가 감정과 믿음을 단일한 기관에 통합하여 정신을 효과적으로 고안하지 않았더라면, 혹은 칸트가 지식의 재판소를 만들고 그 자신의 철학적 종합을 판사석에 두지 않았더라면 말이다.

로티는 철학에 대한 다소 놀라운 처방을 제안한다. 그는 인식론이 자신의 목적들—대부분 좋기보다 나쁜 목적들—을 수행해왔으며 이제 학계에서 조심스럽게 물러나야 한다고, 나아가 철학 전체는 그 주장들을 전문 분야로 철저히 환원해야 한다고 믿는다. 로티는 칸트나 러셀처럼 모든 지식을 체계화하려 했던 야심 찬 철학자들에 대한 필요성을 거부하고, 대신 비트겐슈타인과 듀이처럼 기꺼이 반응하고 해석하는 '선구자들(edifiers)'을 강력히 지지한다. 로티는 우리가 찬성한 생각들의 본성과 제약을 더 잘 이해하기 위해서, 철학자들의 생각을 탐구해야 하는 보다 인본주의적인 철학에 기대를 건다. 그는 철학자가 무언가 특별한 것을 안다거나 특별히 잘 안다는, 혹은 특별한 철학적 방법, 기술, 혹은 시각이 있다는 (플라톤은 아니더라도 칸트까지 거슬러 올라가는) 믿음을 버리길 원한다. 그는 틀린 전제들에 근거한, 혹은 인류나 과학으로 귀결되지 않는 것으로서의 철학적 논쟁들—가령, 경험주의자와 합리주의자 사이의 논쟁—을 중단시키고자 한다. 재조정된 그의 학문 지형에서, 물리학은 외부 세계의 구조를 설명할 수 있고, 신경생리학은 우리가 관념과 기분을 경험하는 과정을 상술할 수 있으며, 또 사회학과 역사는 우리의 현재 믿음의 형태를 설명할 것이다.

그렇다면 인지과학은 어찌 되는가? 이것이 어떤 대답도 허용하지 않는 철학적 물음들을 가까이 하지 않는 한, 이 새로운 영역은 우리 인간이 우리의 방식으로 세계를 경험하고 처리하는 근거에 대한 탐구를 아마 이어나갈 수 있을 것이다. 로티는 과학적 귀결에 대한 대답들이, 적어도 그것들이 지금 추구되고 있는 것과 같은 그러한 노력에서부터 올 것이라는 데 회의적으로 보인다.

4.7 철학의 영역 보존하기

학구적인 1946-1947년, 비엔나 학파의 전 멤버인 칼 포퍼(Karl Popper)가 케임브리지에 있는 윤리학클럽(Moral Sciences Club) 총무로부터 '철학의 몇몇 수수께끼들'에 대한 논문 독해에 초대받았다. 포퍼가 회상하길, "이것이 비트겐슈타인의 표현이었고, 철학에는 진짜 문제가 아닌 언어적 수수께끼만 있다는 비트겐슈타인의 철학적 논제였다는 것은 당연 분명했다. 이 논제는 내가 가장 싫어하는 것들 중 하나였기에, 나는 '철학적 문제들이 있느냐?'고 말하기로 했다"(1974: 122).

포퍼는 첫 초대에 대한 놀라움을 표하며 강의를 시작했는데, 그는 철학적 문제들이 존재한다는 것을 암묵적으로 부정함으로써, 실제로 초대자는 무엇이 진짜 철학적 문제인가 쪽을 편들고 있다고 지적했다. 이 짓궂은 언급은 비트겐슈타인을 자극했고, 그는 즉각 벌떡 일어서서 "총무는 그가 하라고 전해들은 바를 그대로 했을 뿐이오. 그는 나의 지시에 따라 행동했소"라고 높은 소리로 성이 나서 외쳤다. 포퍼는 그러한 제재를 무시하고 계속했다. 그러나 이야기 내내 반복적으로, 비트겐슈타인은 "다시 벌떡 일어서서, 나를 가로막고, 수수께끼 그리고 철학적 문제들의 부재에 대해 한참을 말했다"(1974: 123). 이 언쟁은 결국 비트겐슈타인이 화가 나 넌더리를 치며 그 방을 떠날 때까지 점점 더 가열되었다.

약 20년 후에 이 사건을 되돌아보며, 포퍼는 정말로 철학적 문제들이 있으며 심지어 그가 그것들 중 몇몇을 풀었을지 모른다는 주장을 반복했다. 그런데도 그는 덧붙이길, "예로부터 전해온 철학적 문제에 대한 단순한 해명보다 덜 원하게 된 것은 없어 보인다. 많은 철학자들의 견해, 특히 비트겐슈타인 학파의 것으로 보이는 견해는 만약 어떤 문제가 해명 가능하다면, 이것은 철학적일 수 없다는 것이다"(1974: 124).

포퍼와 비트겐슈타인 간의 이 대치는 20세기 중반 철학계의 분위기를 전하는 데 도움을 준다. 배경에는 참된 철학적 문제들이 있으며, 누군가 그것들을 체계적으로 숙고한다면 마침내 그것들을 풀거나 적어도 그러할 진보를 이뤄낼 것이라고 믿었던 과거의 위대한 인물—포퍼의 영웅들—이 서 있다. 로티 또한 이 모임을 인정했지만, (그가 칭하기로는) 이들 '체계-구축가들(systematizers)'이 가망 없고 비뚤어진 과업에 착수해왔다고 믿었다. 대신, 로티는 그가 '선구자들'이라고 부른 사람들에 대한 칭찬은 유보했는데, 그들은 참된 철학적 질문의 정당성에 깊이 회의적이며 철학 전체에 대해 가벼운, 또 짓궂기까지 한 접근을 취하는 사람들로, 선구 진영의 학자들 중 비트겐슈타인, 듀이, 오스틴, 그리고 로티 자신을 포함하여 논리경험주의자의 접근을 비판했던 사람들이다.

내가 아는 한, 체계-구축가들이 그들의 소명을 포기하려 했던 것은 아니다. 로티의 저서에 동조하는 논평가는 말한다.

> 만약 '인식론'이 그러한 근거에 대한 연구를 의미한다면, 이것의 목적은 목전에 있으며 듀이가 예견한 것이다. 그러나 만약 '인식론'이 다양한 종류의 지식의 가능성과 본성 그리고 사고의 양식들을 이해하기 위한 시도를 뜻한다면, 플라톤, 로크, 그리고 듀이는 우리 문명의 근본적인 특성들 중 하나와 관련된, 지속되는 전통의 일부이다. (Hacking 1980: 586)

로티와 동시대 인물인 퍼트넘은 더 냉혹한 비난을 퍼붓는다. 퍼트넘은 문화상대주의의 관점에서 인식론이 서구의 지적 전통의 특정한 심적 장애, 콤플렉스(hang-up)일 뿐이라는 로티의 주장에 특히 심란해했다.

> 문화상대주의는 사고의 가능성 (……) [그리고] 철학이 (……) 어리석은 학문이라는 (……) 제안에 대한 부정이다. 그러나 그 물음들은 심오하며, 어리석은 것은 쉬운 대답들이다. 심지어 상대주의가 비일관적임을 알아보는 것은, 만약 지식이 진지하게 받아들여진다면, 어떤 심오한 질문에 대해 무언가 중요한 것을 알아보는 것이다. 철학자들

은 그 위대한 주제들에 대해 다시 이야기하기 시작했으며, 장대하거나 궁극적인 해명이 없더라도, 그것들에 대해 무언가 '말해질' 수 있다고 느끼기 시작했다. 흥미로운 기운이 감돈다. 그리고 만약 내가 로티 교수의 저서에 격렬하게 반응한다면, 이는 또 한 권의 '기를 꺾는' 저서, 즉 심오한 사안들이 심오하지 않으며 그 전체가 실수였다고 말하는 또 한 권의 책이 이제 우리에게 필요하지 않기 때문이다. (Putnam 1981: 236)

퍼트넘은 철학자들 사이에서 인식론이 죽지 않았다는 믿음(혹은 신념)을 알리고 다닌다. 사실상 세기 중엽에 발생한 인지과학적 사건들에 비추어 보면 새로운 생명이 인식론에 불어넣어졌다. 특히 컴퓨터의 발명과 보급, 뿐만 아니라 많은 연합 분야에서의 기술개발과 발견 덕분에, 철학의 몇몇 고전적인 사안들을 다시 논의하고 새롭고도 유익한 방식으로 정신 과정을 개념화할 수 있게 되었다.

4.8 인식론에 대한 새로운 접근들

4.8.1 기능주의

이 논의에 대한 주요한 기여자 중 하나는 힐러리 퍼트넘 자신이다. 수학적으로 훈련된 철학자인 퍼트넘은 컴퓨터의 본성과 사고에 대한 그것들의 함의에 대해 오랫동안 흥미를 가지고 있었다. 그 자신이 회상하듯, 계산기의 발명은 심리철학에서 중대한 사건이었는데, 왜냐하면 이것이 기능적인 조직에 대한 생각으로 이어졌기 때문이다. 이러한 기능주의자의 생각은 사고 및 여타 '지적인 기능들'이 같은 종류의 과정을 재현하기 위해서는 동일하게 구체화된 기계에 의하여 수행되어야 한다는 주장에 도전한다. 틀림없이 계산기의 등장 이전에는 사고가 인간에게서, 혹은 우리가 가진 종류의 두뇌 구조를 가진 존재자들에게서만 발생할 수 있다는 생각이 지지를 받았다. 그러나 컴퓨터는 우리가 한때 '사고'라고 불렀을 그 과정들 중 많은 것이 신경, 혈액, 조직이 아닌 완전히 다른 요소들—트랜지스터와 진공관들—로 구성된 기계에 의해 참으로 실현될 수 있다는 것을 보였다.

동일성(identity)이 있었다면 이는 명백히 하드웨어에 있을 수 없으며, 퍼트넘이 지적하듯, 소프트웨어 안에서 발생하는 것이 당연하다. 즉, 인간과 기계—그리고 개미핥기부터 대척지 주민에 이르는 지적 생명체의 어떤 다른 형식도—모두 동일한 종류의 프로그램을 실현할 수 있다. 이같이, 더 높은 차원—인지적 활동의 목표, 이용 가능한 과정의 도구들, 밟아야 할 단계, 단계들에 대한 평가, 그리고 동류의 특징들에 초점을 맞춘 차원—에서 동일시가 일어난다.

참으로, 기능주의는 가장 고전적인 철학적 딜레마 중 하나—심신 문제—를 다루기를 의도했다. 사고는 실로 물리적 기관에서 나타날 수 있으며 특정 행위들과 상관관계를 맺을 수 있으나 산출되게 된 활동들의 정확한 집합과 동일시되어야 하는 것은 아니다(Matthews 1982). 심적 사건들에 대해 말하는 것, 하나의 심적 사건을 다른 하나를 야기하는 것으로 상정하는 것, 그리고 오직 두뇌의 사건들만이 심적 상태들을 규정하는 성질들을 가지는지에 대한 입장을 취하지 않으면서 그렇게 하더라도 이는 완벽하게 정당하다. 물론 인간에게서 심적 사건은 생리적인 것과 동일하지만, 심리적인 설명을 신경-생리학적 차원으로 환원할 필요는 없다. 그보다 우리는 심리학을 신경학에 연결하는 차원의 설명, 이것을 사회적 요소들에 연결하는 두 번째 차원, 그리고 세 번째의, 현상적인, 독립해 있는 차원까지 묵인할 수도 있다.

4.8.2 지향적 체계들

지식에 대한 사안들을 현대의 인지적 환경에서 이해되는 어법 안에서 다루려는 퍼트넘의 선구적인 시도에 근거하여, 최근 일부 철학자들은 그들 자신의 분석적인 도식을 주장해왔다. 대니얼 데넷(Daniel Dennett)은 초기의 시도들로부터 자신의 이론을 구분 짓는 것에서 시작한다(Dennett 1978). 그는 모든 종류의 심적 사건에 대해 특정한 종류의 두뇌 속 물리적 사건이 있는 종류의 물리주의를 받아들이길 원하지 않는다. 또 그는 모든 개인이 같은 프로그램을 가지고 있다는 것을 함축하는, 소위 튜링머신 기능주의를 채택하길 원하지도 않는다. 그는 이같이 두 개인 혹은 두 존재자가 둘 다 어떤 단일한 튜링머신을 실현하지 않으면서도 심리적으로 공통적으로 가지는 것에 대한 담론이 가능한 차원의 설명을 추구한다.

지향적 체계(intentional system)로 들어가자. 이 개념은, 튜링머신의 추상적인 개념이 컴퓨터와 같은 인공물을 해석하는 규칙들을 세우는 데 기여한 것과 유사하게, 정신 서술을 정당화하는 역할을 하도록 고안되었다. 지향성은 정신의 표지로 보이며, 데넷은 모든 정신 현상이 지향적 체계의 용어들로 서술될 수 있다고 주장한다.

데넷이 표현하듯, 우리는 인간과 컴퓨터와 프로그램들을 모두 우리가 설명하고자 하는 행위의 주체로 여길 수도 있다. 우리가 컴퓨터에 대해 물리적 설계나 실제 물리적 상태의 측면에서 이야기하더라도, 때로 이 기계를 지능을 가진 인간과 상당히 비슷한 것처럼 취급하는 것이 더욱 의미가 있을 수도 있다. 달리 말해, 우리는 합리성과 의도를 지향적인 체계에 귀속시킨다. 그렇게, 예컨대 당신이 컴퓨터와 체스 게임을 할 때, 당신은 그 프로그램이 특정한 목표, 절차, 전략을 마음대로 사용할 수 있는 것처럼 여긴다. 그리고 당신은 당신이 더 평범한 종류의 지향적 체계인 다른 사람을 앞서려고 할 때와 같이 그 프로그램보다 앞서려고 한다.

데닛이 주장하길, 지향적 체계의 개념은 상대적으로 난잡하거나 형이상학적이지 않다. 이것은 이것의 예화된 특성들 중 어느 것의 구성, 속성, 도덕성 혹은 신성을 건드리지 않는다. 지향적 체계는 개인과 행위의 상식적 세계와 표준적인 물리과학의 비지향적인 영역을 이어주는 다리의 역할을 한다. 인공지능은 이 체계의 시녀인데, 그것은 이 분야가 사실상 박식한, 그리하여 어떻게 지식이 가능한지에 대한 물음에 한 가지 대답을 제공하는 체계를 구축하기 때문이다.

지향적 체계는 특정 수준의 복잡성에서 등장한다. 우리는 한 지향적 체계를 그 지향성을 따라 각각의 하위 체계로 분해하고, 그다음에 이것을 더 세밀한 체계로까지 분해할 수 있다. 이러한 하위 체계는 서로 의사소통하는 작은 난쟁이로 생각될 수 있다. 그러나 궁극적으로 우리는 이 다양한 난쟁이들이 '해고되는', 지향주의자의 입장을 채택할 필요가 없는 차원에 도달하기를 원한다. 데닛은 말한다.

> 만약 우리가 상대적으로 무지하고, 편협하고, 맹목적인 난쟁이 부서 혹은 위원회로 하여금 그 전체의 지능적 행동을 생산하게 할 수 있다면, 이것은 진보이다. (……) 결국 이것은 (……) 당신에게 너무도 멍청하여(그들이 해야 하는 것이라고는 질문을 받았을 때 예라고 대답할지 아니요라고 대답할지를 기억하는 것이다) 그들이, 말하자면, '기계로 대체될' 수 있는 난쟁이를 떠맡긴다. 우리는 그러한 멍청이들의 군단을 그 일을 수행하도록 조직함으로써 우리의 도식으로부터 상상의 난쟁이들을 해고한다. (Dennett 1978: 123-124)

무엇이 데닛의 공식화의 울타리를 건드리는가. 그는 인공지능을 가진 기계에 대한 '지향적 체계 담론'을 포함시키는 것이 유용하다고 생각하는 한편, 그는 동시에 이것이 그저 말하는 방식일 뿐이라고 주장한다.

> 내가 제공해온 지향적 체계의 정의는 지향적 체계들이 정말로 믿음과 욕구를 가진다고 말하지 않으며, 다만 우리가 그것들에 믿음과 욕구를 귀속시킴으로써 그들의 행위를 설명하고 예측할 수 있음을 말한다. 그리고 우리가 컴퓨터에 귀속시킨 것을 믿음이라고 부를지, 믿음-유사체나 정보 집합체나 지향적인 무언가라고 부를지 간에 그에 근거해 만드는 계산의 본성에 차이를 만들지 않는다. (1978: 7)

그러나 만약 이것이 표현의 방식일 뿐이라면, 이러한 위험해 보이는 시도를 통해 얻는 것은 무엇인가? 라일의 제자인 데넷은 이 유심론적인 노선을 완전히 버리고 행동주의자의 더 믿을 만한 논의 방식으로 후퇴할 가능성이 높아 보인다. 데넷은 그러한 논의가 정말이지 더 이상 과학적 목적에 적합하지 않음을 인정한다. 행동주의자 스키너에 대한 비판적인 구절에서 그가 논평하길, "명시된 대로 기능하는 메커니즘을 고안하여 '그것들을 대체'하는 방법이 발견될 때까지 지향적인 용어들이 인간과 동물의 행동 통제 체계의 기능을 밝히려는 시도에 잠정적으로 이용되지 못할 이유는 없다"(Dennett 1978: 62).

그들의 개념을 발전시킴에 있어, 퍼트넘과 데넷은 인지과학에 철학이 기여한 예를 들어왔다. 컴퓨터의 도래에 의해 제기된 다양한 사안들에 답함에 있어, 정신과 육체의 관계 그리고 행위자의 목적의식에 대한 오래 지속된 논의를 정리하면서, 이 권위자들은 당대의 마음에 대한 과학에서 제기된 사안들을 명백히 하는 것을 도와왔다. 여전히 나는 이 두 철학자들이 상당히 조심스럽게 인지과학의 영역에 들어왔다고 말하는 것이 정당하다고 생각한다. 그리고 우리가 다음 장들에서 살펴볼 것처럼 존 설(John Searle)과 휴버트 드레이퍼스(Hubert Dreyfus) 같은 철학자들에 의해 더 골치아픈 문제들이 제기되었다. 이러한 이유로, 본격적인 인지주의자—마음이라는 사안에 있어서 철학자와 경험과학자들의 공통적인 운명에 어떠한 이의도 갖지 않는 철학자—인 제리 포더의 작업을 살펴보는 것이 유익하다.

4.9 완전한 인지주의자: 제리 포더

포더(1975; 1981b)를 읽으면 인식론 테이블의 사람들이 갑작스럽고도 급격하게 바뀌게 됨을 느끼게 된다. '악당들'은 영웅의 지위로 추대되고 널리 알려진 일반적인 영웅들은 좌천되었다. 그의 한때 스승이자 동료가 된 촘스키를 따라, 포더는 3백 년 이상 전에 데카르트가 내놓은 분석을 매우 존경스럽게 생각했다. 포더에게 데카르트적인 전통은 심적 상태의 존재를 인정하며 심적 사건들이 인과력을 갖도록 자유롭게 허락한다는 장점을 가진다. 나아가 전통은 본유 관념—개인이 가지고 태어나며 개인으로 하여금 경험을 이해할 수 있게 해주는 정보 내용, 메커니즘, 혹은 원리들—에 대한 상정을 지지했다. 포더식 인식론에서 그는 경험주의자의 전통을 소리 높여 비판한다. 그는 흄부터 논리실증주의자들까지 3백 년간의 경험주의적 시도들이 실패로 귀결되었다고 본다. 포더의 이해에 따르면, 경험주의자와 합리주의자 모두 어떤 개념들은 본유적이어야 한다는 것을 받아들였는데, 그는 인간이 환경에 의해 기껏해야 단순히 촉발되어야 할 많은 '개념'들에 대한 지식을 가지고 태어난다는 합리주의자들의 믿음에 편을 들었다. 포더는 또한 라일식 행동주의 입장을 혹평한다. 그는 라일이 거부한 종류의 설명들이 사실은 반드시 필요한 것이라고 주장하고자 한다. 포더의 시각에서 발화가 만들어지는 환경과 그것이 만들어지는 이유를 설명하는 일은 완전히 다른 문제이다. 그리고 라일에 대한 저항에서 심적 공간을 침해하는 것은 포더의 계획 중 일부이다. 그것은 우리가 가진다고 생각되는 심적 도구들이 주어졌을 때, 우리가 왜 그리고 어떻게 진술들을 만드는지를 밝히는 것이다.

그러나 아주 오래전의 철학적 작업에 대한 포더의 비판은 결코 데카르트주의의 신조에 대한 무비판적인 회귀로 해석될 수 없을 것이다. 먼저 그는 유심론이 이원론과 동등하지 않음을 강조한다. 우리는 서로와 어떻게든 상호작용해야 하는 2개의 실체—정신과 물질—가 있다고 믿지 않으면서 심적 상태의 존재성과 그들의 인과적 힘을 믿을 수 있다. 이 경우 그는, 그럼에도 불구하고 심적인 원인의 존재와 심적인 상태 간의 상호작용을 허용하는, 정신에 대한 유물론적인 변조를 주장하고 있는 것이다.

사실상 포더는 그의 스승 힐러리 퍼트넘에 의해 처음으로 도입된 기능주의적 관점의 상당 부분을 수용한다. 이러한 입장에서, 한 체계의 심리적 구성은 이것의 하드웨어(혹은 물리적 구현물)가 아니라 소프트웨어에 의존한다. 따라서 화성인들이 고통을 느끼고, 컴퓨터가 믿음을 갖는 것이 가능하다. 포더는 나아가 인지과학의 일반적인 정보-처리 접근법을 받아들인다. 인지적 활동들이 실현되고 사실상 구성되는 것은 기호 혹은 심적 표상에 대한 조작 안에서이다. 많은 현대 심리철학자들과 일치하여, 또 정신을 자연의 거울로 보았던 앞선 철학자들에 정면으로 반대하여, 포더는 심적 표상의 속성으로서의 유사성을 거부한다. 정신의 기호들은 그것들이 가리키는 존재자들과의 어떠한 배열 관계도 필요치 않은 추상적인 존재자들이다.

결국 포더의 기능주의는 어떤 의미에서도 환원주의자의 접근법을 반영하지 않는다. 지능과 심적 상태들은 여러 체계와 존재자들 안에서 구현될 수 있으며, 이때 생화학적 혹은 신경학적 측면의 설명에 우선권은 주지 않았다. 참으로, 포더는 '자연스러운 종류의' 신경 시스템이 어떤 흥미로운 방식으로라도 심리학적 혹은 유심론적 설명의 '자연스러운 종류'에 연결되는 데 강한 의구심을 나타낸다. 그것들이 존재한다면, 정신과 컴퓨터 사이의 연결은 정신과 두뇌 사이의 연결보다 더 밀접할 것이다. 처음부터 끝까지, 이 논의는 '지향주의자의 냄새'를 풍긴다. 포더는 믿음, 욕구, 목적과 같은 용어들을 다양한 종류의 인지적 체계에 대한 논의의 바로 그 중심에 들어가도록 주입한다.

이 지점까지, 포더가 영웅과 악당을 달리 캐스팅하는 동안, 그의 접근은 퍼트넘과 데닛같이 인지적으로 편향된 인식론자들의 접근과 일맥상통한다. 거리를 두고 보고, 또 로티나 라일과 같은 회의주의자와 비교해서 보건대, 실로 이러한 철학자들은 모두 인지 과정의 세계에서 컴퓨터를 이용한 은유에 열성적인 이들로 여겨질 수 있다. 그러나 포더는 심적 표상들이 어떠할 것인가에 대해 생각하려는 의지에 있어 그의 동시대 인물들을 완전히 넘어섰다. 여기서 데카르트에 대한 그의 충성이 가장 명백해진다.

한마디로, 포더는 사고 언어가 있어야 한다고 믿었다. 만약 인지적 체계가 표상을 포함한다면, 만약 인지적 활동이 기호 같은 표상의 조작을 포함한다면, 이러한 표상들은 어딘가에 존재하며 어떤 방식으로 조작되어야 한다. 그런 이유로, 포더는 표상적인 체계를 유기체에 귀속시키는 일은 유심론적인 체계에 대한 기술을 반드시 포함해야 한다고 본다. 그가 주장하길, "나는 '사고 언어'가 있으며 이것을 기술하는 것은 좋은 의미에서 정신에 대한 이론이 해야 한다는 전통적인 생각을 다시 부활시킬 것을 제안하고 있다"(1975: 33). 포더는 그 안에서 사고가 발생하는 어떤 종류의 매개체, 혹은 언어에 대해 인정하는 일이

거의 모든 현대 인지이론의 암묵적인 부분이라고 생각한다. 그 언어가 무엇일 수 있는가를 밝히려는 것이 그의 숙제가 되었다.

이제 포더의 길고도 매우 고무적인 에세이 『사고 언어(*The Language of Thought*)』(1975)에 대해 말하자면, 이것은 몇몇 논평가들에 의해 20세기 철학의 '위대한 분기점'으로 여겨진다(Piattelli-Palmarini 1983). 이 작업에서, 포더는 사고 언어가 인간이 가능한 많은 인지 과정들—지각, 추론, 언어-습득과 같은 것들—을 수행하고자 한다면 이것은 극도로 다채로운 매개체(vehicle)여야 한다고 주장한다. 만약 심적 과정들이 계산적이라면, 그에 기반하여 계산들이 수행될 수 있는 표상들이 '있어야' 한다. 나아가, 그는 그의 사고 언어가 본유적이라는 급진적인 입장을 제시한다. 사람들은 그들이 이제 세계에 대한 그들의 경험에서 발생하게 된 어떤 새로운 형식의 정보라도 그것에 연결할 수 있는 완전한 표상 집합을 가지고 태어난다. 나아가, "사고 언어는 자연 언어와 매우 [많이] 흡사할 수 있다. 내적인 규칙의 원천은 우리가 의사소통에 사용하는 규칙의 원천 안에서보다 직접적으로 표상될지 모른다. (……) [이것이] 자연 언어가 배우기 쉬운 이유이다"(1975: 156).

개인들이 언어—자연 언어와 유사한 본유적 언어—에 대한 지식을 가지고 태어났다는 포더의 주장은 믿기 힘든 것이었고, 그가 얼마나 심각하게 사람들이 이것을 받아들이길 의도하는지는 분명치 않다. 그러나 경쟁하는 주장에 대한 그의 도전은 아주 진지하다. 가령, 어린아이가 발달의 이어지는 각 단계에서 새롭고 더 강력한 개념들을 가지게 된다는 피아제의 개념 습득 이론에 대한 그의 비판을 보자. 포더는 우리가 어떤 개념—그 경우, 그는 이미 이것을 가진 것이다—에 대한 가설을 세우는 능력을 먼저 가지지 않고서, 도대체 어떻게 새로운 개념을 배울 수 있는지 이해하는 데 어려움이 있음을 보인다. 『메논』의 그늘이로다! 유사하게도, 복합 개념들이 단순한 개념들로부터 구성된다는 주장에 대한 비판에서, 포더는 더 큰 개념들의 구성 요소를 확인하려는 로크와 유사한 모든 시도들이 실패해왔으며, 또 그 실패는 특정 '경험주의' 책략이 애초에 잘못 구상되었다고 추정할 수 있는 증거임을 강경히 주장한다. 젊었을 때조차, 개인들이 수행할 수 있는 활동들이 매우 추상적이라는 사실은 개인들에게 장착된 최초의 지적 기관이 특정 경험들과 정보들을 예측하기 위해 구성된 채로, 선명하게 구체화되어야 한다는 포더(그리고 촘스키)의 주장에 더욱 무게를 실어준다. 비록 포더에 의해 제안된 정확한 주장들이 그의 동료들 대부분을 설득시키는 데 실패했지만, 어떤 종류의 '정신 언어(mentalese)'와 이 정신 언어가 드러내야 할 제약들의 필요성에 대해 그가 제기한 문제들은 그 기반이 매우 견고하다. 이같이 그의 입장은 어떤 철학적 주장이라도 가장 치명적일 시험 중 하나를 통과한다.

포더의 시각에 따르면 사고 언어를 단순히 기호 조작의 형식적인 매개체로 여기는 것은 부적절하다(Stich 1983 참조). 우리가 그저 생각하는 것이 아니라, 특정한 무언가에 대해 생각하고, 그러한 특정한 것들은 확실히 세계에 존재하는 것이므로, 세계의 내용들이 정신적으로 표상되는 어떤 방식이 있다. 그러나 동시에, 포더는 우리가 우리의 계산적인 체계에 의해 어떻게 '내용'이 다뤄지는지를 이해할 수 있게 될 가능성에 대해 비관적인 입장을 표한다. 우리는 탐구자들이 그러하듯, 단지 수행되는 '구문론적' 활동의 종류들을 서술하는 데 그치고 이 활동들이 외부 세계를 가리켜 다른 심적 개념들로 이끌도록 하는 방식에 대해서는 무지한 채로 남겨질지 모른다. "심적 활동들이 심적 표상들의 의미론적 속성에 접근한다는 것을 부정하는 것이 심적 표상들이 의미론적인 속성을 갖는다는 것을 부정하는 것"(1981b: 244)은 아니지만, 포더가 주장하듯, 인지주의자들이 의미론을 하는 것은 불가능할지 모른다. 포더는 이러한 의미론적 속성들이 과학적 탐구에 접근 불가능할 것을 실제로 두려워했다. 우리의 정신이라는 기계는 무엇을 이야기하고 있는지 알지 못하고 의미론적 관계도 신경 쓰지 않는다. 소위 자연주의적인 심리학이 우리가 어떻게 세계의 특정한 사물들과 그것들이 어떠한지에 대해 아는 것을 배우는지 설명할 수 있기를 원하는 반면, 계산론적인 심리학—형식적인 심적 활동에 관한 심리학—은 우리가 도달하길 바랄 수 있는 유일한 종류의 심리학일지 모른다. 역사적으로 편향된 철학과 학생들은 이러한 '내용-맹목적인' 정서에서 포더의 연구와 카르나프와 논리경험주의자들의 연구 사이의 관계를 파악할 수 있다. 포더는 심지어 인지에 대한 구문론적 접근을 묘사하기 위하여 카르나프의 용어 '방법론적 유아론(methodological solipsism)'을 받아들인다.

요컨대 그렇다면, 포더는 인지를 이해하려는 모든 시도는 유심론적인 시각에 대하여 두 팔을 벌려 포용해야 한다고 믿는다. 그는 심적 상태가 실제로 존재하며, 그것들이 서로 상호작용할 수 있고, 또 그것들을 연구할 수 있다고 믿는다. 연구의 방법은 심리학, 언어학, 그리고 다른 인지과학의 경험적인 방법들을 포함한다. 그리고 이 사안에 접근하기 위한 기회는 이 상이한 영역의 전문가들 사이의 박식한 협력에 밀접하게 연결되어 있다. 상대적으로 빠르고 자동적인 방식으로 발생하는 이러한 심적 활동들—문장에 대한 구문론적인 분석이나 시각적 세계 안의 형식에 대한 탐지와 같은 활동들—은 현대 인지과학적 방법에 의해 설명될 가능성이 가장 크다는 것이 포더의 추측이다. 따라서 그는 일관된 판단과 추론—과학 이론의 발달이나 일상적인 삶에서의 의사결정—을 포함한 능력들이 인지과학이 적합하다고 밝혀진 구문론적(혹은 형식적) 분석에 적합할 것이라는 데도 비관적이다.

이러한 데카르트식 사고로의 복귀, 사고 언어에 대한 대담한 담론은 내가 논해온 많은 권위자들이 싫어한다고 밝혀질 것이라고 생각할 수 있다. 특히, 로티가 포더의 시도를 교양 있는 인지과학자가 피해야 할 종류의 방침으로 여길 것이라 생각할 수 있다. 따라서 포더의 작업이 로티의 저서에서 비판적으로 검토되는 동안, 그것이 결코 묵살되지 않았다는 것은 놀랍지만 사태를 분명하게 해준다.

상기될 것이지만, 로티는 우리에게 '옳은 의견'을 제공하기 위하여 자연의 거울—세계가 어떠하고 우리가 이것을 가능한 가장 정확한 방식으로 판단하게 돕는 것은 무엇인지를 어떤 방법으로 말해줄 수 있는 정신 기관—을 믿는 사람들에 대한 그의 가장 가혹한 비판을 남겨둔다. 로티는 포더가 심적 과정에 대한 기계론적인 모형을 구출하는 데 관심을 가졌으며 그렇게 하는 데 모든 종류의 내적인 상태들을 상정하려고 하지만, 그의 궁극적인 기준은 인지 과정에 대한 유익한 이론—도드웰의 것과 같이 공공연히 심리적인 비인식론적 기획—을 생산할 수 있는 종류의 기술만을 요구한다. 로티는 '우리가 어떻게 물병을 알아보는가?'라는 질문이 '무엇이 마음에 의심할 나위 없이, 추론을 위한 오류 불가능한 기준의 역할을 하도록, 주어지는가?'라는 질문과 완전히 다르다는 것을 강조한다(1979: 245). 그리고 그렇게 로티와 포더는 두 질문, 즉 어떻게 유기체가 세계와 상호작용하는가—라는 정당한 심리학적 질문, 그리고 세계에 대한 유기체의 입장이 실제로 참인가—라는 전통적인(그리고, 로티 생각에는 유지될 수 없는) 질문을 분리하는 것의 중요성에 동의한다. 우리가 보듯 로티는 다음을 주목한다. "내적 표상의 체계로서의 정신에 대한 포더의 그림은 내가 비판해오던 자연의 거울이라는 은유 이미지와는 관련이 없다. 결정적인 점은 포더의 '사고 언어'에 대하여 '주체의 내적인 표상이 실제를 얼마나 잘 표상하는가'라는 회의적 질문을 제기할 어떤 방법도 없다는 것이다"(246).

포더와 로티가 동의하는 특정한 지점이 어디든지 간에, 포더, 촘스키와 인지 진영의 다른 이들은 명백히 로티의 체계-구축가의 외피를 입는다. 그들은 전통적인 물음들이 중요하다고 믿으며, 무엇이 가능한지에 대해 몇 세기 전의 위대한 체계-구축가들이 그랬던 것보다 더 회의적일지라도, 그들은 할 수 있는 한 답을 얻기를 원한다. 반면, 로티는 자칭 선구자로서 철학이 기껏해야 수수께끼를 지니며, 인식론적 물음의 모든 의제가 무산되는 것이 낫다고 믿는다. 그가 도드웰이나 포더가 참여하는 종류의 심리학을 거의 비판하지 않을지라도, 그는 심리학은 이제까지 많은 것을 성취해오지 않았다는 것은 명백하며 또 결국에 정신 현상에 대해서는 신경학적이고 인본적인 접근만이 남을 것이라고 믿는다(Rorty 1982a). 포더와 촘스키가 데카르트주의 전통으로 복귀했으며, 자신들이 합리주의자와 경험주의자 논쟁에 중요한 답을 제공한다고 여긴다는 바로 그 사실이 내게는 현재의 철학적 사고를 이루는 두 줄기 사이의 깊은 간극으로 보인다.

4.10 결론: 철학의 변증법적 역할

철학적 주제에서 우리의 주된 사안—경험주의자나 합리주의자가 승리를 거뒀는지에 대한 물음—에 관한 한, 추는 이리저리 흔들려왔다. 1800년경의 짧은 시기 동안, 칸트의 통합은 그 문제들을 완전히 해명한 것처럼 보였다. 그러나 130년 후 행동주의자의 시대가 한창일 때에, 경험주의자들이 지배력을 행사하고 있었다. 이제 인지적 혁명 덕분에, 그리고 포더와 같은 이론가들의 영향력 있는 저술들에 뒤따라, 합리주의는 수십 년간 그래왔던 것보다 더 진지하게 받아들여지고 있다. 대부분의 인지과학자들이 더 이상 이 논쟁에서 어느 쪽이 '이겼는지'에 대해 관심을 갖지 않으며, 또 포더의 비판의 목적은 데카르트식 합리주의를 부활시키는 것보다 경험론자 입장의 파산이라고 말하는 것이 아마도 온당하다. 여전히 인지과학이 계속하여 지지자들을 얻는 만큼, 합리주의자의 입장은 본질적으로 더욱 믿을 만한 것으로서 나타날 것이다. 박식한 주체(knowledgable subject)—오직 앞선 인지적 구조화에 의해서만 (본유 관념이 아닐지라도!) 지식을 얻는 주체—의 중요성은 이제 널리 받아들여진다. 적어도 그러한 의미에서 철학적 경향은 몇몇 학문들에서 경험적 연구의 지지를 받는 합리주의자의 입장을 향해 있다.

스스로의 권리를 가진 학문—그리고 인지과학의 끊임없는 타당한 기여자—로서 철학이 가진 역할은 골치 아프다. 학문 내에서뿐만 아니라 밖에서도 철학에 대한 몇몇 의구심들이 제기되어왔다. 우리가 보았듯, 논리경험주의의 비판가들—그중에서도 리처드 로티—은, 적어도 인식론적인 모습을 한 철학의 필요성에 의문을 제기한다. 그들의 관점에 의하면, 한때 철학자들—플라톤부터 칸트까지—을 자극했던 물음에는 오해가 있었으며, 거기에 대해 그들의 후계자들이 원하는 종류의 체계적인 답변을 받을 수 없다. 철학자들이 이러한 사안들을 버리고—경험과학자들이 그러길 원한다면 그들이 탐구하도록 그 문제들을 남겨두고—대신 문화—우리 문화의 경우에는 과거의 위대한 철학자들에 대한 논평을 포함하여—에 대한 박식한 해설자가 되는 것이 더 나을 것이다. 다른 주장이, 예컨대, 인공지능과 같은 인지과학의 주류에 있는 연구자들에 의해 제기되었다. 그들의 관점에서, 우리가 한때 지식, 이해, 표상과 같은 것들에 대한 계산론적인 설명을 제공해왔다면, 앞으로는 철학적 분석에 대한 요구는 사라질 것이다. 어찌되었든 철학은 한때 물리학이 의제를 설정할 때 도움을 주었다. 그러나 이제 그 물리학은 큰 걸음을 디뎠고, 물리학자들은 더 이상 철학자들의 사색에 관심을 갖지 않는다(Holton 1984).

그러나 나는 이러한 비판들 중 어느 것에도 설득되지 않았다. 내가 분석하기에, 철학은 처음부터 연구할 가치가 있는 질문들의 집합을 형성하는 데 그리고 천 년 이상 이 물음들의 과정을 감시하는 데 결정적인 역할을 해왔다. 철학에서 진보가 있었으며, 물리과학에서처럼 선형적이지는 아닐지라도 이는 명백한 진보였다. 이러한 진보는 철학자들 사이에 일어난—가령, 로크가 데카르트의 특정 개념들을 비판할 때, 그리고 버클리와 흄이 결국 로크를 비판할 때의—논쟁들 때문에 발생한다. 그리고 이것은, 20세기 초에 물리학자들과 논리경험주의자들이 포함되었던 논쟁과 같이 철학자와 경험과학자 사이의 상호작용을 통해 동등한 영향력을 가지고 발생한다.

그래서 나는 철학은 변증법적 역할 덕분에 학문적인 매트릭스에 참여한다고 주장한다. 학문 내의 변증법과, 한편으로는 철학자들에 의해 제안된 분석들과, 다른 한편으로는 과학자들에 의해 제안된 경험적 발견물들과 이론들 사이의 변증법 말이다. 이것은 근래에 극적으로 발생해왔다. 철학이 저조해 보였던 바로 그 시기에, 논리경험주의의 기획이 완전히 불신되었던 때, 컴퓨터의 발명과 인지과학의 도래가 갑자기 정교한 분석에 대한 요구를 강조했다. 적절한 개념적 체계를 살피고, 그 후에 새로운 과학적 발견들에 비추어 이것을 수정할 수 있었던 사람은 장구한 철학적 전통—칸트의 표상 개념, 심신 문제에 대한 데카르트의 주장, 본유 관념에 대한 로크의 회의—에 익숙한 사상가들이었다.

이 모든 것이 철학의 전통적 질문들이 내재적인 우월성을 가진다는 주장은 아니다. 전통적 인식론에 대한 로티의 비판이 나에게 '과잉(overkill)'처럼 보이는 반면, 철학자들에 의해 숙고된 종류의 물음들은 천 년에 걸쳐 바뀌어왔다. 시각적 지각의 본성과 같이 그리스인들을 교련시켰던 몇몇 사안은 경험과학의 배타적인 영역이 된다. '날것의' 감각 경험의 본성과 같은 몇몇 사안들은 잘못 구상된 것으로 여겨지게 되었다. 그리고 의지와 목적의 본성과 같은 몇몇 사안들은 컴퓨터 같은 발명 덕분에 새로운 긴급한 안건이 되었다.

나는 한편으로 인지과학의 발명을 철학에 대한 훌륭한 자극으로 보며, 다른 한편으로는 철학을 경험과학자들과 뗄 수 없는 그들의 시녀로 본다. 하지만 같은 이유로 철학은 척박한, 혹은 과학적 작업과 무관한 학문이 되는 것을 피하기 위해 경험적 발견물들에 부지런히 주의를 기울여야 한다. 이와 같이 인지과학의 발생을 촉진했던 철학의 장 초기의 안건들은 스스로가 낳은 지적 자손들의 작업들을 알아내고 해석할 수 있기에, 그러한 새로운 학문에 의해 발전되었다.

이러한 논의의 전문가인 힐러리 퍼트넘은 현대의 과학적 무대에서 철학의 역할에 대해 반성해왔다. 새로운 과학적 시도에 대한 논쟁에서 철학이 계속해서 수행해야 하는 중요한 역할들을 인정하면서도, '장대한' 철학에 대한 다양한 비판들을 진지하게 받아들인다.

> 나는 철학의 본성에 대한 어떤 장대한 입장도 제안하려고 (……) 하지 않았다. 또한 내가 그러고자 했어도 나는 그러한 장대한 입장을 가지지 않는다. 내가 철학을 '어이없는 실수들'의 역사로, 그리고 철학에서의 진보를 그러한 실수들의 폭로로 여기는 사람들에 동의하지 않는다는 것은 명백하다. 내가 철학을 실제 세계에 대한 선험적인 참을 주장하는 사업으로 보는 사람들에 동의하지 않는다는 것 또한 명백하다. (……) 나는 철학을 가령, 사고와 실재의 관계와 같이, 어떤 중대한 문제들을 가진 장으로 본다. (……) 이러한 물음들을 다룸에 있어 철학자들이 경쟁하는 연구 기획들을 형성해왔다는 것, 그들이 일반적인 가설들을 주장해왔다는 것, 그리고 가끔 그들이 하는 일이 그러하다는 것을 인정하길 거부해왔음에도 불구하고, 각각의 주된 연구 기획에 포함된 철학자들이 그들의 가설들을 시행착오를 거쳐 수정해왔다는 것은 명백해 보인다. 이러한 정도에서 철학은 '과학'이다. 이보다 더 심각한 의미에서 철학이 과학인지 아닌지에 대해 주장하는 것은 내가 보기에 유용하지 않다. (……) 우리가 실제 세계와 세계 안에

서의 인간의 위치에 대한 중요한 관점에 필수적인 개념을 가지고 있는 한, 과학이 철학인지 혹은 철학이 과학인지를 결정하는 것은 내게 중요하지 않아 보인다. (Putnam 1975a: xvii)

제5장

심리학: 방법과 내용의 만남

5.1 1950년대부터 시작되는 연구의 세 주축선

5.1.1 조지 밀러의 마법의 수 7

1956년 조지 밀러는 『심리학 리뷰(*Psychological Review*)』에 「마법의 수 7±2: 정보처리에서 우리의 용량의 한계(The Magical Number Seven, Plus or Minus Two: Some Limits on Our Capacity for Processing Information)」라는 아주 훌륭한 논문을 발표했다. 결정적인 실험이나 형식적 이론의 제시에 대한 보고서를 종합한 이상으로, 논문의 첫 문장은 상당한 경험적 증거들로 뒷받침되고 있다. 그 첫 문장은 다음과 같다. "내 문제는 한 정수에 의해 괴롭힘을 당했다는 것이다. 7년 동안 이 숫자는 나의 주변을 맴돌았고 나의 가장 사적인 자료에 침범하였고, 대부분의 공공학술지의 지면에서 나를 공격하였다(81)." 밀러는 자극들을 절대적으로 구분하는 능력, 음소들을 구분하는 능력, 숫자들을 정확하게 추산하는 고립 기록건(discrete items)의 수를 기억하는 능력 모두는 일곱 번째 항목의 단계에서 결정적인 변화를 겪는 듯하다는 것을 보여주었다. 즉 그 숫자(7) 이하에서는 개인들이 그러한 과제들을 쉽게 처리할 수 있지만, 그 수를 초과하면 실패하기 쉽다. 그리고 이러한 급격한 변화는 우연히 발생한 것이 아니다. 밀러의 관점에서 보면 다음과 같다.

> 인간들은 학습이나 신경계의 설계에 의해 형성된 한계를 가지고 있는 것으로 보인다. 그 한계는 우리들의 경로 용량을 일반적 범위에 한정한다. 제시된 증거들에 근거하면 인간은 제한된 다소 작은 용량을 가지고 있으며, 그 용량은 단순 감각 속성들 간에 많은 차이를 보이지는 않는다고 말할 수 있다. (86)

그러나 밀러가 독자들에게 재확인한 바와 같이, 인간은 이러한 한계를 극복하는 방법을 가지고 있다. 처리 혹은 부호화하는 실재들은 서로 구별되는 요소들의 수를 증가시킬 수 있다. 인간은 많은 요소들은 모아서, 또는 함께 분류해서(예를 들어 여러 개의 철자들이나 숫자들을 묶어서) 그 결합체를 하나의 요소로 취급할 수 있다. 우리는 절대적인 판단이 아니라 상대적인 판단을 할 수도 있다. 정보를 언어로 재부호화하고 보다 추상적인 기호를 기억하는 용량이 특히 중요하다. 밀러가 언급하였듯이 "사람들이 하는 이러한 종류의 언어적 재부호화는 바로 사고 과정의 원동력으로 보인다(1956: 95). 사실 그는 이러한 재부호화 과정의 잠재적 효율성을 다음과 같은 방식으로 기술하였다. "다소 억지스러운 비유를 사용하자면, 이것은 우리가 가진 모든 돈을 7개의 동전만을 보관할 수 있는 지갑에 넣고 다녀야만 하는 것이다. 그 동전이 1센트짜리인지 1달러짜리인지 상관없이 7개만 넣을 수 있다"(Miller, Galanter, and Pribram 1960: 132).

이렇게 단순하게 보이는 주장이 왜 인지적 성향을 띤 학계에 결정적인 영향을 미친 것일까? 첫째, 밀러의 논문은 그때까지 흩어져 있던 방대한 자료들을 결합하고 그것들이 공통된 결론을 가리키고 있다고 제시하였다. 이는 무엇보다도 귀중한 통합이었다. 둘째, 마법의 수 7이 더 이상 우연이 아니라는 것을 주장하였다. 이는 인간의 정보처리용량에서 실제적인 한계임을 지적한 것이다. 이러한 '내장된' 한계는 급진적인 경험주의자로부터 배척당할 수도 있었지만, 중앙 인지처리 과정 기제의 특성과 구조를 탐구하는 방향으로의 전환을 알리는 데 도움을 주었다. 엄격한 처리 한계에 대한 이러한 주장은 동일하지는 않지만 정보 이론의 측면에서도 제기되었다. 밀러는 논문의 초반에 이를 설명하고 있는데, 연구자가 다른 감각 양태와 과제를 검증하여 이렇게 명백한 한계가 실제로 존재하는지 확인할 수 있는 방법을 소개하였다(어떻게 감각과 양태 내의 그러한 변환이 이루어지는지, 그것들이 실제 마법의 수 7을 산출하는지, 언제 산출하는지가 후속 논의의 중심이 되었다). 셋째, 이미 지적한 바와 같이, 논문에서 전달하고자 하는 메시지는 희망이 없다는 것은 아니다. 왜냐하면 밀러는 재치 있게 이러한 한계를 초월하는 방법들을 제시하였기 때문이다.

이 논문이 영향력을 발휘한 다른 이유가 있을 수 있다. 심리학자들은 거의 한 세기 동안 인간 마음 체계의 기초 법칙을 발견하려고 노력해왔다. 많은 가능한 방법들을 시도하였으나 최근의 행동주의 접근을 포함하여 대부분은 결국 실패하였다. 최근 인간과학에서 가장 흥미로운 작업은 2개의 서로 연관된 영역에서 나왔다. 하나는 정보 이론인데, 여기에서는 어떤 채널에도 적용할 수 있는 전송의 원칙을 상정하였다. 다른 하나는 컴퓨터과학인데, 현재 기호조작을 하는 기계로 특징지어진다. 밀러는 심리학에서 수년 동안 수집된 자료들과 공학지향적 과학자들의 엄격한 신접근법을 결합하려는 희망을 품었다. 그 결과는 심리학 자체의 불변의 법칙들을 보유하는 진정한 과학으로서의 심리학일 수 있을 것이다. 어느 누구도 모든 내용들(또는 비트들)이 사실상 동일한 것으로 취급되어 헤아려질 수 있는지에 대한 질문을 던질 것이라고 생각하지 못했다.

5.1.2 정보처리에 대한 영국의 접근

밀러와 그의 동료들이 커뮤니케이션 과학의 개념을 심리학에 적용했던 것과 유사한 움직임이 영국에서도 진행되고 있었다. 이차대전 중에 영국에서 심리학자들이 다른 과학자들과 함께 적군의 암호를 해독하고, 야간시를 이해하고, 공중폭격의 경보 체계를 설계하고, 적기의 위치를 탐지하는 데 도움을 주고, 기타 잡다한 전쟁에 필요한 요구를 충족시키려 노력하는 응용심리학의 작업으로부터 직접적으로 이 움직임이 생겼다. 이러한 작업에 참여한 두 사람이 콜린 체리(Collin Cherry)와 도널드 브로드벤트(Donald Brodbent)이다. 1950년대의 이러한 연구들은 영국의 정보처리심리학 접근법을 고취시켰다.

정보 이론의 추종자인 체리(1953)는 개인이 잡음이 있는 채널에 있는 정보를 처리하고 획득하는 능력에 초점을 맞추었다. 그는 따라 말하기 기법(Shadowing)을 사용하여, 피험자에게 따라하도록 지시한 다음 한쪽 귀에만 말을 들려주었다. 즉 말이 제시되자마자 가능한 빨리 각 단어를 따라 하게 하였다. 체리는 피험자들이 말이 제시된 반대쪽 귀, 즉 주의가 주어지지 않은 귀에 들리는 말을 거의 따라 하지 못한다는 것을 발견하였다. 더 정확히 말하면 음악이었는지 연설이었는지와 같은 신호의 총체적인 특성들은 보고할 수 있었지만 내용이나 언어의 전환은 보고할 수 없었다. 브로드벤트(1954)는 이러한 실험 절차를 3개의 문자열로 된 숫자 세트를 동시에 양쪽 귀에 제시하게끔 다듬었다. 그는 피험자들이 모든 숫자들의 한 귀에 먼저 제시된 숫자들을 모두 보고하고 그 다음에 다른 귀에 (동시에) 제시된 숫자들을 보고할 때 가장 쉽게 과제를

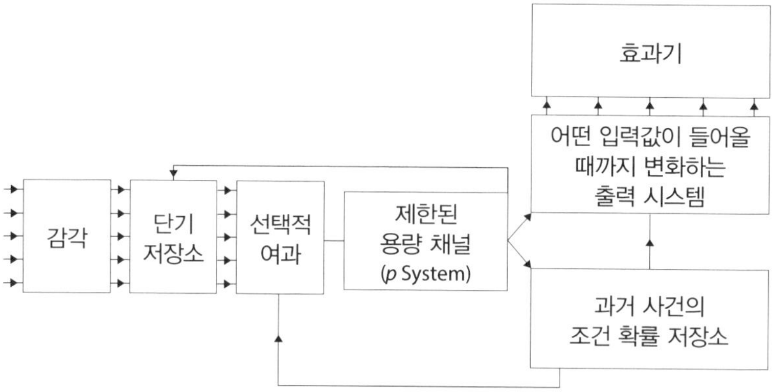

초기 정보처리 다이어그램의 예

Source: From D. E. Broadbent, *Perception and Communication* (Elmsford, N.Y.: Pergamon Press, 1958). Reproduced by permission.

수행하고 가장 높은 점수를 얻는다는 것을 발견하였다.

우리 목적상 브로드벤트와 체리의 작업에서 중요한 부분은 이러한 사실들의 근원이 되는 인간의 사고 과정에 대한 모형이다. 이 모형은 영국의 경험주의 전통을 확인시켰다. 이 모형은 감각으로부터 유입되는 정보로 시작하지만 새롭고 중요한 세부특징에 초점을 맞춘다. 즉 개인이 정보를 받아들이고 저장하는 데 필요한 용량이 제한되어 있다는 것이다(이렇게 정보처리의 제한을 강조한다는 점에서, 이 모형은 조지 밀러의 마법의 숫자 7의 연구와 본질적으로 연결되어 있다). 여기에 더하여 몇몇 중요한 진전이 있다. 영국 연구자들은 구조적 한계를 정적인 방식으로 단순히 언급하기보다는 초기 파악의 순간에서부터 이 정보에 정확하게 어떤 일이 발생하는지를 탐구하였다. 이러한 '공학적인' 접근에서는 지각 시스템이 새로운 정보를 조작할 때 어떤 일이 발생하는지를 흐름도로 그리는 것은 당연한 단계이다. 한 교과서에 따르면 브로드벤트는 인지 함수를 흐름도를 사용하여 그린 현대의 최초의 심리학자이다(Lachman, Lachman, and Butterfield 1979: 188).

초기의 흐름도는 어떠한 모습을 띠고 있는가? 흐름도의 특징은 감각을 통하여 정보가 유입되고, 단기기억에 저장되고, 그리고 제한된 용량의 지각 시스템에 들어가기 전에 선택적으로 여과된다는 것이다. 감각기관이 동시에 많은 정보를 받아들이고 잠시 동안 보유할 수 있는 데 반해, 선택적 여과는 원하지 않는 메시지를 막아내어 추가적인 분석에 유용한 정보만을 유입하게 하는 역할을 한다. 선택적 여과의 추가적인 특징은 어느 한 시점에 특정한 요건을 만족시키는 메시지만을 유입시키는 것이 가능하게끔 조율될 수 있다는 것이다. 완충기는 분석되지 않은 정보를 잠시 동안 보유하여 첫 번째 귀에 의해 파악된 3개의 숫자를 토해낸 다음 다른 귀의 내용을 보고할 수 있게 한다. 브로드벤트의 초기 모형에 따르면 의식되는 정보만, 즉 제한된 용량의 채널을 통과하는 정보만 장기기억으로 들어갈 수 있고, 활동하는 지식의 한 부분이 된다. 주의가 주어지지 않은 채널에 제시된, 즉 주의가 주어지지 않은 신호는 수 초 내에 쇠퇴하는 것으로 가정되어 초기의 '전-주의적(pre-attentive)' 분석 이상으로 처리되지 않는다.

아주 소수의 연구자들은 지각이나 사고가 동시적으로, 즉 일련의 단계들을 거치지 않고 발생하는 것이라고 믿었지만, 정보처리의 단계를 추적하는 선택지는 브로드벤트 이전에는 거의 발견되지 않았다. 이러한 선택지는 커뮤니케이션 공학자들이 심리학자들이 오랫동안 관심을 가져왔던 지각과 주의의 문제들에 영향을 미쳤을 때 비로소 현실 가능성을 가지게 되었다. 그러나 브로드벤트와 그의 동료들에 의해 제안된 '흐름도' 모형과 그들이 수집한 정보처리 특정 단계에 적절한 증거들 덕분에 많은 생산적 가능성이 열리게 되었다. 이제는 다양한 심리과정의 시간적 차원을 검증할 수 있고 열의에 찬 실험자가 그러한 과정을 추구하는 데 많은 시간을 소비하지 않아도 된다. 브로드벤트와 체리의 예시에 고무된 사람들에게 처리될 특정 내용 혹은 부과된 변환의 종류에 주의를 기울이지 않는 것은 별 문제가 되지 않았다.

5.1.3 제롬 브루너의 전략적 접근

제롬 브루너는 재클린 굳나우, 조지 오스틴과 공동으로 연구하여 1956년 『사고의 연구(*A Study of Thinking*)』라는 책을 출간하였다. 이 책은 브루너가 하버드에서 수년 동안 이끌어온 인지 프로젝트에서 싹튼 것이다. 심리학자들에게 잘 알려진 주제는 분류, 범주화, 즉 (이 분야 사람들에는 범주화와 동일하게 사용하는 개념인) 개념 형성, 개념 획득이었으며 고전적인 문제였다. 사람들은 일련의 요소들에 대면하여, 그 요소들을 어떻게 집단화하고 적절하게 범주화하는가? 예컨대 그 요소들이 모두 의자인지, 원자인지, 큰 청색 삼각형인지에 대한 문제였다.

심리학자로서 브루너와 그의 동료들은 서로 다른 기하학적 형태가 그려진 카드들이 각각 어느 범주에 속하는지를 찾아내는 것과 같은 추상적인 형태의 범주화를 검증하는 전통을 따랐다. 실험자는 한 개념을 목표 자극으로 삼는다. 즉 적색 그림이 있는 모든 카드 종류, 적색 사각형이 있는 모든 카드 종류, 혹은 문제를 풀기 어려운 경우로 2개의 그림 혹은 원을 포함하는 모든 카드 등이 목표 자극이 되기도 한다. 피험자는 한 번에 하나의 카드를 제시받고, 그 카드가 미리 정해진 범주에 속하는지 답한다. 피험자의 과제는 목표 개념의 특성을 찾아내어 범주를 정의하는 특질이 있는 카드만을 빠짐없이 고르는 것이다.

겉으로는 비슷하게 보이는 연구들이 과거에도 수행되었지만, 브루너의 접근법은 이전의 범주화 연구에서 수행되었던 것과는 실질적인 차이가 있다. 먼저 청각손실자나 동물을 피험자로 설정했던 이전 연구와 달리, 브루너와 그의 동료들은 피험자들에게 무엇을 할 것인지에 대한 지시만 하였으며 자료 분석은 피험자들의 의견에 매우 의존하였다. 잘 정립된 행동주의의 방법론에서 벗어나, 피험자들을 주어진 자극에 단순하게 반응하는 존재라기보다는 능동적이고 생산적으로 문제 해결자로 취급하였다. 여기서는 피험자들의 내성이 사실상 중요하였다.

정보이론적인 당시의 흐름을 반영하여 브루노와 동료들은 피험자들이 접하는 단순한 자극에 동화된 정보 조각들을 살펴보기 시작하였다. 표준적인 실험 절차와 또 하나 구별되는 점은, 그들이 '전략'이라고 불리는 긴 행동서열의 정보 특성을 분석하였다는 것이다. 이로부터 개인의 수행을 설명하는 가장 좋은 방법이, 특정 자극 배열에 대해서 특수하게 반응하는 것을 분석하기보다는 많은 시행에 대해 반응하는 전체 패턴을 분석하는 것이라는 점이 드러났다. 이것은 이 연구의 가장 우상파괴적인 그리고 가장 영향력 있는 관점이다.

연구자들은 위험을 최소화하거나 저장용량을 보존하는 것과 같은 유기체의 목적이라는 관점에서 각 전략이 성취하고자 하는 것이 무엇인지를 고찰해나갔다. 선택된 전략은 다음과 같다. 첫째, 연속적 주사 전략에서는 피험자가 하나의 가설을 가지고 (예를 들어 모든 적색 대상) 선택을 직접적으로 검증할 수 있는 사례의 단계로 제한한다. 둘째, 보수적인 초점주기 전략에서 피험자는 정적인 사례를 발견하여 일련의 선택을 하는데, 각 선택의 첫 번째 초점 자극에서 하나의 특성값만을 변화시킨 다음, 변화된 자극이 긍정적인 사례인지 혹은 부정적인 사례인지를 검증한다. 셋째, 초점 도박하기 전략에서는 피험자가 긍정 사례를 초점으로 사용하여 한 번에 2개 이상의 속성을 동시에 변화시킨다. 이때 예상되는 위험을 감수한다. 초점 도박은 개념을 매우 빨리 획득하게 하는 가능성을 제공하지만, 만약 선택이 의도하였던 정보를 제공하지 않으면 추가적인 시행을 해야 한다. 보수적인 초점주기는 기억의 부담을 일정한 수준 이하로 한정시키고 해결책을 위하여 꾸준하게 나아가기 때문에 가장 안전한 방법이다. 그러나 시간제한이나 다른 압박이 있는 경우에는 사람들이 여러 개의 속성을 동시에 변화시키는 다소 위험한 선택을 할 수 있다.

중요한 해인 1956년에 발간된 연구로는 그리 놀라운 일은 아닐지 몰라도, 브루너의 책은 등장 자체로 심리학의 혁신이었다. 저자들은 다음과 같이 언급하고 있다.

> 지난 몇 년 동안 인지 과정에 대한 관심이나 연구는 괄목할 정도로 증가하였다. (……) 이것은 전통적인 '자극'과 '반응'을 매개하는 복잡한 과정이 있음을 인정한 결과였다. 자극-반응 학습 이론은 '마음'을 때리는 것을 우회하는 심리학을 구성하기를 희망하였다. 그러한 이론의 완벽한 말초주의가 지속되는 것은 불가능하다. (……) 우리는 이렇게 사이에 끼어드는 '인지 지도'를 보다 자세히 살펴볼 필요가 있다. (vii)

브루너의 책이 가진 중요성은 저명한 물리학자인 로버트 오펜하이머(Robert Openheimer)의 칭송으로부터 나타났다. "『사고의 연구』는 여러 가지 측면에서 새로운 과학의 시작을 나타내는 느낌을 준다. 이 책은 통일된 관점과 미래를 지향하는 열정적인 확신을 포함하고 있다"(Bruner 1983: 121에서 재인용). 그러한 인위적 개념의 사용이 그들의 발견들을 무효화시킬 가능성에 대하여 그때는 누구도 생각하지 못하였다.

5.1.4 인지심리학 프로그램

밀러, 브로드벤트와 체리, 그리고 브루너에 의해 시작된 연구 계통은 1950년대 말과 1960년대의 심리학 연구들에 활기를 제공하였다. 행동주의자들이 인지의 주제에 가했던 매우 혹독한 비평에 직면하여, 이들 젊은 심리학자들은 오랫동안 심리학의 영역에서 배제되었던 개념들을 기꺼이 도입하였다. 유입될 수 있는 정보의 양에 대한 내재적인 한계에 대한 이야기, 그러한 정보를 처리하는 데 관여되어 있는 단계들을 추적하려는 시도, 그리고 문제풀이에 적용되는 전반적인 전략의 상정과 같은 이러한 모든 것은, 공개적으로 확인할 수 있는 자극과 반응의 긴 연쇄로 설명해버리려는 시도 없이 마음의 문제를 직접적으로 논의하려는 강한 의도를 보여준다.

이러한 변화가 하나의 요인 때문에 발생했다고는 할 수는 없지만, 컴퓨터의 등장과 컴퓨터 특유의 기술에 흔히 사용되는 정보이론적 언어는 확실히 그러한 접근법들을 타당화하는 데 도움을 주었다. 심리학자들은 더 이상 피험자에게 가해질 수 있든지 피험자의 행동에서 관찰될 수 있는 사건들에만 설명을 한정하지 않았다. 심리학자들은 이제 마음에 내재하는 정보의 표상을 기꺼이 다루고자 하였다. 확실히 심적 표상을 다루려는 이러한 의도는 여러 심리학자들의 저술에서 다양한 형태로 나타났다. 밀러는 표상 체계에 설정되어 있는 구조적 특정과 한계를 살펴보았고, 브로드벤트와 체리는 감각으로부터 입력되어 기억에 저장되는 정보의 변환을 검증하였다. 브루너는 과제의 수행을 결정하는 다양한 접근법과 전략들을 피험자들의 특성으로 돌렸다. 이렇게 탐사된 주제들은, 예컨대 고립된 단위들의 기억, 단어와 소리의 처리는 심리학에서는 새로운 것이 아니었지만, 개념을 정보 이론으로부터 유입된 개념에 적용하는 데 대한 전망, 컴퓨터 모형에 의거하는 데 대한 전망, 다양한 형태의 심적 표상을 장려하는 데 대한 전망, 피험자가 그들의 완전히 성찰적인 능력을 사용하는 것을 허용하는 전망은 기운을 돋우고 자유를 주었다.

심리학은 인지에 대한 모든 연구들의 중심이 되는 학문이다. 그러나 또한 추구하기 힘든 학문이고 진정한 진전을 이루기가 힘든 학문이기도 하다. 생각할 수 있는 거의 모든 요소들은 피험자의 수행에 적절한 것이고, 인간의 본성이나 행동과 연관이 있는 이슈들은 실험실에서 선험적으로 배제될 수 없다. 그래서 문제를 선정하거나 모든 경쟁적인 문제들을 검토하는 것은 매우 성가신 과제이다.

심리학은 또한 인지과학 역사가들에게 특별한 문제를 제기하고 있다. 그 역사가가 심리학자일 때 이 문제는 결코 최소화될 수 없다. 심리학은 매우 방대한 영역이다. 심리학자들의 수가 다른 학문영역 학자들의 수보다 더 많으며, 그 결과로 조사할 연구프로그램도 더 많다. 어떤 영역을 한두 개의 주제를 중심으로 조직하는 것은 과잉 일반화하는 것이지만, 심리학에서 주요 이슈들을 선택하는 것은 특별히 힘들다. 그래서 특정한 정보내용(청각, 시각, 음악, 혹은 언어)에 주의를 기울여야 하는가, 아니면 서로 교환할 수 없는 것으로 간주하여 모든 내용들을 다 다루어야만 하는가? 모든 개인들에게 다 일어나는 처리 과정을 밝히기 위한 접근법을 사용해야 하는가, 아니면 적절한 개인차를 관찰해야 하는가? 즉 실험과제에서 아동과 성인, 남성과 여성, 초보 혹은 훈련된 사람들의 차이를 관찰해야 하는가? 행동을 자연 상황에서 관찰해야 하는가, 아니면 일상의 모든 액세서리를 벗어버리고 인위적인 실험실 조건에 의존할 것인가? 개인들이 과제를 처리할 때, 작고 분리된 요소들에서 나온 의미로부터 더 큰 요소를 형성해내는가, 아니면 그 과제의 차원이나 세부특징 요구에 상관없이 문제에 의해 단순히 부과된 일반적 전략이나 접근법으로 처리하는가?

나는 이 장을 이전의 장에서 기술했던 구분에 따라 구성하려 하였다. 그렇지만 다소 다른 용어들로 기술하는 것이 더 나을 것 같다. 즉 미시적 단위의 분석과 거시적 단위의 분석의 구분이 그것이다. 과학적 전략이기도 하고 단순한 개인적 선호로도 볼 수 있지만, 대부분의 심리학 연구를 이 차원에서 분류하는 것이 가능할 것 같다. 전통적인 정신물리학이나 현재의 정보처리와 같은 몇몇 프로그램은 비트, 개인 지각표상, 짧은 시간에 조사된 단일 연합과 같은 미시적 단위의 경향을 보인다. 이는 이러한 요소단위를 완벽히 이해하는 것이 복잡한 단위나 존재의 궁극적인 설명을 위한 가장 확실한 길이라는 가정에 근거한다. 이와 반대되는 믿음이 거시적 접근의 지지자에게서 발견된다. 그들은 해결하려 시도하였던 대단위 문제들에 대한 오랜 관찰에 근거하여 스키마, 틀, 전략과 같은 분석개념을 끄집어냈다. 이들 연구자에 따르면, 이 거시적 특성은 인간 인지의 가장 두드러진 특징이기 때문에 논리적 출발점이 된다. 자료와 일상생활의 경험에 더 가깝게 보다 큰 단위에서 시작하는 것을 택할 수 있는 상황에서, 왜 원소주의자들의 접근이 결국에는 더 큰 단위를 산출할 것이라고 가정하는 모험을 할 것인가?

미시-거시적 접근법의 대비는 하향-상향적 접근법의 대비와 유사하지만 결코 동일하지는 않다. 주로 합리주의자들을 압도한 하향적 접근법에서는 피험자들이 과제 수행의 특성을 강하게 반영하는 자신의 스키마, 전략, 틀을 과제에 적용할 것이라고 가정한다. 경험적 학파와 더 강한 유대를 가지고 있는 상향적 접근법에서는 중심과제나 상황의 실질적인 세부내용들이 피험자의 수행에 제1의 영향을 준다고 가정한다. 이러한 논의에 근거하여 이 장에서는 거시적과 하향, 미시적과 상향을 자주 같은 것으로 취급할 것이다. 이렇게 하는 이유는 하나가 다른 하나를 논리적으로 함의하기 때문이 아니고 그것들이 빈번히 (혹은 전형적으로) 동시에 발생하기 때문이다.

모든 이분법과 마찬가지로 이러한 분류는 쉽게 과장되어서 분야들을 왜곡시킬 수 있다. 거의 모든 심리학자들이 각 접근법에 어느 정도 찬동하고 있으며, 미시적에서 거시적 접근법으로 이동하고 있다(그리고 반대 방향으로 이동한다). 예컨대 조지 밀러는 마법의 수 7에 대하여 숙고할 때는 미시적 접근을 선호하였지만, 1960년의 책에서 계획과 목표를 논의할 때는 거시적 접근으로 주저없이 옮겨갔다. 사실 컴퓨터가 모형으로 이용되었을 때는, 가장 미시적 접근(개별 비트, 기호, 점멸 회로)이나 가장 고차 프로그램 개념(목표, 수단, 루틴)은 모두 동일한 정도로 정당화될 수 있는 것이다. 또한 학자들은 미시적 혹은 거시적 접근법을 서로 다른 이유로 수용하게 된다. 어떤 심리학자들은 그들의 방법을 거시적 실체에 적응시킬 수 있다는 희망에서 거시적 접근법을 시작하며, 다른 심리학자들은 모든 행동들이 궁극적으로는 미시적 실체에 의해 환원되고 설명될 수 있다는 신념을 가지고 있다. 그래서 이러한 이분법을 수용함에 있어서, 나는 모든 실험, 개념, 심리학자들을 2개의 통에 이름 붙여 믿을만 하고 쉽게 분류하려는 것이 아니라, 심리학 정신의 계속되는 긴장과 고투를 전달하고자 한다.

심리학의 첫 백 년을 약술함에 있어서 2개의 다른 경향들을 언급해야만 한다. 첫 번째는 분야의 파편화가 증가되는 것이다. 미국심리학회의 회원만 해도 5만 명이 넘는다. 이 중 수천 명은 매우 활동적인 회원이다. 40개 분과가 넘으며, 수백 개의 특수이해집단(SIG)이 있고 이들 중 다수는 그들의 학회나 학문 분야 이외의 곳에서는 어떠한 일이 일어나는지 전혀 알지 못한다. 이러한 풍토에서 통일된 개념을 찾으려는 노력들은 절대적으로 필요하지만 유지하기는 결코 쉽지 않다.

두 번째는 방법론적으로 완벽하려는 경향이다. 시간이 지남에 따라 새로운 도구들이 발명되고, 통계적 기법이 보다 정교해지고, 개별 연구의 설계와 연구들의 구성들이 보다 세련되어졌다. 누구도 이러한 상황을 유감으로 생각하지는 않지만, 이렇게 방법론적으로 더욱 정교해지는 것이 심리현상에 대한 이해를 더 깊게 만들 것인지에 대한 질문을 (예를 들어 분자생물화과 비교하여) 제기할 수 있다. 즉 다시 말하면, 인간의 인지를 더 잘 간파할 수 있는 지식을 획득하였는지, 아니면 이미 오래전에 잘 정립된 지식을 재확인하기 위하여 보다 설득력 있는 실험을 시연한 것 뿐이었는지에 대한 질문을 던져야 한다.

나의 관점으로는 방법론적인 정교화는 심리학이 가장 자랑스러워하는 업적 중 하나이지만, 이러한 성취가 이 영역의 내용들과 완전히 통합되지는 못한 것으로 보인다. 심리학의 가장 중요한 문제들 중에서 많은 부분이 거시적 관점의 접근법을 필요로 하며 하향식 관점을 수반해야 한다. 그러나 대부분의 엄격한 심리학 방법이 이러한 주요 문제들에 적절하지 않은 경우가 빈번히 발생한다. 내가 생각하기로, 심리학이 현재 직면한 도전은 이렇게 정교한 방법론적인 무장을 오류없는 결과에 대한 이슈 및 질문들과 결합시키는 것이다. 이러한 질문들의 다수는 심리학을 싹틔운 철학적 전통으로부터 야기된 것이기 때문에 인지심리학의 진로에 대한 연구를 19세기 심리학 연구에서 칸트가 남긴 유산을 다루는 데서부터 시작하는 것이 좋을 것 같다.

5.2 19세기의 과학적 심리학

5.2.1 칸트의 유산에 대한 대처

임마누엘 칸트는 심리학의 가능성에 대하여 강한 의심을 가지고 있었다. 이 책의 마지막 장에서 언급하겠지만 이러한 회의론을 가지게 된 몇 가지 이유가 있었다. 그는 과학이 경험적 자료에 수학적 법칙을 적용해야 하고, 그러한 자료는 실험에서 실제로 수집되어야 한다고 믿었다. 그러나 심리학에는 추정되는 공간적 차원이 없기 때문에 (단순 사고의 경우) 그러한 실험은 가능하지 않다. 두 번째 문제는 심리학이 앎에 대한 도구(자아)를 고려해야 하지만, 자아가 그 자신의 작업물을 검토하기는 공평한 방법으로 하는 것은 차치하고라도, 가능하지 않다는 것이다. 추가적으로 추상화 수준의 문제가 있다. 과학적 연구를 수행하기 위해서는 연구자가 이론의 결정적인 변수들에 초점을 맞추기 위하여 부가적인 요인들을 배제할 수 있어야 한다. 이와 같이 주제에 대한 철저한 조작을 어디에나 존재하는 복잡한 인간의 상호작용에 적용한다는 것은 불가능하지는 않을지라도 매우 어려운 일이다.

칸트의 가장 강한 반대는 지식영역의 종합적인 생각으로부터 나왔다. 그의 '근본주의적' 관점에서 사고의 본질을 밝히는 것, 즉 다양한 과학들 간의 관계를 그려내고 그것들의 기반과 한계를 명시하는 것은 철학의 영역이다. 심리학은 사고가 일어나는 사회적·역사적인 맥락을 관찰하는 데 만족해야만 하고, 사고 그 자체의 본성을 밝히려는 시도는 하지 말아야 했다.

칸트의 권위는 (그리고 그의 주장의 표면적인 설득력은) 그 시대의 많은 학자들이 심리적 문제에 대한 경험적 탐구를 외면할 정도로 강한 것이었다. 그러나 다행히 적어도 몇몇 학자들은 칸트의 회의론에 자극을 받아서 심리학의 보다 긍정적인 역할을 찾기 시작하였다. 심리학사인 데이비드 리어리(David Leary, 1978)에 따르면, 독일의 3대 사상가인 야콥 프리드리히 프리즈(Jakob Friedrich Fries), 요한 프리드리히 헤르바르트(Johann Friedrich Herbart), 프리드리히 에두아르트 베네케(Friedrich Eduard Beneke)는 19세기의 초반기에 그들의 에너지를 과학적 심리학의 개념화에 사용하였다. 이들 학자들은 심성 과정이 실험에 의해 측정될 수 있으며, 마음의 조작에 대한 정보를 제공하는 연구들이 수행될 수 있다고 믿었다. 특히 헤르바르트는 생각(idea)은 시간, 강도, 질의 변수로 나타내지고, 생각의 이러한 측면들을 계량적으로 측정할 수 있어야 하며, 생각들 간의 관계를 연결짓는 수식을 쓸 수 있어야 한다고 주장하였다. 헤르바르트와 그의 동료들의 작업은 기본적으로 책상에 앉아서 하는 성찰에 불과했지만, 이러한 학자들은 칸트의 혹평이 강한 장애로 남아 있는 시기 과학적 심리학의 가능성들에 숨통을 틔워주었다.

19세기 중반에 이르러 심리학의 주제들을 직접적으로 다루는 경험적 연구에 대한 과학자들의 주저함이 줄어들게 되었다. 칸트와 다른 철학자들의 영향력이 감소하여, 심리학 실험을 수행하고 그 결과를 단순히 관찰하려는 경향이 증가되었는데, 이러한 흐름을 따르는 심리학자들은 세기말에 과학적 심리학이 설립될 것을 예상하고, 오늘날의 실험실에서도 찾을 수 있는 잔잔한 물결을 일으켰다. 거기에 더하여 그들은 현재의 심리학 논의에도 타당할 수 있는 그런 독특한 공헌을 하였다.

5.2.2 기반 형성: 헬름홀츠, 페히너, 돈더스와 브렌타노

심리학의 문제에 관심을 보였던 경험적으로 정향된 많은 연구자들 중에서 아마도 가장 뛰어난 사람은 독일의 물리학자이자 생리학자인 헤르만 폰 헬름홀츠(Hermann von Helmholz)일 것이다. 헬름홀츠는 칸트가 사색하였던 것들 중 많은 부분이 경험적으로 연구될 수 있다는 것을 보여주고자 하였다. 사고의 엄청나게 빠른 속도에 대한 다양한 경쟁적인 주장들에 회의적이었던 헬름홀츠는 실제로 신경을 따라서 흥분이 전달되는 데 걸리는 시간을 측정하였다. 실험실 검류계를 변형한 독창적인 도구를 이용하여 헬름홀츠는 절단된 개구리의 다리에서 신경흥분이 전달되는 시간을 측정하였다. 그다음, 그는 인간 피험자들을 대상으로 자극이 다리에 주어질 때마다 반응단추를 눌러 반응하도록 한 실험에 성공하였다. 이러한 연구들은 인간 감각 신경의 흥분전달 속도를 규명하였는데, 이 속도는 매초 165와 330피트 사이임이 밝혀졌다(Fancher 1977: 100-101). 인간의 행동반응이 결과적으로 측정되었던 것이다.

사고란 근본적으로 즉각적이고 원래 측정 불가능하다는 믿음에 대한 도전에 성공하여 헬름홀츠는 공간의 본유적인 생각에 대한 칸트의 믿음을 논의의 대상이 되게 하였다. 헬름홀츠의 도전적 입장에 따르면, 개인들은 마치 물리적 세계에 대한 사실들을 구성하듯이 공간의 지식을 구성한다. 피험자들에게 세상을 왜곡시키는 프리즘을 쓰게 한 헬름홀츠는 사람들이 그러한 왜곡을 쉽게 조정하여 적응할 수 있고 곧 세상을 다시 왜곡되지 않은 형태로 본다는 것을 보여주었다. 보충적인 연구에서, 한때 맹인이었다가 시력을 회복한 사람들을 관찰하여 그 사람들이 정상인과 같은 방식으로 사물의 세계를 지각하는 데 상당한 시간이 걸린다는 것을 발견하였다.

그러한 예시로부터 헬름홀츠는 '무의식 추론(unconscious inference)'이라는 지금도 여전히 영향력 있는 아이디어를 발전시켰다. 지각표상은 외부 자극의 세계에서 단순히 일어나는 것이 아니다. 우리는 우리가 지각하는 것에 대해 정확히 해석하기 위하여 무의식적으로 과거 지식에 의존한다. 사람들의 과거 지각에 대한 경험은 무의식적으로 자극에 대한 현재의 반응에 더해진다. 이는 감각의 증거를 무시하고 광학적 착시를 일으킬 때 발생하는 것과 유사하다. 헬름홀츠는 의도적으로 '추론'이라는 용어를 사용하였다. 그는 시각 시스템이 본질적으로 시각적 경험에 대한 추론이라고 믿었다. 예컨대 사물의 실제 크기를 파악하기 위해 시각 시스템은 망막에 형성된 이미지에 근거하여 추론해야 한다. 삼단 논법과는 당연히 다른 방식으로, 이러한 과정은 의식적인 자각 없이 일어난다.

헬름홀츠는 서서히 연구를 진행해가면서 특정한 개념적 구분을 도입하여 세 가지 중요한 공헌을 하였다. 첫째, 그는 칸트의 철학적 단정들이 절대적인 타당성을 가지고 있지는 않음을 지적하였다. 인간의 정신 기능의 측면들을 경험적인 형태로 밝히는 것이 사실 가능했던 것이다. 둘째, 헬름홀츠는 거시적 형태의 탐구(복잡한 공간열이 정상적이고 왜곡된 조건하에 보여지는 방식들)뿐만 아니라 미시적 형태의 분석(신경다발을 따라 전달되는 흥분의 속도)을 위한 장을 마련하였다. 마지막으로 헬름홀츠는 인지하는 주체인 피험자들이 지각에 미치는 영향을 강조함으로써 인지과학 이념의 초기 공헌자가 되었다.

헬름홀츠 이후 압도적인 지위에 있지 않은 과학자들도 심리학의 초기 과학에 공헌하는 것이 가능해졌다. 개척자적인 심리학자인 구스타프 페히너(Gustav Fechner)는 특정 한계 내에서 지각된 감각의 강도는 자극의 객관적 특징을 나타내는 로그함수 형태로 변환된다는 것을 보여줄 수 있었다. 그래서 소리가 얼마나 큰지, 빛이 얼마나 밝은지, 맛이 얼마나 단지 등 심리적 경험의 양상 대부분이 세상에 있는 대상의 측정 가능한 특성들과 계량적인 관계를 가지고 있음을 보여주었다(1912).

신경사건의 속도에 대한 헬름홀츠의 기록에 근거하여 돈더스(F. C. Donders)는 1868년 고차적인 심성조작을 실행하는 데 걸리는 시간도 측정될 수 있다고 주장하였다. 예컨대 두 자극을 변별하기 위하여 걸리는 시간을 측정하기 위해 두 사건들이 제시되었을 때, 하나의 사건에만 반응하는 데 걸리는 시간에서 한 사건만 분리하여 제시되었을 때 그 사건에 반응하는 데 걸리는 시간을 뺐다. 이렇게 2개의 자극이 주어졌을 때 반응하는 데 걸리는 시간에서 분리된 단일 사건을 탐지하는 데 걸리는 시간을 뺌으로써 변별 조작을 하는 데 걸리는 정확한 시간을 추론할 수 있었다. 페히너와 같이 돈더스는 상대적으로 미시적 요소를 다루고 있으나, 원칙적으로 그들의 방법은 거시적 과제에도 적용될 수 있다.

헬름홀츠, 페히너, 돈더스 모두 심리학적 이슈가 실험실에서 계량적인 결과를 산출할 수 있다는 것을 논증하려고 한 반면, 성직자이자 철학자인 프란츠 브렌타노(Franz Brentano)는 다른 관점에서 심리학의 질문에 접근하였다. 브렌타노의 저술은 사고 과정이나 의식을 순수하게 기계적인 방법으로 생각할 수 있다는 개념뿐만 아니라 심리학을 요소들로 분해하여 경험이나 의식의 요소들을 분리하여 검증할 수 있다는 미시적인 개념도 정면으로 반박하였다. 브렌타노에게 심리학은 능동적이고 의도를 가지고 있는 창의적인 실체, 마음에서 시작한다. 왜냐하면 그것은 대상을 함의하고 요구하기 때문이다. 심리학의 참주제는 각각 방향성과 의도의 감각을 반영하는 판단, 감각, 상상, 듣기와 마음의 행위이다. 우리는 단순히 '볼' 수 없으며 '어떤 것'을 보아야 한다. 보는 '행위'가 심리적(psychological) 혹은 심성적(mental)이 된다.

이러한 관점에서 경험적 심리학의 과제는 작업 중에 있는 대리인의 마음을 연구하는 것으로, 대상, 의도, 목표를 다루게 된다. 브렌타노는 심리적 노력의 현상학적 측면을 강조하였다. 사람들의 내적인 현상적 경험을 설명하지 않고서는 사고와 판단을 연구하는 것은 차치하고 이해할 수도 없다. 그리고 이것은 경험하면서 동시에 관찰할 수는 없기 때문에 유도된 내성에 의해 접근될 수 없으며, 개인의 내적·정신적 삶의 단순 현상학적 경험에 의해서만 접근 가능하다(Brentano 1874).

브렌타노의 말들은 심리학이라는 학문영역의 초기에는, 즉 감각의 요소들과 정신 상태의 기초적인 요소에 대한 강박관념이 부상하던 시기에는 목소리를 내지 못하였다. 라이프치히 실험실은 행위, 목적, 의도, 형상적 경험과 같은 의욕적인 감정을 담기에는 작은 장소였다. 그러나 브렌타노가 제기한 하향식, 즉 거시적 유형의 관심은 영원히 무시되는 것이 아니었다. 그것들은 뷔르츠부르크 학파의 반발에 의해, 게슈탈트 심리학자들의 단상에서 다른 형태로 다시 등장하였다. 그리고 계획과 의도, 목표를 가진 대리인으로서 컴퓨터의 관점으로 또 다시 등장하였다. 브렌타노는 다양한 방식으로 심리학의 여정에 중요한 영향을 주었고, 그의 이름을 들어본 적도 없는 많은 실험심리학자들에게까지 영향을 미쳤다.

5.2.3 분트의 프로그램

어떤 점에서 보면, 심리학은 19세기 후반부까지 잘 진행되고 있었다. 헬름홀츠의 개척자적인 작업과 심리학적 연구에 헌신한 돈더스,

페히너, 브렌타노의 상당한 노력에 의하여 작은 규모나마 심리학적 사고와 연구가 그때 이미 생겨났다. 그러나 이러한 역사에서 반복적으로 나타나듯이, 이 학문 분야가 융성하는 데는 기구나 기관의 설립이 매우 중요하다. 19세기 후반에 심리학을 독립된 실험학문으로 설립하기로 스스로 결정하였던 분트(Wilhelm Wundt)가 없었다면, 19세기 초 개척자들의 노력들은 한데 모여 쌓일 수 없을 것이다. 분트는 독자적인 방법과 프로그램 기관을 가진 독립된 과학적 학문으로서의 심리학을 출현시키는 데 어느 누구보다도, 다른 사람들을 모두 합친 것보다도 더 많이 공헌하였다. 심리학은 1879년 라이프치히 대학의 한 학과에서 시작하여 거의 모든 고등교육 기관에서 대표적인 분야가 되었다. 이렇게 눈부신 성공은 분트의 아이디어는 말할 것도 없고 그의 노력에 적지 않게 기인하는 것이다(Boring 1950; Fancher 1979; Watson 1979).

분트에 따르면 물리학은 외부 세상의 대상을 연구하는 것이다. 이러한 연구들은 반드시 경험에 의해 매개되어야 하지만, 물리학은 여전히 경험 그 자체에 대한 연구는 아니다. 반면 심리학에서는 경험으로서 의식적인 경험을 연구한다. 그것은 내성을 통한 내적 관찰을 통해 접근되어야 한다. 모든 개인들은 그러한 경험을 하지만 모든 사람이 자기 경험의 본질을 목격할 수 있는 전문가로서의 자격을 반드시 가지는 것은 아니다. 그래서 분트는 내성법을 수용하였다. 이 방법에서는 자신의 감각에 신중하게 주의를 기울이고 가능한 한 객관적으로 보고한다. 여기서 그러한 객관성은 느낀 감각을 유발한 자극을 기술하는 대신, 느낀 감각을 기술하고 사고나 심상을 그 의미나 제시된 맥락을 고려하지 않고 보고하는 것을 의미한다. 분트의 방법은 이러한 방식으로 내성의 가능성에 달려 있다.

심리학을 물리학에서 분리하는 것이 중요하듯, 생리학에서 분리하는 것도 중요하다. 생리학이 내성적 검사가 불가능한 의식되지 않은 정신 과정을 연구하는 특별한 영역이라면, 심리학은 개인의 검사가 가능한 고차 정신 과정을 연구한다. 생리학은 우리가 어떻게 감각하게 되는지에 대하여 설명하지만 심리학은 감각 경험을 기술하고 분석한다. 인간 경험의 어떤 양상들은 내성의 관점에서 검증하기 쉽지 않다는 것을 인지한 분트는 심리학 내에서 내성을 허용하는 개인경험과 본질적으로 사회적이거나 공동체적인 경험의 양상들을 구별하였다. 분트의 분업에 따르면, 관습, 의식, 아마도 언어와 사고의 특정한 특징들과 같은 복잡하고 큰 단위의 인간의 활동을 연구하는 것은 민속 혹은 민족심리학자의 일이다. 궁극적으로 그는 민속심리학을 구성하였는데, 이러한 노력들은 10권의 책을 저술하는 것으로 나타났다.

조지 밀러가 언급하였듯이, 분트는 영국 경험주의 심리학의 의제를 독일 생리학자의 전통에서 교육받은 사람의 눈으로 바라보고 있다 (Johnson-Laird and Wason 1977: 2). 헬름홀츠와 돈더스와 동일하게 분트는 단순 과제들을 고안하였다. 그러나 참여자들은 그 과제들에 대하여 내성하였다. 하나의 예제 과제에서 피험자는 소리를 들을 때마다 반응단추를 누르도록 지시를 받았다. 어떤 시행에서는 소리에 피험자의 주의가 주어졌고, 다른 시행에서는 반응단추에 놓인 손가락의 움직임에 주의가 주어졌다. 피험자가 소리에 주의를 기울여야 할 때 반응시간이 길어졌으며, 움직임에 주의를 기울일 때 반응시간이 짧아졌다. 분트는 이렇게 반응시간이 길어지는 것을 개인의 의식에서 경험을 명확하게 하는 과정인 통각 때문으로 추론하였다. 명백하게 자극에 주의를 주면, 자극은 먼저 지각되고 그다음에 통각된 다음, 자극과 연합된 반응에 비추어서 의식적으로 해석된다. 이 과정은 더 길어질 수도 있는데, 그 이유는 분트에 따르면 '인지'가 일어나야 하기 때문이다. 자극은 지각·통각되어야 할 뿐만 아니라 반응을 유발하지 않는 다른 자극들과 구별되어야 한다(Fancher 1979: 139).

분트는 그 결과들을 이해하는 과정에서 영국의 철학적 전통과의 유대를 보여주고 있다. 그는 경험을 의미가 결여된 원감각 내용, 즉 단순한 기초 요소들의 구성물로 생각하였다. 따라서 모든 의식적인 생각은 질, 양상, 지속 시간, 강도 등에 의해서 분석될 수 있는 그러한 감각들의 결합으로 가정되었다. 요소들은 다양한 방법으로 복합될 수 있어서 하나의 요소가 다수의 요소들을 자극할 수 있다. 앞에서 기술한 실험에서 피험자는 내성을 통하여 소리, 반응단추를 누르는 느낌, 그리고 이러한 감각 사이에 지각되는 모든 연결들을 드러낼 수 있었다. 피험자의 의식을 통과하는 다양한 심상들은 이후의 분석에 결정적인 공헌을 하였다. 분트는 실험에서 피험자의 경험 중 발생하는 다양한 연합의 법칙을 확인하는 데 관심을 가졌다. 그는 개인이 아이디어를 생성하는 동안 그 법칙들이 어떻게 나타나고, 어떻게 명료성의 수준이 달라지는지를 이해하려고 노력하였다.

분트가 단순한 사고를 가진 원자론자도 아니었고, 맥락의 효과와 문화적 영향에 무지한 사람도 아니었다. 사실 많은 연구들에서 그는 거시적 문제들과 하향적 효과에 주의를 기울였다. 예를 들면 언어에 대한 저술에서 그는 언어의 산출을 관리하는 사전 의도의 역할이나 통사적 구조가 메시지의 산출에 미치는 영향과 같은 현대 언어심리학자들의 발상 중 일부를 예견하기도 하였다. 과학자란 그의 작업의 주요 흐름에 의해서 판단되어야 한다. 종합하여 말하자면 분트의 심리학은 일종의 심성화학으로 시작하여 원칙적으로 사고의 순수한 요소들을 발견하는 데 초점을 맞추었다. 이러한 요소들의 조합을 통하여 심성활동의 복잡성이 형성되었다.

요약하면 이것이 분트의 프로그램이다. 이 프로그램은 한번 공표된 다음 잊혀진 것이 아니라는 것을 강조하고 싶다. 더 정확히 말하자면 분트는 그것을 퍼뜨리고, 현장에서 사람들을 훈련시키고, 이러한 것들을 실행할 적절한 실험실, 논문집, 학술지와 학술회의 등을 확보하기 위해 50년 동안 쉬지 않고 일하였다. 분트는 세기의 전환기에 선두연구자가 될 대부분은 아닐지라도 수많은 인재들을 양성하였다. 그는 실험의 운영에 매우 높은 기준을 설정하여 피험자를 조심스럽게 선발하고, 훈련하며, 적절히 통제하고, 실험 결과가 우연에 의한 것이 아님을 확인하기 위하여 반복실험을 할 것을 강력히 주장하였다. 그 자신은 백과사전, 논문집, 교과서에 있는 연구 결과들을 체계화하였고 경외감을 불러일으킬 정도의 규칙성을 가지고 개정하였다. 사실 그의 심리학 63년에 걸친 저술은 누구도 따라갈 수 없는 것이다.

5.2.4 혁신적 방법: 헤르만 에빙하우스

모든 사람들이 분트의 학문적 생산성에 경탄하였지만 모든 사람이 그의 관점을 수용하는 것은 아니었다. 헤르만 에빙하우스와 같은 그의 일부 동료들은 그들 자신의 길을 갔다. 사전 경험이나 연상에 의해 오염될 수 없는 재료를 사용하여 기억의 원칙을 찾아내려는 창의적인 아이디어에 영감을 받아, 에빙하우스는 2백 개의 무의미한 어절을 생성하여 그것들을 학습하는 자신의 기술에 대하여 측정하였다. 2백 개를 한꺼번에 혹은 여러 개의 회귀로 나누어 에빙하우스는 어절 제시 사이의 연습시간, 후방·전방 간섭, 그리고 다른 '독립변수'의 효과를 조사하였다. 그의 자극은 분트의 자극과 마찬가지로 무의미한 것이었다. 그러나 정보의 유일한 원천으로서의 내성에서 떨어져 나와 기발한 통계적 분석 방법을 사용함으로써 에빙하우스는 심리학이 매우 생산적인 방법으로 새로운 방향을 설정할 수 있도록 하였다. 연구의 목적이며 측정하고자 하는 것은 사람들이 감각을 형성하고 느끼는 내성이 아니고 과제를 수행하는 개인의 실제 기술이었다. 에빙하우스의 방법은 분트의 내성법보다는 심리학에 훨씬 더 큰 영향을 주었다. 그의 영향력이 높은 만큼, 에빙하우스의 완벽하고 내용과 맥락에 무관한 접근법이 궁극적으로 좋은 결과보다는 나쁜 결과를 가져오지 않았는지에 대한 의문을 제기해야 한다. 왜냐하면 우리는 지금 일상적인 사건을 기억하는 데 사용된 방법이 철자의 무의미한 배열이나 정리된 재료를 기억하기 위해 사용된 방법과 중요한 특징들에서 다르다는 것을 이제는 알고 있기 때문이다.

5.3 20세기 초기

5.3.1 분트 학파에 대한 공격

한동안 분트와 동료들은 늘어나는 심리학 연구자들의 집단을 지배하고 있었다. 그러나 채 20년이 지나지 않아 체계적 내성 프로그램은 한때 라이프치히 거장들의 학생들이었던 사람들에게서 강력한 공격을 받게 된다. 1900년도 전후에 독일에서는 심상이 결여된 추상적 관념을 믿는 로크와 추상적 관념의 존재에 회의적이고 특정한 심상의 효용성만을 믿은 버클리 사이의 현대판 논쟁이 부활하기 시작하였다. 변절자로서 로크의 관점은 뷔르츠부르크라는 작은 도시의 심리학자 집단에 의해 옹호되는데, 나중에 이 심리학자들은 뷔르츠부르크 학파라 불렸다. 프란츠 브렌타노의 영향을 받은 오스발트 퀼페(Oswald Külpe)를 선두로 하여 이 학파는 '심상 없는 사고'에 대한 악명 높은 논쟁에 분트와 미국의 추종자인 에드워드 브래드포드 티치너(Edward Bradford Titchener)를 끌어들이게 된다. 구체적인 형태로 보면 이 논쟁은 전통적인 경험주의자 토론의 단순 재생이었다. 일반적인 형태로 보면 뷔르츠부르크 학파는 라이프치히 학파가 연구하고 결론을 내린 전체 방법에 대한 혹독한 비판을 시작한 것이다.

이 이야기는 1901년에 젊은 심리학자인 카를 마르베(Karl Marbe)가 페히너의 첫 번째 공상들로 잘 알려진 절차와 동일하게 피험자들에게 무게들을 비교하도록 요청하였을 때에서부터 순수하게 시작한다. 마르베는 무게를 판단할 때 피험자들이 판단의 근거로 심상개념을 보고하지 않는다는 것을 발견하였다. 즉 어떤 심상도 그들의 마음을 내성할 때 나타나지 않은 것을 발견하였다. 대신 분트의 예측과는 반대로 피험자들은 주저함, 의심, 답을 기다림과 같은 다양한 형태의 모호한 태도들이 의식을 관통한다고 보고하였다. 마르베는 다음과 같이 결론을 내렸다. "현재의 자료는 판단의 심리적 조건이 존재하지 않는다는 결론을 내리기에 충분하다. (……) 실험에 참가한 관찰자들은 판단 과정과 연결된 경험들이 결여된 것을 알아차리고 매우 놀랐다"(Mandler and Mandler 1964: 143). 과학계의 주요 뉴스감은 아니지만 일부 피험자는 판단을 하는 동안 심상을 보고하지 못하였다. 그러나 모든 사고가 의식에 접근할 수 있는 것으로 특징짓는다는 널리 퍼져 있던 견해와 충돌하게 되었다. 그다음 몇 년이 지난 후 뷔르츠부르크에서 나온 많은 연구들이 이러한 초기의 부정적 보고를 재현하고 정교화하였다(Boring 1950; Humphrey 1951; Mandler and Mandler 1964 참조). 피험자가 제기한 의식적 과제(Aufgabe)가 그들이 생성하는 연합의 종류에 중요한 영향을 미친다는 것을 보고한 헨리 와트(Henry Watt)가 있었다. '결정적인 경향성'의 조작을 보고한 나르치스 아흐(Narziss Ach)가 있었다. 그 과제는 최종적인 수행을 원활하게 하도록 목적지향적인 서열로 정렬(일종의 연출 의지)시키는 효과를 가지고 있다. 의식을 빙산의 일각으로 보는 아우구스트 메서(August Messer)가 있었다. 모든 사고 과정은 빙산의 보이지 않는 부분에서 발생하며, 의식 과정 그 자체는 다양한 수준의 투명성을 나타내고 있다. 그리고 라이프치히 학파가 제시한 단순한 문제들을 거부하고 피험자들에게 철학적 문제 같은 복잡한 과제를 준 심리학의 거장 중 하나인 칼 뷜러(Karl Bühler)가 있었다. 뷜러는 뷔르츠부르크의 동료들과 함께 의심, 놀라움, 의식의 의식 등과 같은 특수한 종류의 의식들을 발견하였다.

퀼페는 이러한 논증들을 결합하려 시도하였다. 그는 분트-라이프치히 연구를 비판하면서, 개인에게 문제를 제시하고 그들이 원하는 대로 내성하게 하는 것만으로는 충분치 않음을 지적하였다. 다른 종류의 요구를 하는 문제들을 제시하고 그에 따라 변하는 효과를 관찰하는 것이 필수적이다. 심성 과정의 중요한 모든 양상들은 의식적이고, 심상은 항상 사고를 지도하며, 감각과 같은 심성 내용은 반드시 사고의 구성 요소가 된다고 가정할 수는 없다. 이 비판은 더 긍정적인 측면도 가지고 있다. 퀼페와 동료들의 작업 덕분에 주의, 인지, 의도, 비교, 변별과 같은 심성 행위가 심리학의 정당한 영역에 포함되게 되었다. 이러한 행위는 확실히 감각·느낌의 생생한 지각적 특성은 부족하지만, 행위를 설명하는 데 덜 중요한 것은 아니다. 가장 일반적으로 말하면, 이러한 문제들을 해결하기 위하여 하향식 '구조적 경향성'을 더욱더 인정하려 하였고 피험자가 추리적 능력을 진정으로 발휘하게 하는 문제들을 더욱 많이 사용하려 시도하였다. 여기에서 많은 현대 인지과학자들이 가진 거시적 관심의 조짐을 볼 수 있다.

분트주의자들은 이러한 비판에 대응하지도, 받아들이지도 않았다. 승점이 양측에 모두 주어졌다. 방법론적인 면에서는 분트가 (내 생각에는) 내용적인 면에서는 뷔르츠부르크 학파가 승점을 받았다. 그러나 결국 이러한 불화는 결국 극단적인 결과를 맞이하였다. 내성에 심하게 의존하는 심리학이 장점이 있는지에 대한 질문이 던져졌다. 특히 훈련된 피험자의 내성에 의존하는 것과 실험자 자신들과 같은 지위를 가진 피험자들이 너무 많이 포함된 것에 의문이 제기되었다. 새로운 과학으로서의 광대한 사업은 매우 모호하고 주관적인 기초 절차에 호의를 보일 수는 없었다.

5.3.2 기능주의: 윌리엄 제임스

분트와 라이프치히 학파의 연구는 처음에는 미국에 중대한 영향을 미쳤다. 젊은 미국 학자들 대부분은 분트 실험실의 조수로 일하고 싶어 했고, 그중 일부는 이주한 영국인인 티치너와 같이 평생 동안 내성주의 프로그램을 옹호하였다. 당시 미국 심리학계의 고참학자인 윌리엄 제임스는 곧 분트의 꿈에서 깨어난다. 그는 분트를 전통적인 독일 교수로 보고 모든 주제들에 대하여 의견을 가지고 있지만, 사고의 요소들을 추구하는 데 너무 엄격하여 심리학의 흥미롭고 중요한 문제들 대부분을 다루지 못하였다고 보았다. 그의 기념비적 교과서에서 제임스는 경멸의 투로 다음과 같이 기술하였다. 분트의 실험심리학은 "토박이들이 지루해하는 나라에서는 일어날 수 없는 일이다. 새로운 프리즘이나 추, 크로노그래피 철학자들에 대한 대단위 스타일은 없었다. 이러한 것들은 사업이지 기사도는 아니다"(James 1890, Vol. I: 193).

제임스는 다른 사람들과 상이한 표현 방법을 가지고 있었다. 사실 라이프치히-뷔르츠부르크 학파의 복잡한 문장들과 과장된 실험적인 세밀함에 비교하면 제임스의 단어들은 신선한 바람과 같았다. 제임스는 그가 발견한 방법들을 취하였고 새로운 연구를 시작하거나 연구소를 개소하는 것에는 관심을 두지 않았다. 대신 일상생활에서 접하는 심리학의 질문들에게 매료당했고 실험과학뿐만 아니라 문헌이나 역사들로부터 깨달음을 얻고자 하였다. 그는 뇌의 과정에서 의지까지, 감각기관에서 주의까지, 습관의 연구에서 의식의 순간적인 흐름을 기술하는 데까지를 포함하는 심리학 현상들의 완벽한 놀이터에서 생생한 상상력이 떠들며 놀게 놓아두었다. 그의 저서 『심리학의 원리(*Principles of Psychology*)』에서 그는 미국 실용주의의 특성을 띤 접근 방식을 취하였고 철학적 깊이가 있는 글을 내놓으려 하였다. 그는 심리기제들이 유용하고 개인이 생존하고 삶의 중요한 활동들을 수행하는 데 도움을 주기 때문에 존재한다고 주장하였다. 그가 단언하였듯이, "우리들의 다양한 방식의 느낌이나 생각은 외부 세계에 대한 우리들의 반응을 형성하는 데 효용성이 있기 때문에 현재의 형태로 형성된다". 그는 주저하지 않고 의도가 심성의 표시가 된다고 가정하였다. 쇳조각이 자석을 원하듯 로미오가 줄리엣을 원한다는 것이다. "미래의 목적을 추구하고 그 획득을 위한 수단을 선택하는 것은 한 현상에서 심성의 존재에 대한 표시가 되기도 하고 기준이 되기도 한다"(Herrnstein and Boring 1965: 610에서 재인용).

제임스의 저술에 스며 있는 풍조는 당연히 그의 어떤 특별한 주장보다도 미국 심리학 후속 세대에 큰 영향을 주었다. 왜냐하면 그는 결론을 내릴 수 없는 내성법을 주장하는 독일 심리학의 전체 분위기에 참을 수 없다는 신호를 보냈기 때문이다. 제임스는 정신적 삶의 내용과 그것들이 어떻게 구성되어 있는지를 이해하려고 시도하기보다 심성활동에 의해 수행된 다양한 함수들에 직접적인 관심을 기울였다. 즉 문제를 상정하고 목표를 획득하는 데 능동적으로 탐구하는 마음의 본질에 대한 관심, 수단과 목표 사이의 끊임없는 변증법에 대한 관심이 그것이다. 제임스는 분트-티치너의 구조주의(structuralism)에 반대하여 미국에서 새롭게 일어난 운동의 전위가 되었다. 이 운동은 기능주의(functionalism)*라고 명명되었는데 적절한 이름인 것으로 보인다. 경험

* 제4장에서 기술된 철학적 기능주의와 혼동하지 말 것.

의 요소적 구성 요소들을 찾아내려고 시도한 구조주의자들에 반대하여 기능주의 심리학자들은 실생활의 조건에서 심성 활동의 효과를 연구하려고 시도하였다.

기능주의자들의 가르침에 의하면, 지각하기, 회상하기, 생각하기와 같은 기능이나 성향에 초점을 두는 것이 매우 중요하다. 의식의 내용과 특수한 반응형태는 발생하여 한 번으로 끝나지만, 기능은 지속되고 되풀이된다. 과학은 보다 지속적이고 의미 있는 일련의 행위들에 근거해야만 한다.

기능주의가 강조점을 변화시켜 의식의 궁극적 단위를 탐색하는 균형추가 되었음은 의심의 여지가 없다. 그러나 기능주의의 원칙들이 윌리엄 제임스에 의하여(또한 제임스 에인절과 존 듀이에 의해서도) 제안된 후 몇 년 지나지 않아서 훨씬 더 극단적인 변화가 미국 심리학에서 일어났다. 라이프치히의 형태이건 혹은 뷔르츠부르크의 형태건 간에 이들 구조주의와 내성을 잠재우기 위하여 행동주의의 이러한 변화가 초기에 반드시 필요했을 것이다. 그러나 인지과학의 관점에서 보면, 이러한 국면은 일차적으로는 부정적이고 회귀적이라고 볼 수 밖에 없다.

5.3.3 행동주의 혁명

1913년에 대학원을 졸업하자마자 미국 심리학의 유력한 인물이 된 존 왓슨(John B. Watson)은 행동주의 혁명을 개시하였다. 왓슨은 심리학의 적절한 주제는 마음의 조작이 아니라 객관적이고 측정 가능한 행동을 조사하는 것이라고 주장하였다. 반사궁의 조작에 대한 생리학적 연구에 기초를 두고 왓슨은 심리학에서 관심을 가지는 모든 것을 신경계의 상층에서 발생하는 반사들을 이해함으로써 설명할 수 있다고 주장하였다. 이것은 미시적이고 상향적인 심리학이며 순수하고 단순하다. 그는 다음과 같이 선언하였다.

> 행동주의 관점의 심리학은 순수하게 객관적인 자연과학이다. 심리학의 이론적 목표는 행동을 예측하고 통제하는 데 있다. 내성은 연구 방법의 필수적인 부분도 아니고 개인 스스로의 의식에 해석을 의존하는 것은 과학적 가치가 없다. 행동주의자는 동물 반응에 대한 단일한 설계를 획득하려고 노력하여 인간과 짐승 사이의 경계를 긋지 않았다. 인간의 행동은 세련됨과 복잡성을 가지고 있음에도 불구하고 행동주의 연구의 전체 설계 중 일부만을 차지하였다. (Fancher 1979: 319에서 재인용)

왓슨의 극적인 주장은 광범위한 결과를 초래하였다. 그는 프로그램의 많은 부분과 전통적인 심리학의 방법을 대부분 거부하였다. 느끼는 감각이나 의도는 더 이상 없었으며 외현적 행동의 관찰만을 적절한 것으로 받아들였다. 의식의 상태나 내용에 대한 기술이나 설명은 예언으로 대체되었으며, 결국 행동의 통제로 대체되었다. 모든 의식주의적 용어들 자체가 심리학자의 용어에서 추방되었기 때문에 심리학은 더 이상 인간의 마음이 무엇인지에 대한 추정에 관심을 기울이지 않았다.

왓슨의 연구가 얼마나 미국 심리학을 장악하였고 외국에까지 영향을 미쳤는지를 아무리 높게 평가해도 지나치지 않는다. 구심리학은 스스로의 무게 때문에 붕괴한 측면이 있지만, 왓슨의 수사학적 생동감과 그의 시연의 효과성이 이러한 해체를 부추겼다. 실용적 성향을 띤 그의 설명에 따르면 단순히 환경을 특정한 방식으로 배열함으로써 인간을 포함한 유기체에게 우리가 원하는 거의 모든 것(예를 들어 사물에 대한 공포를 형성하는 것)을 하게끔 조건형성할 수 있다. 하얀 쥐에 공포를 가지도록 조건형성된 알버트라는 아기의 유명한 실험에서 그는 실제로 이를 보여주었다(Watson and Rayner 1920).

심리학이 무엇을 할 수 있는지에 대한 그러한 극적인 시연은 독일 학파의 결론에 도달하지 못하는 논쟁과 견주었을 때 더욱더 설득력 있게 보였다. 모든 세대의 과학자, 다음 세대의 선도적 심리학자들은 왓슨의 궤도 내에서 훈련을 받았다. 헐(Clark Hull), 스키너(B. F. Skinner), 스펜스(Kenneth Spence), 손다이크(E. L. Thondike) 같은 연구자들은 1920년에서 1950년 사이의 미국 심리학에서 행동주의가 교조주의적 행동주의가 되도록 도왔다. 아동의 돌봄, 죄수의 교정, 아동의 교육, 그리고 그 밖의 많은 사회적 활동은 행동주의자들의 수사와 행동주의자들의 작업에 지배되었다. 『뉴욕타임스』와 같이 권위 있는 신문에서 1942년에 행동주의가 인류의 지성사에서 신기원을 이루었다고 선언했다.

왓슨의 연구를 근본적으로 의심하고 있었던 버클리의 에드워드 톨먼(Edward C. Tolman), 왓슨의 학생이었던 하버드의 칼 래슐리(Karl Lashley)와 같은 미국 심리학계 학자들조차도 주로 동물을 대상으로 연구하였으며 행동주의자들의 실험적 법칙을 엄격히 고수하였다. 확실히 해두면, 결국 래슐리는 회의의 목소리를 내게 된다. 힉슨 심포지엄에서 그는 자극과 반응의 연계로는 설명할 수 없는 행동에 대하여 주의를 환기시켰다. 톨먼(1932)도 단순히 기억된 일련의 행동들을 불러일으키는 것만으로는 보상물을 찾는 동물의 행동을 설명하는 것이 불가능함을 발견하였다. 미로의 방향과 단서가 바뀐 경우에도 동물들이 어디로 가야 하는지 아는 것으로 보이기 때문에, 톨먼은 문제 해결에 관여하는 동물의 행동을 지도하는 '인지지도'를 가정할 수밖에 없다는 것을 깨닫게 되었다. 더구나 동물의 활동을 기술할 때, 기대, 목적, 의미와 같은 용어를 사용하여 의도와 관련된 단어들을 인용하는 것이 필수적이라는 것을 발견하였다. 이와 관련하여, 그는 자극과 반응 사이의 '매개 변수'를 도입하는 대담한 시도를 하였다. 그러나 이러한 이단에도 불구하고 영향력 있는 학자들은 계속하여 행동주의 교리를 존중하였고 변절자의 특성이 얼핏 비친다 하더라도 자신은 행동주의라고 말하였다.

제2장에서 언급한 바와 같이, 인간의 행동에 대한 너무 많은 결과들이 행동주의 접근법에 의해 거부되었다. 1950년대 중반에 이르러 이 연구는 와해되기 시작하였고, 오늘날에는 행동주의에 대한 (다양한 응용 성과는 아닐지 몰라도) 이론적 주장은 역사적인 가치만을 지니고 있다. 밀러와 브루너 같은 심리학자들에 의해 시작된 인지혁명이 반세기 전의 행동주의 혁명처럼 오늘날 확실히 일어나고 있다. 사실, 다소 역설적으로 인지주의가 유행하는 이유 중 일부는 행동주의가 원래 성공하였던 이유들과 일치한다. 흥미롭고 신선한 새로운 접근법은 외부 사람들에게는 관심을 얻지 못하는 질문의 늪에 빠진 구식 심리학의 낡은 방침을 대신하는 것으로 보였다. 그러나 행동주의가 상대적으로 빠른 속도로 쇠퇴했음에도 불구하고 소수의 심리학 연구는 행동주의 학파의 외부에 떨어져 겨우 존재하고 있었다. 이 중에서 1900년의 인지적 성향을 띤 심리학과 오늘날의 심리학을 가장 직접적으로 연결하는 것에 초점을 맞추고자 한다. 그것이 게슈탈트 심리학파이다.

5.4 게슈탈트 심리학: 위에서의 관점

5.4.1 기원

게슈탈트 심리학은 몇 가지 극적인 예증에 뿌리를 둔 학파로서 등장하였다. 예증을 통하여 생생한 주장을 하였고 정신 현상에 대한 특정한 사고방식에 대한 영감을 제공하였다. 게슈탈트(Gestalt) 현상의 최초 예증은 1890년 브렌타노의 제자였던 크리스토프 폰 에렌펠스(Christoph von Ehrenfels)에 의해 이루어졌다. 에렌펠스는 멜로디에 대한 특별한 관심을 가지고 있었다. 그는 지각적인 멜로디에 관여된 '형태 특성(form quality)'은 몇 개의 음조 요소의 단순 합에 의해 적절히 설명되지는 않는다고 주장하였다. 사실 개별 요소들을 초월하는 종합적 특성, 즉 게슈탈트에 의해 설명될 수 있다. 그가 지적하였듯이 동일한 요소, 즉 음조를 가지고도 전혀 다른 멜로디를 생성할 수 있다. 역으로 전혀 다른 벌의 음조들을 선택하여, 예컨대 다른 조에서의 음조를 선택하여 원래 것과 동일한 멜로디로 파악되는 형태를 형성할 수 있다.

에렌펠스는 게슈탈트 운동의 실제 설립자라기보다는 선도적인 학자로 여겨진다. 설립자의 명예는 1912에 운동의 시지각에 대한 논문을 출판한 막스 베르트하이머(Max Wertheimer)에게 돌아간다. 볼프강 쾰러(Wolfgang Köhler)와 쿠르트 코프카(Kurt Korffka)라는 두 젊은 조교와 함께 일하면서, 베르트하이머는 가현운동(혹은 파이 현상이라 불림)에 대한 일련의 연구를 진행하였다. 가현운동을 대충 설명하면 한 벌의 빛이나 형태가 연이어 나타날 때(예를 들어 네온등 간판이나 영화) 운동을 지각적으로 경험하는 것이다. 베르트하이머는 한동안 그 현상을 인지하고는 있었지만, 가현운동을 발견한 것은 아니었다. 대신 이러한 현상에 대한 표준적인 심리학적 설명은 지지받을 수 없음을 보여주었다.

특히 베르트하이머는 눈동자 움직임에 의한 운동의 지각에 대한 공통 가설을 배제하였다. 그는 간격이 너무 짧아서 눈동자가 움직일 수 없을 때, 또한 피험자가 한곳에만 초점을 맞추고 있을 때에도 운동이 지각될 수 있다는 것을 보여주었다. 베르트하이머는 운동지각이 여러 원소 감각들의 합이나 연합이 아니라는 것을 설득력 있게 보여주었다. 본 것을 보고만 하지 분석하지 말 것을 지시받은 모든 피험자들은 운동을 직접적으로 파악하였지만 어떤 것, 즉 한 장소에서 다른 장소로 가는 어떤 것의 움직임으로 파악하지는 않았다. 이러한 발견은 그러한 지각 현상에 대한 새로운 방식의 생각이 필요함을 시사하는 것이었다.

베르트하이머와 동료들은 가현운동 같은 지각적 경험이 뇌가 지각 입력을 조직화하는 방식에 기인한다고 보았다. 그들의 관점에서는 일종의 합선이 뇌의 생리적 장에서 발생하는 것이다. 그래서 단일 요소로부터의 구성을 상정할 필요가 없으며, 뇌의 흥분 패턴이 운동을 직접적으로 지각할 수 있다는 것을 보장한다.

게슈탈트 심리학자들은 그 현상학적 외관이 유사한 두뇌 처리 과정으로 설명될 수 있는 많은 '형태 특성'을 검사하여 지각이 어떻게 조직화되는지를 설명하기 위한 법칙들을 내놓았다. 예컨대, 근접해 있는 대상들이 집단화되는 것(근접성의 법칙)과 폐쇄된 영역에서 대칭적일수록 더 전경으로 보이는 경향이 있다는 것(대칭의 법칙), 전경과 배경의 배열은 직선이나 부드러운 곡선으로부터 최소로 변형되거나 단절된 것이라는 것(좋은 연속의 법칙)들을 보여 주었다(Hochberg 1978). 초기에는 시각적 예증에 의존하였지만, 이러한 법칙은 또한 리듬 패턴과 같은 청각 연쇄에도 적용되었다. 게슈탈트 심리학자들의 원자적·상향적 혹은 순수한 미시적 분석에 대한 공론적인 반대는 그들의 강력한 예증에 스며들어 있었다. 그들은 부분이 보이는 방식이 전체의 배치에 의해 결정된다는 지각 조직화의 관점을 선호하였다.

5.4.2 쾰러의 포괄적 연구

게슈탈트의 법칙은 다양한 착시와 항상성과 같이 심리학자들에게 이미 친숙한 지각 현상들에 쉽게 적용될 수 있기 때문에 게슈탈트 운동이 빠른 속도로 인기를 얻게 되었는데, 유럽 대륙에 특히 영향을 미쳤다. 그러나 게슈탈트 심리학자들은 지각적인 승리에 안주하는 것에 만족하지 않았다. 볼프강 쾰러가 일차대전 중에 테네리페(Tenerife, 북아프리카에 있는 섬)에 머물게 되었을 때, 그는 침팬지를 대상으로 기념비적 연구들을 수행하였다. 쾰러의 관심은 이 침팬지가 해결하기 위해서는 상황에 대한 요소들을 변화시키거나 '재구조화'해야 하는 문제들에 달라붙게 하였다. 닿을 수 없는 곳에 있는 바나나를 먹기 위해 침팬지는 의자를 한쪽에서 다른 쪽으로 이동하고 2개의 막대기를 연결해야 하고, 또한 상황을 재구조화해야 했다. 쾰러(1925)는 침팬지의 행동에 대한 표준적인 시행착오에 의한 설명은 적절하지 않다는 것을 발견하였다. 대신 인간의 사고 과정과 유사한 일이 일어나는 것으로 보았다. 침팬지는 멈추어서 생각하고, 그런 다음 갑자기 통찰이 그의 머리를 치고 간 것같이 의자나 밧줄을 사용하여 문제를 풀었다. 쾰러의 분석에 따르면 침팬지는 주어진 장을 '재구조화'하였으며, 이는 순간적인 통찰 덕분이었다. 뷔르츠부르크 학파가 '아하 경험'이라고 이름 붙인 것이다.

쾰러는 또한 똑똑한 침팬지와 멍청한 침팬지를 구분하였다. 똑똑한 놈은 이러한 통찰의 순간들을 규칙적으로 보여주지만, 멍청한 놈은 매우 다른 방식으로 행동했다. 문제를 해결할 수 있는 정확한 행동을 보았을 때조차도 멍청한 침팬지는 그 보물(바나나)을 얻을 수가 없었다. 대신 조각난 형태로, 보상을 얻기 위해서 어떻게 행동들을 연결할 것인지 이해하지 못한 상태에서 전체를 구성하는 성분이 되는 행동들만을 흉내 내었다.

게슈탈트 심리학에 따르면, 학습의 원시적 형태의 대부분은 단순 반복이나 조각난 연합으로 설명될 수 있다. 그러나 고등 학습이나 '지적' 과정을 특징짓는 것은 특정 상황에서 어떤 기초적인 능력을 가지고 있는지이다. 이것들이 통찰의 기준이다. 즉 "장의 전체 배치를 참고한 완벽한 문제 해결의 출현"이 그것이다(Mandler and Mander 1964: 248).

게슈탈트 전통에서 이러한 계열의 연구를 인간의 문제 해결로 확장시키는 학자들도 있었다. 베르트하이머(Werthimer 1945)는 기하 문제,

대수 문제, 아인슈타인이 상대성이론에 도달하는 데 거쳐야 했다고 전해지는 단계들에 대한 해결책을 검증하였다. 카를 둔커(Karl Duncker)는 공학적 문제의 풀이에 초점을 맞추었다(1945). 예컨대 주변의 세포들을 손상시키지 않고 엑스레이를 사용하여 종양을 제거하는 법이 있다. 에이브러햄 러친스(Abraham Luchins)는 기능적 고착 현상을 조사하였다(1942). 이는 문제를 풀기 위해서는 한 재료의 일상적인 용도를 벗어나(원숭이든지 교수든지 상관없이) 기발한 방식의 새로운 용도로 사용해야 하는데, 이를 지각하지 못하는 현상을 말한다.

제시된 것과 같은 거시적 문제 유형은 독일의 초기 구성주의자와 미국의 행동주의학자들에 의해 제기되었던 미시적 과제와는 극명한 대조를 이루고 있다는 점에 주목하여야 한다. 이러한 거시적 문제는 뷔르츠부르크 학파에 의해 제시된 것들에 다소 가까운 편이지만 내성법과 정교한 해석적 용어에서는 자유로웠다. 이 문제는 오늘날 인공지능 학자들이 선호하는 문제들의 전신이었다. 설명 방식도 또한 다른 순서를 취했다. 베르트하이머와 다른 게슈탈트 학자들은 구조적 특성의 재인에 의해 문제에 대한 더 능동적이고 전략적인 접근을 제안하였다. 베르트하이머(1945: 191)가 다소 웅대하게 기술하였듯이, 어떻게 구조가 초기에 실현되며 어떤 틈이 감각되고, 어떤 요소들이 서로 맞추어지고 재배열되는지, 틈을 채우기 위하여 어떤 역동적인 조작이 적용되는지, "명확하지 않은 부적절한 관계에서 명확하고 투명한 직접적인 대면으로 이끌어지는지(즉 사고자의 심장으로부터 그의 목적과 그의 문제의 심장으로)"에 대한 접근이었다.

게슈탈트 학자들은 최선의 사고가 재생적이라기보다 생산적이고 기발하다고 보았다. 개인이 문제에 직면하게 될 때, 규칙적인 지각적 재구조화가 일어난다. 그리고 조만간에, 이 주축을 이루는 재구조화는 풀이를 하는 데 결정적인 요소들을 부상시키는 것과 같은 통찰을 동반한다. 여기에는 세상에 대한 개인의 경험에 의해 읽혀지는 것이 아니라 마음이 구조적이어서 특정한 논리적 관계들이 세상에 의하여 부과된다는 칸트 이론의 뒷받침이 있었다.

대부분의 현대 평자의 관점에서 보면, 게슈탈트 심리학의 이론적 토대가 잘 설립되어 있는 것은 아니다. 근접성이나 대칭성과 같은 지각의 원리는 정보가 구성되는 방식에 대한 임시방편의 안내를 제공하지만 너무 많은 예외와 불확실성을 허용한다. 예컨대 뇌의 작동에 관한 추측과 뇌 작동이 현상학적 지각에 미치는 효과는 신경학적 연구 결과에 의해 근거를 잃었으며, 주 설명 개념들이 너무 모호하여 조직화될 수 없다. 심리학자인 나이서는 게슈탈트 심리학을 공감하고 개관하면서 다음과 같이 결론을 내렸다.

> 조직화에 대한 게슈탈트의 개념은 오늘날의 인지심리학에 거의 어떤 역할도 하지 못하였다. 신경심리학에서 출현한 사실들에 의해 좌초되었고(신경계는 쾰러가 믿은 것보다 더 요소주의적임이 밝혀졌다), 동일한 사실들에 대해 더 그럴싸한 대안 설명을 제공하는 기계적인 컴퓨터 모형에 의해 접수되었다. (……) 현대에 운동현상을 안구운동이나 특수운동 탐지기로 일반적으로 설명하는 것은 게슈탈트 심리학의 정신에서 가장 멀리 떨어져 나온 것이다. (1980: 4)

그러나 나이서는 보다 긍정적인 평가로 결론을 내린다. "우리들이 어떤 차이가 있든지, 우리 모두는 여전히 베르트하이머가 설정한 문제에 대해 작업하고 있다. 쾰러가 표현한 것에 따르면, 세계를 아래에서 보는 대신 위로부터 본다"(6). 그는 하향적 접근법이 시간을 자신의 편으로 만들고 있다고 암시하고 있다.

5.4.3 프레더릭 바틀릿의 스키마적 접근

게슈탈트주의자들이 대형 문제, 풀이에 대한 전체론적 방법, 그리고 사고에 대한 구성적 측면에 지속적인 관심을 가진 것과 마찬가지로 영국의 한 외로운 심리학자는 계속 인지적 신념을 유지하고 있었다. 프레더릭 바틀릿은 기억에 대한 탐구에서 에빙하우스에 의해 개척된 엄격한 실험 방법들을 사용하려 했지만 그것이 부적절함을 발견하였다. 그 방법들은 의미 있는 내용을 기억하는 데 중심이 되는 것을 많이 빠뜨리고 있는 듯 보였다. 그리고 바틀릿은 완전히 인공적인 자료를 사용해서는 유동적인 기억의 특출한 특징들을 파악하는 것이 불가능하다는 결론에 도달했다. 근본적으로 다른 접근법이 요구되었다.

바틀릿은 기억이 보다 사회적이고 문화적인 현상이어서 자극을 받는 경험과 함께 나타나는 '갖춤새(set)'가 무엇을 기억하고 얼마나 잘 기억하는 데 결정적인 영향을 미칠 것이라는 막연한 주장을 하고 있었다. 그러나 그 자신의 회상에 따르면, 바틀릿은 친구인 노버트 위너와 대화하기 전까지 실험적 접근 때문에 좌절하고 있었다. 인지심리학의 지성사의 중요한 순간에 위너는 그에게 결정적인 아이디어를 주었다.

> 여러 사람들이 행한 해석의 다양성에 매혹되었다. (……) 어느 날 나의 실험들, 그리고 시간상에서 대체로 연속적인 과정으로 생각되는 관습화의 연구에서 순열을 사용하는 것에 대하여 이야기하고 있었을 때, 위너는 다음과 같이 말하였다. "우리가 '러시아 스캔들'*이라고 부르곤 했던 것을 이용할 수는 없을까?" 이것이 나중에 내가 "계열 재

* 러시아 스캔들은 사람들이 메시지를 다른 사람에게 전달하면서 그것이 어떻게 변형되는지 관찰하는 심리게임이다.

생"이라 불렀던 방법으로 이끌었다. 이것은 여러 가지 형태로 우리들의 실험이 결국 성공하는 데 많은 공헌을 하였다. (Bartlett 1958: 139, 144)

결국 바틀릿이 시작한 연구들에서 피험자들은 이국적인 이야기를 들은 다음 다양한 간격을 두고 그 이야기들을 회상하였다(연구절차의 변형으로, 기하학적 도형이나 논리적인 논쟁을 제시하고 사후 보고를 위하여 그것들을 기억하고 있으라고 지시하였다). 바틀릿(1932)은 개인들이 이야기를 정확하게 회상할 수 없었으며 부정확한 회상에 체계적인 패턴이 있다는 더 새로운 사실을 발견하였다. 예컨대 오늘날 서양 사람들에게는 이상하게 보이는 연결되지 않는 이야기와 괴상한 인과관계로 가득 차 있는 것처럼 보이는 「유령들의 전쟁」이라는 인디언 민화의 경우를 살펴보자. 피험자들은 규칙적으로 그들 스스로 인과관계의 연결을 만들었고, 융화되기 힘든 정보는 누락시켰으며, 서양의 표준 이야기와 유사하게 될 때까지 줄거리를 수정하였다. 더구나 그 후의 회상에서, 이러한 변형은 이야기가 상대적으로 안정된 형태를 취할 때까지 점차 증가하였다. 그래서 원래 제시되었던 민화보다 훨씬 더 전형적인 서양 이야기에 가까워졌다.

칸트에 의해 사용되었고 영국의 신경학자인 헨리 헤드(Henry Head)에 의하여 당대의 심리학에 소개되었던 용어를 사용하여, 바틀릿은 그의 발견을 스키마(schema. schemata로 불리기도 함)의 개념으로 이해하려 하였다. 바틀릿은 인간들에 의해 사용된 전형적인 기억 체계는 추상적 인지 구조, 즉 스키마를 포함한다고 주장한다. 이 스키마는 환경에 대한 사전 직면에 의해서 발생하며, 이 결과로 특정한 종류의 정보가 특별한 방식으로 조직화된다. 그래서 「유령들의 전쟁」을 들을 때, 일반적으로 피험자들은 일상 경험을 다루는 스키마, 세부적으로는 탐험이나 유령 이야기에 대해 스키마 위에서 그림을 그린다. 사람을 죽이기 위해 카누를 타고 전진하는 전사들의 집단에 대한 이 이야기를 의미 있게 만들기 위해서 청자들은 (원시인과 유령이 등장하는 전형적인 탐험 이야기와 같은) 이야기 앞부분의 구조적인 정보뿐만 아니라 (밤에 강에서 카누 타기와 같은) 그들 자신의 경험을 이용해야 한다. 이야기의 이러한 정보들이 사전에 구성된 스키마와 일치하는 정도만큼 회상하는 데 도움이 되기 때문에 상당히 정확하게 회상할 수 있다. 반면, 사전 스키마와 현재 이야기의 세부내용이 불일치하게 되면 이야기의 초기 회상에서 체계적인 왜곡을 야기할 것이고 아마도 추후에 그 이야기를 재생하게 될 때 탈선을 더 증가시킬 것이다.

더 일반적으로(에빙하우스의 무의미 철자 전통을 마음에 두고 말했을 것이다), 바틀릿은 다음과 같이 선언하였다.

> 기억한다는 것은 고정되고, 생명이 없고, 분절된 수많은 흔적을 다시 고취시키는 것이 아니다. 그것은 우리의 태도가 과거의 경험에 대한 생생한 전체 덩어리와 맺는 관계들 위에서 세워진 상상적인 재구성이나 구성이다. (……) 그래서 그것은 실제로 정확하지 않으며, 기계적 암기를 요약하는 가장 초보적인 사례조차도 될 수 없다. 반드시 그래야만 한다는 것은 전혀 중요하지 않다. 태도는 문자 그대로 자신의 '스키마타(schemata)'에 맞추는 유기체의 능력이며, 직접적으로 의식의 함수이다. (1932: 212)

바틀릿이 한 일은 거시적 연구를 위한 모델에 활기를 준 것 이상이었다. 조지 밀러와 같은 인지과학자들이 인간 인지의 중심으로 보는 자기-반성 체계를 그는 직접적으로 예상하고 있었다.

5.4.4 피아제의 발달에 대한 관심

장 피아제(Jean Piaget)는 심리학을 가장 색다르게 시작하였다. 생물학자로 교육받았고, 연체동물에 특별히 관심이 있던 그는 다수의 지능검사를 창안한 알프레드 비네(Alfred Binet)의 동료였던 테오도르 시몽(Théodore Simon) 실험실의 검사자로 취직했다. 그는 단순히 자신에게 주어진 과제만을 하는 데 끝나지 않고, 아동들이 지능검사 문항에서 저지르는 오류의 종류에 관심을 가졌다. 피아제의 일생의 목표는 생물학적 원리에 대한 인식론을 찾아내는 것이었지만, 잠시 우회하여 아동의 사고 발달을 연구하기로 결정하였다. 그는 이 우회가 평생을 갔다고 즐겨 말하곤 하였다.

생산성에서 분트와 경쟁하고, 후속 연구의 영향력에 있어 분트를 능가한 60년 동안의 전문적인 활동에서, 피아제는 다양한 영역의 아동들의 사고 발달 과정을 그려내었다(개관을 위해서는 Piaget 1970을 보라). 그의 작업에서는 거의 항상 두 가지 현저한 특정이 나타낸다. 한편으로 피아제는 나의 인지과학자의 정의와 유사하게, 서양 인식론의 거대 주제인 시간, 공간, 인과관계, 수, 윤리 등 칸트주의자의 범주들의 본질을 연구 문제로 삼았다. 그는 이러한 범주들을 마음에 의해 부여된 것들이 아니라 인간 발달 과정에서(헬름홀츠의 의미로) 구성된 범주로 보았다. 다른 한편으로 피아제는 아동들을 매우 조심스럽게 관찰해야 한다고 고집하였다. 가끔은 아이들을 자유롭게 여기저기 찾아다니면서 놀게 하였고, 더 빈번히 아이들에게 그가 독창적으로 고안한 실험과제를 수행하게 하였다.

피아제는 대중과 심리학계에서 뛰어난 실험 패러다임을 발명한 학자이자 시선을 집중시키는 예증을 한 사람으로 잘 알려져 있다. 그의 예증은 인지발달심리학의 작업에 심오한 영향을 주었다. 영아들은 눈앞에서 대상들을 한 장소에서 다른 장소를 이동시켰을 때조차도 대상이 원래 장소에 있다고 믿는다고 피아제 이전에 누가 의심했을 것인가? 유아들이 자신과 다른 관점에서 대상들이 어떻게 보이는지를 파악하지 못한다는 것을 누가 생각했을 것인가? 액체를 하나의 컵에서 모양이 다른 컵으로 부었을 때, 액체의 양이 달라졌을 것이라고 유치원생이 생각한다는 것을 누가 예측하였을 것인가? 피아제의 특정한 예시들이 그가 기술하였던 방식으로 늘 재현되지 않았지만 그때조차도 그 이상의 지식이 그의 개척적인 발견들에 변함 없이 기반을 두고 있었다.

그러나 피아제 스스로 생각하기에 그는 인식론자, 그가 선호하는 용어로 발생인식론자였으며 결코 아동심리학자는 아니었다. 그는 사고의 기초법칙을 해명하려 하였다. 아동들과의 비형식적 과제는 그가 선호하는 지식의 본질에 대한 자료를 확보하는 수단이었다. 심리학에 대한 그의 주요 공헌은 그도 그렇게 생각했듯이, 발달의 상이한 단계나 연령에 있는 아동들을 특징짓는 사고의 기본구조를 풀어낸 것과 아동이 더 높은 발달단계로 이행하는 것을 가능하게 하는 기제에 대해 제시한 것이었다. 즉 영아의 감각운동기에서 초기 아동기의 직관 단계로, 혹은 중기 아동기의 구체적 조작기에서 청소년의 형식적 조작기로 말이다. 특정 단계의 존재를 가정함에 있어서 피아제는 논리적 형식론에 매우 의존하였다. 한 단계에서 다른 단계로의 변형의 법칙을 해설할 때 그는 모든 유기체 체계에서 변화를 관장하는 그러한 종류의 생물학적 기제에 의존하였다.

피아제의 대단한 주장은 그의 특정 실험 예시에 비하면 덜 강력한 편이다. 특정 단계에 기저하는 논리적 형식론은 타당하지 않아서 단계 자체들이 공격을 받았고 단계가 변환되는 생물학적 과정에 대한 그의 기술은 그에 동조하는 학자들조차도 이해하기 힘들게 만들었다(Brainerd 1978). 그의 인상적인 발생인식론 방법론도 사용되지 않게 되었다. 대부분의 연구자들이 선택하기에는 너무 벅찬 도전이었을 것이다. 그러나 피아제는 행동주의자들이 지배하는 시기에 인지의 불꽃을 계속 살리는 데 그치지만은 않았다. 그는 어떤 선배들보다도 더 많이, 인간의 인지발달에 연관되어 있는 심리학 전체 영역의 문을 열었으며, 오늘날까지도 적용되는 연구 계획을 제시하였다. 그의 세부적인 주장에 대한 반증조차도 그의 광범위한 영향에 대한 증거가 되었다.

피아제나 바틀릿 같은 연구, 스키마, 조작, 전략과 같은 거시적인 개념 덕분에 행동주의 시대가 융성할 때에도 게슈탈트 심리학자들과 뷔르츠부르크 선임자들에 대한 관심은 영어권 세계에서 살아남았다. 유사한 생각을 가진 몇몇 학자들 중에서 다음의 학자들에 주목하고 싶다. 비교심리학자인 칼 래슐리와 에드워드 톨먼, 그리고 자극반응심리학의 용어를 피하고 시각 환경에 존재하는 매우 다양한 정보에 대하여 주의를 기울이게 한 지각심리학자 깁슨(J. J. Gibson)(제10장의 내용과 그 참고문헌 참조), 그리고 그렇지 않았더라면 반목적론적이 되었을 환경에서, 합목적적이고, 목표 추구 활동과 복잡한 동기화의 입장을 강력히 주장한 영국 사회심리학자 윌리엄 맥두걸(William McDougall)이 그들이다. 이러한 심리학자들은 화려해 보이지만 1930년과 1940년대의 행동주의 시대에는 작고 고립된 집단에 지나지 않았다.

5.5 인지로의 전환

5.5.1 컴퓨터에서 받은 영감

칸트의 경고에 도전하여 대략 1850년에서 1950년 사이의 심리학 연구 백 년은 심리학 연구가 가능한지에 대한 질문 이상의 것들을 보여주었다. 정신 과정이 실험실에서 조사될 수 있고, 그들 중 많은 부분은 소요 시간도 측정될 수 있으며, 숙련된 피험자의 역할이 적절하게 통제될 수 있었다. 이러한 새로운 심리학은 여러 곳에서 다양한 형태를 취하고 있었고 미시적·거시적 접근 사이, 그리고 환경의 결정적인 역할에 대한 강조와 주어진 과제에 대한 피험자의 역할을 강조하는 사이에서 분명히 추가 왔다갔다 하고 있었다. 세기의 전환기에 내성주의의 과잉은 이번에는 20세기 초기의 행동주의 과잉으로 대치되었다. 특히 정신적 구성 개념들은 허용되지 않았으며 언어와 문제 해결의 양상들은 모두 누락되거나 약화된 형태로 다루어졌다.

1940년대 말에 이르러 힉슨 심포지엄에서 행동주의에 대한 생물학적 형태와 심리학적 형태 어느 것도 실행 가능하지 않다는 것이 명백해졌다. 대안적 모형으로 가용한 것은 바틀릿이나 피아제 그리고 몇몇 연구자들에 의한 고차적 형태의 문제 해결 연구를 위한 고립된 노력들과 더불어 게슈탈트 심리학이 있었다. 그러나 인지연구의 정당성을 부여한 것은 컴퓨터의 등장(컴퓨터 자체가 문제 해결 행동을 보여줌)과 정보 이론(언어와 개념의 성분을 규정하는 객관적인 기초를 제공함)의 진전이었다. 인지심리학사(史)에 대한 간단한 스케치에서 나이서는 다음과 같이 논평하였다.

> 컴퓨터 자체의 활동이 인지 과정과 몇 가지 방식에서 유사하게 보였기 때문이었다. 컴퓨터는 정보를 받아들이고, 기호를 조작하며, 항목들은 '기억' 속에 저장하며, 그것들을 다시 인출하고, 입력을 분류하고, 패턴인식 등을 한다. (……) 사실 정보처리에 대한 현재 대부분의 작업에 기저하는 가정에 내성 자체는 없지만 19세기 내성심리학의 가정과 놀라울 정도로 유사하다. (1976: 5, 7)

이미 언급한 바와 같이 1950년대 중반 인지심리학의 부상은 시대정신의 변화, 관련 과학에서의 새로운 방법론, 그리고 단순한 기계장치에 대해서도 의도, 목적, 목표, 문제풀이와 같은 개념을 정당하게 부여할 수 있게 된 점을 반영하는 복잡한 현상이었다. 도널드 브로드벤트, 제롬 브루너, 조지 밀러와 같은 혁신적인 심리학자들의 특별한 성과와 피아제, 바틀릿과 게슈탈트 심리학자들의 특정한 작업들에서 발견한 흥미는 의심의 여지없이 인지심리학으로의 전환을 장려하였다. 어떤 경우에 강력한 정보 수학 기술들이 전 시대로부터 남겨진 학습과 문제 해결의 (핵심적인 부분이 아니라) 기본적인 측면에만 단순히 적용되기도 하였다. 그러나 새로운 기술은 기껏해야 (정신과는 대조적으로) 물질의 문제에만 공고히 집중되어 있었다.

정보처리의 고차원적 단계들, 대체적으로 대서양 양편에서 진행된 첫 번째 노력은 정보처리의 자세한 특징들을 규명하는 것이었다. 브로드벤트에 의해 창안된 패러다임은 특히 실험의 인기 있는 근거였고, 곧 실험주의자들은 그들 연구에서 생각해볼 수 있는 계통에서 다양한 종류의 어려움을 발견하였다. 네빌 모레이(Neville Moray)는 자신의 이름이 제시되면 주의가 주어지지 않더라도 그 정보가 획득된다는 것을 보여주었다(1969). 앤 트라이스먼(Anne Treisman)은 특별히 주의를 주지 않고 피험자의 두 귀에 동일한 메시지를 제시하였을 때 피험자들은 이를 탐지하여서 결국 메시지의 정보 형태가 양쪽 귀를 사용하여 탐지될 수 있었다(1960; 1964). 이러한 결과에 근거하여 트라이스먼은 여과기가 단순히 실무율적 스위치가 아니라 적절하고 주의가 주어지지 않은 신호를 약화시킨다고, 즉 주의가 주어지지 않은 신호는 주의가 주어진 신호보다 덜 처리되게 된다고 주장하였다. 또한 트라이스먼은 메시지의 내용 자체가 전환된다면 피험자들이 한쪽 귀에서 다른 쪽 귀로 탐지를 전환할 수 있다는 것을 보여주었다.

1960년대 중반, 영향력 있는 교과서의 저자 나이서(1967)는 보다 복잡한 정보론적 설명을 내놓았다. 그는 피험자가 신호와 짝지워진 (무로부터 생성되는) 내적 표상을 합성함으로써 신호를 이해한다고 주장하였다. 그래서 주의 자체는 청자에게 제시된 정보들을 구성하는 과정으로 보인다(213). 원격 혹은 명백히 부적절한 이야기의 흐름은 수동적인 '전주의적' 기제에 의해서만 분석되며 그 자체는 이러한 방식으로 합성되지는 않지만, 일단 메시지가 전주의적 주시를 통과하면, 피험자는 그 메시지가 주의를 줄 가치가 있는지를 판단하여 합성의 과정을 시작한다. 마지막으로 브로드벤트(1980)는 주의에 대한 자신의 일차원적 모형을 수정하여 정보가 양쪽 방향으로 전진-후진하는 것으로 설정하였다. 그는 정보 파악에서 (합성의) 더 능동적인 역할뿐만 아니라 동일한 과제를 수행하는 다양한 방법이 있다는 것을 받아들였다.

인지심리학의 재탄생 직후에 미국에서는 몇몇 매우 영향력 있는 실험들이 수행되었다. 1960년에 조지 스펄링(George Sperling)은 한 번에 얼마나 많은 양의 정보를 시각적으로 수용할 수 있는지에 대하여 관심을 가졌다. 스펄링(1960)은 '부분보고법'이라 불리는 측정치를 만들었다. 3×3 격자에 배열된 9개의 글자를 제시한 직후에, 피험자들에게 소리를 사용하여 어떤 줄의 글자들을 보고할 것인지를 알려주었다. 이러한 절차를 사용하여 스펄링은 개인들이 이전에 예측되었던 것보다 훨씬 더 많은 글자를 보고할 수 있다는 것을 보여주었다. 정상적인 '자유회상' 조건에서는 피험자가 4-5개의 글자밖에 보고하지 못했는데 이 결과는 정보 중 반밖에 수용되지 못함을 시사하는 것이다. 그러나 부분보고의 조건에서는 피험자가 거의 완벽하게 정확한 보고를 하였다. 스펄링은 눈에 제시된 정보가 감각기억에 보유되어 있다가 1초 이내로 쇠퇴된다고 추론하였다. 정보에 즉각적으로 접근한다면, 흔히 생각되는 정보보다 2배 많게 유입될 수 있다.

스펄링의 재치 있는 시연은 초기 정보처리 체계의 구조에 대한 흥미에 불을 붙였다. 처리 단계들 자체의 세부 내용들에 대한 흥미는 몇 년 후 솔 스턴버그(Saul Sternberg)의 연구들에서 아주 큰 추진력을 얻게 된다(1966, 1969). 스턴버그의 전형적인 실험에서 피험자는 5개의 숫자로 구성된 '기억 세트(memory set)'를 제시받았다. 초기 제시 후에, 피험자는 단일 목표 자극(숫자)을 제시받고, 그것이 초기 기억 세트에 있었던 것인지 여부를 판단해야 했다. 계속되는 시행에서 제시된 자극의 수를 체계적으로 변화시켜 기억 세트의 크기가 회상의 속도와 정확성에 미치는 효과를 평가하였다.

스턴버그는 두 가지 주요 결과를 보고하였다. 첫째, 그는 조사해야 할 추가적인 정보 항목이 하나 증가할 때마다 0.03-0.04초의 검색 시간이 증가한다는 것을 보여주었다. 명백하게, 피험자는 동시적 혹은 병렬적으로 검색하기보다는 계열적 검색을 하였다. 즉 하나씩 하나씩 비교하였다. 둘째, 피험자는 소진적 검색을 하였다. 우리의 직관과는 달리, 피험자는 초기 자극벌에 있는 숫자 중 하나와 목표 숫자가 일치하는 것을 발견하였을 때에도 검색을 멈추지 않았다. 그래서 검색 시간이 자극벌의 크기와 비례하여 선형적으로 증가하였지만 그 자극벌 내에서 목표 자극이 어디에 위치하느냐에는 영향을 받지 않았다.

스턴버그의 시연은 기본적인 인간의 인지 조작에 대하여 거의 백 년 전 돈더스에 의해 제안되었던 방식으로 시간을 측정할 수 있다는 희망을 재점화했다. 사실 스턴버그의 기법은 가설적인 단계를 분리하기 위하여 새로운 (경우에 따라서는 비교를 할 수 없는) 과제를 고안할 필요까지는 없다는 점에서 돈더스의 연구 방법론을 개선한 것으로 평가된다. 스턴버그의 분석에 따르면 그러한 과제는 4개로 구성된 일련의 단계를 거친다. 부호화, 짝맞추기를 위한 기억검색, 반응 선택, 반응의 실행이 그것이다. 그리고 그는 자극의 발생과 최종적인 해결책을 산출하는 사이의 시간을 일련의 단속적 조작 혹은 단계가 차지하여, 그것들의 합이 전체 시간이 된다는 것을 설명하는 모형을 제안하였다. 한 단계에 걸리는 시간은 이전 단계들의 지속 시간에 의해서는 영향을 받지 않는다.

'가산적 요인 접근'이라 불리는 방법을 사용하여, 스턴버그는 이 과제에 영향을 줄 수 있는 개별적 효과와 다양한 요인들 간의 상호작용 효과를 규명하려고 하였다. 만약 두 요인들이 가산적 (혹은 누적적) 효과를 보인다면 각 요인은 처리의 서로 다른 단계를 반영하고 있는 것으로 간주되었다. 그러나 상호작용한다면 그 요인들은 동일한 단계에 영향을 미치는 것으로 보았다. 이러한 분석 방법을 통하여 단일 과제가 구성성분으로 분해될 수 있었으며, 각 단계는 기본 조작으로 생각될 수 있었고, 각 요인을 배열하면 그것은 결과적으로는 전체 과제의 흐름도가 되었다.

기억 모형: 스펄링과 스턴버그의 연구들에서는 자극의 제시 후에 아주 짧은 시간 동안 일어나는 일에 관심을 두고 있다(또 다른 영향력 있는 연구에 대해서는 Posner 1969 참조). 다른 인지심리학자들은 보다 더 긴 간격 동안 일어나는 기억 체계의 특성들에 관심을 돌렸다. 리처드 앳킨슨(Richard Atkinson)과 리처드 쉬프린(Richard Shiffrin)에 의해 제안된 영향력 있는 기억 모형에서는 기억이 세 가지 '저장소'를 가지고 있는 것으로 보았다(1968). 먼저 자극이 적절한 감각 시스템 내에 즉각적으로 기록되는 저장소가 있다. 이것이 스펄링 완충기의 중심이다. 그다음으로 단기 저장소가 있는데 이는 들어오는 정보가 정상적으로 쇠퇴하고 빠른 속도로 사라지지만 장기 저장소로 넘겨질 수 있는 저장소이다. 단기 저장소에서는 정보가 15초에서 30초 이내에 쇠퇴하지만, '암송 완충기'에 놓일 수 있고 이때는 더 오랫동안 남아 있게 된다. 거기서 더 오랫동안 있으면 있을수록 궁극적으로 장기 저장소로 이동할 확률이 높아진다. 단기기억을 약 7개의 서랍으로 구성된 완충기로 보았고

각각의 서랍은 한 조각의 정보나 한 덩어리(chunk)의 정보를 보유할 수 있다. 단기기억의 처리 용량은 고정되어 있고 다른 활동을 희생하여야만 더 큰 완충기를 유지할 수 있다.

장기 저장소로 들어가는 정보는 상대적으로 영구적으로 보존되는 것으로 기대된다. 비록 거기에 저장된 정보가 새롭게 들어오는 정보에 의해 간섭을 받아서 접근할 수 없게 될 수는 있어도, 장기 저장소의 크기 제한은 없다. 장기기억은 서너 개의 저장 기제로 구성되어 있다. 예컨대 내용에 따라서 특정한 장소들에 정보를 두는 기제가 있다. 장기기억은 또한 서너 개의 인출 기제도 가지고 있다. 예컨대 다양한 검색 절차가 그것이다. 모형의 명료성, 단순성, 검증의 용이성 때문에, 앳킨슨-쉬프린 모형은 실험심리학에서 널리 받아들여졌다(어떤 면에서는 1970년에 제시된 브로드벤트의 모형과 동일한 분야로 볼 수 있다). 널리 사용되는 교과서에서 저자들은 이 모형의 운명을 다음과 같이 기술하고 있다.

> 한 세대 동안은 양상 모형이 기억 교과서의 중심부가 될 것이다. 이 모형에 의해 인도되는 교과서들은 특징적으로 감각기관에서 뇌로 가는 지각 입력을 따라갈 것이다. (……) 이러한 유형의 교과서 구성에서 주 문제는 1970년대 말에 '순차적인 단계' 모형은 더 이상 양태적이지 않다는 것이다. (Glass, Holyoak, and Santa 1979: iv)

여기서 기술된 정보처리모형이 쇠퇴한 이유에 대하여 이야기하는 것은 어려운 일이다. 결국 연구자가 주어진 시간 혹은 자극 부하를 다양하게 조작하여 얻은 결과에 대한 계량적인 정보를 산출할 수 있는 실험을 쉽게 고안할 수 있다는 의미에서 이것은 성공적이었다. 사실 이 모형 덕분에 대부분의 연구자들은 정보처리를 순차적인 과정으로 생각하게 되었다. 그 과정에서는 정보가 처음에 한곳으로 들어와서 계속 진행하거나 비켜나가 결국에는 어떤 중앙처리기에 도달하게 된다. 거기서 (하향식 처리를 포함하여) 복잡한 형태의 분석이 일어난다. 특정한 수의 묶음, 특정한 양의 감각 정보, 제한된 단기 완충기와 같이 개인의 정보처리용량이 매우 제한적이라고 보는 서로 유사한 경향이 있고, 대서양 양쪽에서 이러한 의견일치에 도달하였다. 이러한 경향은 모두 컴퓨터와 같이 정보를 받아들이고 특정한 시간 동안 특정한 양만큼 정보를 다루는 그릇으로 인간을 취급하는 브로드벤트 모형에서 직접적으로 영향을 받은 것이다.

인지에 대한 이 일반적 접근법은 여전히 더 면밀하게 검토되고 있다. 옥스퍼드 대학의 앨런 올포트(Allen Allport) 같은 평론가들은 다양한 감각채널을 통해 들어올 수 있는 정보의 양에는 본질상 제한이 없다고 주장한다(1980). 올포트의 설명에 따르면, 정보의 입력에 대한 주 모형은 계열적(단일 시점에서 하나씩 입력)이기보다는 병렬적(다중 시점에서 다중 입력)이다. 인디애나 대학의 쉬프린 같은 학자들은 특정한 과정들이 자동화될 수 있고, 그렇게 되면 새로운 정보를 받아들이거나 여과시키는 데 어떤 실질적인 자원도 소비할 필요가 없다고 주장하였다. 이러한 관점에서는 속도와 정확성이 결국에는 처리되는 요소들의 수와 무관하게 된다(Shiffrin and Schneider 1977). 예루살렘 히브리 대학의 베니 섀넌(Benny Shanon)과 같은 더 급진적인 비평가들은 맥락 정보가 감각정보처리 모두에 영향을 준다고 주장한다(1985). 그들은 제시되는 의미와 맥락과 동떨어진 '정보 조각들'을 다루는 상향적 혹은 '외향-내향' 모형이 인간의 인지를 정당하게 평가할 수 있는지에 대해 의문을 품고 있었다. 그들은 또한 모형의 계열적(즉 한 번에 한 조작) 논리에 대하여 도전하였다. 사고의 표준 선형정보처리 방식은 아직 폐기되지는 않았지만 대부분의 연구자들에 의하여 이렇게 전통적인 형식에서 발견되는 다양한 맹점은 많은 연구자들로 하여금 병렬, 하향, 혹은 정보처리에 대한 맥락적 접근법에 의존하게 하였다.

게다가 '양상 모형' 자체를 자세히 살펴보면 진짜 문제가 나타나며, 이러한 연구를 장려하는 이유를 파악하기 어렵게 한다. 가설적인 단계들을 더욱더 면밀히 검토하면 할수록 그 단계들이 뒤섞이게 된다. 단기기억은 즉시기억으로부터 쉽게 분리될 수 없고, 전주의 과정이 감각 완충기로 병합되며, 처리 과정이 가끔 엄격한 계열적 방식으로 보이지 않는다. 또한 특정한 요인들은 계열상의 특정한 단계에만 영향을 미친다는 가정이 성립하기 어려운 것으로 증명되고, 개인의 기대가 재인의 초기단계에도 영향을 미친다(Glass, Holyoak, and Santa 1979).

높이 평가되는 실험조차 면밀한 검사에는 버티기 힘들다. 스턴버그의 모형이 특정한 실험에 대하여 우아하게 기술하고 있지만, 모형을 조금만 변경하여도 인간의 수행에 실질적으로 영향을 주게 된다. 예컨대 기억 세트에서 검사 항목의 확률이 동일하지 않을 때, 더 확률이 높은 항목들에 대한 반응시간이 더 짧다. 만약 기억 세트의 항목들이 다른 개념적 범주에서 나온 것으로 구성되어 있다면 피험자들은 기억 세트의 모든 범주를 검색하는 대신 범주 내에서 소모적으로 검색하게 된다. 어떤 결과들은 (계열적 처리에 반대되는) 병렬적 처리 모형에 의해서도 동일하게 잘 설명될 수 있음이 판명되었다(Lachman, Lachman, and Butterfield 1979). 이러한 혼란스러운 결과들은 종종 항목의 내용과 연계되어 있기 때문에, 강하게 일반화하기에는 무리가 있다(Glass, Holyoak, and Santa 1979; Neisser 1976).

그러나 더 심도 깊은 문제도 있다. 결과들의 근거가 튼튼한 경우에도 그들의 실 가치에 대한 비관론이 점차 커지고 있다. 일상생활에서는 사람들이 그렇게 통제된 상태에서 그렇게 무의미한 자극들과 결코 만나지 않는다. 의미, 기대, 맥락의 효과는 항상 존재하며, 자주 주요하게 고려되어야 한다. 돈더스-스턴버그-스펄링의 전통에 있는 정보처리심리학자들은 다양한 방식으로 변화되었을 때에는 동일한 결과를 산출하지 못하는 효과들에 대하여 점차 더 정교한 모형들을 발전시켰다. 이러한 모형들은 일상생활 맥락에서 정보가 처리되는 방식에 대한 더 크고 보다 포괄적인 그림을 제공하는 데는 실패했다. 결국 이러한 연구자들의 다수가 스스로 이 전통을 버렸으며 다른 연구 방향으로 나아갔다.

5.5.2 표준 정보처리 패러다임에 대한 반향들: 하향적 관점

일단의 연구는 (소위 '현실세계'의) 일반 지식이 외견상 단순하게 보이는 언어과제의 접근에 미치는 효과를 조사하였다. 밴더빌트 대학의 존 브랜스포드(John Bransford)와 그의 동료들에 의해 고안된 실험에서 피험자는 몇 개의 문장들을 들었다. 피험자는 그 문장들에 대하여 질문을 받을 것이므로 주의 깊게 들어야 하였다. 미리 알려주지 않고 실험의 뒷부분에서 새로운 세트의 문장들을 제시하였다. 피험자에게 각 문장을 이전에 들었는지 여부를 판단하고 자신의 판단에 대하여 얼마나 확신을 하고 있는지 평가하게 하였다. 브랜스포드와 그의 동료들은 피험자들의 반응이 그들이 처음 들었던 문장의 정확한 자구에 거의 영향을 받지 않는다는 것을 발견하였다. 피험자들은 문장의 표면적 자구를 바로 통과하여 그 의미를 듣는 것처럼 보였다. 그들은 초기 문장들 중의 일부와 같은 의미를 갖는 문장으로 수용하는 것 같았다. 그리고 문장들이 편안하게 합치되면 다른 문장들의 내용을 결합시키기까지 하였다. 예컨대 피험자가 "개미가 젤리를 먹었다"와 "개미가 부엌에 있었다"의 두 문장을 들었다고 해보자. 피험자들은 "부엌에 있는 개미가 젤리를 먹었다"나 "부엌에 있는 개미가 탁자 위에 있는 젤리를 먹었다"라는 문장까지도 실제로 들었다고 말했다(Bransford and Frank 1971: 339).

브랜스포드의 패러다임은 피험자가 언어를 다룰 때 자주 보이는 추론적이고 통합적인 접근을 강조하여 개인에게 무의미절이나 구를 기억하게 하는 수백 개의 실험에서 도출된 결론들의 정당성에 대해 의심을 품게 한다. 수동적이고 본 그대로 회상한다고 주장하는 대신, 브랜스포드의 연구결과는 피험자들이 능동적이고 생산적으로 정보를 처리하며 단어의 문자열 자체를 회상하기보다는 의미를 추론한다는 점을 보여주었다.

이후 브랜스포드 그룹에서 진행된 연구들은 '조직화되는 스키마'에 대한 이러한 조망에 살을 붙이고 있다(Bransford and Johnson 1972; Bransford and McCarrell 1975; Bransford et al. 1979; Johnson, Bransford, and Solomon 1973). 연구자들은 한 문단을 처리하는 피험자의 능력이 사전에 제목이나 적절한 그림을 제공받는지의 여부에 따라 극적으로 달라짐을 발견하였다. 제목이나 그림은 문장이 어떻게 해석되느냐에 강하게 영향을 미치는 세트를 생성한다. 다른 연구들은 피험자들이 듣는 문장들에 대해 반드시 추론하고 문장의 자구적인 내용보다는 그러한 추론에 근거하여 질문에 답한다. 그리고 그 단어의 어떤 의미가 제시된 초기 문장에 의해 유도되었는지에 따라서 서로 다른 단서들이 주어진 단어를 기억하는 데 도움을 준다. 그러한 보충적·해석적·추론적 활동들은 언어재료의 처리에서 필연적이지는 않더라도 일반적인 것으로 판명되었다. 그리고 의미 있는 비언어적 재료(그림이나 노래 같은 것이 될 수 있다)들이 사용될 때도 동일한 종류의 '조직화 스키마'가 역시 발견될 수 있다.

문장 수준을 넘어서 문단, 이야기, 전체 덩이글 수준으로 가면, 스키마를 조직화하는 역할은 더욱 명백해진다. 영향력 있는 계통의 연구들에서 데이비드 럼멜하트(David Rumelhart)와 그의 동료들은 개인들이 어떻게 이야기들을 기억하는지에 대하여 연구하였다(1975). 바틀릿의 초기 작업 및 몇몇 아이디어와 촘스키의 문장에 대한 분석에 의거하여 럼멜하트 연구팀은 보통의 이야기의 줄거리가 어떻게 전개되는지에 기저하는 가정들의 집합인 '이야기 문법'의 개념을 제안하였다. 이야기 문법적 접근법에 따르면 이야기에는 배우가 있는데, 이 배우는 다양한 목표를 추구하고, 그 목표에 도달하기 위하여 한 단계씩 나아가고, 그 목표들에 접근하면서 다양한 반응을 경험하고 결국에는 그것들을 완성(혹은 실패)한다. 사람들은 이야기에 대하여 그러한 기대를 가진다. 이러한 기대를 만족시키는 이야기들은 기억하기가 쉬워진다. 그러나 이야기가 이러한 기대를 저버리면, 사람들은 이야기들을 잊어버리거나 일상적인 이야기 문법의 가정과 일치되게끔 (바틀릿식으로) 조정한다. 더구나 개인이 다른 종류의 경험이나 덩이글을 다룰 때 조차도, 즉 이야기 같지는 않지만 특정한 사건에 대한 규칙적인 순서가 있는 것들을 다룰 때에도, 조직화된 스크립트나 틀에 의존한다. 예컨대 사람들이 타이어를 교체하거나 식당에 가는 관습적인 방식이 그러한 사건의 새로운 사례를 경험하고 기억하는 것을 특징짓는다.

다른 인지과학의 경향에 필적하게, 이러한 스키마, 스크립트, 그 밖의 추론적이고 조직화된 과정은 인지심리학 이론에 주요한 영향을 주었다. 상향식 혹은 '순차적 계열 처리'에 대한 믿음이 없어졌다고 말하는 것은 정확한 표현이 아니다. 그러한 모형들은 여전히 유용하고 신봉자들도 존재한다. 그러나 연구자들은 인간 피험자가 백지상태에서 과제를 대하는 것이 아니라는 사실에 대한 가치를 다시 평가하게 되었다. 사람들은 외견상 무색무미의 자극을 포함하고 있는 다양한 표준 정보처리 패러다임의 재료들조차도 기대와 잘 구조화된 스키마를 가지고 접근한다. 그래서 영향력 있는 인지심리학의 대안적 접근은 유기체가 자극에 대해 이미 대비하고 있는 구조를 이용하여 어떻게 새롭게 만난 정보들을 조작하거나 재배열하는지에 초점을 맞추고 있다. 일단 초기에 정보를 이해하면, 이를 왜곡하여 동화시킬 수도 있고, 또 친숙하거나 편리한 형태로 재부호할 수도 있다.

이러한 하향식 스키마 기반 접근법은 이전 시기에 있었던 인지심리학의 노력들에서 기원을 찾을 수 있다. 뷔르츠부르그 학파의 '결정적인 경향성', 게슈탈트 심리학자들의 조직화된 구조의 탐색, 더 직접적으로 바틀릿의 이야기 스키마가 그것이다. 이것은 또한 개념 형성의 전략에 관한 브루너의 작업과도 관계가 있다. 공교롭게도, 브루너, 굳나우와 오스틴에 의해 수행된 특정한 계통의 개념 형성 전략에 대한 연구의 후속 연구들은 거의 없다. 이는 아마도 개념을 세부특징의 임의의 덩어리로 보는 관점이 에빙하우스의 무의미 철자처럼 인지심리학에서 철저히 거부되었기 때문일 것이다(더 자세한 것은 제12장을 보라). 그러나 과제에 따라 나오는 전략이나 조직화된 책략에 대한 관심은 브루노 연구의 강력한 유산이었다.

이러한 인지접근의 옹호자들은 이것이 견고한 생태학적 기반 위에 서 있다는 느낌을 가지고 있었다. 인위적인 자극이나 과제를 사용하는 연구자들이 그들의 접근법이 현실세계에도 타당하다는 것을 증명해야 하는 상황에서 맥락적·하향적 접근을 선택한 학자들은 일상경험에서 잘 해석될 수 있고 의미 있는 자극들이 규범이라는 사실을 파악할 수 있었다.

상대적으로 보수적인 기억연구 영역 내에서도, 많은 연구자들의 시각의 변화가 있었다. 에빙하우스의 무의미 정보에 대한 중독에서 벗어나 연구자들은 의미 있고 더 나아가 매우 정교화되고 맥락이 풍부한 재료, 예컨대 이야기를 사용하였다(Bower 1976). 이제 정보가 처리되는 '깊이'에 주의가 전환되었다. 이러한 관점에서 피험자는 자극의 표면적인 양상에만 (즉 단어의 소리나 구의 정확한 통사적 형태 선택) 주의를 기울이는 선택을 하거나 이미 존재하는 다양한 스키마들에 순응하는 선택을 할 수 있다. 더 많은 정보가 지식의 초기 방식으로 쌓여지고 풍부한 연합에 의해 내포되면 될수록, 더 깊은 수준의 처리가 일어난다. 그래서 정보가 더 견고해지고 부호화되어 적절히 기억되게 된다. 자극이 얕은 (표면적 혹은 감각적) 수준에서 처리되는지 혹은 더 의미적으로 통합된 수준에서 처리되는지는 자극의 특징, 처리하는 데 사용한 시간, 그리고 피험자의 동기, 목표, 지식 수준에 의해 결정되게 된다.

그러한 '처리의 깊이' 접근법(Craik and Lockhart 1972)은 정보처리에 대한 계열적 모형들을 적어도 부분적으로는 대치하였다. 이러한 관점에서, 유입되는 정보의 성질은 입력되는 동안 수행된 조작에 의하여 결정되었다. 입력 조작들은 감각적 양상들에 대한 분석뿐만 아니라 의미가 가진 세부특징들의 분석도 함께 포함한다. 그래서 기억은 부호의 성질, 행해진 분석의 유형에 의해 결정되지 특정한 기억 저장소의 특징에 의해 결정되는 것은 아니다. 게다가 한 형태의 부호화가 다른 형태의 부호화보다 반드시 우월한 것은 아니다. 보통은 깊이 있는 처리를 하는 것이 선호된다. 그러나 예를 들어 초기 목록에서 단어의 각운을 기억하려 한다면, 더 피상적인 처리가 더 추천된다(Lachman, Lachman, and Butterfield 1979: 279). 궁극적으로 심리학의 현대적 기억자는 많은 선택지를 가지고 있다. 즉 다른 수준의 처리 정보를 선택할 수 있고, 어떤 목적에서는 더 낮은 양태의 처리가 선호된다는 것을 발견할 수 있다. 우리들은 주변에서 장기기억으로 진행되는 필수적인 흐름에서 많은 진전을 보았다. 사실, 목적-방향성, 정보에 대한 다양한 접근, 그리고 매우 의미 있는 내용에 관심을 가진다는 점에서 심리학은 뷔르츠부르크 학파를 재수용한다.

자극의 말초적 형태와 맥락이 없는 처리에 대한 관심은 명백한 타당성을 가지고 있지만, 그것은 빈번하게 인간의 심리 과정의 중심부를 기술하지 않고 방치하는 것처럼 보인다. 거시적이고 하향적 양식으로 진행되면서 스키마, 이야기, 처리깊이에 대한 연구는 심리학이 초점을 맞추어야 하는 것에 좀 더 가까이 가게 되어 (나를 포함한) 많은 관찰자들을 놀라게 하였다. 심리학의 이러한 흐름이 이전 연구자들이나 심리학적으로 훈련되지 않은 관찰자들에게 명확하지 않았던 많은 것들을 성취했는지는 여전히 의문으로 남아 있다. 결국 개인이 특정한 경험과 조직화하는 구조에 새로운 활동을 부여한다는 것, 혹은 다양한 목적에 대하여 다소의 노력으로 정보를 처리하는 것이 가능하다는 것을 예시하기 위하여 20세기 기술과 고등 통계는 거의 사용되지 않았다. 그리고 만약 우리가 20세기의 접근법을 수용한다면, 우리가 게슈탈트주의나 뷔르츠부르크 학파를 넘어서서 발전하였는지 아니면 그들이 알고 있었던 (그리고 협의의 행동주의자들이나 정보처리론자들이 명백히 잊었던) 것을 단순 재발견했는지 의문이 생긴다.

이러한 의문에 쉽게 답할 수는 없다. 나의 관점으로는 이전 작업보다 주요한 진전은 어떤 구조를 개인이 경험하는가, 어떤 조작이 처리 과정, 기억, 추론에 유의미한 변화를 야기시키는가에 대한 보다 깊은 이해를 내재한다. 다시 말하면, 심리학 발전의 존재는 하향식 과정이 작동하는 방식에 대한 자세한 세부 내용에 있지, 그것들이 존재한다는 사실에 있지는 않다. 처리 과정에 대하여 완전히 새로운 집합을 발견하는 것보다는 이러한 것들을 이해하는 것이 더 중요하다고 생각한다. 때때로 과학의 발전은 혁명적인 새로운 법칙들을 공표하는 것보다 좀 더 세부적인 이해를 하는 데서 일어난다. 이것은 우리 시대 심리학의 운명일지 모른다.

5.5.3 심적 표상

거시적인 접근법이 미시적인 접근법과 싸우고 있을 때, 다른 계열의 연구들은 1950년대와 1960년대의 전통적인 정보처리모형에 대하여 비판적인 방식을 고수하고 있었다. 그러한 모형은 기본적으로 맹목

(content-blind)적이다. 그 가정은 어떤 종류의 정보라도 기본적으로 동일한 방식으로 처리된다는 것이다. 그래서 단기기억이 7개의 서랍을 가지고 있다면, 이 서랍의 용량은 그것이 언어든 그림이든 음악이든 상관없이, 금이든 금속 부스러기든 상관없이, 모든 종류의 정보에 대해서 동일하다. 마찬가지로 항목을 검색하는 데 걸리는 시간이 일정하고, 자기종결적이기보다는 소모적이라면, 무엇을 검색하든 누가 검색하든 이 검색은 그대로 유지된다.

대서양 양편의 모든 선구적인 인지주의자들이 한 이 가정은 단순화의 시작점이 되었다. 그들은 현대 인지심리학의 컴퓨터 모형과 정보 이론적 기원도 반영하고 있었다. 그러한 기제를 사용하면 실제 내용과 무관하게 실험을 쉽게 설정할 수 있었다. 결국 정보 이론과 컴퓨터는 맹목적으로 만들기 위해 계획적으로 구성되었다.

그러나 최근에 이러한 가정들에 대하여 의문이 제기되었다. 스탠퍼드 대학의 로저 셰퍼드(Roger Shepard)에 의해 대표되는 한 연구집단은 시각적 심상을 포함하는 특정한 형태의 표상들에 대한 조작들을 탐구하였다. 셰퍼드는 (친숙하거나 친숙하지 않는 모양 모두를 포함하는) 대상의 심적 표상을 형성하여 물리적 유사성에 대한 질문들에 답하는 개인들의 능력을 연구해왔다. 전형적인 연구에서 피험자는 2개의 기하학적 형태를 제시받았는데, 그중 하나를 회전시켰을 때 동일한지를 판단하게 하거나, 다른 종류의 실체, 예컨대 50개 미국 연방주의 모형과 같이 마음으로 그려질 수 있는 존재들에 대한 질문을 하였다(Shepard and Chipman 1970).

동료인 재클린 메츨러(Jacqueline Metzler)와 함께 셰퍼드는 위에서 설명한 형태를 판단하는 데 소요되는 반응시간이 두 형태 간의 각도차의 크기를 직접적으로 반영하고 있음을 발견하였다(1971). 두 그림의 각도차가 0도에 가까워지는 경우에 반응은 거의 즉시적으로 일어났다.

각도차가 180도에 가까워질수록 피험자의 반응시간은 각도의 크기에 정비례하여 증가하였다. 이들은 이러한 결과를 피험자들이 하나의 그림을 일정한 속도로 마음에서 회전시켜서 비교하는 증거로 해석하였다. 그러한 심적 심상은 그림을 실제로 우리 손에 놓고 눈앞에서 회전한다고 가정하였을 때 그림이 따르는 궤도를 흉내 내게 된다.

로저 셰퍼드와 (최근에) 스티븐 코슬린(Stephen Kosslyn)에 의해 행해졌던 이러한 실험들에 논란의 여지는 있다. 이 논쟁에 대한 논의는 제11장으로 미루겠다. 이 시점에서 적절한 것은 인지과학자들이 (언어와 같은) 명제적 표상을 인지 시스템의 공통어로 단정하는 오류를 범하였다는 셰퍼드의 믿음이다. 컴퓨터가 오직 하나의 기호 형태로 정보를 전달할 수 있고 전달한다는 사실이 인간에게 동일하게 적용될 것이라고 가정할 수는 없다. 셰퍼드는 심적 심상을 유기체가 변화의 결과를 예상해야만 하는, 계속하여 변하는 환경을 다루기 위해 수백만 년 동안 진화해온 인간의 능력으로 보았다. 초기의 초점이 무엇이든지 간에 그러한 지식은 진화를 통해 내재화되어서 현재는 개인에게 생득적으로 내재되어 있고 공간에서 대상을 이해하는 방식을 통제하게 되었다.

이러한 능력이 시각에 한정되는 것은 아니다. 청각에 대한 셰퍼드의 연구는 음악 소리를 표상하고 변형하는 것이 시각적으로 제시(보존의 법칙, 대칭, 근접성과 같은)될 때와 동일한 일반원칙을 반영하고 있다는 것을 시사하고 있다. 그래서 셰퍼드는 엄격한 실험적 기반 위에 게슈탈트 심리학에 기저하는 일부 개념을 수용하였다(Shepard 1981; 1982; Kackendoff 1983 참조).

셰퍼드의 연구는 단일 감각양상에서 정보의 연구에서부터 시작하여 인지심리학의 주류의 많은 부분에 대하여 도전하였다. 만약 그가 두 가지 이상의 양상에서 설득력 있는 사례를 찾아낸다면, 각 양상이 특정한 내용과 결합되는 방식으로 심적 표상의 양상의 다중성이 존재한다는 데 의문이 제기된다. 설명의 경제성을 고려하여, 대부분의 철학자들 그리고 상당수의 심리학자들은 단일한 형태를 선호한다는 데 찬성하였다. 또 다른 형태의 심적 표상을 가정하는 것은 그림을 복잡하게 만든다. 만약 2개의 심적 표상이 있다면 왜 3개, 7개, 3천 개가 있다고 가정할 수는 없겠는가? 셰퍼드의 관점에서 보면 디지털 컴퓨터에 의존하여 인간의 실험 결과를 조정하는 것은 그리 바람직하지 않다.

5.6 심리학의 공헌

내 생각에 인지심리학은 1950년대 중반 이후로 괄목할 만한 진전을 보였다. 생산성이 뛰어나고 또한 널리 사용되는 패러다임을 발명하였으며, (나는 그중 일부만을 다루겠지만) 다양한 주제들에 대하여 연구하였다. 인지심리학자들은 한순간에 마음속에 보유할 수 있는 단위의 수에서 정상 성인에 의하여 기하학적 형태가 '마음 속에서 조작되는' 방식에까지 매혹적인 현상들을 확인해왔다. 그들은 아동의 구체적인 조작과 형식적인 조작의 차이로부터 명제적 표상과 심상의 시각적 형태의 대비에까지 호기심을 자아내는 많은 비교를 해왔다. 그들은 다수의 새로운 방법들을 고안해왔다. 그중 일부는 기술적으로 매우 정교했다. 또한 한 세기 동안 주변에 있었던 방법들을 더 세련되게 만들기도 하였다. 윌리엄 케슨(William Kessen)이 기술하였듯이 몇몇 중요한 새로운 해결점이 발견되고 보편화되었다(1981). 그리고 연구자들은 심적 심상, 액체의 보존성이나 이야기를 이해할 때의 스키마 이용과 같은 영역에서 전문가가 되었다.

더 중요한 것은 아마도 인지심리학자들이 그들이 선택한 심리학 영역에서의 전쟁에서 승리했다는 것이다. 행동주의가 다양한 임상 집단을 다루는 방법으로는 여전히 호소력이 있지만, 이론적 상위구조와 실험에 대한 고착은 더 이상 학계에서 영향력이 크지 않다. 거의 대부분의 연구자들은 심적 표상의 수준의 설정에 대한 요구(혹은 권장)를 받아들인다. 이러한 학자들은 스키마, 심성조작, 변환과 심상과 같은 개념을 편안하게 다룬다. 논쟁의 중심은 표상에 대한 가장 좋은 모형에 무엇인지에 놓여 있지 그러한 개념적 기구가 필요한지에 놓여 있지 않다.

인지심리학은 이러한 기준에서 특별한 성공이라고 평가할 수 있지만, 여전히 상당한 문제가 남아 있다. 일부는 이 영역의 내부에 있고, 일부는 보다 큰 인지 연구 내에서 이 학문의 위치와 관련이 있다. 첫 번째로 명백한 문제는 이 영역의 파편화이다. 현재 너무 많은 전문영역과 하위 전문영역이 있다. 각자는 스스로 잘 발전하고 있는 편이지만 인접 연구들과의 접촉은 상대적으로 적은 편이다. 시지각 연구는 이야기 이해나 음악기억 연구와 거의 접촉이 없으며, 가끔 이러한 현상을 설명하는 개념들이 서로로부터 매우 멀어져 있다.

인지심리학에 통일된 구조를 도입하려는 야심 찬 노력은 1970-1980년대에 걸쳐 행해진 존 앤더슨(John Anderson)의 연구로부터 나온다(1983). 인공지능의 실행에 깊이 뿌리를 두고 있었던 그는 소위 ACT(Adaptive Control of Thought: 사고의 적응적 제어) 시스템을 개발하고 이를 '인지 구조'의 일반 모형으로 제안하였다.

ACT는 인지 시스템 내 정보의 흐름을 기술하는 처리 과정 모형을 통합하고 있다. 중심 개념은 '생산 체계'이다(자세한 논의를 위해서는 제6장 참조). 망의 마디가 충분히 활성화되자마자 특정한 행위(혹은 생산)가 수행된다. 이러한 구성 개념은 적절히 자극하는 현상들이 존재할 때마다 행위가 유도되기 때문에 일종의 인지적인 자극 반응 결합으로 기술되었다. 이 시스템 자체가 다른 종류의 기억을 포함하고 있다. 작업기억(이 시스템이 현재 작업하고 있는 정보들로 구성되어 있다), 서술기억(여기에는 명제가 있다), 생산기억(이 시스템에 의해 수행되는 행위들을 포함한다)이 그것들이다. 또한 수많은 다른 기제가 있다. 부호화 과정들은 외부에 대한 지식을 작업기억에 입력한다. 수행 과정들은 작업기억의 명령들을 행동으로 변환한다. 저장 과정은 서술기억에 영구적인 기록을 생성한다. 인출 과정은 서술기억에서 정보를 인출한다. 그리고 집행 과정은 짝 지어진 생산과 행위들을 작업기억으로 집어넣는다. 짝짓기 과정은 생산의 조건들과 일치되게 작업기억에 자료를 저장하게 한다. 앤더슨의 이론적 연구는 작업기억, 저장 과정, 인출 과정, 그리고 생산을 활성화하는 다양한 요인들에 내재하는 지식 구조의 특성을 명세화하는 것을 포함하고 있다.

기제들과 개념들의 이러한 엄호로부터 분명해져야 하지만, 앤더슨의 시스템은 복잡하며 이를 위한 증거들도 복잡하다. 이 시스템 또한 논의의 여지가 있다. 어떤 심리학자들은 앤더슨이 관여하고 있는 이러한 종류의 연구에 신뢰를 가지고 있고, 어떤 심리학자들은 이것은 모래성 쌓기에 지나지 않는다고 의심하고 있다. 키스 홀리오크(Keith Holyoak)는 그리 우호적인 않은 비평을 통해 다음과 같이 기술하고 있다.

> (앤더슨의) 이론에 명백히 반대되는 경험적 증거를 찾으려고 하는 사람들은 움직이는 표적에 사격을 가하는 듯한 좌절감을 느꼈을 것이다. (……) ACT는 예측 가능한 이론이라기보다는 인지 시스템의 특성에 대하여 세부 제약을 거의 가하지 않는 매우 일반적인 틀이라는 것을 걱정하는 사람들이 있다. 그리고 가장 회의적인 비판은 인지의 일반이론을 찾는 것은 에너지를 쓸데없는 곳에 잘못 사용하는 데 지나지 않는다는 것이다. (1983: 500)

내 생각에 일반적인 인지 시스템을 찾아내고 기술하는 노력을 중지하는 것은 성숙한 행동이 아니다. 피아제와 다른 '체계론자들'과 같이 앤더슨은 대담하게 매우 힘겨운 과제를 시도하고 있다. 그리고 그가 실패한다 하더라도 그가 행한 움직임(그리고 실수)들로부터 배울 점이 있을 것이다. 그러나 나는 피아제와 앤더슨의 경우는 다르다고 말하는 사람이 있다는 것을 알고 있다. 모든 이론적인 방황에서 피아제는 항상 인지현상에 깊이 관여하고 있었고, 풍부한 임상 장면에서 어린이들에 대한 강도 깊은 연구를 통하여 원칙들을 끄집어내었다. 이는 심리학에 대한 그의 공헌 중 가장 오랫동안 지속되는 것이다. 앤더슨은 가끔 이차 심리학을 가지고 있는 것으로 보인다. 즉 사고기억, 지각과 같은 실제 현상에의 폭넓은 몰입보다는 다른 학자들의 심리학 논문들에 대한 독서에 (때로는 너무 심각하게) 의존하고, 디지털 컴퓨터에 맞추어 넣는 방식의 심리학을 시도한다. 이러한 특성들이 적절하다면, 그만큼 ACT가 인간 사고에서 실질적으로 진행되는 처리 과정과 외부적으로 연결되어 있기보다는 내부적으로 통일성을 가졌음을 암시한다.

심리학 내에는 정보의 특정한 내용을 무시하는 오래된 전통이 있었다. 이 전통은 돈더스의 연구까지도 거슬러 올라가고 브로드벤트, 브루너, 밀러와 그의 동료들의 개척적인 연구들도 이를 완벽히 지지하였다. 그러나 최근 몇몇 연구자들은(특히 Foder 1983) 마음이 크게 분리된 다수의 정보처리 장치들에 의해 더 잘 해석될 수 있다고 주장하였다. 이 장치는 언어, 시각 처리, 음악과 기타 그런 종류의 내용을 다루기 위해 구성된 장치들을 포함한다. 이러한 '거시적' 관점에서 단원(모듈)들은 내장된 빠르고 압축된 방식으로 특수한 형태의 분석을 행하도록 진화되었다. 그리고 단원들 사이의 의사소통은 명확하지 않은 방식으로 계속하여 일어난다. 어떤 종류의 중앙처리기와 집행 기능의 필요성 때문에 단원주의자들 사이에서도 상당한 회의론이 있다. 인지과학의 중앙 시스템 존재를 믿는 사람들조차도, 예를 들면 포더도 인지과학이 그 시스템들을 설명할 수 있을 것이라는 데는 회의적이다.

상당한 공감을 가지고 있는 거시적 관점은(Gardner 1983) '수평적 능력'들에 대한 믿음에 찬성하는 이론들은 물론 '내용맹목적'인 인지이론과도 대비되어 있다. 앤더슨이 수용한 유형의 수평적 관점에서는 학습, 기억, 지각과 같은 능력들이 내용이 언어든 그림이든 음악이든 미각이든 기타 다른 것이든 관계없이 동일하거나 유사한 방식으로 작용한다고 가정된다. 그러나 포더와 내가 보여주려고 한 것과 같이 '수직적' 심리학 기제들이 서로 다른 내용들을 서로 다른 방법으로 다루고 있다는 증거가 축적되고 있다. 예컨대 언어에서 통사를 처리하는 방식은 공간 심상의 변환이나 음악적 표현에 대한 해석을 처리하는 방식과 기초적인 특징들을 거의 공유하지 않는다. 이러한 가능성들은 1세대 심리학자, 즉 인지주의자들에 의하여 적절히 평가받지 못하였으며, 그 가능성들은 앤더슨과 피아제와 같이 일반적 인지 구조를 만들어내려는 시도를 했던 사람들에 의해서 기본적으로 무시되거나 최소화되었다.

만약 단원론자들이 올바른 길을 가고 있다면, 우리를 불편하게 하는 심리학의 가능성을 생각할 수 있다. 심리학이 단일하고 통일성 있는 학문이 되기보다는, 사실 심리학의 선구자들이 바란 것일 수도 있지만, 지주회사와 같은 형태를 띠게 되는 것이다. 이러한 시각에서는 하나의 상위 학문으로 겉치레로 맞추어 들어갈 필요 없이 언어, 음악, 시각처리 등의 분리된 연구가 존재할 것이다(마지막 장에서 나는 대체로 이것이 인지과학에서 일어날 운명일 것이라고 제안하였다). 이러한 결과는 학문의 영역 내에서 잘 정립된 지혜의 모습으로 나타날 것이기 때문에 앤더슨과 같이 통합적 설명을 계속해서 제안하는 것은 중요하다.

현재의 논쟁은 일반론자와 단원론자의 싸움이지만(예를 들어 Piattelli-Palmarini 1980 참조) 단원론자와 중앙처리론자가 모두 중요한 진실에 근접하고 있는지 모른다. 많은 영역이 그들 자신의 법칙에 의하여 작동된다는 단원주의자들의 생각이 올바른 것일 수 있고, 단원적 처리가 적절하지 않고 수평적 처리가 필수적인 통합적 지적 영역에 대한 중앙론자들의 믿음이 올바른 것일 수 있다. 논쟁의 중심은 단원적인 영역들이 특정한 측면의 중앙처리 관제에 종속될 수 있는지에 있다.

중앙처리 접근에 반대하는 단원론적 관점에 대한 논의는 인지심리학의 현대적 방법론과 이론에 대체로 공감하고 있는 사람들에 의하여 행해졌다. 이 연구에 대한 더 심한 비판들은 약해졌다. 어떤 학파는 인지심리학 연구에서의 인공성에 대해 유감을 표현하였다. 이러한 관점에서, 가장 설득력 있는 모형들은 인간의 활동과 명백한 관계가 없는 과제들과 잘 어울린다. 그와 대조적으로 진행 중인, 인간의 활동에 잘 어울리는 연구들은 이론을 풍부하게 하는 실험보다는 이목을 끄는 예시의 형태를 띠고 있다. 대략적으로 보면 이러한 비평은 전체 정보처리 접근이 잘못된 방향이고, 정신적 내용에 일련의 조작을 가함으로써 인간의 인지를 모형화하려는 시도들이 인간의 마음에 대한 나쁜 모형에 지나지 않으며, (아직까지는 잘 정제되어 있지 않지만) 다른 접근법이 필요할 것이라는 몇몇 과격한 주장에 대한 피난처를 제공하였다(Shanon 1985). 계산론적 역설을 다룰 때 이 주제에 대하여 다시 언급할 것이다.

심리학을 이끌어가는 전문가들도 이러한 비관론에 목소리를 내었다. 나이서는 1967년의 그의 저서 『인지심리학(*Cognitive Psychology*)』에서 그가 일해왔던 영역에 대한 기대에 낙관론을 발산하였다. 그러나 10년이 지난 후 『인지와 현실(*Cognition and Reality*)』(1976)에서는 덜 과장된 입장을 취하였다. 그는 컴퓨터 모형을 신봉하고 인공적인 실험실 시나리오를 고집하는 동료들을 비판하면서, 일상에서 인간이 직면하여 해결하는 종류의 문제들에 대하여 이야기하는, 생태학적으로 타당한 심리학이 결핍되어 있는 것을 한탄하였다.

나이서가 기술하고 있듯이 생태학적 타당성이 부족하고 문화에 무관심한 심리학은 협소하고 전문화되어 있지만 흥미를 끌지 못하는 영역으로 전락할 위험성을 지니고 있다. 그리고 그의 관점에서 보면, "문제를 일으킨 장본인은 기계적인 정보처리 모형이다. 여기에서는 마음을 단속적이고 의미 없는 입력들을 의식의 지각표상으로 변환하는 고정된 용량을 가진 장치로 본다"(1976: 7, 10). 나이서(1984)는 인간이 움직이면서 그리고 대상들과 상호작용하는 방식에 대하여 연구하는 지각심리학을 요구하였고(Gibson 1979), 세상의 복잡한 대상들에 대한 개념 형성 연구를 요구하였으며(Rosch 1973b), 자전적 설명, 목격자 보고, 어린 시절 친구들에 대한 기억을 포함하는 기억 연구를 요구하였다(Bahrick, Bahrick, and Wittlinger 1975). 영국의 선도적인 정보처리심리학자 중 한 사람인 존 모턴(John Morton)에 따르면 "실험심리학은 그 적절성에 관한 재앙적인 역사를 가지고 있다"(1981: 232). 그리고 높게 평가되는 인지심리학 교과서의 저자인 아놀드 글래스(Anold Glass), 키스 홀리오크, 존 샌타(John Santa)는 인지심리학이 "짧은 둥근 트랙 위의 빠른 경주"일 수 있다는 가능성을 제기하였다.

> 인지심리학은 어디에도 가지 못하고 있다. 우리들의 정교한 방법론에도 불구하고, 인간의 마음을 이해하는 데 실질적인 공헌을 하지는 못하였다. 얼마 전에 인지의 정보처리 접근이 막 시작되었다. 정보처리를 일련의 단속적인 단계로 분석할 수 있다는 부푼 희망을 가지고 있었다. 그러나 몇 년 지나지 않아서 이 접근법의 생기가 사라져버렸다. 희망이 너무 크면 절망도 크다는 것은 자연스러운 현상이다. (1979: ix)

글래스와 동료들은 냉혹한 전망에 대하여 찬성하지는 않았지만, 이러한 관점이 '최근에 요즘 우울하게도 더 자주' 표현된다는 것을 정확하게 알고 있었다. 그리고 내가 주장한 바와 같이 인지심리학계 내부

뿐만 아니라 외부에서도 이러한 관점이 나타났다.

내가 보기에 인지심리학의 탄생(혹은 재탄생) 후 첫 몇 년 동안에 이해할 수는 있지만 다소 과장된 흥분이 있었다. 마지막 (혹은 첫!) 25년의 결과는 당연히 행동주의의 종말에 환호하는 일부 사람들이 황홀감을 느낄 정도까지는 아니었다. 인위적인 조건에서 수행된 실험들이 그 자체로 잘못된 것이 없음은 명확하다(물리학의 예를 보라!). 그러나 실험 조건을 조금만 변경하거나, 더 복잡한 현상들에 적용하거나, 실험실 바깥으로 발자국을 한 걸음만 내딛어도 결과들이 쉽게 바뀔 때는 불편한 무엇인가가 있다.

현재의 일부 불만족은 역설적으로 심리학 내 실험심리학 방법의 완벽성에서 기인한다. 심리학에서 행동주의의 진정한 공헌 중 하나는 실험 방법론이다. 그러나 그렇게 정성들여 만든 방법들은 수확체감(diminishing return)의 지점에 도달한 것 같아 보인다. 참고문헌을 읽어보면, 지각적 오류나 애매하지 않은 실험 절차를 설정하는 데 너무 많은 강조를 한다. 그리고 이렇게 강조를 많이 함에 따라, 무엇이 흥미롭고 중요한 문제인지에 대한 고찰은 희생된다. 동일한 이유로, 흥미를 끄는 예시가 심리학 문헌에 소개되면 십수 명의 학자들은 그들의 주의와 열정을 그 실험의 취약점을 발견하는 데 쏟아붓는다. 그리고 거의 모든 이러한 실험들이 마지막에는 한계를 노출하게 되어 결국에는 폐기된다. 이러한 경향들이 결합하여 당연히 발전해야 하는 정도까지 발전하지 못하는 과학을 만들어내게 됨으로써 진실로 지식을 축적하는 학문이 되기보다는 매우 인상적이지만 고립되어 있는 결과들로 구성된 학문이 된다.

미시적인 현상을 다루고 상향식으로 진행되는 연구들에서 방법론적 완벽성을 성취하기가 더 쉽다는 것은 말할 필요도 없다. 그러나 내가 아는 한 최근에 이러한 전통의 실험에 대한 불만이 점차 증가하고 있다. 이와 연관되어 많은 학자들이 이야기의 이해나 심성 지도의 변형과 같은 더 거시적 현상을 다루고, 스키마, 틀 그리고 주변 맥락을 고려하는 상향식 방법으로 연구하는 심리학 연구에 매력을 느끼고 있다. 분명히 추는 거시적 방향으로 다시 한 번 가고 있다.

방법에 대한 도취와 거시적 접근에 대한 경향성이라는 두 상황 덕분에 심리학은 매우 귀중한 기회를 얻었다. 간단하게 말하면, 이제는 심리학이 확실한 방법론적 세련됨과 보다 거시적이고 덜 인위적이고, 실제 삶의 상황을 보다 잘 대표하고, 보다 본질적인 문제에 대한 관심을 결합시킬 때이다. 내가 개인적으로 매우 유망하다고 생각하는 일부 연구 계통을 보여주려고 노력했지만 어떻게 이 결합을 성취할 것인지에 대한 질문에 쉽게 답할 수는 없다. 이러한 맥락에서 나는 심리학자들이 인공지능의 예를 연구하는 것이 효과가 있을 것이라는 강한 믿음을 갖고 있다. 컴퓨터에 가정되는 엄격성에도 불구하고 (어쩌면 엄격성 때문에) 인공지능의 전통에 있는 연구자들은 (문제 해결이나 이야기 이해와 같은) 거시적 주제들을 다루고 이를 하향식으로 다룰 준비가 더 잘 되어 있다. 두 영역 사이에서 발전해온 협력은 (다음 장에서 더 자세히 설명할 것이지만) 방법론적인 세련됨과 아직 연구가 되지 않은 문제들을 결합하는 방식에 대한 가장 좋은 모형이 될 수 있다.

이러한 학제 간 문제에 대한 논의는 철학과 같이 심리학이 성장할 수 있는 학문으로 남아 있을 것인지 아니면 결국에는 다른 학문이나 학문들에 흡수될 것인지에 대한 문제를 떠올리게 한다. 내 생각에 심리학적 방법은 언젠가는 인지과학 연구의 중심이 될 것이다. 사실 심리학의 가장 뛰어난 업적으로 평가되는 것은 개인 인지를 연구하고 집단을 비교하고 여러 시간에 걸쳐 일어나는 처리 과정을 추적하는 방법론의 완벽성이다. 음악, 언어, 시공간 능력의 연구가 심리학 연구자들이 지난 세기를 통하여 연마한 기법들과 접근들 없이 수행된다는 것은 상상하기 힘들다.

심리학은 모든 인지과학의 중심이어서 철학이나 신경과학 등과 비교하여 더 큰 영역에 흡수될 가능성이 특히 높다. 철학은 인지과학에 의제를 제공하지만 또한 수많은 다른 과학에 대한 의제에 대해서도 마찬가지다. 따라서 인지과학의 성쇠에 관계없이 계속 존재할 것이다. 신경과학 또한 영역이 잘 정의되어 있기 때문에(인간의 뇌와 신경계에 대한 연구) 심리학과 인지과학의 사건들과는 상관없이 계속 유지될 것이다.

분트, 피아제와 존 앤더슨이 믿은 바와 같이 사실 마음이 하나의 단일한 영역이라는 점에서는 심리학이 마음이라는 동일한 이름표를 달고 동일한 목표를 가지고 학문을 계속하는 것이 의미가 있을 것이다. 그러나 만약 인지의 분야가 시지각, 대상 분류, 합리성, 의식 등과 같이 특정한 문제나 주제에 대해 더 잘 보여줄 수 있다면(나는 가능하다고 생각한다), 인지심리학은 주요 주제 문제, 즉 '본래의 영역'이 결핍될 것이다.

나는 인지심리학은 오로지 연구팀의 부분으로만 생존할 가능성이 높다고 믿는다. 심리학 방법(실험뿐만 아니라 관찰 방법)은 (언어학자와 협력하여) 언어, (음악학자와 협력하여) 음악, (논리학자, 기술자, 자연과학자와 협력하여) 문제 해결과 같은 영역에서 발휘될 필요가 있다. 그래서 심리학자들은 영역전문가가 제시하는 특징들을 검증할 수 있고, 인공지능 연구에서 심리학자-영역전문가 팀에 의하여 제안된 모형이 실제로 실행 가능한지를 확인할 수 있을 것이다. 나는 인지심리학과 인공지능이 통합된 인지과학의 중심 영역으로 융합될 것이라고 기대한다. 이 인지과학은 그들 영역 내에 놓여 있는 문제에 대한 적절한 틀을 제공하는 언어학, 음악이론, 혹은 공각분석과 같은 영역들을 포함할 것이다.

나는 인지심리학이 단순하고 유리한 방식으로 문제지향의 인지과학에 흡수될 것이라고 기대하지만, 심리학이 전체적으로 사라질 것이라는 얘기는 아니다(내 자신의 학문에 대해 종결을 예언하거나 바란다고 말하고 싶지는 않다!). 클리닉, 학교, 산업현장은 항상 심리학자들을 실용적으로 필요로 한다. 이론의 수준에 있어서도 얼마간 심리학이 유지될 것이다. 인간의 성격이나 동기와 같은 주제들이 다른 학문으로 흡수될 것이라고는 기대하지 않는다. 신경과학이나 인공지능 어느 것도 그것들을 꿀꺽 삼킬 수는 없다. 동일한 이유로 심리학은 정상인과 특수한 사람 간의, 다른 종류의 질병을 가진 사람들 간의, 서로 다른 사회적·문화적 환경에서 온 사람들 간의 차이를 밝히는 데 반드시 필요하게 될 것이다. 개인 혹은 차별심리학에 대한 연구는 계속될 것이며 당연히 흥미로운 과학적 원리들을 산출할 수 있다. 동일한 이유에서 단원론적 관점이 중앙처리 관점보다 더 힘을 얻게 되든지 반대의 경우가 되든지 상관없이 심리학은 두 감각양상들 간의 비교, 두 표상 형태들 간의 비교와 같은 연구를 수행하는 데도 똑같이 중요한 역할을 할 것이다.

심리학은 20세기에 학제적으로 크게 성공한 영역 중 하나이다. 그리고 지금은 이것이 큰 학문 속으로 사라질 것이라고 예측하기 적절한 시기가 아닌 것 같다. 그러나 더 큰 인지혁명이 일어나게 하였던 것은 지난 수십 년 동안 심리학에서의 혁신이었으며 여기서 심리학은 명백한 중심 학문이었다. 결코 신경학이나 사회학, 인류학이 동행할 때까지 심리학이 단순히 현상만 유지하고 있다고 간주되어서는 안 된다. 다른 학자들과 마찬가지로 심리학자들은 현재의 과학적 환경 속에서 인간의 마음과 심적 표상의 구심성에 대한 타당한 이유를 성공적으로 제시하였다. 심리학이 궁극적으로 인공지능이나 다른 학문과 융합하여 더 큰 인지과학이 되는 것이 그 성공과 중요성의 증거가 될 것이다.

아마 19세기의 사건들은 다른 학문의 도움 없이는 심리학이 완성하기 어려운 학문이라는 것을 보여주었다고 할 수 있다. 그러나 더 명확하게 말하면, 약 2세기 전에 칸트가 심리과학이 불가능하다고 선언한 이후로 우리들은 큰 진전을 이루었다.

제6장

인공지능: 전문가 도구

> 몇 년 뒤에는 인공지능 분야의 주요 발전 결과들에 친숙하지 않은 철학자들이 남아 있다면, 그들이 직업적으로 자격이 없다고 비난하는 것이 옳을 것이며, 마음의 철학, 인식론을 인공지능적 측면에서 논의하지 않는 것은 양자이론을 뺀 물리학 강좌처럼 무책임한 것이 될 것이라고까지 말할 준비가, 나는 되어 있다.
>
> —애런 슬로먼(Aaron Sloman)

6.1 1956년 여름, 다트머스 회의

1956년 여름, 뉴햄프셔 하노버의 다트머스 대학 캠퍼스에 젊은 수학자와 논리학자 10명이 모였다. 그들의 목적은 지능적으로 '행동'하거나 '생각'할 수 있는 컴퓨터 프로그램을 만들 수 있는 가능성에 대해 고찰하는 것이었다. 그들은 록펠러 재단에 연구비 신청을 하며 이렇게 기술했다. "본 연구는 학습의 모든 면 또는 지능의 어떤 면이 원칙적으로 정확하게 기술되어 기계로 그것을 모사할 수 있을 정도가 될 수 있을 것이라는 가정에 기반하여 진행될 것이다"(McCorduck 1979: 93).*

이 여름 학회에 참가했던 수많은 학자들 중 특히 네 명은 인공지능이라 불리는 새로운 분야의 개발에 중요한 역할을 했다. 먼저 존 매카시가 있다. 당시 다트머스 대학 수학과 조교수였고, 후에 MIT(1957)와 스탠퍼드 대학(1963)에 인공지능 연구소를 설립하고 초대 소장을 맡았다. 매카시는 인공지능 학계를 구성하는 데 주요한 역할을 했으며 (많은 이들의 증언에 따르면) '인공지능'이라는 용어를 만든 사람이기도 했다. 나머지 세 사람은 마빈 민스키, 허버트 사이먼, 앨런 뉴얼이었다. 민스키는 당시 하버드의 수학 및 신경학 연구원이었으며 후에 MIT 인공지능 연구소 소장이 된다. 허버트 사이먼과 앨런 뉴얼은 당시 산타모니카의 랜드 코퍼레이션에 있었고 카네기 공과대학(현 카네기-멜론 대학)에도 있었다. 그들은 이 책이 나온 시점[원서가 출간된 1980년대 중반을 가리킴]까지도 계속 그곳에 머무르고 있었다.

다트머스에서의 여름은 이들을 비롯한 여러 학자들에게 견해를 나누고 향후 연구 협력을 약속할 수 있는 기회를 주었다. 1940년대와 50년대 초 다양한 연구자들이 컴퓨터가 인간 사고를 모사하는 과정을 수행할 수 있을 것이라는 믿음을 표방했고, 이러한 약속을 시험에 옮기는 것은 현재 연구진들의 일이다. 당시 IBM의 프로그래머였던 알렉스 번스타인은 자신이 연구 중인 체스를 두는 프로그램에 대해 이야기했다. 역시 IBM에 있었던 아서 새뮤얼은 체커(checker)를 두는 프로그램에 대해 논의했다. 뉴얼과 사이먼은 논리학 정리를 푸는 프로그램을 설명했다. IBM의 네이선 로체스터는 신경망 모델의 프로그래밍 작업에 대해, 마빈 민스키는 유클리드 정리의 증명을 위해 컴퓨터를 사용하는

* 이 역사적 기술은 인공지능 역사학자인 파멜라 맥코덕(Pamela McCorduck)의 증언(1979)에 따른 것이다.

것에 대해 논의했다.

다트머스 회의는 모든 이의 기대를 만족시키지는 못했다. 기획자들이 예상했던 것보다 학자들 간의 경쟁은 심했고 의견 교환은 적었다. 그럼에도 불구하고, 이 여름 학교는 일반적으로는 인지과학사에서, 특히 인공지능사에서 무척 중요하게 간주된다. 그 이유는 내 생각엔 무엇보다도 상징적인 것이다. 그전 십 년은 구세대—노버트 위너, 존 폰 노이만, 워런 매컬러, 앨런 튜링—의 뛰어난 아이디어들이 나온 시기다. 이러한 발상 모두 일반적으로 인간의 두뇌와 연관된 기능들을 수행할 수 있는 전기 컴퓨터의 개발을 향하고 있었다. 이 선배 그룹은 발전을 기대했지만 약속된 땅을 그들이 밟을 기회가 있을지에 대해서는 확신을 갖지 못했다.

다트머스에서, 이런 선구적인 아이디어들이 뿌리를 내린 분위기 속에서 성장한 더 젊은 세대들은 이제 폰 노이만과 위너가 깊이 생각했던 것을 실행할 수 있는 프로그램과 기계를 만들 준비가 되어 있었다 (일부는 단순한 준비 이상이었다). 이 젊은 학자들은 강력한 (아직 모호하고 이해가 충분하지 않았다 해도) 개념, 즉 프로그램에 의해 데이터가 처리되고, 그 데이터가 프로그램의 일부가 되는 것, 단순히 '숫자를 씹어 먹는' 것보다는 기호를 처리하는 컴퓨터의 용도, 기계의 하드웨어에 생각도 못했던 잠재력을 분출시키는 새로운 언어의 성질, 과학 이론을 검증하는 컴퓨터의 역할에 매료되었다. 따로 떼어놓고만 보면, 그 모임은 그리 큰 영향이 없었는지도 모른다. 하지만 그 모임은 같은 참석자들 중 일부, 그리고 노엄 촘스키와 조지 밀러 같은 언어학과 심리학의 엄청난 인물들이 모여 떠오르는 인지과학의 세상에 자신들의 아이디어를 제시했던 MIT의 학회를 단 몇 주 앞두고 열렸다. 그리고 마침내 중요한 저술의 시대가 열렸다. 사이먼과 뉴얼이 개발한 '논리학 이론가(LT: Logic Theorist)'와 널리 회자된 마빈 민스키의 「인공지능을 향한 발걸음(Steps toward Artificial Intelligence)」(1963) 등은 말할 것도 없고, 브루너, 촘스키, 레비-스트로스, 피아제, 그리고 많은 인지적 성향의 다른 학자들의 중요한 논문 등이 나왔다. 전체 인지과학의 '탄생'을 알렸다고 할 만한 단일 행사는 없었지만, 다트머스의 회의는 인공지능 분야에서 주요한 역할을 했다.

6.2 인공지능의 아이디어

다트머스 회의 이후 인공지능은 짧지만 폭풍 같은 역사를 거쳤다. 폭풍의 일부는 정의를 놓고 몰아쳤다. 거의 모든 권위자들은 인공지능이 컴퓨터에서 인간에게서 보이는 것처럼 지능적이라고 간주될 수 있는 패턴의 출력(output of pattern)의 산출을 추구한다는 데 동의하고 있었다. 대부분의 권위자들은 컴퓨터 프로그램을 인지 과정이 어떻게 작동되는가에 대한 특정 이론을 테스트하는 것으로 보았다. 하지만 이후 의견은 갈라졌다. 어떤 정의는 프로그램 고안에 방점을 두었다. 어떤 이들은 프로그래밍 언어에 집중했다. 다른 이들은 기계적 하드웨어와 인간의 개념의 구성물, 소프트웨어를 모두 포괄했다. 실제로 구현하기를 추구하던 일부 사람들은 인간의 사고 과정을 정확하게 모사하기를 원했지만, 또 어떤 이들은 지능적 결과를 도출하는 프로그램이라면 충분히 만족했다.

권위자들은 또한 사고에 대한 비유를 얼마나 문자 그대로 받아들여야 하는지에 대해서도 합의를 이루지 못했다. 어떤 연구자들은 후에 '약한 견해'라는 자세를 취했다. 이 견해는 '지능적인' 프로그램의 고안은 그냥 인간이 인지적 연산을 수행하는 방식에 대한 이론을 테스트해 보는 방법에 불과하다. 그러나 또 다른 이들은 더 강력한 주장을 내세웠다. 존 설이 말한 대로, '강 인공지능(strong AI)'의 관점에 따르면 "적절하게 프로그래밍된 컴퓨터, 즉 다른 인지적 상태를 이해하고 소유할 수 있다고 문자 그대로 말할 수 있는 적절한 프로그램이 주어져 있다고 상정된 컴퓨터는 사실상 마음이다. 강 인공지능에서는 프로그래밍된 컴퓨터가 인지적 상태를 갖기 때문에, 프로그램은 단순히 심리학적 설명을 테스트하는 도구가 아니었다. 오히려, 그 프로그램은 설명 그 자체이다"(1980: 417). 약 인공지능과 강 인공지능의 장점에 대해서는 이 장의 결론에서 고찰할 것이다.

약 인공지능과 강 인공지능 사이의 대립이 가장 중대한 논쟁 중 하나이긴 했지만, 그것만 그런 것은 아니었다. 선구적인 인공지능 연구자인 로버트 윌렌스키는 최근 "인공지능은 근본적인 이슈에 대한 합의가 부족해 유명해진 분야다"라고 말했다(Wilensky 1983: xii). 사실 앨런 뉴얼(1983)은 당시 짧은 인공지능 역사에서 학계를 갈라놓았던 이슈들을 36개 이하로 줄일 수 없었다. 이들 중 일부는 너무 기술적이었고, 또 어떤 것들은 단지 일시적으로만 관심을 받았다. 그중 두 가지는 특별히 언급해야 할 것 같다. 첫 번째는 '일반주의자'와 '전문가' 사이의 대립이다. 현대 심리학에서 개체별 처리와 중앙처리 관점들 간의 논증을 상기시키는 대립이다.

일반주의자들은 대부분의 모든 유형의 문제에 적용될 수 있는 포괄형 프로그램(또는 프로그램의 가족)을 믿었다. 반면 전문가들은 특정 영역에 대해 훨씬 더 상세한 지식을 보유하고 있지만 응용성은 상대적으로 떨어지는 프로그램을 믿었다. 두 번째 대립은 그 분야의 과학적 위상과 관련이 있다. 인공지능의 창시자들은 과학적 중요성을 강력히 주장했지만(더 나아가 인식론적 추구를 대체하는 것으로까지 보았으며), 비관적인 이들은 인공지능이 과학적 학문 분야로 간주될 만큼 충분한 자격이 있는지 의심스러워했다. 그들의 관점에서 인공지능은 단순히 응용 엔지니어링, 심지어 이론이 뒷받침된 과학적 학문으로서의 실질적인 기반이 전혀 없는 모방 기술에 불과했다. 다른 인지과학 내부에서도 이와 유사한 비관적인 이의제기들이 있었지만, '사고 기계'라는 극적인 약속 때문이었는지 인공지능의 과학적 위상에 대한 전투는 특히나 격렬했다.

이 장에서는 인공지능의 첫 30년 동안 나타난 다양한 분위기와 선구자들과 이론가들이 내놓았던 여러 대표적인 견해들에 대해 알아본다. 물론 모든 학파들을 다 다룰 수는 없다. 예를 들어 우연히 언급되는 경우를 빼고는 로봇, 데이터베이스로부터의 정보 추출, 최적의 조합 또는 최적의 일정 계획 수립, 조직적 행동 시뮬레이션, 프로그램을 작성하는 프로그램 작성 등은 다루지 않을 것이다. 그러나 이 분야들은 현재의 인공지능에서는 중요한 부분을 차지한다(Nilsson 1980; Waldrop 1984a, 1984c; Winston 1977). 하지만 여기서는 인간 심리학과 가장 연관이 있다고 생각하는 연구들을 다룰 것이다. 또 이 장의 결론부에서는 인공지능을 넓은 의미의 인지과학의 틀 안에서 고찰할 것이다.

6.2.1 인공지능의 꿈

인공지능은 짧은 역사를 가졌을지는 몰라도, 기계로 만든 마음에 대한 꿈은 아주 오래되었다. 이 꿈에 대한 암시는 르네 데카르트의 연구에서 찾아볼 수 있다. 데카르트는 인체를 모사할 수 있는 오토마타에 관심이 많았다(마음의 모사에 대해서는 비관적이었다). 데카르트에게 영향을 받았든 안 받았든, 추론할 수 있는 기계에 대한 아이디어를 추구한 첫 번째 프랑스 전통의 철학자들인 것으로 보인다. 1747년 파리에서 쥘리앵 오프루아 드 라 메트리(Julian Offray de la Mettrie)라는 프랑스 의사가 『인간기계론(*L'Homme Machine*)』이라는 책을 발표했다. 여기서 그는 "인체는 자기의 태엽을 스스로 감는 기계"라고 주장했다(McCorduck 1979:

36에서 재인용). 또 생각의 기관인 두뇌는 연구하고 복제할 수 있다고 주장했다. 그는 "사고는 조직화된 물질과는 거의 호환 가능해서 그 성질의 일부는 전기, 운동력, 불가입성과 동등한 것 같다"고 주장했다(Lowry 1971: 42에서 재인용).

이러한 일련의 생각들을 더욱 실제적 수준으로 끌어올린 것은 기술자 자크 드 보캉송(Jacques de Vaucanson)이었다. 그는 18세기 초, 기계 플루트 연주자, 오리, 테이버 파이프(tabor pipe) 연주자 등의 오토마타를 제작해 유럽을 전율시켰다. 장문의 제품 설명서에서 보캉송은 플루트 연주자의 각 부품이 인간의 각 부분을 어떻게 모방했는지 설명했다. 심리학 역사가인 존 마셜(John Marshall)에 따르면, 보캉송은 "그가 쓸 수 있는 가장 정확하고 형식적인 언어로 독일 플루트 연주자의 이론을 공식화하고 평가하는 데 관심이 높았다"(Fryer and Marshall 1979: 261).

이제 19세기 영국으로 가보겠다. 현재 우리의 생각과 아주 가까운 방식으로 사고를 기계화하려 했던 연구자들이 있었다. 이 중에서 케임브리지의 명민하고 선구적인 수학자인 찰스 배비지(Charles Babbage)가 있다. 그는 항법과 궤도 등의 복잡한 계산을 수행할 수 있는 자동 테이블 계산기를 만드는 데 많은 세월을 바쳤다. 불행히도 이 기계는 수천 개의 정밀 부품이 필요했는데, 영국 정부는 17,000파운드에 달하는 거금을 투자한 후 이를 철회하고 말았다. 오늘날 과학자들은 이 기계가 제대로 작동되었을 것이라고 판단하고 있다. 한편 레이디 러브레이스(Lady Lovelace)와의 협력으로 영감을 받은 배비지는 더욱 커다란 꿈을 꾸게 되고, 어떤 함수라도 수행하여 원칙적으로 체스를 둘 수 있는 기계를 생각하게 되었다(McCorduck 1979: 25-27). 당시 '계차 기계(difference machine)'라 불렸던 이 기계는 제곱수 간의 계차표에 기반하여 작동되었다. 이 기계는 당시까지 특수 직조기 통제를 위해 썼던 것과 같은 형태의 천공 카드를 썼다. 연산 카드도 있었다. 이것은 수행할 연산을 담당했다. 변수 카드 역시 있었다. 이것은 연산을 수행할 특정 변수를 정하기 위해 썼다(Dorf 1974). 어떤 계산 문제도 설정할 수 있었다. 그리고 적절한 손잡이가 돌려진다면 정답이 산출되었다.

배비지가 기계적 영감에 따른 열망을 구현하기 위해 노력했다면, 또 다른 영국 수학자 조지 불(George Boole)은 역시 중대하지만 다른 작업에 착수했다. 즉 사고의 기본 법칙을 알아내고 이것들을 논리의 기본 원칙 위에 정립하는 것이었다. 자연 언어의 모호함을 제거하기 위해 불은 임의의 기호(a, b, x, y 등)의 집합을 사용하여 사고의 요소를 나타내려 했다. 그는 "기호로 논리 명제를 표현하는 시도는 성공적이다. 이들의 조합의 법칙은 이것들이 표상하는 정신적 처리 과정을 법칙에 기반하며, 이는 지금까지는 철학적 언어를 향한 또 하나의 전진이다"라고 말했다(Hilton 1963: 163에서 재인용). 이러한 기호적 요소들은 더하기, 빼기, 곱하기 같은 연산을 통해 결합 또는 해체될 수 있다. 따라서 새로운 표현, 개념을 같은 요소들로 형성할 수 있다. 이러한 절차는 일종의 '정신적 대수'로 이어지며, 여기서 추론이 추상적인 양 또는 음의 조건으로, 특정 내용에 고유 결부된 특정 결합에 의해 오류 없이 수행될 수 있다. 불은 이 연산들을 '사고의 법칙'이라 명명했다. 미래를 위한 가장 중요한 발견은 2가(two-valued) 또는 참-거짓 시스템이라는 것이다. 아무리 복잡한 논리 표현이라도 1('전부' 또는 '참'을 표현) 또는 0('무'또는 '거짓'을 표현)으로 표현될 수 있었다. 모든 인간의 추론이 일련의 예 또는 아니요 서술로 환원될 수 있다는 아이디어는 20세기 철학과 과학의 핵심으로 떠올랐다.

불의 연구의 중요성은 반세기가 지난 후 마침내 화이트헤드와 러셀의 『수학의 원리(*Principia Mathematica*)』(1910-1913)에 의해 평가를 받았다. 내가 보기에 이 작업의 목표는 수학의 근원이 논리학의 기본 법칙에 있다는 것을 보여주는 데 있었다. 화이트헤드와 러셀은 불이 선도한 형식주의에 크게 의존했다. 러셀은 그의 금욕적 방식으로 다음과 같이 선언했다. "순수 수학은 불이 '사고의 법칙'이라 불렀던 연구에 의해 불이 발견한 것이다"(Halacy 1962: 106에서 재인용).

배비지의 계산 기계로 표상되는 아이디어들, 불의 사고의 법칙, 화이트헤드와 러셀의 결정적인 논증들은 1930년대와 40년대에 학자들에 의해 통합되었다. 이들의 작업은 첫 번째 컴퓨터로 절정을 이루었고, 이후 지능을 보여준다고 말할 수 있는 첫 번째 프로그램이 등장했다.

6.2.2 꿈의 실현

다트머스 회의와 그후의 상황을 이끈 20세기 중반의 대폭발의 초석을 놓은 이들이 많다. 이 중에서도 매우 중요한 인물은 MIT의 수학자였던 클로드 섀넌이다. 1938년 섀넌은 「릴레이 및 스위칭 회로에 대한 기호적 분석(A Symbolic Analysis of Relay and Switching Circuits)」을 발표했다. 이는 아마도 가장 중요하고, 또한 가장 유명한 20세기의 석사학위 논문일 것이다. 이 연구에서 섀넌은 전자 기계에서 볼 수 있는 유형의 릴레이와 스위칭을 불 스타일의 방정식으로 표현할 수 있다는 것을 보였다. 즉 참-거짓 시스템은 '온-오프 스위치'나 회로의 열림과 닫힘과 병행한다. 또한 단계의 유한한 수의 집합에서 설명될 수 있는 어떤 연산도 이러한 '스위칭' 연계에 의해 수행될 수 있었다. 섀넌의 연구는 참-논리 연산을 수행하는 기계를 만드는 데 초석이 되었으며, 회로의 설계 및 간소화의 새로운 방법을 제시했다. 이론적 수준에서 그는 또한 컴퓨터의 프로그래밍(정확하게 따를 수 있는 코드화된 지침의 집합을 배치하는 것)을 불의 연구에서 자라난 통찰인, 산수보다는 형식 논리의 문제로 봐야 한다는 것을 입증했다. 섀넌은 순수한 학문적 관심을 실제적인 기계의 세계로 단숨에 주입했고, 여기에는 새롭게 떠오르는 계산 기계가 있었다.

섀넌의 통찰은 하늘에서 뚝 떨어진 것은 아니었다. 앨런 튜링이 1936년, 명시적으로 서술될 수 있는 계산 작업은 유한한 수의 적절한 지침으로 구성된 집합을 가진 기계라면 수행할 수 있다는 그의 생각을 발표한 바 있다. 그는 원칙적으로 오직 한 종류의 컴퓨터만 있을 것(물론 다양한 방식으로 만들어지는 여러 모델이 있겠지만)임을 보여주었고, 인공지능의 중심 의제를 생각하기 시작했다. 즉 인간의 사고와 기계의 사고 간의 관계가 그것이었다. 이러한 생각은 얼마 후 유명한 튜링테스트에서 발현되었다. 젊은 섀넌에게 전기 네트워크 이론과 명제 계산 간의 유비를 탐구해보라고 제안했던 MIT의 공학자 반네바 부시(Vannevar Bush)는 미분방정식을 풀 수 있는 기계를 만들기 시작했다. 앞서 언급했듯이 이 시기에 워런 매컬러와 월터 피츠(1943)도 신경망에 대한 아이디어를 발전시키고 있었다. 특히 분명하게 말로 표현될 수 있는 모든 것들이 전부 다 뉴런의 적절한 유한 네트워크로 구현될 수 있다는, 따라서 두뇌도 전보다 더 정확한 방식으로 해석될 수 있다는, 더 나아가 튜링머신으로 간주할 수 있다는 아이디어가 있었다(McCorduck 1979: 15). 노버트 위너는 유기 물질과 오토마타의 피드백 메커니즘을 연구하는 새로운 학제적 학문인 사이버네틱스의 여러 줄기들을 한데 엮고 있었다.

마지막으로 존 폰 노이만이 있다. 그는 이러한 모든 계열들의 생각들을 접했고, 계산 기계에 대한 이론에 아마도 가장 오래 관심을 유지했다. 그는 일반적으로 저장되는 프로그램에 대한 생각의 발전에 공헌한 것으로 인정받는다. 이 프로그램에서 컴퓨터의 연산은 컴퓨터의 내부 메모리에 저장된 프로그램 또는 지침의 집합에 의해 통제될 수 있다(따라서 더 이상 새로운 작업마다 다시 프로그래밍을 할 필요가 없다). 그는 저장되는 프로그램을 형성하는 데 이진 논리와 산수가 어떻게 같이 쓰일 수 있는지를 보여주었다. 기계에 대한 지침을 그 기계가 처리하는 데이터에 쓰이는 똑같은 언어로 인코딩할 수 있다. 그러고 나서 지침과 데이터를 이 프로그램에 섞고 둘을 컴퓨터에 저장할 수 있다. 이런 개념적인 혁신은 어셈블러(서브루틴을 주 프로그램으로 모아 넣는)와 컴파일러(한 언어를 더 기초적 언어로 전환시키는) 같은 프로그래밍의 보조 기능에 대한 길을 열었다. 그리고 이는 컴퓨터의 실제 전기기계적 연산에 반영되었다. 마지막으로 폰 노이만은 두뇌와 계산 기계 간의 유비(비유비)관계를 열정적으로 탐구했다.

그가 프로그램이 잠재적으로 지능의 문제를 다루고 해결할 수 있을 것이라고 생각했는지의 여부는 불분명하다. 그러나 그는 이 분야의 핵심 의제들을 확실하게 인식하고 있었고 그토록 젊은 나이에 암으로 사망하지 않았더라면 아마도 인공지능의 역사에 주요한 인물이 되고도 남았을 것이다. 그러나 이 역할은 1956년 다트머스에서 만난 4인의 학자들—허버트 사이먼, 앨런 뉴얼, 마빈 민스키, 존 매카시—에게 넘어갔다.

6.3 다트머스 사인방의 프로그램

6.3.1 문제 해결을 위한 프로그램: 앨런 뉴얼과 허버트 사이먼

다트머스의 모든 학자들이 생각하는 기계에 대해 몰두하고 있었지만, '허공에 있던' 이러한 아이디어들이 구현될 수 있음을 보여준 것은 뉴얼과 사이먼의 팀이 유일했다. 그들의 첫 번째 프로그램인 논리이론가는 화이트헤드와 러셀의 원리에 나온 정리를 실제로 증명할 수 있었다. 20세기 과학지성사에서 중요한 점을 발견했다는 것을 확신한 뉴얼과 사이먼은 그들의 발전 과정을 상세히 기술했다. 1952년 두 사람은 랜드 코퍼레이션에서 만나 새로운 전기 컴퓨터가 단순히 '숫자 씹어 먹는 기계'가 아니라 사실상 모든 유형의 기호를 조작할 수 있다는 사실에 깊은 감명을 받았다. 랜드 코퍼레이션의 동료인 클리프 쇼(Cliff Shaw)와 협업을 한 두 사람은 컴퓨터로 해결할 수 있는 기호 조작 과제들을 탐구하기 시작했다. 무엇보다도 체스 게임과 기하학 문제 해결을 연구했고 논리학 정리의 증명의 보충에까지 거의 다다랐다.

둘은 컴퓨터의 언어로 직접 복잡한 형태의 정보처리를 해낼 수 있는 프로그램을 작성하기가 어려울 것임을 알았다. 그들이 필요로 했던 것은 '더 높은 층위의' 언어였다. 즉 인간 프로그래머에 더 가까운 언어, 컴퓨터의 '기계 언어'로 자동으로 전사될 수 있는 언어였다. 1955년 뉴얼의 팀은 이러한 '정보처리 언어(IPL)', 또는 '리스트 처리 언어'를 만들기 시작했다. 그해 12월 15일, 사이먼은 화이트헤드와 러셀의 원리의 증명을 '손으로' 시뮬레이션했다. 더 나아가 이 수기 시뮬레이션은 아주 상세하게 수행되어 그의 동료들은 그 절차가 (폰 노이만의 이름을 따서) 조니악이라 불렸던 초기 컴퓨터로 실제 실행될 수 있을 것이라는 데 동의했다. 사이먼은 수리 모델링 수업에서 이렇게 말했다. "크리스마스 후 앨런 뉴얼과 내가 생각하는 기계를 발명했습니다"(McCorduck 1979: 116에서 재인용). 그리고 1956년 8월, LT프로그램이 실제로 랜드 코퍼레이션의 조니악 컴퓨터에서 제작되어 정리 하나(화이트헤드와 러셀의 정리 2.01)를 처음으로 완전 증명했다.

리스트 처리는 한정된 컴퓨터 메모리의 저장소를 할당하는 문제를 해결하기 위해 개발된 기술이었다. 그때까지 공간의 할당은 프로그램 실행 초기에 미리 정해져 있었다. 그러나 LT는 메모리를 너무 빠르고 예상치 못하게 잡아먹었기 때문에 메모리 저장소를 영구적으로 할당할 수 없었다. 사이먼과 뉴얼은 이 문제를 저장소의 각 영역에 라벨을 붙여 해결했다. 기계가 모든 가용 공간의 업데이트되는 리스트(리스트에 대한 리스트를 포함한)를 유지할 수 있게 하여 저장 공간을 필요한 만큼만 만들면 되게 한 것이다.

공간 할당 문제 해결 외에도, 이 리스트 처리 방법으로 프로그래머는 즉시 액세스가 가능하고, (우연이 아니지만) 인간의 사고 과정과 유사성을 가진 방식으로 정보를 저장하는 데이터 구조를 생성할 수 있었다.

LT는 실제로 어떻게 작동되었는가? 이 프로그램은 기호논리학의 정리에 대한 증명을 발견한다. 이 정리들은 화이트헤드와 러셀의 수학의 원리에 원래 제시되었던 것들이다. 이 프로그램은 연산의 기본 규칙들을 가지고 있다. 여기에 공리(axioms)들의 목록과 이전에 증명된 정리도 있다. 프로그램은 또 이후에 새로운 논리 표현을 공급받으며 증명을 발견하기 위한 지침을 받는다. 여기서부터 이 프로그램은 가능한 모든 연산을 실행하여 증명을 찾는다. 증명을 찾으면 가늘고 긴 종이에 인쇄된다. 찾지 못하면 문제를 해결하지 못한 것이고 연산은 중단된다.

LT가 정리들을 증명할 수 있음을 보여주는 시연은 그 자체로 엄청난 주목을 끌었다. 실제로 LT는 『원리(*Principia*)』 2장의 첫 52개 정리 중 38개를 증명하는 데 성공했다. 증명 중 절반이 1분 안에 해결되었다. 나머지 대부분은 1-5분 안에 해결되었다. 몇몇이 15-45분 걸렸다. 해결 시간은 논리 표현에 포함된 항목의 수와 연관이 강했다. 한 증명은 화이트헤드와 러셀이 50년 전에 시도한 것보다 더 우아한 것으로 밝혀졌다(사이먼이 이 사실을 러셀에게 알렸을 때 그는 이 아이러니에 매우 기뻐했다고 한다). 그러나 학술지 『기호논리학(*Journal of Symbolic Logic*)』은 LT가 공동으로 저술한 이 논문을 게재하기를 거부했다(McCorduck 1979: 142).

이 시연이 엔지니어나 논리학자들의 흥미를 끌기는 했지만, 인간 마음의 작동에 관심이 있는 과학자들의 시야에서 멀어질 가능성도 여전히 있었다. 그러나 뉴얼, 사이먼, 그들의 동료 클리프 쇼는 그들이 단지 포괄적인 유형의 사고를 시연한 것이 아니라 인간이 수반되는 유형의 사고를 시연하고 있다고 강조했다. 결국 LT는 원리적으로는 부르트 포스식으로 작동했을 수도 있다(원숭이가 타자기를 쳐 글을 시연). 그러나 이 방식으로는 실제로는 몇 분이면 수행할 수 있는 일을 몇 백 또는 몇 천 년이 걸렸을 수도 있을 것이다. 그러나 LT는, 뉴얼의 팀에 의하면 인간이 문제를 해결하는 것과 유사한 방식의 절차에 따라 작동한다. LT가 사용한 방법 중에는 한 종류의 표현을 다른 것으로 대체하는 방법, 이미 증명된 것에서 증명되어야 할 것 뒤로 물러나 작동하는 분리 방법, 삼단 추론 형태 등이 있었다.

인간과 기계의 문제 해결 간 유사성을 강조하기 위해, 뉴얼과 사이먼은 이 프로그램으로 다양한 실험을 수행했다. 그들은 이전 정리(새로운 정리의 증명에 필요한 솔루션이 만들어진)의 기록을 제거하면 LT가 이전에는 10초만에 해결했던 문제들을 풀 수 없다는 것을 보였다. 이는 아마도 컴퓨터가 인간의 방식으로 '반응'하는지를 보는 최초의 시도였을 것이다. 뉴얼 팀은 그들의 시연이 적절한 조명 속에 설명될 수 있도록 인간과 기계의 문제 해결 간 유사성도 강조했다. 그들은 동일한 과제로 인간 대상의 실험을 하여 몇몇 주장을 강화했다. 인간과 컴퓨터 모두에서, 그들은 인간 문제 해결의 특성을 발견했다. 예를 들어 LT의 기본 연산을 설정하는 실행 프로세스(예를 들어 대체, 이탈)에 의존하고 그 방법이 적용되는 정리의 하위 문제를 설정하는 것뿐만 아니라 명백히 직관으로 해결되는 순간들도 보고되었다. 결론적으로 그들은 그들의 연구를 새로운 인지적 유행 속의 중심에 위치시켰다.

> 우리는 두뇌와 컴퓨터 간의 기능적 동등성이 더 세밀한 해부적 수준(예를 들어 뉴런과 회로의 구조적 동등성)에서의 구조적 동등성을 암시한다고 생각하지 않는다. 어떤 신경 메커니즘이 인간 두뇌에서 이러

> 한 정보처리 기능을 실현시키는지 발견하는 것은 이론 구성의 다른 층위에서 해야 할 일이다. 우리의 이론은 문제 해결과 관련된 정보처리의 이론이며 정보처리의 신경이나 전기적 메커니즘 이론이 아니다. (Newell, Shaw, and Simon 1964: 352)

이러한 발언은 예를 들면 매컬러 학파(컴퓨터 동작의 비밀을, 그리고 더 일반적으로는 사고의 비밀을 신경 회로의 작동에 대한 이해의 측면에서 바라보았던)를 직접 겨냥한 것으로 볼 수 있다. 사이먼과 뉴얼 팀은 매컬러 쪽의 유비가 유용하지 않다고 보았으며, 문제 해결을 훨씬 더 거시적 층위에서 개념화하는 것이 더 이롭다고 확신했다. 25년간 이 '건조한' 견해는 학계를 지배했다. 뒤에서도 보겠지만, 신경계에서 발견된 사실들이 인공지능 학계에서 지지를 받기 시작한 것은 최근 몇 년에 지나지 않는다.

LT를 고안 및 실행함으로써 뉴얼과 사이먼은 인공지능이 현실은 아닐지언정 가능성이 있음을 보였다. 이전의 모든 주장은 어떤 측면에서는 속임수라 할 수 있지만, 이제 2개의 핵심적인 증명이 이루어졌다. (1) 확실하게 지능적이라고 간주할 수 있는 인간이 보이는 행동을 컴퓨터도 보일 수 있다. (2) 프로그램이 정리를 증명하는 과정에서 거치는 단계들은 인간의 문제 해결에서 볼 수 있는 단계들과 유사성을 보이며, 이 유사성은 결코 사소하지 않다. 그러나 뉴얼, 사이먼, 그들의 동료들은 곧이어 더 큰 게임에 뛰어들었다. 가장 야심 찬 프로젝트는 일반 문제 해결자(GPS: General Problem Solver)의 고안이었다. 이 프로그램의 방법은 (최소한 원칙적으로) 모든 유형의 문제 해결에 이용될 수 있었다 (Newell and Simon 1972). GPS는 정리 풀이, 체스 게임, 하노이의 탑 같은 퍼즐 풀기 등 다양한 과제들을 해결할 수 있었다. 하지만 GPS는 이러한 문제들을 가장 효율적인 방법으로 해결하려는 데 그치지 않았고, 인간 피험자들이 이러한 문제들을 다룰 때 취하는 방식들을 흉내내려고 했다. 따라서 이 연구의 매우 중요한 점은 문제 해결에 참여하는 피험자들의 내성과 메모를 기록한 프로토콜의 수집에 있었다.

GPS가 사용한 방법은 쉽게 설명할 수 있다. 수단 목적 방법에서는 먼저 문제의 답의 원하는 형태를 기술한다. 다음으로는 문제 해결 과정의 현재 위치를 원하는 최종 목표와 비교한다. 이 둘의 위치가 일치하면 문제가 해결된 것이다. 그렇지 않으면 해결자(인간 또는 기계)는 그 차이를 파악하고 현재 있는 곳과 가고자 하는 곳 사이의 차이를 줄일 수 있는 방법을 찾는다.

GPS의 기술은 이 거리를 줄이는 방법에 대한 것이다. 시스템의 목표와 이들을 달성하는 데 필요할 수 있는 연산자들을 연합한 표가 설정된다. 현재 상황과 시스템이 선택한 목표 사이의 거리가 계산되면 연산자가 현 상황에 적용될 수 있는지 테스트한다. 적용할 수 있으면, 또 그것이 바람직한 최종 상태에 가까운 결과를 산출할 수 있으면 이것을 반복한다. 별 소용이 없으면 시스템은 하위 목표를 생성한다. 이 목표는 현 상황과 연산자가 적용될 수 있는 상황 간의 차이를 줄이는 것이다. 이 절차는 목표가 이루어질 때까지, 혹은 주어진 정보나 이 프로그램에서 가능한 연산자로는 해결할 수 없다는 것이 드러날 때까지 반복된다.

GPS는 또한 문제 해결을 강화할 수 있는 다른 기능도 선보였다. 프로그램을 하위 프로그램들로 나누어 문제를 한 번에 하나씩 해결할 수 있었다. 상황의 복잡한 요소 일부를 무시해서 해결하는 것도 가능하다. 문제의 특정 세부 사항은 일부러 뺄 수도 있었다. 예를 들어 명제 계산 문제를 해결할 때, 기계는 논리 접속사와 기호 순서들 간의 차이를 무시할 수도 있었다.

인공지능 분야가 다른 방향으로 발전해나가자 그 호환성이 제작자들이 바란 것만큼 뛰어나지 않은 GPS는 점점 폐기되었다. 그러나 GPS는 인간의 다양한 기호적 행동을 묘사한 첫 번째 프로그램으로 평가받는다. GPS는 사이먼과 뉴얼의 연구에서 중요한 역할을 했다. 그들이 생각하기에 모든 지능은 다양한 기호 체계의 사용과 조작을 수반한다. 예를 들어 수학이나 논리학의 그것들이 있다. 과거에 이러한 조작은 오직 인간만이 하던 것이었다. 자신의 머리만으로, 종이와 연필의 힘을 빌려서 말이다. 그러나 디지털 컴퓨터의 도래로 인해 기호 조작은 전기 기계의 영역에도 발을 디디게 되었다. 뉴얼-사이먼의 주장에서, 컴퓨터는 인간 두뇌와 같은 물리적 기호 체계이며, 인간의 것과 동일한 많은 속성들을 시뮬레이션하여 보여준다.

세포원칙이 생물학에서 중심을 차지한 것과 마찬가지로, 또 질병 분야에서 세균 이론이 핵심적인 것과 마찬가지로, 사이먼, 뉴얼과 그 동료들은 컴퓨터과학의 핵심원칙은 물리적 기호 체계의 개념이라고 생각했다. 불 스타일의 정신으로 진행되는 이 이론가의 작업은 기호 구조를 생성, 변형, 재생산 또는 전환하는 다른 표현들을 만들어내기 위해 기호 표현들을 가지고 연산하는 과정 집합을 파악하려는 것이다. 물리적 기호 체계는 지능적 행위를 수행하기 위한 필요충분조건이다. 반대로, 일반 지능을 보이는 체계라면 어느 것이나 물리적 기호 체계로 분석·증명되어야 한다. 이러한 체계는 통제, 메모리, 연산자 집합, 입력, 출력으로 구성된다. 입력은 특정 위치에서의 사물들로 구성된다. 처리 과정은 입력에 대한 연산, 출력은 특정 위치에서의 사물의 변형 또는 재생성이다.

뉴얼-사이먼 방식의 핵심 개념은 생산 체계에 있다. 이 체계의 연산은 특정 조건이 충족되면 수행된다. 프로그램들은 데이터베이스상에서 연산을 하는 이러한 생산 체계들이 길게 나열된 것이다. 이론가들이 설명하는 대로, 생산 체계는 일종의 계산적 자극-반응 연결이다. 자극(또는 조건)이 적절하면, 반응(또는 생산)이 실행된다. GPS 개발 중 사이먼과 뉴얼은 인공지능, 사고이론에 대한 관점과 향후 연구의 의제를 제시했다.

뉴얼과 사이먼의 비전은 엄청난 것이었다. 그들의 관점에서, 문제 해결에 수반되는 인간 마음과 동일한 문제 해결에 수반되는 컴퓨터 프로그램 간의 근원적인 유사성은 하드웨어 간의 차이를 훌쩍 뛰어넘었다. 둘 다 단지 시간에 따라 이런저런 논리적 순서로 정보를 처리하는 체계였다. 더군다나 컴퓨터 프로그램의 개별 행들을 관찰함으로써 매 단계를 볼 수 있는 한, 이는 더 이상 약 인공지능에만 관여되는 것이 아니었다. 인간이 만든 이 물리적 기호 체계는 문제 해결에 적극적으로 관여한다고 간주되었다.

뉴얼-사이먼의 노력에 비판적인 이들은 수많은 문제를 제기했다.

첫 번째로, 컴퓨터 프로그램의 모든 정보는 인간이 만든 프로그램 안에 위치한다. 따라서 문자 그대로, 이 문제 해결자는 그렇게 하라고 프로그래밍된 대로만 하는 것이다. 예를 들어 문제를 프로그램 안에 넣어 구조화한 이는 뉴얼과 사이먼이며, 일부의 경우에는 문제가 들어가는 순서도 결정했다. 통찰·직관과 같은 용어의 사용은 오해를 하게 만드는 비유에 불과하다. 뉴얼과 사이먼에게 이런 비판은 시대착오적이었다. 프로그램이 단순히 단계들을 무작정 반복하는 데 그치는 것이 아니라 실제로 이전에 드러나지 않았던 문제 해결을 위해 규칙을 사용한다면, 그 행동은 인간의 그것만큼이나 '지능적'이다. 단순한 사고에 대한 구시대적 습관으로 비판가들은 지능이라는 용어를 붙들고 있다. 컴퓨터와 마찬가지로 인간을 규칙으로 프로그래밍되는 존재로 생각할 필요가 있지만 모든 학자들이 이 '민주적인 반응'에 대해 확신한 것은 아니었다.

또 다른 비판의 줄기는 인간과 컴퓨터 프로그램 간의 특정 차이에 주목했다. 예를 들어 인간은 지름길이나 휴리스틱을 즉흥적으로 만들어낼 수 있다. 반면 그 전의 시도로부터 학습을 하도록 프로그래밍되기 전까지 컴퓨터는 동일한 처리 과정을 반복한다. GPS에서 이 같은 한계를 인식한 뉴얼과 사이먼은 학습이 가능한 다양한 프로그램 연구를 시작했다.

마지막 큰 비판의 줄기는 GPS에 부과된 문제의 유형에 관한 것이었다. 그 야심 찬 이름에도 불구하고, 주어진 문제들은 모두 퍼즐이나 논리 문제였다. 이 때문에 그들에게는 기호적 형태의 표현이 주어졌고, 이를 통해서만 연산이 가능했다. GPS가 오직 수학적·논리적 문제만 건드릴 수 있었기 때문에 이러한 '닫힌' 문제로만 구성되는 제한은 필수적이었다. 분명히 인간이 부닥치는 많은 문제들(숲속에서 길찾기라든가 춤을 익히는 학습 같은)은 기호논리로 표현되어 있지 않다. 여기서 우리는 '사고'나 '문제 해결' 같은 개념이 현재 존재하는 프로그램들에 의해 인위적으로 제한되고 있음을 드러내는 사례를 보게 된다.

이러한 비판들 중 일부는 인공지능 분야의 다른 연구들에도 적용된다. 그러나 각 연구의 줄기들 자체의 장점을 알아둘 필요가 있다. 다음에서 다른 주요 연구자들이 첫 십 년 또는 다트머스 학회 이후 무엇을 하고 있었는지 간단하게 알아보기로 한다.

6.3.2 마빈 민스키와 그의 학생들

MIT의 마빈 민스키는 뉴얼과 사이먼의 논문 발표에 기여한 인물은 아니었고, 그들과 특별히 관련된 연구도 전혀 없다. 그러나 인공지능에 대한 선구적인 사상가로서, 독자적으로 뉴얼과 사이먼의 아이디어 일부에 도달했으며, 재능 있는 학생 그룹들의 멘토로서, 민스키는 1960년대 이후 인공지능의 발전에 중대한 역할을 했다.

그에게서 영감을 받은 민스키의 학생들은 뉴얼과 사이먼이 개척했던 것과 다른 방향으로 인공지능을 이끌었다. 한 학생인 에번스(T. G. Evans)는 1960년대 말 시각적 분류의 유비를 해결하는 프로그램을 고안했다(1968). 신인동형론에 입각해 표현된 이 프로그램은 서로 어떤 관련이 있는 한 쌍의 사물을 보여주고 시각적으로 유비가 이루어지는 다른 사물 한 쌍을 여러 항목 중에서 선택하라는 문제를 받는다. 예를 들어 프로그램은 'A는 B'를 보고 난 뒤 5개의 그림 중에서 'C'와 'D' 사이에서 획득되는 관계를 표현하는 그림을 골라야 한다.

주목할 것은, 이 프로그램이 인간이 사용할 법한 지각적 '골라내기' 메커니즘을 써서 시각 유비를 해결하는 것이 아니라, 그 설명을 수학적 유비 문제에서 쓸 수 있는 기호적 형태로 전환한다는 것이다. 프로그램은 A와 B 모두를 사물로 묘사함으로써, 그리고 설명(내부, 위, 왼쪽, 회전 후, 반사 후) 간의 차이를 특징화함으로써 유비를 맞춘다. 그다음, 프로그램은 전환 규칙을 C에 적용하여 차이를 파악한다. 이로써 5개의 번호가 매겨진 후보 패턴 중 하나로서 똑같은 설명을 가진 패턴에 다다른다(Boden 1977). 에번스의 프로그램은 고등학교 2학년 수준의 과제를 수행한다. 이 수준의 프로그래밍을 위해 에번스는 당시까지 프로그램 중 가장 복잡한 프로그램을 만들었다. 컴퓨터는 1백만 비트의 메모리를 가지고 있었는데, 프로그램은 이 메모리를 빠짐없이 다 써야 했다.

민스키의 연구실에 있던 또 다른 인물인 대니얼 보브로우(Daniel Bobrow)는 언어 영역의 문제 해결에 돌입했다(1968). 보브로우의 STUDENT 프로그램은 고등학교 수학책에서 볼 수 있는 대수 문제들을 풀 수 있게 설계되었다. 예를 들어 그의 논문에 제시된 문제들 중 하나는 다음과 같다.

> 내 차의 휘발유 소모량은 1갤런당 15마일이다. 보스턴과 뉴욕 간 거리는 250마일이다. 뉴욕에서 보스턴까지 이동하는 데 쓰이는 휘발유는 몇 갤런인가? (Bernstein 1981: 113)

민스키가 설명한 바와 같이, 이 프로그램은 모든 문장이 방정식으로 상정된다. 특정 단어에 대한 지식이 주어져서 방정식에 위치시키는데 도움을 받는다. 예를 들어 단어 'is'는 방정식 양측 값이 동일함을 의미하도록 코딩된다. 'Per'는 나누기를 의미했다. 이 프로그램은 이러한 바람직한 의미들로 구문을 분석하도록 작동된다. 민스키는 이렇게 언급했다.

> 첫 번째 문장의 "갤런당 마일"의 수학적 단어 "당(per)"에서 숫자 15가 특정 수 x마일을 다른 특정 수 y갤런으로 나누어 나오는 것임을 알 수 있다. 이것은 마일이나 갤런이 무엇인지, 또는 더 나아가 자동차가 무엇인지는 전혀 알지 못한다. 두 번째 문장은 어떤 것이 250마일과 같은 값임을 말하는 것으로 보인다. 따라서 "간 거리"라는 구절은 x의 좋은 후보이다. 세 번째 문장은 갤런의 수에 대한 무언가를 묻는다. 따라서 "이동하는 데 쓰이는 휘발유"라는 구절이 y의 좋은 후보이다. 따라서 이 프로그램은 한 방정식 x = 250과 또다른 방정식 x/y = 15를 제안한다. 그다음 이 프로그램의 수학 담당 부분이 y = 250/15라는 것을 쉽게 발견한다. (Bernstein 1981: 113)

STUDENT는 1960년대 중반의 프로그램들이 보여주고 있었던 능력뿐만 아니라 그들이 비판받는 이유가 된 특정 제약을 잘 보여준다. 프로그래머들이 매우 똑똑하고, 기계가 인간이 실행하면 엄청난 능력을 자주 보여주는 것은 분명 의문의 여지 없이 지능적이라고 간주할 수 있으나, 논쟁하기가 어렵기도 했다(물론 일부는 비판했다. Arnheim 1969; Dreyfus 1972 참조). 또 마찬가지로 분명한 것은, 프로그램에서는 보통 사람이 정상적으로 사용하는 절차들이 완벽하게 변형되어 사용되는 경우가 많다는 것이다. 이전의 문제를 접했던 학생은 자동차 여행의 본질에 대해, 뉴욕과 보스턴의 지리적 위치에 대해, 또 이러한 여행에 휘발유를 쓸 때 어떤 일이 일어날 것인가에 대해 생각하게 될 것이다. 또 실제 갤런당 마일이 어떨 것인지를 알아내기 위해 이러한 특수성을 거의 틀림없이 고려할 것이다.

그러나 컴퓨터의 경우, 절차가 이와는 거의 완벽하게 반대다. 컴퓨터는 그 문제가 무엇에 관한 것인지 아무 생각이 없다. 문제가 땅콩의 가격이든 미사일 가격이든 똑같은 방식으로 작동했을 것이다. 컴퓨터의 지식은 순수하게 구문적이다. 프로그램은 동일성에 대한 특정 진술문을 기대하여 문제의 어떤 실체가 방정식의 주요 요소를 구성할 가능성이 높은지를 가장 그럴 듯하게 추론하기 위해 설계되었다. 프로그램을 혼동하게 만드는 것은 비교적 사소한 문제이다. 예를 들어 방정식을 표시하지 않는 어떤 한 맥락에 단어 'is'를 포함시키면 된다. 'per'도 마찬가지로 다른 맥락에서 쓰면 혼란이 일어날 것이다. 인간은 중요해 보이나 상관없는 사실은 넘어가는 경우가 있다(예를 들어 휘발유 가격의 높고 낮음). 컴퓨터의 어려움은 단어나 숫자가 실제로 참고해야 할 것을 고르기 위해 프로그래밍된 특정 방식을 들여다볼 수 없다는 것이다. 문제에 영향을 미치는 요소에 대해 통찰이 없는 컴퓨터는 인간이라면 전혀 일어나지 않을, 극도로 멍청하다고 간주될 것을 전혀 해결하지 못한다.

또 컴퓨터는 외국어로 대수 문제를 받는, 몇 가지 단어만 아는 인간을 닮았다. 이런 수수께끼를 보면, 컴퓨터와 외국인 모두 알아볼 수 있는 몇 개의 숫자에 집중하게 되고, 이 숫자들을 가지고 할 수 있는 수학 연산에 대해 최고의 추측을 할 것이다. 민스키와 학생들이 선택한 문제들은 GPS가 다루었던 것들보다 훨씬 전방위적인 영역을 다루었지만, 그들 역시 언제나 규범적인 유형의 기호적 표현으로 재공식화되었다. 그럼에도 불구하고, 뉴얼-사이먼의 노력에 의해 그 프로그램들이 작동했다는 것은 강조되어야 한다. 보통의 언어로 표현되는 문제의 유형, 세대가 거듭되어도 여전히 어린 학생들은 끙끙대는 문제들이 이 기계적 과정에 의해 해결될 수 있었다.

6.3.3 리스트와 논리: 존 매카시

사이먼과 민스키 연구팀이 데모 프로그램에 집중하던 때, 존 매카시는 주목은 덜 받았지만 마찬가지로 중요한 작업에 열중하고 있었다(처음에는 MIT, 후에는 스탠퍼드에서). 그의 주요한 업적 중 하나는 LISP('list processing'의 약어)를 설계한 것이다. LISP는 인공지능 분야에서 가장 널리 쓰이게 된 컴퓨터 언어이다(McCarthy et al. 1962; Foster 1967). 뉴얼과 사이먼의 초기 연구와 관련하여 언급했듯이, 문제 해결에 대해 바로 생각할 수 있는 언어, 즉 인간 문제 해결자가 추정하며 지나갈 정신적 단계를 가장 유사하게 흉내낼 수 있는 언어를 갖는 것이 연구자에게는 중요했다. LISP와 LISP 유형의 '상위 단계' 언어는 인공지능의 수학, 이론들을 주조하는 정확하고 명확한 언어로 간주되었다(Boden 1977; Winston 1977도 참조). 이 언어는 리스트, 리스트에 있는 항목, 리스트의 리스트 등(이것들 각각 모두 이름을 붙일 수 있다)의 표시와 조작에 집중되어 있다. LISP의 힘은 이것이 회귀적(recursive) 프로그래밍 언어라는 사실에서 나왔다. 두 프로그램과 데이터는 리스트와 같은 구조를 가지고 있다. 구조, 그리고 구조들의 집합의 설명과 조작에 잘 맞은 것이다. 회귀적 언어로서, LISP는 계층적이었고 세부적으로 여러 층위에서 설명될(그리고 연산될) 수 있었다. LISP는 또한 매우 유연하다. 프로그램이 하나하나 감싸고 존재하는 층위 간을 이동할 수 있었으며, 필요하면 언제나 스스로를 참조하여 연산될 수 있었고, 메모리 비트를 자동 재할당할 수 있었다. 이를 비롯한 여러 이유로 LISP와 그 후계어들은 컴퓨터과학에서 대부분의 인지 지향적인 연구자들에 의해 계속 사용되어왔다.

그러나 매카시는 실용적인 언어의 창조자 그 이상이었다. 그는 또한 인공지능의 목표, 그리고 그 목표들을 어떻게 구현할지에 대한 강력한 아이디어들이 있었다. 매카시는 엄격한 형식적 접근법을 통해서 기계를 지능적으로 만들 수 있다고 믿는다. 지능을 구성하는 행동들은 수학적 항으로 정확하게 표현될 수 있는 논리적 관계나 공리의 집합으로 환원될 수 있어야 한다. 에딘버러 대학의 패트릭 헤이즈(Patrick Hayes)와 함께 매카시는 1969년 기념비적인 글을 발표한다. 여기에서 그는 언어를 이해하기 위해 설계된 시스템 안에 내장된 형식적 술어 계산 기질의 사용이 필요하다는 주장을 한다(McCarthy and Hayes 1969). 그는 인과율(causality), 기능(ability), 지식(knowledge) 같은 개념의 형식화를 요구했다. 이러한 접근이 채택된다면 특정 영역의 세부 사항에 의존하지 않는 정리-증명 기술의 사용이 가능하다고 증명되었을 것이다. 매카시의 시스템은 믿음 시스템(belief system)의 지속성과, 모든 지식을 순수한 논리항으로 생각하는(또는 생각할 수 있는) 견해에 대한 믿음을 기반으로 했다. 후에 보게 되겠지만 최근에는 이러한 가정에 대한 동조자가 별로 없다. 여전히 매카시는 일반적인 문제에 집중했다. 그는 상식 추론을 모델링하기 위해 표준 논리의 비전통적인 변형을 설계했으며, 그의 전 동료였던 헤이즈(1982)는 "순진한 물리학(평범한 사람 수준의 물리학)"의 사고 과정을 논리적 측면에서 형식화하려 시도하고 있었다. 매카시는 인공지능의 극점에 해당하는 견해에 동조했다. 인공지능 분야에 대해 높은 기준을 유지했으며 실용적 또는 특정한 상황 때문에 이를 굽히는 것을 어느 누구보다도 거부했다.

6.4 프로그래밍의 다른 이정표들

1960년대의 주류 학자들이 논리 문제 해결이나 인공지능의 적절한 길을 위한 이론화에 매달리던 시기에 향후 큰 영향을 남기게 되는 다른 부류의 연구들도 존재했다. 그중 하나가 에드워드 파이겐봄(Edward Feigenbaum)인데, 그는 사이먼의 초창기 학생 중 한 명이었다. 노벨상 수상자로서 스탠퍼드의 유전학자였던 조슈아 레더버그(Joshua Lederberg)와 공동 연구를 하던 파이겐봄은 대량 분광파형도(스펙토그래프)에서 데이터를 분석하기로 결정한다(Feigenbaum, Buchanan, and Lederberg 1971). 그 결과로 탄생한 프로그램의 이름은 DENDRAL이었다. 이 프로그램은 (대량 분광기에서 나온 방대한 데이터를 기반으로) 분석되는 유기 합성물이 무엇인지 알아내기 위한 것이었다. 관련 데이터를 처리한 후, 이 프로그램은 합성물의 분자 구조에 대한 가설을 형성하고 이후 예측을 통해 가설들을 테스트한다. 최종 출력은 가능한 분자 합성물의 목록으로서, 합성물들은 가능성이 높은 순서로 나열되었다. DENDRAL의 성능은 화학 전문가에 비해 손색이 없었다(Boden 1977). 프로그램으로서 DENDRAL은 사이먼과 뉴얼의 고전적 모델과는 두 가지 측면에서 다른 점이 있다. 첫째로, 이것이 상정하는 바는 전문가는 방대한 양의 지식을 가지고 있다는 것으로, 지능적인 행동을 추구하는 프로그램이라면 이 지식을 최대한 처리해야 한다는 것이었다. 둘째로, (좀 이상하게 보이지만) 인간이 문제를 해결하는 방식을 흉내내지 않기로 한 결정이다. 파이겐봄은 명백히 최고의 성능을 내는 데 관심이 있었으며, 동일한 많은 양의 정보를 접했을 때 인간이 했을 법한 방식을 흉내내는 것을 특별히 의도하지는 않았다. 여기서 우리는 인간 행동의 시뮬레이션과 수단에 상관없는 지능적 성능의 배양 간에 일어나는 깊은 간극에 대한 초기 징후를 볼 수 있다.

1960년대 인간 행위의 모호한 부분을 다룬 두 가지 상이한 연구 방향이 있었다. 개인 간의 의미가 복잡한 대화에 대한 것이었다. 유명한 튜링 문제를 생각할 때(이 책의 2.3.1 '수학과 계산' 참조), 이는 매력적인 목표였다. 스탠퍼드의 정신과 의사인 케네스 콜비(Kenneth Colby)와 MIT의 조셉 와이젠봄(Joseph Weizenbaum)은 2인 대화를 모델링한 프로그램을 작성했다. 콜비의 연구에서는 정신질환자에 관심을 두었고 마피아에 대해 특정 강박이 있는 분열증 환자의 답을 내놓는 프로그램이 만들어졌다.

> 당신은 왜 병원에 있죠?
> : *난 여기 있으면 안 돼요.*
> 누가 당신을 여기로 데려왔나요?
> : *경찰.*
> 경찰하고 무슨 문제가 있었지요?
> : *경찰은 자기 할 일을 못해요.*
> 그럼 그들이 무슨 일을 했나요?
> : *경찰은 잘못 없는 사람들을 체포해요.*
> 당신은 이탈리아인인가요?
> : *내 배경은 영국이지만 나는 이 나라에서 태어났어요.*
> 아는 이탈리아인 사기꾼이 있나요?
> : *나는 암흑가는 피하는 편이에요.*
> (Boden 1977: 100-101; Colby 1975도 참조)

와이젠봄은 환자에 대해 비지시적 자세를 갖고 있는 로제리안 치료 전문가의 행동을 재현하려고 했다.

남자들은 다 똑같아요.

: *어떤 면에서요?*

늘 이런저런 것들로 우릴 못 살게 굴어요.

: *특정한 예를 들어주시겠어요?*

음, 나는 내 남자친구 때문에 여기에 왔어요.

: *당신의 남자친구 때문에 당신이 여기에 왔군요.*

그가 말하기를 내가 거의 내내 우울하대요.

: *우울하다는 말을 들으니 유감이군요.*

사실인걸요. 난 불행해요.

: *여기 오는 것이 불행해지지 않는 데 도움이 될 거라고 생각하세요?*

난 도움이 좀 필요해요. 분명히 많이 그런 것 같아요.

: *도움을 받게 된다면 그건 당신에게 어떤 의미가 될까요?*

아마도 엄마랑 잘 지낼 수 있는 방법을 터득할 수 있을 거예요.

: *당신의 가족에 대해 더 말씀해 주시겠어요?*

(Boden 1977: 106-107; Weizenbaum 1966도 참조)

두 프로그램 모두 상당히 기교적이어서, 잘 모르는 사람이거나 그냥 대화를 보고 있었던 사람이라면 한동안 깜박 속아넘어 갈 것이다. 그러나 두 연구자 모두 프로그램의 설계를 아는 사람이나 정확한 추론을 할 수 있는 사람이라면 프로그램의 정체를 바로 알아차릴 것이라고 인정했다. 이유인즉슨, 보브로우의 STUDENT 프로그램의 경우, 프로그램들은 홍미(관심) 차원에서 사용된 단어를 이해하는 것이 아니라 그저 특정 핵심 단어가 거기에 대응되는 고정된 반응을 격발하는 방식으로 구성될 뿐이기 때문이다. 예를 들어 와이젠봄의 ELIZA는 패턴 매칭 기술에 의존한다. 입력 텍스트의 각 문장을 스캔하고, 'I', 'you', 'like', 'father' 같은 핵심 단어들을 찾는다. 이 단어들 중 하나가 발견되면, 문장은 그 단어에 연합된 규칙들에 따라 변형된다. 반대로 이런 단어들을 찾지 못하면 ELIZA는 내용과 무관한 공식 같은 문장, 예를 들어 '왜 그렇게 생각하죠' 같은 문장이나 그 전에 했던 말을 다시 참조하는 식으로 반응한다.

콜비와 와이젠봄의 연구 프로그램이 비슷한 스타일로 개발되었으며 초창기에는 일부 협력이 있었지만, 두 사람이 인공지능에 대해서는 정반대의 방향으로 발전했음은 주목할 만하다. 그들은 또한 개인적으로 열띤 논쟁을 벌이기도 했다. 와이젠봄은 인공지능의 어떤 영역에서도 영향을 받지 않은 것으로 보인다. 그는 임상 및 언론계의 몇몇 인물들이 기발한 그의 데모를 정말로 정신질환자들을 대상으로 실제 사용될 수 있을 것처럼 받아들이는 데 경악했다. 반면 콜비는 '진정한 신자'였다. 그는 컴퓨터가 정신질환 연구에서 중요한 역할을 할 것이라고 생각했다. 이 두 사람 간의 논쟁은 컴퓨터 사용의 인간적 측면에 대한 상반되는 견해(최근까지 계속되는 인공지능의 가치에 대한 반복되는 논쟁 주제)들 사이의 깊은 괴리를 잘 보여준다.

6.5 경이적인 SHRDLU

와이젠봄과 콜비의 프로그램은 답변하는 문장들을 실제로 이해하지 못했지만, 1970년 전후 MIT 박사과정 학생이었던 테리 위노그래드(Terry Winograd)가 고안한 프로그램은 달랐다. SHRDLU(프린터의 문자 배열에서 가장 자주 쓰이는 문자 7-12번째의 연쇄를 따서 지었다)라 불렀던 이 프로그램은 지금까지 다룬 프로그램들과는 어떤 면에서 완전히 독자적으로 다르게 작동했다. 일반적인 문제 해결자라기보다, 또는 핵심 단어에 대한 단순 반응 메커니즘이라기보다, SHRDLU는 매우 제한적인 영역이나마 이해하는 전문가를 지향했다. 위노그래드는 그의 프로그램을 간단한 블록으로 구성된 가상 세계로 만들었다. 이 세계에서 여러 방법으로 블록들을 쌓을 수 있다. 프로그램은 복잡한 명령어들도 다 수행할 수 있을 만큼의 언어적 지식을 충분히 가지고 있었다. 더구나 SHRDLU는 명령어들이 사실상 이해되었다는 표시를 한다. 지침이 모호한 경우에는 이를 명확히 하기 위해 다시 질문한다.

SHRDLU는 무엇을 하는가? 간단히 말해, 자신의 블록 세계에 대해 질문을 던지면 답을 한다. 블록 세계에 놓여 있는 시뮬레이션된 사물들에 대해 내린 명령을 수행한다. 그리고 결과를 보고한다. 때로 이 명령들은 잡기, 옮기기, 놓기처럼 간단하다. 그러나 어떤 때는 쌓기, 맨 위 비우기처럼 높은 수준으로 추상화된 것도 있다. 예를 들어 쌓기를 하려면 두 사물의 맨 위를 치워야 쌓기가 가능해진다. 이 프로그램은 각 하위 목표를 달성할 수 있는 행동과 각 행동마다 필요한 선행조건 집합을 검색한다. 이렇게 작업하려면 목표 상태를 보고, 동작에 필요한 모든 선행조건이 존재하는 상태로 돌아가는 것이 필요하다(이 상태에서 다시 연쇄 작업이 시작되어야 한다). SHRDLU의 기술을 잠깐 예로 들어본다.

> 크고 빨간 블록을 집으십시오.
>
> : *알겠습니다.*
>
> (……)
>
> 들고 있는 것보다 높이가 더 큰 블록을 찾아 상자에 넣으십시오.
>
> (……)
>
> : *알겠습니다.*
>
> 상자에 무엇이 있습니까?
>
> : *파란 피라미드와 파란 상자가 있습니다.*

피라미드를 받치는 것은 무엇입니까?

: *상자입니다.*

(……)

블록 1개로 피라미드 1개를 받칠 수 있습니까?

: *예.*

(……)

2개의 빨간 블록 모두와 초록 정육면체 또는 피라미드를 쌓으십시오.

: *알겠습니다.*

어떤 정육면체가 테이블 옆에 있습니까?

: *빨간 피라미드를 받치고 있는 큰 녹색 정육면체입니다.*

피라미드 뒤에 큰 블록이 있습니까?

: *예, 3개입니다: 크고 빨간 것, 큰 녹색 정육면체, 파란 것.*

(……)

(녹색 피라미드를) 언제 집었습니까?

: *빨간 정육면체, 크고 빨간 블록, 큰 녹색 정육면체를 쌓고 있을 때입니다.*

왜 그랬습니까?

: *그것을 제거하기 위해서입니다.*

왜 제거하려고 했습니까?

: *빨간 정육면체를 치우려고 그랬습니다.*

(……)

상자의 블록 위에 파란 피라미드를 놓으십시오.

: *알겠습니다.*

(……)

감사합니다.

: *천만에요.*

(Winograd 1972. Boden 1977: 115-122에서 재인용)

다른 프로그램들이 보여준 이해도와 비교할 때, SHRDLU는 큰 혁신을 이루었다. 물론 시뮬레이션된 세계는 작고, 동작 수와 답할 수 있는 질문 수도 극도로 제한적이었다. 하지만 특정 우주 안에서 이 프로그램은 그럴듯한 방식으로 움직였다. 다른 점을 '지각'하고 명령을 '처리'했다. 마치 무엇을 질문 받았는지 실제로 이해하고 있음을 보여주기 위한 것 같았다(이것이 실제로 질문을 이해하고 있다고 말할 수 있는지에 대해서는 어마어마한 논쟁이 있었으며, 이에 대해서는 간단하게 살펴볼 것이다).

위노그래드의 프로그램은 그 전의 것들보다 더 정교했는데 이는 전문 파서(parser)나 특수 기능, 즉 문장을 의미 있는 단어군으로 나누는 구문론 특수 기능, 명사구로 설명되는 사물을 동사구로 설명되는 동작과 연결하는 방식을 결정하는 문장 특수 기능, 개별 장면을 다른 장면과 연결하여 한꺼번에 묶을 수 있는 일련의 이야기로 이해할 수 있는 시나리오 특수 기능 등을 사용했기 때문이었다. 예를 들어 시나리오 특수 기능은 고유명사 참고 사항과 행해지는 모든 동작의 일시적인 연쇄를 다룰 수 있어야 한다. 이러한 특수 기능들이 서로 유연하게 상호작용을 하고 정보를 공유하는데, 이 외에도 프로그램은 믿음 시스템(belief system), 문제 해결에 대한 지식(빼기계산의 메커니즘 같은), 발언이 질문인지 명령인지 언급인지 등을 구별할 수 있는 기능들을 가지고 있었다. SHRDLU는 당시 명백한 언어 생성이자 이해 능력을 보여 충격을 자아냈다. 그러나 대니얼 데닛(1978)에 의하면 이것의 주요한 성과는 다른 측면에 있다. 특히 SHRDLU 실험은 방대한 요구를 시스템에 넣어 탐구했는데, 여기에는 방향을 따라가기, 세계에서 계획 변경하기, 변경 사항을 계속 기록하기 등이 있었다. 이러한 작업들이 이루어진 방식이 진짜 인간의 방식을 모사한다고 할 수 없을지는 몰라도, 위노그래드가 고안한 절차들은 독창적이었으며, 최소한 이해를 그냥 흉내내는 것이 아닌 진정한 이해를 추구하는 시스템이라면 부닥치게 될 문제들을 제시했다.

물론 제약들도 있다. 이 프로그램은 'and', 'the', 'but' 같은 기능어 간의 의미 차이를 평가할 수 있는 의미론적 정보가 없었다. 더욱 강력하게 말해서, SHRDLU는 더 좋은 성능을 내도록 학습할 수 있는 능력이 전혀 없었다. 이것의 지식은 왜 하는지, 무엇을 하는지를 알기에는 충분했지만, 실패했을 때 무엇이 잘못됐는지를 기억하거나 향후 더 적절한 대응을 할 수 있도록 오류에서 학습을 하기에는 부족했다. 나중에 제럴드 서스먼(Gerald Sussman, 1975)이 HACKER라는 프로그램을 통해 블록월드 프로그램에서 이러한 학습이 사실상 가능하다는 사실을 보였다.

위노그래드의 프로그램은 인공지능사의 아주 중요한 순간에 나타났다. 이 시기에는 인공지능 학계 내에서, 또 인공지능 학계와 외부의 신랄한 비평가들 간에 격렬한 논쟁이 벌어졌다. 여러 면에서 위노그래드의 프로그램은 이러한 논쟁에 중요한 의견을 제시했다. 물론 단번에 해소할 수는 없었지만 말이다.

6.6 중추적인 이슈들

6.6.1 전문가 시스템에 대한 수요

먼저, 인공지능 학계 내의 논쟁이 있다. 1960년대는 일반 문제 해결에 대해 흥분해 있던 시기였다. 뉴얼과 사이먼이 이끈 이 부류의 연구는 프로그램에 한정되어 있었다. 이는 원칙적으로는 해당 주제의 모든 방식을 다루었다. 그러나 1960년대까지 상당히 일반적인 용어로 표현된 이러한 프로그램들의 한계가 점점 분명해졌다.

이 시기, 에드워드 파이겐봄은 모교인 카네기-멜론으로 돌아가 뉴얼, 사이먼, 기타 선도적인 인지과학자들이 있던 청중 앞에서 발표를 했다. 파이겐봄은 자신의 전 스승에 도전했다. "여러분은 장난감 문제를 다루고 있습니다. 체스와 논리는 장난감 문제입니다. 그걸 풀면 장난감 문제를 푼 겁니다. 그리고 그게 다죠. 실제 세계로 나와서 실세계의 문제를 해결하십시오"(Feigenbaum and McCorduck 1983: 63). 파이겐봄은 유기 화합물에 대한 방대한 전문 지식을 다루는 자신의 전문가 시스템인 DENDRAL에 대한 정보를 발표했다. DENDRAL은 인상적인 성공을 거두었지만, 처음 대중의 반응은 냉소적이었다. MIT의 조엘 모지스(Joel Moses)는 이렇게 언급했다.

> 초기 인공지능 연구에서 단어 지식이라는 말은 찾아보기 힘들 것이다. 그들은 뭔가 알아야 한다는 걸 믿지 않았다. 언제나 처음부터 다시 해야 하는 것이다. (……) 내 기억에 1967년이 사실상의 전환점이었다. 이때 즈음에 일반적인 원칙에 대한 구식 아이디어들이 퇴장해야 한다는 생각들이 커졌던 것이다. (……) 나는 내가 전문가 우선주의라고 불렀던 견해를 지지하는 논쟁을 했고, 당시 나는 다른 이들을 일반주의자라고 불렀다. (McCorduck 1979: 228-229에서 재인용)

뉴얼은 모지스의 접근법을 강력하게 반대했다.

> 그는 내 입장을 큰 회로 스위치 이론이라고 부른다. 그의 아이디어는 일을 대신 해줄 온갖 전문가(프로그램)를 가지고 있다가 문제가 생기면 그 문제를 어떤 전문가에게 맡길 것인지 결정만 하면 된다는 것이다.

그런데, 그런 건 인공지능이 아니다. (……) 내 생각에 뉴얼의 입장을 마침내 부순 것은 위노그래드이다. (McCorduck 1979: 229에서 재인용)

위노그래드의 프로그램이 완성된 지 얼마 지나지 않아, 마빈 민스키와 앨런 뉴얼 같은 구세대 리더들조차 일반주의자 프로그램의 한계와 상당량의 전문 특수 지식을 처리하는 시스템에 대한 필요성을 확신했다. 그러나 유사한 문제들이 다른 모습으로 돌아왔다. 예를 들어 모든 인공지능 프로그램에 대응하는 하나의 일반 언어가 있어야 하는지 아니면 고유 언어가 다양하게 있어야 하는지 같은 질문이다.

6.6.2 절차적 표상 대 선언적 표상

프로그래밍의 방식에 대해서도 같은 시기에 격렬한 논쟁이 있었다. 선언적 표상(저장된 사실 또는 선언의 집합으로서 코딩된 지식)을 지지하는 학자들과 절차적 표상(수행할 절차 또는 동작의 집합으로서 코딩된 지식)을 지지하는 학자들 간의 논쟁이었다. 1970년대 초반, 각각의 진영은 선언적 지식을 선호하는 쪽으로 방향을 바꾼 LISP를 채용한 이들과 갈라섰다. 그들이 볼 때, 선언적 언어는 사람들이 이해하고 사용하기 쉬웠다. 더구나 이러한 프로그램들은 정보를 저장했다가 이후에 마음대로 쓸 수 있기 때문에 경제적이기까지 했다. 선언주의자들은 다양하게 사용할 수 있는 절차들의 매우 일반적인 집합, 여기에 특정 지식 분야를 설명하는 데 유용한 특정 사실들의 집합이 결합된 것이 지능이라고 생각했다. 그들은 해당 주제에 대한 지식이 이런저런 맥락에서 사용되는 절차들과 꼭 결부되어야 한다고 보지 않았다.

심리학으로 치면 기능주의자들을 연상케 하는 방식으로, 절차주의자들은 인간 지능을 개인들이 방법을 아는 활동들의 집합으로서 가장 좋은 것으로 생각했다. 뭔가를 이루는 데까지의 실제 절차에는 어떤 지식이든 필요한 것이 내장될 수 있다. 우리가 어떻게 해야 하는지 아는 많은 것들이 최고의 절차로 간주되며, 이것들을 선언적 방법으로 형식적으로 기술하기는 어렵다. 예를 들어 간단한 세계를 조작하는 로봇을 만들고 싶다면, 이러한 조작을 절차적 프로그램으로 기술하는 것이 보다 자연스럽게 할 수 있는 방법일 것이다. 절차적 표상은 고차(2차 층위) 통제 정보 또는 지식을 바로 가져다 여러 영역에서 쓸 수 있다는 추가적 장점이 있다(Boden 1977; Cohen 1977; Newell 1983; Winograd 1975).

절차적 표상 대 선언적 표상에 대한 논쟁은 지난 수년 동안 다소 잠잠해졌다. 한쪽 기능의 표상 모드만으로는 모든 계산 기능을 다 실현할 수 없으며, 어떤 문제는 한쪽 접근으로, 또 어떤 문제는 또 다른 접근으로 하는 것이 더 좋다는 인식이 이제는 널리 퍼졌다. 초기에 위노그래드는 절차 시스템의 강력한 지지자였으나 후에 이 두 표상 모드의 장점을 기술한 논문을 썼으며, 더 이후에는 대니얼 보브로우와 협력하여 절차적 및 선언적 요소를 두루 갖춘 여러 가지 지식 표상 언어를 만들기도 했다(Bobrow and Winograd 1977).

6.6.3 가장 날카로운 상처 세 가지

1970년대 초반 역시 인공지능의 목표에 공감하지만 최적의 수단에 대해서만 서로 동의하지 못하는 학자들 간에 내부 논쟁이 계속되었다. 인공지능에 대한 훨씬 강력한 비판 역시 계속되었다. 멋진 ELIZA 프로그램을 만든 조셉 와이젠봄(1976)은 AI 지지자들에게 강력한 공격을 가했다. 그의 견해로는, 그들의 주장 중 많은 것들이 과도하고 실제의 성과와는 완전히 다른 방향으로 가고 있었다. 더 나아가, 그는 인공지능의 미래에 대한 함의에도 비판적이었다. 그는 기계에 할당되고 있는 작업들 중 상당수가 인간이 그대로 하는 것이 가장 좋다고 생각했으며, 인간의 영역 안에 있어야 할 것과 기계에 넘겨야 할 것에 관련하여 위험한 혼돈이 일어날 것이라고 우려했다. 인간은 기계와 완전히 다른 실체이다. 사랑과 윤리 같은 고유한 인간 경험은 신성 불가침의 영역으로 남아야 한다.

인공지능에 대한 다양한 범위의 공격 중 UC 버클리의 현상학 중심 철학자였던 휴버트 드레이퍼스(Hubert Dreyfus)는 1972년 『컴퓨터가 할 수 없는 것: 인공 사유에 대한 비판(*What Computers Can't Do: A Critique of Artificial Reason*)』이라는 책을 발표했다. 드레이퍼스는 이 책의 대부분을 인간과 컴퓨터 간의 근본적인 차이를 다루는 데 할애했다. 그는 컴퓨터와 달리 인간은 주변 의식, 모호성에 대한 인내, 객관적·주관적 인상의 경험을 조직 통합하는 몸, 권태의 잠재적 가능성, 피로, 의지의 결여, 명확한 목표, 상황을 정리하고자 하는 욕구 등이 있다고 주장했다.

드레이퍼스가 계속 주장한 이야기에 따르면, 명백한 초기의 성공 이후 인공지능은 가라앉았다. 위의 근본적인 차이들을 해결할 방법이 없었기 때문이다. 인공지능은 지능을 포함한 모든 인간 행동이 논리적 규칙을 통해 형식적으로 설명될 수 있다는 개념과 결부되어 있다. 그러나 인간은 필요한 만큼만 논리적이다. 결코 완벽하게 규칙에 지배되지 않는다. 삶이란 인간이 만드는 것이다. 컴퓨터는 상황에 참여하지 않는다. 그럴 필요나 욕구나 목적이 없기 때문이다. 컴퓨터는 모든 사실을 언제나 동등하게 관련이 있는 것으로 취급한다. 차별이나 평가 같은 것을 할 수 없다. 그것은 인간이 하는 것이며 인간이 그것을 의미 있게 만든다.

와이젠봄의 책은 비판적인 환영을 받았다. 어느 정도는 인공지능 학계 동료들의 존중에 의한 것이었다. 반면에 컴퓨터과학자들은 드레이퍼스의 가혹한 판정에 대해 좋은 말을 하지 않았다. 개인 간 대립이 일어났으며 심지어 지적 무능이라는 혐의까지 논쟁을 지배했다. 아쉽게도 이 문제들에 대한 비평가와 연구자 간의 진정한 논의는 적었다. 아마도 가치 체계가 다른 것이 이유였을 수도 있다. 와이젠봄처럼 컴퓨터가 쓰이지 말아야 할 영역이 있다고 생각한다면, 이는 윤리적 또는 종교적 판단이다. 드레이퍼스처럼 현상학적 접근으로 이해하는 것을 지지한다면 인체를 경험하는 느낌이 가장 중요하므로 컴퓨터과학과 인공지능 세계의 사실상 모두에게 낯선 인식론적 전통에 서 있는 것이 된다.

드레이퍼스의 이 책은 1979년 2판이 나왔다. 그는 인공지능의 특정 경향이 경험에 대한 인간의 접근을 수용하는 방향으로 어느 정도 움직였다고 느꼈다. 컴퓨터과학계에서는 최소한 소수 학자들이 드레이퍼스가 정당하게 대할 만한 문제 제기를 했다고 생각할 것이다. 그럼에도 불구하고 드레이퍼스의 다음 책 제목은 잠정적으로 "컴퓨터를 제자리에 놓기(Putting Computers in Their Place)"였다.

아마도 인공지능 연구자에게 가장 힘들었던 것은 인공지능에 별 관심도 없었을 제임스 라이트힐 경(Sir James Lighthill)이 발표한 부정적 평가였을 것이다. 라이트힐은 영국 정부 과학연구위원회의 요청을 받고 영국 인공지능계의 현재 기술을 평가했다. 라이트힐은 주목할 만한 것이 거의 없음을 알고는 첫 20년 동안 나타난 초창기의 기대와 실제 업적 간의 괴리에 대해 무자비하게 경시하는 평을 다음과 같이 썼다.

> 인공지능 관련 분야의 연구자 대부분은 지난 25년간 이룩한 업적에 대해 실망감을 내보인다. 이들은 1950년경 이 분야에 들어왔고, 1960년 전후까지 희망이 컸지만, 1972년에도 현실은 멀었다. 인공지능의 어느 분야도 그때까지 약속했던 것을 실현하는 주요한 영향력을 발휘하지 못했다. 한편 인공지능 연구의 잠재적 성과와 관련된 주장과 예측이 쏟아져나왔다. 학계 주요 연구자들의 기대조차 훨씬 뛰어넘는

것들이었다. 이렇게 과장된 예측의 실패가 그들의 당혹스러움에 덧붙여졌다. (1972: 17; Lighthill et al. 1973도 참조)

라이트힐은 계속 언급한다.

능력 있고 존경받는 과학자들이 필자에게 이렇게 편지를 쓴다. 계산과학의 주요 목표인 인공지능이 '진화의 일반적 과정의 또다른 단계'를 표상한다고, 1980년대에는 인간급의 지식 베이스를 갖춘 범용 지능체가 나타날 것이라고, 2000년이 되면 인간 지능을 뛰어넘는 기계지능이라는 경이로운 가능성이 있다고[독자는 냉소적일 권리가 있다]. (1972: 17)

라이트힐의 암담한 글에도 눈여겨볼 부분이 하나 있다. 그는 위노그래드의 논문에는 특별히 비난을 제외했다. 그가 보기에 SHRDLU는 제한된 대화의 우주 속에서 자연어의 요구 사항에 맞는 순수한 지식과 감응성을 제안하는 원칙들을 사용하여 성공했다. 라이트힐이 이렇게 구별한 것은 그가 인공지능을 모두 거부하려는 것이 아니었음을 의미하며, 1970년대 초에 등장한 위노그래프의 논문이 이루어낸 특별한 업적을 다시 한 번 상기시킨다는 것을 의미한다.

물론 1970년대 초 인공지능 학계가 겪었던 침체기는 끝이 났고 1970년대 말과 1980년대 초 단발적인 성공들이 있었음은 부정할 수 없다. 인공지능에 조예가 깊었던 철학자 마거릿 보든(Margaret Boden)은 이렇게 선언했다.

정보를 별로 갖지 못한 비평가들은 그 선험조건(a priori)이 불가능하다고 말했었던 것들을 할 수 있는 프로그램은 이미 존재한다고, 아니,

아주 최소한 그것들을 하기 시작했다고 해두는 것이 좋겠다. 개별적 방법과는 반대되는 전체적인 방식의 지각, 언어의 창조적 사용, 언어-중립적인 의미론적 표상으로 언어를 현명하게 번역하기, 광범위하고 간략한 형식으로 행동을 계획하고 세부적인 것은 실행 중 결정하기, 대상의 심리적 맥락에 따라 감정 대응의 종류를 구분하기 같은 예를 들어보자. (Boden 1981: 33)

1950년대의 '어이없는 초낙관주의'로부터 기댓값이 계속 낮아졌음에도 특정 연구자들의 실제 업적은 주목할 만하며, 학계 외부 사람들 대부분은 실험들이 최소한 흥미로우며 진지하게 받아들여야 한다고 생각하게 되었다.

6.7 1970년대의 혁신

인공지능 비판자들은 여전히 날이 서 있었으나, 1970년대 초반에 새로운 에너지가 분출되고 여러 가지의 중요한 업적이 이루어졌다는 데 대해서는 일반적으로 동의하는 편이다. 이 두 번째 파도는 위노그래드의 SHRDLU로 요약될 수 있다. 일반주의자에서 전문가 지식 시스템으로의 이전이었으며, 선언적 접근과 절차적 접근의 혼합이었다. 이 시기, 또 다른 중요한(논란의 여지가 많기는 하지만) 경향이 있었다. 언어를 비롯한 인지 영역을 이해하기 위한 하향식 접근이 그것이다.

로저 섕크(Roger Schank)와 그의 동료들의 연구(Schank 1972; Schank and Abelson 1977)에서 볼 수 있듯이, 메커니즘의 '이해'는 일반적으로 텍스트가 어떤 것이라는 여러 가지 기대를 가지고 있다. 이 메커니즘은 논의 중인 주제의 세부 사항에 대한 지식 구조의 핵심 집합 또한 포함한다. 이 구조들은 선행된 지식 베이스의 일부로서 구축된다. 이들은 그다음 그 텍스트가 그 장르는 다른 상태와 어떻게 유사한지, 또 어떻게 다른지를 이해하기 위한 노력 가운데 특정 텍스트와 연관짓기 위해 불러올 수 있다. 가장 잘 알려진 공식에서, 섕크는 스크립트(script)의 개념을 도입했다. 스크립트는 자주 접하는 상황, 즉 식당에서의 식사나 병원 진료 같은 상황에서 흔히 예상되는 표준적인 사건의 집합을 말한다. 스크립트는 이후 맥도날드에서의 스낵에서부터 고급 식당의 정찬 등 각기 다른 식사 또는 여러 다양한 의료 전문가의 진찰을 받는 것을 이해하게 해준다. 이렇게 구조화된 틀은 '이해하는 자'가 그렇지 않았다면 유사화하기 어려운 텍스트를 신속하게 처리할 수 있게 해준다(프레더릭 바틀릿의 이야기 스키마는 그의 독자들이 이야기를 미스터리 유령 소설로 이해해도 무방하게 만들어주는 것과 매우 비슷하다).

또 다른 영향력 높은 하향적 접근법은 마빈 민스키의 프레임 개념으로(1975), 하나의 중심과 슬롯의 집합 하나로 이루어진 영역에 대한 지식의 예상 구조를 가리킨다. 각 슬롯은 프레임이 모델링하는 그 영역의 특정 측면에 해당한다. 프레임에서는 설명이 만들어지며 이후 유지되다가 예측값이 관측되면 대체된다. 따라서 예를 들어 로봇이 문을 통해 방으로 들어가면 로봇은 '방 프레임'을 활성화시키고, 이것이 작업 기억으로 들어가 보통의 방에서는 다음에 무엇이 보일 것인지에 대해 많은 예상들이 행해진다. 로봇이 직사각형을 지각했다면, 방 프레임에서 이 형태는 창문을 제안할 것이다. 슬롯들에는 최상부 층위로 고정된 파라미터들, 제안된 상황에 대해서는 언제나 참인 것(예를 들어 방은 4개의 벽이 있음)들을 표상하는 파라미터들이 포함된다. 그 아래의 층위에는 많은 종결(terminal) 슬롯이 있다. 이 슬롯들은 데이터의 특정 사례들로 채워야 한다. 예를 들어 창문과 같은 사물은 방에 들어가면 보일 확률이 높다. 이는 인간 개인들이 저마다 수많은 조직화하고 해석하는 프레임을 가지고 있으며, 정상적으로 복잡한 상황이라면 언제나 이 프레임들의 조합이 호출된다는 것을 상정한다.

6.7.1 다원주의

민스키는 또한 마음의 작동 방식에 대해 흥미로운 개념을 내놓았다. 그리고 이는 컴퓨터 프로그램을 어떻게 만들어야 할지에 대한 새로운 제안으로 이어졌다. 모든 정보가 지나가야 하는, 또는 모든 행위를 관장하는 조직화되거나 통합된 마음을 통한 단순한 일반적인 처리기나 중앙처리기 대신, 민스키는 정신적 활동을 많은 에이전트들로 구성된 것으로, 그 에이전트 각각이 특정 전문가인 것으로 바라보았다. 이 '마음의 사회(society of minds)'라는 견해에 따르면, 수십 개의 처리 센터, 또는 '에이전트'로 구성되어 있다. 이들은 여러 가지 유형의 지식을 동시에 다룰 수 있다. 국지적인 에이전트 각각이 기능을 가지고 있다. 이 에이전트들은 특정 상황이 되면 호출되며, 다른 에이전트에 접근할 수 있다. 에이전트는 기호 표현을 전송하는 것이 아니라 자극과 억제를 방출하여 서로 소통한다. 이들은 또한 검열 정보도 있다. 프로이트의 슈퍼에고와 상당히 유사하다. 이 방식에서는, 마음의 어떤 부분은 특정한 것을 알지만 다른 부분은 다른 것에 대한 것들을 안다. 사실, 어떤 에이전트가 어떤 것을 알 수 있고 처리할 수 있는지에 대한 지식은 마음에 대한 이 새로운 견해에서 매우 중요한 역할을 하게 된다(Minsky 1979; 1982).

민스키의 프레임 아이디어와 그의 '마음의 사회' 비유는 그 자체로 분명한 과학적 테스트의 대상이 될 수 있는 이론은 아니었지만, 더 효율적인 성능을 가지고 인간의 행동을 더 충실하게 모델링할 수 있는 프로그램을 고안하는, 조직화를 위한 프레임워크(프레임도 상관없을 듯하다)로서 더 좋은 생각이었다. 그런 측면에서 그의 아이디어는 선행 지식이나 예상으로 구축하는 데 실패한 접근법들에 대한 반응, 또 특정 영역에 대한 상세한 지식을 가지고 있으나 다른 영역에 대해서는 일반성이나 연결이 결여된 접근법들에 대한 반응으로 볼 수 있다. 민스키의 새 아이디어가 인공지능에 궁극적으로 어떤 영향을 미쳤는지는 아직 알려진 바 없다.

지식 베이스를 개념화하는 방식을 크게 바꾸면서, 인공지능 연구자들을 항상 도왔던 컴퓨터, 즉 '폰 노이만'형의 직렬 디지털 컴퓨터에 대해서도 불만이 늘어나기 시작했다. 민스키와 같은 학자들, 제프리 힌튼(Jeffrey Hinton)과 제임스 앤더슨(James Anderson) 같은 젊은 학자들은 흥미로운 가능성 하나를 제기했다(1981). 두뇌가 직렬형 메커니즘이 아닌 수백만 신경 활동이 동시에 발생하는 병렬형이므로, 인간 행동의 시뮬레이션은 병렬형으로 작동하는 컴퓨터로 수행되어야 한다는 것이다. 두뇌는 학습을 하고, 많은 특수 목적의 활동을 하며, 대규모의 반향회로를 통해 정보가 퍼져나가는 도구이다. 힌튼, 앤더슨, 그들의 동료들은 인간 두뇌의 동작을 더 비슷하게 수행하는 컴퓨터와 협력하는 다수의 개별 에이전트들을 기능으로 가진 프로그램이 필요했다. 이러한 노력들 대부분은 시각 처리 시뮬레이션과 관련이 깊었으며 신경생리학적 측면에서 이해가 상당히 진행되어 유사한 해부학적 시뮬레이션을 하기 좋은 분야다. 점점 많은 전문가들이 인공지능의 다음 혁신은 '병렬형'의 정보처리 아키텍처를 활용할 것이라고 예상하고 있다. 제10장에서 시지각을 논의하면서 '비-폰 노이만' 스타일 컴퓨터에 대한 생각들을 일부 다룰 것이다.

6.7.2 언어의 이해

새로운 방식의 생각이 쏟아져 나왔을 뿐 아니라 특정 영역 일부에서 눈부신 성과가 있었다. 새로운 개념을 반영한 이들 성과는 초창기의 부자연스러운 행동들에 대한 속죄라고 할 수 있다. 예를 들어 언어 분야에서 예일대의 로저 섕크와 그의 동료들, 또 다른 연구소들에서 연구하던 섕크의 제자들은 이야기를 요약하고 신문 기사를 발췌하고 질문에 답하고 이야기의 줄거리, 인물, 동기에 대해 추론하는 프로그램을 만들었다(Schank and Abelson 1977; Wilensky 1983).

이 프로그램에 대한 섕크의 설명과 언어에 대한 보다 일반적인 이론들은 큰 논쟁을 불러일으켰다. 그는 문법에만 좁은 초점을 맞추었던 초기 언어 프로그램들의 실패를 되짚으며 진정으로 '언어를 이해'하는 프로그램, 혹은 적어도 그 일부가 필요하다고 말했다. 하지만 많은 비판가들은 '이해'가 부적절하게 사용되고 있다고 느꼈다. 이러한 흐름의 비판에 대해서는 존 설의 '지향적인(intentional)' 행동이 수반되는 기계에 대한 총체적인 회의적 시각을 다루면서 함께 논의할 것이다. 섕크의 언어에 대한 특성 논의에 대해서도 논쟁이 있었다. 그는 우리가 말하고 생각할 수 있는 모든 것들이 기본적인 개념적 요소들의 작은 그룹들로 귀결된다고 주장했으며, 이러한 요소들이 무엇이며 어떻게 작동하는지를 선언하는 데까지 나아가 결과적으로 의미의 미묘함이 명백히 손상되는 데까지 이르렀다. 예를 들어 그는 일상 대화의 모든 동사가 열두 가지의 원시적인 동작(예를 들어 움직임, 흡수, 잡기)들로 분석될 수 있으며, 이 동작들은 사물, 추상적 관계, 아이디어의 조작, 움직임, 이동 등에 관여한다고 보았다. 섕크는 이에 대한 이론적 증명을 하지 않고 이 원시적인 핵심어들(primitive cores)의 측면에서 동사를 분석하는 방법에 대한 많은 사례를 제공했다. 이 동사들을 중심에 놓고 일반적인 언어 이해를 구축할 수 있고, 의미론 전반에 집중하며, 구문론적 변수는 제외된다.

섕크의 언어적 형식화는 촘스키 계열의 언어 처리 연구자들을 설득시킬 수는 없었다. 그들의 관점에서, 섕크는 특정한 제한된 상황에서는 성공적일지 몰라도 원칙이 전혀 없는 즉석 메커니즘의 집합을 만들었을 따름이었다.

많은 평자들이 섕크의 연구가 가지는 이론적 한계에 동의하지만, 약속한 부분에서는 아주 성공적이었다는 사실을 부정할 수는 없다. 더 나아가, 많은 학자들은 섕크가 '이해하는 시스템'을 만들기 위해 필요한 일반화 수준을 갖추었다고 보고 있다. 그는 개별 단어가 아닌 의미의 단위에 초점을 맞추었고, 문장을 다듬는 것보다는 예상을 추출하기 위해 단어를 사용했으며, 구문론보다는 의미론에 초점을 맞추었다. 하향식 접근이 인지심리학에 새로운 바람을 몰고 왔던 것처럼, 섕크의 전략적인 '베팅'은 놀랍도록 성공적이었으며 이는 현재진행형이다.

인간처럼 자연 언어를 이해하는 프로그램이 나올 날은 아직도 멀게 보이지만, 자연어 능력의 다른 측면들에서 큰 성과가 있었다. 윌리엄 우즈(William Woods, 1975)와 로스 퀼리언(Ross Quillian, 1968) 같은 일부 접근법은 의미론의 길을 걸었다. 한편 미첼 마커스(Mitchell Marcus, 1979)는 구문론을 따르는 편을 택했다. 라즈 레디(Raj Reddy)의 HEARSAY(Reddy et al. 1973) 프로그램은 여러 가지 지식(의미론, 화용론, 구문론, 어휘, 음소, 음운)을 기반으로 단일 음소에서부터 완전한 어절에 이르기까지 다양한 수준에서의 소리를 분석함으로써 대화를 이해하려는 시도를 보여주었다. 각각의 지식 베이스는 다른 모든 지식 베이스들이 생성한 가설을 관찰하고 (또 이를 중앙 작업판에 '표시하고') 무엇이 말해졌는지에 대하여 '가장 좋은' 추측을 제시한다. 이 시스템은 분명 세밀함이나 이론적인 동기의 견고함은 떨어졌지만, 최적화된 환경이 아닌 상황에서의 대화를 이해할 때 수반되는 것으로 증명된 특질들을 모두 조합한 경우의 성능을 잘 탐구했다.

6.7.3 지각

시지각 분야와 유사한, 어쩌면 더 분명한 연구의 진척도 있었다. 1960년 전후, 코넬대의 프랭크 로젠블랫(Frank Rosenblatt)이 만든 '눈' 앞에 놓인 문자(및 기타 패턴)을 인식하는 PERCEPTRON을 둘러싼 흥분이 몰아쳤다. PERCEPTRON은 광전지로 가득한 격자로 이루어져 있으며, 이들은 망막의 뉴런에 해당한다. 이 전지들은 각각 연결된 연계기가 있는데, 이것들의 기능은 광전지가 내보내는 전기 자극을 수집하는 것이었다. 전지와 연계기 간의 연결은 임의적으로 이루어졌다. 그것이 두뇌와 가장 비슷했기 때문이다(Bernstein 1981; Dreyfus 1972). 또 다른 부품 조합은 반응 단위체였다. 연계기는 오직 자극이 특정 역치를 넘을 때만 신호를 냈다.

마빈 민스키와 MIT의 세이무어 페퍼트(Seymour Papert)는 이 기계가 잘못된 개념을 근거로 만들어졌으며, 기계를 그저 작동하겠지 하는 희망으로 만들기보다는 학습을 하게 만든다는 원칙을 찾는 것이 훨씬 이익일 것이라고 생각했다. 그들이 보기에 어떤 선행 구조를 구축할 것인지, 그리고 성공인지 실패인지에 대한 정보가 있는 피드백을 기계의 시스템에 제공하는 것이 필요하다고 보았다. 두 사람은 이후 PERCEPTRON 이론의 한계점을 명백하게 보여주는 책(1968)을 출판했다. 한동안 그들의 비판은 인공지능 분야의 기세를 꺾었다. 인공지능 연구자들이 신경망 모델에 기초한 시스템을 사용하여 형태 인식 분야에서 더 이상 이룰 수 있는 것이 없을 것이라는 결론에 다다랐기 때문이다.

그러나 1970년대 초 MIT에서는 더욱 인상적인 노력이 시지각 분야에서 시작되고 있었다. 패트릭 윈스턴(Patrick Winston)의 프로그램은 아치형 블록 형태와 비아치형 블록 형태를 구분하는 방법을 학습했다. 이 프로그램은 테이블, 아치, 받침대, 아케이드 등을 제시 사례와 그 반례로부터 인식하는 법을 학습했다. 이 프로그램은 적절한 파악에 영향을 주는 양성 사례와 음성 사례 간의 차이를 탐색했다. 잠정적으로 상정해둔 개념은 이후 사례들의 분석을 통해 더 풍부해진다. 윈스턴의 프로그램은 (SHRDLU와 같이) 매우 좁은 영역에서만 작동했지만, 형태가 어떻게 병치될 수 있는지에 대한 심오한 통찰을 사용했다.

MIT의 데이비드 왈츠(David Waltz, 1975)는 여러 줄기의 연구들(Clowes 1971; Roberts 1965)을 기반으로 그림의 전체 장면을 분석할 수 있는 프로그램을 개발했다. 이것은 그려진 장면 속의 3차원 묘사까지 할 수 있었을 뿐 아니라 동일한 공간이지만 다른 그림 2개를 인식할 수 있었다. 왈츠는 경험적 발견을 탐구했다. 한 이미지를 구성하는 요소들에 이름을 붙일 수 있다면, 물리적으로 가능한 장면들에 제한을 가해서 대부분의 경우 그 장면에 대한 단 하나의 해석만 남게 할 수 있다. 사실 그 형체의 모호함을 해소하는 것도 가능하다. 패트릭 윈스턴은 이렇게 선언했다.

> 장면 이해에 대한 왈츠의 연구는 모두를 놀라게 했다. 이전에는 복잡한 통제 구조와 많은 명시적인 추론력을 가진 프로그램만이 복잡한 장면을 분석할 수 있을 것이라고 믿었기 때문이다. 이제 우리는 실제 세계에서 교차시켜 놓은 제약들을 이해하는 것만으로도 문제가 훨씬 간단해진다는 것을 알게 되었다. 테두리를 합칠 수 있는 방식이 수천 개가 있는 목록과 간단한 짝짓기 프로그램이 필요한 전부다. (……) 잘 맞지도 않는 선 배치 조합 문제를 깔끔하게 제거한, 아주 간단한 제약 의존적인 반복 프로세스의 실행 문제로 탈바꿈시켰다.(1977: 227)

시지각 분야에서 더욱 인상적인 업적은 또 다른 MIT의 연구자인 데이비드 마(David Marr)로부터 나왔다. 그는 물체와 장면을 지각하는 초기 단계를 모델링했다. 마는 촘스키의 언어의 정체와 유기체의 언어 학습 방법에 대한 이론적 접근에 감명을 받았다. 이에 따라 마는 모든 인공지능 프로그램에 수반되는 것이 무엇인지, 실세계의 복잡한 장면을 인식하기 위한 시각 시스템과 실제 세부 사항은 무엇일지에 대해 숙고했다. 그는 시각 신경계를 직접 다루지는 않았지만, 시각 시스템을 특징짓는 것으로 알려진 과정들을 그대로 따르는 프로그램을 설계했다. 마는 문제를 정교하게 형식화했고 확실하고 충격적인 결과를 만들어내며 폭넓은 찬사를 받았다. 그러나 그는 1980년 35세의 나이로 갑작스럽게 생을 마감했다. 마의 업적(1982)은 제10장에서 물체 인식 방식에 대해 논의할 때 집중해 다룰 것이다.

물론 다른 많은 연구자들과 프로그래머들을 더 언급할 수 있다. 이들은 언어, 시지각, 문제 해결 등의 '주류' 연구도 했고, 음계 인식에 대한 크리스토퍼 롱게-히긴스(Christopher Longuet-Higgins)의 연구나(1979) 피아제 유형의 작업에 대한 어린이의 인지 과정을 다룬 리처드 영(Richard Young)의 연구처럼(1974) 주변부 영역으로 기우는 연구도 했다. 전도 유망한 새로운 노력도 계속되었다. 물론 아직은 이들의 전반적인 결과를 평가하기 이르다. 예를 들어 더글러스 레나트(Douglas Lenat)는 휴리스틱 추론을 문제 해결의 보조 수단으로 삼는, 더 나아가 새로운 휴리스틱을 발견하는 접근법을 개발했다(1976; 1984). 어떠한 경우든, 총체적인 요점은 분명하다. 1970년대 초의 위기 이후 인공지능 분야는 에너지가 넘쳤다. 결과물들은 아직 인간의 수준에 전혀 미치지 못하지만, 이제는 더이상 이것들이 추상적인 절차라거나 싸구려 잔재주에 기대고 있다거나 하는 식의 비판은 받지 않는 수준이 되었으며, 인간 지능 행동의 핵심 의제들을 분명하게 다루고 있었다.

6.8 중국어 방

그럼에도 불구하고, 모든 이들이 인공지능의 근원적인 가치를 확신하는 것은 아니다. 지금까지도 가장 많이 찾아보게 되는 비판은 아마도 버클리의 언어철학자인 존 설의 「마음, 뇌, 프로그램(Minds, Brains, and Programs)」(1980)일 것이다. 설의 이 글이 실린 학술지는 동료 학자들의 의견 역시 싣기 때문에, 동조자에서 분노한 비평자에 이르기까지 수십 개의 관련 글이 실렸다. 이 논쟁의 주제는 아주 유명해졌고, 어떤 측면에서는 현대 인공지능의 최우선 주제들에 대한 요약본 역할을 한다.

설은 일단 약 또는 신중한 인공지능론 쪽의 비판자들과는 격론을 벌이지 않았다. 즉, 인공지능은 인간 행동 과정을 설명해준다는 주장이다. 그에게 이 인공지능 분파에 대해서는 아무 문제가 없었다(적어도 그가 지금까지 쓴 글에 따르면). 이 입장은 컴퓨터를 마음을 연구하는 데 사용되는 도구라고 본다. 이것으로 가설들을 열심히 테스트하는 것이다. 설은 강 인공지능론과 싸웠다. 적절하게 프로그래밍된 컴퓨터는 실제로 마음이며 문자 그대로 다른 인지적 상태를 이해하고 경험한다고 말할 수 있다는 주장이다. 소수의 학자들은 이 '강력한' 견해를 설의 적들만큼이나 끈덕지게 지지한다. 설의 비판에 대한 격렬하기 그지없는 반응들은 그가 아픈 부분을 제대로 짚었다는 것을 확인해준다.

6.8.1 설의 수수께끼

강 인공지능과 싸우기 위해 설은 도발적인 중국어 방 예시를 도입했다. 예를 들어 한 개인(이 경우에는 설 자신)이 어떤 방에 갇혀 있고 중국어가 적힌 아주 많은 종이 다발을 받았다고 치자. 그는 중국어를 전혀 모르고, 중국어와 다른 식의 낙서를 구분할 정도도 안 된다고 치자.

그다음, 그가 중국어 문자가 적힌 종이 다발과, 이 문자를 앞서 받은 글과 맞추어볼 수 있는 규칙 집합을 받았다고 치자. 규칙은 영어로 되어 있으며 따라서 설은 이를 이해할 수 있다. 이 규칙은 한 뭉치의 정식 기호를 다른 뭉치와 연결시키는 방법을 알려준다. 이 과정을 반복하면 글자를 다른 글자와 연관시키게 되고, 따라서 어떤 문자 뭉치가 들어오면 여기에 '맞는' 문자 뭉치를 답으로 제출할 수 있게 된다. 이 상황을 복잡하게 바꾸어 화자가 영어로 질문과 답을 받는다고 치면, 이 또한 화자는 해결할 수 있다. 화자는 이후 다음의 상황에 놓인다.

> 이것 역시 상상해보라. 잠시 후 나는 중국어 기호들을 조작하는 지침을 잘 이행할 수 있게 되었고, 밖에서 보기에(즉 방 밖의 누군가가 보기에) 아주 실력이 좋은 프로그래머가 있어서 질문에 대한 내 답을 중국어를 모국어로 쓰는 화자의 답과 완벽하게 구분할 수 없다. 내 답을 보는 그 누구도 내가 중국어를 한마디도 하지 못한다는 것을 모른다. 이것도 상상해보라. 영어로 된 질문에 대한 내 답은, 영어 모국어 화자들의 답과 전혀 구분할 수 없다. 다들 의심하지 않을 것이다. 왜 그럴까? 내가 영어 모국어 화자이기 때문이다. 방 밖에서 보기에(즉 내 '답'을 읽는 누군가가 보기에) 중국어 질문에 대한 답과 영어 질문에 대한 답은 똑같이 좋다. 하지만 중국어 사례의 경우, 영어 사례와는 달리 나는 해석하지도 못하는 공식 기호를 조작해 답을 만들었다. 중국어에 관한 한, 나는 단순하게 컴퓨터처럼 행동했다. 형식적으로 특정 요소들에 대한 계산 연산을 행했다. 중국어의 목적을 위해서는, 나는 그저 컴퓨터 프로그램의 한 예시인 것이다. (Hofstadter and Dennett 1981: 33에서 재인용)

설의 주장은 이 인용문이 드러내는 것보다 더 복잡하고 세밀하지만, 무슨 의미인지는 알 수 있다. 그는 튜링테스트가 컴퓨터 프로그램이 마음을 가지고 있는지, 또는 인간과 어디가 닮았는지의 여부를 가르는 테스트가 아니라고 생각했다. 왜냐하면 어떤 개인이나 기계라도 특정 환경하에서 따를 수 있는 형식적 규칙 집합이 공급된다면 인간을 닮은 것처럼 속일 수 있기 때문이다. 단순히 규칙을 따르기만 한다면, 즉 통사론적 조작이 작동된다 해서, 그 사람이 진짜로 이해하고 있다고 말할 수 없다. 그리고 컴퓨터는 형식적 연산에 대해서는 그 어떠한 의미론적 지식의 도움을 받지 않고도 실세계에 대한 지식으로, 또는 특정 반응으로 특정 효과를 달성하려는 의도에 의해서 아주 뛰어난 성능을 낼 수 있는 기계다. 따라서 컴퓨터는 발화된 문장의 의미론적 내용을 이해할 수 있으며, 의사소통에 대한 자신의 의도를 갖는 인간과는 근본적으로 다른 객체이다. 따라서 결론은 강 인공지능론은 파산했다는 것이다.

6.8.2 반격

그의 주장을 반대 측에서 가만히 넘어가지 않을 것이라는 것을 알고 있던 설은 대규모 반론을 예상했다. 먼저 그는 버클리나 '시스템 답장'을 검토했다. 첫 번째 반론은, 그 방 안의 개인은 이야기를 이해하지 못해도, 그는 전체 시스템의 일부(기록부, 종이, 데이터 모음 등처럼)이며, 이 전체 시스템은 그 자체로 이해하고 있다는 것이었다. 설은 그 개인은 시스템 안의 모든 자료를 기억하거나 내성화할 수 있지만(예를 들어 기록부의 규칙과 중국어 기호의 데이터 목록을 기억하고 머릿속에서 모든 계산을 하는 것처럼), 여전히 이해하지 못한다고 반응했다.

두 번째 반론은 예일대 학자들의 로봇 반응이다. 이쪽의 주장에 따르면, 컴퓨터는 로봇 안에 놓을 수 있고, 로봇은 주위를 걸어다닐 수 있으며, 진짜 사람들이 하는 온갖 종류의 것들을 할 수 있다. 그러나 설은 이 예시가 이해라는 것이 형식적인 기호 조작 그 이상이라는 데 암묵적으로 동의하고 있지만 사례가 되는 데는 실패했다고 답했다. 왜냐하면 설은 자신은 알지 못한 채 실제로 로봇이 될 수 있기 때문이다. 예를 들어, 중국어 기호는 실제로 로봇에 부착된 텔레비전 카메라를 통해 그에게 전달될 수도 있다. 따라서 설 로봇은 인식을 하는 것처럼 보일 것이다. 이와 유사하게, 그가 내보내는 기호들은 모터가 로봇을, 팔을, 다리를 움직이게 만들 수 있다. 따라서 설 로봇은 움직일 것이다. 그러나 어느 경우에도 설은 모든 기호의 형식적 조작을 스스로 하겠지만 여전히 무슨 일이 일어나고 있는지 전혀 모른다. 어떤 면에서, 그는 로봇의 호문쿨루스일 뿐 여전히 중국어의 의미에 대해서는 완전히 무지한 것이다.

세 번째 반론은 버클리와 MIT에서 나온 두뇌 시뮬레이터 반론이다. 이 반응은 또 다른 시나리오를 상정한다. 프로그램이 중국어 모국어 화자의 두뇌 속에 있는 시냅스의 뉴런 발화의 실제 연쇄를 시뮬레이션하는 것이다. 기계는 이제 실제 중국인의 두뇌의 형식적 구조를 시뮬레이션해서 중국어 답을 출력한다. 설은 두뇌의 작동과 가깝게 재현하는 것 역시 이해를 산출하는 데는 부족하다고 말한다. 대신 그는 1개국어를 구사하는 사람이 방에 앉아서 기호를 뒤적이는 것이 아니라, 각 기호마다 수도꼭지가 달린 파이프들이 정교하게 연결되어 있다고 가정했다. 기호를 받은 사람은 프로그램을 올려다보고 어떤 꼭지를 틀고 잠글지 결정한다. 각 수도 연결은 중국인 두뇌의 시냅스에 해당한다. 전체 시스템은 아주 잘 갖추어져 있어서 결국 중국어 답이 튀어나온다. 이제 그 사람은 중국어를 이해하지 못하며, 수도도 이해하지 못한다고 설은 지적했다. 두뇌 시뮬레이터의 문제는 두뇌에 대해 잘못된 것을 시뮬레이팅하는 것에 있다. 설은 이렇게 말했다.

> 시냅스의 뉴런 발화 연쇄의 형식적 구조만을 시뮬레이션하는 한, 이는 두뇌에 대한 것을, 소위 그것의 인과적 속성, 지향적 상태를 산출하는 능력 등등을 시뮬레이션하는 것이 아니다. (……) 수도관 사례에서 보듯 형식적 속성만으로 모든 인과적 속성을 다루기에는 부족하다. 관련된 신경생물학적·인과적 속성으로부터 분리된 형식적 속성을 모두 가질 수 있다. (Hofstadter and Dennett 1981: 340)

설은 계속 이어지는 다른 반격들에 비슷한 식으로 대응했다. 그러나 그의 조급한 마음을 살짝 드러낸 것은 이 두뇌 시뮬레이터에 대한 그의 답변에서였다. 그는 이해가 특정한 유형의 기계, 즉 의도를 가지고 실현시키는 것 같은 특정 과정을 처리할 수 있는 인간 두뇌와 같은 기계에서만 나오는 속성이라고 생각했다. 그가 말한 대로, 내가 영어를 이해할 수 있는 컴퓨터 프로그램의 예시가 아니라, 우리가 아는 한, "특정 생물학적(예를 들어 화학적·물리적) 구조를 가진 특정 유형의 유기체이기 때문이고, 특정 조건에서 이 구조는 인과적으로 지각, 행동, 이해, 학습, 기타 지향적 현상을 생산할 수 있기 때문이다"(Hofstadter and Dennett 1981: 344에서 재인용).

반론자들은 학술지를 통해 설의 논의를 모든 측면에서 공격했다. 설이 이미 공격했던 입장을 꾸준히 지지하는 이들은 그가 잘못 이해하고 있다고 하거나, 적절하게 연구가 이루어진다면 설이 부인했던 것들을 실현할 수 있을 것이라고 했다. 어떤 비평가들은 그를 신비주의적·반과학적·반기술적, 또는 그냥 한물 간 철학자라며 비난했다. 그의 가짜 중국어 화자가 가진 속성들에 관련된 많은 일이 벌어졌다. 반론자들은 설의 예는 단지 말이 안 되는 것이라고 주장한다. 행동을 성공적으로 마무리하려면 인간 또는 시스템이 진짜 이해를 해야 하거나, 우리가 망설이지 않고 진짜 이해라고 부르는 것이 인간에게서 보여야 한다. 설은 많은 것을 무시하였으며(예를 들어 모든 가능한 메시지들을 예상하고 번역하는 데 드는 노력) 오직 이 날랜 솜씨로 그의 사례를 만들 수 있었다. 설은 또 층위를 헷갈리게 만들었다는 공격을 받았다. 이해하는 것은 사람 개인이지, 두뇌가 아니다. 이와 비슷하게, 이해하는 것은 컴퓨터 전체이지 프로그램이 아니다.

내 생각에는, 설이 자신의 영역에 머물러 있을 때(중국어에 대응하는 형식 규칙 집합을 가진 남자의 사례를 내놓았을 때) 그는 확신하고 있었다. 나는 기계가 자연어를 이해할 수 있다는 가능성을 설처럼 배제하지 않지만, '이해'라는 단어는 중국어 방 문제의 경우에서 이런저런 방식으로 이야기되면서 과도하게 확장되었다고 느낀다.

그가 두뇌의 지향성에 대해 이야기하면서 왜 우리가 이해하는가에 대해 긍정적으로 설명한 것은 당연히 공격받을 수 있었다. 두뇌를 하나의 인과 시스템으로 보는 개념은 모호하고 이해하기 어렵다. 웨스턴 온타리오 대학의 컴퓨터과학자인 제논 필리신(Zenon Pylyshyn)은 정곡을 찔렀다. "설이 주장하고 싶은 바는 오로지 인간과 동등한 시스템만이 지향성을 가질 수 있다는 것이다. 따라서 그의 논문은 지향성이 특정 물질적 속성과 매우 밀접하게 결부되어 있다는 가정, 더 나아가 지향성이 문자 그대로 물질적 속성에 의해 일어난다는 주장에 매달려 있다." 필리신은 설이 지향성이 두뇌가 빚어낸 물질이라고 주장하는 것인지 질문하면서(1980a) 이런 질문을 던졌다.

> 당신의 두뇌 속 세포들이 점점 통합 회로 칩으로 교체된다고 생각해 보라. 칩들은 교체되는 세포와 동일한 입출력 기능을 유지하도록 프로그래밍되어 있다. 당신은 예전과 똑같이 계속 말할 수 있지만, 단 한 가지, 점점 그걸로 뭔가를 의미하는 것은 하지 않는다. 밖에서 이를 관찰하는 우리가 단어라고 받아들일 것은 당신에게는 회로들이 당

신을 시켜 만들어내는 (말이 아닌) 소음이 될 것이다. (442)

내가 보기에 설의 주장은 정의상 인간의 두뇌 또는 두뇌와 같은 메커니즘만이 지향성, 이해, 등등의 속성을 보인다면 그 설득력을 잃는 것 같다. 이것이 진짜라면, 논쟁의 요점이 없어진다. 반대로 설이 비원형질의 사물 역시 '인간 지향성의 젖'을 가질 수 있다고 허용하는 것이라면, 지향적이 되기 위해서는, 이해를 갖기 위해서는, 그런 등등의 것을 위해서는 무엇이 필요한지를 설명해야 한다. 이러한 설명은 제공하기 어려울 것이다. 왜냐하면 우리는 원형질의 인과적 속성이 어떻게 각 개인이 생각하게 만드는지 알지 못하기 때문이다. 또 우리가 아는 한, 그 과정은 설이 그렇게 효과적으로 조롱했던 것들 중 하나처럼 이상하다.

이러한 문제들에 대응하기 위해 설은 지향성에 관한 책을 썼다. 여기서 그는 지향성을 정신적 상태의 속성이자 사건으로 규정짓고 이것에 의해 세계의 사건의 사물과 상태가 방향을 갖게 된다고 말했다. 지향적 상태에는 믿음, 두려움, 욕망, 의지가 포함된다(1983a: 1). 책에서 그는 이렇게 선언한다.

> 추측하건대(신경생리학에 대한 우리의 현 지식 상태에서 이것은 추측일 수밖에 없다), 우리가 지향성을 생산하는 두뇌의 작동을 이해하게 된다면, 그 원리는 아마도 우리가 지금 적용하는 것들과는 원칙적으로 꽤 다를 것이다. 마치 양자역학의 법칙들이 뉴턴 원칙과는 다른 것처럼 말이다. 하지만 두뇌에 대해 적절한 이해를 주는 원칙이라면, 두뇌의 지향성에 대한 사실을 인식하고 그 인과적 능력을 설명해야 할 것이다. (272)

또 설은 인지과학 학문을 하기 위해서는 2개 층위, 즉 지향성의 층위(유기체의 바람, 믿음 등을 평범한 영어로 논의하는)와 이러한 지향적 상태를 실현할 때 두뇌가 아는 것에 대한 신경생리학적 층위의 설명만이 필요하다고 생각하는 듯하다. 그는 인지과학 전반을 지배하는 기호적 표상의 층위는 필요하지 않다고 본다(1983b). 이 일련의 논쟁들이 단지 속임수처럼 들릴 수 있는 한도까지, 설의 지향성에 대한 적극적인 주장은 위력이 거의 없었다. 그가 의미하는 것이 무엇인지를 명확히 설명할 수 있는 한도까지, 지향성이 원칙적으로 유기적인 두뇌에만 국한되지 않는다는 것을 보일 수 있는 한도까지, 진짜 과학 문제가 동반될 것이다. 이후, 인공지능 연구자들은 설이 그들의 설명 범위 밖에 있다고 믿었던 그 행동들을 시뮬레이션하려고 시도할 수 있다. 그러나 설과 그의 비판자 간의 문제들은 과학적 본질의 질문을 초월하는 것일 수도 있다. 설의 논문에 대해 분노에 차 비판을 가한 컴퓨터과학자 더글러스 호프스태터(Douglas Hofstadter)는 다음과 같은 추측을 했다.

> 인공지능에 적대적인 이 종교적인 비난은, 정통 과학 논쟁으로 가장하고 있고, 내가 평생 읽어본 글들 중 가장 잘못되고 가장 격분하게 만드는 글이다. (……) 이 잡지가 철학 및 종교적 언급을 싣는 곳이 아니라는 걸 안다. 하지만 설과 내가 가지고 있는 것은, 가장 깊은 층위의, 종교적인 불일치로 보이며 내가 무슨 말을 한들 그가 마음을 바꿀까 싶다. 그는 자기가 '인과 지향적 속성'이라 부르는 것들을 계속 주장하고 있는데, 그것들은 분석하려고 하고 규칙을 찾으려고 하고 시뮬레이션을 해보려고 하는 순간 사라져버리는 것들이다. 정말 이것들은 무엇인가. 우발 증상이나 단순히 그냥 발생한 특성 같은 것 말고 말이다. (Searle 1980: 434에서 재인용)

호프스태터가 이 반대 의견의 근거를 옳다고 생각한다면, 양쪽이 서로를 설득할 만한 방법은 없다. 위기에 빠진 것은 신념의 문제이며, 그 이유는 양쪽에서 생각해보려 하지도 않을 것이다.

6.9 비판자와 옹호자: 계속되는 논쟁

설의 주장의 이점이 무엇이든 간에, 그는 최신 인공지능 연구들의 적합성에 대해 의문을 제기하지 않았다. 그도 밝혔듯이, 그는 인공지능 기술을 인간 지능에 대한 이론을 개념화하고 테스트하는 도구로서 쓰는 것에 전혀 거부감을 갖지 않았다. 그러나 우리가 보았듯이, 일부 비평가들은 인공지능을 더욱 근본적인 수준에서 비판한다. 일례로 조셉 와이젠봄(1976)은 인공지능이 지금까지 인간에게는 제한되었던 정의나 사랑 같은 영역으로 들어오는 것을 허용해야 하는지에 대한 윤리적 질문을 제기했다.

또 다른 비판의 줄기는 인간 지능을 시뮬레이션하려는 노력은 완벽하게 유효하지만, 대부분의 인공지능 학계는 그전까지 인간 사고 과정의 핵심에 접근하지 못하는 추상적인 모델을 사용했다는 점을 지적했다. 처음에 이 비판의 줄기는 변형언어학 진영에서 나왔다. 엘런 드레셔(Elan Dresher)와 노버트 혼스타인(Norbert Hornstein)(1976), 케네스 웩슬러(Kenneth Wexler 1978) 같은 학자들이었다. 그들의 관점에서, 인공지능은 언어의 심도 있는 원칙에 근거하여 구축하기보다는 단순히 실용적이고 시도 및 오류를 통한 방법을 취했으며 보편성과 설명력을 가진 연구가 나왔다고 볼 수 없었다. 예를 들어 그들이 보기에 섕크의 프로그램은 너무 모호하고 포괄적이었고, '원시 동사'를 결정하기 위한 알고리즘이나 주어진 언어열과 관련이 있는 스크립트는 없었다. 반대로 위노그래드의 프로그램은 주어진 '마이크로 월드'에 너무 세세하게 연결을 시켜 다른 언어에는 적용이 불가하다는 점 때문에 비판을 받았다. 이러한 '순수주의자' 철학에 따라, 과학자들은 시스템 자체를 분석하거나, 해당하는 인간 능력을 연구하거나, '하드(hard)' 과학의 기준을 견딜 수 있는 이론으로 만들 수 있을 만큼의 지성이나 경쟁력이 무엇인지 열정적으로 이론화시켜 설명하느라 시간을 보내야 했다. 아마도 진정한 작동 원칙이 이해된다면, 이러한 작동을 수행하는 컴퓨터를 프로그래밍하는 것은 비교적 사소한 일이 될 것이다(구문론적 처리 영역에서 이해가 시작된 것처럼). 다음 장에서는 인지과학에서 수용될 수 있는 설명 가능한 모델에 대한 변환주의자의 통찰력에 대해 알아볼 것이다.

이 비판자들은 인공지능이 아직 진실한 과학적 시도라는 위상을 얻지 못했다고 주장한다. 작동 원칙이 희미한, 이론적 관심 밖에 없는 편리한 도구에 지나지 않는다는 것이다. 이는 인공지능계에서 가장 활발하게 활동하는 연구자 몇몇도 동의한 바 있다. 한때 인공지능계의 총애를 받았던 테리 위노그래드는 컴퓨터 기반의 이해가 갖는 한계에 대해 고찰하면서 시뮬레이션 실험에서 손을 뗐다. 그와 대니얼 보브로우는 이렇게 선언했다.

> 현재의 시스템들은 최고의 수준에서도 사상누각이다. (……) 결과는 극도로 유약한 구조일 뿐이다. 놀라운 높이까지 올라갈 수 있을지는 몰라도, 만들면서 의도했던 특정 영역에서 조금만 흔들려도 즉시 무너진다. (Bobrow and Winograd 1977: 4)

섕크는 좋은 모델 없이 시스템을 개발하는 것의 어려움과 많은 문제들의 철학적 성격을 새롭게 인정했다.

인공지능은 매우 어렵다. 지식의 본질은 무엇인가? 어떻게 기존의 지식을 추상화하여 더 일반적인 지식을 만들어내는가? 실패할 때 어떻게 지식을 변경하는가? 영역에 상관 없는 문제 해결에 대한 만능 원칙은 존재하는가? 목표와 계획은 어떻게 이해와 관련되는가? 컴퓨터는 우리의 아이디어를 테스트하는 방법이다. 하지만 먼저 우리는 무엇에 대한 모델을 만들어야 하는지 이해할 필요가 있다. (Waldrop 1984a: 805에서 재인용)

존 매카시(1984) 같은 연구자들은 대니얼 데닛(1983)이 "명백한 증거"라고 명명한 인공지능 문제들에 대해 숙고한 바 있다. 어떤 상황에서 예상치 않은 특징 중 어느 것을 무시해도 되는지, 프로그램은 어떻게 결정할지 하는 질문이다(예를 들어 인간 지능을 닮았다면 보트 여행의 프레임은 노의 색깔이 녹색이 아니라 파란색이라는 건 무시하겠지만 노걸이가 부서진 것은 쉽게 무시할 수 없을 것이다). 팰로앨토 제록스 PARC의 연구자였던 존 실리 브라운(John Seely Brown)과 커트 반 렌(Kurt van Lehn)은 최신 인공지능이 과학적 이론의 전통적인 기준을 충족하지 못한다는 것을 인정했으며, 하나의 시뮬레이션의 힘이 다른 시뮬레이션의 힘과 격렬하게 비교될 수 있음으로써 '경쟁적인 논쟁'이 결여된다고 성토했다. 이러한 비교로 인해 어떤 계산적 원칙을 받아들이는 이유를 보여주는 것이 가능하지만 거절되는 이유를 보여주는 것도 가능해진다. 이러한 논쟁 대신에 이 저자들은 인공지능 이론이 선구자들의 어깨가 아니라 발가락에 서야 한다고 주장했다(van Lehn, Seely Brown, and Greeno 1982).

선택한 학문이 과학적으로 흠잡을 데 없는 방식으로 작동하지 않을 수도 있다는 자각은 그 자체로 즉각적인 만병통치약은 될 수 없겠지만 중요한 첫 번째 걸음은 될 수 있다. 어쩌면 한 학문이 성숙해지는 길에서 가장 중요한 발걸음일지도 모른다. 내 견해로 두 번째로 소중한 걸음은, 특정 지식 영역에서 작동하는 심화된 원칙을 반영하는 시스템을 추구하는 인공지능 연구자가 늘어나고 있다는 사실이다. 이런 연구자들은 (GPS로는 증명하기 어려웠던) 문제 해결의 가장 일반적인 속성과, 브루트 포스 방식으로 저장한 방대한 양의 지식으로 단순히 좋은 성능을 내는 전문가 시스템에 대한 관심 둘 다 일축하면서 우리가 아는 유일한 지능 시스템(인간)에서만 통하는 것으로 보이는 원칙들에 집중한다. 이 책의 후반부에서 이들의 전도유망한 노력들을 일부 다룰 것이다.

물론 각각 다른 영역에서 신중한 연구를 통해 나온 결과로 여러 영역을 관통하는 가장 심도 있는 원칙을 발견할 수도 있을 것이다. 그리하여 수많은 전문가가 아닌 일반적인 지식의 토대나 문제 해결자가 근본적으로 필요하게 될 수도 있을 것이다. 존 앤더슨(1983)의 인지심리학 연구에 관련해 내가 제안한 바 있지만, 위와 같은 꿈은 여전히 실현될 수 있으나 가능성은 작아 보인다.

나의 분석으로는, 인공지능은 과도한 주장이 넘치고 피상적인 시연이 가끔씩 발생했던 시기가 지난 후에 좀 더 자신을 객관적으로 볼 수 있게 되었고, 그 과정에서 어느 정도는 견고한 업적을 성취했다고 보인다. 이러한 성숙화 과정에는 무시하거나 최소화할 수 없는 깊은 철학적 이슈를 함의하고 있는 인공지능에 대한 재인식이 수반되었다. 또 현재의 인공지능 방법론으로는, 또 인공지능 외 연구 영역 전체의 방법론으로도 설명할 수 있는 것에는 한계가 있고 이는 최소한 지금 그러하며 아마도 영구히 그럴 수 있다는 인식도 수반되었다. 말로만 설명이 가능한 프로그램이 아니라 제대로 증명해야 한다는 것이 중요하다. 이 주장은 뉴얼과 사이먼이 남긴 가장 위대한 공헌이다. 그러나 마찬가지로 중요한 것은, 이러한 증명들이 견고한 원칙을 반영해야 하며 적용에 한계가 있는 유약한 구축이어서는 안 된다는 것이다.

미래의 인지과학이 지식을 다루는 특정 영역의 연구와 설명에 있다는 내 견해를 전제로 하고, 나는 인공지능 분야가 과학적 위상을 이루기 위해서는 관련 분야의 영역과 지식 체계를 새롭게 밝혀야 한다고 믿는다. 심리학자 존 마셜은 이렇게 선언했다.

> 나는 인공지능계의 사람들이 자신이 만든 것들의 존재론적 위상에 대해 어떻게 생각하든지 전혀 개의치 않는다. 내가 정말 신경을 쓰는 것은, 예를 들자면, 음계의 지각이라든가 양안 시각의 특성이라든가, 자연어 문장의 파생 등에 대해 원칙에 근거하여 명백히 밝혀주는 설명을 누군가 해냈는지에 대한 것이다. 컴퓨터로 이런저런 일들을 하는 내가 아는 사람들 역시 그렇다. 그 사람들 모두 어떤 심리학적 능력에 대해 자신이 만든 쓸 만한 이론을 가지고 있으며, 그 이론의 특정 결과를 알고리즘으로 탐구하기를 원하기 때문이다. (1980: 436)

롱게-히긴스도 약간 다른 방식이지만 대체적으로 동일한 요점을 짚었다.

> 아마도 '인공지능'이라는 명칭을 뭔가 겸손하면서 덜 임시적인 것으로 바꿔야 할 때가 아닌가 싶다. (……) 어쩌면 심리학계에 적당한 존경심을 표하면서 '이론 심리학'이라는 간판을 걸고 그 아래에서 인공지능을 지각과 인지의 연구로 분류하는 것이 맞다고 주장할 수도 있겠다. (……) 이론가의 임무는 가설을 형식화하고 자신의 논리적 함의를 최대한 신중하게 밝히는 것이며, 여기에 내부적으로 일관성 있는 소재에 대한 적절한 주의가 따라야 할 것이다. 한편 실험자의 의무는 탄탄하고 밀접한 관찰을 통해 이론의 예측에 맞서며, 이론이 필요로 하는 지점까지는 실험을 조금씩 조정해가며 이론을 실험 속에 내재시키는 것이다(물론 이것이 가능하다면). 이제, 이론 구축의 임무가 죄다

> 너무 복잡해져서 실험실 일은 잠시 손을 놓아야 하는 때가 온 것으로 보인다. 적어도 좋은 실험만큼이나 규율도 많다. (1981: 200)

마셜과 롱게-히긴스는 실험인지심리학과 인공지능 사이에서 빚어지는 가까운 연결고리가 점차 늘고 있음을 지적하고 있다. 심리학자는 인공지능 연구자의 신중한 시뮬레이션에서 이점을 얻을 수 있고, 자신이 만든 전형적이고 비형식적인 모델을 격렬한 테스트에 던져 넣을 수 있다. 인공지능 과학자는 인간 행동의 가설 모델이 그들이 탐구해온 주체에 의해 정말 실제화되는지 밝혀낼 수 있다. 심리학의 일부분과 컴퓨터과학의 일부분이 간단하게 합쳐져서 하나의 학문이 되는 것이, 아니면 이전 장에서 내가 제안했듯이 새롭게 빚어진 인지과학의 핵심을 형성하게 되는 것이 설득력 있어 보인다.

물론 이 융합에 들어가지 않는 것이 좋은 컴퓨터과학과 심리학 분야들이 있다. 이는 아주 타당한 현상이다. 인공지능이 모든 심리학적(또는 모든 철학적) 이슈들을 다루어야 한다는, 또는 그 어느 것도 다루면 안 된다는 생각은 퇴출해야 한다. 마찬가지로, 인간을 컴퓨터와 완벽하게 동일한 것으로 생각할 이유가 전혀 없으며, (잠재적으로) 생각할 거리가 가득한 두 유형의 실체들 간에 유용한 유사점이 전혀 없다는 개념에 묶여 있을 이유도 전혀 없다.

그럼에도 불구하고, 인간과 컴퓨터 간의 유사성이 실제 어느 정도인가 하는 문제를 무한정 덮어둘 수는 없다. 최근 인공지능의 주요한 발견 중 하나는 폰 노이만식의 디지털 직렬 컴퓨터가 많은 면에서 인간 인지의 모델이 되기에는 부적합하다는 것이었다. 이 발견에 더 많은 힘이 실리는 한도까지(이 책의 후반부에 등장하는 이 연구에 대한 많은 내용들이 근거로 인용될 수 있다), 우리는 계산론적 패러독스를 확립하게 될 것이다. 인공지능은 컴퓨터가 인지를 연구하는 데 유용한 도구일 수 있으며 인간의 사고 과정 일부를 합리적으로 모델링하는 데 사용할 수 있다는 것을 잘 보여주었다. 그러나 가장 중요한 과정들에 대한 최고의 모델인지에 대해서는 의문의 여지가 아주 많이 남아 있다.

인공지능과 인지심리학은 새로운 인지과학의 중심 요소로 융합될 수 있다. 그러나 그 자체만으로 인지과학을 구성할 수는 없다. 철학은 여전히 중요한 질문의 원천으로, 그 질문에 대한 귀중한 성찰의 저장소로, 인지과학적 연구의 가치 있는 비판자로 남을 것이다. 그러나 이 새로운 탐구에서 인지의 특정 영역에 대한 분석을 담당하는 학문들 역시 마찬가지로 중요한 파트너이다. 이 짐을 짊어진 것이 확실한 여러 학문 분야들 중, 언어학이 인지과학에서 가장 큰 성취를 이루었으며 가장 중심적인 역할을 한다는 것이 중론이다. 더구나, 그리고 아마도 이 이유로 인해, 다른 학문들은 특정 영역을 연구하는 방법과 심리학자와 컴퓨터과학자의 강력한(어쩌면 너무 강력한) 도구를 적용하는 방법에 대한 가능성 있는 모델로서 언어학을 참고한다. 인간의 인지 능력 중 언어가 가진 본질적인 중요성, 영역별로 특화된 연구에 대한 가능성 있는 모델로서 언어학의 역할, 지난 수십 년 동안 언어학에서 이루어진 거대한 발전 등을 고려할 때, 이제 언어에 대한 과학적 연구로 방향을 바꾸는 것이 적절하다.

제7장

언어학: 자율성을 위한 모색

7.1 처음에 무색의 초록 개념들이 있었고...

7.1.1 수수께끼의 문장들

처음 읽는 이들에게, 20세기 과학에서 가장 유명한 문장 중 하나는 상식적으로 말이 되지 않는다. "무색의 초록 개념들이 격렬하게 잔다"라는 노암 촘스키의 모순적인 문장이다. 실제로 개념들은 색을 갖지 않고, 잠을 자지 않으며, 그 무엇도 무색임과 동시에 녹색일 수 없다. 더 나아가서 무엇인가가 격렬하게 잔다는 것은 무슨 의미인가?

그럼에도 불구하고 우리는 이 문장에서 의미를 도출해낼 수 있다. 이 문장은 분명 '개념 격렬 녹색 무색 수면' 또는 이 5개 체언의 다른 임의적 연결보다 확실히 명확하다. 누군가는 촘스키의 이 문장이 개념에 대한 어떠한 주장이라는 것을 알 수 있으며, 다른 누군가는 이 문장에서 무미건조해 보이는 상태와 그와 대조적으로 색과 힘을 갖는 더 활동적인 상태 사이에 그려지는 대비를 감지할 수 있다. 이 문장은 심지어 비유적으로 해석이 가능하다. 촘스키가 1957년에 발표한 『통사구조

(*Syntactic Structures*)』에서 언급한 이 무해한 생각이 얼마나 혁명적인 영향을 불러왔는지에 대해 생각해볼 수 있다.

"무색의 초록 개념들이 격렬하게 잔다"와 같은 명백한 넌센스에 대해서 우리가 명확한 직관을 가지고 있다는 사실은 촘스키가 언어학에 기여한 모든 것의 밑바탕이 되고 있으며, 이는 넓은 의미에서 인지과학에도 중요한 주요한 기여를 하고 있다. 촘스키가 그의 논문과 뒤이은 수많은 저술에서 성취한 것은, 문장들의 특정한 속성들(certain properties)—모든 일반적인 화자와 청자들이 직관적으로 알기는 하지만, 오로지 언어학자들에게만 그 특성이 명쾌하게 알려져 있는, 언어에 대한 깊은 이해로부터 얻게 되는—에 대한 주의를 촉구한 것이다. 촘스키는 외관상으로 유사해 보이는 문장들 간의 차이점을 설득력 있게 설명하였다. "John is easy to please"이라는 문장에서 John은 기쁘게 만드는 행위의 수혜자인 반면, "John is eager to please"이라는 문장에서 John은 기쁘게 만드는 행위를 하는 주체이다. "Ted persuaded John to learn"이라는 문장에서 학습을 하는 주체는 John인 반면, "Ted promised John to learn"이라는 문장에서 학습하는 주체는 Ted이다. 촘스키는 문장에서 주요 용어의 이동이 있어도 의미가 보존될 수 있는 경우("The cat chased the mouse"라는 문장과 "The mouse was chased by the cat"이라는 문장에서 주요 용어 cat과 mouse 간의 이동), 그리고 의미가 보존될 수 없는 경우("Many men read few books"라는 문장과 "Few books are read by many men"이라는 문장에서 주요 용어 many men과 few books 간의 이동)의 차이점에 대해 설명하였다. 그는 모호성을 감지하고 해명할 수 있는 인간의 능력이 기반하는 메커니즘을 분리하여 제시하였다. 예를 들면, "Flying planes can be dangerous", "The shooting of the hunters disturbed me", "I didn't shoot John because I like him"과 같은 문장의 의미모호성을 해소할 수 있는 능력이 인간에게 있다는 것이다. 그리고 촘스키는 "John seemed to each of the men to like the other"와 같이 이해가 가능한 문장과 "John seems to the men to like each other"와 같이 겉으로는 유사하지만 언어의 추정된(putative) 규칙을 위반하여 이해가 불가능한 문장을 대조했다. "John seems to the men to like each other"라는 문장은 각자가 다른 이(the other)를 좋아한다는 해석이 가능하지만, "We expect John to like each other"라는 문장은 어떠한 의미인지 도통 해석이 불가능하다.

인간이 이런 문장들에 대한 직관을 갖고 있다는 것은 촘스키의 유일한 발견이 아니었다. 루이스 캐럴(Lewish Carroll) 또한 "Jabberwoclcy"*에서 유사한 지식을 활용하였다. 20세기 초 영향력 있는 언어학자인 에드워드 사피어(Edward Sapir)는 촘스키가 나중에 관심을 갖게 된 문장들 사이의 관계에 주목하고 있었다(1921). 그러나 촘스키는 앞서 제시한 올바른 문장들을 인간이 어떻게 만들고, 혹은 생성하며, 이 문장들이 올바르다는 것과 무엇을 의미하는지 알고 있고, 꼭 의미가 없지는 않더라도 규칙을 지키지 않아 비문법적인 문장들을 골라낼 수 있는 규칙을 정립한다는 그의 목표에 있어서 사피어를 포함한 통찰력 있는 선행자들을 능가하였다. 화자는 하나의 문장의 주어진 위치에서 어떤 품사가 발생할 수 있는지 명시하는 상세한 규칙이나 절차의 집합을 갖고 있기 때문에 이러한 행위가 가능한 것이다. 즉, 이 규칙들은 문장 내부와 문장 사이에서 얻어지는 관계에 대한 원어민 화자의 직관을 염두에 두고 있어야 한다. 통사론 연구라는 명확한 목표에 대한 촘스키의 이러한 발언과 목표를 달성하기 위한 방법론 개발의 방법론적 성공은 그의 연구를 돋보이게 한다. 그리고 더욱 전반적으로 그는

* 루이스 캐럴의 넌센스 시.

(언어 영역과 같은) 마음(mind)의 여러 분야들이 규칙이나 원칙으로 탐색되고 공식적으로 규명될 수 있다는 확신을 갖고 있었으며, 이것은 현대 인지과학의 주요한 도전이기도 하다.

『통사구조』에서 촘스키는 그가 이루고자 하는 목표를 밝히고, 영어 또는 다른 언어의 규칙성(proper regularity)을 파악하기 위해서 필요해 보이는 문법의 유형을 설명하였다. 주로 단순히 언어 데이터를 보고, 경험적으로 관측된 표현에서 규칙성을 파악하는 것과는 달리, 촘스키는 문장 자체만을 연구하는 것으로부터는 아무런 원칙도 수립할 수 없을 것이라며 그 대신에 연역적인 방법이 필요하다고 주장하였다. 수학에 여러 분야의 문제가 있듯이, 언어가 어떠한 종류의 체계에 속하는지 파악해야 하며, 형식적인 체계 안에서 결론을 제시해야 한다. 이러한 분석은 생각할 수 있는 모든 문법적인 문장의 생성을 설명할 수 있는 규칙을 상정할 수 있게 한다(그리고 물론 이런 문장은 무한대로 많이 있다). 그러나 동시에 이 규칙들은 문법적이지 않은 잘못된 문장을 생성하지 않아야 한다. 이러한 체계가 갖추어진 이후에 우리는 특정 표현들이 언어 체계의 규칙에 부합하는 방식으로 적합하게 생성될 수 있는지 여부를 검토해야 한다.

이를 위해 촘스키는 2개의 중요한 단순화 가정을 만들었다. 첫째, 언어의 통사는 언어의 다른 여러 양상들과는 독립적으로 검토가 가능하다는 것이다. 통사가 언어의 다른 여러 양상들과 불가분한 관계가 아니고 이를테면 의미론이나 의사전달 용도로부터 독립적이지 않다면, 지배하는 법칙을 발견하기 불가능할 것이다. 둘째, 암묵적인 가정과도 밀접하게 관련되는데, 언어학 분야는 인지과학의 다른 분야들과 독립적으로 진행될 수 있다는 것이다. 즉, 언어에 대한 연구가 인간의 인지와 다른 정신적 기능을 하는 기관에 필수적으로 연결되어 있다면, 촘스키가 이루고자 하는 목적은 그가 나중에 말하였듯이, 고통스러울 정도로 천천히 진행될 수 밖에 없을 것이다.

언어학의 자율성에 대한 이러한 가정들은 통사론을 언어의 여러 양상들로부터 독립적으로 보고, 언어학을 인지과학의 여러 분야로부터 독립적으로 봄으로써 언어학이 빠르게 발전하는 과학 분야 중 하나로 자리잡을 수 있는 역할을 하였다. 그러나 이러한 자율성에 대한 가정들이 궁극적으로 엄밀하게 정당화될 수 있는지 여부는 아직 해결되어야 할 문제로 남아 있다. 나는 촘스키의 주요 발견, 촘스키가 등장하기 이전 관련 분야의 역사, 그리고 언어과학의 최근 이슈 몇 가지를 살펴본 후 이 책의 결론 부분에서 이 문제를 다시 짚어볼 것이다.

촘스키의 주요 이론을 본격적으로 시작하기 이전에 이 장에서 집중하여 다루게 될 부분에 대해 설명을 하고자 한다. 각 장에서 다른 여러 학자들의 연구를 다루고 있지만, 이 책의 다른 그 어느 장에서도 한 명의 특정 학자를 이만큼 비중있게 다루고 있지 않을 것이다. 이 장은 현대 언어학의 주요한 (그리고 복잡한) 생각들을 최대한 이해할 수 있게 표현하기 위한 전시장으로 볼 수 있다. 또한, 현대 인지과학에 있어서 특정 학자가 이렇게 많고 대체 불가능한 기여를 이룬 적도 없을 것이다. 적지 않은 의미에서 현대 언어학의 역사는 촘스키의 생각의 역사와 이에 대한 다양한 견해로 이루어진다고 볼 수 있다.

7.1.2 촘스키의 방법론

촘스키는 그의 목적을 이루기 위해서 통사를 분석하고 수용 가능한 문장을 설명하는, 현재 사용되는 방법론은 성공할 수 없다는 것을 먼저 보여주어야 했다. 구체적이면서 동시에 적합하지 않은 서술이 납득할 수 없는 결론으로 이끌어서 이 서술이 왜 적합하지 않은지 보일 수 있었고, 이 과정에서 그가 설명하고자 노력했던 언어학적 데이터에 대한 더욱 깊이 있는 이해를 얻을 수 있었다. 촘스키는 이론적으로 가장 설득력 있는 방법론이 원칙적으로 성공적일 수 없다는 것을 증명함으로써 연구를 전개해나갔다. 먼저 촘스키는 유한상태 문법(finite-state grammar)을 고려하였다. 유한한 개수의 내부 상태를 가진 기계는 다음과 같은 방법으로 문장을 생성한다. 이 기계는 고유한 초기 상태에서 시작하여 문장의 첫 단어를 산출하면서 두 번째 상태로 전환한다. 전환할 때마다 단어를 산출하는 방식으로 이 기계는 하나의 상태에서 다음 상태로 넘어간다. 가장 마지막 상태에 이를 때까지 이 과정이 반복되며, 이 시점에서 하나의 문장이 생성된다. 촘스키는 이런 유한상태 문법이 본질적으로 영어 문장구조의 재귀적인 속성들을 표상할 수 없다는 것을 밝혔다. 즉, 유한상태 문법의 특성상 하나의 절이 다른 절 안에 포함되거나 의존하는 문장을 생성할 수 없으며, 동시에 의존관계와 모순되는 나열을 배제한다.

예를 들어, "The man who said he would help us is arriving today"라는 문장을 살펴보자. 유한상태 문법은 관계절을 걸쳐 이어지는 man과 is arriving의 구조적인 관계를 포착할 수 없다. 뿐만 아니라, 명칭 자체로 알 수 있듯이 유한상태 문법은 하나의 절이 다른 절에 포함되는 것과 같이 무한하게 일어나는 언어의 구조("the boy that the girl that the dog…"의 무한반복)를 다룰 수 없다. 이러한 문장은 인지하기 불편한 것이 사실이지만, 엄밀히 말하면 문법적인 문장이다. 어떠한 문법도 이를 다루거나 생성할 수 있어야 한다. 가장 일반적인 수준에서 영어는 (다른 언어들과 마찬가지로) 하나의 단어를 삽입한 후에 그 '오른쪽'에 후행하는 단어를 표시하는 방식으로 이루어지지 않는다. 영어는 특정 요소들 전체가 특정 상황에서 다른 요소들의 내부에 포함될 수 있는 더 추상적인 고차원에서 작동한다. 따라서 촘스키는 (언어에 대해서) 정확하게 칼래슐리가 주장했던 모든 형태에서의 연속적 행위를 설명하고 있었다.

촘스키는 또한 읽기에 불가능하지 않지만 불편한 문장에 대해 두 번째 문법 종류인 구절구조 문법(phrase-structure grammar. 또는 직접 구성성분분석)을 보여주었다. 여기서 언어학자는 초기화된 문자열과 하나의 구가 다른 가능한 형태로 다시 쓰이는 유한한 구절구조 또는 '재작성 규칙'을 다루게 된다. 이러한 구절구조 체계는 읽기에 불편한 특정 문장들만 생성할 수 있다. 뿐만 아니라, 모든 영어 화자들이 인정하는 규칙성을 설명할 수 없다. 따라서 구절구조 문법은 "What are you looking for"라는 문장과 "What are you running for"라는 문장의 구조적 차이(Lees 1957: 386) 또는 "The teacher's marks are very low"에서 의미모호성을 설명할 수 없다. 그리고 "John hit Bill"과 "Bill is hit by John"이 서로 밀접한 관계를 갖고 있다는 것을 보여줄 수 없다. 촘스키에 의하면 구절구조 문법으로는 병렬 형태의 2개의 절을 포함하는 문장을 생성할 수 없다. 구체적으로, 이러한 문법은 "The scene of the movie was in Chicago"와 "The scene of the play was in Chicago"를 "The scene of the movie and of the play was in Chicago"로 결합하는 메커니즘을 제공하지 못한다. 더 일반적으로 보았을 때, 구절구조 문법은 문법의 광범위한 부분에 대한 여러 재진술을 희생이 있어야만 재작성될 수 있다. 언어학자 로버트 리즈(Robert Lees)가 지적했듯이, "이러한 비경제적인 반복이 허용된다면 이 문법은 반복되어야 하는 부분들 사이에서 가까운 정체성을 설명할 수 없다"(1957: 387). 더 일반적으로 영어가 구절구조 문법으로 설명된다고 생각할 수 있지만, 이러한 설명은 너무나 다루기 어렵고 복잡해서 관심을 받을 수 없을 것이다.

이렇듯 문법적인 문장이 어떻게 생성되는지에 대한 가장 설득력 있는 두 모델은 적합하지 못한 것으로 밝혀졌다. 의미 있는 언어는 단어에서 단어의 나열을 기반으로 생성될 수 없기 때문에 유한상태 문법은 적합하지 못하고, 구절구조 문법은 단순히 구절이 구성된 방식에만 주목하는 것으로는 언어의 중요한 규칙성을 포착하지 못하기 때문에 적합하지 못하다. 이러한 이유로 촘스키는 이러한 문제점들을 모두 해소하고 모든 범위의 문장들을 다룰 수 있는 새로운 층위의 언어학적 구조를 도입해야 한다고 생각하였다.

그의 스승인 젤리그 해리스(Zellig Harris)로부터 영감을 받아(1952) 촘스키는 변형분석 층위를 발견하였다. 변형문법 층위에서 문장들은 서로 관계를 맺고 있으며, 하나의 문장(엄밀히 말하면 문장의 추상적인 표상)이 다른 문장으로 변환될 수 있는 규칙의 집합이 존재한다. 촘스키가 말하는 생성문법은 수학적 정확도의 형식을 갖춘 규칙 체계이다. 이 체계는 분명하게 표상되지 않은 아무런 정보도 이용하지 않고 특징을 짓고 있는 언어의 문법적인 문장들을 생성하며, 각 문장들에게 구조적인 설명이나 문법적인 분석을 지정한다.

촘스키의 1957년 저서에서 설명되었듯이, 변형문법은 다음과 같이 작동한다(동시에 이 체계는 그 이후 여러 차례 수정되었다는 사실이 즉시 추가되고 강조되어야 할 것이다). 구절구조 규칙에서 시작해서 짧은 능동 서술 형태의 문장의 핵심만 생성된다. 이들은 다음과 같은 문자열을 만들기 위한 지시의 집합에 의거하여 생성된다. 예를 들면, (1) 문장 = 명사구 + 동사구; (2) 명사구 = T + N; (3) T = the; (4) N = man, ball; (5) 동사구 = 동사 + 명사구; (6) 동사 = hit, take 등이 있다. 하나의 기호 S로 시작하여 사람들은 완전히 구체화 가능한 규칙의 집합에 의해서 "The man hit the ball"과 같은 핵심 문장을 생성할 수 있다. 그 이후에 이 핵심 문장들을 변형함으로써 모든 다른 문법에 맞는 문장들이 생성될 수 있다.

변형은 미리 규정된 순서에 따라 발생하는 알고리즘 절차의 집합이며 하나의 문자열을 다른 문자열로 전환할 수 있게 해준다. 따라서 변형에서는 능동형 문장이 수동형 문장으로, 긍정문이 부정문 또는 의문문으로 전환될 수 있다. 이런 방식의 분석에서 "What are you looking for"는 "You are looking for it"에 대한 'what-의문문'의 변형으로 묘사될 수 있으며, "What are you running for"는 "You are running"에 대한 "why-의문문"의 변형으로 묘사될 수 있다. 변형을 통해 "The boy kissed the girl"과 "The girl was kissed by the boy" 문장 사이의 연결을 파헤칠 수 있다. "The girl is eager to please"와 "The girl is easy to please"처럼 겉으로 보았을 때 유사한 통사구조를 갖는 문장 사이의 깊숙한 차이점을 드러내주며, "the shooting of the hunters"와 같은 문구에서 사냥꾼이 사격을 했는지, 아니면 사냥꾼이 사격을 당하였는지 의미가 모호한 이유는 2개의 상이한 변형이 가능하기 때문이라는 것을 설명할 수 있다.

이러한 변형은 구조에 의존적이다. 즉, 이들은 단일 단어나 단어열 수준에서 작동하지 않으며, 문장에서 추상적인 표현을 담당하는 문자열의 변형이 어느 위치에 언제 적용되어야 하는지 결정하는 적합한 통사적 범주와 구성성분(또는 구절의 구조)이 분석된 이후에 작동한다. 촘스키는 적합한 통사의 서술을 선택하는 데 있어 형식상 간결함에 많은 가치를 두었기 때문에 변형문법은 구절구조 문법에 비해 더 우월하였다. 원칙적으로는 모든 영어 문장들이 구절구조에 관한 규칙만으로 이루어진 문법에 의해 생성될 수 있지만, 여러 개의 어렵고 다루기 어려운 구절구조 규칙보다는, 간단한 구절구조 규칙과 변형규칙을 선호할 것이다.

이어지는 내용에서 오해의 여지가 없도록 미리 부연설명이 필요할 것이다. 촘스키가 논문을 게재하였을 당시에는 변형규칙이 언어학 데이터에 사실상 적합하지 않은 분석을 구제하기 위해 사용될 수 있는 매우 강력한 형식적 장치라고 평가받지 못했다. 이러한 문제들에 맞서기 위해서 그 이후로는 변형요소를 극단적으로 줄이거나 제거하려는 움직임이 있어왔다. 그래서 여러 유명한 언어학자들이 구절구조 접근 방법으로 돌아가려고 한다.

변형문법의 접근 방법은 분명 혁신적이었지만, 정확히 촘스키의 업적의 어느 부분이 동시대 학자들보다 우월한지 말하기는 쉽지 않다. 분명히 영어에 대한 완전한 문법을 쓰려는 욕심은 동료 학자들에게 동기를 불어넣었고, 통사에 집중하면서 동시에 음운론과 의미론이 상대적으로 배제되었는데, 이는 이 시대의 특징이기도 하다. 사실 촘스키는 통사론이 음운론과 의미론과 상호작용한다고 말하였지만, 그는 수년 동안 통사 층위에 분석을 집중하였다(Chomsky and Halle 1968 참조). 또한 촘스키는 이 문제에 진지한 목적, 논리적이고 수학적인 도구, 언어학적 분석에서 그때까지 결집되지 않았던 논쟁의 능숙함과 단호함을 가지고 접근하였다. 다른 학자들은 유한상태 또는 구절구조 이론(phrase-structure model)과 같이 당시 존재하는 이론들의 한계를 지적하였으나, 촘스키는 전자의 불가능성과 후자의 본질적인 부적절성을 실질적으로 증명하였다. 촘스키의 스승인 해리스와 같은 다른 학자들이 문장들을 연결할 수 있는 변형규칙에 대해 언급한 적이 있었으나, 촘스키는 이러한 규칙들이 문장들의 관계를 규칙화할 수 있을 것이라는 단순한 언급에 안주하지 않았다. 그는 변형이라는 별도의 층위가 존재할 것이라고 주장하였으며, 필수적인 변형과 수의적인 변형을 지배하는 메커니즘을 각각 상정하였다.

촘스키는 언어학자의 문제를 그의 선임자들과는 다른 시각으로 보았다. 문법적 생성에 대한 그의 견해는 구축(프로그래밍)된 규칙을 기반으로 단순하게 문자열을 생성하는 추상적인 의미에서의 기계와 같은 자동화 개념에 기반한다. 그 결과인 문법은 중립적이고 언어 생성이나 이해에 대한 설명으로서 동일하게 유효하다. 분명 촘스키는 위너, 폰 노이만, 튜링, 섀넌이 활동한 새로운 시대를 계승하였지만, 언어가 어떻게 동작하는지에 대한 그의 구체적인 생각은 정보 이론 개념과 직접적으로 대립된다.

촘스키는 선임자들에 비해 그의 과제를 더욱 구체적으로 특징지었다. 그는 여러 이론과 비교하여 어떻게 하나의 언어학 이론이 다른 이론에 비해 선택되는지에 대한 이론적인 문제에 상당한 주의를 기울였다. 그는 적합한 언어학 이론을 위한 형식을 갖춘 범주들을 제시하고, 어떻게 이 범주들이 만족될 수 있는지 제안(그리고 입증)하였다. 그는 또한 질서를 갖춘 적합성의 기준들에 대해 자세히 설명하였다. 즉 관찰된 언어학 데이터에 대해 정확한 설명을 제공하는 문법의 관찰적 타당성(observatory adequacy), 원어민 화자의 타고난 능력과 내재화된 지식을 포착하는 기술적 타당성(descriptive adequacy), 분석가가 최적의 문법에 근본적인 원칙을 밝혀내는 설명적 타당성(explanatory adequacy)에 대한 설명이다. 설명적 타당성에 대한 설명은 왜 사람들이 그들이 사용하는 문법을 구성하였고, 이들이 언어학적 능력을 갖추기 위해 어떤 종류의 능력을 필요로 하는지 설명할 수 있다. 이러한 이론적인 성숙도(추정이었음에도 불구하고!)는 문법에 관심을 가졌던 그 이전 시대의 언어학자들의 글에서 찾아볼 수 없는 수준이었다.

7.1.3 '초록색 개념들'의 확산

촘스키의 저서는 완전히 혼자 내버려져 있었기 때문에 그 분야의 다른 연구와 너무 동떨어진 채로 사라져 버렸을 수도 있었다. 『언어학 이론의 논리적 구조(*The Logical Structure of Linguistic Theory*)』(1955)에 형식적으로 세밀한 증명을 보여주었지만 아무도 엄청난 분량인 박사학위 논문의 출판에 관심을 갖지 않았다. 그의 초기 논문 『통사구조』는 당시 유명한 언어학자였던 로만 야콥슨의 강력한 추천을 받은 이후에야 네덜

란드의 작은 출판사인 마우턴(Mouton)에 의해 출판되었다. 촘스키의 제자였던 로버트 리즈(1957)에 의한 길고 상세하면서, 완전하게 긍정적인 비평이 영향력 있는 저널 『언어(*Language*)』에 실리지 않았다면, 출판된 이후에도 이 논문은 적어도 수년 동안 잘 알려지지 않았을 수도 있다.

촘스키의 저서가 의심할 여지 없이 언어학의 혁명을 불러올 것이라고 평하면서 리즈는 "선과학(pre-science) 단계의 흥미로운 사실의 수집과 분류"와 "이론의 추상적인 구성과 예측력에 대해 실험함으로써 이에 대한 검증에 의해 본질적으로 특징지어지는"(1957: 376) 과학적인 학문을 대조했다. 그는 "어떤 분야의 지식은 성숙한 단계에 도달하여 기본적인 문제들을 매우 간결하게 서술하고, 구조를 매우 잘 이해할 수 있어서, 이제 우리는 명쾌하고 엄밀하게 이 내용이 무엇을 의미하는지 알기 위해 자명한 이론을 구축할 수 있다"고 주장했다(377). 그의 견해에 따르면, 촘스키의 저서는 언어학의 위치가 기술적 선과학(descriptive pre-science)에서 자명한 과학으로 경계를 넘을 수 있도록 하였다.

> 통사구조에 대한 촘스키의 저서는 과학적 이론의 전통 안에서 구성하려는 언어학자의 첫 진지한 시도 중 하나였다. 이것은 화학, 생물 이론이 전문가들에 의해 일상적으로 이해되는 것과 동일한 의미에서 언어의 종합적인 이론을 구성한 것이다. 이것은 단순히 데이터를 재조직하여 새로운 종류의 도서목록을 만들고자 하는 것이 아니고, 마음과 언어의 본질에 대한 추측을 기반한 철학도 아니다. 이것은 언어에 대한 우리의 직관을 명시적이고 자명한 체계로 엄격하게 설명한 것이고, 직관에서 유발될 수 있는 이론이자, 새로운 데이터나 다른 직관들과 비교할 수 있는 확실한 결과이며, 이는 모두 언어의 내부적인 구조에 대한 명시적인 이론을 기반으로 하여 하나의 문법형식이 어떻게 다른 문법형식에 비해 선호되는지 결정하기 위한 간결하고 분명한 방

법론을 적용할 기회를 제공한다. (1957: 377-378)

리즈는 『통사구조』가 종합적인 언어학 이론을 구축하려는 첫 진지한 시도라고 평했다. 그러나 프레더릭 뉴메이어(Frederic Newmeyer)가 이 시대의 역사에 대해 설명하듯이, "이 평론의 전반적인 어투를 엄밀히 살펴보면 리즈는 진지한 시도라는 틀에 한해서만 완전히 성공적이라고 여겼을 뿐이었다"(1980: 19)

촘스키의 저서가 알려지면서 다른 언어학자들도 이 저서의 영향력과 독창성을 인정하였다. 저명한 언어학자 푀겔린(C. F. Voegelin)은 다른 평론에서 『통사구조』가 달성하고자 하는 목표의 일부만을 성취하였을지 몰라도 '코페르니쿠스적 혁명'이라고 선언하였다(Newmeyer 1980: 19에서 재인용). 영국의 저명한 언어학자 벌젤(C. E. Balzell)은 "언어학은 이제 더 이상 똑같을 수 없다"고 하였고, 이전 시대를 선두했던 블로흐(Bernard Bloch)는 "촘스키는 올바른 방향으로 향하고 있다. 내가 더 젊었으면 그의 연구를 함께했을 것"이라고 그의 동료들에게 자신있게 말하였다(Newmeyer 1980: 47에서 재인용).

혁명을 예고하며 촘스키는 이전 세대 구조주의 언어학자들의 희생이 있었던 연구를 시작했다. 그리고 그의 작업이 여러 차원에서 전체적으로 명확해지면서 격렬한 반대도 있었다. 촘스키는 단순하게 문법을 설명하기 위해 현존했던 시도를 비판한 것이 아니라, 언어학자들이 어떻게 문제를 접근해야 하는지, 그리고 사회과학(오늘날의 '인지과학')이 무엇인지에 대하여 극단적으로 상이한 견해를 주장했다. 이러한 견해들은 『통사구조』의 출간 당시 대부분 언급되지 않거나 잘 형상화되지 못하였다(촘스키는 이 저서의 출간 당시 29세였고, 박사학위논문을 발표했을 때 27세였다). 그러나 1950년대 후반과 1960년대 초반 이후에 게재된 후속 논문, 그리고 1965년 이론적으로 주요한 선언을 담았던 『통사론의 여러 측면(*Aspects of a Theory of Syntax*)』에서 그의 전체적인 프로그램이 펼쳐졌다.

먼저 촘스키는 그가 특정한 의미에서 언어에 관심이 있다는 것을 명백히 밝혔다. 언어는 소통의 일반적인 수단 또는 모든 기호 체계를 아우르는 담요 단어(blanket word)가 아니다. 언어의 핵심은 통사의 속성이고, 잠재적으로 무한한 개수의 문법적으로 타당한 문장들을 만들기 위해서 동사 기호를 어떠한 순서로 결합하고 재결합할 수 있는, 인간이 가진 특수한 능력이다. 통사론은 주요하고 기본적인 것으로 또한 (기술적인 의미에서) 언어의 깊은 단계이고, 의미론과 음운론은 통사론의 핵심 위에 구성된 것으로 여겨졌다. 변형문법에서 의미론과 음운론 요소는 핵심적인 통사적 요소의 결과에 대한 접근성이 있으나, 이것은 역으로 적용되지 않는다(Smith and Wilson 1979: 97). 동사를 나타내는 기호는 아무런 의미나 소리를 고려하지 않고 조작된다. 최근 촘스키는 '언어'에서 '문법'으로의 전환을 제한적인 의미에서 이전 몇 십 년 동안 있었던 언어학 이론에서 있었던 가장 중요한 2개의 전환 중 하나로 선언하였다(또 다른 하나의 전환은 설명적 타당성이 높아진 문법의 더욱 제한적인 개념에 대한 모색이다).

촘스키는 또한 그의 선행자들에 비해 더욱 추상적인 의미에서의 언어에 관심이 있었다. 이전 세대의 구조주의 학자들은 개인들이 실제로 말하는 것, 그리고 발화된 단어들에 대체로 초점을 맞추었으나, 촘스키는 언어를 추상적으로 고려하였다. 개별적인 실제 결과를 통해서 순수하지 않은 형태만으로 검토될 수 있는 능력이라는 추상적인 개념을 고려한 것이다. 형식주의적 학습과 일관되게 촘스키는 언어학자들은 이렇게 이상적이고 사실상 플라토닉한 형식에 집중해야 하며, 실세계의 대화에서 나타나는 약간의 오류, 공백, 기억의 빈틈은 무시해야 한다고 느꼈다. 순수한 통사론을 강조하고, 언어를 이상적인 형태로 연구하고자 갈망하면서 촘스키는 동시대의 행동주의와 극단적으로 대립되었다.

7.1.4 잘못된 언어적 행동: 스키너와의 논쟁

촘스키는 동시대 과학자들과 거의 모든 언어학자들이 수용한 경험주의적인 가정에 대한 근본적인 반대입장을 점진적으로 밝혔다. 이러한 표명은 스키너의 저서인 『언어적 행동(*Verbal Behavior*)』(1957)에 대한 악명 높은 평론에서 처음 언급되었다(1959). 스키너는 언어적 행동을—강조는 행동에 있었다—비둘기가 먹이를 쪼거나 다람쥐가 쳇바퀴를 도는 것 같은 하등동물과 동일한 자극-반응의 연쇄와 강화법칙으로 설명하려 시도했다. 그는 촘스키(그리고 다른 언어학자들), 그리고 래슐리와 같이 행동주의 비평가들이 관심을 기울였던 언어의 복잡한 구조적 특성을 대부분 무시하였다. 그리고 스키너는 우리가 원하는 것에 대해 우리가 원하는 방식으로 자유롭게 이야기한다는 언어의 창조적인 측면을 완전히 무시하였다. 언어의 무한대의 잠재적 표현력을 강조하면서, 촘스키는 언어학적 결과물이 우연한 자극에 의해 그 어떤 의미 있는 방향으로 제한되었다고 생각하는 것은 의미가 없다고 주장했다.

촘스키는 이러한 자극반응 선상에서 언어를 설명하려는 스키너의 시도가 근본적으로 잘못되었다는 것을 잘 보여주었다. 그들은 문자 그대로 또는 은유적으로 적용되는지 확인하는 데 실패하였다. 촘스키는 다음과 같이 특유의 거침없는 어투로 언급하였다.

> 그의 저서에 대한 비판적인 평론은 문자 그대로 해석했을 때(스키너의 정의에 따르면 설명적 체계의 어휘가 기술적인 의미를 지니는데) 이 저서가 언어적 행동을 거의 다루지 못하고 있고, 은유적으로 해석했을 때

> 이것은 이 분야의 전통적인 접근 방법보다도 과학적이지 않고, 명확하지도 조심스럽지도 못하다는 것을 보여주어야 한다. (1964a: 552)

그러나 촘스키는 스키너가 인식론적으로도 잘못된 방향에 있음을 분명하게 언급했다. 동시대의 다른 경험론자처럼 스키너는 학자들이 데이터를 가까이 하고 추상적인 이론을 일축할 것을 주장하였다. 촘스키는 반대로 데이터는 그들 자신에 대해 결코 이야기할 수 없을 것이며, 이론적인 입장을 취하고 그 이론의 함의에 대해 탐색할 필요가 있다고 느꼈다. 뿐만 아니라, 그는 언어를 설명하기 위해 필요한 이론의 유형, 그리고 인간의 생각과 행동의 다른 양상들이 추상적이고 정신적이어야 할 것이라는 그의 추정을 밝혔다. 데카르트의 업적을 분명하게 이어받고 약 3백 년 후에, 동시에 플라톤과 칸트의 영향을 받으면서 촘스키는 세계에 대한 우리의 해석은 표상 체계에 기반하고 있는 마음의 구조 자체에서 도출되며, 그 어떤 방식에서도 세계의 형태를 직접적으로 반영하지 않는다고 주장했다. 그리고 언어학자가 실세계에서 표현되는 언어의 문법에 대한 물리적인 정의의 불가능성을 수용한다면 그들은 추상적이고 마음을 설명하는 언어학 이론의 필요성을 깨달을 것이다.

평론에서 촘스키는 또한 자신의 심리적인 접근에 대한 근본적인 조바심을 밝혔다. 그의 견해에 의하면 심리학적 실험은 주장을 입증하는 과정에서 종종 불필요하였다. 많은 심리학자들은 체계적이거나 이론적인 맥락에서 생각하는 것보다 명약관화하게 제시하는 것을 선호하였다(Rieber 1983: 48). 촘스키는 심리학자 래슐리를 칭찬하기 위해 별도로 언급하였다. 순서가 있는 행동에서 래슐리는 발화는 외적 자극과 언어적 연합(interverbal association)에 대한 통제하에 단순하게 반응을 순차적으로 연결하여 생산되지 않는다고 결론지었다. 그리고 발화의 통사적 구조는 물리적인 구조에 의해 직접적으로 표상되는 것이 아니다라고 결론지었다. 통사구조는 래슐리에 의하면 "구체적인 행동이 발생하면서 얹혀지는 일반화된 패턴"이다(Jeffress 1951: 122에서 재인용). 래슐리에 이어 촘스키는 "그 행위의 최종결과로부터 추론될 수 있는 다양한 통합 과정이 있을 것이다"라고 결론지었다(1964a: 575).

촘스키의 서술에 잠재하고 있는 새로운 심리학적 관점이 나타났다. 평론의 가장 끝부분에서 그는 "지금으로서는 진지하게 질문할 수 없지만, 가능한 데이터와 시간으로 사용해서 언어의 문법에 도달하기 위해 요구되는 정보처리(가설의 생성) 시스템의 내장된 구조가 무엇이어야 하는지를 결정하는 문제를 연구할 수 있을 것이다"라고 주장했다(1964a: 578). 이후 몇 년 동안 촘스키는 이러한 직관을 파고들면서 사람들은 언어를 배우고자 하는 강력한 성향을 갖고 태어나고, 우리가 배울 수 있는 언어의 가능한 형태는 우리가 속한 종자의 특정한 유전적 상속에 의해 날카롭게 제한되어 있다고 주장했다. 촘스키는 언어를 배워야 하는 모든 아이들이 직면하게 되는 극단적인 추상성과 구체적인 지도가 없음에도 가능한 언어습득의 놀라운 속도를 인상깊게 보았다. 스키너의 모방과 강화를 통한 언어습득 개념은 받아들이기 어려웠다. 그것은 유한상태 문법 정도로는 설명이 불가능하였다. 완성도가 떨어지고 오류가 많은 발화로 이루어진, 상대적으로 적은 양의 말뭉치라는 일상생활에서 접하는 '자극의 빈곤'에도 불구하고, 어린이들이 신속하고 상대적으로 오류 없이 언어를 습득하는 방식을 설명하기 위해서는 완전히 새로운 심리학적 관점이 필요했다.

7.1.5 일반적 메시지: 촘스키의 테마타

촘스키는 그의 에세이로 대중에게 다가갔다. 더 이상 소수의 동료 언어학자들을 대상으로 한 불가사의한 통사의 세부사항을 다룬 글이 아니었다. 그는 그 자신을 마음의 다양한 측면에 관심을 갖고 있으며 그의 믿음을 위해 논쟁을 치를 준비가 확실히 된 완전히 성장한 인지학자라고 밝혔다. 스키너가 촘스키의 평론에 대해 한 번도 대중적으로 응답하지 않았다는 사실은 이 분야에 관심 있는 학자들에게는 행동주의 입장의 이론적 파산을 의미하였다. 그리고 그의 평론이 출판되고 몇 년 후, 촘스키는 다른 학자들에게 그의 과학적 테마타(themata)를 명확하게 밝혔다. 그의 견해를 따르면 언어는 어떻게 사고 과정을 개념화하고 연구할지에 대한 최고의 모델을 제공하였다. 실제로 언어는 재구성된 심리학의 일부로 고려되어야 한다. 언어와 심리학은 형식적 엄격함을 제시하고 추상적인 모델을 상정하며, 설명적 타당성의 원칙을 추구해야 한다. 스키너와 다른 심리학자들이 선호했던 유형 같은 비공식적으로 표현된 일반적인 원칙들은 배척의 대상이었다. 촘스키는 학습, 자극의 일반화와 같이 극단적으로 전반적이고 광범위한 마음의 힘에 대해 널리 퍼진 믿음에 점차적으로 도전하였다(이 움직임에서 그는 심리학과 인공지능에서도 유사한 이동이 일어날 것으로 확신하고 있었다). 그는 마음을 상대적으로 독립적인 정신적인 기관이나 모듈의 연쇄이며, 각각은 스스로의 작동규칙이나 발전규칙과는 다른 '기관들'과의 상호작용을 위한 규정된 방법을 갖고 있다고 생각하게 되었다. 이것은 언어를 담당하는 기관과 언어학이라는 분야의 자율성을 대변하는 영향력 있는 생각이었다. 이 모듈성에 더해진 것은 지식을 가능하게 하는 마음의 추상적인 구조의 존재인 심리주의(mentalism)에 대한 전념이었다. 그리고 우리의 지식의 많은 부분이 보편적이고 타고나는 것이며, 우리는 인간이라는 것 자체만으로 구체적인 지도가 필요 없이 이러한 지식에 접근성을 갖는다는 믿음인 태생주의(nativism)로의 움직임 또한 있었다. 이러한 견해들은 촘스키가 초기에 언어학 영역에서 주장했던 것만큼 동시대의 인문과학에서 일탈한 것이기도 했다. 이러한 견해들은 『통사구조』에서 표명된 그의 초기 견해보다도 더욱 많은 논쟁을 조성했다.

전통적인 언어학에 대한 촘스키의 도전이 가진 모든 영향력은 1958년 영어의 언어학적 분석 문제에 대한 제3회 텍사스 학회에서 명백해졌다. 여기서 촘스키는 공손하면서도 단호한 용어로 그의 언어학 동료학자들에게 그들의 언어의 이해에 대한 전통적인 접근 방법은 실패할 수밖에 없다고 말했다. 그는 언어의 요소들에 대한 완전한 명세는 절대로 모든 가능한 문장들을 특징지을 수 없으며, 귀납적인 발견 과정은 절대로 가능할 수 없다고 주장했다. 그리고 그는 이어서 주장하였다.

> 나는 '문법' 개념에 대해서 정밀한 설명을 제공하는 데 실패하는 것은 하나의 정의를 추가해서 보충될 수 있는, 언어학 이론의 표피에만 머무르는 결함에 그치지 않는다고 생각한다. 나는 이러한 개념이 명확해지기까지는 언어학 이론의 어떤 부분도 만족스러운 발전을 이룰 수 없을 것이라고 생각한다. (……) 나는 여기서 특정 언어의 문법을 특정 과학적 이론과 유사하게 논의했으며, 이 문법(이 언어의 문장들)을 물리학이나 태생학이 연구대상을 다루듯이 다루었다. (1964b: 213)

촘스키는 언어학적 요소를 발견하고 분류하는 기술을 설명하는 것이 방법론적으로 언어학이 갖는 부담이라는 견해와, 문법은 이러한 요소들과 분류들로 이루어진 명세라는 견해를 문제시하였다. 대신에 그는 문법을 문장들의 이론으로 보았으며, 주요 방법론적 문제는 문법적 속성(그리고 구조적 설명과 여기에서 도출되는 언어학적 층위)이 추상적으로 연구되는 언어적 구조에 대한 일반적인 이론의 구성이라고 보았다(Chomsky 1964b).

발표에 이어서 촘스키는 그가 반대의 입장을 드러냈던 이전 세대의 선도적 구조주의 학자들과 청중 앞에서 논쟁을 시작했다. 그들 중 일부는 젊고 건방진 발표자를 처음이자 마지막으로 공격하기를 희망하였지만 결과는 매우 달랐다. 기록을 기반으로 뉴메이어가 되짚은 기억에 의하면, "여기서 우리는 꼬마가 현지의 거인들을 상대하면서 그들을 언어학 과정의 초기에서 혼란을 겪고 있는 학생으로 만들어버린 전례가 없는 언어학의 역사가 문서화된 것을 볼 수 있다"(1980: 35). 이후 몇 년 동안 이 장면은 촘스키의 숭배자가 꾸준히 늘어가면서 셀 수 없이 많이 반복되었다. 촘스키의 후계자들은 한때 학계를 지배하였던 구조주의 학파의 선두자들과 투쟁하면서 이전 접근 방법의 부적절성을 규칙적으로 보이고, 문법의 새로운 생성적 방법을 약속하였다.

촘스키의 접근은 정말로 혁명적이었으며 이전 언어학에 대변동을 불러왔다. 만연하던 경험주의자, 귀납론자, 유명론자의 기질이 가졌던 전통을 파괴하였다. 인문학의 레비-스트로스, 심리학의 브루너와 밀러, 철학의 콰인과 퍼트넘 같은 학자들이 그들 각자의 분야에서 도전하였듯이, 촘스키는 언어학 세계에서 받아들여진 의견에 정면 도전하였다. 그의 접근 방법이 극도로 형식적이었고, 언어학에 대한 연구는 인문과학에서 상대적으로 앞서 갔기 때문에 그의 주장의 범위는 완전히 명료하게 눈에 띄었다.

이는 또한 이 시대의 지적인 역사의 일부이기도 하다. 논쟁가로서 촘스키의 재능은 아마도 최근 과학사에서 적수를 찾을 수 없을 것이다. 그는 논쟁하기 좋아하였고, 탁월하였으며, 그의 주제에 관심을 갖는 이들과 지치지 않고 주장할 의지가 있었다. 그는 또한 많은 제자들과 동료들에게 십자군전쟁과 같은 운동을 그와 함께하도록 영감을 주었다. 이는 이전 세대의 경험주의에 대한 반발작용이고, 심지어 많은 경우에 현대 정치적 현실에 대한 반동이었다. 결국 촘스키의 많은 지지자들이 그를 떠났고, 오늘날 그의 특수한 언어학적 견해는 소수의 통사론자들만 확고히 지지하고 있다. 그러나 가장 혹독한 비평가조차도 그의 필수불가결하고 엄청난 예시들이 아니었다면 그들이 지금 연구하고 있는 것을 동일한 방식으로 연구하고 있지 않을 것이다. 그리고 실제로, 타협하지 않는 태도와 내용의 영향력에서 촘스키의 업적은 이를 공부하고자 했던 거의 모든 이들에게 깊은 인상을 주었다.

마찬가지로, 변형문법에 대한 초기의 흥분이 시야에서 가라앉으면서 이전 시대와의 연속성을 더 쉽게 판단할 수 있다. 이 장의 초반에서 나는 촘스키의 2세대 이전인 사피어가 직관적인 측면에서 『통사구조』가 직접적으로 다룬 많은 문제들을 이미 다루고 있었다고 언급하였다. 그보다 더 이전으로 돌아갔을 때, 촘스키에게 영향을 미친 일반적인 인식론적 접근은 데카르트에 의한 것이었으며, 인간언어의 창조적인 힘에 깊은 인상을 받은 '데카르트파 언어학자들'이나 규칙성을 포착하기 위한 방법을 탐색한(빌헬름 폰 훔볼트 같은) 이들에 의한 것이었다. 촘스키는 통사론이나 문법을 별도로 연구하는 것의 중요성에 대해서 그의 구조주의 스승들과 믿음을 공유하였다. (Jakobson and Hjelmslev 1953에서 강조된) 언어에 대한 본질적으로 수학적이고 형식적인 접근 방법의 필요성, (레너드 블룸필드에 의해 언급된) 언어를 묘사하는 문제와 언어습득을 설명하는 문제와의 연결, 그리고 언어(또는 언어능력)에 대한 연구는 말(parole 또는 언어이행)과는 확연히 다르다는(페르디낭 드 소쉬르와 함께) 확신에 대한 믿음이 그것이다. 그러나 촘스키가 이룬 것은 이렇게 다양한 가닥을 한데 모으는 것이었다. 그는 우리가 문장들 간의 직관적인 모든 관계를 조명하기 위한 규칙 체계를 생성하기 위해서 형식적이고 논리적인 분석을 활용할 수 있다는 것을 보여주었다. 그리고 이는 완벽한 문장들에 한해서였다. 프로이트가 꿈으로의 '왕도(royal road)'를 통해서 무의식을 발견했듯이, 이러한 통찰은 일생에 한 번 오는 것이다.

7.2 이전 시대의 언어학

고전주의 시대에 있어서, 학자들은 언어의 규칙성과 궁극적으로 특징화하는 것에 대해 논의하고 있었다. 언어는 본성의 일부인가, 아니면 문화의 일부인가? 그리스어와 라틴어에 기반한 문법적 범주의 체계가 진화하였고, 그 어느 때보다도 수사학 연구가 풍부해졌다. 이러한 관심은 서양에만 독점적인 것은 아니었다. 예를 들면 기원전 4세기 인도에서 파니니(Panini)는 더욱 다양하고 그리스-로마 학자들이 제안한 것보다 어떤 측면에서 우월한 문법을 고안하였다. 르네상스 시절에 이 고전주의 전통 문헌학은 여러 분야에서 문자와 비판적 분석이 적용되면서 높은 경지에 도달했다. 학자들이 여행이나 식민지를 통해 다른 언어를 의식하기 시작하면서 아시아, 아프리카, 오세아니아, 그리고 신세계의 여러 언어에 대한 경험적인 지식이 축적되었다(Robins 1967).

이국적인 언어에 대한 정보를 수집하기 위한 과학적 탐험도 있었다. 영국의 동양학자인 윌리엄 존스(Sir William Jones)가 벵갈-아시아학회(Bengal-Asiatic Society)에 산스크리트어가 그리스어와 라틴어와 놀라울 만큼 유사성을 보인다고 보고하면서 1786년 언어학 역사에서 중요한 사건이 일어났다. 존스는 이 3개 언어가 동일한 근원에서 유래되었다는, 아마도 더 이상 존재하지 않을 도발적인 가설을 제기하였다. 이러한 발언은 그때까지 라틴어가 파괴된 그리스어의 일종이고 유럽어 대부분은 단순히 라틴어에서 파생되었다고 가정해왔던 학계를 깜짝 놀라게 하였다. 그러나 새롭게 탐색되었던 고대언어와 산스크리트어와의 관계에 대한 유사한 즉석 설명은 불가능하였다.

존스의 발견은 언어학 역사, 언어학적 계통발생학, 그리고 언어학적 변화의 과정에 대한 새로운 개념을 불러왔다. 이전에는 모든 언어들은 천지창조 이후 몇 천 년 동안 발전되었고, 히브리어가 본래의 언어라고 추정되었었다. 그 대신 지금은 언어학자들과 철학자들이 언어의 변화를 지배하는 법칙을 발견하는 데 매료되었다. 분류 생물학자들의 방식으로 작업하면서, 언어학자들은 다양한 어족(Semitic, Algonquin, Finno-Ugrian 등)을 정하고, 언어의 변화에 대한 이론을 발전시켰다. 야콥 그림(Jakob Grimm)은 체계적인 독일어와 그리스어, 라틴어, 산스크리트어 말소리의 대응관계를 발견하였다. 예를 들면, 그는 고딕(가장 오래된 게르만어)의 f 발음이 있는 위치에 라틴어, 그리스어, 산스크리트어는 p 발음이 있다는 것을 언급하였다. 이 관계를 설명하기 위해 그는 게르만어 역사 이전에 무성 파열음(또는 불파음)이 '파열'되는 (따라서 p가 f가 되는) 주기적인 '음운 변화'를 제기하였다. 그러나 체계화는 완성되지 못했는데, 그림과 동료들은 규칙에 대한 예외 사례에 동의할 의지가 있었다(Bolinger 1968).

7.2.1 청년문법학파

1860년대와 1870년대의 새로운 문법학자들, 즉 청년문법학파(또는 신문법학파)라 불리는 젊은 반란군 집단은 한 세기 이후 촘스키 학파가 그랬던 것처럼, 이 상황을 바로잡기 위한 시도를 하였다. 단순한 규칙성의 분류나 집합, 또는 그림과 그의 동료들이 주장했던 유형에 만족하지 못하고, 신문법학자들은 음소변동의 법칙은 아무런 예외도 허용하지 않는다고 주장하였다. 헤르만 파울(Hermann Paul)은 1879년에 "모든 음소 규칙은 화학이나 물리적 법칙이 예외를 허용하지 않는 것처럼 절대적인 필연성으로 작동한다"고 주장하였다(Brew 1968: 177에서 재인용). 이 법칙에서 겉으로 드러난 모든 예외들은 다른 법칙으로 설명되어야 했으며, 이론의 혼합이라는 이론에 대한 관용은 용납될 수 없었다. 신문법학자 오스트호프(H. Osthoff)와 브루그만(K. Brugmann)이 선포하였듯이 말이다.

> 오직 비교언어학자들만이 언어 형식의 삶과 변형을 올바로 제시할 수 있었다. 왜냐하면 그들은 가설을 기반으로 인도-게르만어의 어근이나 찾는 그런 환경을 포기하고 애매한 이론으로는 얻을 수 없는 구체적이고 현재적이고 실제적인 정보를 얻으러 밝은 빛이 있는 실세계로 나왔기 때문이다. (Robins 1967: 184-185에서 재인용)

데이터 중심의 신문법학자들은 언어에 대한 사고로부터 깊은 영향을 받았다. 언어가 어떻게 작동하는지에 대한 단서는 발화의 물리학적인 특징에서 생각해볼 수 있다. 사실 새롭게 발견된 심리물리학의 기술들은 유용한 도구로 여겨졌다. 그러나 선구적인 심리학자 빌헬름 분트의 노력에도 불구하고, 심리학자들은 언어학적인 현상을 다루는 데 성공하지 못하였다. 돌이켜보았을 때 흥미로운 것은 세대가 변하면서 새로운 심리학 이론 중 어떤 것이 올바른지 언어학자들이 검토하였고, 최근에는 심리학자들이 어떤 언어학적 관점이 언어에 대해 심리학적으로 검증된 관점인지 결정하기 위해 언어학자들을 관찰하고 있다는 점이다.

7.2.2 소쉬르의 기호학적 공헌

그림과 같은 비교문헌학 또는 언어학자들은 수천 년에 걸쳐 언어의 발전과 여러 언어들의 음성의 구조의 관계에 대한 경험론적 지식을 발전시켰다. 그에 반해 그들의 저서들은 근본적으로 구식이라 할 수 있다. 그래서 불투명한 과거에 대한 법칙을 발견하기 위한 성향 때문에 이 학자들은 후속 세대들이 무엇을 언어학적 연구의 핵심으로 받아들이게 될지 예측하지 못한 것 같다. 그러나 이것은 근대의 첫 언어학자로 여겨지는 소쉬르(Ferdinand de Saussure)의 경우에는 해당되지 않았다. 세기 전환기에 활동하였던 스위스 출신 학자이자 인도유럽 비교언어학에 첫 번째 기여를 한 소쉬르는 그의 동료들을 역사에 흡수되지 못하게 하면서 당대 언어에 대한 탐색으로 인도하였다. 그는 통시적인, 즉 시간에 따른 언어의 변화를 다루는 언어학과 그 당시 체계로서 언어학의 연구, 즉 공시적인 언어학을 대조하였다. 그리고 그는 언어의 중요성은 그의 선행자들과 그가 훈련을 받을 당시의 시대를 지배했던 비교나 진화적 관심에서 벗어날 때 이해될 수 있다고 주장하였다.

언어를 체스게임과 비교하였을 때 (그가 좋아했던 비유인데), 소쉬르(1959)는 게임의 판의 상태는 계속해서 변화하고 있지만, 하나의 시점에서 게임의 상태는 여러 조각들이 위치하고 있는 자리에 의해 완전히 묘사될 수 있다고 주장하였다. 이 견해에 따르면 어떤 길에 의해서 현재 자리에 도착했는지는 중요하지 않다. 이와 유사하게, 언어는 꾸준히 변화하고 있지만, 언어의 잇따르는 또는 경계가 정해진 상태는 서로 독립적으로 그리고 그들의 이전 역사를 참조하지 않고 설명될 수 있다. 소쉬르에게 언어는 또 다른 측면에서 체스게임과 유사하다. 먼저, 언어학 토큰의 실제 크기와 모양은 서로 무관하다. 즉 체스의 어떤 말로도 비숍을 나타낼 수 있는 것과 같이, 어떤 말소리라도 사과라는 개념을 나타낼 수 있다. 요구되는 것은 통상적인 약속일 뿐이다. 두 번째로 그 어떠한 개체도 그것 스스로 의미를 지닐 수 없다. 개체는 그와 다른 개체와의 관계의 총체에서만 의미를 쌓아간다. 따라서 체스의 루크의 의미는 다른 말들이 원칙적으로 무엇을 할 수 있는지, 그리고 그들이 현재 어떤 자리에 있는지의 관계 안에서만 이루어질 수 있다. 같은 맥락에서 단어(또는 품사)의 의미는 그 언어에서 다른 단어들, 그리고 그 주어진 단어가 특정 순간에 함께 연결된 것으로 나타나는 특정 단어들에 의해서만 의미를 갖게 된다. 체스게임에서 모든 말의 움직임이 게임의 양상에 영향을 미치고 모든 관계를 바꾸게 되듯이, 모든 새로운 단어의 추가는 발화, 글, 또는 언어 전체에서의 모든 단어들에 영향을 미친다. 그리고 언어는 다양한 부분들이 상호의존적이고, 체계 전체로부터 그들의 의미가 유래되는 조직된 전체로써 다뤄져야 한다.

하나의 체계로서의 언어에서 소쉬르의 초점, 그리고 통사적으로 그 체계를 설명하는 것에 대한 관심사는 아마도 부상하고 있던 언어의 과학에 대해 그가 한 가장 오래 지속된 기여였을 것이다(동시에 게슈탈트 심리학은 시지각의 내부적 상호관계에 대해서 유사한 기여를 하고 있었다). 그러나 다른 통찰력 있는 탐구도 있었다. 소쉬르는 규칙성 체계의 총합으로서의 언어(이를테면 모든 체스게임을 지배하는 규칙들)와 실제 일어나는 발화 그 자체인 말(이를 테면 특정 게임에서의 움직임)과의 차이점을 소개하였다. 말은 즉시 접근 가능한 데이터를 구성하고 있는 반면, 언어학자의 목적은 각 공동체가 가진 언어이다. 말의 공동체에서 길들여지면서 습득된 어휘(lexicon), 문법, 음운의 규칙성이 그것이다. 소쉬르는 앵무새도 말을 할 수 있지만 언어 체계를 알지 못하는 반면, 영어를 알고 있는 사람은 그것을 말하지 않음을 선택할 수 있다고 날카롭게 지적하였다(설의 중국어 방 수수께끼의 그림자!).

어쨌든 소쉬르는 오늘날 언어학적 이론을 예견하였으며, 그의 여러 변별점과 개념화는 현재 모든 활동하고 있는 언어학자들에 의해 적용되고 있는 가설의 일부이다. 예를 들면, 그는 언어를 개인 화자들의 머릿속에 포함된 인지 시스템으로 보았으며, 이는 아마도 프랑스어를 구사하는 학자들에게 익숙한 유심론적 관점이다. 그러나 그가 바라보았던 것과 현재의 학자들 간 차이점에 주목할 필요가 있다. 그중 하나로 소쉬르는 가장 단순한 것부터 가장 복잡한 요소까지 구축하기 위한 언어의 설명 또는 요소들의 목록에 관심을 가졌다. 이러한 개별 요소에 대한 관심은 납득할 수 있는 발화만 생산할 수 있는 생성규칙의 체계에 대한 촘스키의 목표와 정반대로 대조된다. 촘스키가 강연의 결론에서 주장했듯이, "우리의 과학의 중간영역에 들어오는 갑작스런 대립으로부터, 하나의 교훈을 얻을 수 있었다. 이것은 완전히 비관적이지만, 이것은 이 강의의 근본적인 생각과 동의하기 때문에 그만큼 흥미롭다. 언어학의 진실되고 하나뿐인 목적은 언어에 대해서, 언어 자체를 위해서 언어를 연구하는 것이다"(1959: 232). 자립성 견해에 중요한 바람이 불었다.

7.2.3 프라하 학파

언어과학을 출범시키면서, 소쉬르 학파는 전 세계에서 이 학문이 떠오르는 것을 보았다. 미국, 프랑스, 스칸디나비아의 언어학자들은 모두 이 제네바 출신 학자의 기여를 인정했다. 소쉬르의 계획은 1920년대와 1930년대에 프라하에서 연구하던 언어학자에 의해 가장 성공적으로 추진되었다. 로만 야콥슨과 니콜라이 트루베츠코이(Nikolay Troubetskoy)의 지도 아래 프라하 학파는 폭넓은 관심을 드러내었으나, 그중 아마도 음운론에 대한 그들의 연구가 가장 잘 알려졌을 것이다. 프라하 학파의 일원들은 음소를 분석의 최소 단위로 연구하지 않고, 음소를 서로 변별력 있는 특징을 갖는 집합들로 보았다. 각각의 음소는 조음 특징으로 구성되어 적어도 한 가지 특징의 존재 또는 부재에 의해 다른 모든 음소들로부터 구분지어진다(Vachek 1966).

야콥슨은 간결한 사례를 통해 이를 설명했다. 한 사람이 파티에서 다른 사람을 만났는데, 그의 이름을 알아듣지 못한 경우를 생각해보자. 알아듣지 못한 이름은 Mr. Ditter, Mr. Bitter, Mr. Pitter, Mr. Titter 등일 수 있다. 우리가 이 사람의 이름을 알아낼 수 있는 능력은 특정 최소 대립 요소를 듣는 데 달려 있다. 예를 들어 ditter와 pitter는 'd'와 'p'라는 고음(acute)과 저음(grave), 그리고 긴장과 이완 여부라는 2개의 동시에 발생하는 최소 대립 요소에 의해 다르다. 또한 동일하지 않은 집합은 그들이 차이점을 갖는 특징들로 유사하게 설명될 수 있다.

이러한 개별 특징들은 청자가 인지할 수 있는 대립의 반대 요소 2개 중 한쪽의 선택을 포함한다. 예를 들어 말소리 /p/와 /t/를 생각해 보자. 이 소리들은 저음과 고음 차이에서 특징을 보인다. /p/에는 소리 스펙트럼 아래쪽 끝부분에 에너지가 집중되어 있는 반면, /t/에는 스펙트럼 위쪽 끝부분에 에너지가 집중되어 있다. 따라서 이 두 가지 소리는 상대적으로 다른 음높이를 갖고, 생산될 때 다른 에너지의 분포를 나타내며, 다른 크기와 모양으로 진동하는 구강을 반영한다. 다른 변별적 특징들도 같은 의미에서 이와 같은 인지적·물리적·동적 속성으로 모두 정의될 수 있다. 이 변별적 특징들은 동시적 소리의 뭉치로 정렬되고, 이것이 언어의 음소이다. 특징의 다양성이 너무 방대하다고 생각할 수 있겠지만, 의미 깊은 해였던 1956년 야콥슨과 그의 동료인 모리스 할레(Morris Halle)는 언어들이 각자 선택을 하게 되는 열두 가지 기본적인 대립을 보여주었다.

이렇게 음운론을 다루면서 프라하 학파는 특유의 지속적인 기여를 하였다. 이러한 접근 방법은 겉으로는 서술적 구조주의자들과 유사하지만, 사실은 다른 고려사항들에 의해 동기가 유발된 것이다. 프라하 학파는 서술이 아니라 설명에 관심을 가졌고, 심리학적 현실을 언어학적 설명에 귀속하는 데 아무런 망설임이 없었다. 이 특징들을 단순히 말소리를 서술하는 데 '편리한' 방법으로 보지 않고, 프라하 학파는 그들이 물리적이고 심리학적 현실을 지니고 있다고 믿었다. 신경계 시스템은 이러한 특징의 적당한 생산과 차별성을 보장하게끔 진화하였다. 특징들은 어떤 특정 언어의 겉모습과 독립적으로 정의될 수 있다. 그리고 특징이 발견되면 그것은 그것의 위치에 의해 일반적인 음운론 이론으로 설명될 수 있다. 이론은 현상의 발견으로 안내하며, 그 역방향은 아니다.

음소는 중요한 발전을 보여주었다. 첫째, 모든 언어의 음소 체계는 작은 수의 대립되는 이진법적(binary) 특징을 드러냈다. 둘째, 이 특징들은 다른 구조주의 모델에서 서술 불가능했던 일반화의 형식화를 허용하였다. 그리고 특징을 상정함으로써 평가절차의 발전이 가능해졌다. 최적의 분석은 각 음소별 최소한의 개수의 특징 명세를 필요로 해야 한다. 이러한 요소들은 곧 초보 단계에 머물러 있던 통사론에 상응하는 열정을 찾고자 했던 언어학자들에게 영향을 미쳤다.

프라하 학파는 절대 그들 자신을 음운론으로 제한하지 않았다. 실제로 야콥슨과 그의 동료들은 음운론부터 시까지, 여러 언어권에 대한 언어의 모든 측면들을 다루는 글을 쓰는 데 이끌렸다. 심리학 분야를 침범하면서 야콥슨(1941)은 말소리 법칙에 대한 그의 관심사를 폭넓게 다양한 대중에게 적용하고자 하였다. 그는 대조 최대화의 법칙이라 부른 정상 어린이들의 말소리 발달의 연속성을 파악하였다. 그리고 더 나아가 그는 인간 두뇌의 손상의 결과로 이 발전적 과정이 역으로도 작동한다는 것을 보여주었다 야콥슨은 동일한 종류의 대립이 통사론부터 화용론까지 다른 언어학적 차원에서 결정되는 선택에도 적용될 수 있어 음운론적 서술에서도 가능하다는 것을 보여주었다. 그리고 방법론적으로 큰 기여를 한 그는 언어학적 대립은 대부분 동등관계이거나 역적용이 불가능하다고 지적했다. 대립에서 하나의 극단은 더욱 기본적이거나 유표성이 없으며(unmarked), 다른 극단은 기본적인 극단과의 관계로 필수적으로 정의되어 있으며, 따라서 유표성을 지닌다. 예를 들어, 말소리 구조 차원에서 무성음은 유표성이 없으며, 어휘적 의미론 차원에서 단어 long은 유표성이 없고, 단어 short는 유표성이 있다. 유표성의 개념은 각 언어의 차원을 서술하면서 자리잡게 되었으며, 우리가 확인하게 될 것처럼, 관련 분야에 주요한 영향을 주었다.

야콥슨의 언어에 대한 지식, 다방면한 관심사, 그리고 대담한 이론화는 언어학자 세대 전체에 영감을 주었다. 그리고 여러 중요한 학자들처럼 다른 지식 분야에 중추적인 영향을 주었다. 아마도 그가 가장 큰 영향을 미친 분야는 인문학이었다. 야콥슨은 1940년 초반 뉴욕에서 레비-스트로스를 만나 서로 동지관계를 확인했다. 당시에 레비-스트로스는 브라질에서의 현지조사에서 수집한 친족과 사회조직에 대한 대량의 데이터를 이해하기 위한 방법을 찾고 있었다(Lévi-Strauss 1963). 그는 야콥슨에게 언어학적 분석의 구조적 방법론을 소개받아 그는 모든 언어학뿐만 아니라 문화적 데이터를 개념화하는 방법에 대한 주도권을 잡았다. 제8장에서 볼 수 있듯이 레비-스트로스에게 언어학의 사례는 다른 이들이 뒤따라야 하는 것이었고, 사회과학은 뒤처져 있었다. 그러나 음운론 모델을 확연하게 표현되지 않은 분야에 어떻게 적용할지 결정하는 것은 엄청나게 큰 문제였다. 이것은 프라하 학파가 직면한 문제이기도 했다. 음운론을 참고하여 발전한 분석의 원칙들은 쉽게 사용될 수 있었지만, 이러한 원칙들을 통사나 시와 같은 더욱 복잡한 언어의 양상에 어떻게 적용할지는 불투명했다.

이러한 거리낌은 야콥슨에게 큰 문제가 되지 않았다. 그는 의심자가 아닌 정복자 성향을 갖고 있었다. 그가 선택한 분야에서는 보수적이었지만, 그는 특정 분야를 수립하거나 음운론의 신성함이나 언어학을 다른 공격으로부터 보호하는 데 관심이 없었다. 사실 그는 다른 분야와의 연관성을 찾고자 노력했다. "나는 언어학자이다"라고 그는 종종 선언했으며, "인간적인 모든 것은 나에게 외계적이지 않다"고 말했다. 이러한 시도와 추정은 촘스키 학파의 엄격한 양심에 의해 거부되어왔고, 한동안 야콥슨의 학구적 포부는 시대에 뒤처진 것으로 보였다. 그러나 이제 언어학의 자율성이 다시 한 번 도전받으면서, 그의 종합적인 견해는 다시 신용을 얻을 수 있을 것이다.

7.2.4 블룸필드에 의한 정리

미국의 언어학 또한 소쉬르 연구의 그늘 안에서 구축되었지만, 블룸필드(Leonard Bloomfield)라는 한 언어학자의 엄청난 영향에 힘입어 다소 다른 역사학 방향을 취하였다(Hockett 1968a). 현대 인지과학적 관점에서, 블룸필드는 두 가지의 기여를 하였는데, 하나는 완전히 유익한 것이었고, 다른 하나는 조금 덜 도움이 되었다. 그의 긍정적인 업적은 방법론적 발전과 낯선 언어를 연구하기 위한 표기법을 포함하였다. 젊은 강사로서 블룸필드는 예를 들어 필리핀의 공용어인 타갈로그와 같이 다양한 이국적인 언어들을 연구하기 시작했다. 블룸필드는 긴 대화를 받아 적고, 이를 상세하게 분석하였다. 이전 연구자들을 안내해왔던 라틴어 문법 모델을 거부하며, 블룸필드는 각각의 언어별로 고전적 언어와의 유사점과 차이점에 주목하며 말소리 패턴을 기록했다. 그는 타갈로그에서 말레이-폴리네시아어와 알곤킨어로 연구 주제를 옮겨갔다. 각 언어에서 그는 언어를 기록하는 적합한 방법을 발전시키고, 말소리 패턴과 문법적 규칙성을 서술하는 최적의 방법을 찾고자 노력하였다. 구문분석의 수단으로서 구성하는 구조를 확인하는 것은 그 연구로부터 파생되었다.

이렇게 다양한 언어들의 속성을 익히면서, 블룸필드는 단순히 개인의 연구만을 추구하는 것에 만족하지 않았다. 그는 숙련된 언어학자 집단의 필요성을 깨달았다. 곧 그는 언어학회를 설립하고 여러 출판물을 발행하였다. 그는 언어학을 물리학의 양식을 따르는 자연과학으로 보았다.

> 물리학자는 분자 각각의 경로를 추적할 필요가 없이 질량적 결과를 관찰하고, 개별적인 움직임은 질량의 조건이 편향되면서 방사성 물체처럼 이들이 집단을 이룰 때에만 관찰하며, 하나의 분자의 충돌을 관찰하는 경우는 거의 발생하지 않는다. 마찬가지로 언어학도 개별적인 발화나 화자를 연구하지 않고, 예외가 발생하고 축적된 경우에만 주의를 기울인다. (Bloomfield 1925: 2)

언어학의 분야를 주장하고 새로운 언어를 어떻게 기록하는지 모델링하면서 블룸필드는 훌륭한 기준을 세웠다. 그는 독일의 분트처럼 이 분야에서 주요 연구소를 설립했다는 평을 얻었다. 그러나 유사한 연구를 한 분트처럼 블룸필드의 실질적인 목표는 근본 시야가 좁았기 때문에 마찬가지로 후대의 학문 발전에는 역효과를 낳았다.

1920년대 초반 블룸필드는 오하이오주의 행동주의 학자인 와이스(A. P. Weiss)의 영향을 받아 점진적으로 완전히 행동주의적인 견해를 받아들였다. 이것은 불가능하기 때문에 블룸필드는 특정 형식이 사용된 상황에서 되풀이되는 특징들을 행동주의적으로 간단하게 설명하는 것을 선호했다(Newmeyer 1980: 9). 블룸필드에 의해 발전된 이러한 견해는 물리주의적(따라서 반유심론적)이었다. 그는 언어는 모두 순수하게 물리적인 현상이라고 생각했으며, 언어학적 행동을 설명하는 데 어떤 특별한 심리학적·정신적 특징을 부여하는 것을 거부하였다. 예를 들어 그는 의미론을 설명하고 싶어했으나 이 개념을 다루는 것은 위험하다고 결론지었다. 그는 의미에 대해 정확한 정의를 내리기 위해서는 발화자의 세계의 모든 것에 대해 과학적으로 완전한 지식이 필요할 것이라고 선언했다.

궁극적으로 그는 가장 보수적인 결론에 도달하였다. "언어에 대해 유일하게 유용한 일반화는 귀납적인 일반화이다. 보편적일 수밖에 없다고 생각하는 특징은 접근 가능한 바로 이웃의 언어에는 존재하지 않을 수 있다"(Newmeyer 1980: 4에서 재인용). 그는 엄격한 행동주의, 기계주의, 조작주의를 선호한다는 입장을 밝혔다. 사람들은 눈에 드러나거나 분명히 실재하는 요소들만을 연구하고, 기계주의적인 설명들로부터 힘을 빌리고, 궁극적으로는 안정적인 예측을 만들어낸다. 그는 천동설만큼 철저히 의혹을 받을 것이라며 유심주의를 비판하였다. 실제로 유심론적인 설명을 회피하기 위해서 그는 그의 관심사를 '심리학의 사적인 사건들' 또는 다른 측면에서 사물이나 사람들에 의한 외부자극으로 제한하였다.

명백한 인식과 강직한 성품 덕분에 블룸필드는 20세기 초반부의 미국 언어학계를 대부분 지배하였다. 그의 저서 『언어(*Language*)』(제2판, 1933)는 수년 동안 기준이 되어왔다. 모든 언어학 학생들이 잘 알고 있으며, 완전히 지지하지는 않더라도 행동주의적이고 반의미론적인 분위기는 지지하고 있다. 블룸필드의 유령과 살아 있는 충성스러운 후계자 찰스 프리스(Charles Fries, 1963) 및 찰스 호킷(Charles Hockett, 1958)이 있었기에 촘스키와 그의 동료들은 그들의 변형적 혁명을 발표하였다.

블룸필드가 언어학계를 지배하기는 했지만 전부 통제하지는 못하였다. 사실 선구적인 인문학자 프란츠 보아스(Franz Boas)에게 훈련을 받은 사피어도 마치 블룸필드가 언어학의 주류를 매혹시킨 것처럼 인류학자들을 사로잡은 일련의 관점을 제시하였다. 사피어는 의미를 피하지 않았다. 실제로 오히려 그는 가장 심혈을 기울인 일부 실험적인 저서에서 이 당혹스럽고 핵심적인 구성 요소라 할 의미에 대해 집중했다. 그리고 그는 사람의 바로 그 사고 과정이 언어의 특성들에 의하여 구조화되어 있고 심지어 통제까지 될 수 있다는 도발적인 가설을 전개하였다.

> 인간은 객관적인 세계에만 사는 것이 아니다. 더구나 일반적으로 이

해되는 사회활동의 세계에서만 사는 것도 아니다. 그것이 아니라 실제로는 사람들이 살고 있는 사회의 표현의 매체가 되어버린 특정 언어에 상당히 좌우된다. 사람이 언어를 사용하지 않고도 근본적으로 현실에 적응할 수 있다고 생각하거나 언어가 단순히 소통이나 성찰의 구체적 문제를 풀기 위한 우연한 수단이라고 생각하는 것도 착각이다. 여기서 사실은 '실제 세계'가 대부분 집단의 언어적 습관을 기반으로 무의식적으로 구축된다. (……) 우리 공동체의 언어적 습관이 특정 해석에 대한 선택을 선호하게 만들기 때문에 우리는 이에 따라서 보고 듣거나 경험한다. (1921: 75)

제자인 벤저민 워프(Benjamin Lee Whorf)에 의해 사피어의 생각은 더욱 발전되었다. 워프는 우리의 가장 근본적인 개념들이 언어에 기인한다는 결론에서 물러서지 않았다. 뉴턴주의자들이 공간, 시간, 질량에 어디서든 동일한 직관을 반영하는 것처럼 워프는 이의를 제기하였다. 그는 호피(Hopi) 인디언이 칸트의 범주들과 완전히 다른 개념들을 가지고 있으며, 이러한 차이점은 그들의 언어가 세계를 분석하는 방법에 의해 발생했다고 주장했다. 그는 다음과 같이 이야기한다.

우리는 우리의 모국어에 의해 정하는 대로 자연을 해부한다. (……) 세계는 우리의 마음에 의해 조직되어야 하는 만화경과 같은 끊임없는 변화의 인상들로 보인다. (……) 그 누구도 절대적인 공정성으로 자연을 서술하는 것으로부터 자유롭지 않지만, 그가 그 자신이 가장 자유롭다고 생각할 때에도 해석하는 특정 방식에 한정되어 있다. (1956: 153, 213-214).

많은 언어학자들이 워프와 사피어의 업적에 흥미를 보였을 뿐만 아니라, 많은 심리학자와 인문학자들은 풍부한 가설들의 훌륭한 출처라고 보았다(제12장에서 인지과학적으로 어떻게 의미가 있었는지 검토한다). 그러나 동시대 의미론에 대한 연구가 그러하였듯, 주류 언어학에서는 이것이 중요하지 않다고 여겨졌다. 이것은 접근하기에 너무 어려웠으며, 너무 '실제 세상'과 위험한 '의미'라는 개념에 의해 오염되었고, 충분한 문서화 또는 증거를 보여주지 못했다. 실제로 사피어와 블룸필드는 대립되는 입장을 유지했다. 블룸필드는 방법론과 형식적 분석에 집중하는 열정적인 과학적 연구를 택하였다. 그의 기계론적인 의미 접근에 대한 엄격한 강조와 비관론적인 태도는 이 주제가 상대적으로 방치되는데 영향을 미쳤다. 사피어는 야콥슨보다 더욱 폭넓게 활동하였으며 문화, 개념화, 의미론적인 세계를 다루는 것에 두려움이 없었다. 역설적으로 그는 촘스키의 언어학적 구조에 대한 직관들을 공유하였으나 블룸필드나 촘스키의 형식적인 성향은 따르지 않았다. 블룸필드와 사피어의 접근과 통찰의 통합은 아직도 언어학에서 진행되고 있다.

7.2.5 1950년대 초반의 대란

1949년 블룸필드가 사망했을 당시 미국의 언어학은 많은 점에서 그 세련된 모습을 드러냈다. 평론가들은 '대단한 진보', '폭넓은 발전', '번창하는 상태'라고 하였으며, '확정적인 결과'라고 하였다. 세기의 초반부에 언어의 역사적·비교학적·구조적 서술이 합류하였으며, 음소의 원칙에 대한 발견과 발전이 있었고, 문법과 다른 서술적 분석의 양상들의 기초를 확고히 하는 시도가 있었다. 음운론은 문법의 모델로서 제공되었고, 의미론은 문법과 별개로 간주되었으며, 언어는 내재적으로 체계적이라고 보였다. 귀납적인 발견 과정이 지지되었고, 말소리 같은 단순한 차원에서부터 단어(형태소), 구문, 의미 차원까지 점진적으로 구축할 수 있다는 가정이 만연하였다. 모든 결정적인 단계가 이루어지지는 않았지만, 언어의 다양한 형식과 차원이 완전히 이해되는 것은 시간문제라는 생각이 보편화되었다(Newmeyer 1980).

언어학에서의 이러한 과정과 성취뿐 아니라, 관련 분야에서도 발빠른 발전이 있었다. 소통의 수단을 다루고 있는 정보 이론과 확률을 다루는 확률적 모델링 같은 기술은 언어 분석에 자연스러운 동맹군으로 보였다. 말소리 샘플을 분석할 수 있는 파장분석기인 스펙트로그래프의 발명은 언어학적 신호가 가진 물리학적인 속성의 진상을 밝혔다. 역사학자 뉴메이어가 말하였듯이 "많은 언어학자들은 연구 과정들이 매우 잘 풀려나가자 컴퓨터가 언어학 분석의 노고를 대신할 수 있을 같다고 느꼈다. (원칙적으로) 우리가 컴퓨터에 데이터를 넣기만 하면 문법이 출력되는 것이다!"(1980: 2)

그러나 더욱 세밀히 분석해보면 이것은 이 시대의 평론가들 대부분이 생각했던 것만큼 길조는 아니었다. 먼저 내가 이전 장에서 언급했던 것처럼, 경험론적 철학과 행동주의적 심리학에 의해 만들어진 헤게모니는 빠르게 무너지고 있었다. 이러한 견해가 악평을 받기 시작되면서 블룸필드의 언어학이 구축되었던 기반이 약화되었다. 이러한 철학적 혁명에 영향을 받지 않았던 학자들조차 언어학자의 방법론에 의문을 제기하기 시작했다. 데이터를 수집하고 객관적으로 서술하는 것은 보는 것만큼 쉽지 않았다. 개인의 기대치, 의미에 대한 지식이 불가피하게 데이터에 영향을 미쳤고, 겉으로는 객관적인 서술에 대해 안정적이지 않은 순환으로 이어졌다. 현대의 접근을 옹호하는 찰스 호킷조차도 1955년 "언어를 객관적으로 분석하는 것은 불가능하며 정보를 강조해야 한다"고 밝혔다(Newmeyer 1980: 17에서 재인용).

구조주의 언어학을 보완하려는 노력은 내부로부터 발생하였다. 아마도 통사에 있어 가장 성공적인 노력은 특정 문장들의 직관적인 관계를 겉으로 드러나게 하는 변형규칙을 상정함으로써 어려운 부분을 순수하게 설명적인 접근으로 접근한 젤리그 해리스의 연구(1952)일 것이다. 그러나 해리스가 발명한 기술들은 데이터를 조직하는 데는 실로 유용하였지만 모든 변형들을 하나의 이론적인 틀로 묶거나 분석의 추상적인 단계로 만들려는 것은 강력하게 거부하였다. 촘스키는 스승 해리스에게 이러한 방법들을 배웠는데, 다른 사람들도 지적한 바와 같이 해리스보다는 더 이론적인 성향을 지닌 누군가 나타나 문법을 작성하는 당대 노력에 대한 변형적인 접근 방법의 의미를 끄집어내려는 것이 불가피한 일이었다. 그 결과로 나타난 것이 바로 촘스키의 『통사구조』라는 책이다. 촘스키는 단순히 문장들 간의 변형의 가능성에 그치지 않고 구조를 기반하는 추상과 기술된 문장이 매핑되는 규칙의 체계까지 언급했다.

7.3 촘스키의 생각의 진화

7.3.1 부분적인 변화

『통사구조』의 출간 이후 몇 년 동안 촘스키와 그의 학파가 주장한 특정 모델들과 그의 여러 변경사항들을 세부적으로 검토하는 것은 불가능하다. 그러나 촘스키의 기여가 한순간에 발생하거나 하나의 이론만이 아니라는 것을 강조할 필요가 있다(전체적인 프로그램은 상당히 충실하게 유지되었지만). 사실 『통사구조』의 원래 형태에서 변하지 않은 개념들은 몇 가지 없다. 핵심 주장들은 오래지 않아 버려졌고, 변형의 개수가 줄고 대단히 많이 단순화되었다. 통사 차원들 간의 관계, 의미론, 음운론은 조금 다른 선상에서 이해되었다. 첫 출간 당시 소개했던 특정 주제들은 버려졌고, 1957년에 가볍게 암시했던 다른 주제들은 연구의 전반으로 퍼졌다.

새로운 서술 중의 주요 내용은 『통사이론의 양상들(*Aspects of the Theory of Syntax*)』(1965)에 나타났다. 이 저서는 몇 년 동안 기초 교과서로 항상 등장하여 오늘날 '표준 이론'을 제시하였다. 표준 이론에서 초기의 핵심 문장들은 더 이상 없다. 대신에 초기의 구문표시, 심층구조(deep structure)를 생성하는 기본 문법으로 시작한다. 주요 작동은 이 심층구조에서 일어난다. 초기의 심층구조를 다른 구조로 전환하는 변형요소가 있고, 이 이론에서 표층구조(surface structure)인 최종 구조 변형요소가 있으며, 대부분 필수적인 요소이다.

두 가지 해석이 이 핵심 통사적 요소에 작동한다. 심층구조는 의미론적 요소에 의해 해석되고, 따라서 의미분석에 필요한 정보가 심층구조에 표현되어야 한다. 음운론적인 해석은 표층구조의 스트링에서 일어난다. 따라서 처음의 심층 통사 구조가 의미를 찾기 위해 '읽혀지고', 궁극적으로 표층구조는 소리를 '읽는다'. 1965년 버전에는 기본과 변형규칙 모두 제약이 없었으며, 가능한 많은 기본과 변형 체계가 허용되었다.

표준 이론은 『통사구조』에서 통사에서만 모델링된 것을 의미론에서 성취하려고 시도하는 더욱 야심 찬 이론이었다. 이것은 또한 여러 결함 때문에 논란이 많은 이론이었고, 궁극적으로는 버려져야만 했다. 특히 논란이 되었던 것은 심층구조라는 개념이었다. 이는 '심연'과 아무런 상관이 없는 기술적인 어휘이지만 빈번하게 잘못 해석되었다. 또한 이것의 기술적인 범위를 이해하고 있더라도 일부는 심층구조가 '너무 깊다'고, 다른 일부는 '충분히 깊지 못하다'고 비판하였다. 의미론을 핵심 통사구조의 해석으로 만들려는 움직임은 또한 광범위한 논란의 여지가 있다.

우리는 촘스키에 대한 공격을 두 가지로 구분할 수 있다. 하나는 블룸필드 시절 구조주의적 관점에서 벗어나지 않으려는 보수 진영의 학자들로부터였다. 호킷은 전통적인 구조주의 언어학자의 이해 그룹을 대변하여 촘스키에게 답변했다. 『기술의 상태(*The State of the Art*)』(1968b)에서 호킷은 변형언어학의 근본적인 프로그램은 결점을 갖는다고 주장했다. 촘스키는 잘못된 과학적 모델을 주장하였고, 그는 언어를 논리학이나 수학과 같은 형식적 규범에 비교했으나, 언어는 화학과 같은 경험과학이었다. 논리학과 같이 인간에 의해 발명된 체계만이 촘스키가 언어에서 발견하고자 했던 규칙성을 가질 수 있다. 반면 자연어는 잘 정의되지 않았으며, 그가 적용하고자 했던 계산가능성 이론과 대수학적 문법은 무관했다. "이것은 수학적 언어학에서 적어도 언어는 (잘 정의된 유한한 알파벳에 대해 정의된) 모든 유한한 스트링의 집합에 대한 잘 정의된 부분집합으로 볼 수 있다는 기본적인 가설을 갖는 대수학적 문법 형식의 근거를 무너뜨린다"(1968b: 61). 호킷은 또한 (그가 이전에는 주장하고 있었던) 문법과 의미론의 분리가능성과 이들과 문화와의 분리가능성을 거부하였다. 언어학 안에서 자율성과 다른 분야들로부터의 자율성은 버려졌다. 그의 견해에 따르면 촘스키가 의미한 '언어의 문법'은 단순히 말하면 존재하지 않는다.

두드러진 것은 호킷의 책에 대한 답변의 부재이다. 한때 촘스키의 동료였던 조지 라코프(George Lakoff, 1969)의 비판적인 평론을 제외하고, 이 비판은 무시되었다. 1960년대 후반에는 이전 세대로부터의 비판에 대한 반격하는 것은 순전히 부적절해졌다. 과학 패러다임의 변화에 대한 토머스 쿤(Thomas Kuhn)의 서술에 따르면, 촘스키의 견해는 잘못된 이전 세대를 설득함으로써 대체된 것이 아니라 이후 세대의 재능 있는 학생들의 충성을 얻음으로써 가능했다(1970). 그러나 젊은 세대의 일부는 촘스키가 충분히 과격하지 못했다고 느꼈다.

다른 하나의 공격은 1960년대 후반 그의 입장 전반에 동의를 해오던 언어학자들로부터였다. 촘스키의 학생이었던 라코프와 로스(R. Ross)는 의미론적으로 해석되어야 하는 깊은 구조와 음성학적으로 해석되어야 하는 표층구조 두 가지 차원의 분석의 입장을 질문하는 한편, 통사의 의미론으로부터 자율성을 의문시하였다(1976). 궁극적으로 이들은 간단한 심층구조를 거부하고, 기저가 되는 구조가 훨씬 더 깊고 의미론적 표현 자체와 가까운 문법을 선택하였다(또 다른 이들은 기저가 되는 구조가 훨씬 풍부한 어휘요소를 갖고 있는 문법을 주장하였고, 촘스키도 결국에는 이들과 입장을 함께했다). 생성의미론자들은 통사론과 의미론 규칙에는 명백한 차이가 없으며, 초기의 생성 요소로써 정의된 깊은 구조의 통사적 차원은 유지될 수 없다고 주장했다. 대신에 그들은 의미론적 표상을 입력으로 하고 표면적 구조를 출력으로 하는 규칙을 세웠다. 반면에, 촘스키를 포함한 해석적인 의미론자들은 통사론을 의미론적 요소에 전달하여 심층구조가 점차적으로 문장의 표층구조와 가까워질 수 있도록 하였다(Smith and Wilson 1979).

생성의미론자와 전통적 촘스키 학파 간의 토론, 그리고 궁극적으로는 생성의미론자와 해석적 의미론자 간의 토론은 열정적이었고, 치열하기까지 했다. 어떻게 단어의 의미를 가장 잘 표현할 수 있는지에 대한 특정한 주장이 중대사였으며, 어떻게 언어학 이론을 건설할지에 대해 의견이 경합했다. 경험이 많은 논객들조차도 놀라게 만들 정도로 이름들이 오르내리고 욕설이 퍼부어졌다. 그러나 모든 고함소리가 잠잠해졌을 때, 생성의미론학파는 그들의 열정을 잃었고 주요 지지자들 대부분은 통사론 분야를 전부 포기하였다. 그동안 촘스키는 끈기 있게 통사론 연구를 계속하였다. 생성의미론 학자들에 의해 제기된 문제점들이 촘스키가 전통적 변형 방식의 부적합성을 해결하기 위해 특정 표기 형식으로 새로운 고도의 추상적인 메커니즘을 개발(기호논리학을 사용하여)할 것을 자극한 것은 사실이다. 생성의미론은 변형요소에 아마도 가장 결정적으로 종말을 알리는 신호가 되었다. 변형요소는 한때 중심적인 요소였으나 완전히 배제되거나 극단적으로 단순화되었다.

1960년대 후반부터 촘스키의 생성문법(그의 문법이론이 이렇게 불리게 되었다)은 연속적인 변화를 겪었다. 복잡하고 확장된 표준 이론이나 그것을 대체한 지배결속 이론은 물론, 추적 이론(trace theory)이나 지금까지의 접근 방법 개발에서 촘스키의 주된 연구인 X-bar 이론을 전부 소개하고 따라가는 것은 불가능하다. 그러나 이론의 큰 흐름 중 일부에 대해서는 언급할 수 있다. 몇 년 동안, 촘스키는 서서히 그의 연구목표의 정의를 좁혀나갔다. 소통 체계의 전체로서의 언어에는 거의 관심이 없었고, 이제 언어 자체가 연구할 값어치가 있는 체계인지 문제시한다. 언어를 문법보다 더욱 추상적이고 실제 메커니즘에서 더욱 동떨어진 개념으로 보면서, 촘스키는 언어학자들이 통사론 이슈를 푸는 데 집중해야 한다고 그 어느 때보다 더욱 확신했다(1982: 14). 의미론을 체계화하려는 노력은 더 이상 없다.

여러 비판에 대응하면서 촘스키는 변형구조의 표현력을 줄이려고 시도했다. 처음의 문법은 그 표현력이 너무 커서 인간언어에서 무엇이 허용되는지(Peters and Ritchie 1973 참조)에 대한 중요한 문제들을 밝혀낼 수 없었다. 어떤 문법이 인간의 능력을 특징짓는지 알고 싶다면, 후보문법이 무엇을 할 수 있는지 제한할 필요가 있었다. 변형의 영향을 약화하려는 시도는 촘스키가 말하는 언어학에서의 두 번째 주요 변화자 연어에서 통사적 규칙의 제약 원칙에 대한 모색의 일부였다. 촘스키는 규칙이 충족해야 하는 일반적인 조건을 발견함으로써 변형의 분류를 줄이려는 시도를 했다. 그는 더욱 복잡한 변형규칙들을 형성하기 위해서 단순 연산을 결합하는 가능성을 제거하려 시도했다.

> 조건들이 적용되는 모든 이러한 규칙들과 표상들이 충족해야 하는 일반적인 조건들을 발견함으로써 서술력의 손실이 없이 가능한 변형의 분류를 실제로 줄일 수 있다는 것을 보여주는 데 대부분의 노력을 경주하였다. (……) 적어도 실제적인 핵심 문법에 한해 변형규칙들을 하나의 '알파 이동' 규칙으로 줄일 수 있다(즉, '모든 범주를 아무 데나 움직임'). (Mehler, Walker, and Garrett 1982: 21)

구문구조 규칙을 완전하게 또는 부분적으로 없애는 것 또한 가능했을 것이다. 변형규칙과 구문구조 규칙의 중요성이 작아지면서 구체적인 단어를 지배하는 특정 규칙 어휘집(lexicon)에 더 많은 관심이 기울어졌다. 이 어휘들은 이제 변형장치의 일부였던 많은 정보를 포함한다. 그리고 표층구조라는 개념(이제는 5개 구조로 재개념화된)은 더욱 풍부해진다. 촘스키는 그의 이론이 S-구조의 기본 생성만으로 구성된 '단일층의 이론'으로 고려될 수 있을 것이라고도 언급하였다(Longuet-Higgins et al. 1981: 279의 설명 참조).

그렇다면 촘스키의 현재 언어에 대한 접근 방법, 더욱 엄격하게 말하면 문법에 대한 접근 방법은 어떻게 특징지을 수 있는가? 그는 그가 이론적인 측면에서 보편문법(universal grammar)에 대한 모색을 위해 추구하는 것에 대해 서술하였다. 보편문법은 그것(유기체)의 초기 상태에서 유전적으로 결정되고 구체화되고, 선명해지고, 분명히 표현되고, 경험적으로 설정된 조건에 의해 정제되어 구체적인 개인들에게서 발견되는 특정 문법을 생산한다(1980: 234). 보편문법 이론은 설명적 이론이라고 볼 수 있다. 언어를 안다는 것은 특정 정신/두뇌 상태에 있다는 것이다. 이 상태는 언어학자들이 발견한 어떠한 보편문법의 원칙들을 포함하고 있는 핵심문법에 의해 서술된다. 그러므로 촘스키는 순수하게 현실적인 입장을 취하는데, 언어적 지식은 두뇌의 상태들의 연쇄라는 것이다. 촘스키가 말하는 이러한 원칙들은 무엇인가? 여기서 우리는 그가 그의 이론에서 주요한 변화라고 생각하는 부분을 볼 수 있다. 상당히 최근까지 그의 목표는 개인들이 언어를 알고 있다면 어떠한 방식으로든 알아야 하는 다양한 규칙들을 서술하는 것이었다. 그러나 이제 그는 언어사용을 지배하는 원칙들에 대해 이야기하는 것이 더욱 생산적이라는 결론에 도달하였다. 이러한 원칙들은 인간 생물학에서 시작된다. 이 원칙들은 원론적으로 가능한 문법의 종류를 결정한다(Chomsky 1979). 보편문법의 원칙들은 결속 이론, 제어 이론, 지배 이론, 세타 이론 등 다양한 이름들로 불리고 있으며, 각각은 제한적인 정도에서 변수의 다양성을 특징하는 여러 하위조직이다.

보편문법이 충분히 풍부하다면, 환경 내의 제한적인 언어학 자료만으로도 마음의 복잡한 언어학 체계를 발전시키기에 충분할 것이다. 규칙의 습득에 대해서는 이야기할 필요가 없다. 그러나 보편문법의 각 체계는 그와 관계된 특정 매개변수들을 갖고 있고, 이들은 사람(주로 어린이들)이 모국어를 습득하는 과정에서 접한 자료를 반영하여 고정되어 있다. 매개변수 값의 작은 변화는 체계 전체에 번져서 표면적으로는 상당히 다른 언어구조를 생산하게 된다(Chomsky 1982). 궁극적으로 모습을 드러내는 특정 언어의 문법은 각 매개변수에 대한 가치로 간주될 수 있다. 모든 규칙과 원칙 등이 인간 언어능력의 보편문법 부분을 구성한다.

우리는 마음의 과학에서 두 가지 비전의 결합을 볼 수 있다. 하나는 플라톤 시대의 철학에서 출발하였으며, 언어를 소수의 보편적인 원칙에 지배되고 상대적으로 적은 수의 매개변수를 갖는 이상적인 대상의 한 종류로 다루고 있다. 다른 하나는, 생물학에서 출발하며 언어를 좁게 정해진 한계의 범위 내에서 발전할 잠재력이 있는 하나의 유기체나 모듈로 본다. 특히 '핵심 문법'을 생성하는 발전의 특정 방향이 유기체가 접하는 정보의 유형에 의해 결정된다. 이 두 가지 계획을 수용함으로써 (보편문법 덕분에) 모든 언어 간의 유사점, 그리고 (매개변수 설정의 다양성 덕분에) 차별점을 설명하는 것이 가능하다.

몇 년 사이에 중대한 변화를 겪었으며, 앞으로도 틀림없이 변화하게 될 이런 복잡한 이론으로부터 우리는 무엇을 얻어야 하는가? 하나의 접근 방법은 한 시대와 다른 시대 이론의 차이점을 강조하여 이러한 차이점을 경쟁하는 후보들 사이에서 돋보이게 하려는 노력에 기인하는 것이며, 때때로 촘스키의 제자들에 의해 채택되었다. 이런 중요한 입장은 라코프(1980)에 의해 주장되었다. 그에 의하면 모듈성, 즉 통사의 독립성이라는 주요 가정을 유지하는 것이 불가능하다고 증명되었기 때문에 촘스키는 깊은 구조와 변형을 버려야 했다. 라코프와 그의 동료들이 의미와 화용(use)이 거의 모든 통사규칙에 영향을 준다는 것을 보였을 때, 촘스키는 계속해서 통사의 영역을 좁혀나가야 했다. 분명하게 통사론의 영역이라고 여겨진 규칙은 의미론의 일부로 다시 정의되었다. 촘스키는 비판이 검증되었음을 인정하였으나, 명시적으로 인정한 것은 아니었다. 미국의 언어역사학자 뉴메이어는 이 현상에 대한 또 다른 해석을 제안한다. 그의 견해에 따르면 촘스키의 제자들은 촘스키가 제안한 주요 생각들을 계속 이어나가고 있다.

> 1960년대 촘스키는 '추상적 통사론자'였고, 이 시대 그의 여러 제자들도 이와 똑같다! 1960년대 촘스키는 추상적 통사론에 어휘론적(lexicalist) 대안을 제안했고, 당시 그의 제자들은 아직도 이 모형을 발전시키고 있다. 그리고 우리는 촘스키의 1970년대 학생들이 촘스키가 다른 선상에서 발전시켰던 추적 이론을 정교화할 것이라고 예측해 볼 수 있다. (1980: 207)

내가 보기에 촘스키는 분명 생성문법에 전반적으로 동의하였던 제자들과 다른 학자들이 그를 비판한 데 영향을 받았다. 그러나 그는 명시적으로는 이를 인정하지 않으려고 한다. 그와 논쟁하는 것은 쉬운 일이 아니다. 비판을 즐기지 않으며, 심지어(또는 특히) 그에게 영향을 주었던 학자들의 의견마저도 묵살하는 편이다.

강조와 전략에 거부할 수 없는 변화가 있었음에도 불구하고, 촘스키가 『통사구조』에서 학문적 공동체에서 초기 계획을 발표하는 데 충실한 것은 인상 깊은 일이다. 통사론의 구심성(centrality), 변형 구조에 대한 믿음, 의미론을 기본적인 통사관계에 대한 해석으로 보는 견해가 모두 지속되었다. 촘스키는 정확히 지적하였다.

> 나의 주요 관심사는 화자-청자가 얻은 언어 지식에 포함되는 기본 원칙들을 명확히 하는 것이었다. 그리고 그 이상으로, 우리가 특정 언어 환경에 놓였을 때, 다른 것보다 이 지식 체계는 마음에서 발전된다는 사실을 설명해주는 일반적인 이론적 원칙들을 발견하려고 노력하는 것이었다. 일반적으로, 나는 아직 초기에 출판되지 않은 연구의 틀(……) 안에서 연구하고 있다고 말할 수 있을 것이다. (1979: 113)

성장하는 과학은 모두 지속적으로 변화할 것이다. 촘스키는 처음부터 같은 비전에 의해 인도되었고 집요하게 그것을 추구해왔지만 자기 이론의 주요 수정자였고 때로는 아주 극단적인 방향으로 수정한 사람이었다.

점점 더 추상적인 이론을 만들어갔지만 기술적인 주장을 포함하면서 그는 추종자들을 잃었다. 촘스키는 스스로를 괴짜라고 여겼으며(다른 혁신적 인물들처럼) 이에 대해 신경을 쓰지 않았다. 그는 한 인터뷰에서 선언하였다.

내가 가장 많은 힘을 쏟은 영역인 언어의 구조는 지난 7년 또는 8년 동안만 매우 흥미로운 분야였다. 나는 이 분야에서 어떠한 의견일치에 대해서도 이야기하는 시늉을 하지 않을 것이다. 사실 나는 이러한 측면에서 매우 소수에 속하지만, 10년 전만 해도 상상도 못했을 통합과 설명력이 제공되었고 지난 몇 년 동안에 어느 정도의 연역적 구조로 언어학 이론을 발전시키는 것이 가능했다고 믿는다. 많은 언어학자들이 나와 동의할 것이라고는 생각하지 않는다. (……) 나는 내 자신이 오늘날 이 분야의 소수자라고 생각한다. 그러나 이것은 언제나 그래왔다. 나에게 있어서, 지금과 10년 또는 20년 전이 별로 다르게 보이지 않는다. 그러나 나의 생각은 그때와 다르고, 나는 지금부터 10년 후에는 달라져 있기를 바란다. 활동적으로 성장하는 분야에 참여하고 싶은 모든 이들이 이것을 당연하게 여길 것이다. (Rieber 1983: 62-63에서 재인용)

7.3.2 다른 인지과학 분야에서의 반응

1960년대 초반 촘스키가 언어학에서 폭넓은 지지를 얻고 있었을 때 다른 분야의 학자들도 그의 연구에 대해 관심을 갖기 시작했다. 인지과학이 학계 간의 교류를 강조해왔기 때문에 현대 언어학과 인지과학의 다른 분야들 간의 소통을 고려하는 것이 중요했다.

언어학 밖에서 가장 먼저 촘스키의 연구를 제대로 접하게 된 학자들 중 하나는 심리학자 조지 밀러였다. 밀러와 동료학자들은 심리학계에 촘스키의 연구에 대한 관심을 가져오는 데 성공하였다. 촘스키는 괜찮은 평을 받았고, 소수의 학생들은 언어와 인지과학에서 그의 연구를 완전히 지지하였다. 촘스키 자신도 언어학을 심리학의 일부로서 서술하지만, 그의 생각과 정의들이 심리학에서 인정하는 사실들과 충돌한다. 그의 시도는 특별히 성공적이지 않았으나, 연구 과정에서 심리언어학적 연구의 중요한 방법론이 발견되었다(Fodor, Bever, and Garrett 1974).

촘스키는 강한 행동주의와 경험론을 상대로 주장을 펼쳐야 했을 뿐만 아니라, 그의 형식적 방법론에 대한 의심, 언어가 별도의 분야라는 그의 생각에 대한 반대입장, 생득성에 대한 그의 믿음에 대한 노골적인 회의주의에 대응해야 했다. 촘스키는 익숙한 분야의 논쟁에서 좀처럼 패하는 일이 없었으나 (극적인 예로는, 피아제와의 논쟁), 그의 특별한 개념들과 전제들은 지금까지 심리학의 주류에 대단치 않은 영향만을 주었다(Piattelli-Palmarini 1980).

촘스키의 생각과 예들이 엄청난 영향을 미쳤던 심리학 분야가 있다. 언어의 심리학 또는 심리언어학이라 불린다. 지난 몇 십 년 동안 심리언어학은 일반 어른들의 언어, 어린아이들의 언어능력 발전, 두뇌손상 후 언어의 손실, 그리고 청각 장애인과 같은 특수집단의 언어사용에 대한 연구를 주요 탐구분야로 삼았다. 이 분야의 많은 연구들이 일반적으로 촘스키가 제공한 분석모델을 가지고 통사적 능력에 집중하였다. 이 모델들은 때로는 수집된 데이터를 특징짓기 위한 수단으로 사용되었고, 때로는 데이터가 언어적 행동이 얼마나 촘스키가 주장한 원칙에 의해 전개되는지, 즉 모델의 '심리학적 현실'을 실험하기 위해 사용되기도 하였다.

약 20년의 심리언어학적 연구 끝에 대부분의 심리학자들은 그들의 연구에 촘스키의 연구를 직접적으로 적용하는 것을 포기하였다. 촘스키의 표현이 매우 추상적이고 빈번한 변화(더욱 추상적인 방향으로)의 대상일 뿐만 아니라, 적용되었을 때 나온 결과들은 적어도 직접적으로는 그의 모델에 일치하지 못했다. 예를 들면, 발전심리언어학자들은 언어습득을 촘스키의 범주와 여기서 유도되는 것 안에서 설명하고자 했지만, 이 노력은 전반적으로 실패로 판단했다. 최근에는 노출된 데이터로부터 언어를 배우기 위해 아이들의 인지기관에 구축되어야 하는 제약사항을 형식적으로 설명하기 위한 습득 능력 이론을 발전시키려는 흥미로운 노력들이 있었다(Wexler 1982; Wexler and Culicover 1980). 스티븐 핑커(Steven Pinker)는 언어습득 데이터를 습득 능력의 원칙으로 해석하려는 시도를 하였다(1984). 이 방법이 심리언어학에서 촘스키식 ('생성') 접근 방법의 새로운 적용을 의미할지, 아니면 촘스키식 관점이 계속 소수의견에 머무를지 언급하기는 너무 이르다.

그렇다면 심리언어학에서 촘스키 이론은 그 직접적인 유용성보다는 촘스키가 관심을 가진 질문의 종류로 인해서 영향력을 더 발휘할 수 있었다고 볼 수 있다. 때로 촘스키와 추종자들은 그들의 이론이 개인의 수행에 대한 사실이 아니라 이상적인 능력에 관한 것이고, 개인의 능력에 대한 사실에 관한 것이 아니라는 이유로 심리언어학자들의 경험론적 연구를 무시하였다. 내가 볼 때 이것은 정당하지 못한 조치다. 촘스키와 추종자들은 경험적인 데이터가 그들의 이론에 부합할 경우에만 이를 이용하는 것에 만족한다. 그러나 얼마나 직접적으로 촘스키의 아이디어가 경험적 연구로 변환되도록 의도한 것인지는 종종 전혀 분명하지 않다. 적어도 그런 면에서는 촘스키의 유보적 태도가 정당화된다.

촘스키의 새로운 생각은 프린스턴 대학을 졸업하고 1960년 초 MIT에서 강의를 하던 캇츠와 포더 두 학생들의 연구를 통해 철학계에 소개되었다. 이들은 수년 동안 공동으로 연구를 했으며, 또한 변형문법의 '표준 버전'에 포함된 의미론 모델을 발전시켰다(1963). 심리학의 경우에서처럼 언어에 대한 촘스키의 생각은 소수의 철학자들에게는 설득력 있었지만, 대부분은 그의 구체적인 주장에 대해 확실히 유보적인 입장이었다. 형식주의 자체는 문제를 많이 제시하지 않으나, 핵심 개념들은 철학에서 변화가 많은 역사를 겪어왔다. 철학자들은 신용할 수 없는 극단적인 개념들로 보이는 촘스키의 주장과 생득성에 대한 열정에 시큰둥하게 반응했다. 그가 능숙하게 사용한 규칙, 구조, 체계와 같은 어휘들이 내포하는 자명하지 않은 기술적 문제들에 대한 (표면적인) 무시, 그리고 철학적인 주요 인물에 대한 그의 단순한 재해석(데카르트는 영웅, 경험론자들은 악당)은 대부분의 철학자들이 받아들이기 힘든 것이었다. 또한 촘스키의 의미론에 대한 관심의 부족은 의미론자 리처드 몬터규(Richard Montague)의 연구에서 비슷한 형식적 고상함을 발견한 많은 철학자들에게 문제시 되었는데, 다른 철학자들은 촘스키의 통사론에서 이전에 이러한 고상함을 존중했었다(Thomason 1974).

그러나 심리학에서처럼 철학적 논의의 주제는 촘스키가 말하고 쓴 것에 의해 영향을 받았다. [1984년 이 책이 나온 후] 반세기가 더 지난 다음에[그러니까 2034년쯤?] 촘스키의 개념의 영향이 더 커질지, 아니면 일반적인 경험적 방향성과 반유심론적 과학의 승리에서의 호기심 있는 일탈로 보여질지 예측하기는 아직 이르다. 언어학 분야 자체를 제외하고는 촘스키의 생각이 근원적이고 핵심적인 생각이 될지 아직 불확실하다.

그러면 다른 인시과학에서는 어떠한가? 촘스키의 많은 접근 방법이 인공지능과 동일한 근원에서 발생하였지만, 그의 주요 발상은 컴퓨터 계산 형식에 바로 적용되지 못한다. 예를 들어 원칙적으로는 우리가 변형문법 방법으로 문장을 분석할 수 있다는 것이 보장되지 않는다. 게다가 인공지능은 문장이나 이야기를 이해할 수 있는 프로그램을 만드는 현실적인 문제를 지향하며, 촘스키의 통사론 중심의 틀은 담화 이해의 주요 문제들을 해결하는 데 적합하지 않다. 따라서 로저 섕크(Roger Schank)와 같은 컴퓨터과학자는 언어에서 의미론과 화용론이 중심적이며, 통사론은 비교적 중요하지 않다는 입장을 취하면서, 공개적으로 이 이론을 비판하였다. 섕크는 또한 "믿음, 목표, 관점, 세계에 대한 지식으로부터 동떨어진 (……) 언어에 대한 모델 자체를 생산하는 것은 불가능하다"며 모듈화 개념을 공격하였다(1980: 36). 테리 위노그래드(Terry Winograd)와 같은 다른 학자들은 변형문법에서 일부 생각들을 빌려왔으나 그들의 체계에서 촘스키식 이론은 핵심적이지 않았다. 변형문법을 사용해서 문장을 분석하려는 노력은 그 이후 별로 없었다(Berwick and Weinberg 1983; Marus 1980 참조). 인공지능 연구자들은 촘스키의 형식적인 고상함에 이끌렸지만, 그의 플라토닉한 견해와 컴퓨터과학자 사이의 거리는 일반 심리학자나 철학자들 사이보다 더욱 멀다. 촘스키는 공지능 연구가 대부분 동기가 없고 일시적이라고 보며 이에 대해 비판적이었다. 그러나 그는 데이비드 마의 비전에 대한 연구(1982)는 존경하였다.

7.3.3 언어학 내부의 경쟁들

생성문법 전통에서 연구를 계속하지만 촘스키의 특정 관점에서 벗어난 언어학자들은 가끔 인공지능 관점에 이끌렸다. MIT에서 촘스키의 이전 동료였던 조앤 브레스넌(Joan Bresnan)은 이런 학자 중 하나였으며 심리학적으로 현실적인 언어이론의 발전에 집중하였다(1978, 1981). '실세계'의 제약 아래에서 작동하는 개인 화자에 의해 문법의 유도가 어떻게 실현될 수 있는지에 대해서는 관심을 갖지 않았던 (내가 언급한 것처럼) 촘스키에 반대하면서, 브레스넌과 동료들은 개인이 어떻게 언어를 인지하고 생성하는지를 밝혀주도록 설계된 관점을 만들어냈다. 어휘기능 이론(lexical-functional theory)에 의하면 변형요소는 없다. 전통적으로 통사적 요소에 내재되어 있던 정보는 이제 구체적인 단어에 대한 개인의 지식을 나타내는 어휘집에 위치한다. 어휘기능 문법은 각 문장을 촘스키 기준이론의 표층구조(또는 구문표시 트리)와 유사한 '구성구조'와 문장의 의미론적 해석에 관련된 모든 문법적 관계를 포함하는

'기능구조', 2개의 구조를 제시한다. 기능구조는 문장의 다양한 형태에 대한 어휘와 함께 동작하여 분석된 구문구조 규칙에 의해 생성된다.

최근 몇 년 동안 브레스넌은 동료들과 인공지능과 심리언어학 분야를 연구하기 시작했다. 이 공동연구의 목적은 그녀가 표준 통사이론에 소개한 수정된 부분이 촘스키와는 다르게 그녀의 입장이 '심리학적으로 타당'할 수 있는지 결정하려는 것이었다. 지금까지 결과는 그녀의 이론에 의해 유발된 이러한 종류의 분석 메커니즘이 언어처리의 실험 데이터와 컴퓨터 언어학자들에 의해 발전된 이해 모델에 더 잘 작동한다는 것을 보여준다. 브레스넌과 유사한 이유로 핑커(1984)는 학습능력 이론에서 현대 언어이론의 '주요 동향'(또는 modal position)이라고 보았던 어휘기능 문법을 도입하였다. 브레스넌과 동료들의 이 연구는 새로운 언어와 정보연구를 위한 스탠퍼드 기반 센터의 중심이 되었다. 이 센터는 설립된 지 얼마 되지 않았으며, 언어의 철학, 심리학, 컴퓨터과학적 요소들을 통합하려는 꿈이 현실로 될 수 있을지 언급하기에는 아직 이르다. 그러나 인지과학의 움직임에 포함된 우리 모두는 지속적인 관심으로 이들의 과정을 지켜볼 것이다.

브레스넌의 이론에 대한 관심은 최근 지지자가 모이기 시작한 다른 관점에서도 유발되는데, 서섹스 대학의 제럴드 가즈더(Gerald Gazdar)의 이론이다. 촘스키가 그의 초기 저술에서 강하게 공격한 일반화된 구문구조 문법으로 되돌아가면서 가즈더(1981)는 우리는 변형이 필요하지 않고 흔하지 않은 표층구조들도 직접적으로 서술될 수 있다고 주장했다. 또한 변형문법상으로 동일한 문장들이 사실은 서로 다르기 때문에 이것은 중요하다. 가즈더의 이론에서 의미론적 해석은 문법에 의해 생성된 표층구조에 직접적으로 적용된다. 각 통사규칙마다 분명한 의미론적 규칙이 있다. 가즈더는 그의 이론이 촘스키의 이론보다 단순하다고 믿는다. 그의 이론은 형식적 언어이론의 분석에 더 쉽게 적용되며(이는 언어 체계를 컴퓨터에 고안하는 것과 관련이 있다), 언어습득의 문제에 더욱 적합한 명단을 제공한다. 촘스키에 반대되는 영역을 만들면서 그는 다음과 같이 주장하였다.

> 촘스키가 지난 10년 동안 발전시켜온 통사론 이론이 구문 구조 규칙, 복잡한 기호들, S-구조 차원, D-구조 차원, '논리적 형식' 차원, 여과장치, 변형, 해석적 규칙, 스타일 규칙, 공동색인 관습, 추상적인 사례를 수용한다는 것을 우리가 깨닫는다면, 그가 구문구조 규칙, 복잡한 기호들, 그리고 표층구조 차원만 도입하는 대안의 통사이론이 "불필요하게 복잡하다"고 비판한 것은 별로 놀랍지 않다. (Longuet-Higgins, Lyons, and Broadbent 1981: 281에서 재인용)

언어학에 친밀하지 않은 독자들은 가즈더와 브레스넌의 차이점이 쉽게 이해되지 않을 수도 있고, 촘스키의 이론과 다른 점조차도 상대적으로 대수롭지 않게 보일 수 있다(촘스키 자신도 다른 이론과의 차이점을 최소화하는 경향이 있으며, 다른 이론들을 종종 '표기법상의 변이'라고 부른다). 그러나 이러한 이론들이 '진정으로 이해'할 수 있는 메커니즘에 대한 탐색에서 경쟁관계에 있는 만큼, 어떤 모델이 가장 적합한지 결정하는 것은 중요하다. 브레스넌과 가즈더의 현재 지지자들은 새로운 언어정보연구센터(Center for the Study of Language and Information)에서 연구하고 있으며, 그들은 브레스넌이나 가즈더 모델 중 언어학 데이터를 다루는 데 무엇이 더 적합한지, 또는 (촘스키가 예측하는 것처럼) 이들 입장의 차이점은 사소할 뿐인지 확인할 수 있을 것으로 기대한다. 그러나 무엇이 언어학 이론들에 대한 결정적인 시험대가 될지는 분명하지 않다. 언어학은 (아직) 수학이나 물리학이 아니다.

7.4 잠정적인 평가

촘스키의 특정 입장이 언어학이나 인접한 분야에서 궁극적으로 널리 만연하게 될지 알 수 없지만, 그는 논점이 되는 대상의 틀을 형성했다. 언어학에서 중요한 그의 개념들은 이 분야를 계속 지배하고 있다. 그리고 그가 문제를 형성하는 방법들은 모든 인지과학자들뿐만 아니라, 그의 연구를 명백하게 비판하는 학자들과 그들의 견해에 대해 조금밖에 알지 못하는 젊은 학생들에게도 영향을 주었다.

학자의 중요성에 대한 지표가 동일한 분야의 다른 이들에 의한 대체 가능성의 정도를 나타낸다면 촘스키는 분명히 이전 세대의 소쉬르나 야콥슨처럼 궁극적으로는 이 분야에서 더욱 많은, 영향을 준 최근 언어학의 가장 중요한 인물이다. 반면, 인지과학에서 그의 기여는 논란의 여지가 많고 불안정하다. 그러나 그가 제시한 언어에 함축된 수학적인 정확성, 이론에 의한 연구의 중요성에 대한 그의 모델링, 그리고 그의 잠재적인 유심론, 선천론, 모듈성에 대한 주장을 기반으로 볼 때 나는 그가 가장 중요한 학자 중 한 사람이라고 생각한다. 피아제는 중요한 현상을 더 많이 발견하였을 수도 있고, 사이먼과 뉴얼은 다른 학자들이 폭넓게 따라갈 수 있는 패러다임을 주장하였을 수도 있었겠지만, 아무도 인지과학의 문제를 촘스키와 같이 정확성과 확신을 통해 형성하지 않았다. 또한 촘스키조차도 자신이 언어학 이론에 요구한 엄격한 범주를 완전하게 지킨 것은 아니지만, 초기 연구에서 세운 범주들은 후속 언어학 이론들(그리고 학자들)에서도 지속적으로 판단되는 범주이다. 그의 발상이 다른 인지과학에서도 폭넓게 적용될지의 여부는 언어 영역에서 유용한 것으로 증명된 이 모델이 시각적 지각, 논리적 분류, 의식에 대한 연구와 같은 다른 영역에서도 동일하게 유용할 것인지 증명되는 데 달려 있을 것이다.

촘스키 그 자신도 이에 대해 2개의 다른 생각이 있을 수 있다. 한편으로 그는 엄격한 과학적 양심에 충실하며 형식적 정확성의 정도와 그의 설명적 적합성에 대한 범주가 다른 분야에서도 적용되는 것을 원한다. 다른 한편으로 그는 언어를 지배하는 규칙들이 특정 영역에서만 나타나는 것일 수도 있다고 오랫동안 주장해왔으며, 다양한 내용을 아우르는 일반적인 인지 구조의 개념들을 지지하는 것을 반대하였다. 따라서 그가 개척한 언어학 연구는 다른 분야를 어떻게 연구하는지에 대한 모델이 될 수 있으나, 쌍벽을 이루는 내용이 모습을 드러낼지는 해결되지 않은 질문으로 남아 있다.

심리학의 일부로서의 언어학에 대한 촘스키의 견해로 인해 역설적인 상황이 나타난다. 촘스키가 이 견해를 반복적으로 언급하는 것이 언어에 대한 연구가 단순히 일반적인 심리학의 연구에 통합되어야 한다는 제안으로 보일 수도 있다. 그러나 나는 촘스키가 언어학을 현재의 심리학에 통합하는 것에 동의하지 않을 것이라고 생각한다. 심리학은 촘스키의 방식으로 재구성되어야 할 것이다(심리학계에서 지지를 받지 못할 수도 있는 훨씬 더 좁은 관점).

그렇다면, 언어 영역의 자율성에 대한 주장은 어떠한가? 촘스키는 거의 30년 동안 통사가 다른 언어의 요소들과 독립적으로 (서로 영향을 미치기는 하지만) 작동하는 모듈로써 접근될 수 있다고 주장해왔다. 다른 학자들이 촘스키의 이러한 믿음을 따르고자 하였으나, 이제는 통사와 언어의 다른 요소들, 특히 어휘 의미론(브레스넌) 및 화용론(가즈더)과의 연결은 충분히 필요 불가결해서 통사의 자율성에 대한 이러한 주장은 위험에 처한 것으로 보인다.

물론 모든 요소들은 별도로 분석될 수 있으며, 통사론을 별도로 볼 수 있는지가 관건이 아니다. 중요한 것은 이러한 연구를 엄격하게 따르면서 무엇을 얻고 잃게 되는지 살펴보는 것이다. 통사의 자율성을 환기시키면서 평론가들은 중요한 언어의 작동에 대한 이해 대부분을 다른 선상에서 얻을 수 있다고 주장한다. 분리된 통사론의 작동을 결정하는 데 대부분의 노력이 집중되는 모델 대신, 평론가들은 다양한 요인들의 상호작용이 전경에 드러나게 하는 (예를 들어 어휘 기능론처럼) 모델을 고려하고 통사와 다른 요소와의 관계는 추후의 연구대상으로 보류하라고 주장한다.

요약하자면, 촘스키가 보여준 통사의 자율성은 아직도 방법론적 측면에서 중요성을 갖지만, 이것이 언어의 주요 요소가 가진 실행 가능한 특징으로 고려될 수 있는지는 분명하지는 않다. 대신에 언어의 화용론적이고 소통적인 요소가 분명하게 인정되고, 의미론과 통사적 요소의 상호작용이 전제된 컴퓨터 언어학의 협력적인 접근이 성공하게 될 것이다.

그리고 언어 연구와 다른 인지과학과의 관계는 어떠한가? 한 가지 방향은 다른 분야들이 언어를 계속 연구할 가치가 있는 별도의 분야로 간주하면서 언어와 관계가 있도록 하는 것이다. 여기서 언어는 신경언어학의 연구에서의 언어 생산이나 심리언어학 연구에서의 음소 인식과 같이 비춰진다. 많은 학자들은 통합된 인지과학에서 언어가 가장 좋은 실험기반이라고 생각했다. 비전, 모션, 모터 행동과 같이 다른 영역의 지식을 향하는 학제 간 연구가 병행될 수 있다. 이것은 분명 수직적으로 구축된 인지과학적 모델이며, 나는 이를 지지한다.

언어의 연구가 다른 분야로부터 구분되어 있어야 하는 정도는 보여주고자 하는 대상에 따라 다르다. 고상한 창조 또는 단순하게 패턴이 두뇌에 생성되는 등 추상적인 체계로서의 언어에 관심이 있다면 언어는 언어학자들이 선호하는 것처럼 분류학과 구조적 범주로서 연구되는 것이 적합하다(여기서 언어는 천문학자에게 있어 태양계처럼 '거리가 있는' 연구대상이 된다). 그러나 만약 인간 대화에서의 언어에 관심이 있다면 언어학적인 관점은 다른 분야와 동떨어질 수 없다. 후자의 관점과 일관성 있게, 일부 학자들은 인지과학의 더욱 수평적인 모델을 적용하였다.

이 관점에 따르면 그 어떤 분야도 특권이 있다고 생각하는 것은 잘못되었다. 모든 인간 행위들을 관련 연구 분야들과 연결하는 것이 중요하다. 더 나아가 언어는 특정 분야가 아닌 모든 인지과학 분야에 속하기 때문에 이를 분리하려는 노력은 올바르지 못하다.

이것은 시학 분야에서 야콥슨에게, 언어와 사고의 연구에서 사피어에게 영향을 준 믿음이었다. 분야 간의 더욱 긴밀한 통합을 주장하며 촘스키를 비판한 로이 해리스(Roy Harris)는 다음과 같이 말했다.

> 언어는 '합리성'에 대한 연구와 고립되어 연구될 수 없다. 합리적인 인간의 행동 전체에 대한 일상생활의 가정들을 무시할 수 없다. (……) 통합적 언어학에서 인간은 언어와 비언어로 구분될 수 없는 소통적 공간에서 거주하고 있다는 점을 인식해야 한다. (……) 상황과 소통의 목적과 관계없이 언어학적 행동의 핵심을 '설명하는' 형식과 의미의 체계를 구축하는 가능성은 이미 포기하였다. (1981: 165)

촘스키(1980)는 가끔 언어는 그가 원하는 것처럼 분리될 수 있는 영역이 아닐 수 있으며, 소통이나 믿음구조 개입의 요구사항은 모든 언어행위에 퍼진다고 인정하였다.

> 믿음, 태도 등 비언어적 요인들이 문법에 포함되어야 한다면 이것은 초기에 언어를 연구의 대상으로 삼는 이상화를 거부하는 데 해당할 것이다. 선험적으로 이것은 배제될 수 없으나, 경험론적으로 동기부여되어야 한다. 이것이 옳다고 증명되면, 나는 언어는 연구의 가치가 없는 혼란상태라고 결론지을 것이다. (……) 문제는 믿음이나 태도가

언어학적 행위와 판단에 역할을 하는지 여부가 아니며 (……) 문법 체계처럼 실제 언어사용에서 상호작용하는 분명한 인지구조가 확인될 수 있는지 묻는 것이다. (1979: 140, 152-153)

우리는 여기서 과학적 전략의 가장 기본적인 문제를 직면한다. 마지막 분석에서 촘스키가 틀렸을 수도 있다. 그가 상상했던 것과는 달리 통사와 의미론, 그리고 '언어 체계'와 다른 정신적 기관, 또는 언어학과 다른 분야의 연결이 더욱 강하거나 다르게 조직되었을 수도 있다. 그러나 촘스키는 최적의 연구 전략을 선택한 것일 수 있다. 만약 궁극적으로 모든 것이 서로 연결되었음이 드러났다고 하더라도, 이에 대한 현실화로부터 출발한 연구 계획은 그 자신의 무게를 견뎌내지 못하고 무너질 수 있기 때문이다.

인지과학의 가장 매력있는 특징은 불충분하거나 만족스럽지 못한 모델을 분석가가 결정할 수 있도록 충분히 엄격한 방법론과 모델을 제공하는 것이다. 컴퓨터 계산론적 방법이 우리가 단순한 논리적 기계와 인간이 어떻게 다른지 인식하는 것을 도왔기 때문에 컴퓨터과학의 역설이 발생한다. 촘스키의 연구는 통사론적 분석을 위한 엄격한 방법을 설정했기 때문에 이런 측면에서 모범적이다. 통사론이 궁극적으로 인간의 인지에 어떠한 역할을 하게 되든지, 이것의 메커니즘이 이해되기 시작하고 있으며, 언어의 다른 요소와의 관계가 명료해지기 시작했다. 인지과학의 다른 분야에서도 이러한 언급이 가능하다. 인지과학의 패러다임을 바꾸는 과학적 진보 측면에서는 촘스키가 모든 곳에서 인지과학자들의 존경을 얻었다.

다른 인지과학자들과 교류가 계속되면서, 촘스키 계획의 전체적인 영향과 궁극적인 제약에 더욱 쉽게 접근할 수 있을 것이다. 촘스키의 제약(방법론적 이유로)을 제외시킨 언어가 폭넓은 문화에 어떻게 소속되는지는 분명 다방면에서 접근하는 문제가 될 것이다. 촘스키의 접근 방법에서 특정 제약은 애초부터 역사가 혼합되어 있는 언어학과 인문학 간의 공동작업에서 결정될 것이다. 어떤 방법으로 이러한 연결이 본래부터 나타났고, 오늘날 어떻게 드러나는지는 내가 인지과학으로서의 인문학을 고려하면서 명확해질 것이다.

제8장

인류학: 개별 사례를 넘어서

8.1 레비-브륄: 원시인의 마음을 탐구하다

루시앙 레비-브륄(Lucien Lévy-Bruhl)은 초기 연구에서 원시 심성의 합리성에 대한 오랜 논쟁에 대하여 진보적인 목소리를 내는 것처럼 보였다. 하지만 이후 인류학 동료들의 그에 대한 평가는 극단적으로 변화하여, 궁극적으로 레비-브륄은 반동 보수적인 것으로 평가되었다. 마침내 인생 말기에 이르러 이 프랑스 사상가는 자신의 생각에 대한 획기적인 변화를 겪게 되었다. 즉 그는 최초로 사람들의 관심을 끌었던 바로 그 연구의 입장을 버리기에 이르렀던 것이다. 이러한 변화의 원인들을 자세히 살펴보면, 우리는 인류학 역사에서 중요한 패러다임을 이끌었던 이 인물을 더 잘 이해할 수 있을 뿐만 아니라 인지 지향적인 인류학의 중심 수수께끼에 직면하게 된다.

레비-브륄이 한 세기 전 원시의 사고 과정을 연구하기 시작했을 때, 인류학계 내의 일반적 경향은 진화였다. '진보한' 서구의 문명은 이성의 최고를 재현하며, 세계의 '하등한 개인들'은 서구적 심성의 열등한 복사본이라고 여겨졌다. 레비-브륄은 이러한 통념에 도전했다. "우리는 (……) 그들의 정신적 활동을 우리 자신의 열등한 형태로 더 이상 축소하려 하지 말자.” 원시인들은 잘못 사유하는 것이 아니다. 그들은 단지 다르게 사고할 뿐이다. 레비-브륄은 원시적 심성도 또 다른 종류의 논리, 즉 ‘전-논리(pre-logic)’를 따르며, 그것은 우리(즉, 서구)와는 근본적으로 다른 논리 과정을 따른다고 제안하였다. 이러한 전-논리적 사고는 우리(서구)의 언어가 아닌, 원시인들 자신의 언어로만 가장 잘 이해할 수 있는 것이다(Cazeneuve 1972: 41에서 재인용).

레비-브륄은 원시적인 사고의 두 가지 주요 특징을 제시했다. 첫 번째 특징은 그러한 사고가 참여의 법칙(law of participation)을 따른다는 점이다. 원시인들은 물건들, 존재들, 그리고 기타 외부 현상을 그들 스스로와 동일시하고 동시에 그들이 아닌 다른 어떤 것으로 파악한다. 따라서 트루마이족(Trumai: 브라질 북부의 부족)은 그들을 수생 동물이라고 말하는데, 이것은 그들이 물고기라는 뜻이 아니라 그들은 인간인 동시에 물고기라는 것을 의미한다. 두 번째 특징은 서구적 사고로는 이해 불가능하게도, 원시인들은 그들 외부에 존재한다고 느껴지는 어떤 불가사의한 힘이나, 성질, 자질들의 본질을 변화시키지 않고서도 그 힘을 방출하거나 받을 수 있다는 점이다. 따라서 갓 태어난 신생아라도 그의 아버지의 모든 행동, 예를 들어 먹고 말하는 모든 행동의 결과로 고통받을 수 있다(Cazeneuve 1972). 이러한 특성을 생각한다면, 원시적인 심성은 모순을 피할 수 없다. 즉 하나의 생각이 다른 생각과 충돌한다고 해서 그것을 포기할 필요가 없다. 두 사고는 동시에 받아들여질 수 있는 것이다.

이처럼 상이한 사고의 방식을 규정하면서, 레비-브륄은 한 인간 집단에서 다른 집단에 대해 추정하는 것의 문제들을 지적한다. 각 집단의 ‘정신적’ 재현에 관한 세심한 연구를 대체할 수 있는 것은 없다. 이러한 연구의 결과로, 원시 심성은 현대 유럽인들의 사고와 확연히 다르게 나타난다고 결론지었다. 원시인들의 사고는 감정과 정동(affect)에 지배되며, 논리에는 개의치 않고, 문명화된 데카르트적 사고에서는 금기시되는 모순이나 신비한 힘을 용인하는 것이다.

전형적으로 학자들은 학문 후세대에게 공격받을 경우, 자신들의 관점을 방어하는 경향이 있다. 하지만 최소한 레비-브륄 자신은 이러한 경향을 따르지 않았다. 사실 그의 사후에 출판된 논문을 보면, 레비-브륄은 생전에 그의 저작들을 통해 극심하고 고통스러운 논쟁에 휘말려 있었음을 알 수 있다. 그는 원시인들이 진정으로 다른, 전-논리적인 형태의 사고를 보여주는지 의심하게 되었다.

> 내가 이제 새롭게 취한 방법은, 그리고 희망은, 한마디로 하자면, 그동안 잘못 제기되었던 문제를 버리는 것이다. (……) 심지어 나의 6개 저작들을 통해 보여주었던 참여(participation)의 수많은 특수한 사례들을 받아들인다고 해도, 여전히 그 설명에 의문점이 있다. (……) 나는 원시인들의 심성이 우리와 다르다는 점에서 출발했지만. (……) 그 입장은 한 번도 제대로 방어할 수 없었으며, 결국에는 더 이상 지지할 수 없게 되었다. (……) 그 이론은 이제 약화되어 더 이상 방어할 수가 없다. (……) 이제 인간의 심성 중 뭔가 괴기한 것을 참여의 법칙으로 설명하는 것을 완전히 포기하도록 하자. (……) 다른 것들로 부터 구별될 만한 원시인의 사고는 없다. (Cazeneuve 1972: 86-87에서 재인용)

이와 같은 후기의 성찰에서, 레비-브륄은 사실상 그가 본래 반대했던 입장을 받아들인다. 그는 원시인과 문명인 간의 차이를 정도의 문제로 보았던 이들에 동의하며, 어떤 근본적인 차이가 존재함을 의심하는 사람들을 더 이상 거부하지도 않는다. 레비-브륄은 아마도 과학적인 사고가 예외적일 것이라는 주장으로 도피하였다. 장 카즈뇌브(Jean

Cazeneuve)의 설명에 따르면, "원시인의 정신세계라는 이름으로 우리에게 기술된 것은 의심할 바 없이 인간 심성의 가장 근본적인 구조이다. 하지만 이것은 우리[서구] 사회에서는 과학적 사고의 우월성 때문에 그 구조가 흐려졌을 뿐이다. 반면 비문자 사회에서는 여전히 이러한 근본적인 구조가 가장 전면에 나타나는 것이다"(Cazeneuve 1972: 22). 그는 오늘날 널리 지지받는 다음과 같은 감상으로 끝맺는다. "인간 심성의 근본 구조는 모든 곳에서 동일하다"(12).

레비-브륄이 마음속에서 맹렬하게 고민했던 이 문제는 서구사회에서 처음으로 이국적 집단의 존재를 인식하고, 이국적 집단과 보다 익숙한 서구 사회와의 관계를 생각하기 시작했을 때부터 계속 반복되어 온 논의와 유사하다. 그 논의가 이러한 낯선 존재들의 도덕과 가치에 대한 것으로 확대되었음에도 불구하고, 가장 중요한 관심은 언제나 그들의 사고 과정의 특성에 대한 것이었다. 그들은 '우리'와 동일한 논리를 가지고 있는가, 아니면 각 집단마다 독특한 고유의 논리를 가지고 있는가? 우리는 어떻게 원시인의 정신세계의 내부에 접근할 수 있으며, 그들이 보는 방식대로 세계를 분간할 수 있는가? 이상의 질문들에 대해 전문적인 관심을 가지게 된 학자들은 '위험하게도' 인류학자가 되었다.

20세기 초반, 레비-브륄의 시대에는 증거의 출처가 주로 문헌이었다. 학자가 신화 혹은 드물게 문맹인 사람들과의 대화를 옮긴 자료를 읽고 난 후 그러한 문헌에 반영된 사고를 이끌어내었다. 하지만 이러한 해석학적 방법은 과학적 지위를 얻을 수 없었다. 그래서 20세기에 더욱 더 많은 인류학적 지향의 학자들이 '그들의 사람들'의 사고 과정을 직접 연구하기 위해 필드로 가기 시작했다. 이러한 '사례 연구'로의 전환은 확실히 경험적 방향으로의 중요한 걸음이었다. 하지만 개별 현지조사의 문제점은 한 명의 연구자 또는 작은 집단의 현지조사자들에게 상당한—아마도 너무 많은—자유재량권을 주었다는 점이었다.

20세기 인류학사상 중요한 문제는 개인적으로 특수하지 않으며, 좀 더 신뢰할 만한 조사 방법을 탐색하는 것이었다(Herskovits 1953; Kardiner and Preble 1961). 많은 수의 연구자들이 동일한 연구지를 방문하는 것은 일반적으로 실용적이지 않았기 때문에—그리고 만약 연구자들이 상당히 떨어진 기간 동안 동일한 연구지를 방문한다면, 그들은 '동일한' 사람들을 관찰할 수 없기 때문에(Freeman 1983)—하나의 연구팀에 의해 도입될 수 있는 좀 더 객관적인 조사 방법이 더욱 강조되었다. 이러한 필요성은 1960년대에 이르러, 세계 어느 곳의 사람들이라도 그 사고 과정에 접근 가능하게 하는 보다 객관적인 경험적 측정 방법으로 보이는 민족과학(ethnoscience) 분야를 더욱 발전시켰다.

민족과학은 재현의 차원을 보여주는 데는 아무 문제가 없었다. 민족과학의 좀 더 실험지향적인 훈련들을 통해 주요 도약을 이루었다는 것은 인류학자들에게 자연스럽게 받아들여졌다. 문제는 다른 곳에 있었다. 한동안 민족과학에서 보여주는 새로운 경험적 과정들이 인류학을 좀 더 견고한 과학으로 위치 짓는 것처럼 여겨지기도 했지만, 오늘날에는 이러한 방법에 불만이 생겨나고 있다. 아무리 정교하다 할지라도 이 방법은 특정 문화의 경험과 사고의 핵심을 너무 많이 간과하는 것처럼 보이기 때문이다. 인류학이 심층적 사례 연구의 총체적인 방법을 다시 포용해야만 한다는 견해로, 적어도 부분적인 회귀가 있어왔으며, 인류학 자체를 과학보다는 인문학과 더욱 결부시키려는 경향도 있어왔다. 인류학적 연구가 실험적 인지과학의 방법을 채택해야 하는가에 대한 지속적인 불확실성이 이 학문의 두 번째 주요 주제를 구성한다.

다양한 인간 집단에 대한 사색은 고전 시대로 거슬러 올라간다. 헤로도토스(Herodotos) 시대에도 인간 행동 양식은 각 사회마다 다른 것으로 알려져 있었으며, 그러한 차이를 기록하고 설명하려는 (혹은 둘

러대려는) 시도들이 나타났다. 성경을 공부하는 학자들은 이국적인 집단의 존재를 종종 특정 일화에서 추적하기도 하는데, 예를 들어, 노아의 세 아들이 이산한 것이나, 얼굴이 검어진 추방된 카인의 후손들이 흩어졌다는 것으로 이국적 집단의 생성을 설명한 것이다. 종종 미국 원주민이나 아랍 유목민과 같은 특정 이국적 집단은 '순수한' 인간의 오염 혹은 타락을 재현하는 것으로 추측되기도 한다. 그들은 아담 혹은 아브라함의 직계, 즉 현대 유럽인과 연관된 후손들과는 대비되는 위치에 있다고 여겨지는 것이다.

학문에 대해 되살아난 흥미, 그리고 르네상스를 특징짓는 장기 여행 등으로, 위와 같은 이전의 사유는 새로운 힘을 얻게 되었다. 일부 이론가들은 퇴보의 관점을 유지하였고, 다른 이들은 현대의 미개인과 문명인들의 조상들 사이의 유사성을 강조했다. 초기 유럽인과 현재의 야만인을 비교했을 때, 현대의 야만인들은 단순히 현대 유럽인의 발전 이전 단계에 머물러 있다는 점을 시사하는 것으로 보였다. 한 학자가 말했듯이, "유럽과 미국은… 그들의 국가를 일련의 사회 중 가장 끝에 놓고, 미개 부족들을 그 반대에 위치시키며, 나머지 인간 집단을 각각이 미개의 혹은 문화적 생활에 부합하는 정도에 따라 양극단의 사이에 배열하는 것으로 문제를 해결하였다"(Hodgen 1964: 483).

일부 학자들은 단지 차이점을 이해하고자 하였다. 그러한 일례는 프랑스의 석학인 찰스 루이 몽테스키외(Charles Louis Montesquieu)가 세계 각국의 법률과 관습, 도덕을 집중적으로 연구한 것에서 찾아볼 수 있다. 여러 사회들이 왜 각기 다른지 설명하기 위한 노력으로 몽테스키외는 인구 밀도, 지리적 장벽, 고립의 정도, 기술 개발의 단계, 생계 유형, 교역의 상태, 기후, 토양과 같은 요소들을 고려하였다. 그는 자연 환경과 기후 조건이, 발전된 사회에서보다 미개한 사회에서 더욱 결정적인 역할을 할 것이라고 여겼다. 초기 기능주의자로서, 그는 카니발리즘, 노예, 우상 숭배와 같이 폭력적으로 보이는 행위에 대한 동기와 근거를 각 사회 내에서 찾고자 하였다(De Waal Malefijt 1974).

합리성과 평등에 열렬한 믿음을 보이는 계몽주의의 출현은 미개인들의 정신에 대한 논쟁을 더욱 심화시켰다. 한편으로, 합리성이 표준이라는 점에서 서구적 심성은 명백히 혼란스러워 보이는 야만인들보다 질적으로 진보된 것처럼 보인다. 다른 한편으로, 평등이 강조된다면 다른 식의 결론이 도출될 수 있다. 노예제와 같은 관습이나, 한 집단이 다른 집단보다 우월하다는 믿음은 퇴보적이며 시대착오적으로 판단되었다. 이렇게 새로 등장한 평등주의적 관점은 왜 어떤 집단은 유일신을 믿으며 다른 집단은 다신교인지 설명할 필요가 있었던 종교적 설득의 측면에서 어려움으로 작용하였다. 악명 높은 웨이틀리 주교(Bishop Whately)는 야만인들은 구원받을 수 없으며, 상이한 종으로 여겨지는 게 최선이라고 주장했다. 다윈은 교회의 구성원들에게 또 다른 협박으로 작용하였는데, 왜냐하면 모든 인간은 몇 백만 년 전 한 선조의 후손에서 기원하였다는 교회의 주장과, 인간은 다른 자연 법칙과 동떨어져 사고될 수 없다는 그의 증명은 서로 대립하기 때문이다(De Waal Malefijt 1974).

8.2 에드워드 타일러: 학문으로서의 인류학을 시작하다

이제 상이한 인간의 집단에 대한 보다 체계적인 사고를 할 준비가 완료되었다. 여러 학자들이 사회와 문화에 대한 과학적 연구를 시작하는 데 도움을 주었지만, 사회문화의 과학적 시작이라는 명예(혹은 책임)에 합당하다고 가장 자주 거론되는 사람은 19세기 후반의 영국인인 에드워드 타일러(Edward Tylor)이다. 현대 심리학의 창시자인 빌헬름 분트, 현대 논리학, 언어학의 신문법주의자의 창시자이며, 실험 신경과학의 첫 세대인 고틀로브 프레게(Gottlob Frege)와 동시대에 활동하였던 타일러는 그의 대표작인 『원시 문화(*Primitive Culture*)』를 1871년 출판했다. 1860년대 미국과 멕시코를 여행하며 문화적 차이에 대한 생생한 개념을 갖게 된 타일러는 그의 책에서 종교적 믿음의 신성한 영감에 대하여 합리주의적 공격을 펼친다. 그의 수정론적 관점에 따르면, 인간의 문화와 종교는 인간의 정신적 능력의 자연적이며 법칙 지배적인 진화의 결과물이다.

새로운 분야는 정의를 요구하며, 이러한 측면에서 타일러는 문화에 대해 가장 자주 인용되는 개념을 만들었다. "지식, 믿음, 예술, 도덕, 법, 관습 및, 한 사회의 성원으로서 인간이 습득한 모든 능력과 습관들을 포함하는 복합적 총체"(1871: 1). 여기서 '습득(acquired)'이라는 용어에 주목해야 한다. 타일러는 인간의 능력은 단순히 타고난 것이 아니라고 주장한다. 인간의 능력은 한 집단의 소속에서 비롯된 것이며, 만약 그 개인들이 다른 집단에서 양육된다면, 또는 특정 사회가 특정 관습이나 가치를 변화시킨다면, 그에 따라서 변할 수 있는 것이다. 또한 이러한 학습에 대한 강조는 개인은 특정의 유전적 특성 혹은 진화의 정도에 따라 행동한다는 생각을 약화시킨다. 만약 행동이 학습되거나 습득될 수 있다면, 행동 역시 변화할 수 있다.

타일러는 분명 다윈의 진화론적 사상의 영향을 받았다. 그의 생각에 따르면, 인류는 (그의 기술에 따르면) 미개(savagery)에서 야만(barbarism), 그리고 문명(civilization)에 이르기까지 단선적으로 배열될 수 있다. 그러나 타일러는 심적 유일성(psychic unity)을 믿었고, 모든 인류가 이러한 발전을 이룰 수 있다고 보았다. 나아가 문명의 최고에 있는 모든 사람들도 이전의 흔적을 모두 잃지는 않았다. 타일러의 잔재

(survivals) 개념에 따르면 모든 개인은 이전 시대에서 비롯되었고 현 시대에 실용성이 없다 하더라도 유지되는 많은 습관과 신념, 관습을 가진다. 잔재의 한 예는 누군가 재채기를 했을 때 사용하는 "신의 가호가 함께 하기를(God bless you)" 같은 표현인데, 이것은 이전의 본래 의미를 잃었지만 여전히 의례적으로 사용되고 있다. 반대로 타일러는 심지어 가장 불합리한 관습일지라도 그것은 우리와 같은 이성적 사고의 산물이라고 주장하였다. 몽테스키외와 마찬가지로 타일러는 특정 관습의 기원과 조건을 안다면, 그것을 이해 가능하다고 믿었다.

타일러는 문화와 상이한 집단 간의 관계에 대한 새로운 사고의 방식에 기여했을 뿐만 아니라, 인류학이라는 과학의 설립에 중요한 방법론적 기여를 하기도 했다. 주목할 만한 것은 유착(adhesion)이라는 방법인데, 그러한 방법으로 어떤 관습이나 관행이 함께 일어나는지를 설명하려고 했다. 다양한 문화에서 수행되는 수많은 관습의 목록을 마련하고, 어떤 관습들이 동시에 발생하는지를 살펴보는 것으로 이러한 유착의 방법을 사용하였다. 이러한 상관관계를 통해서, 예를 들어 종자명제(teknonymy: 부모를 자녀의 이름을 따라 호칭하는 방식)와 어머니의 친척 집에서 거주하는 관행 같은 예측 가능한 관계를 보여줄 수 있었다. 그는 더 나아가 자녀에 따라 부모를 호칭하는 것은 회피의 관행과 더욱 밀접하게 관련됨을 증명하였는데, 이는 잠재적인 긴장 관계에 놓인 개인들이 서로 간의 방어적인 거리를 미리 마련하고자 하는 것이다. 이러한 상관관계에 대한 방법의 고안은 새로운 학문 발달의 신호탄과 같은 것이었다. 20세기 초반에 활발히 활동하였던 인류학자 로버트 로이(Roert Rowie)에 따르면, "타일러가 수행했던 어떠한 연구도 이만큼 그를 다른 동료학자로부터 돋보이게 하지 않는다"(Kardiner and Preble 1961: 75에서 재인용). 특정한 행위가 어떻게 생겨났는지에 대한 형이상학적인 추론 대신에, 타일러는 상이한 제도, 혹은 관행 간의 통계적 관계를 탐색해낼 수 있었다.

현대적 관점에서 보면, 타일러의 관점은 원시인을 현대 문명인의 흐릿한 버전(pale version)으로 보았던 이전 학자들의 관점과 섞인 것처럼 보인다. 그러나 실제로 타일러는 이러한 관점을 넘어뜨리는 데 공헌하였다. 아무리 야만적이고 미개한 유형이라고 할지라도 모든 인류에게 문화가 존재한다는 주장은, 보다 상대주의적인 관점으로 나아가는 중요한 한 걸음이었다. 더 나아가 모든 집단이 과거의 흔적을 품고 있으며, 그러한 행위는 특정 상황에서 볼 때 이해 가능하고 정당화될 수 있다는 타일러의 믿음은 현대 문명인의 집단에 원시인들을 좀 더 가까이 위치시켰다(Stocking 1982). 에이브럼 카디너(Abram Kardiner)와 에드워드 프레블(Edward Preble)이 지적한 바와 같이 "문명화된 인간과 그의 원시 조상 간의 건널 수 없는 격차를 창조해낸" 종교적 신념을 극복하기 위하여, "타일러는 '미개한 야만인들'이 잠재적으로 영국 신사라는 점을 보어주어야 했다"(1961: 77). 버나드 쇼(Bernard Shaw)의 피그말리온은 그렇게 멀리 있었을까?

8.3 영국의 인류학

원시 사회에 대한 타일러의 연구는 이전 세기의 안락의자에서 행해진 연구의 특성과 현대의 보다 경험지향적인 연구를 연결한다. 추론에서 상관관계로 나아가는 과정에서 그러하다. 그의 선구적인 작업 이후 영국 내에서는 이 두 가지 힘(추론과 상관관계)이 서로 우위를 점하기 위해 투쟁하고 있었다. 오래된 연구 방법의 대표자는 고대 사회를 연구하던 제임스 프레이저 경(Sir James Frazer)이었다. 그가 출판한 『황금가지(*The Golden Bough*)』(1890년 최초 출판) 전집은 이제까지 출판된 인류학 저서 중 가장 유명한 것이라고 할 수 있다. 일반 대중을 매료시킨 것처럼 다수의 인문학도들에게 영향을 준 이 저명한 책에서, 프레이저는 과거 이교도의 의식에서 기독교 의식 및 기타 현대 종교에 이르기까지 그 연관성을 추적한다. 그는 한 개인이 다른 개인의 흔적을 소유함으로써 그를 조종할 수 있다고 믿는, 마술의 초기 형태를 기술하였다. 이러한 토템 관행은 종교의 출현을 예견하였는데, 그것은 인간이 그들 스스로 어떤 사건을 통제할 수 있다는 믿음을 포기하고, 세계를 지배하는, 인간이 아닌 우월적 존재를 상정하는 것이다. 그리고 마침내 프레이저는 발전의 최상위단계, 즉 과학을 기술하는데, 그 단계에서 인간은 다시 자연을 조작하기 시작하였지만, 이번에는 관련된 물리적 법칙들을 발견하고 시험하기를 추구한다. 이러한 관점에서 초기의 인류와 동시대의 원시인들은, 아마도 현대인과 동일한 잠재력을 가지고 있음에도 불구하고, 상대적으로 비이성적으로 보였다(Frazer 1955).

비록 프레이저의 연구가 비과학자들로부터 상당히 칭송받았으며 대부분의 인류학자에 의해 읽혔음에도 불구하고, 그의 재현하는 전통은 결국 덜 거창하며 좀 더 경험적인 접근으로 대체된다. 이러한 경향을 상징하는 사건은 세기의 전환 직전에 나타난, 남태평양의 토레스 해협을 향한 대규모 원정대의 출범이었다. 이전까지 그 정도로 많은 과학자들이 단순히 다른 집단의 생활을 기록하기 위한 임무를 가지고 여정을 떠난 적은 없었다. (역설적으로도) 프레이저의 제안으로 진행되어, 동물학자였던 헤이든(A. C. Haddon)은 케임브리지 인류학 원정대(Cambridge Anthropological Expedition)를 구성하였다. 헤이든은 원시인들의 정신세계에 흥미를 느꼈으나, 이전 세대와는 다르게 현장에서 심리적인 특성을 체계적으로 측정할 것을 제안하였다. 헤이든과 함께한 사람들은 심리학, 의학, 언어학, 음악의 전문가들로서, 리버스(W. H. Rivers), 마이어스(C. S. Myers), 맥두걸(William McDougall)이 포함되었는

데, 이들은 모두 의학적 수련을 거친 심리학자들이었으며, 훗날 사회과학의 거장으로 거듭난다(Rivers 1900).

원정대의 많은 과학자들은 여러 가지 연구를 수행했다. 특히 현재 우리의 시각에서 볼 때, 그들은 '더 높은' 인지 기능에 초점을 맞추지 않았다. 대신 당시 정신의학자들의 관행에 따라, 환영을 보거나 색깔에 이름을 붙이는 것과 같은 다양한 감각 기능의 식별 능력을 조사했다. 하지만 어떤 결과도 원시인들의 정신과 관련된 논쟁에 관하여 특별히 결정적인 것은 없었다. 몇몇 놀라운 결과가 있었는데, 예를 들면 개인들의 언어가 그들이 색채를 지각하거나 분류하는 데 영향을 줄 수도 있다는 단서라든지, 파푸아 사람들의 뛰어난 관찰력에 대한 기록(그들의 별로 비범하지 않은 시각적 예민함에도 불구하고), 공간적 관계에 대한 인식 역시 문화적으로 조건지어질 수 있다는 의견이 그것이다. 또한 맥두걸은 원주민들의 촉각 능력이 영국인들에 비해 두 배 더 발달되어 있고, 통각은 영국인들의 절반에 불과하다고 주장했다. 하지만 일반적으로 과학자들은 이러한 상이한 집단 간 차이점의 정도라든지, 그러한 차이를 설명할 수 있는 이유에 대해서는 합의하지 못했다(R. Brown 1956; Stocking 1982).

하지만 토레스 원정대는 그 결과 때문이 아니라 그것의 출범 자체로 인류학 역사의 중요한 표석이 되었다. 원정에 참여한 여섯 명의 주요 학자들은 연구지에서 몇 년을 보내며 세심한 관찰과 실험을 진행하였는데, 이는 문화적 차이는 더 이상 단순히 추정되는 것이 아니라 비판적으로 시험되어야 한다는 극적인 논증이었다. 학계 전반에 이러한 연구 모델의 중요성이 충분히 받아들여지는 데는 몇 년이 걸렸다. 하지만 프레이저에 의해 마침내 제공되었던 추정적인 진술들은 이제 더 이상 '현장에서'의 경험적 발견과 경쟁할 수 없게 되었다.

8.4 미국의 인류학

8.4.1 보아스의 학문적 헤게모니

새로이 이민 온 독일 물리학자인 프란츠 보아스(Franz Boas)의 끊임없는 노력 덕분에 미국에서도 인류학의 발전이 시작되었다(Herskovits 1953; T. Kroeber 1970; Stocking 1982). 보아스는 본래 해수의 색채에 관한 박사학위를 마치기 위해 신대륙에 오게 되었다. 그는 실험 연구에 만족하지 않았고 직접 해수의 색채를 연구하기를 원했으며 그렇게 전설은 시작되었다. 보아스는 배핀란드(Baffinland) 부근 북극 지역으로 가서 지리 연구를 수행할 때 처음으로 에스키모(Eskimo)족을 만나게 되었고, 그들의 언어와 행위에 매료되었다. 이렇게 보아스는 북극 지역의 원주민에 대해 심취하기 시작하였고, 재능 있고 열정적인 사람으로서 '너무 늦기 전에' 과학적인 인류학(그가 공표한 바와 같이)의 초석을 이루기 위해 전 생애를 바쳐 헌신하였다.

색채에 관한 객관적인 설명을 추구하는 물리학자와 이국적 문화의 분위기를 포착하려는 탐험가 간의 모순적인 입장에 직면한 보아스는 이러한 두 가지 관점을 조화시키기 위해 노력했다. 그는 외부자의 과학적인 관점과 특정 개인 혹은 문화의 주관적인 관점에서 모두 타당성(validity)이 보장되어야 한다고 결론내렸다. 여기서 모든 인류학자들이 직면하는 '일반'과 '특수'의 딜레마에 관한 보아스의 해결 방법이 나타난다. 그는 이러한 생각을 인류학의 더 넓은 장으로 가져와서, 태평양 북서부 지역의 인디언 사회에서 장기간의 연구를 수행하게 된다. 나아가 그는 자신의 연구관을 충실히 따른 제자뿐만 아니라, 그의 견해에 반하여 경쟁하는 학자들까지 포함하는, 인류학의 거의 모든 학문 후속세대를 교육하기 시작했다.

인류학에 대한 전적인 헌신 외에, 그의 공헌을 요약하기란 쉽지 않다. 그는 강경한 이론적 입지를 지속적으로 피하고, 좀 더 귀납적인 접근법을 채택하기를 선호하였다. 하지만 여전히 사람들은 그가 이끈 인류학의 방향, 즉 오늘날의 복잡한 이론적 장 내에서도 뚜렷이 구분되는 보아스의 학문적 지향을 쉽게 지적할 수 있다.

우선 보아스는 문화의 단선 진화 개념을 반대했다. 타일러와 그 이전 시대 이들의 의견에 대하여, 보아스는 개별 문화는 다른 문화와의 관계에서 그 발전 정도를 따지기보다, 그 자체의 관습, 요구, 압력에 따라 가장 잘 연구될 수 있다고 믿었다. 그의 관점에서 보자면, 무엇이 행해졌는지 세밀하게 기록하고 왜 그렇게 되었는지를 이해하는 것이, 특정 문화가 단순한가 또는 발전하였는가를 평가하거나(진화학자들이 계속해서 해온 것처럼), 그것이 어디에서 왔는가를 보는 것(전파주의자들이 하듯이)보다 중요하다. 이는 진화론적이나 전파주의적인 설명을 거부하고, 세세하게 기록된 개별 사례가 중시되는 후기 보아스 시대 인류학의 특성을 이룬다.

보아스는 모든 인류학 연구에서 언어와 언어학의 중요성을 강조했다. 탁월한 언어 습득 능력을 가졌던 보아스는 언어 연구 방법을 발전시켰으며, 그의 많은 제자들이 인디안 언어가 사라지기 전에 그것을 기록하게끔 하였다. 미국 언어학의 선구자인 레너드 블룸필드는 이 시대 보아스의 뛰어난 업적에 찬사를 보냈다.

> 그의 뛰어난 학문적 성과 중 가장 찬사를 받아야 할 것은 기술적(descriptive) 언어 연구의 발전이다. 우리나라의 원주민 언어는 몇몇 재능 있는 이들에 의해 연구되었으나 누구도 이를 과학적인 수준으로 이끄는 데 성공한 적은 없었다. (……) 보아스는 세심하게 기록된 문헌을 포함한 상당한 양의 관찰을 축적하였고, 단독으로 그것을 음성

학적·구조적으로 기술할 수 있는 도구를 구축해냈다. (1943: 198)

보아스는 개별 언어를(소쉬르적 방법으로) 잘 조직된 총체로서 보아야 하는 특수한 창조물로 여겼다. 그는 언어가 각기 다른 원천에서 수렴하거나, 공통의 기원에서 분화될 수 있음을 강조했으며, 모든 언어가 발생한 기본, 또는 '근원(Ur)'을 찾아 헤맸던 19세기 연구에 대하여 개탄하였다. 그는 또한 특정 문화가 특정 언어의 유형에 따라 제약을 받을 수 있다는 사실에는 회의를 보였지만, 모든 인간 행위에서 언어가 가진 중요한 역할을 강조하였다. 사실상 보아스는 사피어-워프의 관점과는 반대로 언어가 사고에 영향을 미치는 것이 아니라 사고가 언어에 영향을 준다고 보았다. 만약 몇몇의 언어가 다른 언어에서보다 추상적인 용어가 적다고 할지라도 모든 언어는 인간 사고의 다양성을 표현하기에 충분히 복합적이라는 것이다. 보아스의 지속적인 주장 덕분에 미국의 학계 내에서는 언제나 인류학과 언어학 간의 연계가 존재했는데, 이는 인지과학이 현재 추구하는 협력적 유형의 한 모델이라고 할 수 있다.

언어에 대한 보아스의 사상은 원시적 정신세계에 대한 그의 주장과 밀접히 연관되어 있다. 그의 관점에서 보자면, 우리와 원시인의 정신적 과정에서 가장 근본적인 차이점은 한 가지 사실에 있었다. 그것은 원시인들이 사용했던 범주가 무질서하고 비성찰적으로 발전되었던 반면, 현대의 문명인은 이성적 과학의 방식으로 지식을 체계화할 수 있다는 점이었다. 이러한 차이는 우리 사회의 개개인들이 좀 더 논리적으로 사고할 수 있어서가 아니라, 철학적으로 지향된 다양한 소재들이 세대를 거쳐 체계적으로 연구되어왔고, 그것이 이제 일반 대중에게도 알려졌기 때문이다. 보아스가 연구를 통해서 확신한 바에 따르면, 인디언과 에스키모가 만약 추상적인 언어와 사고의 문제에 직면한다면 그러한 추상적 언어와 사고를 이해할 수 있었겠지만, 그러한 문제와 관심은 그들의 습관적인 지적 환경의 일부가 아니라는 것이다. 전반적으로 보아스는 원시인과 현대인이 근본적으로 동일한 인지적 가능성을 지녔다는 관점을 내세운 최초의 그리고 가장 강력한 주창자 중 하나였다. 검증되지 않은, 혹은 기록되지 않은 '원시'와 '현대'의 이분법에 대한 끊임없는 의심은 현대 인류학적 사고에 끼친 가장 강력한 공헌 중 하나이다.

학술 활동의 초반부터 보아스는 인간 혹은 집단에 대하여 등급을 매겨 평가하려는 시도에 회의적이었다. 학술 활동이 무르익으면서 그는 모든 종류의 인종 차별주의에 대항하기 위하여 점차 강력해지고 대중화된 그의 학문적 기반을 적극적으로 이용하였다. 적어도 인류학에 대한 공헌만큼이나 강력했던 것은 미국 내에서 여전히 팽배한, 특정 사회 또는 민족 집단이 다른 집단보다 더욱 지적이거나 도덕적이라는 의견에 대한 도전이었다. 어떤 집단을 다른 집단과 비교하여 열등하다고 이름 붙이는 데는 과학적 근거가 없다는 것이 보아스의 저술에서 계속 강조했던 주제였다. 이러한 주제는 1930년대 이후부터 현대까지 사회과학 연구의 근간 중 하나를 이루고 있다.

8.4.2 보아스에 대한 반향

보아스가 주로 방법론에 기여하였고, 또 거대 이론에 대한 거의 본능적인 불신을 가지고 있었던 점을 생각한다면, 그에 대한 다음 세대의 비판이 주로 강력한 이론을 주창하는 학자들에 의해 제기되었다는 점은 그리 놀랍지 않다. 마르크스주의에 기반한 진화론의 열성적인 추종자인 레슬리 화이트(Leslie White, 1963)와 마빈 해리스(Marvin Harris, 1968)가 설명하기를, 보아스는 문화 간의 관계를 보기를 거부하였으며, 특정 개인과 집단에 대한 자료에 집착한 나머지 인간행위의 물질적·기술적 기반을 무시했다. 당시 영국 인류학을 이끌던 이론가 중 하나인

래드클리프-브라운(A. R. Radcliffe-Brown)은 인류학을 뒷받침하는 이론의 중요성을 강조하였다(1940, 1952). 그는 뒤르켐식의 접근을 장려했는데, 그것은 집단 유대의 필요성이 친족 구조와 개인들의 믿음과 행위에 결정적인 효과를 미친다는 것이었다. 래드클리프-브라운은 또한 문화를 사회 시스템의 한 부분으로, 점차 다양성과 복잡성이 증가하는 방향으로 진화하는 '유기체(organisms)'로 파악했다. 이러한 이론화는 한 문화 혹은 한 집단의 수요 전체에 대한 일반화를 거부하는 보아스의 이론과는 맞지 않았다.

연구의 또 다른 방향은 말리노프스키(Bronislaw Malinowski, 1961, 1968)의 기능주의적 접근이었다. 심리학의 행동주의나 언어학 내 블룸필드의 구조주의식 접근과 유사한 방식으로, 말리노프스키의 접근법은 정신적 현상이나 역사적 사실에는 관심이 없다는 점을 명시한다. 대신 인간의 사회적 그리고 성적 행위에 대해 고통스러울 정도로 자세히 기술하는 것에 전적으로 그 초점을 두었다. 말리노프스키에 따르면, 인류학자들은 한 사회 내에서 특정 관습, 사물, 관념, 또는 믿음이 수행하는 다양한 목표(goals)를 탐색해야만 한다. 그에 의해 개발된 세심하면서도 상상력 넘치는 현지조사 방법은 이러한 실용적 결과를 위해 사용되었다. 말리노프스키는 원주민의 삶에 대한 보다 포괄적인 관점을 제시하였다는 점에서 이전 시대의 학자들보다 훨씬 앞서갔다. 그의 연구는 한 공동체의 다양한 관습을 자세히 기록하고, 그것이 어떻게 서로 연관되는지를 제시한다. 말리노프스키의 뛰어난 민족지는 당시 인류학자들의 일상적인 관행에는 지대한 영향을 미치는 결과를 가져왔지만, 그가 지향한 생물학적·심리학적 설명은 학계에서 그리 우세하지 않았다. 세심한 현지조사자인 보아스는 이 모든 것이 대체 무엇인지 궁금해 했다.

보아스에 대한 비판이 있기는 했지만, 대부분의 미국 인류학자들은 그의 일반적 주장을 받아들였다. 더 나아가 보아스는 자신의 제자들에게 무척 관대하기도 했다. 그의 제자 중 하나인 루스 베네딕트(Ruth Benedict)는 문명의 '특성(character)'이나 전체 내 '문화의 의미(meaning of culture)'를 그려내려는, 보아스라면 감히 시도하지 못했을 정도까지 나아가기도 했다(1934). 또 다른 제자 알프레드 크로버(Alfred Kroebe)는 인류학의 역사적 구성들을 강조하며 더 큰 의미의 문화 개념에 골몰하였는데, 그리하여 특정 집단이나 특정 행위에 몰두하는 것의 유용성을 의문시하기도 했다(1917, 1948). 보아스는 베네딕트의 의욕적인 연구에 의문을 품었고, 크로버가 말하는 과학 지향적 인류학에 대한 다양한 질문에 동의하지는 않았지만, 그는 제자들의 연구를 계속적으로 지지했다. 미국 인류학의 장래를 위한 투쟁에서는 이론적 일관성보다는 개인의 의리가 훨씬 강력했던 것이다.

8.5 언어와 언어학의 특별한 지위

보아스가 미국 인류학을 주도하는 데는 크로버를 선택한 반면, 언어학의 지도자로는 에드워드 사피어를 선택하였다. 사피어는 인디언 언어의 기록에 대한 보아스의 관심(그리고 그의 재능)을 공유했다. 그는 또한 모든 언어는 동등하게 복합적이며 (그들의 근본적인 측면에서) 환경적 결정 요인이 없이 발전한다는 보아스의 주장에 동의했다. 더 나아가, 보아스의 다른 제자들과 달리 사피어는 다른 문화의 사고 과정의 성격에 대한 지속적인 관심을 가지고 있었는데, 그 자신의 연구 결과로서 사피어는 보아스의 주장과 다른 결론에 이르게 된다. 언어학의 역사에 관한 논의에서 언급한 바와 같이, 사피어와 그의 제자 벤저민 리 워프(Benjamin Lee Whorf)는 한 집단에서 사용하는 언어는 그들의 신념 구조와 사고 방법의 가장 중요한 결정 요인이라고 믿게 되었다. 실제로 사피어는 언어를 사회적 실재의 길잡이로 보았다.

> 그것은 사회 문제 및 과정에 관한 우리의 모든 사고를 강력하게 조건 짓는다. (……) 한 개인이 언어의 기본적인 사용 없이 현실에 적응한다고 믿는 것, 그리고 언어는 단지 의사소통이나 성찰의 특별한 문제를 해결하는 것과 동일한 수단이라고 보는 것은 단지 허상에 불과하다. (……) 어떠한 두 언어도 동일한 사회적 실재를 재현하는 것으로 여겨질 만큼 충분히 유사하지는 않다. 서로 다른 사회들이 존재하는 세계는, 각기 다른 명칭이 부여된 같은 세계가 아닌 확연히 다른 세계인 것이다. (1929: 162)

사피어가 언어와 문화 간의 관계를 개발해간 방향은 보아스의 연구 자체에서는 예상되지 않았지만, 상당히 파격적인 것으로 칭송될 정도로 매우 흥미로웠다(워프의 연구에 비해 그의 연구가 훨씬 급진적이었는지는 의문이지만). 하지만 분석의 체계로서의 언어를 문화적 현상에 적용하려는, 역시 보아스의 영향을 받은 인류학 내의 또 다른 접근 방법이 있다. 이것은 우리 시대 가장 뛰어난 인류학자 중 하나인 클로드 레비-스트로스에 의해 시작된 구조주의 인류학의 한 종류이다. 레비-스트로스는 1940년대 초반 보아스와 친밀한 관계를 쌓았던, 당시 연구를 막 시작한 젊은 학자였다.

레비-스트로스는 그의 연구가 보아스의 영향을 받았음을 시인해왔다. "보아스는 놀라운 명석함으로 문화적 현상의 무의식적 본성을 밝히는 데 큰 공을 세운 것으로 인정받아야만 한다. 문화적 현상을 언어에 비교함으로써 (……) 그는 우리가 막 인식하기 시작한, 언어학적 이론의 계속적인 발전과 인류학의 미래가 갖는 유망함을 모두 예견했다"(1963: 19). 언어와 문화 모두 의식의 차원으로 발현되지 않는다는 관찰을 통해, 보아스는 인류학의 광범위한 연구 가능 영역을 발견하였다. 사람들은 이러한 구조를 알지 못했기 때문에 그들은 그 구조를 의지에 따라 개정하거나, 또는 그러한 구조와 작동에 대한 즉각적인 설명을 만들어낼 가능성이 거의 없다. 그러나 보아스가 인류학이 나아갈 일반적인 방향성을 예견한 것이라면, 보아스와 레비-스트로스 모두가 친했던 로만 야콥슨(Roman Jakobson)은 레비-스트로스에게 그의 연구에서 확연히 보여주는 언어에 대한 통찰력을 소개해주었다(Jakobson 1941; Jakobson and Halle 1956).

언어학에서 프라하 학파(Prague school)를 창시한 한 사람으로서, 야콥슨은 언어가 작동하는 방식을 결정하는 인간 심성의 특정 자질들을 지적해냈다. 이러한 자질들은 즉각적으로 명백하지 않을 수도 있다. 하지만 일단 그것이 명백해지면 그 자질들은 연구자로 하여금 다양한 언어적 현상을 이해할 수 있게 해준다. 야콥슨의 설명에 따르면 인간은 대립의 측면에서 사물을 지각하기 때문에 언어 내의 많은 주요 특성들은 이원적임이 증명된다. 음소(phonemes)는 변별 자질(distinctive features)로 이루어져 있고, 각 변별 자질은 존재하거나(예를 들어 유성(voiced)), 또는 부재할 수 있다(예를 들어 무성(voiceless)). 문법과 의미를 포함하는 언어의 다른 측면은 다양한 이원적 자질의 존재나 부재로 파악할 수 있다. 이러한 자질은 비체계적인 양상으로 존재하는 것이 아니다. 그들은 체계를 이루며, 그 체계는 자질들 간에 획득되는 관계가 주가 된다. 실제로 다양한 측면에서의 체계적이고 구조적인 관계를 분석해내는 것이 언어학의 주요 과제이다.

8.6 구조주의적 접근

8.6.1 레비-스트로스의 캐논

이것은 프라하 학파의 야콥슨과 그의 동료들과 소쉬르의 영향을 받은 몇몇 학자들에 의해 제안되고 지지된 명백한 언어이론이다. 레비-스트로스에 의해 진전된 중대한 한 걸음과 인류학에 대한 그의 공헌의 핵심은, 문화의 핵심 측면들은 그 본질적인 측면에서 언어적으로 가장 잘 사고될 수 있으며, 구조주의 언어학의 방법으로 가장 잘 분석될 수 있다는 그의 주장—그리고 그의 증명—이다.

다른 동료 인류학자들의 관심을 끌기에 적절하게, 레비-스트로스는 인류학자들의 주요 관심 분야—친족 관계와 친족 구조의 영역—에서 그의 질문을 시작했다. 우선 그는 어떤 친족 관계에서든 용어 간의 관계 체계(아버지, 아들)와 태도에 대한 관계 체계(친밀, 비친밀)라는 주된 자료가 있음에 주목했다. 구조주의 인류학에 대한 한 시험 사례로서 레비-스트로스는 숙권제(avunculate)에 대한 고전적인 문제를 선택한다. 숙권제란 관계에서 외삼촌이 가족의 권위를 대표하고 그의 조카에게 특정 권리를 행사하지만, 동시에 그 조카와 비공식적이고 친밀한 농담 관계를 유지할 수 있다. 레비-스트로스는 이러한 외삼촌-조카의 관계에 대한 태도와 아버지에 대한 아들의 태도 사이의 상호연관성에 주목한다. 친밀성이 아버지와 아들 관계의 특징이 되는 집단에서, 외삼촌과 조카는 보다 격식을 차리는 관계를 가진다. 반면 아버지가 가족의 권위를 대표하는 경우, 아들이 친밀하게 대하는 사람은 외삼촌이다.

친족구조의 뛰어난 분석가인 래드클리프-브라운도 이러한 현상에 관심을 가졌었다. 하지만 레비-스트로스는 래드클리프-브라운에 대해 아버지-아들 혹은 외삼촌과 남자 조카의 관계 사이의 연관성을 연구하는 것만으로는 충분치 않다고 응답했다. 대신에 구조주의 언어학자로서 모든 관련 명칭과 그들 사이의 모든 관계를 고려해야만 한다고 주장했다. 이 특수한 사례에서, 네 가지 주요한 관계는 형제와 자매, 남편과 아내, 아버지와 아들 그리고 외삼촌과 남자 조카 사이의 관계이다(Lévi-Strauss 1963: 42).

언어학자가 특정의 변별 자질들을 구분하기 위하여 모든 언어의 음운론적 관계를 연구하는 것처럼, 레비-스트로스는 숙권제의 작동 요소들을 발견하기 위하여 많은 문화들을 탐구했다. 그때 그는 이러한 복잡한 구조를 작동시키는 결정적인 요소를 찾아내기 위한 구조적 법칙을 제기하는 데까지 나아간다. 그 법칙은 다음과 같다. (친밀하든 공식적이든) 외삼촌과 조카는 형제와 자매의 관계에 상응하며, 아버지와 아들의 관계는 남편과 아내의 관계에 비견될 수 있다. 레비-스트로스에 의하면, 한 쌍의 관계를 알면 어떤 유사성에서라도 다른 관계를 알아내는 것이 가능하다(1963: 42). 그리고 그는 그의 '법칙'을 지지하는 사례를 검토함으로써 그 법칙을 설명하는 것으로 나아간다. 레비-스트로스는 상당히 다른 유형의 가계라고 할지라도, 친족 체계를 구성하기 위해서 필요한, 위에서 언급했던 네 쌍의 동일한 근본적인 대립 관계를 찾아낼 수 있다고 주장했다. 분석의 적절한 요소들을 찾아냄으로써 그러한 관계성을 풀 수 있는 열쇠를 찾을 수 있는 것이다. 레비-스트로스에 따르면, "이 구조는 친족관계가 존재할 수 있는 가장 기본적인 형태이다. 정확히 말하자면, 이것은 친족의 단위(unit of kinship)인 것이다"(1963: 46).

친족 관계에 대한 레비-스트로스의 초기 저술은 분명 논쟁적이었지만, 동시에 그를 주요 인류학적 사상가의 반열에 오르게 했고, 인류학자들의 연구 방법에 언어학적(좀 더 좁혀 말하자면, 형식적 논리 분석) 기술의 도입을 장려하기도 했다. 이러한 호평은 또한 인류학자들의 또 다른 주된 관심 사안인 사회조직에 대한 일련의 연구를 불러일으켰다. 여기서 레비-스트로스는 이중 구조—즉 같은 마을 안에 주로 족외혼으로 관계되는 2개의 병렬 부족이 존재하는 것에 대한 불확실했던 본질을 밝혀내었다. 레비-스트로스는 이러한 이중 구조가 사실 여성 및 기타 상품의 교환에 내재된 역동적인 힘을 감추는 것이라고 증명하였다. 외부적 거주 형태보다는 이러한 교환 자체가 한 마을 내에서 발견되는 실제적인 사회관계를 반영하고 있는 것이다.

1950년대 초반, 레비-스트로스는 언어학자와 인류학자가 모인 학회에서 위에 언급했던 내용을 발표했다. 발표 중 그는 "이 학회 중에 우리 곁에 초대받지 않은 손님이 함께했으며, 그 손님은 바로 인간 마음(human mind)"(1963: 7)이라고 넌지시 언급했다. 레비-스트로스는 인류학자들이 문화의 물질적·사회 구조적 측면에 집중한 나머지, 모든 문화의 이해과 관견된 주요 요소들—즉 인간 마음이 정보를 받아들이고, 분류하고, 해석하는 방식—에 대해서는 소홀히 했다고 느꼈다. 필연적으로 레비-스트로스는 다른 선구적인 인지과학자들이 그들의 학문 분야에서 연구 방향을 재정비하기 시작하였듯이 인류학자들이 정신적 표상을 연구해야 할 필요성을 지적하였고, 그것은 시대정신의 발현이었다.

8.6.2 마음에 대한 탐구

레비-스트로스의 발언은 그 자신의 연구에 대한 예언적인 것이었는데, 왜냐하면 그는 이후의 연구를 통해서 인간 마음의 가능한 가장 원초적인 형태를 추구해왔기 때문이다. 그는 사람들이 사물과 요소들을 구분하는 방법과 그들이 신화(myths)를 창조하고 이해하는 방식을 연구함으로써 이러한 과제를 탐색했다. 이러한 작업의 대부분은 경험적인 것이었는데, 세계 여러 곳에서 관찰된 분류 체계와 인디언 부족과 관련된 신화에 기반을 두고 있었다. 하지만 동시에 레비-스트로스는 자신의 직관(그 스스로 신석기적이라고 불렀던)에 의존했음을 숨기지 않았다. 신화에 대한 그의 주요 연구를 소개하며 "이 책의 남아메리카 인디언의 사고 과정이 나의 사고라는 매개를 통해서 형태를 갖추게 된 것인지, 아니면 내 사고가 그들의 사고를 매개로 구성되었는지는 중요하지 않은 최후의 질문"(1969: 13)이라고 말하기까지 하였다. 어쨌든 어떤 경우라도 모든 인간의 마음은 동일하고, 연구자의 진입지점은 중요한 것이 아니라고 믿는다. 이것은 인지과학이라고 할 수도 있으나, 현대의 거의 모든 연구자들이 받아들이는 합의된 검증 방법이라기보다는, 인간의 마음에 대한 데카르트적 자신감에 근거한 과학이라고 할 수 있다.

레비-스트로스의 복잡하고 여전히 미완인 과제들의 모든 단계를 살펴볼 수는 없지만, 그가 사용한 연구 방법과 그가 도달한 결론에 대해서는 몇 가지 말할 수 있다. 분류에 관한 그의 연구에서, 그는 모든 사고의 주요 성질은 분류하는 것이며 나아가 원시인들도 유사한 방식으로 분류하고, 문명화된 개인들 역시 비슷하다고 주장한다. 그는 원시 집단들의 분류 행위를 구체성의 과학이라고 설명한다. 세계의 구조 또는 과정에 내재된(underlie) 요소들을 찾기보다는(훈련된 과학자들이 하듯이), 원시적 마음은 명백하게 지각되고 감각적인 요소들로 일상적 사물과 경험을 분류하고자 한다. 이러한 방법이 언제나 서구 과학의 접근에서 이루어지는 분류와 동일한 범주 및 종류로 나아가는 것은 아니다. 원시인들의 분류는 다소 상세할 수 있고, 다른 식의 범주로 분류될 수도 있으나, 그들은 분류에 대해서는 대략적으로 동일한 분석적인 접근을 반영한다.

인간의 마음이 작동할 수 있는 무한한 방법들이 존재하는 것은 아니다. 인간으로서 우리는 우리가 만들어낼 수 있는 조합의 종류에서, 그리고 대립의 특질에 있어서 제한되어 있다. 레비-스트로스는 이러한 주장에 동참했다.

사람들의 관습적 총체(ensemble)는 항상 특정한 형식을 가지고 있으며 그것은 체계를 이룬다. 나는 이러한 체계들의 수가 무제한은 아니며, 인간 사회도 마치 (유희를 하거나, 꿈을 꾸거나, 또는 정신 착란의 순간에 있는) 개인들처럼 절대적으로 무에서 유를 창조할 수 없다는 점을 확신한다. 그들이 할 수 있는 것은 사고의 보고(repertory of idears)에서 재구성이 가능한 특정한 조합을 선택하는 것이다. (1964: 60)

분석적 정밀함의 정도는 현대 언어학에서 나타나는 바와 다르지만, 레비-스트로스의 멘델적(mendelian) 사고를 1950년대 중반 조지 밀러가 제안한 정보처리의 한계나, 현대 촘스키 언어학에서 선호하는 '매개 변수의 설정(setting of parameters)'과 비교하는 것은 적절하다.

8.6.3 신화 만들기

레비-스트로스의 신화 연구는 인간의 의식을 지배하는 규칙에 관한 그의 가장 대대적인 탐구를 대표한다. 초기 연구(1963)에서, 그는 신화의 구조 연구를 위한 방법론적 접근을 마련하였다. 입증된 구조주의적 형식으로, 그는 신화를 구성 요소 혹은 단위(신화의 기본적인 구절(elementary phrases of the myth))로 나누고, 같은 주제나 요점에 따라 그 기본 단위들을 조합하기를 제안했다. 예를 들어 오이디푸스 신화의 경우, 레비-스트로스는 몇몇 주제들의 조합을 다음과 같이 구분한다. 혈연에 대한 지나친 중시에 관련된 주제(카드모스(Cadmos)는 제우스에 의해 유괴된 자신의 여동생을 찾는다. 오이디푸스는 그의 어머니 이오카스테(Jocasta)와 결혼한다); 혈연에 대한 과소평가에 대한 주제(오이디푸스는 그의 아버지 라이오스를 죽인다. 에토클레스가 그의 형제인 폴리네이케스(Polynices)를 죽인다); 살해당한 괴물에 대한 주제(카드모스가 용을 죽인다. 오이디푸스가 스핑크스를 죽인다); 그리고 보행의 어려움과 관련된 특수한 이름들(랍다코스(Labdacos)는 절름발이를 뜻한다. 라이오스(Laius)는 좌측(left-sided)을 의미한다. 오이디푸스는 부은 발을 의미한다).

다양한 신화의 주제를 이러한 4개의 범주로 묶은 레비-스트로스는 신화에 깔려 있는 메시지를 기술한다고 주장하는 공식을 만든다. 그가 기술한 대로 무수한 버전의 오이디푸스 신화는 친족 구조의 중요성을 중시하거나 평가절하하는 것과 관련되고, 토착성(autochthony: 특정한 생명체가 살해당하고 그로부터 땅에서 인간이 출현한다는 것) 또는 출산설(인간은 처음부터 걸을 수 없거나 서툴게 걷는다)을 통해 인간의 기원을 묻는 것과 관련된다. 신화가 영구적인 수수께끼를 다루는 만큼, 신화는 인간은 어디에서 왔는가라는 문제들을 해결하지는 않는다. 하지만 다양하게 나타나는 주제들을 분류하고, 그들 사이의 균형을 제안함으로써 평형적인 지점을 제공한다. 궁극적으로 레비-스트로스는 오이디푸스 신화를 다음과 같은 공식을 통해 설명한다. 혈연의 과잉과 혈연의 소원의 대응은 토착성을 부정하려는 시도와 그것의 실패에 대응됨과 같다(Lévi-Strauss 1963: 216).

이러한 함축적인 사례는 추종하기 어렵고, 이해하기는 더 어려운 것으로 보일지라도, 이것은 사실 레비-스트로스가 해왔던 연구를 잘 보여준다. 신화구조 혹은 숙권제와 같은 친족 구조에 대한 그의 설명을 '번역'하여, 원본보다 그의 주장이 더욱 명확하고 덜 이국적으로 보이려고 시도한 것은 그의 주장에 대한 고의적인 난독화만큼이나 왜곡된 책략이었다. 누구나 알 수 있듯이, 그는 신화의 주제나 암시되어 있는 메시지를 설명하기 위해서 신화의 조각이나 신화의 코퍼스(corpus)를 택하여 그 요소들을 축약하고 재배치하였다.

하지만 레비-스트로스가 하려는 것은 무엇인가? 내가 보기에 그는 신화에서 발견되는 단순한 경험적 범주들—냄새, 소리, 빛, 어두움,

날것 또는 익힌 것에 대한 지각들—은 모든 인간들이 다루어야 하는 보다 추상적인 관심, 예를 들면 자연과 문화 간의 변증법적 관계와 같은 딜레마, 근친상간 금기의 상태, 성별 관계, 특정 사회적 구조의 중요성 등과 같은 문제에 접근하기 위한 개념적 도구로 이해해야 한다고 믿었다. 이러한 생각들은 사회적 갈등에 대한 감정적인 이야기와 같은 구체적이고 특수한 것으로 언급되지만, 논리적인 명제에 따르면 좀 더 추상적인 단계에서 재구성될 수 있다. 사실 신화가 적절히 이해되기 위해서는 레비-스트로스가 오이디푸스 신화에 대한 설명에서 시도했던 것처럼 논리적 관계와 용어들이 명시되어야 한다. 더 나아가 그는 신화들이 다른 신화들과 유사 생물학적 관계를 가지고 있다고 주장하기에 이른다. 각각의 신화는 어떤 의미에서는 앞서 나왔던 다른 신화의 변형이며, 그 어떤 신화도 (궁극적으로 존재하는 모든 신화를 포함할지 모르는) 코퍼스 내의 다른 신화와의 관계를 떠나 완전히 이해될 수는 없다. 언어적 체계를 정의하는 음소 자질 내의 관계들은 신화적 체계를 구성하는 주제의 요소들에 투영되는 것이다.

신화가 우리 중 대다수에게 혼란을 주는 반면, 레비-스트로스의 분석에는 특권적인 경로를 제공한다. 그가 파악하기를, 신화는 순수한 형태의 정신을 엿볼 수 있는 기회를 제공한다. "정신이 스스로의 소리에 귀 기울이고 더 이상 사물과 타협하지 않을 때, 그것은 어떤 의미에서는 그것 자체를 사물로서 모방하는 것으로 축소된 것이다"(1969: 10). 더불어 연구를 통해 그는 인간 사고에 내재되어 있는 근본 논리를 확신하게 되었다.

> 신화적 사고 내의 논리는 현대 과학의 그것만큼이나 엄격하다. 그리고 (……) 차이점은, 지적 활동의 질에 놓여 있는 것이 아니라, 그것이 적용되는 성질에 달려 있다. (……) 인간은 언제나 동등한 수준에

서 사고해왔다. 발전은 인간 사고의 가정된 진보가 아니라, 인간 사고의 불변하는 힘이 적용되는 새로운 영역의 발견에 달려 있다. (1963: 230)

이처럼 보아스의 주장도 레비-스트로스의 신화 분석에 의해 입증되었다.

레비-스트로스의 연구가 대부분의 독자들을 현혹시킨 반면, 그들 중 다수를 납득시키지 못했다는 점은 놀라운 일이 아니다. 다양한 근거와 이유에서 발생되었을 세계의 모든 신화의 다양한 주제들이 단 한 명의 프랑스 학자가 분류한 메시지와 주제로 지나치게 깔끔하게 수렴되었다. 레비-스트로스는 스스로의 분석에 대하여 앞선 인용과 같은 다양한 변론을 내었다. 그러나 전반적으로 친족은 정신적 과정에 대한 확실한 안내를 제공하기에는 사회적 행위에 너무나 연루되어 있으나, 신화학은 정신의 법칙을 풀기 위한 열쇠를 가지고 있다는 것이 그의 생각이었다. 레비-스트로스에게 그 체계가 발견될 수 있다는 것은 인류학자 혹은 인지과학자들이 발견하고자 한 정신이 지니는 질서의 법칙에 대한 증거이다.

촘스키처럼 레비-스트로스는 그의 연구 범위 및 그가 그의 연구 분야를 전용하기 위해 추구한 대담한 방법에 대하여 상당한 감탄과 칭송을 받았다. 그렇지만 촘스키와는 달리, 그의 방법은 신념과 노력을 갖춘 누구라도 따를 수 있을 정도로 충분히 명백하게 설명되지 못했다. 따라서 레비-스트로스는 학파를 이루기보다 주로 그가 하는 방법대로 직감적이고 주관적인 분석을 하는 모방자들을 갖는다. 그중 영국의 인류학자인 에드먼드 리치(Edmund Leach)는 가장 유명하고 재능 있는 학자라고 할 수 있다(1961, 1974). 그러나 레비-스트로스는 수많은 독창적인 사상가들과 마찬가지로, 그 자신의 체계에 대한 철저한 정확성(다른 사람들의 측면에서)이나, 다른 이들과 거리를 둔 차별성에 대한 욕망을 가지고 있었다. 따라서 레비-스트로스에게 관심을 기울인 (리치를 포함한) 다수는 결국 홀로 고립되었는데, 그러한 상황이 레비-스트로스는 분명 싫지는 않았을 것이다.

그렇다면 레비-스트로스는 인지과학에 대한 중심적인 기여자인가 아니면 고립된 인본주의적 지향을 지닌 석학인가? 내 생각에, 나의 동료 중 대부분은 그가 사이먼이나 촘스키보다는 루소, 몽테스키외, 그리고 (레비-스트로스가 최근에 선출된) 프랑스 한림원(French Academy)의 전통과 연관될 것이라고 생각하겠지만, 이러한 평가는 매우 근시안적인 것으로 판명될 것이다. 나의 관점에서 보자면, 자만심과 특이함 혹은 다소 기이한 관심과 집착에도 불구하고, 레비-스트로스는 인지과학 내 영향력 있는 존재로 입증될 것이다. 20세기 중반에 그는 인류학적 논의의 중심에 인지적인 문제들을 주입했다. 당시 언어학의 가장 엄격한 접근 방법들을 가져와 그것을 인류학의 주된 영역에 독창적으로 적용함으로써, 그는 새로운 탐구의 분야를 열었다. 그는 진정으로 체계적이라기보다는, 피아제처럼 때때로 체계를 흉내내거나, 형식적인 분석에서 되는 대로 용어를 빌려오기도 했다. 그러므로 덜 주관적이며 좀 더 반복 가능한 방식으로 그의 생각을 따르는 것은 (이것을 어떻게 할 것인가는 피아제의 경우보다 훨씬 덜 명료하였으나) 그의 후계자들에게 달려 있었다. 역시 피아제가 그랬던 것처럼 인류학 내 레비-스트로스의 강력한 위치는 이후 인류학적 문제에 대한 새로운 구성의 편리한 출발점이 되었다.

모든 비평들을 고려해본다면, 레비-스트로스의 특별한 결론들은 거의 없을 수 있다. 하지만 그 비평들은 오직 그의 풍부한 질문과 도발적인 가정들 때문에 가능할 것이다. 더 나아가 지금으로부터 백 년 후 그의 연구는 중요한 사상가의 진정한 표식으로서, 그에 관한 가장 강한 비판들보다는 좀 더 옳은 방향으로 보일 것이라고 생각한다. 레비-

스트로스는 인류학 그리고 인지과학 모두에 중심적인 질문을 제기하였고, 적용 가능한 분석 방법들을 보여주었으며, 친족, 사회 조직, 분류 체계, 그리고 신화학과 같은 다양한 분야가 지니고 있을지 모르는 여러 가지 체계적 관계를 보여주었기 때문에 그 중요함은 지속될 것이다.

8.6.4 스퍼버의 변주곡

레비-스트로스의 업적에 공감하던 사람들 중에 그의 학생이자 지금은 파리에서 활동 중인 댄 스퍼버(Dan Sperber)는 인간 정신의 작용을 검증하려는, 스승의 한때 급진적인 관심 분야를 지지하였으며, 인류학자들에게 언어학의 모델이 중요하다는 점에 동의하였다(1968, 1982). 그러나 젊은 세대로서 적절하게 스퍼버는 레비-스트로스가 언어학의 잘못된 학파에 근거했다고 본다. 그는 구조적 접근이 언어학에서와 같이 인류학 내에서도 시대에 뒤떨어진 것이라고 주장하며, 현재 인류학자들은 촘스키, 포더 등과 같은 변형론자(tranformationalist)들의 학파에서 그 모델을 찾아야 한다고 말한다.

여기서 그의 연구는 스승과는 다른 대개 부정적인 방향으로 드러난다. 언어를 그것 자체의 매우 특수한 법칙에 의해 작동되는 체계라고 보았다는 점에서 그러하다. 대체적으로 레비-스트로스의 관점과는 반대로 (그리고 영역별로 특수한 원리를 향한 전환을 반영하며) 스퍼버는 언어적 분석이 신화, 관습, 의례 등과 같은 다른 문화적 현상에 제대로 적용될 수 없다고 여긴다. 대신 문화적 현상은 무한한 사고의 결합 또는 발전을 하는 실체로 고려하여야 하며, 이것은 정확하게 언어의 일반적 규칙의 적용 후에 이루어진다. 대부분의 문화적 실체는 통사론적·음운론적·어휘적 규칙에 제한되어 이해되거나 분석될 수 있는 상대적으로 빈약한 언어의 측면에서가 아니라, 불가사의하며, 분석할 수 없는, 매우 상징적인 영역에서 가장 큰 힘을 행사한다. 스퍼버는 대부분의 인간의 믿음은 순수하게 명제적이라기보다는 차라리 준명제적—온전히 논리적이지 않으며 상당히 혼란스러운—이라는 점을 지적한다. 이러한 무정형의 믿음 체계에 통사론자 혹은 음운론자의 엄격한 분류 체계를 적용하는 것은 위험하다. 대신 의미의 풍부함이 나타나는 과정에 대한 연구가 필요하다.

스퍼버의 긍정적인 기여는 상징적 과정에 대한 그의 연구에서 찾을 수 있다. 상징적인 체계는 경험으로부터 유추하거나 구성한다기보다 그 경험을 가능하게 하는 선천적인 정신적 장비이다. 레비-스트로스의 야만인을 연상시키는 방법으로 작용하는 이러한 상징적 정교화의 메커니즘은, 우리 마음의 '폐기물'은 어떤 것을 만들어낼 수 있기에 항상 청소되어야 한다는 가정에서 시작한다. 이러한 찌꺼기들은 그 내부에 비정형적이고 예외적인 개념적 특성을 품고 있으며, 그것은 이후 끊임없는 상징적인 정교화에 적합할 수 있다. 이러한 경우, 정신의 상징적 메커니즘은 한 개인의 백과사전적 지식, 즉 다소 동떨어진 분야의 지식 그리고 실제로 존재하는 모든 정보나 해석에 의존한다. 이러한 것은 모두 서로 상이한 요소들을 전체적인 감각의 틀에 맞춰놓으려는 노력이라고 할 수 있다. 인류학은 모든 종류의 믿음과 행위, 상징 체계에 접근할 수 있는 학문이다. 따라서 언어, 수학, 그리고 일반적인 분류과 같이 (상대적으로) 순수하게 계산적인 측면을 보충하는 인간의 상징적 메커니즘의 작동을 그것 그대로 낱낱이 보여줄 수 있는 특권적인 위치에 있다.

1940년대에 발간한 최초의 민족지부터 사이버네틱스, 정보 이론, 또는 언어학에서 끌어온 의심스러운 방법에 이르기까지, 레비-스트로스에 대한 비판은 끝이 없다. 내 생각에, 비판 중 가장 현저한 것은 다형적인 인간 행위 유형과 믿음이, 체계적이며, 법칙에 갇힌, 특정 언어의 구조에 적합하다고 증명된 '닫힌' 분석에 적절한지를 묻는 것이다. 인류학자인 클리퍼드 기어츠(Clifford Geertz)의 관점에 따르면, 레비-스트로스는 인간의 사고 과정은 옛날 컴퓨터의 작동과 같다고 성급한 결론을 내렸다(Geertz 1973, 1983). 기어츠에 따르면, 특정 문화적 맥락 내의 사회적 집단에 대한 세심하고 자세한 연구가 선호되는 방법이며, 오직 이러한 방법을 통해서만 그 사회가 사용하는 상징과 세계를 이해하는 방법을 파악할 수 있다. 기어츠는 레비-스트로스의 기계적인 접근, 특정 신화 혹은 사회적 조직을 만들어내는 특수한 역사적 조건에 대한 무지, 정서 및 감정적 요인들의 축소, 각자의 필요, 동기, 목표와 소원을 갖는 특수한 개인들의 부재 등을 비판했는데, 이 모든 것은 분류와 명제의 생산에 유리한 것이었다. 또한 기어츠는 상징적인 산물을 내적 인지 시스템의 산물로 보는 것에 질문을 던진다. 정신에 대한 그의 좀 더 공적인 관점에 따르면, 신화, 의례, 믿음 등등은 상징화가 사회적으로 생성된 형태이다.

> 사고를 보는 방식은 사고가 보통 함께 일어나는 병렬적인 감정 혹은 내적 경험을 추정하는 것이 아니다. 사람들이 내적 경험을 가지고 있지 않다는 것은 아니며, 당연히 그러한 경험을 가지고 있다. 하지만 만약 당신이 어떤 사람이 의례를 행할 때 그의 심리 상태가 어떠하냐고 묻는다면, 그것은 참여한 모든 사람들에 대해서 그러한 경험이 동일하다고 믿기는 어렵다는 것이다. (……) 사고 그리고 달리 말하자면 느낌은 공적으로 나타난다. 그들은 그들이 말하는 것을 말하며, 그들이 행하는 것을 행하고, 그들이 의미하는 것을 의미한다.
>
> (……) 사고는 상당한 측면에서 공적인 행위이다. (Miller 1983: 202-203에서 재인용)

구조주의 인류학이 궁극적으로 이치에 맞는지는 직접적으로 언급되어 있지 않지만, 그 당시의 기어츠와 같은 비평가에게 사고의 보편성에 대한 도전은 시기상조이다. 우리는 개별 사례를 더욱 잘 이해해야만 하며, 그러한 이해는 인류학자들의 상징적 과정을 끊임없이 자극해온, 다른 곳의 '웃긴' 사람들의 무시하기 어려운 행위들만큼이나, 우리 자신까지 망라해야 한다.

8.7 민족과학

레비-스트로스가 그의 직관으로 수행했던 것은 지난 30년간 인류학의 대세를 변화시켜왔다. 여기서 나는 이를 민족과학(ethnoscience)이라 언급하는데, 이것은 다양한 이름—성분분석(componential analysis), 민족의미론(ethnosemantics), 인지인류학(cognitive anthropology)—으로 불리며, 다른 문화권 또는 우리 문화의 구성원 개인들이 지니는 사고 시스템에 대한 연구를 지칭한다.

8.7.1 기원

1950년대 중반 미국 내 민족과학이 대두된 요인들은 같은 시기 프랑스의 레비-스트로스를 자극한 요인들과 유사하다. 양국 인류학계는 모두 사회과학으로서의 언어학의 사례가 성취한, 비할 데 없는 엄격함에 영향을 받았다. 정보 이론, 확률적 모형화, 사이버네틱스와 컴퓨터 시뮬레이션은 사회적 현상에 대한 형식적 접근에 의해 얻을 수 있는 이익을 상기시킨다. 로만 야콥슨(1963)과 찰스 모리스(Charles Morris, 1971)와 같은 기호학자들의 연구 덕분에 모든 인간 행위의 기본적으로 상징적인 자질에 대해 점차 인식할 수 있었고, 그에 대하여 실용적 측면이 아닌 인지적 측면에서 설명해야 할 필요 역시 늘었다. 민족과학 연구를 수행한 초기 연구자는 다음과 같이 말한다.

> 의미의 구조적 분석에 대한 첫 번째 실험 모델은 의식적으로 음소 분석을 위해 개발되었던 방법을 유추적으로 적용한 것이었다. 실험 초기 단계에 참여한 연구자들은, 그들의 음소론적인 훈련과 더불어, 찰스 모리스의 『기호 이론의 기초(*Foundation of the Theory of Signs*)』를 읽음으로써 이러한 의미의 구조적 분석에 대한 자극과 그 방법에 대한 놀라운 깨달음을 얻게 되었다고 시인해왔다. (Lounsbury 1968: 223)

사실상 이와 같은 배경에서 몇몇의 민족과학의 초기 저작이 탄생했다. 워드 굿이너프(Ward Goodenough)가 현지 연구를 수행하여 작성하였던 트러키즈(Trukese)족 친족 용어에 대한 분석(1951, 1956)의 수정본(1964), 그리고 1863년 루이스 헨리 모건(Lewis Henry Morgan)이 한 인디언 제보자로부터 수집한 포니(Pawnee)족 용어에 대한 플로이드 라운스버리(Floyd Lounsbury)의 구조적 분석(1956)이 이에 속한다.

이처럼 새로운 과학 분야의 연구자들은 그들 스스로를 어떻게 개념화해왔는가? 인지인류학 저서의 첫 편집자인 스티븐 타일러(Stephen Tyler)에 의하면, 이 분야는 어떻게 상이한 사회의 사람들이 그들의 문화를 조직하고 사용하는지를 밝히는 데 초점을 맞춘다.

> 이것은 그들의 행위 이면에 있는 조직의 원리들을 이해하려는 시도이다. 각 집단은 물질적 현상—사물, 사건, 행위, 감정—을 지각하고, 조직하는 특수한 체계를 가지고 있다고 가정한다. (……) 연구의 목적은 물질적 현상 그 자체가 아니라, 그 현상이 인간의 정신 내에서 조직되

는 방식이다. 그러므로 문화는 물질적 현상이 아니다. 그것은 물질적 현상에 대한 인지적 조직이다. (Tyler 1969: 3)

언어학자의 문법적 모델을 따라, 민족과학자들은 문화적 법칙에 대한 지식이 어떻게 원주민의 행위, 특히 그들의 언어적 행위에 반영되는지를 탐구한다.

이 분야의 초기 연구자인 앤서니 월러스(Anthony Wallace)는 민족의미론자들을 다음과 같은 과제를 가진 관찰자에 비교하는데, '아직 표기법을 만들지 못한 한 집단이 사용하는 미적분 방법을 기술하라. 연구자는 면담을 할 수 있고 관찰할 수 있으며, 스스로 그 방법을 배울 수 있다. 자료를 분석해나가면서, 그는 단순히 빈도수를 표로 만들고, 모든 실수, 농담, 헛소리와 오류에 동일한 가중치를 부여하는 것은 아니다' 등이다.

> 대신 연구자가 행하는 것은 연구 대상자들이 적용하고자 하는 규칙 체계를 추론해내는 것이다. 그는 그가 추론해내는 체계의 논리적 완성도에서부터, 또한 그가 자신의 능력을 이용하여 새롭게 배운 행위를 수행해 보이고, 그 사회의 전문가에 의해 "맞습니다: 좋아요: 제대로 이해하셨군요"라는 찬사를 받게 될 때, 그 연구자는 이러한 규칙들에 대한 적절한 이해에 다가간다는 확신을 얻게 될 것이다. (1968: 537)

에저턴(Robert B. Edgerton)과 랭네스(L. L. Langness)는 이를 더욱 간결하게 말한다. "민족과학적 기술의 목적은 어떤 외부자도 그 문화 안에서 적절하게 행동할 때 사용할 수 있는 문화에 대한 규칙을 작성하는 것이다"(1974: 38).

8.7.2 성분분석의 한 사례

가장 일반적인 민족과학적 접근 방법은 성분분석이다. 성분분석(componential analysis)이 어떻게 수행되는지 설명하기 위해, 앤서니 월러스와 존 앳킨스(John Atkins)의 영어 친족 용어에 대한 초기 연구 중 사례를 제시하도록 하겠다(1960). 이 저자들은 일련의 친족 용어로부터 시작한다. 할아버지, 할머니, 아버지, 어머니, 형제, 자매, 아들, 딸, 손자, 손녀, 삼촌(uncle), 이모/고모(aunt), 사촌(cousin), 조카(nephew and niece) 등의 용어가 그것이다. 그다음으로 그들은 이러한 용어를 계보적 관계에 따라 정의한다. 따라서 할아버지는 어떤 이의 아버지의 아버지로 정의된다(혹은 인류학자들의 표기법에 따라서 할아버지는 FaFa이다). FaFa는 아버지의 아버지, 그리고 MoFa는 어머니의 아버지인 할아버지로 번역된다. 모든 용어들은 기본적 형태인 Fa, Mo, Br, Si, So, Da와 같이 단순하게 표기된다.

나머지 친족의 기본 사항들은 다음을 포함한다.

할머니: FaMo, MoMo

손자: SoSo, DaSo

삼촌: FaBr, MoBr, FaFaBr, MoFaBr 등

'사촌' 항목은 최소 12개의 가능성으로 나타난다. 이 특정 친족 체계에서, 삼촌, 이모, 조카, 사촌은 확장의 개념에서 사용되었다. 왜냐하면 이러한 관계들은 확장가족에서 육촌 형제의 자녀(second cousin once removed)와 다른 먼 친척 등을 포함하기 때문이다.

세 번째 단계는 이러한 기본적인 친족 체계에서 얻을 수 있는 많은 관찰을 수반한다. 예를 들어 하나의 용어(사촌)을 제외한 모든 용어

가 친척을 성별을 기준으로 표시한다. 몇몇(사촌(cousin)이 아닌 할아버지(grandfather)와 같은) 용어는 세대를 구분한다. 모든 용어는 나(Ego)와 관련된 친척이 직계인지(예를 들어 아들) 아닌지(예를 들어 조카) 보여준다. 그리고 비직계(non-lineal) 용어들은 그 친척의 모든 조상들이 나의 직계 조상인지, 나의 조상이 모두 친척의 조상인지, 혹은 둘 다 아닌지를 보여준다.

이제 중요한 단계에 접어들었다. 연구자는 3개의 층위가 모든 용어를 정의하기에 충분하다고 가정한다. 친척은 성별(남성은 a_1, 여성은 a_2), 세대(나를 기준으로 두 세대 위는 b_1, 한 세대 위는 b_2, 동 세대는 b_3, 한 세대 밑은 b_4, 두 세대 밑은 b_5), 마지막으로 직계(c_1은 직계(lineal), c_2는 동계(co-lineal: 형제 또는 자매); c_3는 비동계(ablineal: 사촌))이다. 직계는 나의 조상 또는 자손을 말한다. 동계는 비직계이며, 이들의 조상들 모두는 나의 조상들에 포함되거나 포함한다. 비동계는 직계나 동계가 아닌 모든 친척을 지칭한다.

다음 단계에서 용어들은 성분으로 재정의된다. 따라서 할아버지는 $a_1b_1c_1$, 손자는 $a_1b_5c_1$, 자매는 $a_2b_2c_3$, 삼촌은 $a_1b_1c_2$ 혹은 $a_1b_2c_2$, 사촌은 (성별이나 세대가 표기되지 않은) a, b, 그리고 c_3이다(만약 이러한 용어가 어떤 차원을 구분하지 않으면, 그 차원을 나타내는 글자는 아래첨자(subscript) 없이 주어진다는 관례를 주목하라).

지금까지의 친척용어 분석은 다음의 표를 통해 정리될 수 있다. 각 영역의 기술적 정의에 맞게, 각각의 용어는 다른 용어들과 겹치거나 다른 것을 포함하지 않도록 정의되었다. 각각의 성분들은 최소 하나의 용어로 식별되며, 모든 용어들은 동일한 영역에서 표현된다.

이러한 분석은 우리 언어의 다양한 친족 용어 간의 관계들을 명료하고, 포괄적이며, 단순한 방식으로 정리하고자 하는 목적을 달성하였다. 월러스와 앳킨스는 이것이 미국의 친족 구조의 성분들을 정리하는 최고 혹은 유일한 방법이라고 주장하지는 않는다(이에 대항하는 또 다른

<table>
<tr><th rowspan="2"></th><th colspan="2">c_1</th><th colspan="2">c_2</th><th colspan="2">c_3</th></tr>
<tr><th>a_1</th><th>a_2</th><th>a_1</th><th>a_2</th><th>a_1</th><th>a_2</th></tr>
<tr><td>b_1</td><td>grand-father</td><td>grand-mother</td><td rowspan="2">uncle</td><td rowspan="2">aunt</td><td rowspan="5" colspan="2">cousin</td></tr>
<tr><td>b_2</td><td>father</td><td>mother</td></tr>
<tr><td>b_3</td><td colspan="2">[ego]</td><td>brother</td><td>sister</td></tr>
<tr><td>b_4</td><td>son</td><td>daughter</td><td rowspan="2">nephew</td><td rowspan="2">niece</td></tr>
<tr><td>b_5</td><td>grandson</td><td>grand-daughter</td></tr>
</table>

Source: A. F. C. Wallace and J. Atkins, "The Meaning of Kinship Terms." Reproduced by permission of the American Anthropological Association from *American Anthropologist* 62(1): 58–80, 1960.

영향력 있는 분석으로는 Romney and D'Andrade 1964 참조). 단지 이것은 친족 용어 간의 관계를 명확하고 효율적으로 설명하는 하나의 가능한, 그리고 절제적인 방법일 뿐이라고 말한다.

월러스와 앳킨스의 사례는 또한 성분분석 방법 창시자들의 관심을 보여준다. 이들 연구자들은 이미 잘 이해되어 있는 영역에 이 방법을 적용하는 것이 일리가 있다고 생각했다. 독립적인 근거(예를 들어 성별)에 의해 유한한 수의 용어들이 정의될 수 있으며, 여러 사회들이 친족을 구분하는 방법이나, 사용하는 용어의 종류가 서로 현저하게 다를 가능성이 있기 때문에, 친족 용어 체계는 성분분석 방법을 적용하기에 유리하다. 또한 각 사회구성원들이 그들의 친족 구조에 대한 직관을 공유하는 것도 또한 중요하다. 예를 들어, 이로쿼이(Iroquoi)족 사이에서 친족의 근본적인 구분은 세대와 분기점(bifurcation: 평행 사촌(parallel)과 교차 사촌(cross-cousin) 관계의 구분)이며, 크로우(Crow) 친족 체계에서 주된 구분은 교차 세대 정도(skewed generation measure: 여성이 특정 맥락에서 그들의 남자 형제보다 더 높은 세대가 되는 것)와 분기점이다(Lounsbury 1963: 572). 라운스버리는 다음과 같이 주장한다.

우리는 다음과 같은 요소를 명확히 했을 때, 수집된 경험적 자료의 '형식적 설명(formal account)'이 주어졌다고 고려할 수 있다. 1) 일련의 원초적인 요소들, 2) 그것에 작용하는 규칙들. 그리고 후자가 전자에 적용되었을 때, 어떤 '모델'의 요소들이 생성되었다고 할 수 있다. 그리고 그러한 모델은 반대로 우리가 이해하려고 노력하는 상호관계성과 체계적 특성을 가진 경험적 자료와 아주 유사하거나, 거의 복제에 가깝게 된다. 따라서 형식적 설명이란 반대로 자료를 예견하는 장치이며, 또한 그것을 '이해 가능하게' 만든다. 즉 그들의 자료에 작용하고 있다고 예견될 수 있는 기저 원리의 법칙적이고 예상 가능한 결과들을 보여주는 것이다. (Durbin 1966: 31에서 재인용)

굿이너프는 좀 더 비공식적으로 다음과 같이 말한다.

이러한 설명의 적절성에 대한 하나의 시험은 기술된 구조에 대한 정보제공자로서의 나의 생각을 거스르지 않는지를 보는 것이다. 이것은 적절성에 대한 주관적인 시험이다. 마찬가지로 동등하게 중요한 시험은, 외부자에게 내가 친족 용어를 사용하는 방식이라고 받아들일 수 있도록 나의 친족 용어를 사용하기 위해 필요한 지식을 제공하는 것이다. 이는 적절성의 객관적인 시험이다. (Kuper 1973: 573에서 재인용)

기술된 것과 마찬가지로, 성분분석은 그 방법의 적용이 훈련된 인류학자라면 동의하고 또 궁극적으로 동일한 결론에 이르도록 해야 할, 상대적으로 단순하고 직설적인 과정으로 보일지 모른다. 실제로 레비-스트로스의 명백히 주관적인 방법과 달리 후학에게 성분분석을 훈련시키는 것은 가능하다. 그러나 사실 성분분석은 창시자들이 희망했던 것보다 훨씬 복잡하며 '혼란스러운' 것으로 판명난다.

8.7.3 민족과학에 대한 비판: 내부로부터의 비판

친족의 영역은 그 용어의 나열 가능성과 신뢰할 수 있는 방식으로 용어와 관련된 차원을 이해할 수 있는 가능성이라는 측면에서 보면 가장 긍정적인 사례를 대표한다. 하지만 다른 영역을 고려할 때, 예를 들어 색채부터 식물, 질병이라는 영역을 생각해볼 때, 좀 더 바람직한 방향으로 특정 영역을 체계화하는 적절한 차원을 찾아내는 것뿐만 아니라, 적절한 용어를 이끌어내거나, 그 영역을 구분하는 것조차도 훨씬 복잡한 것으로 판명된다.

용어와 차원이 구분되었을 때라도, 그것을 정렬하는 방식은 상당한 논란의 주제가 된다. 앞서 제시되었던 경계가 명백한 차원이라고 하더라도 용어가 배열될 수 있는 수많은 공식적 방법 중 하나에 불과하다. 거기에는 결과를 그려내기 위한 여러 가지 방법, 예를 들어 다이어그램, 미로(mazeway), 분류법, 가지치기(tree), 에틱 틀(etic grids), 대조의 차원 등이 있다. 이러한 기술의 방법 간의 관계는 결코 분명하지 않으며, 이들을 다양하게 조합하거나, 상자(box), 혹은 키 좌표도(key diagram) 등과 같이, 하나 이상의 방식으로 그 결과를 그려내는 것도 가능하다. 심지어 영어 친족 용어 역시 패러다임이 아닌 다른 방식으로 설명될 수 있는데, 그것은 사용되는 용어, 그 정의를 이끌어내기 위해 사용된 방식, 각 영역들이 서로 참조하는 정렬 등에 따라서 달라진다(Kay 1966).

성분분석이 적절한지, 아니면 다른 많은 경쟁적인 분석 방법이 더욱 정확한지 결정하려 할 때, 여전히 쟁점이 많은 질문이 발생한다. 원어 화자 혹은 판단력 있는 인류학자의 직감은 한 가지 기준을 제공하지만, 경험적인 방법을 사용하는 것도 가능하다. 예를 들어, 연구대상자들에게 품목들을 나누고, 그것을 분류하고, 그 용어를 정의하며, 단어를 범주화하고, 심지어 그들 자신의 성분분석을 하게 하도록 질문하는 것이다. 분석의 '심리적 실재'—그것이 모든 정보제공자의 머릿속에 있는 것인가, 훈련받은 성찰적인 정보제공자의 머릿속에 있는 것인가, 아니면 오로지 연구자의 머릿속에만 존재하는가?—는 성분분석 내의 가장 복합적인 질문으로 나타났다. 실제로 토착 지식의 '시뮬레이션'에 대해서는 존 설이 '컴퓨터와 중국어 방'의 난제에서 제기한 동일한 질문을 던질 수 있다.

이러한 비판들은 월러스와 앳킨슨(1960)에 의해 초기에 제기되었는데, 그들은 동음이의어와 은유의 문제를 통해, 같은 단어들이 다른 의미를 가질 수 있거나 다른 단어들이 같은 의미를 가질 수 있음을 지적했다. 내포의 문제도 있었는데, 이는 단어들이 동일한 객관적인 의미를 가지고 있으나 상이한 정서적 가치(dad, daddy, old man, pop, father 등)를 함축했을 경우이다. 다른 비평가들은 성분분석이 본질적으로 순환론적이라고 주장했는데, 왜냐하면 연구의 결론에서 밝혀질 바로 그 용어들 간의 관계에 대하여 미리 전제해야만 연구를 시작할 수 있다는 점에서 그러하다. 달리 말하자면, 특정 영역의 존재와 일치는 연구가 시작되기 전에 가정되는 것이다(Gardin 1965). 몇몇 비평가들은 외국어(특히 인도-유럽어족이 아닌 경우)의 용어들을 친숙한 언어로 번역하는 경우에 상당한 문제점이 있으며, 유사한 분석이 번역에도 적용되는 문제들을 지적하였다(Crick 1976; Keesing 1976). 예를 들어 남성과 여성이 협업을 거의 하지 않는 문화에서 우리가 인식하는 남성(male)과 여성(female)에 적용하는 같은 의미를 그 외국어에 옮기는 것은 위험하다. 그리고 남성과 여성이라는 용어 그 자체도 남자(man)와 여자(woman)보다 사용 및 빈도의 면에서 매우 상이하다(Lyons 1968).

8.7.4 민족과학에 대한 비판: 대열 밖에서의 비판

형식적인 분석적 접근에 동의하지 않은 이들로부터의 비판은 훨씬 심각하다. 클리퍼드 기어츠는 어떤 것에 대해 이야기하는 방식을 아는 것이 그것을 행하는 것과 동일하지 않다는 점을 지적한다. 원주민들에게 추상화된 상징적인 요소들—그들로부터 얻을 수 있는 형식적인 논리적 관계들은 물론이거니와—의 타당성은 기껏해야 의문점으로 남는다. 그것보다는 실제의 삶에 나타나는 논리에 주목해야 한다. "나는 아무도 그 존재를 믿을 수 없는 형식적 질서에 대한 완벽한 서술을 구성하는 것보다 문화적 분석을 불신하게 하는 것은 없다고 생각한다"(Geertz 1973: 18).

게리 위더스푼(Gary Witherspoon)은 많은 중요한 점들이 언어 내에서 표현되지 않았다고 주장하며, 다음과 같이 결론짓는다.

> 나바호(Navajo)족이 사고하는 방식과 그의 사고 안에서 사용하는 범주들은 동일하지 않다. (……) 모든 문화에서 친족 용어가 주된 지시 대상이며, (……) 모든 문화에서 친족과 친척들이 기본적으로 동일하고, 다양한 친족 용어는 단지 부분적으로 상이할 뿐이라고 보는 것, 그리고 친족 용어가 특수한 문화 내의 친족 범주에 상응하고 그것을 표현한다고 가정하는 것은 너무 순진하다. (1971: 116)

마이클 실버스타인(Michael Silverstein, 1978)은 인지인류학을 블룸필드식 관점을 인류학에 도입하여 나타난 자연스러운 파생물이라고 본다. 단어는 사물들을 직접적으로 가리킨다고 보인다. 그것은 언어에 대한 온전한 원자적 개념이 반영된 것으로, 언어가 어떻게 사회적 맥락 내에서 기능하는지, 그리고 언어의 사용과 함께 일어나는 행위의 종류나, 그 둘이 서로 어떻게 영향을 미치며 상호작용하는지를 보지 않고, 자료의 배열에 기능적으로 위치시키는 것이다. 동떨어진 사물들을 가리키는 일련의 고립된 증표(token)들이 아니라, 하나의 구조 체계로서의 언어가 인류학자에게 모델로서 선택되어야 하는 것이다.

아마도 민족과학의 운명에 대한 논의 중 가장 눈에 띄는 것은 스티븐 타일러 그 자신의 헤지라(hegira)일 것이다. 초반에는 성분분석의 충실한 지지자였고, 성분분석을 수행한 첫 번째 인류학자였지만, 타일러는 10년 사이 완전히 환멸을 느끼게 된다. 1978년 그는 『말한 것과 침묵한 것(*The Said and the Unsaid*)』을 발표하는데, 이 책에서 그는 언어가 개인의 인지 시스템에 대한 신뢰할 수 있는 창을 제공한다고 보았던 그의 초기 관점을 일축한다.

> 논리적 실증주의와 변형적 언어학 모두에 공통적인 것은 수학적 체계로서의 언어라는 관점을 갖는다는 점이다. 이 둘은 모두 언어를 어떤 고정적인 규칙에 따라 조합될 수 있는 원초적 또는 기본적인 단위들의 체계로 본다. 특정 제한적 방법에서는 이러한 방법이 유용하다고 할지라도, 이것은 어떻게 특정 단위들과 규칙들의 온전히 형식적인 체계가 그것 이외의 다른 것들과 연결되는지를 이해하는 데 문제가 있다. 이 둘은 모두 형식적 언어 능력과 경험적 구성 요소를 대립시키는 이원적 체계를 만든다. (1978: 13-14)

타일러는 이제 언어의 기능주의 측면을 강조한다. 이러한 주장에서 언어는 생각을 재현하는 수단일 뿐만 아니라 소망, 느낌, 감정 등을 동등하게 표현하는 도구이며, 무엇보다 세계 안에서 행위를 수행하는 수단이다. 그가 말한 것처럼 언어는 관계를 구성하는 어떤 물체가 아니라 관계를 만드는 도구이다. 우리가 어떤 사람의 의도, 목적, 계획, 그리고 태도로부터 얻을 수 있는 것은 그 사람이 무엇을 의미하는지를 보여주는 단서이다.

타일러는 해석학적 접근을 지지하며 끝맺는다. 이 관점에서는, 사람들은 말해진 것 그리고 말해지지 않은 것—말해지지 않은 전제와 암시의 배경—, 말해진 것으로부터 관습적으로 창조되는 것, 그리고 화자와 청자에 의해 의도적으로 창조되는 것을 본다. 그는 의미론의 화용론으로부터의 가정된 독립을 거부한다.

> 우리가 모든 내용을 다 비워내는 사고의 방법으로 예견을 했어야 한다면, 그것은 의미의 죽음이나 다름없다. 의미 없는 요소들의 기계적 결합에서 의미가 신비롭게 나타날지도 모른다고 예측하는 것 이외에, 이러한 분석에서 우리가 다른 어떤 것을 더 기대할 수 있을까? (……) 과학과 예술을 불문하고 형식주의의 지적 빈곤보다 더욱 명확한 것은 없다. (1978: 465)

성분분석에 대한 타일러의 축복이 결코 이러한 분석 방법이 수명을 다했음을 판정한 것은 아니다. 하지만 이제는 성분분석의 원래 방식이 몇몇 영역에는 적합하지만 광범위하게 확장될 수 없다는 인식이 상당히 퍼져 있다. 이러한 분석 방법은 친족과 색채의 연구, 또는 식물, 동물, 혹은 일상적 사물과 같은, 아마도 유한적인 범주에 적합할지 모른다. 그러나 감정 혹은 질병과 같이 불분명한 영역들, 특히 그 영역의 경계가 미리 나타나지 않고, 개인 (혹은 집단들)의 특이한 해석적 체계가 전면에 나타날 때, 그 분석 방법은 급속하게 문제가 생긴다.

예를 들어, 질병에 대한 어떤 사람의 응답은 그 사람의 문화, 통증의 성격, 질병 원인과 치료를 둘러싼 지배적인 관념들, 관찰 가능한 것과 경험적인 증상 사이의 구분 등과 매우 얽혀 있어서, 연구자는 다양한 연구 참여자들이 동일한 것에 대해 얘기하는 것인지, 심지어 동일한 영역에 대해 말하고 있는지조차 혼란스럽게 된다. 인지인류학의 초기 지지자였던 로저 키싱(Roger Keesing)은 이러한 어려움을 인지하며, 1976년에 다음과 같이 말했다.

> 근 15년 동안, 인지인류학자들은 신민족지(new ethnography)를 계속해서 추구했다. 적어도 지난 5년 동안, 이것이 그리 오래 가지 못한다는 것은 명확해졌다. 초기 논쟁의 메시아적인 약속들은 구현되지 못했다. '신민족지학자들'은 인위적으로 단순화되고 기술된 (그리고 대부분 하찮은) 의미 영역의 분석 너머로 나아가지 못해왔고, 이것은 이들을 따르던 많은 이들을 실망시켰다. (1976: 307)

인지과학에 있어서 형식적인 방법이 인류의 관심 중 별로 중심적이지 않은 행위의 측면에서만 가장 효율적으로 적용된다고 밝혀진 것은 이번이 첫 번째 경우는 결코 아니다. 분명하게도 인류학계 내에서는 계산의 역설이 나타나고 있었다.

'고전적인 민족과학'의 발전과 소멸을 검토한 역사가 스티븐 머레이(Stephen Murray)는 이러한 연구 영역의 소실에 두 가지 상이한 이유를 제시한다(1982). 첫 번째 이유는 지켜지지 못할 부풀려진 약속에서 기인한다. 1960년대 중반, 멕시코 치아파스(Chiapas)의 음주에 관한 주요 연구는 민족과학적 연구의 힘을 확인하기 위해 계획되었다. 계획에 따르면, 연구자들은 다섯 마을에서 수집된 음주 패턴을 분석하기 위해 동일한 과정을 적용해야만 했다. 하지만 자료 분석의 문제들은 해결되지 않았고 연구자들은 결국 다른 문제로 옮겨가게 되었다. 이 연구팀의 일원이었던 폴 케이(Paul Kay)는 다음과 같이 보고한다.

> 어마어마한 양의 자료를 모으고, 나아가 이러한 자료를 일종의 논리적인 진술로 환원하기 위하여 적용할 일련의 객관적—또는 심지어 준-객관적—절차들을 찾기 위하여 2-3년을 지낸 후, 우리는 포기하고 말았다. 왜냐하면 그러한 방법을 찾을 수 없었기 때문이다. 치아파스에서 음주는 모든 사람의 삶 전반에서 나타나는 사회적 제도이다. 종교, 정치, 가족의 삶, 심지어 농사 역시 음주와 불가분의 관계이기 때문이다. 따라서 음주에 관한 민족지를 작성하는 것은 바로 총체적 민족지를 작성하는 것이었다. (S. O. Murray, 1982: 169에서 재인용)

케이의 동료인 벌린(Brent Berlin)은 다음과 같이 말한다. "끌어낸 자료로부터의 논의가 옛날 방식의 참여 관찰에서 나온 논의보다 더욱 뛰어나다고 확신할 수 없었다"(169).

치아파스에서의 경험은 인류학자들에게 중요한 교훈의 신호를 주었을지 모른다. 어떤 특정 영역은 그 스스로를 문화의 나머지로부터 구분할 수 있는 있겠지만, 대부분의 관심 영역들은 그것을 둘러싼 맥락들과 불가분적으로 매여 있을 수 있다. 음주를 연구할 때 다른 나머지 것들을 제외하는 것은 (인류학적 관점에서) 과학적으로 지지할 수 없는 자세이다. 이 경우 배제는 곧 파괴를 뜻한다. 민족의미론적 방법의 열렬한 지지자로 시작했던 벌린과 케이는 여기서 그 한계점을 강조한다. 맥락적이고, 역사적이며 문화적인 결과는 대부분의 인류학 영역에서 정수를 이룬다고 할 수 있다.

머레이는 민족과학 소멸의 다른 요인을 제기한다. 그것은 인류학적 세부 전공들이 절대 단일한 통합된 관점으로 수렴되지 않으며, 기껏해야 느슨한 동맹에 불과하다는 점이다. 머레이는 전적인 헌신을 요구하며 단일한 선구적인 지도자 아래 구성된 자칭 혁명적인 집단이 학술적 경합에서 우세할 가능성이 크다고 믿었다(언어학의 촘스키가 그 사례로 떠오른다). 느슨한 동맹은 경쟁자들에게 미약하게 저항하며 궁극적으로는 인식 가능한 방법으로 더 이상 존재하지 못한다. 그 대신, "인정과 성공을 얼마간 획득했을 때, 민족과학 집단은 성공의 대가를 치루었는데, 그것은 집단의 파편화이다. (……) 1960년대 후반의 후학들은 고전적 민족과학에 더 이상 끌리지 않았다"(1982: 172)

엄격한 민족과학 대신 어떤 단계를 밟아야 할지에 대한 인류학 내의 합의는 드물다. 몇몇 권위자들은 전통적인 연구를 진행하지만, 좀 더 낮은 목표로 대체해왔다. 어떤 이들은, 인류학자들이 자연과학을 모방하려는 것은 오류이며, 오히려 이들은 해석적인 문학 비평가와 더 가깝다고 느낀 기어츠(1973, 1983)의 관점을 받아들여왔다(기어츠의 비판은 인지과학에 대한 논의의 후반부에 다시 다룰 것이다). 여전히 다른 사람들은 여전히 인지과학의 다른 영역에서 발전된 관념들과 개념들이 인류학적 연구에 유용하게 도입될 수 있다고 느끼기도 한다.

8.8 심리학의 개입

성분분석이 인류학계에 지대한 영향을 미쳤다고 하지만, 다른 분야에서 들여온 방법론 역시 지난 수십 년 동안 번성했다. 토레스 원정대의 전통에서 몇몇 연구자들은 다양한 사회의 지각 능력을 분석해왔다. 마셜 시걸(Marshall Segall), 도널드 캠벨(Donald Campbell), 멜빌 허스코비츠(Melville Herskovits)는 몇몇 집단의 다양한 착시에 관한 민감성을 연구함으로써, 시각적 감각에 대한 환경적 요인에 대한 논쟁을 해결하려고 시도했다(1966). 그들은 14개 비유럽 문화권의 개인들에게 여러 가지 착시를 보여주었다. 개인의 경험은 그가 보는 것에 영향을 미친다는 주장을 지지하며, 연구자들은 뮐러-라이어 착시(Müller-Lyer illusion)*와 같은 특정 요소들에서, 유럽인과 미국인들이 착시에 더 취약하다는 사실을 알게 되었다. 이것은 많은 정사각형과 직사각형 개체로 가득한, '만들어진(carpentered)' 환경 내의 삶을 반영하는 것처럼 보였다. 반대로 다른 특정한 지각적인 배열에서 비서구권의 사례들이 좀 더 착시에 취약한 것으로 나타나기도 했다. 예를 들어 언제나 평평하고 넓은 공간을 볼 수 밖에 없는, 적도 지역에 거주하는 개인들은 수평-수직 착시에 잘 넘어가는 경향이 존재한다. 따라서 심리학 중 문화적으로 민감한 연구자들의 오랜 관심 속에서, 이러한 연구자들은 흥미로운 패턴을 구별할 수 있었다.

심리학에서 기원한 두 번째 종류의 연구들은 비서구사회의 개인들도 서구인의 방식으로 사고하는 능력을 가지고 있음을 논의한다. 이러한 측면에서, 지능 테스트의 측정 방법이라든지, 피아제가 그의 연구에서 유아들에게 실행하기 위해 개발한 시험 방법이 다른 문화에도 적용 가능하다고 밝혀졌다. 초반의 연구에서는 비서구인들, 특히 학교 교육을 받지 않아 추상화, 개념화, 분류에 관한 시험에서 낮은 결과를 보인 이들에 대해 동정적이었다(Dasen 1972; Dasen and Heron 1981)(지각 능력과 운동 능력에 관한 시험 결과는 서구인과 비교할 만했다). 그러나 비서구인들이 덜 지능적이라거나, 제대로 사고할지 모른다고 결론 내리기 전에, 마이클 콜(Michael Cole)과 그의 동료들은 중요한 방법론적 조정을 수행하였다(Cole and Scribner 1974). 친밀한 사물이 사용되거나, 요청된 행위가 실험 대상자에게 설명되거나 시범으로 보여질 경우, 두 문화권의 개인들에 대하여 기록되었던 다수의 차이점들이 사라졌다.

자세한 시범의 결과로서, '문화적으로 공정(culture-fair)'한 사물을

* 뮐러-라이어 착시에서, 2개의 선(>⟷<)은 길이가 똑같음에도 불구하고, 그중 하나가 다른 것보다 더 긴 것처럼 보인다.

사용하고, 학교 제도 교육만을 통해서만 전수될 만한 것들이 아니라 기본적인 사고를 시험할 것을 더욱 강조하게 되었다. 대부분의 증거들은 보아스의 오랜 믿음처럼 사고의 근본적 작동은 어디에서나 동일하고, 단지 그것의 사용에서만 문화 간의 차이가 극명해진다는 것을 보여준다. 이러한 기본적인 지속성과 함께, 보통의 맥락적 도움 없이 사고할 수 있는 능력이나, 수년간 서구식 학교에 노출된 개인들이 주로 개발시키는 복잡한 사고를 연결하는 능력의 출현이 덧붙여진다.

연구자들은 수년 전 제기되었던 언어와 사고에 관한 논의를 다시 검토하였다. 워프-사피어 가설에 대한 강한 실험적 지지는 결코 이루어진 적이 없었던 반면, 인류학자들 사이에서는 상이한 문화권의 관념 체계의 차이는 광대하며, 이것은 언어의 구조나 내용의 변이에 반영될지도 모른다는 가정이 팽배했다. 그러나 인지과학의 중대한 영향을 끼친 연구인 엘리너 로슈(Eleanor Rosch 1973a, 1973b. 그 후 엘리너 헤이더(Eleanor Heider))는 워프의 가설에 강력하게 도전하였다. 그녀는 색채 용어가 거의 없는 문화 내에서도, 그 구성원들은 거칠게나마 비슷한 방식으로 여전히 색채를 분류하고 구분한다는 것을 보여주었다. 언어는 근본적인 심리 과정에 영향을 끼치지 않는다. 이 연구와 마찬가지로, 로슈의 동료였던 UC 버클리의 벌린과 케이(1969)는 다양한 사회에서 사용되는 색채 용어들이 모두 체계적인 유형을 따른다는 것을 보여주었다. 만약 한 사회가 오직 2개의 색채 용어만을 가져도, 그 용어들은 흑과 백의 스펙트럼 사이에서 분류된다는 것이다. 만약 한 언어 내 3개의 색채 용어가 존재한다면, 그중 한 용어는 빨간색을 가리킬 것이며, 만약 4개라면, 그중 한 용어는 녹색 혹은 노란색(둘 다는 아니고)일 것이다. 이런 식으로 가장 복잡한 언어의 경우에는 11개의 기본 색채 용어(흰색, 검은색, 빨간색, 초록색, 노란색, 파란색, 갈색, 분홍색, 보라색, 주황색, 회색)를 가진다. 이러한 연구는 논란을 일으켜왔지만(이는 제12장에서 다루어질 것이다)

인류학적 분석의 진자 운동이 보편성을 향해 나아가도록 도왔다. 대부분의 연구자들은 이제 전 인류가 상대적으로 비슷한 방식으로 지각하고 분류하고, 그들이 분류하는 방식은 쉽게 치환될 수 없는 근본적인 원칙의 작동을 반영한다고 믿는다.

따라서 인류학자들은 딜레마에 직면하였다. 한편에서, 인종차별주의와 문화우월주의의 적으로서, 그들은 세계의 인류가 비슷한 방식으로 사고하고 정보를 처리한다는 증거에 기뻐한다. 인류학의 근본적인 궁금증 중 하나가 해결된 것처럼 보인다. 다른 한편, 상이한 문화의 특수성을 높게 사는 학자들로서, 그들은 보편주의의 표식들이 개별 문화에 관한 그들의 세심한 연구를 무효화하거나 무의미하게 만들기를 원하지 않는다. 따라서 그들은 정신적 과정의 동일성이 어떤 식으로든 전 세계적으로 다양하게 나타나는 행위와 사고의 유형들, 그리고 그 둘이 사용되는 양상에서의 다양성을 기록하고 설명하는 것의 중요성을 해쳐서는 안 된다고 강조한다.

인류학계가 살아남을 수 있는 한 가지 생산적인 방법은 학계를 활성화시켰던 세심한 사례 연구를 지속하되, 이러한 연구들에 인지과학의 유망한 개념들과 방법을 적용하는 것이다. 이러한 측면에서, 많은 연구들이 마이클 콜과 그의 동료들에 의해 수행되었다. 예를 들어 진 레이브(Jean Lave)는 라이베리아의 재단사들이 그들의 일상적인 노동 환경 내에서 표준적인 수학적 과제들을 수행하는 수학적 능력을 대조하였다(1977). 실비아 스크리브너(Sylvia Scribner)는 뉴욕 지역의 낙농업자들이 그들에게 관습적인 환경에서 작업하는 동안 매우 복잡한 형태의 연산을 수행하는 것을 기록하였다(1984). 에드윈 허친스(Edwin Hutchins)는 트로브리안드 군도(the Trobriand Islands)에서 토지 권리에 대해 논쟁하는 개인들이 상당히 복잡한 형태의 논리적 추론을 해낸다는 점을 보여주었다(1980). 스크리브너와 콜은 라이베리아의 바이(Vai)

사람들의 일반적 추론 능력과 기억력에 미치는 다양한 종류의 읽고 쓰는 능력의 영향을 연구했다(Scribner and Cole 1981). 이러한 모든 연구들은 특정 집단이 속한 맥락 내에서 개별적인 특성을 중요시한다. 연구자들은 어설픈 일반화나 인위적으로 분류된 임무에 과도하게 의존하는 것을 강력히 거부한다. 하지만 세심한 주의가 기울여졌을 때, 상이한 환경 내 사고 과정은 전통적인 서구적 교육 환경에서 사용되는 측정 방법이나, 표현되는 사고 과정과 비교될 수 있다. 실로 인류학은 그 전통적인 방법이나 고전적인 문제들을 전적으로 거부할 필요 없이 인지과학적 개념들을 도입할 수 있다.

인류학 및 인지과학의 마지막 접점은 주목해볼 만하다. 근래 대부분이 특정 영역—친척 용어에서 감정의 민속 이론에 이르기까지—에 대한 세밀한 분석에 더욱 더 집중하고 있지만, 일부 연구자들은 문화가 어떻게 가능하고, 어떻게 형성되었으며, 어떻게 획득되는지와 같은 타일러로 거슬러 올라가는 일반적인 난제에 여전히 흥미를 느낀다. 관심 중 일부는 진화론적인 틀로 나타나기도 한다. 다른 영장류나 초기 인류의 두개골, 고생물학적 또는 고고학적 유물을 연구하는 연구자들은 인간이 어떻게 문화적 동물이 되었는지—언어와 사회적 행위, 의례 그리고 예술에 대한 근원에 대한 단서를 탐색한다. 좀 더 단기간의 시간적 틀로 보자면, 다른 연구자들은 한 사회 내의 아이들이 어떻게 문화를 '배우는지'에 대한 질문을 던진다. 로이 드안드레드(Roy D'Andrade)의 연구에 따르면, 문화는 행위와 이해에 대해 습득한 프로그램을 포함한, 한 세대에서 다른 세대로 전해져온 정보의 거대한 집결소이다(1981). 하지만 일반적인 컴퓨터 프로그램과 달리, 문화의 프로그램은 구체적이거나 명료하지 않으며, 안내되는 발견의 느린 과정을 통해 흡수되고, 형식이 아니라, 내용 중심인 상징 체계에 대한 조작을 포함한다. 모든 사람들은 한 사회에 적합한 구성원이 되기 위해 엄청난 양의 문화적 정보를 습득해야 하지만, 어떻게 이들이 습득되는지에 대한 메커니즘은 불확실하게 남아 있다. 드안드레드는 문화는 체계적인 모델링과 안내 없이 이해될 수 없다고 과감히 주장했지만, 이러한 교육이 어떻게 일어나는지는 표준적인 심리학적 방법으로는 이제까지 설명하지 못했다. 여기서 개인들이 언어를 습득하는 방법에 대한 모델은 또 한 번 솔깃하게 보이지만 위험한 비유일 수 있다.

8.9 레비-브륄 재고

'문화'라는 용어가 정식으로 소개되고, 인류학 분야가 처음으로 성립된 한 세기 내에, 다양한 문화의 사회로부터 얻은 엄청난 양의 경험적 정보들이 축적되었다. 우리는 친족 용어, 사회조직, 행위 양식, 분류의 방식, 언어와 신화의 사용과 사고의 힘에 대해 초기의 관찰자들보다 훨씬 더 많은 것을 알고 있다. 인지과학의 다른 다양한 분야 내에서, 근본적인 과학적 딜레마—원시인들도 우리의 방법으로 사고하는가?—는 그 절박성을 잃지 않았다. 그러나 연구자들이 이러한 질문에 대하여 고민하는 방법은 훨씬 더 정교화되었다. 요즘 대부분의 연구자들은 모든 곳에서 인식과 분류의 기본적인 방식은 어디든지 동일하다는 것을 당연시하지만, 환경의 특정 요소들은 어떻게—그리고 어느 정도로—이러한 과정이 발전하는지에 영향을 줄 수 있다고 생각한다. 이러한 전통에서 수행된 연구들 덕분에, 모든 사회의 사고 과정의 지속성에 대해서는 더욱 더 입증되었음에도 불구하고, 다양한 사회의 유익한 차이점들이 발견되었다. 여기에서부터 미래의 연구가 진행될 가능성이 있다.

레비-브륄의 저작에서 생생하게 제기된 문제에 대한 논쟁을 벌이며, 인류학자들은 자신들이 여러 가지 행위에 연관됨을 알게 되었다. 레비-스트로스의 형식적인 사색과 좀 더 공적으로 증명될 수 있는 미국 학계의 성분분석과 같이 보다 강한 인지적인 방법에 대한 호평이 있어왔다. 이 둘은 모두 어떤 사회나 개인의 사고 과정을 설명하는 만병통치약으로 입증되지는 못했으나, 특정 사회의 최소 몇몇 영역에 대한 분명한 성찰은 얻을 수 있었다. 레비-스트로스는 광대한 질문을 던졌지만 그의 분석에 대한 충분히 엄격한 설명을 제공하지는 못했다. 반대로 성분분석 연구자들은 상대적으로 정확한 분석 도구를 개발해냈지만 상대적으로 제한된 영역을 넘어 그것을 적용하는 데는 성공하지 못했다.

인류학에 대한 인지과학적 접근의 성공은 성분분석(또는 계산적인 다른 접근들)의 엄격성이 이국적인 문화 연구에 전통적으로 매료되던 학자들의 관심사와 결합될 수 있는가에 달려 있을 것이다. 성분분석이 친족 또는 색채 분야와 같은 제한적 영역을 다루는 데는 온당한 성공(순수하게는 아니지만)을 거두었지만, 감정 혹은 질병과 같은 더 광범위한 영역에서는 아직까지 특별히 성공하지는 못했다.

어떤 면에서는 인류학이 인지과학의 '상계(upper bound)'를 재현한다고 보는 것이 유용하다. 인류학은 명백하게 (문화 전체와 같은) 거대한 덩어리, 그리고 (문화의 언어 행위와 사고의 관계와 같은) 광범위한 영역을 다룬다. 만약 인지과학적 방법이 이러한 광범위한 문제들을 성공적으로 다룰 수 있다면, 그들은 인간 사고를 설명할 수 있는 유용성을 명백하게 갖추게 될 것이다.

그러나 인지과학적 방법은 그러한 광범위한 과제를 다루는 데 부분적으로만 성공하거나, 가장 제한적인(그리고 거의 흥미롭지 않은) 영역에서만 유용하게 사용된 것으로 드러났다. 인류학의 핵심이 되는 맥락, 문화, 그리고 역사의 문제는 다른 인지과학에서 제외될 수 있다. 만약 마지막 연구에서 인류학이 인지과학 주류의 외부에 위치하는 것으로 밝혀진다면, 이는 매우 중요한(그리고 어떤 면에서 실망스러운) 발견일 것이다. 그리고 이는 적어도 현재까지 수행되고 있는 심리학, 철학, 언어학의 많은 영역들이 인지과학으로부터 분리되는, 불행한 결과의 산출에 대한 신호일 수 있다.

레비-브륄이 스스로 원시인의 심성에 대해 논의한 시간 이후, 인류학적 논의는 인류 정신의 근본적 동일성에 대한 믿음을 향해 단호하게 기울어져왔다. 그러나 그러한 정신을 어떻게 연구할 것인가는 여전히 논쟁적이다. 경험적 인지 방법론의 지지자와 구조주의적 혹은 인지과학적 접근에 대한 모든 신봉자들에게, 이제 인류학의 영역에서 인지과학적 접근은 부적절하며, 그 대신 문학 비평의 관점에서 문화적 자료에 대한 공감적인 해석을 주장하는 기어츠식의 관점이 존재한다. 그러나 지난 몇 해 동안 중도적인 입장이 나타났다는 것은 주목할 만하다. 이러한 방침에 따르면, 인류학계는 좀 더 세밀한 사례 연구가 불가피하며, 특수성에 더욱 주목하는 것이 여전히 중요한 분야로 남아 있다. 동시에 이러한 연구들이 가장 돋보이고 유용한 인지 개념 및 분석적인 틀과 연계되지 못할 이유는 없다. 따라서 새로운 연구자들은 특정 부분들이 중시되는 영역에서만 연구를 수행했을지라도 인지과학적 언어와 접근법을 익혀왔다. 인지과학은 인류학을 감싸지 않으면서도 그것에 기여할 수 있다.

각 사회의 역사적이고 특수한 측면들은 계속해서 중요시되겠지만, 지난 연구에서 어느 문화의 어느 개인이든지 그들이 습득하는 것은 그들이 속한 종, 더욱 구체적으로 인간이기에 가지고 있는 신경 시스템에 의해 제한된다는 새로운 인식이 존재한다. 이러한 이유로 인해, 레비-스트로스에서 기어츠에 이르기까지 모든 학파의 인류학자들은 하나의 유기체로서의 인류에 대한 발견—뇌의 진화, 근골격계의 발달, 다른 연령대의 성별 관계의 본성—을 즐겨왔다. 생물학과 신경과학의 영역에서 나타난 이러한 통찰은 그것 자체로 문화에 대한 질문에 답하지는 않을 것이다—분석의 차원은 단순히 너무나 상이하다(실제로, 신경과학은 인지과학 내에서 '하계(lower bound)'의 일종에 속하고, 따라서 인류학과는 최대로 동떨어져 있다). 그러나 필연적인 결과로, 인간 신경계에 대한 연구를 통한 발견은 개개인이 살아가는 문화 내에서 어떻게 그렇게 빠른 기간 동안 문화적 관습을 이해하고 그것을 다른 사람들에게 전달할 수 있는 능력을 갖게 되는지를 잘 밝혀낼 것이다.

제9장

신경과학: 환원주의와의 구애

9.1 칼 래슐리, 연구 의제를 제시하다

20세기 초반 탁월한 신경심리학자인 칼 래슐리는 1907년 동물학 연구소에서 17세의 나이에 실험실 조수로 일을 시작하였고, 복잡한 신경 시스템 연구에 뛰어들었던 당시를 즐겨 회고했다. "나는 쓰레기 상자에서 골지(Golgi) 염색된 개구리의 뇌 부분들을 발견했었다. 이를 보고 나는 이 세포들 사이의 모든 연결을 알아내는 것으로 개구리가 어떻게 작동하는지 알 수 있지 않을까 하는 생각을 해보았다. (……) 그리고 나는 이후 단 한 번도 이 문제에서 벗어나지 못했다"(Beach et al. 1960: xvii).

칼 래슐리는 이 회고에 충실하였고, 자신의 연구자로서의 삶을 신경계 조사에 헌신하였다. 그는 초기 연구 중 일부를 행동심리학을 정립한 왓슨(J. B. Watson)과 함께하였으나, 그에게 가장 큰 과학적 영향을 끼친 사람은 신경해부학자이며 행동이 신경계의 특정 부위에 지역화되어 있을 가능성에 대해 회의적이었던 셰퍼드 아이보리 프란츠(Shepherd Ivory Franz)였다.

프란츠의 주요한 발견 중 하나는 병변(lesion)에 의한 포유동물의 전두엽 조직의 파괴가 대규모가 아닌 경우, 배운 행동을 잃지 않는 것이었다. 오래전 확립된 습관은 어떤 경우에도 지속하는 경향이 있었다. 그리고 광범위한 조직의 파괴에 의해 손실된 습관은 다시 학습할 수 있었다. 프란츠의 지도 아래, 래슐리는 특정 행동의 신경 기반을 발견할 평생의 노력을 시작하였다(Borin 1950).

9.1.1 병변 기법

연구 수행에 있어 래슐리는 특정 지역의 신경계(주로 대뇌피질 지역)를 수술에 의한 제거술(ablation)로 괴사시키는 방식을 광범위하게 사용하였다. 절제술의 기본적인 목적은 특정지점 손상을 통해 제거된 부위에 의해 어떠한 행동이 소실되거나 손상되었는지를 알아보고 이를 통해 해당 뇌의 영역(부위)이 일반적으로 어떠한 역할을 하는지 추론하는 것이다. 래슐리는 뇌의 특정 영역이 특정 행동에 영향을 미칠 가능성에 대해 회의적이었다. 특히나 그는 프란츠의 제자였음에도 불구하고 이 문제를 파헤치고 수십 년 이후 대담한 결론에 도달하였다. 누구의 제자였느냐에 상관없이 과학자는 업적을 낼 수 있음을 보여준다. 프란츠로부터 받은 초기 훈련 이후 10년간 래슐리는 쥐의 신경 시스템에 대한 수십 가지 실험들을 실시했다. 그의 대표적인 연구는 쥐 뇌에서 시각피질 영역을 절제하면 쥐의 지각 능력에 어떤 영향이 나타나는지에 대한 것이었다. 1929년, 래슐리는 『뇌의 메커니즘과 지능(*Brain Mechanisms and Intelligence*)』이라는 제목을 가진 책에 자신의 연구 결과를 요약할 준비가 되어 있었다. 그는 특정한 신경 영역과 연결의 중요성에 대해 강하게 의문을 제기하였다. "같은 자극에 대해 유사한 두 반응을 낼 때도 같은 신경세포나 시냅스가 관여하리라고 생각지 않는다"(1929: 3).

대뇌피질의 절제 후 미로 실험에 대해 묘사한 뒤 래슐리는 다음과 같은 결론을 내렸다.

> 미로를 학습할 수 있는 역량은 해부학적으로 특화된 부분이 아닌 기능을 가지고 있는 대뇌피질의 양에 의존한다. (……) 이 결과는 시냅스 구조의 변화에 의한 학습의 이론 또는 특정한 신경 통합이 명확한 해부학적 경로에 의존한다고 가정하는 어떠한 이론과도 호환되지 않는다. 따라서 통합 메커니즘은 구조적 분화의 세부사항보다는 신경계 부분들의 역동적 관계로 모색되어야 한다. (3)

이 말과 함께 래슐리는 신경과학 커뮤니티에 날카로운 문제를 던졌다. 결국 신경과학의 주요 목적은 특정한 신경 기반의 특정 행동이 발견될 수 있음을 찾는 것이고, 따라서 신경 초점의 특정 행위, 생각 또는 행동의 순서를 발견하는 것보다 더 큰 상은 없을 것이다. 하지만 중요한 신경과학 연구자인 래슐리는 수십 년의 연구에 기반하여 이러한 탐색은 희망이 없다고 선언하였다. 그는 기능 국소화(localization: 특정한 행동은 특정한 신경 부위에 위치해 있다는 가설)에 질문을 던졌다. 동시에 명시적으로 환원주의, 즉 행동을 완전히 신경세포 원리의(또는 기타 저차원의) 관점에서 설명하고자 하는 과학 연구에 어려운 문제를 제기하였다.

9.1.2 동등 잠재력과 엔그램

특정 행동 패턴을 특정 대뇌피질 영역에 할당할 수 없다는 가설의 성립에서 만족스러운 결과를 낸 래슐리는 연구 인생의 나머지 기간을 고전적인 기능 국소주의자 관점을 대체할 수 있는 이론을 찾는 데 바쳤다(Beach et al. 1960). 그는 유기체가 최초 전체 패턴을 인식한 후에야 구성 부분에 민감해진다고 한 게슈탈트 심리학의 주요 아이디어에 매료되었다. 래슐리의 관점에서 이런 방향의 심리학적 접근은 신경학적 요소 또한 충족한다고 보았다. 아마도 뇌는 정보의 특정 형태에 대응하는 것보다 오히려 복잡한 패턴의 자극에 전체 조직이 통합적으로 응답한다.

이와 관련하여 그는 여러 개념을 도출하였다. 이 중 동등 잠재력(equipotentiality: 특정 행동을 수행하기 위한 기능 영역 부분의 용량)이 있다. 동등 잠재력은 질량 작용의 법칙에 의해 매개되며, 기능 실행의 효율성은 영역 내 뇌 손상의 정도에 비례하여 감소할 수 있다고 설명한다. 다시 말하면, 기능의 손상은 손상된 부위에 의해서가 아닌 조직이 파괴된 양에 의한다는 것이다.

래슐리는 다음과 같이 말했다.

> 일부 부위의 시냅스 변화에 의한 기억 보존 이론의 대안은 뉴런들이 어떤 방식으로든 패턴들 또는 조합된 자극에 민감해진 반응을 보이게 된다는 가정이다. 이러한 순열만이 제한된 수의 뉴런이 수행해야 할 다양한 기능들을 소화할 수 있는 유일한 방법이다. (……) 뇌의 모든 세포들은 어떠한 대수 합계(algebraic summation)의 방식으로 지속적으로 활성화되어 있고 모든 활동에 참여하고 있다. 따라서 어떠한 특별한 기억을 위해 보존된 특별한 세포란 없다. (1950: xi)

마지막으로, 그는 신경 가소성(plasticity: 어떤 특정 영역이 손상되었을 때 나머지 영역이 그 기능을 수행하는 가능성) 특성을 숙고하였다.

일반화된 표현의 패턴과 행동에 대한 믿음을 감안할 때 무엇이 사람으로부터 엔그램(engram), 특정한 아이디어, 콘셉트 또는 행동에 대한 신경 시스템의 개별적 표현을 찾으려고 할 것인가? 래슐리는 그 누구도 엔그램을 발견할 수 없을 것이라는 결론을 내렸다. 그는 도발적이면서 부정적인 방법으로 다음과 같이 말하였다. "이 몇 가지 실험들은 무엇이 그리고 어디에 기억흔적(memory trace)이 존재하지 않는지에 대한 약간의 좋은 정보를 산출하였다. 직접적인 엔그램의 본질은 아무것도 발견되지 않았다. 나는 가끔 기억흔적의 국소화에 대한 증거를 검토할 때 학습은 가능하지 않다는 결론을 내릴 수밖에 없다고 느꼈다"(1950: 501). 래슐리의 관점에서 학습 시 정보는 뇌 전체가 혹은 뇌의 큰 영역 속에 광범위하게 표현된다는 것이다. 이러한 영역 내에서 모든 세포들은 어떤 일정한 패턴에 반응하는 능력을 획득한다. 세포들이 손상된 기능을 수행할 수 있을지 여부는 얼마나 많은 비율의 세포들이 뇌 손상 이후 남아 있는지, 이전에 미리 습득한 행동의 패턴이 얼마나 학습되었는지, 그리고 동기의 강도가 어떠한지에 의해서 결정된다. 특히 뇌가 손상된 동물의 경우, 능력을 보존하기 위해서는 매우 강한 동기가 필요할 수도 있다.

래슐리의 실험은 변조되지 않은 신경 시스템을 각각의 분리된 센터로 보아 하나하나가 고유한 기능을 가지기 때문에 한 세트의 세포를 파괴했을 때 특정한 기능만을 잃고 나머지 기능은 보존한다는 가설에 심각한 타격을 주었다. 이와 동시에 그는 당시 고등 생물(하등 생물도 포함한)의 행동에 대한 주요 모델이었던 반사궁(reflex arc: 각각의 반응은 특정한 자극에 유발된다) 가설에 의문을 제기하는 데 도움을 주었다. 상황은 그렇게 간단하지 않았다. 연구와 연구를 거듭하여 래슐리는 기능국소화주의자 입장에서 중요한 가정의 실험을 기획하였고 기능국소화주의자들의 예상에도 불구하고 능력이 지속된다는 것을 보여줌으로써 특정한 행동을 실행하기 위해서는 신경 자극들이 이미 설립된 특정한 경로를 통해 전송되어야 한다는 것을 부인하였다.

9.1.3 래슐리의 우상 파괴

래슐리는 기능을 국소화하는 데 파괴적인 비판을 했을 뿐 아니라, 다음 세대에 신경계의 실행 가능한 모델을 제시하는 것의 어려움에 대해 깊은 인상도 남겼다. 이미 제2장에서도 언급하였지만 아마도 그의 가장 유명한 논문인 「행동의 직렬 순서에 대한 문제(The Problem of Serial Order Behavior)」에서 그는 신경생물학에서 무시해온 수많은 문제들을 상기시켰다(Jeffress 1951). 예를 들면 언어, 걷기, 피아노 연주 등 긴 계획이 필요한 많은 시퀀스의 행동들이 너무 빨리 실시간으로 변경되거나 수정되는 것이다. 그의 관점에서는 초기 자극 후 상당한 기간 동안 효과가 계속 명백하도록 하는 당시의 연합론적 신경계 모델을 재개념화할 필요가 있었다. 하나의 예를 들자면, 이중적 의미를 이해할 때 마음속에(그리고 뇌 속에) 농담에 잠재되어 있는 의미를 갖고 있다가 펀치라인이 들어오면 '활성화'된다. 단순한 자극-반응 결합은 이러한 행동을 설명할 수 없다. 따라서 피드백과 피드 포워드 메커니즘을 특징으로 하여 계층적으로 배열하는 신경계의 모델을 필요로 한다.

래슐리의 비정통적인 신념은 컴퓨터에 대한 새로운 연설에서 만나볼 수 있다. 힉슨 심포지엄 당시 많은 학자들이 뇌를 컴퓨터에 비유하고자 했을 때 래슐리는 주의해야 할 것을 표명하였다.

> 뇌는 지금까지 디지털 컴퓨터에 비교되어왔다. 왜냐하면 스위치 또는 밸브처럼 신경세포들이 회로를 켜거나 끌 수 있다고 생각해왔기 때문이다. 그러나 비슷한 점은 여기서 끝이 난다. 컴퓨터의 스위치는 지속적으로 영향을 주고 그 영향은 기계의 전체 출력 중 많은 양을 차지한다. 하지만 신경세포에 의해 발생하는 영향은 불응기(refractory phase)에서 회복되는 시간과 대사속도에 따라 달라진다. 어떠한 행동을 할

때에는 수백만 개의 세포가 연관되어 있으며 세포 하나의 영향은 미미하다. (……) 시스템 속 하나의 세포는 생략될 수 있다. (……) 뇌는 디지털이 아닌 아날로그 머신이다. 따라서 통합적인 활동은 통계적인 관점에서 이루어져야 할 것이다. (Beach et al. 1960: 539에서 재인용).

신중하게 실시한 실험의 예와 논쟁적인 표현으로 래슐리는 이 문제를 그 시대의 중심 도그마로 끌어들였다. 그는 동료들에게 그들이 자랑스럽게 생각하는 자극-반응과 반사궁 모델은 행동을 설명할 수 없다고 말했다. 그의 학생이었던 칼 프리브럼은 이렇게 회고했다 "래슐리는 뇌가 어떻게 작동하는지에 대한 모든 신화적인 이야기들에 구멍을 뚫는 천재적인 회의론자였다"(Hooper 1982: 170).

덜 직접적이지만 동일한 단호함으로 래슐리는 환원주의에 반영되지 않은 가정들을 이용해 환원주의의 기반을 약화시켰다. 특정한 세포 또는 반사궁에 기반하는 한 신경과학자들은 행동이 신경 레벨에서 설명될 수 있다고 믿고 안주할 수 있었다. 특정한 뇌의 엽(갈래)이 시각과 이에 관련된 의지를 컨트롤한다고 하면 그걸로 끝이었다.

이런 가설 속에서는 심리학적 또는 심리의식적 레벨의 설명에 대한 필요성이 사라져버린다. 하지만 상습적인 학문적 말썽꾸러기였던 래슐리는 그의 은퇴 전 마지막 몇 년을 현재의 기계적 모델을 회피하고 더 추상적이고 계층적인 형태의 표현으로 행동을 설명하는 데 바쳤다(예를 들어 피드백이 없는 긴 연쇄 같은).

래슐리 본인은 심리의식적 단계를 설명할 필요성을 말하지 않았지만 그는 여전히 너무 왓슨(Watson)적이었다. 그의 연구(그리고 그가 말하는 기획과 구조들)은 사이먼의 기호 체계, 피아제의 정신적 기능(mental operation), 밀러의 TOTE 시스템, 그리고 촘스키의 규칙과 표현의 의존에 대한 믿음에 길을 터주었다. 우리 인지과학의 관점에서 래슐리는 행동과 생각에 대한 과학적인 접근 방법, 즉 인지라고 하는 무대를 설정하는 데 도움을 주었다.

래슐리는 인지과학에 상당히 기여했지만 신경과학적인 면에서 그의 주장은 덜 긍정적인 운명을 맞았다. 강한 반증을 담고 있는 프로그램을 제시한 다른 과학자들과 마찬가지로 그의 주장 역시 후속 연구자들에 의해 시험되었다. 오늘날에는 그의 특정 명제 중 소수만이 여전히 폭넓게 수용되고 있다. 예를 들면 신경계는 래슐리가 주장했던 것보다 훨씬 더 구체적이고 덜 등전위적(equipotential)인 것으로 밝혀졌다. 따라서 뇌가 게슈탈트 방식으로 작동할 것이라는 그의 믿음을 지지하는 이는 그리 많지 않다. 그러나 래슐리는 오랜 세월 동안 질문을 날카롭게 포장하고 과학 논쟁의 핵심 용어를 좌우하였으며 신경과학에서 인지 및 행동에 관한 문제에 관련하여 여전히 상당한 영향을 발휘하고 있다.

뇌와 행동의 교차점을 연구하는 래슐리와 다른 연구자들은 또 다른, 내가 이 책에서 제시한 질문에 매우 중요한 이슈를 제기하였다. 인간의 행동과 생각을 고려하는 최적의 방법은 인간의 신경 시스템 구조와 기능의 관점에서 보는 것이라고 많은 과학자들, 특히 신경과학자에 의해 주장되어왔다. 일부 연구자들은 이 신경해부학적인 설명이 심리적 또는 행동적인 언어를 보완할 수 있다고 생각했지만 다른 이들에게 신경해부학적 설명은 결국 표현, 기호 또는 다른 심리적 은어처럼 불필요한 내용을 제공할 수 있다. 이 후자의 환원주의자 관점에서 인지과학은 기껏해야 시냅스가 만들어지면 사라질 운명의 임시적인 정신 활동의 유지작업으로 해석된다.

그리고 이런 환원주의자들은 기능심리학자들—즉 행동과 생각은 어떠한 이유로 발생된 '하드웨어'의 구현과 상관없이 오로지 표현의 수준에서 고려해야 한다고 생각하는 진정한 인지과학자들과 날 선 반대의 입장에 서 있는 자신들을 찾을 수 있었다. 어떠한 신경과학 연구의 배경에도 환원주의의 가능성과 소망에 대한 논쟁은 존재한다(Mehler, Morton, and Jusczyk 1984 참조).

9.2 신경의 기능은 얼마나 특이한가?

기능의 특이성에 대한 논쟁의 시작은 과학역사의 오래전으로 거슬러 올라간다. 인간을 몸과 마음의 관계로 설명을 시도한 선구자 중 한 사람인 데카르트는 기능 국소화에 대한 자신의 개념을 도출하였다. 그는 뇌의 각 부위가 몸의 각각 다른 부위를 제어하는 것을 인식하였고 뇌의 아랫부분에 있는 송과선(pineal gland)에서 영혼과 몸 사이의 상호작용이 일어난다고 주장하였다. 데카르트와 동시대의 학자인 후안 우아르테(Juan Huarte)는 분리된 뇌실에 의해 기능을 나누는 기능 국소설을 거부하고, 대신 뇌는 하나의 유닛으로 기능한다고 제안하였다(Diamond 1974). 과학시대의 여명기에서조차 그럴싸해 보이는 신경환원주의적인 타당성과 심신상관학설(holistic, 기능 국소화설에 반대하는 의미의) 간의 맹렬한 분쟁이 있었던 것으로 보인다.

과학자들이 오래전부터 뇌에서 어떻게 정보가 표현되고 처리되는지에 대한 문제에 관심을 가진 것은 놀랍지 않다. 인간의 행동이란 완전한 신비에 가깝다는 데 동의할 경우 과학자라고 할 수 없다. 인간의 행동과 생각의 기초를 이해하려고 노력하는 시도가 중요한 것이다. 과학적이기보다는 더 시적으로 짜여 있지만 고대 그리스인들조차도 이 이슈에 대한 학설들을 내놓았었다. 뇌가 인간의 몸 중에서 가장 마음과 연관된 영역으로 선정되자 신경에 기초한 생각과 행동은 언제나 이 영역을 중심적으로 논의하였다.

신경계에 대한 이해는 18세기 들어 급격히 발전하였다(Gardner

1975; Herrnstein and Boring 1965 참조). 루이지 갈바니(Luigi Galvani)가 전기 자극이 근육을 수축시킬 수 있음을 보여주었고 찰스 벨(Charles Bell)과 프랑수아 마장디(François Magendie)는 척추에서 감각과 운동 기능이 각각 독립하여 해부학적으로 나뉘어 있음을 발견하였다. 동물들은 마비가 된 후에도 느낄 수 있는 것처럼 마취 후에도 계속 움직일 수 있었다. 요하네스 뮐러(Johannes Müller)는 경험의 질은 목적 자극의 기능이 아니라 그에 반응하는 신경들에 의해 결정된다고 하는 특정 에너지 법칙을 내세웠다.

이런 발견들을 토대로 프란츠 요제프 갈(Franz Joseph Gall)은 가장 광범위한(그리고 가장 악명 높은) 기능 국소화 학설을 발표할 수 있었다. 「뇌의 각 부분의 기능에 대하여: 관찰을 통한 인간과 동물의 본능, 성향 그리고 재능적 또는 도덕적 및 지적 기질이 뇌와 머리의 형태에 따라 정해질 수 있는 가능성」이라는 논문 제목이 갈의 주요 주장을 말해준다. 갈은 그의 저술에서 뇌가 수없이 분할되어 있는 이유가 여러 가지 분리된 각각의 기능을 수행하기 위해서라는 제안을 방어하였다. 이러한 성향은 선천적이며 "마음의 근본적인 힘이 있기 때문에 뇌는 많은 특정 독립 기관으로 구성된다"고 하였다(Robinson 1976: 339에서 재인용). 그의 극단적인 몇몇 추종자들은 갈의 골상학에 따라 각 개인의 고유한 지적 프로필을 그의 두개골의 특정 구성을 검사함으로써 식별할 수 있다는 주장을 하였다.

그의 주장은 19세기 초기의 대중들에게 널리 호응을 받았으나 과학계에서는 그리 잘 받아들여지지 않았다. 그의 주 비평가였던 피에르 장 마리 플루랑스(Pierre Jean Marie Flourens)는 뇌의 다른 부분이 비슷한 행동을 한다는 것을 증명하는 실험을 수행하였다. 플루랑스는 뇌 영역이 전체로서 기능한다고 주장하였고, 결손의 크기는 단순히 특정 부위 혹은 뇌의 손상된 정도로 귀결될 수 없다고 주장하였다. 신경계의 특이성을 어느 정도 인정하면서도 플루랑스는 "각각 다양한 역할을 수행하더라도 시스템의 각 부분을 결합하여 신경계 모든 부분을 포함할 수 있는, 또한 각 부위가 하나의 공통된 임무를 수행할 때 각 부위의 영향을 적절하게 일치시킬 수 있는 효능을 가진 또 다른 차원의 현상이 필요할 것이다"라고 주장하였다(Herrnstein and Boring 1965: 222에서 재인용).

9.2.1 기능 국소화의 증거

19세기 말경, 추는 플루랑스로부터 갈로 기울기 시작하였다. 두 독일 과학자 구스타프 테오도르 프릿슈(Gustav Theodor Fritsch)와 에두아르트 히트치히(Eduard Hitzig)는 개의 다른 부위에 자극을 주었을 때 특정한 근육이 수축이 되는 것을 명백하게 보여주었다(1870). 영국의 과학자 데이비드 페리어(David Ferrier)는 몇 년 뒤 피질의 전전두엽에 흥미를 가지기 시작했다. 이 부위에서는 동작 및 감각의 기능이 입증되지 않았었지만 페리어는 다음과 같은 관점을 유지하였다.

> 지적 작업은 중요하다. (……) (절제 이후) 나는 동물의 성격과 행동에서 매우 결정적인 변화를 감지할 수 있었다. (……) 그들의 주위 환경에 대한 적극적인 관심과 관찰 영역 내의 모든 호기심을 나타내는 대신에 그들은 냉담한 채였다. (……) 그들은 모든 현상과 집중력 그리고 지능적인 관찰 능력을 잃었다. (Diamond 1974: 244에서 재인용)

곧 이와 같은 고등의 대뇌피질 기능의 국소화는 인간에게서도 발견되었다. 1860년경, 프랑스인 외과의 폴 브로카(Paul Broca)는 뇌 손상으로 인해 언어 능력을 상실한 두 명의 실어증 환자 사례를 보고하였다(1861). 이 대단한 발견에서 브로카는 언어 능력 상실이 단순히 임의의 신경계 손상에 의한 것이 아니라 대뇌 좌반구 손상에 의한 것이라고 주장하였다.

그는 초점을 더욱 축소하여 전두엽 세 번째 회선의 하부에 표현 언어에 대한 특정한 우선순위가 있음을 주장하였다. 이후 사례보고에서 브로카는 주장의 요점을 재확인하였고 연관된 다른 종류의 언어적 손실 또한 왼쪽 반구의 관련 부위 손상과 관련 있다고 주장하였다. 불과 몇 년 후 칼 베르니케(Carl Wernicke)는 왼쪽 측두엽의 부상으로 인한 언어 이해의 어려움을 추적하였고(1874), 줄 대제린(Jules Déjerine, 1892)은 왼쪽 두정엽과 두정엽-후두피질의 병변이 쓰기와 읽기의 어려움을 초래함을 찾아내는 데 기여하였다(Gardner 1975 참조).

이 시기는 기능 국소주의 학자들의 전성기였다. 실험 동물을 통한 더욱 정교한 연구로 각 부위의 피질은 특정한 기능을 가지고 있다는 주장이 제기되었다. 동시에 뇌 손상 환자의 추가 사례 연구가 축적되었고 어떠한 인지적 결손이 놀랍도록 특이성을 가지고 있다는 주장이 완성을 앞두고 있었다. 만약 계속되어 특수성에 대한 충분한 연구 결과가 나왔다면 뇌의 모든 부위에 대한 수요 기능이 밝혀졌을 것이고 기능 국소주의가 승리의 나팔을 불었을 것이다. 그리고 환원주의는 타당성을 얻었을 것이다.

하지만 국소화 주장에 회의적인 플루랑스의 추종자들은 게임을 포기하려 하지 않았다. 브로카가 획기적인 발견을 한 후 몇 십 년이 지난 뒤 프랑스의 신경학자 피에르 마리(Pierre Marie)는 "전두엽의 세 번째 회선은 언어 기능에 특별한 역할을 하지 않는다(1906: 241)"고 파리 신경학 학회에서 선언하였다. 마리는 브로카가 최초 연구한 두뇌를 재조사하여 그의 주장은 정당화되지 않는다는 결론에 도달하였다. 브로카의 환자들은 브로카가 보고했던 것보다 훨씬 더 광범위한 병변이 있었고 이와 동반된 결손의 범위는 충분한 정밀도로 기록되지 않았다. 마리는 다양한 피질 영역에 발생한 병변에 의해 발생할 수 있는 실어증의 한 형태에 불과했다고 반박하였고 따라서 국소 보고서는 과장되었다고 주장하였다.

9.2.2 전체론의 부활

마리의 이의 제기는 공허한 외침이 될 수도 있었다. 하지만 실제로는 많은 반향을 불러일으켰고 몇 년만에 여러 신경학자들이 인지 기능이 신경계에 그렇게까지 국소화되어 있지 않다는 그의 주장을 뒷받침하였다. 그들은 비슷한 결손이 여러 넓은 부위의 병변에서도 보일 수 있다는 증거를 인용하였고, 반대로 유사한 해부학적 병변을 가진 환자가 종종 전혀 다른 결손이 나타나거나 때로는 결손 자체가 나타나지 않는 것을 보였다. 그들은 뇌를 하나의 고도로 통합된 기관으로서 모든 지적 활동에 전반적으로 관여하되 개별 병변에서의 특정 손상에 민감하지 않다고 주장하였고 이들과 같은 신경과학자들을 '전체주의자'('국소주의자' 또는 '다이어그램 제작자'와 대조되는 뜻으로)로 명명하게 되었다. 그들은 신경계의 가소성, 즉 손상되지 않은 부위가 손상된 부위를 대체할 수 있고 추상적 사고 및 기타 기능의 상실은 병변의 위치보다는 크기에 의해 좌우된다고 말하였다(Gardner 1975).

피에르 마리, 커트 골드스타인(Kurt Goldstein), 그리고 헨리 헤드(Henry Head)와 같은 신경학자들이 가정했던 전체주의자의 위치는 심리학 분야 속의 특정 사건을 통해 강화되었다. 칼 래슐리 같이 그들과 짝을 이루는 동물 신경심리학계에서 생산한 게슈탈트 심리학(Gestalt psychology)의 연구 결과는 전체주의자에게 깊은 인상을 주었다. 게슈탈트 심리학에서는 유기체가 하나의 자극에만 반응하는 것이 아니라 오히려 자극 간의 관계, 전체적인 패턴, 그리고 주어진 정황의 한 부분의 인식에 대한 자극에 대해 반응하는 것을 명확하게 보였다. 또한 신경계가 신경 필드에 의해 구성되어 있고, 대뇌피질의 광범위한 영역에 걸쳐 구성되어 있다고 하는 게슈탈트적 가정은 이들과 같은 신경학자들의 심금을 울렸다. 신경학에서 국소주의와의 대립은 세기 초 심리학의 원자론에 대한 대립처럼 행동주의자들의 요소주의적 편견에 반대하는 보루와 같은 역할을 했다. 동시에 전체주의자들은 행동을 신경 회로의 관점에서 만족스럽게 설명할 수 없다는 개념에 더욱 공감하였다. 그들이 보기에 심리학적인 단계의 설명, 특히 게슈탈트 심리학자들에 의해 제공되는 포괄적인 또는 전체적인 설명이 필요하였다.

다시 한 번 국소주의에 대한 회의와 환원주의에 대한 회의적인 시각 사이의 상관관계가 생겨났다. 확실히 논리성에 의해 이루어진 연상은 아니지만, 많은 과학자들의 마음속에 두 가지 아이디어들의 만남이 일어났다. 이들 연구자들의 관점에서 뇌의 특정 영역에 대한 손상의 결과로서 어떤 특정 기능이 자주 결함을 보이더라도 그 발견이 가진 중요성은 명확하지 않았다. 19세기 전체주의 학파의 선두주자였던 휴링스 잭슨(Hughlings Jackson)은 증상의 국소는 기능의 국소를 뜻하지 않는다고 선언하였다(1932). 특정한 예를 들자면, 각회(angular gyrus)의 병변 이후 명명 능력이 손실된다고 해서 명명 기능이 뇌의 특정한 부위에 달려 있다고 하는 것은 부당한 가정이다. 리처드 그레고리(Richard L. Gregory)는 이 점을 날카롭고 분명하게 진술하였다.

> 라디오 기계에서 몇 개의 전기 저항 장치를 임의로 제거하면 이상한 소리가 날 수 있지만 그렇다고 해서 저항 장치의 기능이 울림을 억제하는 것이라고 결론지을 수 없다. (……) 영국 남쪽 지방 철도는 철길, 신호 상자, 역과 제어 시스템으로 이루어진 복잡한 체계이다. 정전이나 워털루에 있는 제어실의 고장으로 인해 한 구역만 소실되더라도

넓은 영역의 교통을 방해할 수 있다. 하지만 그렇다고 해서 우리는 시스템의 기능이 발전소와 중앙제어실에 국한되어 있다고 말할 수 없다. (……) 그 모두가 필수적이다. (Rose 1973: 94에서 재인용)

우리는 여기에서 과학적으로 지지하기 힘든 상황에 놓인 듯하다. 국소주의 학파는 점점 더 미세한 신경계의 특이성에 대한 정보를 주장하였다. 그들의 관점에서 모든 행동 기능이 유기체의 뇌에 적절하게 매핑되는 것은 단지 시간문제였다. 하지만 동등한 위치인 그들의 라이벌 학파(전체주의자)는 국소주의적 접근은 곧 파탄날 것이라고 고찰하였다. 집단 작용, 동등한 능력(equipotentiality)의 법칙, 그리고 가소성에 유리한 증거들이 쌓이고 있을 뿐만 아니라, 심지어 국소주의자들이 병변과 손실의 연관성을 보여주었음에도 그 연관성의 의미는 불분명한 채였다.

9.2.3 증거의 평가

존경할 만한 과학자들이 서로 반대의 입장을 가지고 있을 경우, 한 걸음 물러서 부분적인 시각을 얻으려는 시도를 할 필요가 있다. 하나의 학파가 전적으로 옳고 다른 하나가 전적으로 틀렸을 수도 있다. 하지만 어느 학파도 상대방의 실험적인 주장을 기각하지 못했기 때문에 이런 식의 결론이 나올 가능성은 희박했다. 또한 각 학파가 다른 현상에 대해 이야기하고 있기 때문에 각자의 입장에 따라서 옳을 수도 있다. 따라서 국소주의자의 주장은 특정 동물의 특정 행동과 관련된 특정 수명 주기 부분에 대해 옳을 수도 있다. 전체주의 또한 다른 생물의 다른 행동 또는 다른 수명 주기에 대해 옳을 수도 있다. 그리고 역시나 각 학파의 연구자들은 그들의 결론을 뒷받침하기 위해 다소 다른 일련의 증거들을 밝혀왔다. 전체주의자들은 일반적으로 쥐와 미로를 이용했고, 국소주의자들은 성인의 다양한 실어증에 끌렸다.

1940년 말경 많은 연구자들이 격렬한 전체주의자들과 극단적인 국소주의자들 간 화해를 추구하였다. 매우 정확한 부위의 병변에 따른 아주 구체적인 증후를 주장할 수 없다는 것이 분명해지고 있었다. 패턴이나 병원에 따라서 그 차이가 너무 컸다. 한편 극단적 전체주의자들의 위치 또한 약화되었다. 래슐리조차 자신이 가장 잘 알고 있는 시각시스템에서 어느 정도의 국소화가 있다고 인정하였다. 폴 와이스(Paul Weiss, 1952)와 로저 스페리(Roser Sperry, 1951) 같은 신경발달학자들의 연구들에 의해 발달 단계의 신경은 매우 구체적인 정보를 포함하고 있는 것으로 밝혀졌다. 싹트는 신경들이 수술로 새로운 위치에 이식되었을 때 유기체가 원래의 목적지를 향해 움직일 수 없음에도 불구하고 신경들은 여전히 원래의 위치와 재연결된다. 이러한 결과는 극단적인 버전의 가속성 가설에 이의를 제기하였고 미성숙한 신경계에서조차 상당한 특이성과 수용성을 보여주었다. 게슈탈트주의자들의 가장 극적인 주장인 '뇌 표현의 필드'가 뇌 자체에 놓인 방해물에 대한 실험들을 통해 약화되었다. 래슐리는 신경 자장을 방해하기 위해 금박을 배치하였고(Lashley, Chow, and Semmes 1951), 스페리는 절연된 운모 조각을 넣었다(Sperry and Miner 1955). 칼 프리브럼은 미미한 분량의 수산화 알루미늄 크림을 대뇌피질의 표면에 발랐다(1971). 직접적인 전류와 뇌파 활동이 현저하게 저하되었음에도 불구하고 패턴 인식 능력은 그대로 남아 있었다. 이 결과들은 국소주의적 방법으로 설명하기 어려웠고 동시에 게슈탈트적 전체주의자들의 중요한 이론적 주장 또한 신빙성을 잃게 했다. 필드 이론의 주요 지지자였던 게슈탈트주의자 볼프강 쾰러(Wolfgang Köhler)는 이러한 실험 결과에 직면하자 "이 결과는 나의 직류필드(이론)뿐만 아니라 인식에 관한 다른 모든 신경학적 이론을 파멸시켰다"라고 절망 속에 선언하였다고 전해진다(Pribram 1971: 110-111에서 재인용).

9.3 도널드 헵의 대담한 통합

이론 간의 경쟁이 너무 날카로울 때는 이론적 통합의 가치가 높아진다. 아마 게슈탈트론과 원소-국소론 입장의 시각을 가장 성공적으로 중재한 이는 캐나다의 신경심리학자 도널드 헵(Donald O. Hebb)이었다. 그는 지금은 고전이 된 『행동의 구성(*The Organization of Behavior*)』(1949)에서 헵은 시각적 인식과 같은 행동 패턴은 특정한 세포들 사이의 연결을 통해 오랜 시간에 걸쳐 점진적으로 구축된다고 주장하였고, 이를 '세포 집합체(cell assemblies)'라고 불렀다. 여기까지는 행동 또는 지각이 뇌의 특정한 부위 또는 세포 단위까지 국소화될 수 있다. 하지만 시간이 흐름에 따라 더 복잡한 행동이 세포 집합체들로부터 형성될 수 있으며 그는 이를 '위상 시퀀스(phase squences)'라고 명하였다. 이 위상 시퀀스들은 덜 국소화되었고 훨씬 더 많은 세포들을 신경계의 다른 부분에서 도출하여 포함한다. 위상 시퀀스는 불가피하게 어느 정도의 등전위성을 가진다. 이는 만약 일부가 파괴되었을 경우, 행동 기능을 남아 있는 세포들에 의해 더 또는 덜 효율적으로 수행될 수 있도록 하는 대체 경로의 형성 또한 포함한다. 마지막으로 생물이 성숙하여 가장 복잡한 형태의 행동을 수행할 수 있을 때는 뇌의 한 영역 내 신경세포들에 각각 어떤 행동의 속성을 할당하는 것은 어렵게 된다.

이러한 사실을 통해 우리는 헵의 주장이 어떻게 전체주의와 국소주의적인 위치를 모두 안정적으로 수용할 수 있는 방법인지 확인할 수 있다. 한편으로 어린 시절에는 간단한 인식은 특정한 세포들에 의존하기 때문에 국소화 쪽에 가깝고 전체화는 존재하지 않는다. 하지만 자라면서 더 복잡한 세포 집합체와 위상 시퀀스가 생겨나면 이 세포들은 더 많은 종류의 행동에 관련된다. 이는 아주 전체론적이다. 하지만 성장에 따라 국소적에서 전체적으로 전환된다고 보는 것은 지나치게 단순화된 시점이다. 다른 관점에서 보면 시퀀스는 완전 반대가 된다. 헵이 지적한 것처럼 어릴 때의 습득은 유연하기 때문에 신경계의 넓은 부위가 손상되어도 습득이 가능하다. 반대로 성장 이후 습득의 경우 특정 발달된 구조에서 일어나므로 시스템은 상대적으로 작은 가소성을 가지게 된다. 이러한 측면에서 보면, 발달 과정에서의 순서는 전체적에서 편제적으로 간다고 보는 것이 더 그럴듯하다. 헵이 제시한 가설은 다양한 복잡성과 경쟁하는 경향을 지적하고 경직된 국소주의 또는 유연하지 못한 전체주의적 관점을 차용하는 것이 덜 타당함을 보였다. 이런 중도적인 위치는 상당한 무게를 짊어지게 되었고 최근에는 시각 능력을 시뮬레이션하려 시도하고 있는 컴퓨터과학자들에게 채택되었다(제10장 참조).

9.4 힉슨 심포지엄을 재방문하다

이러한 극단적인 위치에 놓여 있는 학설을 조정해야 할 필요성은 1940년대 후반과 1950년대 초에 열린 여러 중요한 학회에서 명백히 드러났다. 힉슨 심포지엄 기간 동안 주요 신경학자, 신경생리학자, 신경심리학자들은 서로 국소주의의 합당성에 대해 논쟁을 벌였다(Jeffress 1951). 심리학자인 하인리히 클뤼버(Heinrich Klüver)는 원숭이의 측두엽의 병변이 놀랍도록 특정한 행동의 변화를 일으킨다는 결과를 보고하였다. 이 원숭이들은 심리적인 실명, 강한 어휘 집착, 시각적인 모든 자극에 대한 과도한 반응을 일으키는 경향, 감정적인 행동의 큰 변화, 현저한 식이 습관 변화와 성적 행동의 다양성과 양의 증가를 보여주었다. 신경학자 닐슨(J. M. Nielsen)은 후두엽의 병변과 특정 형태의 실인증(객체 인식 불능)이 동반됨을 설명하였고 신경심리학자 워드 할스테드(Ward Halstead)는 전두엽의 손상 이후 계획과 추상에 대한 정신적 식별의 어려움을 예측하였다.

이러한 국소화에 유리한 증거들에 대응하여 칼 래슐리는 오랫동안 진행하였던 쥐를 사용한 패턴 인식과 미로 실험을 재검토하였다. 이를 통해 국소화에 대한 증거의 현저한 부족함을 발견했다고 지적하며 할스테드를 다음과 같이 도발하였다.

> 상상하건대 나의 가장 중요한 기여는 내가 은퇴할 나이가 되었을 때 내 전두엽을 제거하고 그들 없이 내가 무엇을 할 수 있을지 보는 것이 아닐까 한다. 나는 뭔가 흥미로운 발견을 할 것이라는 할스테드 박사와 달리 기대가 크지 않다. 우리가 가지고 있는 전두엽의 단순한 제거 이후 지적 결함에 대한 실험 증거는 약소하다. (Jeffress 1951: 145에서 재인용)

볼프강 쾰러 또한 국소주의자들에 대한 그의 회의를 알렸다. "원소주의적인 매컬러 박사의 신경생리학은 시각적 모양 같은 결정된 사실들에 관련한 직접적인 접근을 방지할 수 있다. (……) 만약 우리가 신경세포들의 자극들보다는 연속적인 필드 물리학의 관점에서 보면 이러한 어려움이 발생하지 않는다"(Jeffress 1951: 65에서 재인용). 1950년 초반의 상황은 쾰러와 래슐리가 특정 신경구조들을 기반으로 한 관점의 지지자들에 맞서 하향식 관점에서 방어하는 상황이었다. 이 두 진영의 사이에 아직 경계선이 그어져 있었고 각각 분명한 사실의 일부를 가지고 있다는 느낌이 자라나고 있었으며 헵과 같이 각 입장을 대변할 수 있는 더욱 통합적인 관점의 필요성이 널리 인식되었다.

9.5 휴벨과 비셀의 결정적인 논증

1950년대 후반, 두 명의 젊은 생리학자 데이비드 휴벨(David Hubel)과 토르스텐 비셀(Torsten Wiesel)은 고양이의 피질에서 미세전극을 이용한 단일 세포의 활동을 기록하기 시작하였다. 향후 20년 동안, 그들은 수많은 고양이들뿐만 아니라 다른 동물에서 신경계의 자극을 기록하였고, 이는 다양한 깊이와 뇌의 다른 영역에 걸친 시각 시스템에서 이루어졌다. 개척적인 작업으로 널리 알려진 이 실험들을 통해 휴벨과 비셀은 1981년 노벨 의학/생리학상을 수상하였다. 국소화에 대한 현재 지식의 많은 부분이 이 연구에 의해서 얻어졌다(Hubel and Wiesel 1959, 1962, 1979; Hubel 1979; Lettvin et al. 1959 참조).

휴벨, 비셀 그리고 동료들은 두 가지 중요한 현상을 설명하였다. 첫째, 이들은 시각피질이 특정한 형태의 환경 정보에 대해 반응하는 것을 확실하게 증명하였다. 대뇌피질은 피질기둥(cortical columns)으로 정교하게 조직되어 있고 기둥 내의 간단한 세포들은 방향 또는 빛의 부재 등 점 같은 속성의 자극에 반응한다. 소위 복잡한 세포들은 수용 영역을 쓸어가면서 스캔하며 최적의 방향에 맞는 선에 반응한다. 아마 이런 식의 반응은 시각적인 형태에 대한 뇌 분석의 초기단계에 해당할 것이다. 일부 세포는 한쪽 눈에만 반응하였고 또 다른 세포는 양쪽 눈에 대해 각각 다르게 반응하였다. 일부 아주 '복잡한(hypercomplex)' 세포들에 있어, 가장 효과적인 경계 형상은 모서리이고 다른 세포들의 경계 형상은 혀 모양이었다. 이와 같은 논증들 이후 신경계의 기능이 높은 특이성을 가진다는 것에 대해 더 이상 의심할 여지가 없었다.

휴벨과 비셀의 실험실에서 퍼져 나간 마찬가지로 중요한 두 번째 대열의 실험들은 신경계 발달에 있어서 특정한 초기 경험이 결정적인 역할을 한다는 것이었다. 어떤 지각과 운동 능력은 분명 출생에서부터 입력되어 있지만(그렇지 않다면 살아남을 수 없을 것이다), 모든 기능들이 그렇지는 않다(그렇지 않다면 생명체는 바뀌거나 배우지 못할 것이다). 만약 출생 후 빛의 패턴에 노출되지 않는다면 고양이의 시각 시스템은 개발되지 않는다—어떤 부분은 퇴화가 진행된다.

또한 고양이는 반드시 양쪽 눈을 사용할 수 있는 시각적으로 다른 환경에 노출되어야 했고, 그러한 환경에서 움직일 수 있어야 했다. 만약 수평적 패턴에만 노출되면 수직에만 작용하는 세포들은 퇴화가 진행되거나 다른 기능을 담당하도록 '인수(taken over)'된다. 초기 경험의 타이밍 또한 특정적일 수 있다. 예를 들면 생후 3주에서 5주 사이에 한쪽 눈이 형태를 볼 수 없도록 막아두면 이후 정상적으로 기록되고 영상이 복원된다 하더라도 기능적으로 눈이 멀게 된다.

휴벨과 비셀의 작업들이 이러한 실험 대열의 중심에 설 때, 그들의 노력은 많은 다른 연구자들에 의해 보완되고 강화되었다. MIT에서 이루어진 제롬 레트빈과 동료들의 연구에서 개구리 눈의 수용체들 또한 매우 구체적으로 곤충을 연상케 하는 작은 원형 덩어리에 반응하였고, 이에 곤충 검색기라고 불렸다(Lettvin et al. 1959). 버넌 마운트캐슬(Vernon Mountcastle)은 어떠한 일부 촉각 피질기둥이 시각피질과 유사한 특정 반응 패턴을 가지고 있다고 증명하였고(1978), 모티머 미시킨(Mortimer Mishkin)은 원숭이의 하부 측두엽에서 시각적 객체의 물리적 특성의 코딩에 참여하는 세포를 발견하였다(1967). 이 세포들은 일차 신경 피질의 신경을 활성화시키는 점적 자극의 감도와는 약간의 거리가 있으나 개체의 인식 활동에는 더 가까이 관여하는 것으로 나타났다. 심지어 원숭이 손의 모양에 최대로 반응하는 원숭이의 피질 세포도 있었다(Gross, Rocha-Mirnada, and Bender 1972). 지난 수십 년 동안 기능의 국소화와 특이성에 대해 공감하는 사람들을 위한 많은 증거들이 산출되었다.

9.6 전체론적 견해

물체 또는 물체의 주요 부분에 반응하는 세포의 집합들이 빛이 비춰지는 지점이나 각 물체의 모서리에 반응하는 세포들보다 더 전체론적 형태의 패턴 인식을 하지만, 대부분의 인지과학자들이 알고 싶어하는 더 상위 형태의 생각과는 거리가 멀다. 국소주의자들과 전체주의자들의 주장을 수용하는 전체론적 단계(molar level)에서 이루어진 또 다른 실험들이 진행되었다.

9.6.1 스페리와 뇌 분할

1950년 후반과 1960년 초반, 난치성 간질을 앓고 있던 일부 환자들은 극단적인 조치로서 뇌의 두 반구를 서로 분리하는 수술적 치료를 받았다. 스페리는 이 특이한 형태의 수술이 가진 중요한 과학적 의미를 파악하고, 캘리포니아 공과대학에서 동료와 함께 뇌의 두 부분을 개별적으로 테스트하는 방법을 고안해냈다. 이 연구는 획기적인 중요성을 포함하고 있었으며 이에 스페리는 휴벨 및 비셀과 함께 1981년 노벨상을 받았다(Gazzaniga 1981; Sperry 1974; Geschwind 1965 참조).

스페리의 주요 작업은 두 반구의 기능에 중요한 차이를 기록하는 것이었다. 정밀 검사가 가능한 십수 명의 환자들에게 행해진 많은 검사를 토대로 스페리는 의사들(Geschwind 1965)과 실험주의자들(Kimura 1973; Milner 1967)이 막연히 인식하고 있던 언어나 다른 개념 및 분류적 기능의 수행에 있어 좌뇌가 더 지배적인 역할을 하고 우뇌는 공간적 기능과 다른 세분화된 형태의 분별에 더 지배적인 역할을 한다는 주장을 뒷받침하였다. 여기까지는 국소주의적인 관점을 놀라울 만큼 뒷받침하는 것처럼 보인다. 한 사람의 각 반구를 각각 따로 테스트할 수 있었고,

다른 반구가 신경적으로 이웃한 또 다른 반구에서 이루어지는 테스트를 심지어 '인식'하지도 못했다.

하지만 다시 한 번 이러한 연구의 결과는 전체주의적인 관점 또한 뒷받침하고 있었다. 첫째, 스페리의 팀은 독창적인 기술을 사용해 오른손잡이의 오른쪽 반구가 지금까지 생각했던 것보다 훨씬 더 뛰어난 언어적 기능을 가지고 있다는 것, 예를 들면 문자 언어를 이해하는 상당한 능력이 있었다는 것을 보여주었다(Zaidel 1977, 1978). 아마도 보통 사람들에게는 언어 능력에 대한 좌뇌 반구의 매우 높은 지배력이 우뇌 반구의 잠재적 언어 능력을 방해했을 수 있다. 둘째, 마찬가지로 중요한 것은 뇌 좌우 반구를 분리한 환자 사이에 넓은 개인 차이가 있었다는 것이다(Gazzaniga 1983). 특히, 수술 시 나이가 어릴수록 두 반구 모두 잘 발달할 가능성이 높았던 반면, 지속적인 간질을 겪은 상대적으로 나이가 많은 환자들의 경우 대부분의 뇌 손상 환자와 같은 상당한 뇌 기능 저하의 일반적인 패턴을 보였다. 마지막으로 셋째, 두 반구는 자체적으로 달랐는데, 우뇌가 조금 더 전체적이거나 게슈탈트 양식의 인식에 상대적으로 더 우성적이었다.

9.6.2 가소성의 경사도 및 기능의 계층 구조

스페리의 연구 결과는 아직 미성숙한 인간의 신경계는 상당한 가소성을 지닌다는 것을 보였다. 일반적인 상황에서는 이러한 특정한 목적을 위해 사용되지 않는 인간 신경계라도 기회가 있을 때(또는 사용할 필요가 있을 때) 사용될 수 있다. 트라우마가 있었던 시점이 이를수록 손상 부위에 상관없이 원하는 기능을 수행할 수 있을 가능성이 높다. 만약 한 사람이 한 살 또는 두 살 즈음 좌뇌 반구 전체를 잃는다고 해도 언어를 배울 수 있을 것이다. 이 시기에는 연관된 우뇌 반구의 구역들이 충분한 가소성 또는 등전위를 지니고 있어 언어 기능을 수행할 수 있다고 가정할 수 있다. 동일한 손상이 더 나중 시기, 예를 들면 사춘기 이후에 일어났다면 훨씬 적은 언어 기능이 복구될 것이고 환자는 이후 실어증 또는 언어 장애를 겪을 수도 있다(Dennis 1980).

가소성의 정도에 다른 요인 또한 영향을 미친다. 일반적으로 젊은 사람들 중, 왼손잡이 또는 어릴 때 약간의 뇌 손상을 입은 경우 그와 대비하는 성향을 가졌을 때(오른손잡이 또는 나이가 들었을 때 뇌 손상을 입은 경우)보다 더 많은 가소성을 나타내었다. 따라서 나이든 오른손잡이 사람들에게서는 국소주의 데이터를 얻을 수 있었고 젊은 왼손잡이에게서는 전체주의적인 데이터를 얻을 가능성이 높다.

뇌 손상 환자들에게 수행된 다른 실험실에서의 연구 또한 인지 능력이 뇌에서 표현되는 것에 대한 우리의 이해를 높여주었다(Geschwind 1974). 구소련의 알렉산더 루리아(Alexander Luria, 1966)와 동료들의 연구들로부터 발달이 진행됨에 따라 다른 신경 센터가 지배력을 획득하거나 행동 기능의 계층이 변경될 수 있다는 것이 이제는 분명해졌다. 예를 들면 어린아이의 경우 감각 영역이 지배적이지만 나이가 들면 진두엽 및 전두엽과 연계된 대뇌피질들의 '계획 영역'이 우세하게 된다. 그러므로 감각 영역의 병변은 어린 대상, 전두엽은 더 성숙한 대상으로 했을 때 더욱 치명적이다.

루리아의 연구에 따르면 어떤 기능도 완전히 특정 영역에 의해 수행되지 않고, 또한 래슐리가 주장했던 것처럼 모든 영역이 특정 기능을 동등하게 수행하지도 않는다. 오히려 여러 해부학적인 영역이 특정 행동의 수행에 대체불가한 기능적 공헌을 한다. 그림을 그리는 경우, 좌뇌는 세부적인 묘사를 담당하고 우뇌는 전체적인 형태에 대한 감각에 기여한다. 따라서 일반적으로 한 사람이 그린 그림의 문제점을 통해 그 사람의 뇌 손상 위치를 알 수 있다. 그리하여 한 뇌 반구가 하나의 기능을 하고 다른 반구는 경쟁하는 기능을 한다고 하는 단순한 주장에서 각각의 뇌 반구 또는 뇌 반구 안의 각각의 영역이 특유한 방법으로 활동에 기여한다는 더욱 정교한 주장으로 옮겨 갔다.

두 반구의 지배 패턴을 설명하기 위한 최적의 방법에 대해 많은 연구가 있었다. 특성의 정의에 대한 범위는 일상적인 것(언어는 왼쪽, 공간적 기능은 오른쪽)에서 장대한 것(과학 또는 합리성은 왼쪽, 예술 또는 직관은 오른쪽), 그리고 신경과학의 현재 논쟁(국소화적인 기능은 왼쪽, 전체화적인 기능은 오른쪽)까지 아우른다. 뇌 반구 기능들의 정확한 특성을 정의하거나 구분하는 것은 단순한 일이 아니며 추가 연구의 결과를 기다리고 있다(Beaumont, Young, and McManus 1984). 그러나 각각 고립된 반구의 사명이 무엇이든, 두 반구 사이에는 명확하게 다양한 동적 상호작용이 있다. 좌반구가 각성되는 경우(예를 들어 언어의 소리에 의해) 특정 종류의 분석과 언어 기능을 촉진한다. 반면 우반구가 자극받거나 각성할 경우 공간 및 전체적인 기능이 전면에 등장한다(Kinsbourne 1978 참조).

한편 나이가 들었을 때보다는 초기(어렸을 때)에 뇌 손상이 발생한 경우 기능을 유지하기 쉽다거나 그 발달 단계의 가소성을 알아내기 위해서는 초기가 낫다는 것이 항상 맞지는 않다. 적어도 여기에 세 가지 주의사항이 있다. 우선 때로 초기 손상 시 명백한 손실은 없을 수 있으나 나중에 심각한 손실을 일으킬 수 있다. 어린 원숭이의 전두엽 손상으로 인한 즉각적인 영향이 나타나지 않을 수 있지만, 장기적으로 볼 때 전두엽의 계획이나 기억을 돕는 기능의 손실이 정상적으로 성숙할 단계에서는 분명하게 드러날 수 있다(Goldman-Rakic et al. 1982; Goldman and Galkin 1978). 두 번째로, 뇌의 다른 영역이 기능을 대신했을 때 예정된 기능을 수행하기 위한 잠재력을 희생할 수 있다. 아이의 좌반구에 손상이 있을 때 우반구가 언어 기능을 대신할 수 있으나 아이는 결국 이 때문에 관련된 우반구 영역의 공간 능력에서 손실을 보이게 된다(B.

T. Woods 1980). 마지막으로, 뇌의 다른 영역이 기능을 대신한다는 가정의 경우에도, 최적의 방식으로 수행하지 못할 수 있다. 우뇌 반구만을 가진 사람이 말을 학습할 수는 있으나 종국에는 언어의 중요한 구문 기능에 상대적으로 민감하지 않은 방식의 다른 언어적 전략을 사용하게 된다(Dennis and Whitaker 1976). 최소한 오른손잡이들에게는 최적의 방식으로 언어를 배우는 오직 하나의 방법이 있다. 음운 및 구문 분석을 수행하기 위해 그대로 좌뇌 반구의 구조에 따라 진화하는 방식이다. 우뇌 반구로 수행되는 언어 기능은 의미와 실용적인 요소에 과도하게 의존한다. 언어에 대한 이러한 접근 방식은 가장 일상적인 소통에는 적합하지만 미묘한 문법 차이를 인식하는 데는 만족스럽지 못하다는 것이 증명되었다.

뇌의 특정 영역들이 특정 종류의 기능을 수행하기 위해 예정된 것처럼 보인다 하더라도, 순수한 '가소성' 관점을 지지하기에는 다른 고려해야 할 사항이 많다. 실험심리학에서의 작업은 생물이 어떤 행동을 습득하기 위해 '준비'되어야 하고, '준비에 반하여' 다른 행동을 습득한다. 예를 들면, 쥐는 쇼크에서 벗어나기 위해 달리거나 점프하는 것을 빠르게 배운다. 하지만 탈출을 위해 레버를 눌러야 하는 것을 알기는 아주 힘들 수 있다. 비슷하게, 점프를 통해 쇼크를 벗어나는 것은 자연적 또는 '준비된' 반응이지만, 만약 쥐가 뚜껑이 닫힌 상자 안에서 뛰어야 한다면 학습은 느리고 확실하지 않게 될 것이다. 보통의 아이들은 언어를 매우 빨리 학습하기 위해 '준비'되어 있다고 하는 것이 합리적이라고 반박할 수 있고, 적어도 일부 아이들은 그들의 문화에 속한 음악에 조금만 노출되었더라도 음조 체계를 마스터할 '준비'가 되어 있다고 주장할 수 있다. 하지만 아이들이 '비자연적인' 언어 또는 전능한 군주(예를 들어 엄격한 부모)에 의해 지시받거나 악마 같은 실험자에 의해 고안된 음악 체계의 학습에 큰 어려움이 있다면 놀랍지 않을 것이다.

9.7 인지의 신경적 기반: 두 시스템에 관한 연구

위대한 과학적 논쟁들은 완전히 사라지지는 않는 법인데, 반대편의 입장이 핵심을 관통하는 타당성을 갖는 경우 더욱 그러하다(Holton 1984). 국소론자와 전체론자 사이의 논쟁이 대표적인데, 이는 데카르트의 시대부터 부상하여 갈의 시대 이래로 격화되었다. 힉슨 심포지엄 이후 이루어진 지난 25년간의 연구는 이 논쟁의 틀을 갖추는 데 기여했다. 이제는 신경 시스템이, 적어도 감각처리의 단계에서는 특정 종류의 정보에 특정한 방식으로 반응하도록 설계되었다는 생각이 인정받고 있다. 분자 단계에서 심지어 2개의 대뇌 반구 단계에서의 표상에 이르기까지 '신경 특화'의 증거도 있다. 이와 같이 래슐리가 강하게 주장한 반면, 발달의 초기 단계에서의 신경계의 탄성과 가소성을 보고하는 특기할 만한 증거들이 계속해서 축적되고 있다. 이런 초기 단계에서는 일반적인 신경해부학적 구조들이 없는 생명체라도 적응을 하며, 과도한 부작용을 초래하지 않는 선에서 필수적인 역할들을 수행할 수 있다. 이런 면에서 전체론자들과 집단 행동 옹호자들의 의견은 여전히 타당하다. 따라서 잠정적으로 어느 정도의 국소성은 모두가 옹호하는 것으로 보이나 가소성의 중요성도 이 일반적인 논의의 틀 안에서 인정되고 있다.

위대한 논의들은 완전히 묻히지는 않지만 시들해지기는 한다. 최근에는 적어도 신경계의 작용과 관련하여 국소성과 전체성, 혹은 특이성과 가소성 간의 논쟁이 드물다. 대신 최근 연구들은 좀 더 국한된 영역으로 관심을 돌리고 있다. 신경과학자들은 특정한 생명체의 특정한 시스템을 연구하는 데 대부분의 시간을 보내고 있다. 그들은 이러한 시스템이 그 자체적으로 이해가 가능하며, 그로부터 얻어지는 지식이 궁극적으로는 환원주의와 같은 논쟁적인 이슈를 포함하여 인지의 신경적 기반에 관한 좀 더 일반적인 논의에 기여하리라는 희망을 갖고 있다.

인용 가능한 많은 예시들 중 두 가지를 언급하고자 한다. 완전히 다른 계층의 분석을 통해 신중히 얻어진 이 연구 결과들은 부상 중인 인지과학에 여러모로 기여할 수 있을 것이다.

9.7.1 에릭 캔델이 간극을 메우다

최근 컬럼비아 대학의 에릭 캔델(Eric Kandel)과 동료 연구자들은 개별 신경세포의 작동과 생명체의 행동 간의 한때 거대해 보였던 간극을 메우는 데 성공했다(Kandel 1979). 이 연구팀은 아플리시아 칼리포니카(Aplysia californica)라는 달팽이를 집중적으로 연구하여 이런 도약을 이루었는데, 이 생명체는 신경 시스템의 기술이 손쉬울뿐더러, 습관화·민감화·고전적 조건화와 같은 간단한 학습도 가능하다. 이런 과정을 달팽이에서 연구한 캔델과 동료들은 기본적인 학습이 뇌에 분산되어 있는 것이 아니라 신경 네트워크의 특정 부분의 활동에 국소화되어 있다는 사실을 보여주었다. 실제로 달팽이에서 몇몇의 학습된 행동들은 적게는 50여 개의 신경세포의 활동만으로 가능하다.

캔델의 이야기에 따르면, 학습은 세포 간 시냅스의 변화로 일어난다. 꼭 새로운 시냅스 연결이 일어나지 않더라도, 학습과 기억은 보통 기존에 존재하는 시냅스 간의 상대적인 연결성의 강도 변화에서 야기된다. 실제로 캔델과 동료들은 신경세포의 말단에서 분비되는 화학적 전달물질의 양이 시냅스의 접합강도를 바꾸는 데 결정적임을 보여주었다. 예를 들어 해삼의 꼬리에 충격을 가하면 신경전달물질이 분비된다. 신경세포의 시냅스에서 변화가 일어나면 이후에 가해지는 자극에는 더 많은 전달물질이 분비된다. 다음에 꼬리에 충격이 가해지면 해당 신경세포는 기억했던 대로 꼬리를 움츠리기 위한 화학적 명령을 재빨리 보낸다.

캔델은 내재적 입력과 실험적으로 가해지는 입력이 이런 종류의 학습에 미치는 영향에 관해 다음과 같이 요약했다.

> 생명체가 수행할 수 있는 많은 행동은 잠재적으로 뇌의 타고난 구조 안에 형성되어 있고, 타고난 구조만큼이나 유전, 그리고 발달의 영향을 받는다. 환경적인 요인이나 학습은 이미 형성되어 있던 경로의 효율성을 조절하여 이렇게 잠재된 능력들을 이끌어내는데, 이는 새로운 패턴의 행동을 낳는다. (1982: 35)

이 연구 덕분에, 우리는 아마도 처음으로 학습을 화학적·신경적 수준에서 들여다볼 수 있게 되었다. 인지과학자들이 이제 풀어야 할 불편한 문제는 다른 좀 더 복잡한 형태의 행동들을 기술하는 것처럼 표상의 수준에서도 별도의 설명이 있어야 하느냐는 것이다.

9.7.2 새들의 노래

매우 상이하지만 흥미로운 연구들이 록펠러 대학의 페르난도 노트봄(Fernando Nottebohm)과 동료들이 연구한 새 노래에서 나왔다. 많은 조류들은 노래를 부르는데, 종마다 그들만의 특별한 형태로 노래를 부르는 것으로 잘 알려져 있다. 그런데 이런 노래는 어디서 오며, 그 특징적인 음높이, 박자, 억양은 어떻게 학습되는 것일까?

몇몇 종의 경우 노래는 타고나는 부분 중 하나다. 산비둘기의 경우 특정 노래는 그 종의 수컷들만 부르며, 노래하는 데 별다른 피드백이나 외부적인 자극이 필요치 않다. 실제로 그 새가 귀머거리로 태어나더라도 문제없이 노래를 부르기도 한다.

대부분의 다른 새들의 경우 노래 학습에 있어서 정해진 방법은 거의 존재하지 않는다. 일반적으로 새들은 노래의 하위구조를 옹알이하는 시기를 거쳐, 음절을 간단한 구문이 될 때까지 반복 학습하는 노래 형성기에 도달한다. 노래 형성기를 거쳐 1년 안에 비로소 새들은 다른 정상성인 수컷새들이 부르는 노래와 비슷하게 정형화된 노래를 부르기 시작한다.

신경과학의 관점에서 볼때, 다양한 형태의 겹핍이 노래발달에 예측 가능한 영향력을 행사한다는 것은 많은 시사점을 준다. 예컨대 카나리아들은 정상적인 발달을 위해 청각 피드백을 필요로 한다. 그렇지만 다른 새들로부터 이런 피드백을 받지 못한 카나리아들도 잘 갖춰진 노래를 만들어낸다. 그런데 되새(chaffinch)들은 정상적으로 노래를 부르기 위해서 자신들이 부르는 노래에 대한 피드백과 다른 새들이 부르는 노래에 노출되는 것을 필요로 한다. 되새들이 생후 3개월 이전에 귀가 멀 경우, 괴성에 가까울 정도로 매우 비정상적인 노래를 만들어낸다. 반면 노래를 완전히 배운 뒤 귀가 멀 경우에는 노래를 정상적으로 부르는 데 큰 지장을 받지 않는다.

새의 노래는 인간 외 하등동물 중 몇 안 되는 대뇌 기능분화의 예시 중 하나이다. 인간 뇌의 좌반구가 언어능력에 중요하듯이, 새들의 왼쪽 설하 신경이 노래를 만드는 데 결정적이다. 새의 왼쪽 신경 시스템을 손상시키면 실어증이나 실음증(amusia)을 유발할 수 있다. 물론 실어증을 가진 카나리아는 우반구의 상동경로를 통해 이전에 학습한 노래를 회복할 수 있다. 기능 회복성을 놓고 보면 좀 더 유연한 신경 시스템을 가진 명금(songbird)들이 인간보다 뛰어나다.

노트봄이나 캔델 같은 학자들의 연구는 단일 생명체의 단일 시스템을 면밀히 연구해야 많은 것을 알 수 있다는 전제를 바탕으로 하고 있다. 새 노래의 또다른 선구자인 피터 말러(Peter Marler)는 이렇게 말했다. "새 노래 학습 연구는 더디고 많은 노력을 요하는 일이다. 그러나 궁극적으로는 이런 연구를 통해 비로소 우리가 직면한 문제를 적절히 이해할 수 있으리라 믿는다. 동물과 인간의 지각 범주의 유래와 같은 문제들 말이다"(1982: 93).

물론 두 연구들이 다소 다른 가정에 기반하여 이루어지는 것은 확실하다. 캔델은 습관화와 조건화를 연구하면 궁극적으로 인간을 포함한 다양한 생명체 안에서 일어나는 현상을 밝힐 수 있으리라 기대했다. 이런 생각에는 특정 학습 과정이 때론 '수평적'으로 조직되어 음악을 배우는 것부터 그림을 그리는 것까지 모두를 아우르게 되고, 이는 비슷한 형태로 달팽이로부터 인간에 이르기까지 다양한 생명체에게서 발견된다는 가정에 바탕을 두고 있다. 반면 노트봄을 위시한 연구자들은 다른 관점에서 연구를 진행한다. 새 노래는 인간의 음악, 또는 언어에 계통학적인 연결고리가 있으리라고 짐작되긴 하지만 분명 새에게만 존재하는 행동이다. 어찌되었든 그 행동 자체는 다양한 실험적 조작이 가능한 자족적인 시스템이다. 새 노래에 대한 관심은 많은 인지활동이 '수직적으로 조직되어 있다'는 믿음과 함께하는데, 이는 '노래'라는 영역이 존재하여 다른 영역과는 다른 법칙을 따르며, 그 자체로써 가장 잘 이해될 수 있다는 생각이다. 새 노래에서 다른 생명체의 다른 시스템끼리, 또는 같은 조류 안에서도 다른 종의 새끼리의 일반화는 그 시스템을 그 자체적으로 면밀히 연구한 후에야 비로소 유효할 것이다. 신경과학에서도 심리학이나 인공지능 못지않게, '모듈'을 중시하는 관점과 '모든 문제를 해결하는 중앙처리장치'를 선호하는 관점 간의 긴장이 감지된다.

휴벨과 비셀, 또 동료들의 위대한 연구는 시스템이 그들만의 방식으로 작동한다는 믿음에 활력을 불어넣었다. 1978년에 휴벨은 이렇게 말했다.

> 우리는 중추신경계의 각 영역들이 그들만의 다른 방식으로 문제를 해결한다고 믿게 되었다. 시각에서는 윤곽, 방향, 깊이 등의 문제에 관심을 갖는다. 반면 청각 시스템에서는 다른 주파수대 소리들의 시간적 상호작용과 관련한 수많은 문제들을 대면하리라 기대할 수 있고, 다른 신경 장치에서 이런 현상을 다루리라고는 상상하기 힘들다. (……) 뇌의 작동에 관한 주요한 측면에서 종합 해결책이라는 것은 존재하기 힘들다. (28)

당대 신경생리학의 대가들에 의해 천명된 이런 의식은 특정 감각기의 특정한 성격을 규명하는 데 노력을 기울여야 한다는 쪽으로 연구의 방향을 움직였고, 다른 행동 양식에 동일하게 적용되는 단일한 신경학적 설명을 찾으려는 시도를 반박했다.

캔델과 노트봄의 연구는 환원주의의 이슈를 새롭게 제기한다. 몇몇 관찰자들에게 습관화와 같은 고전적인 심리 현상을 신경화학적 작용으로 설명하는 것은 신경과학이 인지를 흡수하는 중요한 발걸음으로 보일 수 있다. 일단 기초적인 학습 기전을 이런 식으로 기술하면 추가적인 설명의 단계는 불필요할 것이다. 이는 리처드 로티와 같은 행동주의 철학자들을 만족시키는 방식인데, 환원주의자들은 신경생리학이 모든 것을 설명할 수 있으리라 믿는다. 그러나 물론 인지과학에 신념을 가진 대부분의 과학자들은 이런 식의 기술방식이 유용하기는 하지만 궁극적인 관심사로부터 빗나갔다고 믿는다. 심리학자 존 마셜과 존 모턴(John Morton)은 다음과 같이 천명했다.

> 학습 이론과 자연적 행동 간의 관계는 생명체의 신경 시스템이 무엇이냐가 아니라 무엇을 하느냐에 따라 비로소 설정될 수 있다. 달팽이처럼 단순한 생명체의 경우 이 관계는 신경생리학과 신경화학만으로

쉽게 설명된다. 인간의 경우 이런 관계 설정은 추상적 수준에서만 가능할 것이다. 인간의 모든 신경시냅스가 달팽이와 유사하고, 이 신경시냅스의 활동을 학습 이론에 따라 표현할 수 있다고 가정해보자. 또 우리가 인간의 모든 신경생물학적인 정보를 알아냈다고 가정해보자. 그렇다면 우리는 인간의 자연적 행동을 설명할 수 있을지 모른다. 그러나 우리가 정말로 묻고 싶었던 질문에 대한 답을 얻지는 못할 것이다. (Fox 1983: 1222에서 재인용)

9.7.3 프리브럼의 홀로그래픽 가설

특정 신경과 행동 시스템의 작동에 대한 관심이 높아짐에 따라 뇌에 대한 전체론적 관점을 지지하는 세력이 정체되었을 것이라고 생각할지 모른다. 하지만 그렇지 않다. 칼 프리브럼은 그가 1971년에 출판한 책 『뇌의 언어(*Language of the Brain*)』에서 휴벨과 비셀의 발견과 같은 특정 특성 탐지기는 오직 제한된 방법에서만 사용된다고 하였다. 그의 관점에서는 뇌가 좀 더 전체적인 홀로그래픽 과정으로 더 잘 설명되기 때문이다. 홀로그래피(Holography)란 사진 건판 또는 사진 필름에 기록된 빛 파장 패턴을 사용하는 사진술로서 한 물체의 3차원 입체 형상을 재현할 수 있는 기술이다(세 번째 차원의 모습이 유지된다). 다시 말하면, 홀로그램이란 패턴이 기록된 건판 또는 필름이다. 그리고 원본 이미지의 어떠한 한 지점에서의 정보는 홀로그램 전체를 통해 배분되어 있어서, 손상으로부터 피해를 줄일 수 있다. 한 물체의 모든 부분들로부터의 파장이 홀로그램의 모든 부분에 기록되어 있어서, 어떠한 특정한 홀로그램의 일부만으로도 전체 이미지를 재현할 수 있다. 이런 식으로 홀로그램은 엄청난 양의 정보를 작은 공간 안에 저장할 수 있으며, 실제로 몇천만 비트의 정보를 홀로그래픽하게 사용 가능하도록 1세제곱센티미터

안에 저장할 수 있다.

프리브럼의 홀로그래픽 가설에 의하면, 비록 특정 부분이 한 기능에 좀 더 대해 중요한 역할을 하고 또 다른 특정 부분들은 다른 기능에서 더 우월하게 사용되지만, 뇌의 모든 부분은 모든 형태의 표현에 관여하는 게 가능하다. 그는 많은 홀로그램들이 서로 겹쳐질 수 있는 것처럼, 무한정의 이미지가 우리의 뇌 안에 겹쳐서 쌓일 수 있다고 보았다. 아마도 우리가 특별한 무엇인가를 회상할 때, 우리는 특수한 재구성 빔을 사용하여 특정하게 암호화(서로 겹쳐서 쌓인)된 기억들을 확대하여 보게 되는 것인 듯하다. 프리브럼은 또한 홀로그램의 또 다른 특징, 즉 홀로그램이 같은 파장을 표면에 지속적으로 반복하여 기록하는 점을 주시하였다. 이러한 특징에 따라 손상이 가해진 홀로그램의 일부만 남아도 그 일부가 전체의 이미지를 재현하기에 충분하다(Hooper 1982).

홀로그래픽 가설이 상당한 회의론을 불러일으켰지만, 많은 신경과학자들은 프리브럼이 주장하는 신경계가 단순히 특수한 정보를 처리하는 기계들의 모음이 아니라는 점에 여전히 동조하였다. 래슐리가 열성적으로 믿었던 것처럼, 많은 이들이 중요한 형태의 지식이 뇌의 전체의 넓게 퍼져 있을 것이라는 가능성에 애착을 가지고 있었기 때문이다. 프리브럼은 홀로그램의 특성들이 래슐리가 지각의 이미지와 기억심상을 설명하기 위해 뇌 조직세포에서 찾았던 규정하기 힘든 특성들과도 너무나도 비슷하므로 홀로그래픽 처리방식을 이를 설명할 수 있는 장치로서 진지하게 고려해야 한다고 기록하였다. 게다가 어느 정도 제한된 가소성을 연상시키는 관점에서, 프리브럼은 최근 완전히 부풀려진 홀로그래프에 대한 설명의 위험을 피하기를 바라며 '제한된 홀로그래프'라는 용어를 사용하기 시작하였다. 에릭 하스(Eric Harth)는 다음과 같이 언급하였다.

> 뇌 이론가들을 흥미롭게 하는 것은 '홀로그램의 분사된 기억'(래슐리의 용어)의 성질이다. 모든 조각의 홀로그램들은 각자 모든 장면에 대한 정보를 가지고 있지만, 하나의 조각 자체는 필수적이지 않다. 다른 흥미로운 사실은 수많은 홀로그램은 같은 필름 위에 겹쳐도, 하나하나의 원래 장면을 다시 아무런 혼선 없이 재구성할 수 있다는 점이다. (1982: 88)

신피질에 대한 래슐리의 관점과의 유사성은 분명했고, 이것이 기억에 대한 홀로그래픽 이론이 가진 지속적인 매력을 설명할 수 있을 것이다.

9.7.4 역사적인 세 가지 순간들

우리는 인간 신경계 안에서의 재현에 있어서 국소성의 정도에 대한 세 가지 순간들을 꼽아볼 수 있다. 첫 번째는 과학적 예감을 포함한 순간들로, 데카르트가 송과선에 영혼이 있다고 한 것과, 갈이 호색함과 범죄성향에 대한 표현이 뇌의 다른 엽에 속해 있다고 말했을 때이다. 이들은 각자 그들의 주장을 실험적 증거 없이 발표하였다

두 번째로, 특정 영역의 손상 후 신경계에 야기되는 영향을 조사하는 것이 가능해졌을 때 중대한 진전이 나타났다. 프릿슈와 히트치히가 개의 신경계의 특수한 지역에 손상을 가했을 때, 그리고 브로카와 베르니케가 인간 대뇌피질에서 뇌졸중의 영향을 연구하였을 때, 그들은 특정 행동의 유형과 뇌의 영역의 상관관계를 입증할 수 있었다.

마지막으로, 휴벨과 비셀이 고양이의 시각피질의 별개의 특정한 세포들을 기록하였을 때, 피질 내의 특정한 구성단위가 가지는 특수한 기능이 정상적으로 작동되는(또는 작동이 실패하는) 상황을 확인하는 것이

가능해졌다.

이 세 가지 역사적인 사건들의 면에서 보았을 때 현재 국소성과 가소성 신경과학 간 논쟁이 틀이 만들어질 수 있다. 오늘날에는 매우 복잡한 방사선학적·전기생리학적, 그리고 화학분석시험 기술들을 사용하여 신경계 발달 및 질병의 영향과 관련하여 신경계의 구조와 기능을 연구하는 것이 가능해졌다.

그리고 이런 다양한 측면의 연구들이 두 가지 효과를 가져왔는데, 첫째, 국한적 연구에 좀 더 일반적인 방향성을 제공해주었고, 둘째, 현역 과학자들의 시선을 큰 개념적 쟁점들보다는 특정 시스템의 작동에 집중하도록 이끌었다. 그렇지만 아직 추가 움직임을 멈추었다고, 또는 신경과학자들에게 자극을 부여하는 핵심적인 질문들이 해결되었다고 보기는 너무 이르다. 프리브럼의 홀로그래픽 측면의 신경계가 보여주듯이, 그리고 최근 어린 동물들의 회복 기능들에 대한 연구가 명료히 보여주었듯이, 양작용설과 가소성에 대한 목소리는 아직도 사그라지지 않았다. 게다가 특정 지역의 상위 인지 기능 안에서도 더욱 기본적인 논쟁들이 남아 있다. 신경과학자들이 아직도 동의하지 못하는 부분들이 많은데, 휴벨과 비셀이 연구한 특정한 세포들의 기능에 대해서 어떻게 서술하여야 하는지(예를 들어 선의 방향보다는 공간 주기성에 대한 민감도에 대해서), 그리고 실어증 환자가 보이는 다양한 장애에 대해 특징짓거나, 정상인과 한쪽 뇌에만 손상을 입은 환자의, 또는 2개의 반구가 치료상 이유로 단절된 사람들의 우반구 기능을 묘사하는 것 등이다. 게다가 국소성 기능이 전체론보다 쉽게 수용될지라도, 환원주의는 우리가 생각해보아야 할 또 다른 논쟁이다.

9.8 신경과학은 인지과학에 종말을 고할 것인가?

신경과학은 인지과학의 다른 분야와 몇 가지 차이를 보여준다(마찬가지로 비실험적인 분야인 철학도 많은 차이점을 보인다). 신경과학자들은 다른 인지과학을 연구하는 동료와 구분되는데, 이는 그들이 물리학과 생물학이라는 성공적인 과학의 모형을 본따서 연구를 진행하기 때문이며, 이를 통해 그들의 질문을 명확하게 진술할 수 있고, 해결책을 향한 그들의 진행 과정을 감독할 수 있기 때문이다. 비록 심리학자들이나 인류학자들의 발전이 더디거나 그들의 핵심적인 주제에 대한 정의를 내리는데 실패하고 있다는 주장을 반박하려는 사람이 있을지라도, 오직 소수의 교육받은 관찰자들만이—그러한 이가 있을지도 의문이지만—신경과학에 동일한 진단을 내릴 것이다. 이러한 이유 때문에 나는 이 장에서 과도한 역사적 접근 방식을 지양하고 이 분야의 핵심적인 주제에 초점을 맞추어 그 주제에 대한 질문이 어떻게 구성되었는지와 연구 관점의 다양한 변화를 살펴보고, 백 년간의 연구를 통한 신경과학적 결론을 평가하고자 하였다.

명심해야 할 점은 신경과학이 다르기는 하지만(누가 그 차이를 비판할 수 있을까?), 완전 다른 것은 아니라는 것이다. 내가 관찰한 바에 따르면 핵심적인 질문에 대한 근본적인 토의는 지속되고 있다. 내가 기록한 불확실성은 비록 신경과학이 급격하게 성장하고 있지만 아직 젊은 학문이며 주요 주제에 관하여 문제를 풀기보다는 정의하는 과정이 필요하다는 점이다. 그에 더하여 불확실성으로 인해 다른 추가적인 고려사항도 존재한다.

신경과학 안에는 생물학에 편향적인 과학과는 별 상관이 없는 인지과학적 개념과 관심사를 유지하고 있는 이들이 있다. 환원주의적 시각에서 모든 자연과학의 목적은 가장 근본적인 단계에서 현상을 설명하는 것이다. 물리학이 원자보다 작은 입자 수준에서의 설명을 하기 위해 연구를 하며 생물학자들이 유전자와 분자적 수준에서 설명을 찾고 있듯이 신경과학자들은 점차 신경세포와 화학적·전기적인 내부 기전에 초점을 맞추고 있다. 과학 분야가 상대적으로 덜 성숙할수록 일시적으로 심리학적 실험을 수행하고 행동에 대한 컴퓨터 시뮬레이션을 수행해야 할 필요성이 있을 수도 있다. 그러나 적절한 신경과학 연구가 수행된 후에는 행동, 사고, 반응, 지식구조 및 구조 단위의 분석 및 다른 표상적 개념에 대한 설명은 필요치 않게 될 것이다.

신경과학 내부에는 평행되는 환원주의적 경향이 있다. 과학이 성숙하기 전까지는 큰 신경단위 수준(예를 들어 신경세포층, 후두엽의 일부 영역, 하나의 엽이나 뇌반구)에서 일어나는 일에 대한 것을 논의할 필요가 있다. 그러나 동일한 설명이 특정 세포 수준에서 이루어지면서 그러한 논의는 결국 사라질 것이다. 따라서 강한 환원주의적 입장은 두 가지 방향으로 진행될 것이다. 심리학이나 현상학적인 용어는 최대한 빨리 폐기될 것이며 신경계의 큰 부위에서 점점 세부적인 영역으로 이동할 것이다. 물론 좀 더 온건한 환원주의적 위치도 존재하여 어느 정도의 인지적 논의나 좀 더 큰 단위의 신경계에 대한 논의도 허락될 것이다. 그러나 이러한 입장도 신경과학적으로 잘 알려진 사실과의 연관 관계가 모호한 개념에 대한 회의적 시각을 강경한 환원주의적 입장과 공유할 것이다.

인지과학적 관점에서 이러한 논의는 수용할 수 없다. 뇌과학자들의 새로운 발견 또는 선호하는 모형에 대한 관심사나 지식 수준이 인지과학자의 것과 서로 다르다고 하더라도 하나의 중요한 사안에는 양측 모두 동의한다. 그것은 활동 자체에 대한 적절한 이론이 없다면 뇌가 처리하는 어떠한 내용에 대해서도 적절한 이론을 만들 수 없다는 점이다(Mehler, Morton, and Jusczyk 1984). 지각에 대한 이론이 없다면 가장 정밀한 수준에서도 지각을 연구하는 것이 불가능하다. 분류되는 영역에 대한 충분한 지식이나 분류를 구성하는 데 있어서 발생하는 철학적 문제에 대한 이해 없이 연구를 하는 것은 불가능하다. 이러한 유심론적인 늪에 오래전부터 존재해온 단점에 대한 상당한 이해 없이 마음, 자아, 행동에 대해 논의하는 것은 경솔한 짓이다. 비트겐슈타인의 말을 예로 들자면 어떠한 사람이 개념의 형성에 관여하는 모든 뇌의 연결도를 알고 있더라도 개념이 어떤 것인지 모른다면 무용지물에 불과할 뿐이다.

이러한 관점에서(대부분의 신경과학자들이 자신들이 한다고 생각하는 것처럼) 단순히 사실 관계만을 기록하는 무심한 관찰자로서 신경계를 연구하는 것은 불가능하다. 연구 주제와 그 주제를 연구하는 방식은 내재된 이론을 반영하게 될 것이다. 이는 지각, 인지 그리고 언어란 무엇인지, 그리고 각 과정에서 중요한 것은 무엇이며 각 과정이 발생하는 방식은 어떠한지에 대한 이론을 포함한다. 하위 동물로부터 밝혀낸 사실을 인간에게 적용하는 것에는 심각한 위험성이 따른다. 또한 모든 경우에, 절차에 관하여 자각이 부족하면 단순한 오류를 저지를 가능성이 높다.

언어와 관련된 예시를 들자면 언어학에 무지한 신경과 의사는 언어에 대한 유치한 직감에 의존할 수 있을 것이다. 따라서 실어증 환자를 묘사할 때 '작은 단어'나 '완벽한 문장'을 사용하지 못한다고 적을 수 있을 것이다. 그러나 언어학을 교육받은 관찰자는 즉시 좀 더 미묘한 수준에서 질문을 던지고 그 차이점을 밝혀낼 것이다. 어떠한 문법적 분류가 문제인가? 다양한 언어적 맥락들에 공통적으로 나타나는 문제인가? 다른 음성적·구문적·어휘적, 혹은 실용적 문제점이나 차별점이 나타나는가? 그러한 언어학적 통찰력에 의지하는 것이 정확한 분석을 보장하는 것은 아니다(때로 특정 언어학적 이론에 너무 의존하여 다른 패러다임상의 현상을 놓칠 수 있다). 그럼에도 불구하고 언어학에 대한 어떠한 지식도 회피하는 것은 자발적 장님이 되는 것과 마찬가지이다. 따라서 현재 모든 실어증 연구팀은 심리학자와 언어학자, 그리고 물론 신경과학자를 포함하고 있다.

이러한 이유로 나는 신경과학을 인지과학의 경계 분야로 생각하는 것이 최선이라고 생각한다. 인류학이 인지적 현상 연구의 상위 한계를 포함하듯이, 신경과학은 하위 한계를 표상한다. 신경과학자들이 연구하는 대다수의 현상은 표상적 수준에서의 어떠한 기준점 없이도 완벽하게 설명될 수 있는 것들이거나 표상적 단면의 보조적 역할을 할 뿐이다. 마치 꼬마선충(Aplysia)에서의 습관화에 대한 설명이 표상적 분석을 필요로 하지 않는 것과 같다. 그러한 현상은 원시부족의 종교 체계에 대한 논의가 인지과학의 주류에 속하는 것이 아닌 것처럼 주류에 속할 수 없다. 그러나 신경과학자들이 좀 더 복잡한 형태의 사고 과정을 포함하는 영역, 예를 들어 언어나 물체의 지각 또는 논리적 문제 해결과 같은 영역을 침범하기 시작한다면 이러한 표상적 문제를 처리할 가능성은 없다. 그리고 그 지점에서 뉴런 수준에서의 설명과 규칙, 혹은 개념 수준의 설명을 연결지어야 하는 인지적 도전이 시작될 것이다.

따라서 신경과학자들은 그들이 원해왔던 것처럼 다른 인지과학 분야로부터 독립적인 상황을 유지할 수 없을 것이다. 심리학, 철학, 언어학과 인류학이 지각, 기억, 학습, 또는 언어에 대한 질문에 해답을 줄 수는 없을지라도 수십 년간 지속되어온 해당 분야들에서의 연구 결과는 현재 발생하는 모든 논의와 상관이 있을 수밖에 없다. 그러한 내용에 대해 무시한다면 아무리 뛰어난 신경과학자라 할지라도 문제가 될 것이다. '피 튀기는' 접근 방식(뇌를 열고 거기에 무엇이 있나 보거나 듣는 연구)을 '모의실험'적 접근 방식(관찰된 행동에 대한 적절한 이론을 개발하려는 방식)보다 선호하는 사람이라고 하더라도 점차 학제적 접근 방식을 통해 문제를 해결해야 한다는 것을 점점 깨달아나가고 있는 중이다. 이 책의 제3부에서 그러한 직접적인 학제적 연구 노력을 논의하고자 한다.

제3부

통합 인지과학을 향해:
현재의 노력, 미래의 전망

서론

제2부에서 나는 오늘날 인지과학을 함께 구성하며 언젠가 하나의 인지과학으로 통합될 6개 학문의 역사에서 중요한 사건들을 살펴보았다. 각 학문이 내부적으로 어떻게 변화하며 성장해왔는지, 그 과정에서 마주했던 중요한 이슈는 무엇이었는지, 그리고 그 주된 연구 방법은 무엇이었는지 등을 따로따로 고려하긴 했지만, 사실 그 어떤 학문도 진공 상태에서 작동하지는 않는다. 예를 들면 철학과 심리학, 언어학과 인류학, 심지어 인공지능과 신경과학 등, 다양한 학문들 사이의 대화는 분명히 존재해왔다. 심리학자 보링(E. G. Boring)의 용어를 빌려 말하자면, 일종의 '시대정신(Zeitgeist)'(1950), 혹은 구조주의 역사가인 푸코(Michel Foucault)의 용어로 말하자면 공유된 '인식(espisteme)'이란 것이 개별 학문들 사이에 존재해온 것이다(1970).

여러 개별 학문들에 걸쳐 작동해온 듯 보이는 요인들이 무엇인지를 설명하기 위해 나는 인지과학의 역사를 마치 하나의 정합적인 분야로서 짧게 그려보려고 한다. 우리가 생각하는 전형적인 과학은 고대 그리스 시대로 거슬러 올라가는데, 플라톤과 아리스토텔레스의 저작들, 『메논』에서 제기된 주제들에서 그 기원을 찾아볼 수 있다. 바로 여기서 지식의 성격, 지위, 원천, 그리고 사용 등에 대한 질문이 처음으로 제기되고 있다. 인지과학의 어젠다는 17세기와 18세기 철학의 전성기에 제대로 그 실체를 드러내는데, 이를테면 (데카르트 같은) 합리주의자와 (로크나 흄 같은) 경험주의자 사이의 논쟁, 1780년대 칸트, 1910년대 화이트헤드와 러셀이 진행한 융합의 시도 등에서 그 예를 찾아볼 수 있다. 바로 이 시점에서 오늘날 인지과학자들이 다루는 주제들이 처음으로 등장하는 것을 우리는 목격하게 된다.

19세기에 이르면 우리가 떠올리는 전형적 과학은 사유하기보다는 경험적으로 관찰하는 과학자의 영역으로 이동한다. 의심의 여지없는 물리학과 화학의 성공, 그리고 많은 영감을 주는 생명과학에서 다윈의 관찰은 인간 행동과 사고에 대해서도 비슷한 과학이 성립될 수 있다는 희망을 불러일으킨다. 대학원 연구의 시작, 기술의 빠른 발달 그리고 풍요롭지만 새로운 사회경제적 문제들을 품은 사회의 출현 등에 힘입어, 심리학, 언어학, 인류학 그리고 신경과학은 모두 수십 년 내에 각자의 영역에서 그 모습을 나타내기 시작한다. 이 학문들은 서로 지향하는 바가 다르긴 했지만, 전형적인 인지과학을 이끈 선구적인 생각은 인간 행동과 사고는 수천 년에 걸쳐 진화해왔고, 다양한 환경에 적응하면서 문화를 꽃피웠고, 경험적이고 아마도 실험적인 방법에 의해 탐구될 수 있다는 전제 위에 자리잡고 있었다. 인간의 지각, 언어, 범주화, 그리고 이성적 사고에 관한 오래된 질문들에 대해 믿을 만한 답을 확보할 가능성이 마침내 등장한 것이다.

19세기 말에 등장한 이 새로운 학문들을 이끈 리더들은 자신들이 해결해야 할 과제에 매우 적합한 사람들이었다. 그들은 자연과학과 당대의 철학에 깊이 뿌리내리고 있었을 뿐만 아니라 상상력을 갖춘 경험주의자이면서 타고난 조직주의자이기도 했다. 그래서 학회도 만들고, 과학잡지도 편집하였으며, 자신들의 일에 동조하는 자와 회의적인 자들과 지치지 않고 논쟁할 수도 있었다. 이러한 리더들로는 헬름홀츠, 제임스, 분트, 소쉬르, 프레게, 타일러, 보아스 등이 있었다.

이 학자들은 새로운 과학을 확립하는 데 성공하긴 했지만, 그들이 애초에 이루려 한 (매우 장대하고 낙관에 가득 찬) 구체적인 어젠다가 늘 잘 유지되었던 것은 아니었다. 20세기 초반에 이르러, 이 미래적 전망을 지닌 1세대 연구자들의 움직임은 각 학문 분야에서 어떤 모종의 반향을 일으키기 시작했다. 그러한 반응의 대부분은 환원적이고 기능적인 성질의 것이었다. 즉 행동은 행동을 구성하는 요소들로 분석되고, 유기체의 생명에서 지닌 그 역할과 한 사회의 목표의 관점에서 바라봐야 한다는 것이다. 행동주의라는 유행이 심리학(왓슨)과 인류학(블룸필드)을 휩쓸었고, 기능주의가 인류학(말리노프스키)을 지배하였으며, 논리실증주의가 철학을 좌지우지했던(비엔나 학파) 시대였다. 이러한 반응경향에서 예외적인 것인 것은 신경과학이었으며('경계학문'이라는 그 성질에 걸맞게) 일종의 반대 방향적 반응을 보였다. 지난 세대의 분석적이고 환원주의적 입장은 한동안 전체주의적 입장에 의해 신경과학의 중심에서 주변부로 밀려나 있었다.

몇몇 학문들은 행동주의에 완전히 잠식되지 않았다. 각 학문 내에서 일부 학자들은 전체주의적이고 구조주의적 입장을 여전히 유지했다. 게슈탈트 심리학자, 프라하 언어학파인 피아제, 래드클리프-브라운과 같은 구조주의 인류학자는 마음의 과학에 대한 광대한 비전이 계속 유지되도록 했다. 그리고 정신주의가 반박당하고 있던 바로 그 시기에 수학자와 공학자는 행동주의가 차지하고 있던 헤게모니를 나중에 잠식하게 될 새로운 발견을 예비할 초석을 차분히 다지고 있었다.

1920년에서 1950년 사이에 행동주의는 미국을 압도하였고, 미국보다 강하진 않았지만 그 외 나라들에서도 지배적이었다. 하지만 힉슨 심포지엄과 메이시 학회의 개최를 통해 크레이크와 튜링, 그리고 위너의 저술 활동을 통해, 그리고 브루너, 촘스키, 레비-스트로스, 밀러, 뉴얼과 사이먼의 연구 활동을 통해 인지주의 혁명이 잉태되고 있었다. 학자들은 고급 인지 기능인 언어적이고 개념적인 활동의 중요성을, 그리고 이러한 인지적 현상을 탐구할 새로운 계산론적 도구들의 유용성을 발견(혹은 재발견)하고 있었다. 한때 우상파괴적으로 취급되었던 이 학자들의 주장들은 (놀랄 만한 속도로) 새로운 정통적 견해로 받아들여지기 시작했다. 행동주의는 패퇴하였다기보다는 인간 인지 과정에 대한 전향적 접근에 의해 부적절한 것으로 취급받게 되었다.

1950년대 후반과 1960년대 초반에는 이제 확립된 학문들 내에 흥분이 감돌았고 인공지능의 인지과학에 어떤 새롭고 본질적인 희열이 깃들어 있었다. 그러나 인지과학의 약속이 쉽게 구현되지는 않았다. 이 학문에 적절한 접근법이 무엇인지를 놓고 논쟁이 계속되었다. 하향적 접근법이 적절한지 아니면 상향적 접근법이 적절한 것인지, 일반적인 문제 해결적 접근법이 적절한지, 아니면 전문 시스템적 접근법이 더 적절한지, 체계적인 장기적 실험적 접근법인지 아니면 고도로 선택적인 시연법 혹은 상세한 사례연구의 접근법이 적절한지를 두고 많은 논쟁이 있었다. 그리고 초기의 예측들이 확증되지 않을 것이 분명해지자 1970년대 초에는 아마도 인지과학은 강력한 신봉자들의 당대에는 실현되지 않을 것이라는 회의주의가 자라나기도 했다.

하지만 좀 더 매력적인 가능성이 여전히 남아 있었다. 혹시 개별 인지과학들이 각 학문들의 제약과 패러다임 안에서 발전할 만큼 다 발전한 상태가 아닐까. 그래서 단지 예의를 갖춘 짧은 대화에 그쳤던 개별 학문들 간의 협력이 여러 학문들에 중심적인 문제를 다루는 본격적인 공동 연구로 진전해야 할 필요가 있는 것이다. 많은 과학적 문제들이 단일 학문에 의해 다뤄지기에는 너무 복잡하다는 인식과 인접학문들 사이에서 나타나는 자연스런 방법적·개념적인 이끌림에 의해서 점점 많은 수의 과학자들—상당수가 1950년대 이후의 환경에서 성장한—이 단일 학문에 소속되기보다 좀 더 광폭의 인지과학을 수행하고 다학제적인 연구에 더욱 적극적으로 참여하게 되었다.

따라서 이 책의 마지막 장들에서 나는 '인지과학적'이라 칭할 만한 연구 노력들을 개관할 것이다. 이 노력들은 한 개인이나 실험실에서, 혹은 개인들과 실험실 사이의 협력에서, 혹은 결합된 여러 학문들에서 일어난 것으로, 고전적인 시대의 사상가들에 활기를 불어넣어 주었던 아주 오래된 철학적 질문들에 답하려는 노력이다. 당연히 많은 예들이 언급될 수 있고, 내가 선택한 예들은 전혀 절대적이라 할 수 없다. 내가 선택한 연구들은 인지과학의 중심적인 질문들을 포함하면서 인지과학계에 의해 높은 수준을 확보한 것으로 평가되는 연구들이다. 그 연구들은 세련된 비판을 촉발했고 결국 그러한 비판들을 해소하는 접근들을 제시하는 것으로 이어졌다. 이어지는 장들에서 나는 중요한 비판들을 인용하는 데 망설이지 않았으며, 적절하다면 나 자신의 비판적 생각을 언급하기도 하였다. 나는 다음 장들에서 일정 수준을 갖춘 인지과학을 생성한 네 가지 질문에 집중하였다.

제10장에서는 어떻게 사람들이 형태와 물체를 인식하는지를 (신경과학과 심리학의 도움을 받아) 설명하려는 인공지능의 현재 노력들을 다룰 것이다. 여기서 핵심을 이루는 것은 데이비드 마와 그 동료들의 연구인데, 이에 대한 깁슨과 '직접지각'을 신봉하는 연구자들의 비판도 소개될 것이다.

제11장에서는 시각적 상상에 관해 다룰 것이다. 시각적 상상이라 일컫는 것이 무엇을 의미하는지, 그리고 시각적 상상을 일종의 지식이 표상되는 한 수단으로 다루는 것이 적절한지 등을 논의할 것이다. 여기서는 스티븐 코슬린의 심리학과 인공지능 연구에 집중할 것이고 이 연구에 대해 다양한 철학적이고 계산론적인 반박을 펼친 제논 필리신의

입장도 소개될 것이다.

제12장에서는 어떻게 사람들이 세상에 존재하는 물체와 요소들을 범주화하여 분류하는지의 이슈를 살펴볼 것이다. 그 출발점은 문화비교심리학자인 엘리너 로슈, 그리고 언어학적 지향을 가진 두 인류학자인 브렌트 벌린과 폴 케이가 행한 색채명명에 관한 연구이다. 여기서 조명할 부분은 사람이 행하는 범주적 분류가 임의적인 것인가 아니면 어떤 동기를 지닌 것인가라는 철학적 주제, 그리고 우리가 사용하는 언어와 생각하는 방식 사이의 관계이다.

인간의 합리성은 제13장의 주제이다. 고대 그리스 시대 이래 철학자들은 인간의 합리성의 성격과 그 범위에 관해 사유해왔는데, 트버스키와 존슨-레어드의 최근 연구는 논리적으로 사유하는 존재로서 인간을 상정하는 것에 심각한 의문을 제기한다. 심리학, 언어학, 인공지능에서 도출된 이 비판적 견해는 '비합리성에 관해 논쟁하는 이성'이라는 상당한 철학적 논쟁을 불러일으켰다.

최고 수준의 연구를 조사하고 그 연구를 가장 날카롭게 비판하는 것은 현재 인지과학을 평가하는 하나의 가능한 방법이다. 그러나 결국 이 분야가 자신을—그 전반적인 정의에서—어떻게 제시하는가 하는 것 역시 마찬가지로 중요한 검증 방법이다. 대체로 나는 인지과학을 그 역사와 활동을 통해 있는 그대로 기술하려고 했다. 하지만 마지막 부분에 이르러 나는 이러한 방식을 잠시 멈추고 이 책을 쓰게끔 나를 충동한 인지과학이란 운동에 관한 나 자신의 결론을 제시할 것이다.

제10장

세상을 지각하기

어떻게 우리는 원을 원으로 인식하고, 그것이 큰지 작은지, 가까이 있는지 멀리 있는지 알아차리는가? 어떻게 원으로 보이는 것이 원과 시선이 수직으로 만나는 평면상에서 원인지 아니면 다른 각도를 지닌 타원인지 알아차리는가? 어떻게 우리는 구름에서, 혹은 로르샤흐 테스트의 얼룩 패턴에서 사람의 얼굴과 동물과 지도를 보게 되는가?

—노버트 위너

10.1 지각의 영원한 퍼즐

철학적 사유의 시작은—사유의 주체가 한 어린아이든 사회이든—대개 외부 세계에 대한 지각에 초점이 맞춰진다. 경험이 없는 개인은 눈을 뜨고 빛이 있는 한 볼 수 있는 물체들의 세상의 존재에 압도당한다. 물체도 우리도 움직이는데도 우리는 매우 안정적이고 정돈된 세상을 본다. 우리는 또한 어떤 물체의 한 부분만으로도 형태와 색깔을 볼 수 있지만 물체 없이 혹은 물체를 보기 전에 형태와 색깔을 보지는 못한다.

그리고 우리 대부분은 실제로 물체가 없을 때 기억, 심상, 그리고 상상력에 의해 지각할 수 있다고 믿는다.

이런 것들은 직접적인 관찰인 듯하지만 철학과 심리학의 역사를 들여다보면 어떻게 일상의 지각경험이 생겨나는지에 대해 타당한 설명을 찾기 어려움을 알 수 있다. 문제는 거의 즉각적으로 생겨난다. 정확한 지각을 위해 필요한 모든 정보들이 외부 세계에 존재하는가, 아니면 우리 스스로가 예상이나 지식을 동원하는가? 세상은 아마도 3차원에 존재하고 있는 듯한데, 어떻게 이 3차원이 망막에 기록되어 이후 한 사람의 머릿속에 다시 복원되는가? 세상을 찍은 사진으로 세상을 지각하는 것은 세상에 대한 머릿속의 심상으로 세상을 지각하는 것과 어떻게 다른가? 왜 광학적 착시현상은 우리가 그것이 착시임을 알아차려도 계속 그렇게 보이는 것인가? 그리고 다양한 시각적 인상과 이미지들은 어떻게 생각들을 불러일으키는가? 그러한 인상과 이미지들은 생각 그 자체인가, 아니면 생각을 실어 나르는 들것인가, 아니면 상징적 존재들의 조작을 반영하는 것인가, 아니면 우리가 알고 배우고 이해하는 능력에 아무런 기여를 하지 않는, 그냥 실존하지 않는 부수적 현상인가?

이와 같은 질문들은 철학이 시작된 이래 계속해서 사유되어왔다. 실제로 고대 그리스 사람들은 시각에 대한 지식이 어떻게 이루어지는지 고민했다. 그들은 시각적 세상을 어떻게 인식하게 되는 것인지, 그리고 그러한 시각적 인식이 일반적인 세상의 이해에 어떻게 기여하는지 이해하려고 많은 노력을 기울였다. 소크라테스 이전의 철학자들도 이미 이러한 논쟁에 참여했다. 키오스의 메트로도로스는 자신의 제자들에게 감각으로부터 오는 정보는 무시하고 믿음에 주의를 기울이라고 조언하였다. 반면에 데모크리토스는 모든 지식의 기초는 지각이라고 중요히 여겼다(Barnes 1979). 플라톤은 영혼이 지각을 가능케 한다고 여긴 반면에 아리스토텔레스는 안구가 실제로 어떻게 작동하는지 발견하는 데 더 많은 관심을 기울였다. 시간이 흘러 합리론자와 경험론자는 이 이슈를 재조명하게 된다. 데카르트는 감각기관의 중요성을 낮게 본 반면, 경험론자는 감각기관을 모든 지식의 진원지로 보았다.

오래지 않아 과학자들도 이 논쟁에 뛰어들게 된다. 대부분의 심리학자들은 지각에 대한 관심을 가지고 심리학을 시작하였으며 다른 정신작용보다 훨씬 먼저 지각 과정에 대한 이해의 진전을 보게 된다. 심리학자들을 살펴보면서 나는 이미 이 분야를 지배한 몇몇 주제들을 다루었다. 헬름홀츠는 자극 자체에는 정보가 불충분하고 따라서 지각의 많은 부분은 관찰 대상인 장면에 대한 무의식적 추론에 의존해야 한다고 믿었다. 깁슨은 감각은 생존을 위해 필수적인 정보들을 환경에서 직접 얻어낼 수 있다고 대응했다. 감각주의자들은 지각은 감각의 기본 요소들을 탐지하는 데서 시작되어 점점 복잡한 대상과 형태들을 이루어 나간다고 여겼다. 이와 반대로 게슈탈트 심리학자들은 인간이 하향적 방식으로 먼저 전체적 형상을 지각한다고 주장했다.

새로운 종류의 두 연구가 지각에서 논의되었다. 하나는 제9장에서 논의된 것으로 특징한 신경세포의 감각 능력을 결정하려고 시도하였다. 이는 모든 신경과 신경집단의 기능이 밝혀지게 되면 지각 과정에 대한 더 추상적이거나 고차적인 기술이 불필요하다고 여기는 입장이다.

10.2 컴퓨터 시뮬레이션

컴퓨터가 등장하면서 또 다른 과학자 집단은 시지각 과정에 관심을 가지게 되었다. 처음 이 집단이 도전했던 과제는 지각이 인간에게서 어떻게 생겨나는지에 앞서 도대체 어떻게 지각이 어떤 생명체나 기계적 장치에서 가능한지를 이해하는 것이었다. 이들은 이 공학적인 도전을 '보는' 기계와 프로그램을 설계함으로써 해결하려 했다. 시각적으로 제시된 어떤 정보가 제공되면 이러한 메커니즘은 그 정보들을 분리해서 제시된 물체, 패턴 혹은 장면의 성질과 모양을 확인할 수 있다고 생각한 것이다.

1950년대 후반과 1960년대 초반에 잘못된 출발을 한 후에 지각을 연구한 공학자들은 '장면 분석'(Boden 1977; MacArthur 1982)이라는 연구를 시작하였다. 이런 종류의 전형적 연구에서는 (흔히 선분들로 이루어진) 그림이 컴퓨터에 입력되고 컴퓨터의 과제는 그 그림에 묘사된 물체들이 무엇인지 해석하는 것인데, 물체 자체를 묘사하고 물체들 간의 관계를 기술해야 했다. '실제' 세계는 현재 기술로 분석해내기에 너무 복잡한 것이 자명했기 때문에, 가장 효과적인 프로그램은 인공적인 마이크로월드에서 작동하도록 고안되었다(마치 테리 위노그래드가 언어이해 프로그램 SHRDLU에서 그런 것처럼). 앞서 언급한 대로, 데이비드 월츠와 같은 연구자는 블록들로 이루어진 장면을 그린 선분들을 잘 해석하는 프로그램을 고안해낼 수 있었다. 그러나 1970년대 초반의 이러한 접근은 여러 면에서 한계를 지니고 있었다. 우선 프로그램들은 실제 물체나 그 사진들이 아닌 인위적인 선분들의 그림을 해석한 것이었다. 또한 장면들은 대개 어떤 특정한 인공적인 마이크로월드로부터 골라낸 매우 제한된 형태였다. 이미지 그 자체 수준의 계산은 최소화되었다. 장면의 기호적 조작이 강조되었으며, 그런 조작은 대개 컴퓨터가 잘 계산하는 종류였고 사전 지식에 많이 의존하는 것이었다. 반면에 일상적 조건에서 사람들이 접하게 되는 풍부한 정보는 고려되지 않았다. 좀 더 일반적으로 말하자면, 한 장면이 성공적으로 분석되었을지라도 프로그램이 일종의 공학적인 기교를 부렸다는 인상을 주었지 심리학적으로 그럴듯한 메커니즘을 제공했다는 느낌은 주지 않았다.

컴퓨터 비전에서 진정한 발전이 일어나려면, 단순히 특정한 종류의 그림이나 마이크로월드를 어떻게 지각하느냐를 고려하는 데 그쳐서는 안 되며 근본적인 수준에서 지각 과정을 설명해내야 했다. 즉 목표는 실제 지각하는 사람과 표면적으로 유사하게 지각하는가와 상관없이, 적어도 운동, 깊이, 표면 결 지각 등 인간 지각을 강력하게 만드는 변수들을 포함하는 지각적 과제의 범위와 지각 가능한 장면의 전체 범위를 다룰 수 있는 메커니즘을 제시하는 것이어야 했다. 지각심리학, 신경과학 그리고 인공지능에서 가용한 지식의 결합은 드디어 아마도 최초로 시지각의 초기 과정에 관한 그럴듯하게 완결적인 설명—즉 어떻게 한 유기체가 모양과 물체의 세계를 지각할 수 있는지를 설명하는 것—을 시도하게 해주었다. 이러한 과제를 위한 적절한 아이디어는 여러 방면에서 제시되었지만, 그중 가장 획기적인 개념은 대부분 데이비드 마로부터 왔다.

10.3 데이비드 마의 연구

비극적으로 짧았지만 마의 연구는 놀랄만큼 생산적이었다. 영국 케임브리지에서 신경생리학을 배운 마의 첫 연구는 인간 소뇌의 기능에 관한 것이었다(Marr 1969). 하지만 그는 단순히 뇌를 관찰하는 것만으로—심지어 모든 신경과 신경 간 연결의 기능을 다 안다고 하더라도—행동에 관한 가장 중요한 질문에 결코 답할 수 없다고 깨닫게 된다. 그에 따르면 마치 단순히 새의 깃털을 조사해서 비행의 원리를 이해하려는 것과 같다. 그는 비행의 완전한 이해는 생명체가 날 수 없도록 제약하는 요인과 중력을 극복하게 하는 요인들에 대한 이해를 필요로 하는 것과 마찬가지로, 지각의 완전한 이해는 오직 물체를 지각하는 데 관여하는 실제 문제들이 무엇인지 파악하고, 이 문제들이 어떻게 해결될 수 있는지, 그리고 그 해결이 컴퓨터에서 뇌에 이르기까지 특정한 메커니즘에서 어떻게 구현될 수 있는지를 고려하는 이론을 통해서만 가능하다고 생각했다. 이러한 인식에 따라 마는 1973년부터 백혈병으로 생을 마감할 때까지 MIT의 인공지능 실험실에서 짧은 7년의 연구를 진행하게 된다.

이 짧은 기간에 마는 일반적으로는 지식 시스템을 어떻게 연구할지, 구체적으로는 시지각에 어떻게 접근할지에 관한 프로그램을 펼쳐 보인다. 대전제는 시각이란 세상에서 마주치는 이미지들에 대한 효율적인 상징적 묘사들을 만들어내는 과정이란 것이다. 마에 따르면, 세상에 관한 이미지들은 보는 사람에게 유용하고 불필요한 정보에 방해받지 않는 그런 묘사여야만 한다. 상징적 묘사란 입장을 취하면서 마는 '직접적 지각'을 가정했던 연구자들과 단호하게 결별하고 인지과학의 캠프로 들어온 것이다.

10.3.1 여러 수준의 장면 분석

마는 단일 수준에서만 이해하는 것으로는 그러한 묘사를 획득하기에 불충분하다고 주장했다. 행동실험을 결과를 예측하고, 바람직한 방식으로 시각입력을 분석하고 해석하는 컴퓨터 프로그램을 쓰기 위해서는 신경세포의 반응을 기술할 수 있어야만 한다(Marr 1982). 이에 따라 마는 '계산론(computational theory)', '알고리즘(algorithm)' 그리고 '구현(implementation)'이라는 세 설명 수준을 제안한다.

마가 제안한 수준들은 금전등록기의 단순한 예로 설명될 수 있다. 이런 장비를 이해하기 위해 우리는 가장 추상적인 수준에서 그 장비가 어떤 일을 하고 왜 하는지 물어야만 한다. 금전등록기가 하는 일이란 산술계산이므로 덧셈의 이론을 완벽히 이해해야 한다. 즉 숫자 쌍으로부터 그 합을 연결하는 개념을 이해해야 하고, 교환의 법칙(예를 들어 3+4=4+3)과 연합의 법칙(예를 들어 (3+4)+5=3+(4+5))과 같은 원칙들을 충분히 이해해야 한다. 이러한 덧셈에 대한 이론적 이해는 금전등록기의 '계산론'을 구성한다.

이를 시각 과정에 비유한다면, 세상에 관한 이미지에서 세상의 속성을 추정하는 문제에 해당한다. 달리 말하자면, 시각을 구현해내는 어떤 메커니즘에서도 적용되는 방식으로 시각의 과정을 설명하는 문제인 것이다. 이러한 '계산론'은 무엇이 계산되고 있는지, 그리고 지각의 목적에서 볼 때 왜 계산되는 것이 계산할 만큼 유용한 정보인지를 보여주어야 한다. 시각의 경우, '계산론'은 2차원상의 이미지가 실제 3차원 세계에 연결되는 방식을, 나아가 어떻게 그 이미지가 해석될 수 있는지를 구체적으로 설명해야 한다.—즉 상관적 이미지로부터 장면의 속성을 복원하는 것이 가능하게끔 하는 조건을 구체적으로 밝혀야 하는 것이다. 따라서 시각이란 움직이는 이미지로부터 회전하는 물체의 모양을 복원하는 과정, 혹은 입체시지각 능력(양쪽 눈의 조금씩 다른 시선 차이에서 발생하는 정보를 결합하여 깊이를 계산하는 양안 메커니즘의 능력)을 포함하게 되는 것이다. '계산론'은 이미지에 주어진 정보를 바탕으로 이러한 과정이 어떻게 진행되는가를 설명해야만 하는 것이다.

하지만 이러한 과정이 실제로 작동하기 위해서는 계산 과정을 이루는 요소 각각에 대하여 어떤 형식의 표상(representation)을 선택해야만 한다. 어떤 과정의 두 번째 분석 수준이란 우선 그 과정의 입력과 출력에 대한 표상을 선택하는 것이고 그다음엔 정보처리가 이루어지는 알고리즘(혹은 형식적 상징-조작 절차)을 선택하는 것이다. 달리 말하자면, 이 두 번째 알고리즘 수준의 분석은 어떤 조작이 실행되는 구체적 방식을 가리킨다. 덧셈의 경우, 아라비아 숫자라는 표상을 선택하는 것이고, 가장 작은 숫자들을 먼저 더하고 그 합이 9를 넘어가면 넘기는 식의 알고리즘을 선택할 수 있는 것이다. 금전등록기가 전자식이든 기계식이든 공히 이러한 유형의 표상을 취한다.

시각의 경우, 알고리즘 수준이란 입체시와 같은 기능이 메커니즘에 의해 실제로 표상되고 행해질 수 있는 다양한 방식에 관한 것이다. 입체시의 경우, 마와 동료들은 입체시를 계산하기 위한 단순하면서도 아주 효율적인 일련의 절차들을 제안했다. 하지만 이 절차들은 뇌에서 일어나는 것 같은 과정과 전혀 닮아 있지 않다. 마는 자신의 알고리즘이 동물지각에 관해 알려진 것과 일치하기를 원했다. 따라서 알고리즘은 정신물리학과 신경심리학의 증거들과 더 일치하는 것으로 대체되었다.

세 번째 수준은 그 과정이 물리적으로 구현되는 장치에 관한 것이다. 동일한 알고리즘이라도 전혀 다른 기술들에 의해 구현될 수 있다. 덧셈은 다양한 종류의 전기식·기계식 기계에 의해 수행될 수도 있고 뇌에서도 수행될 수 있는 것이다.

한 과제는 다양한 알고리즘으로 달성될 수 있고, 어떠한 알고리즘은 주어진 하드웨어 내에서 여러 방식으로 구현될 수 있다. 한 알고리즘이 실제로 구현되는 방식은 각 연구자가 결정하며, 인공지능을 배우는 많은 사람들은 실제 어떻게 인간이 시지각을 이루어내는지에 대해 별로 관심이 없다. 구현 수준에 대한 마의 관심은 장면을 효율적으로 분리하는 컴퓨터 프로그램을 만드는 가능성에 명확히 관련되어 있다. 이것이야말로 한 알고리즘이 실제로 작동했다는 핵심적인 '실존적' 증거였다. 하지만 앞서 언급한 대로 마는 자신의 연구를 인간 뇌에서 일어나는 것 같은 절차들을 참고하며 진행했다.—아마도 그러한 절차들이 비생명체인 기계들에서도 효율적으로 작동할 것으로 기대했기 때문일 것이다.

마가 주목한 점은 과학자들이 실제적인 실험이 가능한 알고리즘과 기계적 구현 수준에서 연구하기 쉽다는 것이었다. 하지만 마는 현재 풀어내야 할 가장 중요한 과제는 '계산론'의 수준이라고 보았다. 여기서 마의 입장이 드러나는데, 그것은 바로 지각을 뒷받침하는 계산의 성질은 어떤 해결책을 실제로 구현하는 특정한 하드웨어보다는 그 시스템이 어떤가에 상관없이 해결되어야 하는 계산론적 문제들에 의해 결정된다는 생각이다.

마는 뇌 과정 그 자체에만 과도하게 집중하는 것을 경계했다. 아무리 완벽한 해부학과 생리학 지식을 가지고 있다 해도 그것이 왜 뉴런이 수용장(receptive field)을 지니고 있는지 설명해주지는 못한다. 어떻게 시각계의 뉴런들이 자신들의 과제를 달성하는지 이해하려면, 이미지를 해석하는 데 필요한 수학적 원리로 설명해야 하는 것이다. 하지만 마는 그 어떤 학문도 그 자체 내에서 지각의 비밀을 밝혀낼 수 없음을 잘 알고 있었다. 진정한 인지과학자로서 마는 다음과 같이 선언했다.

> 중요한 것은, 이 세 분야 어느 한 군데에 대해서라도 무지하면 상당히 곤란해질 수 있다는 것이다. 현대의 물리학자들이 어느 정도 수학을 알아야 하는 것처럼, 심리학자도 수학을 알아야 한다. 하지만 심리학자는 또한 계산에도 익숙해야 하고 계산으로 할 수 있는 것과 그 한계도 명확히 알아야 하고, 과정에 대해 생산적으로 생각하는 방식도 잘 알아야 하고, 그 무엇보다 중요한 것은 이러한 과정들을 이해하기 위해선 무엇이 필요한지도 잘 파악해야 한다는 것이다. (1982: 187)

10.3.2 두 스케치와 하나의 모델

지금까지는 이론적 기초들을 많이 이야기했다. 이렇게 시각을 이해하기 위한 일반적 접근 방법을 제안한 다음, 마와 동료들은 시각 이미지들 각각을 처리하는 구체적 절차를 한 기계나 생명체에서 구현될 수 있는 형태로 정의하는 데 많은 노력을 기울였다. 마의 연구 목표는 어떻게 우리의 뇌가 초기의 '회색-수준(gray-level)'의 명도 변화에서 출발하는 거의 동일한 상징 표상을 계산하게 되는지를 설명하는 것이었다. 간단히 말하자면, 마와 동료들은 '스케치(skethes)'라 부르는 일련의 표상들을 기술했는데, 이 스케치들은 시각정보를 가장 빨리 그리고 최소한의 상세함으로 분석하는 것에서 시작해서 이미지를 공간에 배열된 완전한 물체들의 집합으로 파악하게 되는 것에 이른다(이 전 과정에 관심이 있다면 Marr 1982와 Rosenfield 1984를 보면 된다).

첫 번째 표상은 1차 스케치였다. 이 스케치는 어떤 장면 내에서 빛의 강도 변화 같은 종류(예를 들어 회색 영역, 상대적으로 밝은 영역 등)에서부터 국지적·기하학적 초기 표상에 이르기까지 2차원 이미지의 속성을 자세히 기술한 것이다. 그다음의 표상은 2와 $\frac{1}{2}$차원 스케치(2$\frac{1}{2}$-D sketch)인데, 관찰자의 시선에서 본 물체 표면의 깊이와 방위에 대한 표상이다. 마지막 표상은 3차원 표상이다. 이 표상의 좌표 체계는 관찰자의 시점이 아니라 대상 중심이다. 이 표상은 보여진 표면이 아닌 한 대상이 차지하고 있는 공간, 즉 부피에 대한 표상이며 다양한 크기를 지닌 단순한 식별 가능한 모양의 체계적 배열에 관한 표상이다. 이러한 스케치들을 제안하면서, 마와 동료들은 외부의 장면을 인식하려는 그 첫 시점(혹은 상황)에서 시작하여 그 장면이 비교적 현실적 형태로 이해되는 시점(혹은 상황)에 이르기까지 그 어떤 메커니즘이든 거쳐 가야만 하는 절차들을 배열했던 것이다.

시각정보처리의 첫 과정을 자세히 살펴보면 이러한 과정들이 표면반사, 장면의 밝기, 관찰시점의 결정 등과 같은 기하학적인 요인들을 분류하기 위해 고안된 것임을 알 수 있다. 1차 스케치를 구성하는 세부적 절차들은 이미지 강도 변화를 탐지하고, 국지적 기하구조를 표상 및 분석하고, 광원, 하이라이트, 투명도 등과 같은 밝기 효과를 탐지하는 것으로 이루어진다. 이 절차들은 한 장면에서 밝기의 변화는 모서리나 표면 윤곽에서 변화가 일어날 확률이 높은 곳에서 발생한다는 사실을 반영한다. 그리고 이 절차들은 강도 변화의 크기와 배치에 대한 정보를 분명히 담은 표상을 형성하는 것으로 마무리되는데, 이로써 이미지에 있는 경계선을 탐지하고 그 경계선들을 만들어낸 원인을 파악하게 된다. 1차 스케치는 다양한 방위를 지닌 막대들의 집합으로 구성되어 있다. 이 막대들은 휴벨과 비셀이 '탐지기'라 칭했던 종류의 특징들, 즉 국지적 수준에서 대비, 공간적 크기, 방위 등을 떠올리게 한다. 모든 이러한 환원과 단순화는 빛에 의해 전달된 '날것의 정보(raw information)'에 대한 심적 표상 혹은 상징적 기술이라고 이해될 수 있다. 지각이란 더 실제적인 세상에 대한 이해로 이어지는 일련의 단순화된 스케치들로 이해될 수 있는 것이다.

1차 스케치가 이루진 다음, 이로부터 가시적 표면의 기하적 구조에 대한 표상을 유도하기 위해 수많은 처리가 작동된다. 이 처리들은 입체시, 그림자 단서, 표면결, 중첩 윤곽, 그리고 운동의 다양한 측면들을 사용하는 것들을 포함한다. 선억적 입체시를 동해 깊이, 표면의 방위, 표면의 불연속점 등에 관한 정보를 포함하는 내적 표상이 얻어진다. 그러나 1차 스케치와 마찬가지로, 2와 $\frac{1}{2}$차원 스케치도 관찰자 중심의 좌표 체계에서 이루어진다. 이 표상은 단일한 시점에 의존하고, 따라서 시지각에 대한 가장 중요한 사실 중 하나를 설명하지 못한다. 관찰자의 움직임에도 불구하고 물체의 모양은 변하지 않게 지각된다는 사실, 즉 지각적 항등성을 설명해내지 못한다.

마는 초기 시각정보처리의 목표는 2와 $\frac{1}{2}$차원 스케치를 만드는 것이라고 주장했다. 이러한 접근은 전경, 배경, 영역, 그리고 물체 등과 같은 직관적 구별과 관련된 전통적인 심리학적 분석의 문제점들에서 자유롭다. 초기 시각정보처리와 2와 $\frac{1}{2}$차원 스케치 자체의 다양한 모듈들은 그저 주어진 이미지에 있는 표면의 속성을 발견할 뿐이다. 관찰자가 보고 있는 것이 사람이든, 동물이든, 나무든, 그림이든 상관없이 정확하게 동일한 방식으로 정보처리는 일어나는 것이다. 이 단계에서는 오로지 형태와 반사만이 관찰자에게 분명해질 뿐이다. 마가 표현했듯이, 2와 $\frac{1}{2}$차원 스케치는 표면이(어떤 한 물체 혹은 물체의 집합으로) 해석되기 직전의 마지막 단계인 것이다. 이것은 순수한 지각 과정의 끝이기도 하다.

초기 시각정보처리의 마지막 단계는 형태가 지각의 과정에 상응하는 순수한 표상에서 인식(recognition)에 적합한 표상—의미를 띤 영역들의 집합—으로 변형되는 과정을 포함한다. 이제 당면한 과제는 물체 인식이다. 즉 특정한 순간적 관찰시점에 의존하지 않는 안정적인 형태에 대한 기술이 필요한 것이다. 따라서 한 형태를 이루는 부분적 조각들은 그 모양 자체에 기반한 준거틀의 관점에서 기술되어야만 한다. 형태를 표상하는 한 도식적 방법은 어떤 주어진 이미지로부터 관찰의 대상인 물체에 특수한 점을 포착할 수 있도록 하는 좌표 체계와 차원 축들을 사용하는 것이다.

실제 상황에서 이 과정은 무엇을 의미할까? 물체가 고유하게 정의된 부분들로 이루어질 때까지 부분들과 하위 부분들로 계속 분해되는 과정을 의미한다. 모델이 구축하는 좌표 체계와 차원 축들은 주어진 이미지로부터 규명되어야 하고, 또한 차원축들은 그 좌표 체계상에서 정의되어야 한다. 1차 스케치의 결과물이 다양한 방향을 지닌 선분들로 보이는 반면, 3차원 스케치의 결과물은 대롱으로 이뤄진 막대 장난감처럼 보인다. 마와 그의 동료 키스 니시하라(Keith Nishahara)에 따르면(1978), 이는 뇌가 2와 $\frac{1}{2}$차원 스케치에서 유도해낸 형상들을 자동적으로 막대 장난감을 닮은 대칭축으로 옮겨 놓기 때문이다. 3차원 스케치가 구성되는 순간, 최종 결과물은 다른 물체들과 구별될 수 있는 한 물체에 대한 고유한 기술이 되는 것이다. 즉 동일한 물체는 어떤 관찰

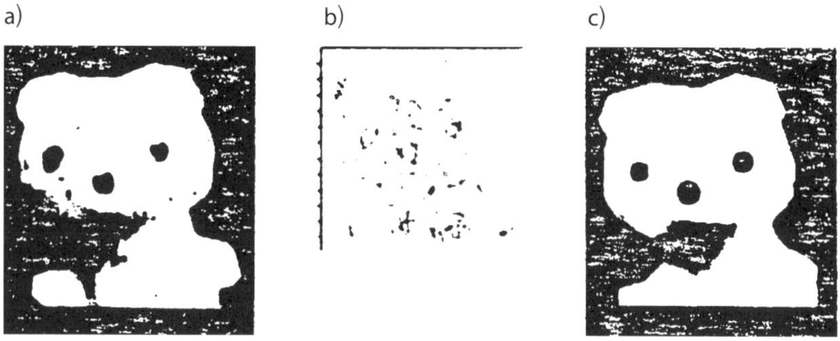

a: 이미지; b: 1차 스케치의 공간적 요소; c: 1차 스케치로부터 이미지의 재구성

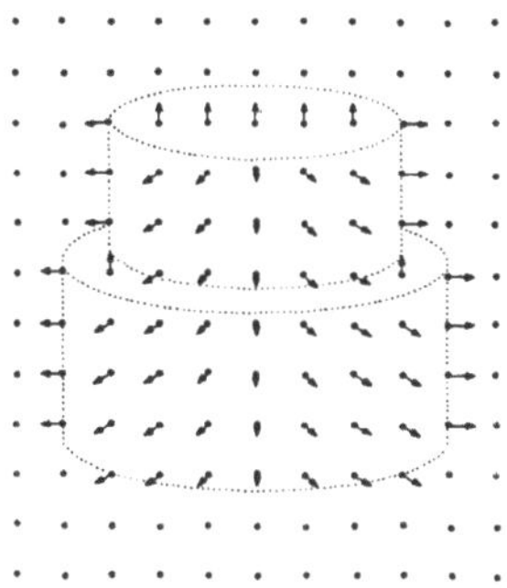

깊이 정보를 표현하지 않은 2와 ½차원 스케치

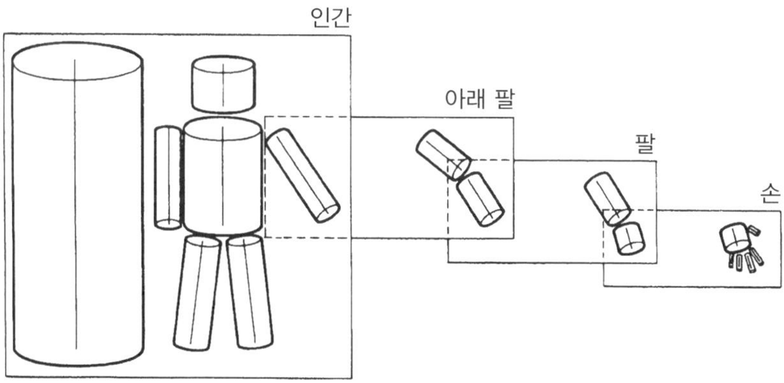

3차원 모델 묘사에 있어서의 형상 정보의 구조. 각 박스는 3차원 모델에 해당함.

Source: From P. H. Winston and R. H. Brown, *Artificial Intelligence: An MIT Perspective*, vol. 2: *Understanding Vision, Manipulation, Computer Design, Symbol Manipulation* (Cambridge, Mass.: MIT Press, 1979). Reproduced by permission.

시점에서 보더라도 동일한 고유한 기술을 결과물로 내놓아야 한다. 그리고 다른 표상은 다른 물체들 사이의 유사성도 반영하면서 동시에 차이점도 유지해야 한다.

이렇게 한 장면이나 이미지를 이해하는 과정에서 아마도 사람과 기계가 공히 거쳐야만 하는 일련의 단계들이 마련되었다. 1차 스케치를 형성하는 첫 번째 계산 단계는 휴벨과 비셀의 특정한 신경 탐지기가 탐지했던 종류들인 가장자리, 선분, 막대 등과 같은 특징들로 장면을 기술하는 것이다. 이미지의 최초의 상징 표상이라 할 수 있는 이 1차 스케치는 물체에 대한 그 어떠한 '상위 수준'의 지식과도 완전히 독립되어 있는 처리 메커니즘에 의해 형성된다. 두 번째 단계는 1차 스케치를 분석하는 상징적 처리로서, 선분들, 점들, 막대들을 다양한 방식으로 집단화해낼 수 있다. 여기서 핵심은 주어진 물체가 밤나무로 인식되기 이전에 일반적인 어떤 둥근 삼각뿔 모양으로 표상된다는 점이다. 이에 따르면 특정 뇌손상의 경우 환자는 한 물체를 구성하는 형태들은 보지만 그 형태들이 표상하는 물체 자체는 인식하지 못할 수 있다. 마지막 단계에서는, 물체—그것을 이루는 부분들과 함께—의 실제 정체가 밝혀진다. 이 물체 규명 과정은 확실하게 어떤 물체가 지각되고 있는지를 결정해낸다. 바로 이 초기 시각정보처리의 마지막 단계에 이르면, 세상에 존재하는 물체들의 성격과 구성에 대한 하향적 지식이 사용될 것이다. 이러한 도식에 따르면, 이전에는 지각에 필수적이라 생각되었던 세상에 대한 지식들은 형태가 완전히 분석되고 난 다음에야 비로소 시각정보처리에 영향을 미치기 시작한다.

나는 인공지능에 대한 마의 대담한 접근을 전달하려 했고, 지나치게 기술적인 점들을 깊이 건드리지 않으면서 시각정보처리의 과정에 대한 마의 생각이 어떻게 형성되었는지 소개하려 했다. 마의 연구가 지닌 원대함을 전달하는 것 또한 매우 중요하다. 예를 들면, 1차 스케치의 단계에서 알고리즘이 탐지해야만 하는 원자적 특성들은 막대, 종결점, 불연속점, 모서리 선분, 가상선분, 경계, 집단, 곡선의 구조 등을 포함한다. 마 스스로 그 과정을 아래와 같이 일반적인 용어로 설명하려고 했다.

> 처음엔 [이미지로부터] 대략 유사한 요소들을 선택하고 그것들을 함께 묶고 무리지으면서, 그 이미지의 내재적 구조가 허용하는 한에서 선분, 곡선, 큰 막대, 작은 조각들이 만들어진다. 이 과정이 여러 차례 반복되면서, 공간적 구조를 포착하는 토큰 혹은 원자적 특징들이 이미지가 주어진 여러 크기 차원에서 각각 형성된다. 따라서 만약 주어진 이미지가 가까이서 본 고양이라고 한다면, 날것의 1차 스케치는 아마도 고양이의 털 정도의 크기 차원에서 이루어진 기술들이 될 것이다. 그다음엔 고양이의 외피의 크기 차원에서 기술이 나타날 것이고—이는 바로 이미지 강도 변화에 의해 탐지될 것이다. 아마도 그다음 차원에서는 줄무늬 띠 같은 구조의 차원에서 일어날 것이고 (……) 그 모든 각각의 단계에서 사용된 원자적 특징들은 질적으로 유사한 상징들—모서리, 막대, 선분, 종결점, 불연속점—이긴 하겠지만 점점 이미지의 추상적인 속성들을 묘사하게 될 것이다. (1982: 91)

10.3.3 인지과학에 대한 시사점

마의 접근법은 시지각에 대한 고전적인 논쟁에 어떤 영향을 미쳤는가? 일반적으로 그는 이미지의 상향적 처리를 선호했다. 어떤 물체가 존재할지 가설을 세우는 대신 지각 시스템은 특정한 분석을 수행하는 많은 특정 메커니즘들로 이루어져 있다는 관점으로부터 연구를 시작하였는데, 이러한 특정 메커니즘들은 '실제 세계'에 관한 어떤 지식으로부터도 독립되어 있고 메커니즘들 사이에 서로 상호작용도 없다고 가정되었다. 실제로 마는 운동, 입체시, 색채 등과 같은 시각정보처리의 측면들을 따로 처리하는 분리된 모듈이 있다고 주장했고, 각 모듈은 자신만의 원칙에 따라 작동하며 다른 모듈과 거의 상호작용하지 않는다고 보았다. 마는 존재 가능한 물체와 장면에 대한 지식의 중요성이 개입하는 시기를 가능한 시각정보처리의 나중 단계로 지연시키려 했다. 일단 한번 그러한 지식들에 의존하기 시작하면 모델링 과정은 매우 복잡해질 것으로 여겨졌다. 마가 주장한 대로, "아마도 상위 수준에 이르게 되면 우리는 언어학자들이 가지고 있는 모든 문제들과 직면하게 될 것이다"(1982: 313).

마가 될 수 있으면 상향적 처리를 선호한 것은 분명하지만, 마찬가지로 초기 시각정보처리 과정에서 상당한 정도의 상징적 표상과 처리가 일어난다고 믿었다. 즉, 그는 지각자와 세상 사이의 미리 규정된 적합성으로 인해 지각이 자동적으로 일어난다고 보는 개념과는 아무런 관련이 없다. 오히려 헬름홀츠의 전통에서 처음부터 마는 초기 정보에 대해 상당한 양의 재계산(recalculation)이 효율적인 지각이 이루지는데 필수적이라고 생각했다.

이런 면에서, 마는 언어를 생성하고 이해하는 데 상당한 정도의 계산이 개입된다고 강조했던 MIT의 동료 촘스키와 가까웠다(Chomsky 1984). 비록 촘스키가 인공지능의 방법론을 폄하하고, 다른 학문들에서 나온 증거들에 무관심하긴 했지만, 그는 마와 함께 언어(통사론)에 대한 가장 추상적인 수준에서의 설명이 필요하다고 믿었다. 즉 통사론의 성질이 무엇인지 그리고 어떤 메커니즘이 어떻게 통사적 작동을 수행하는지 등이다. 이 두 사람이 서로를 매우 존경했던 것은 전혀 놀라운 일이 아니다. 촘스키가 (의미론이나 실용론에 오염되지 않은) 순수한 형태로 통사론을 검증하기를 원했던 것처럼, 마는 자신의 시각정보처리의 분석이 '실제 세계'의 지식으로부터 가능한 멀리 떨어져 절연된 채 이루어지길 바랐다. 하지만 그는 또한 뇌의 작용에 관해 기존에 알려진 것과 일치하기를 바랐다. 처리의 각 수준에서 마는 뇌의 작동 방식과 관련된 중요한 증거를 검증했다. 그는 끊임없이 알고리즘을 수정해서 정신물리학적 증거와 신경생리학적 증거가 개별 뉴런 수준에서나 혹은 피질 영역의 수준에서 일관성이 있도록 하였다. 마는 한쪽 눈으로 뇌를 바라보고 다른 쪽 눈으로는 컴퓨터에 알고리즘을 구현하는 것을 바라보면서 다학제적인 인지과학을 체화해낸 인물이었다.

시각정보처리 과정, 특히 초기 단계의 과정을 규명하는 데 매우 체계적인 노력을 기울였던 마는 이와 동시에 인공지능의 연구가 어떤 방식으로 진행되어야만 하는가에 대해서도 매우 강한 견해를 가지고 있었다. 그는 당면한 문제의 본질을 이해하지 않은 채 특정 문제를 해결하는 메커니즘에만 집중하는 접근에 비판적이었다. 마찬가지 이유로, 그는 모든 종류의 문제 해결이 동일한 메커니즘에 의해 해결된다고 가정하는 극단적인 형태의 일반론적 접근도 경멸했다. 정보처리에서 각 개별 문제의 구조가 중심이며 우선적으로 이해되어야 한다고 그는 주장했다.

마는 사람들이 잘 하지 못하는 과제보다는 잘 수행하는 과제에 우선 집중하는 것이 중요하다고 느꼈다. 그렇게 잘 수행되는 처리 과정은 사람에게 일반적으로 더 중요할 것이고, 아주 오랜 기간 작동해왔고 잘 조직화된 메커니즘을 포함하고 있을 가능성이 높을 것이라 여겼다. 반면에 (암호문을 해독하는 것처럼) 대부분의 사람들이 어렵게 수행하는 과제는 나중에 인위적인 처리 전략으로 드러나게 된다고 보았다. 그에 따르면 이러한 과제들은 사람의 정보처리에 깊게 자리 잡을 가능성이 낮다.

마의 동료였던 롱게-히긴스는 고인이 된 동료를 다음과 같이 상찬하였다.

마가 등장했을 때 신경생리학이 이론적 진공 상태였다면, 이제 신경생리학은 시각 시스템에 대한 그의 아이이어가 타당한지를 둘러싸고 생생한 논쟁으로 들끓고 있다. (……) 심지어 마의 세세한 가설들이 모두 살아남지 못한다 해도 (그 가능성이 매우 낮지만), 그가 제기한 질문들은 결코 무시될 수 없고 그가 제시한 방법론은 중추신경계의 혼란스러울 정도로 복잡한 회로들을 규명해낼 유일한 희망인 듯하다. (1982: 992)

스튜어트 서덜랜드(Stuart Sutherland)는 더욱 높은 찬사를 보냈다. 『비전(*Vision*)』[사후에 발간된 마의 책]은 아마도 헬름홀츠의 『생리학적 광학(*Physiological Optics*)』 이후에 나온 이 주제에 관한 가장 중요한 책이라 할 수 있다”(1982: 692). 어떤 의미에서 보자면, 마는 인지과학이란 개념이 처음으로 태동되던 1940년대 후반에 잠시 그려보았던 프로그램을 일으켜 세웠다고 볼 수 있다. 뇌, 컴퓨터, 그리고 지각 과정 사이의 연결에 관심이 있었던 위너, 폰 노이만, 매컬러와 같은 연구자들은 지각 메커니즘이 실제로 어떻게 작동하는지에 관한 다양한 제안들을 내놓았다. 처음의 생각이 틀린 것으로 드러났거나 입증하기 불가능하게 되었을 때 이러한 원천적인 생각들을 함께 결합하려는 노력은 잠시 중단되었고, 일부 학자들은 자신의 전문영역으로 후퇴했다. 깁슨과 같은 심리학자는 시지각의 과정에 집중하고, 로젠블랫과 같은 인공지능 전문가는 컴퓨터 시각에 집중하고, 레트빈, 휴벨, 비셀과 같은 신경생리학자는 뇌신경해부학을 강조하였다. 컴퓨터를 상용하긴 했지만 지각의 이론에 집중함으로써 마는 이러한 다른 관점들을 통합하는 데 성큼 다가설 수 있었다. 마는 자신의 비전을 다음과 같이 잘 표현하였다. “타당하고 충분히 보편적인 조건을 발견하게 되면 마치 다른 학문 분야들을 탄생시키는 것과 같은 영속성을 지닌 비전을 얻게 된다(1979: 75).

10.3.4 마에 대한 반응

마의 프로그램의 어떤 부분이 살아남을지, 그리고 어떤 부분이 수정되거나 아니면 아예 버려질지 평가하기엔 너무 이르다. 대부분의 사람들이 마의 연구 프로그램을 높이 평가하고 짧은 시간에 동료들과 이루어낸 업적에 경의를 표한 반면, 일반적으로 마 연구의 어떤 특정한 측면이 가장 취약한지에 대해서는 공개적으로 코멘트하는 것을 꺼려왔다. 시지각에 정통한 학자들과의 대화를 통해 비판받을 가능성이 있는 부분이 드러났다.

다른 많은 선구자들처럼, 마도 자신이 확신하는 것을 강하고 분명한 방식으로 표현했고, 다른 사람들을 비판하는 데는 더욱 망설임이 없었다. 이에 대한 반향으로, 놀랍지 않게, 마가 고립시키려 했던 다양한 분석 수준들 간의 연결이 강조되었고 또한 그 못지않게 마의 기여와 다른 연구자들의 기여(예를 들어 Horn 1975) 간의 연결도 주목받았다. 분명하게도 마가 언급한 모든 과정들이 컴퓨터 프로그램으로 구현되지는 않았다. 구현되지 않은 한 어떤 과정들이 작동 가능한지는 불확실한 채로 남아 있을 수밖에 없을 것이다. 하향적 정보가 없이 얼마나 많은 시각정보처리가 일어날 수 있을지에 대한 회의적 견해가 있다. 하향 정보의 효과가 초기 과정에 일어나거나, 혹은 초기 시각처리에서 지배적이거나, 또는 물체 인식에 지름길을 제공하는 만큼 마의 모듈적 접근은 곤경에 처하게 된다. 그리고 1차 스케치 수준을 제외하고는, 마의 모델에 직접 관련된 신경적 증거는 거의 없다.

또한 마의 분석이 과연 지각의 가장 중심적인 부분—즉, 실제 세계의 실제 물체들을 인식하는 것—을 제대로 충분히 다루고 있는지에 대한 의문이 있어왔다. 마의 설명은 대부분 물체 인식이 일어나기 이전 과정에 집중되어 있었다. 물체 인식에 관해 그가 개괄한 절차들은 예를 들면 일반화된 실린더 형태로 분해될 수 있는 포유류의 몸과 같은 특정 종류의 형태에 대한 지각에만 주로 적용될 수 있다는 한계가 있었다.

새로운 분야를 개척한 다른 연구자들처럼, 마는 미래연구를 위한 어젠다를 밝히는 데 기여하였다. 이제는 제대로 훈련된 정예 과학자 집단이 시지각의 다학제적 연구를 진행하고 있다. 그리고 마의 특정한 주장에 얼마나 동조하는지와 상관없이 이 과학자들은 마가 진전시켜 놓은 문제들에 관해 연구하고 있다. 마의 전체 연구에 훨씬 더 비판적인 견해는 그의 연구를 논의하지 않은 연구자 그룹에서 발견되는데, 이들은 바로 깁슨의 저술에 영향을 받은 사람들이었다. 깁슨에게서 비롯된 이러한 논리는 지각뿐만 아니라 인간 인지에 대한 일반적인 인지과학적 접근에 매우 중요한 도전으로 작용하였다.

10.4 지각에 대한 깁슨주의자의 견해

깁슨에 따르자면(1950, 1966, 1979; 그리고 Turvey et al. 1981도 참조), 생명체는 아주 짜임새 있게 잘 구성되어 있고, 마찬가지로 잘 구성된 세상에서 살고 있기 때문에 생존하고 번식하기 위해 필요한 정보를 쉽게 획득한다. 특히 우리의 감각 기관은 외부 세계로부터 정보를 획득하도록 설계되어 있는 것이다. 따라서 3차원을 인식할 때 적절한 공간 정보는 빛에 다 들어 있으며 우리는 거리를 추정하거나 눈과 손으로부터의 정보를 서로 연관지을 필요가 없다. 즉 헬름홀츠와 같은 과학자들이 제안해 온 무의식적 추론과 같은 것이 전혀 필요가 없다. 생명체의 발달 초기에는 정보가 상대적으로 방대하지만, 시간이 지나고 경험이 쌓이게 되면 정보는 매우 세세하게 정돈된다. 어찌 되었든 정보는 생존에 적절해지고 실제적이 되며 잘못된 사인을 주는 일은 없게 된다. 정보는 세상에 얼마든지 있고 우리는 그것을 그냥 줍기만 하면 되는 것이다. 그 정보에 추가적으로 더 처리하거나 할 필요가 전혀 없다. 사전 지식도, 심적 모델도, 해석하는 틀도 전혀 필요없다(Gibson 1967). 연구자들이 일단 사람들이 그 정보들에 주의를 기울이는 방식을 알아내기만 한다면, 지각심리학의 모든 문제들—실제로 아마도 심리학의 모든 문제들—은 만족스럽게 상세히 설명될 수 있다.

도대체 깁슨은 어떤 증거에 기반해서 지각에 대해 이렇게 급진적으로 단순한 접근을 도출하게 되었을까? 수년간에 걸친 실험을 통해 그는 시각적 감각만으로 획득할 수 있는 종류의 정보가 매우 충분함에 매료되었다. 예를 들어 고전적인 경험론에 따르면 체감각은 생명체가 깊이를 지각하는 데 중추적인 것으로 여겨졌다. 그러나 깁슨은 시각 장에 있는 정보만으로 충분히 깊이를 구별할 수 있음을 보여주었다. 표면결 밀도의 경사는 중요한 단서이다. 반복되는 체크무늬 패턴을 띤 종이나 리놀륨 바닥을 생각해보자. 우리는 표면결의 밀도가 전체 배열에서 불변함을 알아차린다. 그 패턴을 정면으로 바라보는 한 표면결의 밀도는 변화하지 않는다. 그러나 자극이 기울게 되거나, 혹은 비스듬히 옆쪽에서 바라보게 되면, 표면결의 밀도는 가까운 가장자리에서 먼 가장자리로 이동하면서 변하게 되고, 관찰자는 자신의 눈으로부터 자극의 각 부분에 이르는 거리에 대한 정확하고 확실한 정보를 제공받게 된다(Hochberg 1978). 따라서 표면결의 경사에 주의를 주는 것만으로 표면상의 물체의 크기나 표면들이 서로 어떻게 배열되어 있는지에 대한 정보를 얻는 데 충분한 것이다. 여기엔 다른 종류의 감각 정보를 사용할 필요도 없고, 비율을 계산할 필요도 없거니와, 다른 무의식적 추론도 전혀 필요가 없다.

깁슨은 또한 관찰자가 세상에서 움직이며 이동하는 것도 지각에 중요하게 기여한다고 강조했다. 관찰자가 제자리에 수동적으로 앉아 있는 한 어떤 장면도 애매하게 보인다. 그러나 자유롭게 돌아다니게 되면, 광학적 배열에 있는 변화들이 우리의 자발적 움직임에 정확하게 상응하게 된다. 우리가 계속 돌아다니게 되면, 정보는 계속 얻어지게 되고 이 정보는 다시 더 적절한 정보를 생산한다. 나아가 관찰자의 운동에서 생겨난 광학배열의 변화는 시각적 세상에서 발생하는 사건들을 쉽게 파악하게 만든다. 따라서 적극적으로 탐사하는 개체는 공간과 거리에 관해 최대한의 정보를 제공하는 지각 시스템을 활용하는 셈이다.

이러한, 그리고 또 다른 많은 관찰과 생각에 바탕하여 깁슨은 계산론적 접근 전반을 극도로 회의적으로 바라보게 되었다. 그는 심적 표상, 심적 조작, (직접적 '수집(pickup)'과 반대되는) 정보처리(processing), 그리고 다른 연관된 개념들에 반대하였다. 추론은 전혀 불필요한 것이었다. 그의 견해에서 바라보자면, 인지과학자들은 불필요하고 근본적으로 방향이 잘못 설정된 논의와 분석 방식에 의존하고 있었다.

요즘의 심리학자에게 이는 매우 급진적인 입장이다. 실제로 이 책의 독자는 요즘같이 인지적 접근이 하나의 패러다임이 된 시대에 누가 과연 깁슨의 견해를 진지하게 취급할지 의문이 들 것이다. 하지만 나는 적어도 세 가지 이유로 진지하게 대할 필요가 있다고 생각한다. 첫째 이유는 깁슨은 매우 똑똑하고 예리한 연구자이자 지각에 정통한 학자이며, 마가 다음과 같이 말했듯이 많은 지각 현상을 분명히 설명하고 생명체가 살고 있는 환경에 이미 존재하는 광대한 정보를 강조한 사람이었다. 마는 깁슨이 매우 중요한 질문을 던지고 있다고 보았다. "어떻게 우리는 끊임없이 바뀌는 감각에서 일상에서 경험되듯 항상적인 지각경험을 이끌어내는가? 이것은 정확하게 올바른 질문이며, 깁슨이 지각의 문제가 바로 감각 정보로부터 외부 세계의 '타당한' 속성을 복구하는 문제라고 정확하게 파악하고 있음을 보여준다"(Marr 1982: 24).

깁슨을 진지하게 대해야 할 두 번째 이유는 그가 발전시킨 서로 맞물려 연결된 개념들에 있다. 그는 환경의 구조를 이해하는 수단으로 심리학자들이 물리학, 특히 광학을 참조해야 한다고 생각했다. 생명체는 자신이 적응한 필요한 정보를 수집하면서 세상을 돌아다니기 때문에 물리학은 생물에 연결되어 있다. 환경의 상세한 분석에 핵심이 되는 깁슨의 개념은 '행동유도성(affordance)'이다. 행동유도성이란 물체나 장면에 내재되어 잠재된 행동, 즉 특정한 종류의 생명체가 특정한 종류의 물체를 맞닥뜨렸을 때 일어날 수 있는 행동을 가리킨다. 행동유도성의 개념에서 보자면, 개체는 손으로 쥘 수 있는 것을 집어던지며, 먹을 수 있는 것을 삼키고, 사랑스러운 것은 쓰다듬는다. 행동유도성의 개념은 생명체가 처한 환경 내에서 생명체의 효율성을 분석할 수 있게 해주는데, 이때 깁슨이 싫어했던 믿음, 태도, 심적 노력 등의 개념을 쓸 필요가 없다. 사실 깁슨에게 한 물체가 지닌 의미는 그것이 생명체에 제공하는 행동유도성에 있는 것이다.

깁슨을 진지하게 대해야 할 마지막 이유는 그 입장의 간명함에 있다. 동떨어진 분야에서 고군분투했던 스키너처럼, 깁슨은 많은 내적 도구와 표상적 장치를 필요로 하지 않는 매우 분명한 이론을 제시할 수 있었고, 세상엔 많은 필요한 정보가 있다는 매우 직설적이고 현실적인 설명을 제공했다. 깁슨은 다음과 같이 선언한 적이 있다. "항상성은 현실에서 오며, 결코 다른 데서 오지 않는다. 시간이 경과하며 우리가 환경에서 수집하는 광선들의 집합체(ambient optic array)는 만들어지거나 추론된 것이 아니다. 발견되도록 외부에 존재하고 있을 따름이다"(Royce and Rozeboom 1972: 239에서 재인용).

바로 이 지점이 너나 할 것 없이 모든 유형의 인지과학자들이 깁슨과 설전을 벌이게 되는 부분이다. 마가 표현했듯이, 항상성의 탐지는 분명하고 정확하게 정보처리의 문제이며 현대 심리학의 방법론으로 접근해야만 한다. 깁슨은 항상성 탐지의 어려움을 크게 과소평가했다. 이 탐지가 어떻게 이루어지는지 이해할 수 있는 유일한 길은 그것을 정보 처리의 문제로 다루는 것이다.

10.4.1 깁슨에 대한 인지과학적 비판

깁슨과 그 추종자들이 내민 도전에 응하기 위해 인지과학 진영은 대표 선수들을 내세웠다. 마의 동료였던 시몬 울먼(Shimon Ulman)은 저널 『행동 뇌과학(*The Behavioral and Brain Sciences*)』(1980)에 발표된 그의 논문에서 '직접지각'을 공격했다. 울먼은 지각 정보를 더 기초적인 구성 요소를 분해하는 것이 불가능할 때 깁슨이 내건 직접지각이론이 정당화될 수 있다고 지적하였다. 하지만 계산론적이고 정신물리학적인 연구는 물체의 지각이 더 단순하고 더 기초적인 작동들로 충분히 분해될 수 있다고 보여주었다.

울먼의 견해에 따르면 지각의 기제는 직접적인 것에서 간접적인 것에 이르는 스펙트럼으로 보는 게 더 적절하다. 표면결을 탐지한다거나 경사면이 지닌 구조적 특징과 빛 사이의 연관성을 매핑하는 것과 같은 지각의 측면은 상대적으로 직접적인 방식으로 작동하는 듯하다. 이런 종류의 지각적 역량을 발견하고 그런 작동 방식을 규명하는 것은 분명히 깁슨이 기여한 부분이다. 그러나 지각의 많은 다른 측면들은 그렇게 단순하게 직접적으로 수집되거나 해석될 수 없다. 첫 이미지를 구성하는 빛의 패턴은 쉽게 다루기에는 엄청나게 방대한 양이다. 현실적으로 가능해 보이는 유일한 첫 처리 단계는 마와 그 동료들이 1차 스케치에서 제안한 대로 일단 빛의 패턴을 이미지에서 중요한 빛의 변화에 대한 표상으로 대체하는 것이다. 이에 더하여, 예를 들면 운동지각과 같은 지각의 다른 측면들은 직접적인 방식으로 단순하게 일어나지 않으며 대신 지각 메커니즘이 상위에서 작동하는 어떤 구조적 기술을 이끌어내는 과정을 포함한다. 그리고 물체 인식의 문제로 넘어오면, 우리는 사전지식과 믿음에 의해 매개되는 과정과 맞닥뜨리게 되고, 단순한 탐지만으로 도저히 직접 해결할 수 없게 된다. 울먼의 견해에 따르면, 광선 집합체(optic array)에 담긴 정보가 매우 풍부하다고 해서 지각자(perceiver)에 내재적인 구조물이 지각이론에 아무런 쓰임새가 없음을 의미하지는 않는다. 반대로 우리가 물체를 보고 인식할 수 있게 되는 것은 오로지 환경에 주어진 풍부한 정보와 그것을 부호화하고 변형하는 능력이 동시에 있어야만 가능하다.

울먼이 깁슨을 공격하는 포인트는 두 가지이다. 첫째, 울먼은 지각을 지각자와 세상 사이의 '공명(resonance)'과 같은 자동적인 과정으로 보기보다는, 지각을 그것을 구성하는 부분과 단계로 나누어 볼 때 잘 이해될 수 있다고 보았다. 따라서 상향적 접근법이 유용하다. 둘째, 울먼은 내적인 상징 표상에 있어서 분석이 중요하다고 주장했다. 지각의 과정은 인지과학적 관점에서 접근하지 않으면 간단히 설명되거나 모델링될 수 없는 것이다. 요약하면 광선 집합체에 담긴 풍부함은 결코 지각자에 내재적인 제약이 없음을 의미하지 않는다는 것이다.

포더와 필리신은 그들의 논문 「시지각은 얼마나 직접적인가: 깁슨의 '생태학적 접근'에 대한 고찰(How Direct Is Visual Perception: Some Reflections on Gibson's 'Ecological Approach')」(1981)에서 깁슨에 대한 더욱 전방위적 공격을 전개한다. 냉소적 의미로 '확립된' 견해라 명명한 것을 방어하면서, 이들은 깁슨의 이론에서 가장 핵심적인 가정—즉 물체는 생명체의 필요와 목표와 공명하는 속성 혹은 행동유도성을 가지며, 따라서 생명체는 이에 쉽게 반응하거나 그저 수집하기만 하면 된다는—을 집중하여 공격한다.

행동유도성이란 개념을 가정함으로써 깁슨은 어떻게 생명체가 자신들이 지각하는 대상에 반응하고 이용하는지 설명할 수 있게 된다. 하지만 포더와 필리신은 이 행동유도성의 속성이 전혀 제약이 없어서 그 어떤 것도 행동유도성이 된다고 반박했다. 만약 그 어떤 속성도 행동유도성이 될 수 있게 되면, 그래서 더 나아가 그런 속성이 수집될 수 있다면, 언어학습에 대한 스키너의 설명처럼 공허한 설명밖에 남지 않게 된다. 바로 이런 이유로 촘스키가 스키너를 공격한 것처럼, 포더와 필리신은 왜 생명체가 물체를 그렇게 다루는지를 설명하는 깁슨의 방식은 이론적 엄정함을 결여하고 있다고 결론내렸다. 다른 곳에서 포더는 다음과 같이 선언했다. "행동유도성이란 개념은 내겐 일종의 사기로 들린다. 아무런 값도 치르지 않고 의도(intentionality)란 개념이 가지고 있는 모든 좋은 것들을 다 가지려는 시도인 것이다"(Fodor 1980: 107).

이러한 인용에서 짐작할 수 있듯이, 깁슨의 설명에서 결여된 핵심 개념들은 모두 의미, 즉 어떻게 생명체가 한 물체에 대해 가진 '의도적 태도(intentional stance)'를 해석하고, 추론하고 가정하는가와 관련되어 있다. 오직 그런 개념만이 생명체로 하여금 모든 것을 인식하고 모든 것에 반응하지 못하게 만든다. '확립 이론(Establishment)'에 따르면, 깁슨은 개체가 자신이 보는 것에 관해 추론할 수 있기 때문에, 그리고 그들이 믿음, 목표, 목적, 그리고 자신들의 지각에 어떤 의도를 가질 수 있기 때문에, 개체가 주어진 환경에서 적합하게 행동할 수 있다는 점을 이해하는 데 실패한 것이다. 포더와 필리신이 지적한 바대로, ('집어들 수 있다' 그리고 '던질 수 있다'는 것만으로) 돌멩이가 무기로 사용될 수 있다고 우리가 바로 지각해낸다는 것만으로 충분하지 않다. 그러한 속성이 지각자의 추론이 없이도 어떻게 가능한지 설명이 필요한 것이다. 지각자가 사용할 수 있는 어떤 '중립적(neutral)'인 정보란 없다. 즉 정보는 세상에 있긴 하지만 지각자에게는 적절한 형태로 사용될 수 없을 수 있고, 혹은 정보는 지각자에게 해석되기 때문에 더 이상 중립적이지 않게 될 수도 있는 것이다(Fodor 1984).

따라서 가령 빛이 어떤 구조에 관한 정보를 전달한다고 깁슨이 말할 때 그는 어떤 의미적 관계를 지칭하는 것이다. '정보'란 항상 무엇인가에 '관한' 것이기 때문이다. 하지만 깁슨은 우리가 과연 어떻게 그러한 의미적 관계를 파악하는가에 대해서 말하지 않는다. 포더와 필리신의 관점에서 보자면, 우리가 빛의 속성에서 그 빛과 관련된 구조적 속성을 연결하는 방법은 오직 '추론적 매개(inferential mediation)'를 통해서만 가능할 뿐이다. '확립이론'자들에게 당장 중요하고 시급한 질문은 빛의 어떤 속성들에 주의를 기울여야 하고, 어떤 속성들을 해석해야 하며 또한 반응해야 하는지를 결정하는 데 고려해야 할 점들은 무엇인지를 이해하는 것이다.

포더와 필리신의 관점에서 보자면, 깁슨은 시지각의 문제들에만 너무 오랫동안 집중한 나머지 심적 표상 없이 인지심리학이 성립되기 어렵다는 점을 과소평가했다. 전형적인 지각적 관계들은 외연적인(extensional) 것들이다. 즉 지각적 관계들이란 대개 환경의 어떤 특성에 관한 정보와 관련된 것들이다. 이런 상황에서는 내적인 표상과 추론에 대한 필요가 잘 드러나지 않는다. 그러나, '믿는다', '예상한다', '생각한다' 등 대부분의 전형적인 인지적 관계들은 '의도'를 포함하며, 이러한 '의도성'을 설명하려면 심적 표상이란 개념이 필요하다. 'X를 보는 것'과 'X를 Y로 보는 것'은 매우 다른 것이며, 인지심리학의 핵심은 바위를 단순히 어떤 덩어리진 것으로 보는 게 아니라 어떤 도구나 무기 혹은 의자로 보는 것처럼 무언가를 어떤 '의도를 실현하는 대상(entity)'으로 보는 능력이다.

포더와 필리신(1981)은 결론내리기를, 우리는 확립이론자들이 요청한 것처럼 표상의 의미에 대해 독자적으로 설명하든가, 아니면 깁슨이 요구한 것처럼 어떤 속성을 자세히 설명하든가 해야 한다. 표상의 의미는 아마도 그 기능을 참조하면 재구성될 수 있을 것이므로 표상의 의미를 설명하는 것은 가능해 보인다. 반면에 깁슨은 속성을 구체적으로 설명할 방법을 전혀 말하지 않는다. 즉, 도대체 빛의 구성이 어떻게 그처럼 해석된 속성으로 구체화되는지에 대해 아무런 설명을 주지 않는 것이다. 그리하여 "확립이론자들이 어떤 실현과 상관없이 충실한 노력을 통해 우리에게 희망을 제공하는 바로 그 지점에서, 깁슨주의자들은 오직 우리를 막다른 골목으로 내몰기만 하는 것이다"(Fodor and Pylyshyn 1981: 192). 따라서 '추론', '심적 표상', 그리고 '의도성' 이 모두에서 동일한 지점을 놓치고 있는 것이다.

10.4.2 공격적 방어

울먼, 포더, 그리고 필리신, 이른바 MIT 삼총사의 이렇듯 강력한 공격을 접했을 때, 과연 깁슨 추종자들이 말 없이 후퇴했을까? 전혀 그렇지 않았다. 『행동 뇌과학(*The Behavioral and Brain Sciences*)』에 출판된 울먼의 논문에 관한 비평에서, 그리고 포더와 필리신의 논문에 관한 그 논문보다 더 길었던 반론에서, 코네티컷 대학의 두 깁슨주의 심리학자인 마이클 터비(Michael Turvey)와 로버트 쇼(Robert Shaw)는 자신들의 입장을 잃고 갈팡질팡한 것은 정작 인지주의자들이라고 지적했다. 우선 터비와 쇼는 깁슨의 연구가 지각의 아주 근본적인 질문들이 무엇인지 선명하게 보여주고, 광범위한 환경에서 활동하는 다양한 유기체의 지각과 행동을 설명하는 데 기여한 점을 환기시켰다. 이들은 속에 진짜 뭐가 있는지 알려면 먹어봐야 한다고 말하면서, 깁슨의 접근이 스키너처럼 '속이 빈' 것이라는 개념을 부정하였다. 그런 다음 그들은 촘스키의 계승자가 되어 다음과 같이 주장하였다. "마치 촘스키가 자연언어획득의 규칙성과 용이함을 언어를 특별한 주관적 문제로서 취급하는 것을 정당화하는 근거로 이용한 것처럼, 깁슨과 그의 추종자들은 자연스럽고 효과적인 지각을 제대로 취급하는 것이 매우 중요하다고 논박했다"(Turvey et al. 1981: 239).

터비, 쇼, 그리고 그의 동료들(앞으로는 터비와 쇼로 약칭하겠다)에 따르면, 깁슨의 생태학적 접근법은 유기체가 자신의 환경을 어떻게 직관적으로 이해하는지, 그리고 그 환경에 맞게 자신의 행동을 어떻게 조절하는지를 설명하고자 한다. 이 접근법은 유기체와 환경의 관계를 정조준하고 있는 것이지 유기체의 머리 속에 무엇이 있는지에는 전혀 관심이 없다. 이렇게 되면 실제로 많은 이슈들이 그냥 문제의 대상 자체가 아니게 된다. 깁슨에게 '의식'이란 항상 '어떤 속성을 의식'하는 것이고, 따라서 추론이란 상징적 계산 따위를 상정할 필요가 없다. 무엇이 지각인지, 지각은 판단으로 이해되어야 하는지, 지각은 직접적인지 아니면 간접적인지, 그리고 배경에서 어떻게 전경을 추론하는지 따위는 부차적인 문제인 것이다.

터비와 동료들은 여기서 다시 한 번 포더와 필리신의 주장을 언급하면서, 인지주의적 관점은 불충분하게 정의되어 있고 자신이 감당해내지 못할 부담을 추론에 떠밀고 있다고 결론내린다. 대신 터비와 쇼는 유기체와 환경 사이에 의미 있는 관계를 설정하는 '자연법칙'이란 개념을 옹호한다. 자연법칙은 과학적 원리인데, 유기체가 특정한 방식으로 지각하고 행동하는 원인을 그 지각과 행동이 지닌 환경적 적응성의 관점에서 찾는 것을 가리킨다. 이런 점에서 '지각'이란 용어는 그러한 자연법칙에 의해 설명되는 관계에만 한정되어 사용되어야 한다.

깁슨과 같은 생태주의 이론가들은 자연법칙을 최대한 모든 현상에 적용하려고 했는데, 이러한 전략을 통해 이론에 단단한 제약을 가할 수 있고 어떤 원칙에 바탕해서 추론의 법칙적인 진화과정을 설명할 수 있기 때문이다. 대조적으로 포더와 필리신 같은 인지주의자들은 인지와 지능을 최대한 적용해서 자연법칙의 역할을 제약하려 했다. 따라서 어떤 현상의 규칙적인 점들은 심적 규칙과 표상으로 설명되어야만 했는데, 이 심적 규칙과 표상은 비체계적인 직관을 제외하고는 전혀 제약받지 않았다(Turvey et al. 1981: 245). 인지주의는 어떻게 정당한 추론을 하는지에 관해 많은 얘기를 하지만 그것을 위한 '전제들'에 관해서는 거의 말이 없다. 생태주의 학파는 지각의 법칙들을 열거하면서 정당한 전제들을 확보하는 방법을 제공한다. 즉 생태주의 학파는 자연환경에서 유기체가 효과적으로 작동하고 정보를 수집하는 것을 면밀히 관찰하고 실험을 행하여 그러한 자연법칙을 유도해낸다. 이에 반해 인지주의자들은 유기체가 어떤 주어진 상황에서 자신이 무엇을 해야 할지를 어떻게 파악하는가를 짐작하는 도박을 해야만 한다. 생태주의 학파의 과제는 훨씬 더 직접적인데, 유기체가 특정 상황에서 '행하는' 종류의 일들은 단순히 발견하기만 하면 되는 것이다.

자연법칙의 핵심적 역할은 '행동유도성(affordances)'과 '효능성(effectivities)'에 관련된 것이다. 깁슨의 '생태과학(ecological science)'이란 '집어들 수 있는 대상', '기어올라 탈 수 있는 대상' 등과 같은 행동유도성과 '집어드는 능력이 있는 주체', '기어올라 갈 능력이 있는 주체' 등과 같은 효능성의 관계를 연구하는 학문이다. 깁슨 학파가 언급한 예들은 유기체가 자신의 자연환경에서 생존하고 번성하기 위해 행하는 수많은 활동들을 설명한다. 이러한 과학적 신념에 따르면, 행동의 기원, 기능, 원인을 과학적으로 설명하길 원하는 심리학자가 마땅히 해야 할 일이란 바로 환경의 법칙적인 규칙성들을 기술하는 것이다(Turvey et al. 1981: 274). 그러한 규칙성들은 일상의 물건들과 사건들을 포함하며, 이 물건들과 사건들은 세상에 적응해야 하는 유기체의 중요한 행동을 지배하는 행동유도성을 가지고 있다. 바로 이러한 이유로, 생태주의 심리학자들의 논문은 말벌이 알을 낳는 장소, 상어가 먹을 수 있는 것들, 늪지대 고둥이 기어올라 갈 수 있는 식물의 줄기 등을 분석하는 것으로 가득 차 있으며, 광학적 착시나 애매한 문장 등은 찾아 볼 수가 없다.

터비와 쇼는 '신경적 탐지기' 또는 '감각되어지고 있는 바로 그 속성을 표상하는 구조주의적 기술들'을 한 유기체로 귀속시키는 경향성을 개탄했다. 이것은 '확립론자'들에게 만연한 행태로, Z가 X의 x라는 속성을 보고, 탐지하고, 접수하려면 Z는 신경학적으로는 개념적으로든 x라는 속성을 '가져야만' 하는 것이다. 이와 대조적으로 생태학파는 규칙이나 계산보다는 자연법칙을, 표상보다는 현재 발생하고 있는 사건의 속성을, 개념보다는 행동유도성을 선호한다. 생태학파는 속성들을 유기체의 머리 속으로 욱여넣으려 하는 대신에 그 속성들을 그들이 속한 곳, 즉 자연환경에 그대로 둔다. 정리하자면 생태주의자에게 핵심적인 것은 유기체-환경 사이의 관계를 지배하는 자연법칙을 발견하는 것이지 심적 표상에 작동하는 인지법칙을 발견하는 것이 아니다.

10.5 대조적인 관점들

생태주의자들이 파악한 대로, 우리에겐 날카롭게 대비되는 두 해석이 남겨졌다. 의도성 문제를 확립주의자의 시선으로 해석하자면, 배고플 때 마음속에 음식의 개념을 가지고 움직이면서 그 개념과 일치할 무언가를 찾아다니는 유기체(소라게의 경우), 혹은 수위가 높아지는 위험에 처했을 때 마음속에 '기어올라갈 수 있는 것'이란 개념을 가지고 움직이면서 환경에서 그 개념과 일치할 무언가를 찾아다니는 유기체(늪지대 고둥의 경우)가 보일 것이다. 생태적 접근에서는 매우 다른 장면으로 해석된다. 유기체는 위계적으로 연결된 법칙들의 집합이란 맥락에서 움직이는 것이다. 부비새가 배고플 때 정확히 물에 입수해서 물고기를 잡을 수 있다는 사실을 접했을 때, 생태학파는 부비새의 행동을 조절할 수 있는 다양한 법칙들과 부비새의 입수행동이 지닌 가치가 어떤 법칙으로 추정되는지에 대해 질문을 던진다. 후자의 해석이 의도성의 자연적 기초에 대한 믿음을 표현한다면, 확립주의자의 해석은 그렇지 않다(Turvey et al., 1981: 299).

터비와 쇼의 관점에서 보자면, 보다 큰 과학철학의 이슈가 있다. 자연에서 일관적으로 관찰되는 현상들이 어떤 기저의 법칙들을 반영하는 것인가, 아니면 단지 인간 마음이 교묘하게 만들어낸 것일 뿐인가? 터비와 쇼는 칸트의 오만함을 비판하면서 "어떤 현상을 이해한다는 것은 자연으로부터 법칙을 이끌어내는 것이 아니라 법칙을 자연에게 귀속시키는 것이다"(1981: 299)라고 말했고, 잘 붙잡히지 않는 인간의 마음의 영역보다는 생물학이나 물리학에서 그 제약을 이끌어내려 했다. 이들은 자연의 질서가 있으면 과학자의 역할은 바로 그 질서를 발견하는 것이라 보았다. 마치 자신의 환경에서 자신이 알아챌 필요가 있는 모든 자연적 속성들을 발견하는 것이 유기체의 역할인 것처럼 말이다.

깁슨주의자들은 과학적 진리란 측면에서 확립주의자들을 비판한다. 깁슨과 깁슨에 비판적인 사람들 모두 어떻게 지각과 인지가 생겨나는지 이해하려는 과학적 노력에 동참하고 있지만, 깁슨주의자들은 환경과 유기체가 지닌 환경과의 관계에서 결정적인 정보를 찾으려 하고, 확립주의적 인지주의자들은 유기체 내부에 형성된 기질과 편향, 그리고 세상의 정보들이 유기체에 의해 변형되거나 재구성되는 과정에 주목한다.

이런 대립적인 두 입장을 단지 동일한 상황에 대한 두 가지 가능한 견해, 즉 하나는 환경에 좀 더 주목하고 다른 하나는 유기체에 좀 더 주목하긴 하지만 둘 다 동일한 현상들을 평행적 관계에서 설명한다는 식으로 볼 수도 있겠다. 혹은 설명될 분야를 단순한 지각의 영역은 생태주의자들에게, 복잡한 추론의 영역은 확립주의자에게 분할하는 식으로 나눌 수도 있겠다. 양 진영은 가끔씩 화해모드에 있을 때 그런 입장을 취하기도 한다. 하지만 대부분의 경우, 양 진영 사이의 간극은 아주 깊어 보인다. 확립주의자들에게는 아주 중요한 '의도', '추론', '도식'과 같은 개념들을 깁슨주의자들을 불필요한 것이라 기각하며, 깁슨주의자들이 선호하는 '행동유도성', '효능성', '정보수집'의 용어들은 확립주의자들에겐 공허하고 불충분하게 들린다. 근본적인 과학적 테마도 너무나 다르다. 깁슨은 실제 세상을 있는 그대로 받아들이고 모든 정보는 거기에 담겨 있으며 유기체는 단지 그에 적응할 뿐이라 생각하지만, 확립주의는 유기체가 지닌 마음의 구성적 능력을 신뢰하고 외부 세계는 단지 유기체 내부에 이미 장착된 활동과 작동을 촉발하는 역할을 할 뿐이라 생각한다. 어떤 입장이 주도하는가에 따라 인지과학의 연구는 사뭇 다르게 보인다.

이러한 확립주의와 생태학파 사이의 논쟁은 좀 우울한 측면이 있다. 지각이 처음으로 논의되기 시작한 지 2천 년의 세월이 지난 오늘날, 경험론과 합리론 사이의 철학논쟁이 터져나온 지 몇 백 년이 지난 지금에도 선구적 역할을 하는 과학자들이 아주 기본적인 것에 관해서도 여전히 의견의 일치를 보지 못하고 있으니 말이다. 비록 현재의 논쟁을 유명론 대 실존주의, 경험론 대 합리론, 무의식적 추론 대 감각등록 대 정보수집 간의 논쟁들에 바로 일대일 대응시킬 수는 없겠지만, 그럼에도 이런 과학적 테마들은 충분히 낯익고 논쟁들도 자주 등장한 것들이어서 도대체 그 사이에 학문적 진전이 있기라도 한 것인지 질문을 던지게 만든다.

그러나 일단 진영론적인 입장들을 초월해서 바라보면, 많은 의견의 일치를 찾을 수 있다. 두 학파 모두 여심의 여지없이 지각 메커니즘에 대한 우리의 이해는 지난 수십 년 동안 크게 진보했다고 본다. 50년 전에 비해 지금 우리는 지각 과정에 대해 훨씬 많이 알고 있으며, 연구자들은 깁슨이 이러한 지식의 진보에 많이 기여했다고 인정한다. 연구에 대해 불일치하는 지점은 유기체와 환경의 연구만으로 충분한지 아니면 추가적인 분석의 층위가 더 필요한지에 관한 것이다. 마와 그의 동료들은 시지각에 관련된 문제의 성격이 분명히 (논리학적·수학적 접근이 포함되어) 분석되고, 잘 정의된 모델로 이러한 분석들을 구현하려는 노력이 수반될 때만 지각에 대한 진정한 이해가 가능하다는 강력한 주장을 내놓았다.

이 질문은 앞으로 행해질 연구들로 해소될 수 있을 것이다. 그러한 연구들이란, 깁슨적 접근이 장면 분석이나 대상 재인(recognition)의 좀 더 복잡한 측면들을 과연 다룰 수 있는 것인지, 아니면 확립주의가 가정한 추론과 의도의 메커니즘 등등이 반드시 필요한지 확인하는 것, 혹은 달리 표현하자면 과연 확립주의가 그 성공을 보장한 접근 방법을 통해 우리가 실제로 비행 중인 부비새와 놀이터에서 돌아다니는 아이를 이해하게 될런지를 확인하는 것이 될 것이다.

10.6 대립의 해소방안

10.6.1 나이서의 생태학적 접근

최근 인지과학의 대조적인 분야에서 부상하는 두 흐름이 앞서 언급한 두 관점의 대립을 해소할 방안이 될 수 있을 것이다. 그 하나는 울릭 나이서의 최근 연구(1976, 1984)에서 예시된 바 있는 하향적 접근이다. 나이서는 한때 아주 전형적인 인지심리학자이긴 했으나, 인지심리학의 본체라 할 인위적 실험실 연구와 정보처리적 접근에 대해 점점 인내심을 잃어갔다. 깁슨과 함께 몇 년을 연구한 뒤, 나이서는 생태학적 입장으로 돌아서게 되었다. 이러한 입장변화는 교조적 의미에서 깁슨의 특정한 개념을 받아들였다기보다는 깁슨이 옹호했던 '실제 세상'에서 벌어지는 종류의 행동을 연구해야 한다는 결심에 가까웠다. 따라서 앞서 제5장에서 말했듯이, 나이서는 다음과 같은 유형의 연구가 필요하다고 강조한다. 이를테면, 그는 지각의 연구는 생명체가 실제 세상을 돌아다닐 때 전개되는 그러한 지각에 대한 연구여야 하고, 인식과 분류의 연구는 실험실 세팅에서 가공된 물체들이 아니라 실제 환경에서 마주치게 되는 복잡한 실제 물체들의 인식과 분류에 대한 연구여야 하며, 기억의 연구는 자연적 상태의 세계에서 겪는 복합적인 경험에 관한 연구여야 한다고 주장한다. 나이서의 바람은 인지과학의 관심사가 깁슨주의 학파의 자연주의적 접근과 결혼해서 하나의 생명력 있는 과학의 탄생으로 이어지는 것이었다.

10.6.2 지각에서 병렬처리

또 하나의 최근 경향은 깁슨과 전통적 접근의 논쟁을 순화해줄 수도 있는 것으로 상향적 접근의 전통에 기반한 것이다. 내가 고려하는 것은 시지각 과정을 연구하는 데 인공지능적 접근을 활용하려는 새로운 움직임이다. 마의 예에서 영감을 받긴 했지만 여러 측면에서 마의 시도와는 상당히 다른 접근으로서, 다수의 과학자들이 영장류의 신경 시스템에 근접하게 모델링된 시각정보처리 시스템을 연구하고 있다(Ballard, Hinton, and Sejnowski 1983; Brown 1984; Feldman 1981; Grossberg 1980; Hinton and Anderson 1981; Hinton, Sejnowski, and Ackley 1984; Hofstadter 1983; Rumelhart and McClelland 1982; Waldrop 1984). 이러한 접근들은—'병렬 시각 계산', '신연합주의', '신연결주의', '대량 병렬처리 시스템(MPPS)' 등 다양한 이름으로 일컬어지는—순차적 '폰 노이만식'의 상징기호 처리를 사용하는 기존의 시각 컴퓨터 시뮬레이션을 비판하며 시작되었다. 이 관점에서 보자면, 단번에 많은 처리를 수행하는 많은 (아마도 백만 개 가량의) 독립적 프로세서들을 가진 (물리적으로 실재하거나 가상의) 기계들을 사용하여 시각을 시뮬레이션하는 것이 훨씬 더 합리적이다. 이른바, 각자 자신의 분화된 분석들을 행하는 다른 모듈들이라는 개념에다, 동시에 발화하는 많은 뉴런들이나 뉴런열들에 비유될 방식으로 정보를 연산하고 교환하는 다수의 유닛들이라는 개념이 더해진 것이다. 연산은 상대적으로 단순한 뉴런 같은 유닛들의 네트워크 간 흥분적 그리고 억제적 상호작용으로 수행되며, 유닛들은 서로 경쟁하기도 협력하기도 하면서 특정 유닛들이 활성화되고 다른 유닛들은 억압되기도 한다. 결국, 이 앙상블의 통계적 속성으로 인해 네트워크는 특정한 '과제'—예를 들자면 주어진 어떤 이미지를 지각하는 것—를 반영하는 어떤 상태로 들어가게 되는 것이다.

이러한 대량 병렬처리 시스템에서 기억과 지각은 분산된 형식으로 일어난다. 즉, 단일한 중앙통제 혹은 모듈들 간 복합적인 정보의 흐름이 존재하는 대신, 다수의 유닛들이 병렬적으로 작동하며 통계적으로 그 기능을 구현하는 것이다. 다수의 연결들로 인해 전체 시스템의 많은 지식이 인식이나 문제 해결 과정에 활용될 수 있게 된다. 분산 표상은 또 다른 장점들이 있다. 특정 장소에 정보가 고유하게 존재하지 않기 때문에 많은 유닛들(뉴런들)이 손상된다 하더라도 기억이나 개념은 계속해서 존재할 수가 있다. 또한, 정보의 광범위한 분산 때문에 설령 패턴이 잡음이 많거나 불완전하거나 대략적으로만 일치한다 하더라도 어떤 의사결정이 내려질 수 있다. 이러한 속성들은 복잡하고 종종 혼돈스런 자연적 환경에서 생명체가 수행해야만 하는 종류의 탐색과 의사결정의 과정에 더 근접한 것으로 보인다.

대량 병렬처리적 접근의 다른 중요한 특징으로는, 상황론적으로 차용되는 (그래서 깁슨을 가장 불편하게 했던) 인공지능이 굳이 없어도 된다는 점이다. 고전적인 뉴얼-사이먼의 접근은 어떤 특정한 순서로 연산이 수행이 이루어지는 상징 구조를 의사결정 절차의 결과로서 전제한다. 대량 병렬처리적 접근에서 어떤 개념의 상징처리도 필요하지 않고, 그 대신 단순히 지각 과정을 보다 직접적인 방식, 즉 특정한 기능에 맞게 서로 연결된 뉴런들로 모델링해낸다. 따로 분리된 지식 저장고가 필요한 게 아니라 지식은 (그리고 심지어 '지능'조차도) 그냥 단순한 뉴런 같은 처리 유닛들 사이의 연결의 강도와 적절함으로 존재하는 것이다. 그리고, 실제로 이 새로운 접근에서 기계는 영장류의 뇌에 유비되는 도발적 개념이다.

어떤 면에서 병렬처리 접근은 인지과학의 초창기(혹은 탄생기라고도 할 수 있는)를 다시 떠올리게 한다. 병렬처리에서 시뮬레이션되고 있는 그런 종류의 신경 네트워크는 애초에 매컬러와 피츠로 하여금 신경계와 논리연산자 사이의 관련성에 주목하게 만들었던 그러한 네트워크를 닮아 있다. 뇌를 모델링하려는 바람은 헵 유형의 뉴런 어셈블리(조합)와 페이즈 시퀀스를 구현하는 컴퓨터를 만들려던 초창기 시도를 생각나게 한다. 이런 모델들의 통계적이고 '아수라장' 같은 특징들과 '제어 프로세서'의 명백한 부재는 뉴얼과 사이먼이 GPS에서 완성한, 논리적으로 차근차근 차이를 감소시키는 프로그램들과 대조를 이룬다. 하지만 이러한 접근들은 네크워크를 상세하게 기술한 엄격성과 이미지 프로세싱에 포함된 문제들에 대한 진전된 이해를 수반했기 때문에, 단순히 퇴행적 경향이라기보다는 전통적인 접근과 마의 접근의 잠정적 합성으로 볼 수 있다. 실제로 이 접근법의 몇몇 알고리즘이 시지각의 특징들을 성공적으로 시뮬레이션했다는 사실과 병렬 시스템의 작동 방식이 영장류 시각 시스템의 작동 방식에 관해 알려진 것과 일치한다는 점을 고려하면 그러한 병렬 시스템이 어쩌면 합리적 수준에서 초기 시지각의 완전한 시뮬레이션을 결국엔 이루어낼 수도 있을 것이라는 희망을 품게 된다.

대규모 병렬처리 시스템은 최근의 열광적 관심에도 불구하고 여전히 어떤 질문들에 답하지 못하고 있다. 이러한 시스템은 짧은 시간 내에 훨씬 많은 것을 처리하긴 하지만, 속도 자체가 이해를 보장하는 것은 아니다. 지각(과 다른 시스템)의 근본적 성질에 대한 질문은 계속해서 던져지고 답해져야 할 것이다. 단순한 속도와 거친 힘만으로 해결되지 않는 기초적인 계산과 정의와 관련된 이슈들이 있다. 많은 독립적 프로세서들이 어떻게 함께 작동하는지 그리고 안구운동과 같은 순전히 순차적인 행동들을 어떻게 시뮬레이션할 것인가와 같은 질문들은 해결되지 않고 있다. 깁슨의 연구와 마찬가지로, 이런 유형의 메커니즘이 과연 폰 노이만 머신의 상징조작을 통한 시뮬레이션으로 전통적으로 해결해왔던, 이른바 좀 더 복합적인 형태의 문제 해결에도 적용될 수 있을 것인지 의문이 남는다.

사실, 분야의 권위자들 중 일부의 흥미로운 의견에 따르자면, 뇌는 (따라서 컴퓨터는) 물체 인식과 같은 확률적 작업에 관여하는 대규모 병렬처리 시스템, 그리고 상징조작, 이분적 판단, 논리적 문제 해결과 결정론적 활동에 관여하는 순차처리 시스템이라는 두 개의 상이한 시스템을 포함하고 있는 것으로 간주될 수 있다(Kosslyin 1984; Fahlman, Hinton, and Sejnowski 1983).

대규모 병렬처리 시스템의 새로운 접근은 깁슨주의자들과 전통주의자들이 논쟁하고 있는 이슈들에 대해선 뭐라고 말할까? 역설적이게도, 병렬주의자들은 깁슨이 적극 받아들였던 것에 가까운 개념의 지각에 대한 입장을 개진하려는 목적으로 막강한 전자 컴퓨터와 같은 전통주의자들과 명백히 연관된 메커니즘을 사용하고 있다. 깁슨은 시각의 시뮬레이션에 대한 이 새로운 접근에 판단을 내려줄 만큼 오래 살진 않았다. 하지만 이 새로운 접근의 몇몇 특징들—이를테면, 뇌의 작동 방식에 충실하려고 한 점, 다음 단계에서 무엇을 처리해야 하는지 알기 위해 복잡한 상징조작을 한다든가 미묘한 의사결정을 내린다든가 하는 것에 관해 경멸적으로 퇴짜를 놓으며 거부한 점, 방대한 양의 실제 세상의 지식을 시스템 안으로 받아들인 점, 다양한 신경 네트워크들 간의 협력과 경쟁이 어떻게 게슈탈트적 현상을 초래하게 되는지를 제시한 점—에는 깁슨주의적 목소리가 감지된다. 더욱이 그러한 노력이 실제로 시각을 실제 인간의 신경계와 일치하는 방식으로 시뮬레이션해내는 그 정도만큼 지각에 대해 생각하는 '옳은 방식'에 관한 이론적 논의의 필요성은 앞으로 점점 학문적으로 커지게 될 수 있다(대안적 견해로 Fodor 1984 참조).

개인적으로 나는 깁슨의 연구는 지각 연구의 논리적 출발점이라 생각한다. 깁슨의 생태학적 관점은 지각 현상에 매우 중요한 정보, 그리고 어떤 지각적 장치라면 마땅히 탐지해야 할 그런 종류의 환경에 존재하는 정보를 제공한다. 마의 용어로 말한다면, 깁슨은 지각에 관여하는 계산 과제의 본성을 이해하는 데 도움이 된다. 그러나 깁슨의 연구는 특정한 물체를 지각하는 데 관여하는 실제 과정을 이해하는 데 있어서는 제한적 도움만을 준다는 것이 판명되어 있다. 대조적으로 마는 생명체가 빛의 강도로부터 어떻게 한 장면에 있는 물체들을 구분하는 데 이르게 되는지 그럴듯한 합리적 설명을 제시해왔다. 마는 지각에 대한 기계론적 설명을 제공했는데, 이는 내적으로 정합적이고 또한 여러 인지 분야의 학문에서 도출된 수렴적 증거와도 일관된다. 그리고 설령 그의 특정한 설명이 틀리거나 불완전하다고 드러난다고 하더라도, 혹은 병렬처리적 접근이 승리한다 하더라도, 마가 초기 시지각을 두고 벌어지게 될 미래 논쟁에 그럴듯한 조건과 한계를 정의한 것은 분명하다. 그래서 이 장에서 내가 사용한 용어들로 말하자면, 심지어 하향적 요인이 호출되기에 앞서 진행되어야 할 상향적 분석의 정도에 관해 마가 잘못 판단했다 하더라도, 그는 정보처리의 상징적 혹은 표상적 수준의 중요성을 꽤 설득력 있게 개진했다. 내가 볼 때 증명의 부담은 이제 깁슨주의자의 몫이다.

마(혹은 병렬처리 학파)가 옳은 것이라 해도, 그리고 외부 세계에 대한 지식에 상대적으로 거의 의존하지 않은 채 물체 지각을 설명할 수 있다 하더라도, 여전히 물체 인식은 아직 인지과학 사업의 시작에 불과하다. 인지 과정을 공부하는 이는 이러한 초기 지각이 계획, 문제 해결, 혹은 단순한 기억의 회상 과정에 관여할 때 어떤 일이 벌어지는지 궁금할 수밖에 없다. 즉 생명체가 물체의 정체를 어떻게 결정하는지, 어떻게 분류하는지, 그리고 물체들에 관해 추론하는 과정에 대해 궁금해질 수밖에 없다. 이러한 훨씬 더 도전적인 퍼즐들을 다음 장에서 다룰 것이다.

제11장

심적 이미지: 상상이 꾸며낸 허구?

> 우리는 「영혼에 관하여」라는 논문에서 '상상'을 이미 논했으며 '사고'는 '이미지' 없이는 불가능하다고 결론내렸다.
>
> —아리스토텔레스

11.1 서론: 심적 이미지의 역사

어떤 행동주의자가 감각을 느끼고 있는 다른 유기체를 마주하고 있다고 가정해보자. 다른 동물이나 사람의 내적인 경험과 감각에 접근할 수 없기 때문에 아마도 이러한 경험들에 대한 판단을 유보하고 대신 겉으로 드러난 혹은 최소한 쉽게 측정 가능한 행동들에 집중하는 것이 현명할 것이다. 하지만 우리 자신의 정신 과정에 관해 곰곰히 생각해본다면 오로지 겉으로 드러난 행동만을 배타적으로 다루는 것은 정당화되기 힘들다. 심리학자는 아마도 다른 개인들이 심적 이미지, 환상, 혹은 꿈 등을 만들어낸다고 생각하기 주저하겠지만, 이런 것들을 자신의 현상적 경험에서조차 부정하는 것은 자기기만적으로 보인다.—심지어 데카르트조차도 거절한 의심이다! 자 이제 우리가 우리 자신의 심적 이미지를 인정한다고 했을 때 하나의 새로운 퍼즐이 생겨난다. 우리는 자신이 아닌 타인들로부터도 심적 이미지를 관찰할 수 있을까?

거슬러 올라가자면 그리스 시대부터 심적 과정을 탐구한 대부분의 사람들이 하나로 꼽은 연구의 대상이 바로 자신의 '마음의 눈'에 현재 자신의 주변에 존재하지 않는 (심지어 존재한 적이 없었던) 다양한 물체, 장면과 경험을 떠올리는 능력이라는 사실은 그다지 놀랍지 않다. 처음엔 철학자들이, 그다음엔 이론적 심리학자들이, 그리고 결국엔 1세대 실험심리학자들도 심적 이미지의 문제를 탐구하게 되었다.

왜 이다지도 심적 이미지에 높은 관심을 보이는 것일까? 물체를 보거나 만지는 것은 처음엔 대단한 일이긴 하지만 사람이 일생을 살다 보면 그러한 경험을 그다지 골똘히 생각하지는 않으며 마치 몰리에르의 희극에 등장하는 부르주아 신사가 무심코 내뱉은 대사처럼 당연한 것이 된다. 하지만 자신에게 아무리 생생하게 느껴진다 하더라도 타인에게 접근 불가능한 경험들에 이르러서는, 어렵고도 재미있는 질문이 생긴다. 우리가 환경에 존재하는 사물에 반응하는 능력을 갖춘 이유는 쉽게 짐작이 간다. 그런 능력이 없다면 어떻게 생존이 가능하겠는가? 하지만 완벽하게 사적인 경험의 쓰임새는 무엇일까? 이러한 경험은 적응적인 것인가 아니면 해로운 것인가? 왜 우리는 꿈을 꾸는가? 과연 우리는 무엇이든지 심적 이미지로 떠올릴 수 있는가? 그렇지 않다면 어디가 한계인가? 심적 이미지는 정상적인 지각과 동일한 방식으로 일어나는가? 즉 외부의 자극 대신 어떤 내적인 수단으로 동일한 지각 시스템을 활성화시킬 뿐인가, 아니면 완전히 다른 심적 과정을 필요로 하는가? 어느 정도까지 우리는 우리 자신의 심적 이미지를 통제할 수 있는가? 그리고 타인의 심적 이미지에도 영향을 주는 것이 가능한가?

심적 이미지를 심리학의 중심 주제로 만든 것은 1세대 심리학자들이었다. 분트의 추종자들은 자신들의 심적 이미지를 조사하면서 자신들이 훈련시킨 피험자의 자기 보고를 일일이 분석했다. 하지만 채 사반세기도 지나기 전에 심적 이미지가 과연 심리학 저널에 게재되는 다른 개념들에 필적하는 위상을 가졌는지에 대해 심각한 의문이 제기되기 시작했다. 뷔르츠부르크로부터 생겨난 회의적 설명 덕분에 심적 이미지의 보다 현상적이고 신뢰하기 어려운 측면이 강조되었다. 모든 사람들이 심적 이미지를 형성할 수 있지는 않으며, 가능한 사람들도 서로 다른 방식으로 형성한다는 것이 드러났다. 실험적 상황에서 심적 이미지를 정의할 적합한 방법이 없었으며, 어떤 것이 이미지 같은 상상인지 진짜 이미지인지를 구별하는 것에 대한 합의도 이루어지지 않았다. 새로운 과학은 이처럼 모호하고 애매한 개념을, 사람들이 어떻게 사고하는지에 관한 설명으로 받아들이지 않은 것은 물론이고, 중요한 심적 구성물로조차도 받아들여서는 안 되는 것이었다. 이러한 이유 때문에 마치 유령 같은 심적 이미지는 무려 반세기 동안 학문으로서의 심리학에서 퇴출되었다.

하지만 행동주의가 쇠락하기 시작한 1970년대 초반에 심리학자들은 심적 이미지 없이는 설명하기 어려운 발견들을 보고하기 시작했다(Paivio 1971). 아마도 가장 극적인 연구는 스탠퍼드 대학의 로저 셰퍼드(Roger Shepard)와 동료들이 행한 연구일 것이다. 이미 앞서 제5장에서 소개했던 자주 인용되는 연구에서, 그와 재클린 메츨러(Jacqueline Metzler)는 피험자들에게 기하학적 도형들을 보여준 다음 두 도형이 실제로 는 같은 물체인데 단지 다른 시점에서 보여준 모습인지 아닌지를 최대한 빨리 판단하도록 했다(1971).

놀랍게도, (반응하는 데 걸린 시간으로 측정된) 과제의 난이도는 두 번째 도형이 첫 번째 도형으로부터 얼마나 회전되었는지에 따라서 예측이 가능하였다. 즉, 80도 회전된 도형은 50도 회전된 도형보다 판단에 더 오랜 시간이 걸렸고, 100도 회전된 도형의 경우 더욱 오랜 시간이 걸렸다. 이 결과를 보았을 때, 자연스럽게 우리는 피험자들이 마음속에서 이 도형을 회전시키고 있었으며, 회전의 정도가 클수록 정확한 반응을 위해 먼 길로 돌아왔어야 했다고 결론내리고 싶어진다. 더구나 짐작할 필요도 없을 것이, 피험자들 스스로가 그렇게 했다고 보고하였다. 이 결과를 보면 인간들이 아직 정확히 정의되지는 않았지만 어떤 심적 공간상에 기하학적 도형에 대한 심적 이미지를 만들 수 있고 회전할 수 있다고 결론에 이르는 것은 합리적이며, 심지어 거의 당연해 보이기까지 한다.

현대 심리학에서 가장 대표적인 이미지 연구자로 거론되는 스티븐 코슬린(Stephen Kosslyn)에 따르면, 셰퍼드의 실험결과는 인지과학계에 일종의 센세이션을 불러일으켰다(1980). 실험결과는 아주 깔끔하고 체계적이었으며 인지 시스템의 기본적 능력을 반영하는 것으로 보였다. 나아가 한때 포착하기 어려운 듯 보였던 심적 이미지가 단순하지만 아주 견고한 정신물리학 법칙에 따르는 것으로 드러났다. 즉 과제 수행에 걸린 시간은 두 도형 간의 물리적 거리의 증가함수였던 것이다. 심리학에서 가장 구체적이지 않아 보였던 개념들 중의 하나가 충격적인 정확성을 지닌 과학적 법칙을 산출하게 된 것이다.

셰퍼드의 실험에 흥분하는 다른 이유들이 있었다. 한 개인이 자신의 머릿속에 그림들을 가지고 있다고 생각하는 것이 그리 이상한 일이 아니게 되었다. 셰퍼드 자신이 이러한 표현을 쓰지는 않았지만, 심적 표상의 아날로그적 모드, 즉 물리적 세계에 지각될 수 있는 거리라는 관계를 확실히 포착한 모드가 존재한다는 생각을 적어도 존중받게 만들었다. 셰퍼드의 실험결과는 모든 사고 과정을 하나의 계산적 메커니즘으로 설명하는, 이른바 단일한 종류의 정보를 처리하는 순차적인 디지털 컴퓨터로 설명하려는 노력을 의문시하게 만들었다. 당시 전형적인 접근은 뇌에 표상된 정보를 '명제적 정보의 네트워크(networks of propositional information)'라고 보는 것이었다. 그러나 이러한 접근은 셰퍼드의 심적 회전 결과를 설명하기엔 너무나 부적절해 보였다. 대신 뇌를 어떤 순서에 따라 어떤 상태를 거쳐가게 되는 것으로, 즉 실제 세계에서 물리적 자극이 관찰되는 것과 같은 순서의 상태를 거쳐가는 것으로 생각하는 것이 더 합리적으로 보였다. 심적 이미지는 언어적 매개나 상징적 작동과 같은 암호가 아닌 자신만의 표상으로 생각되어야만 했다. 아마도 심적 표상에 2개의 분리된, 동등하게 타당한 형태가 있는 것이다. 그리고 아마도 이렇게 새로이 등장한 아날로그적인 이미지의 모드에 관한 연구는 시지각의 일부 후기 단계들을 설명해줄 것이다. 그리고 그 설명 방식은 신경적인 전망과도 그리고 생태적 전망과도 다를 것이다.

11.2 스티븐 코슬린의 모델

이러한 발견들과 그에 못지않은 흥미로운 발견들로부터 출발하여, 코슬린과 동료들은 세 가지 주요한 줄기의 연구를 진행했다(Kosslyn et al. 1979). 우선 이들은 심적 이미지의 존재와 그 아날로그적 속성을 지지하는 증거들을 쌓아나갔다. 일련의 매우 창의적인 실험들에서 코슬린 연구팀은 이미지 시스템의 주요 속성들을 기술하였다.

코슬린의 접근 방식을 설명하기 위해 대표적 연구를 소개하겠다(Kosslyn, Ball, and Reiser 1978). 피험자들에게 바위, 나무, 해변, 풀밭, 우물, 오두막, 그리고 호수라는 7개의 가상의 위치가 표시된 지도를 보여주었다. 이 지도에 익숙해지는 시간을 가진 다음, 피험자로 하여금 자신의 마음속에 그 지도를 떠올리게 하고 다양한 질문에 답하도록 했다. 예를 들면, 지도 위의 한 지점에 집중하도록 한 다음 두 번째 장소를 찾게 했다. 만약 두 번째 장소가 지도에 있을 경우, 피험자는 한 작은 점이 첫 번째 장소로부터 두 번째 장소로 가능한 빨리 이동한다고 상상하고 도착하면 키를 누르게 했다. 만약 두 번째 장소가 지도에 없을 때는 다른 키를 누르게 했다.

코슬린은 이 실험에서 한 지점 A에서 다른 한 지점 B로 스캔하는데 걸린 시간이 실제 지도상의 두 지점들 사이 거리에 정확하게 선형적으로 비례함을 발견하였다. 분명히 이 실험에 참가한 피험자들은 마치 실제 지도를 물리적으로 스캔하듯 심적 이미지를 스캔한 듯하다. 피험자들이 단순히 명제적 표상이나 일종의 심적 장소 표를 사용하지 않았음을 증명하기 위해 코슬린은 다른 조건에서 실험을 반복하였다. 이번에는 스캔하지 않고 그냥 그 장소가 지도상에 존재하는지만 답하도록 했다. 이 두 번째 조건에서는 첫 번째 조건에서 관찰되었던 거리효과가 나타나지 않았다. 이 두 번째 조건에서는 일종의 표를 참조한 듯하다. 따라서 첫 번째 조건에서 피험자들이 명제적 표상을 사용했을 가능성은 거의 없다. 만약 그랬다면 두 조건의 결과는 같았을 것이다(Kosslyn 1983: 46).

이 외에도 코슬린은 여러 다른 실험들을 진행하여 다음과 같은 결과를 보고하였다. 크기가 작은 물체보다 큰 물체의 이미지를 조사하는데 더 오랜 시간이 소요된다. 2차원 평면상에서 이동하는 것보다 3차원 공간에서 이동하는 데 더 오랜 시간이 소요된다. 한 이미지의 큰 부분을 보는 것보다 작고 자세한 부분을 보는 데 더 오랜 시간이 소요된다. 밖에 드러난 부분보다 다른 물체에 가려진 부분을 상상하는 데 더 오랜 시간이 소요된다. 혹시 피험자들이 과제를 수행할 때 이미지가 아닌 추론에 의지할 가능성을 차단하기 위해 코슬린과 동료들은 피험자가 정답을 알 수가 없도록 실험조건을 만드는 데 특별한 주의를 기울였다. 이들은 심지어 실험자조차도 과제에 대한 언어적 기술로부터는 예측할 수 없지만 실제 상황에 처한 사람이라면 확실히 경험하게 되는 이미지

효과를 관찰하였다. 다른 한편으로, 예를 들면 잔상(afterimage)처럼 실제 자극을 접했을 때 지각하는 것이지만 상상하게 했을 때는 경험되지 않는 효과들도 관측되었다. 이런 종류의 실험들은 심적 이미지의 독자적 타당성을 지지한다. 만약 피험자들이 그들이 사전 지식이 지시하는 대로 행동했었다면, 즉 이미지가 그래야만 한다고 생각한 생각한 경우에서처럼 이미지를 사용했었다면 그러한 모순적인 효과는 관찰되지 않을 것이다.

이처럼 심적 이미지에 의한 수많은 결과를 시연한 다음 코슬린과 동료들은 이러한 능력에 대한 포괄적인 이론을 구축하였다. 사람들이 머릿속에 그림을 가지고 있다고 과도하게 주장하지 않으면서, '이미저리(imagery)'라는 '유사그림적(quasi-pictorial)' 형식의 심적 표상이라는 개념을 정의하였다. 이들의 견해에 따르면 일반적으로 떠올리는 명제적 표상만큼 이러한 형식의 심적 표상은 인지의 이해를 위해 매우 중요한 것이다.

여기서 이야기는 좀 복잡해지기 시작한다. 많은 심리학자들은 심적 이미지를 심리학자들의 사전에 복귀시키고 나아가 특정한 믿을 만한 발견들을 위한 '부분적인 설명적 구성 개념(local explanatory construct)'의 지위를 기꺼이 부여하려 했다. 하지만 심적 이미지가 과연 인간 인지의 기본적인 속성인가로 논점이 이동하게 되면, 즉 심적 이미지가 정보가 상징화되거나 표상되는 주요한 방식인가라는 질문에 이르게 되면, 심리학자와 다른 인지주의자들은 훨씬 더 조심스러워진다. 만약 심적 이미지와 같이 불분명한 개념이 심리학적 설명 요소로 용인되다면, 이와 유사한 다른 개념들은 어떤 근거로 설명 요소로서의 자격이 없다고 배제할 수 있는가? 이 점에서는 철학자들도 나름대로 불편함을 느낀다. 어떤 이미지를 가진다는 것, 혹은 그 이미지로부터 어떤 정보를 읽어낸다는 것은 도대체 무엇을 의미하는가? 어떤 이미지가 머릿속에 어떻게 존재할 수 있는가(Block 1981a)?

코슬린의 설명에 따르면, 이미지는 두 가지 주요 요소로 구성되어 있다. 표면적인 표상은 (코슬린의 용어로 말하자면) 어떤 이미지를 가진다는 주관적인 경험에 수반되는, 능동적인 기억에서 유사그림적인 실체이다. 이미지는 마치 컴퓨터 프로그램이 저장된 데이터에 컴퓨터 프로그램이 조작하여 컴퓨터 화면에 만들어지는 디스플레이에 비유될 수 있다. 달리 표현하자면, 이미지는 장기기억에 거주하고 있는 보다 더 추상적인 표상으로부터 생성된 뒤 작업기억에 와서 일시적으로 존재하는 공간적 디스플레이인 것이다.

이러한 초기의 추상적 표상들은 마치 개념에 담긴 정보들처럼 명제와 다른 종류의 비이미지적 정보로 구성되어 있다. 따라서 심적 이미지가 생성될 때, (언어와 같은) 기술적인 기억과 (그림과 같은) 묘사적인 기억이 상호작용한다. 그러나 유사그림적인 이미지는 단순히 좀 더 추상적인 비그림적 과정의 부수현상적인 대응물은 아니다. 그렇다기보다는, 장기기억에 바탕해서 우리는 이미지를 만들어내고 다양한 방식으로 묶어내고 다양하게 변형을 가하고 의미범주로 분류할 수 있다(예를 들어 어떤 특정한 이미지 구성은 한 사람의 코로 혹은 뉴햄프셔주로 분류될 수 있다). 코슬린은 심적 이미지나 그 이미지의 부분들을 해석하는 데 필수적인 어떤 '마음의 눈(mind's-eye)'의 기능을 하는 장치에 대해 이야기한다. 실제로 그는 모든 표상 체계는 반드시 어떠한 종류의 해석장치를 포함해야 한다고 보았다(Kosslyn 1978). 그리고 그가 강조한 점은, 정보는 언어적인 형태가 아닌 "표상되고 있는 사물에 임의적이지 않은 대응성을 확보한(1981: 46)" 심적 이미지에 저장된다는 것이었다. 종합하자면, 코슬린의 모델은 CRT 같은 모니터, 그 모니터에 이미지를 만드는 기술, 그리고 그런 모니터에 담겨진 정보를 해석하고 변형하는 기술을 모두 포함한다.

11.2.1 컴퓨터 시뮬레이션

요즘 심리학계에서는 어떤 과정을 자세히 기술할 때, 마치 코슬린과 동료들이 시도했던 것처럼 그 과정을 컴퓨터로 모델링하라는 (인기가 있기도 하거니와) 요구를 받곤 한다. 그들은 두 종류의 데이터 구조를 가정한다. 첫 번째 종류는 이미지 자체를 표상하는 표면 매트릭스(surface matrix)이다. 이 이미지 데이터 구조는 매트릭스상의 점들의 구성으로 표상된다. 이 매트릭스는 시각적 버퍼(visual buffer)에 해당하는데, 이미지를 만들게 할 뿐 아니라 보는 것도 가능하게 하는 표상을 구현하는 공간적 미디어라 할 수 있다. 한 유사그림적인 이미지는 한 사람이 이 매트릭스의 특정한 칸을 선택하여 채우려고 할 때 얻어진다. 이 이미지는 공간적 크기, 밝기, 그리고 대비강도에 관한 정보를 묘사하고, 제한된 해상도를 가지고 있으며, 대상이 너무 작을 경우 윤곽선이 희미해지기도 한다. 이 매트릭스는 단기 시각 기억에 해당하며, 그렇기 때문에 매트릭스 안에 담긴 표상은 일시적이고 노력을 들일 때에만 유지될 수 있다.

두 번째 종류의 데이터 구조는 장기기억 파일로 이루어져 있는데, 파일들은 이미지를 만드는 데 쓰이는 정보를 표상한다. 한 종류의 표상은 어떤 사물이 어떻게 보이는지와 같은 한 대상의 말 그대로 겉으로 드러난 모습에 관한 시각정보를 저장한다. 여기엔 여러 다른 각도에서 보이는 그 대상에 대한 정보가 포함되어 있다. 두 번째 표상은 이미지로 만들어진 대상들에 대한 사실들의 집합이다. 이 사실들은 명제적 형식으로 표상되는데, 가장 강하게 연합된 상위범주들의 이름들과 그 물체의 크기의 분류와 같은 정보들이 여기 속한다. 이러한 데이터 구조들은 표면 이미지를 생성하고, 그 이미지들 혹은 부분들을 분류하고, 이미지들을 변형하기 위한 루틴들과 같은 세 가지 이미지 과정에 사용된다.

코슬린과 동료들은 그래픽의 한 예를 들어서 어떻게 이러한 데이터의 출처와 과정들이 프로그램 안에서 작동하는지 보여준다. 예를 들어 'IMAGE' 절차는 우선 의자의 뼈대 이미지를 만든 다음 그 의자의 부분들의 이름들에 대한 장기기억에 저장된 사실적 정보들을 찾아낸다. 가령 의자엔 쿠션이 있다던가, 그 쿠션은 의자의 바닥을 구성하고 있다던가 하는 정보를 찾아내는 것이다. 그다음 'PUT'과 'FIND' 절차는 그 앉는 자리를 기술하는 절차들을 통해 이미지의 의미 있는 부분(즉 앉는 자리)을 찾아낸다. 한번 앉는 자리가 찾아지고 나면, 'FIND' 절차는 이미지의 어디에서 이 부분이 들어맞는지 좌표 정보를 전달한다. 위치와 크기가 계산되고 나면, 적절한 'PICTURE' 절차가 소환되는데, 이때 부분이 하나의 전체적인 이미지로 통합된다(Kosslyn et al. 1979: 542).

단순하게 흐름도만 그리지 않고 실제로 컴퓨터 프로그래밍을 하는 주된 이유는, 부분 요소들 사이의 상호작용을 연구하고 어떤 주장의 결과를 발견하는 데 도움이 되기 때문이다(Kosslyn 1980). 시뮬레이션이 된다는 것은 또한 호문쿨루스 문제를 해결해준다. 프로그램이 통합을 수행하기 때문에 이미지를 읽어내는 '난쟁이'가 필요하지 않기 때문이다. 어떤 경우에 코슬린의 시뮬레이션은 실제로 예견되지 않았던 문제를 드러내기도 했으며, 이에 따라 원래 모델을 수정하는 계기가 되기도 했다. 예를 들어 처음 시도한 시뮬레이션에서는 표면 매트릭스의 비활성화된 지역까지 스캔을 한다는 계획은 없었다. 프로그램이 특정한 이미지에서 한 물체를 찾으려고 했지만 실패하여 오류 메시지를 받고 나서야 비로소 코슬린은 프로그램을 수정했다. 컴퓨터 시뮬레이션은 이처럼 모델의 문제점들에 주목하도록 하기도 했지만, 또한 다양한 새로운 연구들이 시작되는 계기를 제공하기도 했다. 이러한 연구들로 인해 모델에 추가적인 변화가 일어났으며, 또한 이러한 모델의 변화들은 시뮬레이션의 변화로 연결되었다.

여러 가지 방식에서 코슬린의 연구는 아주 전형적인 인지과학적 사업이라 할 수 있다. 우선, 이 연구는 실험연구라는 체계적인 프로그램을 통해 오래된 철학의 논제들을 다룬다. 이 연구는 아주 당당하게 심리적 표상의 수준을 다루면서도 심리적 이미지라는 개념을 상정하고 활용하려던 이전의 시도들에서 보였던 많은 단점을 피하고 있다. 이 연구는 처음 심리학에 기초를 두었지만 컴퓨터 시뮬레이션에 매우 큰 비중을 두고 있다. 이에 더하여, 곧 알게 될 터이지만, 신경과학과 철학 사이엔 의미심장한 연결점들이 있고 이 연결점들이 현재 매우 활발하게 탐구되고 있다. 이미지 생성의 여러 측면들—이미지가 지닌 일상적인 지각과 기억과의 유사한 면과 다른 면들을 포함하여—이 명료해졌다. 코슬린 연구팀이 이미지에 대한 모든 중요한 문제들을 해결했다는 뜻이 아니다. 실제로 연구와 주장의 많은 부분들이 여전히 논쟁적이다. 그러나 셰퍼드, 페이비오, 그리고 다른 연구자들의 연구에 바탕하여 코슬린은 이미지 연구를 인지과학 안에서 존중받는 연구주제로 인정받게 만들었고 심리적 표상 형식의 중요한 면모를 잘 조명하였다. 이미지는 이제 학문의 '인지지도(cognitive map)'에서 아주 중심적인 위치를 확보했다.

11.2.2 코슬린–셰퍼드 관점에 관한 논쟁

아마도 최근 인지과학 연구 중에 이미지에 관한 연구처럼 많은 논쟁을 불러일으킨 분야는 드물 것이다. 그리고 코슬린이 표상의 한 형태로 심적 이미지를 적극적으로 다루려고 했기 때문에, 그리고 자신의 모델을 개발하고, 수정하고, 대중화하기 위해 꽤 많은 노력을 들였기 때문에, 코슬린의 논의는 대부분 그 자신의 주장에 초점이 맞추어졌다. 실제로, 『행동 뇌과학(*The Behavioral and Brain Sciences*)』(1979)이라는 저널에 코슬린의 연구에 관한 특집 논문이 수록되었고 25편에 이르는 선도적 인지과학자들의 반응이 함께 출판되었을 뿐만 아니라, 몇몇 주요 철학적 연구들도 코슬린의 이미지 연구를 매우 자세하게 논평하였다(Block 1981a; Dennet 1978; Fodor 1975).

광범위하게 주목을 끈 다른 연구들처럼, 코슬린의 연구 역시 거의 모든 수준에서 많은 비판을 받았다. 이러한 비판들은 이론이 너무 단순하다거나, 심적 이미지에 담긴 모호한 점들이 있다거나, 실험에 참가한 피험자들이 지시에 영향을 받거나 이미지를 좀 더 쉽게 만들 수 있다거나, 이미지에 대한 자신의 증언을 왜곡해서 일부러 만들어내는 경향이 있다는 등 아주 다양했다(이러한 비판들은 Kosslyn et al. 1979; Kosslyn 1980, 1983; Pylyshin 1984에 대한 반응에 잘 드러나 있다). 코슬린은 이러한 비판들 각각에 아주 적극적이고 포괄적으로 응하여 반박 해명하였고, 이 논쟁을 지켜본 많은 사람들에게 코슬린의 반박은 만족스러웠다.

코슬린의 반박은 몇몇은 실제로 연구의 형식으로 나타나기도 했다. 예를 들어 그의 모델은 이미지의 3차원적인 측면을 다루지 않았다고 비판받았다. 그의 제자인 스티븐 핑커는 피험자들이 3차원 장면을 조사한 다음 3차원에서 이미지를 만든다는 것을 보여주었다. 즉 피험자들이 물체들을 스캔하는 데 걸린 시간이 장면의 실사적 표상에 포착된 2차원적 거리가 아니라 실제 3차원적 거리에 비례한다는 것을 보여주었다(Kosslyn 1983: 154). 코슬린의 연구는 피험자들이 관찰된 결과에 관한 명제적 표상을 미리 가지고 있었을지 모른다는 비판을 받았다. 만약 그럴 경우 이미지에 기반한 설명은 필요없게 된다. 이에 따라 코슬린의 또 다른 동료였던 로널드 핀케(Ronald Finke)는 심리학자가 아닌 사람들은 잘 모르는, 잔상효과로 보색이 지각되는 것과 같은 현상을 연구하였다(Finke and Schmidt 1978). 이러한 지식의 결여에도 불구하고, 피험자들은 이 현상에 대한 이미지를 만들도록 요구받았을 때 실제 생활에서 나이브한 개인들이 마주하게 되는 것과 정확하게 일치하는 잔상 이미지를 보고하였다. 마지막으로, 코슬린 모델의 적어도 한 요소—즉 이미지를 생성하는 요소—는 뇌손상으로 인해 파괴될 수 있다는 마사 파라(Martha Farah)의 발견(1984)으로 인해 코슬린의 전반적인 입장이 매우 큰 설득력을 얻게 되었다. 나아가 놀랍게도 대뇌편재화에 관한 연구들이 제안하는 것과는 다르게, 이미지 생성 요소는 인간 뇌의 (오른쪽이 아니라) 좌반구의 뒷부분에서 발견되는 듯이 보였다.

여러 다른 비판들도 꽤 있었다. 어떤 학자들은 코슬린 모델의 핵심적 용어들의 의미를 문제 삼았으며 모델이 이론적으로 허술하다고 비판했다. 예를 들어, '유사그림적(quasi-pictorial)'과 같은 용어는 이미지에 적용될 때, 그 댓가를 치르지 않은 채 '그림(picture)'이라는 단어가 지닌 내포(connotation)에 무임승차하려는 듯이 보인다. 또한 코슬린의 연구 프로그램의 생태적 타당성에 대한 일반론적인 비판도 있었다. 울릭 나이서는 이러한 견해를 다음과 같이 표현하였다.

> 여기에 제안된 이 이론이 왜 통찰력이 있다기보다는 그저 똑똑하게 느껴지는 것일까? 왜 진중한 심리학이라기보다는 예쁘고 귀여운 모델 만들기의 작업으로 느껴지는 것일까? 나는 그렇게 느껴지는 이유가 바로 코슬린과 동료들이 생각하는 방식이 보통 사람들이 취하는 행동과 지각에 관해 우리가 알고 있는 모든 것으로부터 철저히 유리되어 있기 때문이라 생각한다. (……) 코슬린의 이론은 아주 협소하게 정의된 실험결과(대분분 반응시간 자료들)를 '설명해내려고' 하며, 그렇게 할 때 그 결과를 동일하게 협소한 종류의 모델들(대부분 이런저런 비슷한 종류의 컴퓨터 프로그램들)과 연결지으려 한다. (Kosslyn et al. 1979: 560에서 재인용)

아마도 코슬린 실험실에서 쏟아져 나오는 풍성한 실험결과들 때문에, 가장 솔깃한 계열의 비판은 매우 견고한 듯 보이는 발견이나 현상들을 조준하기보다는 심적 이미지라는 독립된 형태의 표상이 존재한다는, 그리고 심적 이미지가 자신만의 고유한 속성을 가지고 명제적 형태의 표상과는 독립적으로 작동한다는 코슬린의 주장을 향해 있다. 존 앤더슨과 필립 존슨-레어드는 이러한 코슬린의 주장에 문제가 있다고 보았다. 앤더슨은 어떤 논리적인 측면에 기반하여, 코슬린의 모든 실험들이 명제적 표상으로도, 그리고 이미지 표상으로도 다 설명 가능해서 어느 것이 원칙적으로 설명 가능하다고 할 수 없다고 주장하였다. 앤더슨은 결론 내리기를, "결정적인 생리학적 결과를 제외하고는, 어떤 내재적 표상이 그림과 같은 것인지 아니면 명제와 같은 것인지 결론 내리기는 불가능하다"(1978: 249). 존슨-레어드는 앤더슨의 증명을 인정하지는 않았지만, 이미지를 둘러싼 논쟁들이 심리학적 실험에 의해 해소될 가능성은 매우 낮다고 말했다. 그의 견해에 따르면, 좀 더 생산적인 논의는 표상의 수준에 관한 것이다. 즉 어떤 한 수준에서 심리적 처리 과정이 일련의 상징만을 사용할 수 있다 하더라도, 좀 더 상위 수준에서는 심리적 처리 과정이 배열, 매트릭스, 그리고 이와 유사한 여러 종류의 표상들을 사용할 수가 있는 것이다. 특정한 유형의 문제들을 해결하려는 것을 포함하는 여러 목적에서 인간은 심적 이미지를 사용하는 것이 그럴듯하다고 보았으며, 존슨-레어드는 이를 '심적 모델(mental models)'이라 부르는 것을 선호했다(Johnson-Laird 1983).

11.2.3 심적 이미지를 반박하는 필리신의 예들

그러나 다른 학자들은 코슬린의 주장이 단순히 틀린 것이라며 정면으로 반박했다. 이런 쪽으로 아마도 가장 끈질기고 조목조목 따지고

든 비판자는 캐나다 출신의 컴퓨터과학자이자 심리학자인 제논 필리신일 것이다. 필리신은 대략 12편의 논문을 통해 심적 이미지가 독립된 형태의 심적 표상으로 다루어져야 한다는 주장을 반박한다. 마치 집요한 변호사처럼, 필리신은 코슬린의 연구를 거의 모든 측면과 모든 분석 수준에서 공격했다(Pylyshyn 1979, 1981, 1984). 그러나 비판의 골자는 과연 인간이 심적 표상이란 별도의 매체를 사용해 사유할 수 있다는—추론하거나 문제를 해결할 수 있다는—주장이 지지될 수 있을 만한 것인가 하는 것이다. 만약 심적 이미지와 같은 생물학적 기능이 있다고 가정한다면, 그것은 고정된 인간의 능력이어야만 한다. 실제로 특정한 문제를 풀기 위해서 반드시 개인들이 심적 이미지라는 매체를 사용해야만 하는 것이다. 그러나 필리신이 보기에 심적 이미지는 믿음과 목표처럼 단순히 상징적으로 부호화된 규칙들의 결과일 뿐이다. 달리 말하자면, 한 개인은 많은 가용한 지식을 명제들로 부호화하여 가지고 있고, 심적 이미지가 존재한다는 현상적 증거인 듯한 것을 구성하기 위해 그러한 명제들을 꺼내서 사용할 뿐인 것이다(Pylyshyn 1981, 1984).

필리신의 복잡한 논박은 자세히 들여다 볼 가치가 있는데, 어떻게 인지과학을 수행해야 하고 또 어떻게 마음이라는 것을 개념화할 것인가에 관한 광범위하게 퍼져 있는 견해를 표현하고 있기 때문이다. 필리신은 '인지는 계산(cognition is computation)'이라 단호하게 주장한다. 컴퓨터는 단순히 뇌의 은유가 아니라 마음이 정말 문자적 의미에서 계산하고 있다는 것을 의미한다. 그는 나아가 어떤 시스템의 행동을 설명하는 방식에 두 가지의 근본적인 차이가 있다고 구별한다(1984: 210). 첫 번째 설명 방식은 그 시스템의 내재적인 속성(intrinsic properties)에 호소하는 것, 즉 자연법칙의 작동을 반영한 처리 과정에 호소하는 것이다(이것이 바로 깁슨이 실제로 도모했던 설명 방식이다). 두 번째 설명 방식은 외재적인 속성(external properties)—그 시스템이 어떤 식으로든 표상할 수 있어야만 하는 외부 세계의 속성—에 호소하는 것이다. 후자의 방식에서 설명 원리는 그 시스템의 목표와 믿음을 고려해야만 한다. 이 후자의 방식은 반응이라기보다는 추론에 가까운 것이며, 특히 인지주의적인 것을 개입시킨다. 바로 이 지점에서 우리는 촘스키와 포더의 영토로 진입하게 된다.

내재적 속성에 관한 설명을 전개하면서, 필리신은 비표상적인 설명으로 충분한 시스템의 기본적인 정보처리 메커니즘을 가리키기 위해 '기능적 구조(functional architecture)'란 용어를 만들어냈다. 기능적 구조에는 생물학적 시스템에 의해 용인되는 기본적 작동들, 그리고 기억용량, 버퍼용량, 가능한 연산들의 목록과 같은 내재적으로 장착된 제약들도 포함된다. 기능적 구조는(목표, 믿음, 표상 따위의 용어로 설명하려 드는) 인지적 설명이 요구하는 방식으로 변하지 않는다. 그렇다기보다는, 인지 현상에서의 차이는 고정된 연산의 집합에서 얻어질 수 있는 상이한 배열에 호소하는 것으로 설명될 수 있다.

바로 이 기능적 구조라는 개념이 있어서 필리신은 두 가지 근본적으로 다른 처리 과정을 분할해낼 수 있다. 그 작동을 설명하기 위해 특정한 종류의 표상들을 필요로 하는 과정들과 필요로 하지 않는 과정들이 있다. 표상들을 필요로 하는 과정들을 '인지적으로 침투 가능한(cognitively penetrable)' 과정들이라 칭했다. 이 과정들은 개인이 지니고 있는 믿음이나 바람 따위의 상징적인 처리 과정에 의해 영향받을 수 있다(실제로도 통상적으로 영향받는다). 추론을 지지하면서, 이러한 과정들은 기능적 구조의 바깥에 있는 것으로 분류된다. 이와 대조적으로 '인지적으로 침투 불가능한(cognitively impenetrable)' 과정들은 기능적 구조의 일부이며 한 개인이 지닌 믿음 따위에 영향받지 않으면서 자율적이고 독립된 방식으로 작동한다. 컴퓨터에 비유하자면 이런 침투 불가능한 능력들은 하드웨어에, 침투 가능한 능력들은 프로그래밍이 가능한, 따라서 변화될 수 있는 것에 해당된다.

인간의 인지적 능력의 레퍼토리가 대체로 침투 불가능한 것들이라면 좋은데, 만약 그렇다면 많은 처리 과정들이 신경적 연결에 의해 반드시 일어나야만 하는 것으로 설명될 수 있기 때문이다. 하지만 인간의 인지적 능력 다수는 침투 가능한 것으로 드러났다. 특히 필리신의 입장에서 보자면 심적 이미지는 인지적으로 침투 가능하다. 컴퓨터로 치자면 하드웨어의 일부로서 특정 인지 시스템에 필수적으로 요구되는 것이라기보다는 단순히 자신에게 하달하는 명제적 지시에 의해 여러 유형의 방식으로 변형될 수 있는 그런 것이다. 만약 코슬린이 보고한 결과들이 마음이 작동하는 방식을 이해하는 데 기여한다고 간주된다면, 그러한 기능들은 인지적으로 침투 불가능해야만 한다. 즉 그 기능들은 잠정적으로 이미지가 포함될 때마다 무조건 적용되어야만 한다. 하지만 필리신의 주장과 같이 그러한 기능들은 변화가 가능하다. 즉 인지적으로 침투 가능한 것이다. 구체적으로 표현하자면, 우리가 스캔하는 속도를 변화시킬 수 있는 것처럼 하나의 심적 이미지의 이곳에서 저곳으로 주의를 점프하듯 옮길 수 있는 것이다—이러한 활동들이 한 개인의 생각과 믿음의 지시에 따른다는 증거가 된다.

필리신은 코슬린의 위치찾기 과제를 다시 거론하며 다른 관점에서 재해석한다. 코슬린이 피험자가 심적 이미지상의 한 지점에서 다른 지점으로 옮겨가며 주의를 주고 있다고 해석하는 것을 필리신은 단지 '실제 겪었던(real life)' 상황을 떠올리고 그 상황에서 어떻게 행동할지를 상상하는 것일 뿐이라고 해석한다. 따라서, 코슬린의 실험이 측정한 것은 어떤 이미지라는 매체의 지각이라기보다는 그러한 묘사된 상황에 관한 암묵적 지식이다. 더 일반적으로 표현하자면, 한 심적 이미지 내 정보에 항상 꼬리표가 붙어 있다는 사실은 그 표상이 만들어지기에 앞서 항상 해석되어야만 한다는 것을 의미한다. 필리신의 관점에서 보자면, 코슬린의 이론을 지배하는 표면 디스플레이(surface display)는 어떤 기능도 전혀 하지 않는 것이다. 그 구성 요소와 해석은 한 개인의 목표, 믿음, 그리고 노력에 의존적이다. 즉 표면 디스플레이엔 아무런 내재적 속성이란 존재하지 않고 모두 해석된 것일 뿐이며 변형 가능한 것이다 (Pylyshyn 1979: 562).

필리신의 결론은 생물학적으로 결정된—즉 소위 말해서 하드웨어로 장착된—처리 과정들의 집합, 그리고 컴퓨터 프로그램에서 규칙들의 집합에 의해 단순하게 조작될 수 있는 추상적 상징들 혹은 명제들의 집합들로 설명하는 것이 최선의 접근 방식이라는 것이다. 심적 이미지는 하드웨어로 장착될 수 없고 따라서 상징적 요소들의 조작에 따라 이차적으로 발생하는 부수현상(epiphenomenon)으로 이해되어야 마땅하다.

그러나 코슬린은 필리신이 구별한 범주 속으로 끌려들어가지 않았다. 코슬린은 기저에 추상적인 명제적 표상이 있다고 생각하지 않았으며 대신 언어적이고 이미지와 같은 여러 다양한 표상이 가능하다고 생각했다. 환원 불가능한 형태의 표상을 찾아 나서는, 자칫 잘못된 길로 접어들 수 있는 그러한 탐색을 하는 대신, 코슬린은 경험적 발견을 설명하기에 가장 효과적인 내적 표상을 가정하는 것이 더 바람직하다고 보았다. 사실 문제가 되는 것은 심적 이미지가 좀 더 원초적인 명제적인 혹은 상징적인 표상에서 파생되어 나왔는지의 여부가 아니라, 유사그림적인 이미지가 독립된 형태의 표상으로서 다루어질 정도로 창발적인 속성을 가지고 있는가의 여부이다. 지금까지 보고된 이미지에 관한 모든 결과들을 명제적 혹은 상징적 코드로 설명하려는 노력들은 서툴거나 우회적인 것으로 드러난 반면, 코슬린이 개발한 종류의 모델은 현재 결과를 깔끔하게 다루어내고 있고 또한 새로이 발견될 결과들을 예측해내고 있다. 필리신은 자신의 이론이 오직 한 종류의 심적 표상을 가정하고 있기 때문에 모델로서 좀 더 단순하다고(parsimonious) 믿을 수도 있겠으나, 코슬린의 이론은 필리신이 만족스런 방식으로 도저히 다루기가 불가능한 범위의 데이터들을 아주 잘 설명해내고 있다.

이처럼 연장된 논쟁을 통해서, 필리신은 아주 오래된 디지털 상징 연산 모델에 기반한 주류 컴퓨터과학자의 입장을 대변하고 있는데, 그러한 모델에서는 상징의 연결을 위해 이루어지는 연산들이 바로 정보가 처리되는 방식이다. 필리신은 이러한 상징 중심적인 접근에 많은 것을 걸고 있다.

> 구별될 수 있는 원자적인 상징이란 개념이야말로 모든 형식 이해(formal understanding)의 기초가 된다. 실제로 그것은 어떤 표기가 가능한 사고, 표현 혹은 계산으로 이뤄진 모든 시스템의 기초가 된다. (……) 이러한 방식 외에 어떤 유형도 형식 이해가 유도될 수 있는 원자적 유형을 정의하는 데 성공하지 못했다. 연속적이고 아날로그적인 속성과 같이 변형된 내적 속성을 지닌 상징을 인지심리학이 왜 기초로 삼기를 망설이는지 조금 의아할 뿐이다. (1984: 51)

필리신은 심적 이미지를 옹호하는 주장에 불편한 순환논리가 있음을 지적한다. 인지 처리 과정에 대한 이론은 모름지기 어떻게 심적 이미지가 그것에 부과된 역량을 지니게 되었는지 설명을 제공해야 한다. 이미지적 처리 모드가 실제로 인지의 고유한 (뇌의 구조와 상관 있는) 속성이며 위치나 거리에 관한 질문에 답하려면 필수적으로 요청되는 것임을 보여줘야만 한다. 그러나 필리신이 보기에 코슬린은 단순하게 심적 이미지라는 매체를 가정한 다음 이미지가 작동하는—이미지가 관여하는—방식이 어떤 것임을 가리킴으로써 이미지의 속성을 설명하려 든다. 필리신이 내린 결론은, 코슬린의 연구에 관해 던져야 하는 질문이란 "우리가 어떤 특정한 경험적 규칙성을 표상적 매체 혹은 형식의 근본 속성에 발현된 일반적 제약을 드러내주는 것으로 볼 것인가, 아니면 그러한 규칙성을 피험자들이 자신들의 목표라 믿는 것의 결과물로 볼 것인가"(1980b: 162)이다.

코슬린은 적어도 이미지가 파생될 수 있는 기초 명제적 수준의 부호화가 일부 존재할 수도 있다고 인정한다. 그는 독자적으로 생산적일 수 있는 독립된 형식의 표상의 적법성과 중요성에 관해 '반환원주의적(anti-reductionist)' 혹은 '반단자적(anti-monist)'인 입장을 취한다. 일단 형성되기만 하면, 심적 이미지는 사고에서 인과적 역할을 할 뿐만 아니라 다양한 용도로 사용될 수 있는 형식으로 부호화되어 남아 있을 수 있다. 필리신의 개념들은 한마디로 말해 생산적이지가 못하다. 예를 들어 인지적 침투 불가능성이란 기준을 제시했음에도 불구하고, 필리신은 (가장 기초적인 지각적인 과정들을 넘어서는) 믿음, 바람, 그리고 다른 종류의 의도적 현상에 영향받지 않는 처리 과정의 예를 제시할 수 없었다. 코슬린은 심적 이미지에 관해 어떤 주장을 할 때는 항상 실험적인 증거를 제시하거나, 시뮬레이션을 제공했다. 사실 내가 언급했듯이, 코슬린의 모델을 지지하는 신경과학적 증거들이 인용될 수 있다. 물론 필리신은 기초적인 개념을 지적하려 했기 때문에 어떤 추가적인 연구나 경험적 예시에 설득당하지는 않을 것이다.

내가 볼 때는 코슬린은 경험적 인지과학의 틀 내에서 더 강력한 주장을 하고 있다. 가령 우리가 마음이 작동하는 방식을 모델링하고자 하고, 어떤 모델링이 일관되게 풍부하고 생산적인 결과를 내놓으려고 한다면, 그 모델이 어떤 이론적인 반대—아주 반박하기 어려운 반대—가 있다고 해서 그 모델을 폐기하는 것은 어리석은 짓이다(실제로 내 개인적 견해로는, 추가적인 연구를 통해 시각 시스템에 의해 기술된 것에 비유될 수 있는, 언어적·음악적 혹은 촉감적인 다른 종류의 정보를 포착하고 변형하는 다수의 이미지 시스템이 밝혀질 것이라 생각한다). 나아가 네드 블록(Ned Block)이

지적하였듯(1983), 마음속에서 이미지를(혹은 '유사그림'을) 찾는 것의 어려움에 관해 제기된 다양한 의문들은 실제로 명제적인 표상에 대한 주장에 동일하게 적용될 수 있다. 결국 마음에 존재한다는 명제적 표상이란 것이 도대체 무엇을 의미하는지가 전혀 분명하지 않다. 생각은 다소 덜 생생하며 (다소 덜 상상적인 것이다!) 그래서 받아들이기 쉬울 뿐이라 여겨지는 것이기도 하다.

그러나 코슬린의 접근 방식이 주류 인지과학의 내부에서 충분히 합리적인 것으로 보인다 하더라도, 좀 더 광범위한 철학계 내부에서는 상당한 반발을 일으켰다. 심리학자들이 이미지란 용어를 사용하기 시작하고 (무비판적으로) 그와 연관된 다양한 표현들—이를테면 이미지를 스캔한다든가, 이미지의 특정 부분에 초점을 둔다든가, 이미지를 변형한다든가—을 사용하기 시작하자, 철학자들은 그것이 의미하는 바가 무엇인지 의문을 제기했다. 적어도 마음에 그림이 없는 것은 분명했으므로, 그러한 은유를 사용해서 얻는 것은 무엇이고, 잃을 위험에 처한 것은 무엇인지에 관해 질문을 던졌다(Schwartz 1981). 조르주 레이(Georges Rey)는 2차원에 존재하는 듯이 보이는 심적 이미지가 존재하는 공간은 도대체 어디인가라는 불편한 질문을 던진다(1981). 심적 이미지는 정말 살아 있는 물리적 형태처럼 화사한 색상을 지니고 있는가? 그는 또한 코슬린의 매력적인 모델에도 시비를 건다. CRT는 인간의 눈에 의해 지각되지만, 뇌의 후미진 곳 어디에도 더 이상 눈 같은 것은 없어 보이는데 사람들은 종종 실제 존재하지 않는 사물들을 본다고 보고한다.—아마도 이런 면에서 보자면 우리가 해야 할 일은 어떤 의미에서 존재하지 않을 수도 있는 이미지를 연구하는 것이 아니라 사람들이 이미지라 보고하는 것을 설명하는 것이다.

11.2.4 비트겐슈타인적 비판

이러한 유형의 비판을 더 밀고 나간 이는 윌리엄 셰바(William Shebar, 1979)였는데, 그는 코슬린과 함께 일했던 철학자였고 자신의 이런 생각을 비트겐슈타인적인 비판이라고 보았다. 앞서 제4장에서 언급한 바와 같이 비트겐슈타인은 심리학 이론을 별로 존중하지 않았는데, 그가 보기에 심리학의 개념들이 일상언어의 미혹적인 특성들로부터 파생되었기 때문이었다. 따라서 비트겐슈타인적 접근은 "이미지를 생성한다"거나 "이미지를 가진다" 등의 표현에 관여된 언어에 조심해야 한다고 경고하며, 심리학에서 이미지를 설명적 개념으로 쓰는 것을 회의적인 시선으로 본다.

셰바가 지적한 대로, 이미지에 관해 이야기할 때 쓰이는 언어를 잘 살펴보면 많은 함정이 도사리고 있음을 알 수 있다. 이미지를 어떤 물체로 생각해서는 안 된다. 그보다는 이미지를 떠올리는 행위에 대해 이야기하는 편이 낫다. 왜냐하면 그것은 개인들이 실제로 늘 하는 행위이기 때문이다. 당신은 누군가에게 집을 상상하라고 지시할 수 있다. 왜냐하면 그게 사람들이 할 수 있는 것이기 때문이다. 하지만 당신은 누군가에게 '집을 보라'고 요구할 순 없다. 왜냐하면 본다는 것은 상상하는 것과 전혀 다른 행위이며 우리가 자발적으로 통제할 수 있는 행위가 아닌 탓이다. 마찬가지로, 이미지를 그림에 비유하는 것도 잘못되었다. 그림을 만들려면 물질이 필요하지만 이미지는 그렇지 않다. 그럼에도 이런 식으로 얘기하는 것은 마치 이미지를 우리 자신의 마음속에 있는 사적인 스크린에서 볼 수 있는 사적인 슬라이드 쇼로 생각하게 만든다. 즉, 우리는 어떤 다른 사람의 그림을 그릴 수 없고, 단지 그것을 상상하는 능력이 있을 뿐이다.

셰바는 코슬린이 자신의 실험결과를 기술하는 방식에 반대한다.

동일한 결과가 전혀 이미지에 비유될 필요없이 설명될 수 있다. 어느 누구라 하더라도 실제 그림에서 먼 거리를 스캔하려면 시간이 많이 걸린다고 알고 있기 때문에, 이런 과정을 상상하라고 요구받았을 때 동일한 방식으로 생각하게 되는 것이다. 즉 반응단추를 누르는 데 시간이 오래 걸렸다고 해서 이미지—혹은 이미지라 불리는 어떤 요소—라 불리는 특정한 처리 과정이 존재하며 그 과정이 오래 걸렸다고 해석할 수 없다. 그것은 단지 긴 거리를 실제로 스캔할 때 시간이 오래 걸린다는 것을 확인해줄 뿐이다.

셰바의 견해에 따르면, 내적 표상(internal representation)이란 용어는 애초부터 그것이 모델로 삼은 어떤 외적인 표상이 내포하는 바로 가득 차 있다. 그러나 숨겨진 그림을 표상이라 얘기하는 것은 적절하지 않다. 도대체 실제로 볼 수 있는 것에 무슨 표상이 필요하단 말인가? 셰바는 이 지점에서 해로운 순환론을 감지한다. 코슬린의 실험에 참여한 피험자들은 연구가 예측을 만드는 데 사용된, 그리고 나아가 나중에 실험결과를 설명하는 데 사용될 바로 그 비유를 포착함으로써 자신들에게 주어진 지시사항을 이해하고 있는 것이다. 셰바가 표현한 대로, 지시사항에 언급된 '내부 처리 과정(inner process)'에 대한 피험자의 이해는 그것이 모델로 삼고 있는 '외부 과정(outer process)'을 포착하는 데 의존하고 있다. 따라서 피험자들은 마치 그 이론의 증거로 보이는 결과를 낼 수 밖에 없는 것이다.

셰바의 비판은 이미지 연구뿐만 아니라 내적 표상을 연구하는 다른 심리학 분야 모두에 지독하게 파괴적일 수 있다. 그의 관점에서 보자면, 스스로 처리 과정을 연구하고 있다고 생각하지만 사실 심리학자들이란 사물에 대해 이야기하는 특정한 방식에 적용하는 효과를 검증하고 있을 뿐이다. 연구자들은 실제로 연구되고 이해될 수 있는 어떤 메커니즘을 이야기하고 있는 것이 아니라 경험을 논하는 이론 이전의 어떤 직관적인 방식을 반영한 수사를 이야기하고 있는 것이다. 이런 설명에 따르자면, 심리학의 문제들은 새로운 데이터나 더 정확한 용어에 의해 해결될 성질의 것이 아니라, 그 문제들이 진짜 참된 문제들이 아니라는 것을 깨달음으로써 해소되는 것들이다.

내가 볼 때, 셰바의 비판은 오히려 약이 되는—아마도 어느 정도는 살짝 해로울 수 있기야 하겠지만—것이며 그가 바라는 만큼 치명적이지는 않다. 물론 특정한 어휘를 변용해서 사용하는 데는 무의식적일 수 있는 연상작용이 수반되고, 따라서 사용하는 사람에 파괴적인 효과를 가져올 수 있으므로 상당한 위험이 따른다. 하지만 이러한 문제에 대한 처방이 그러한 연구를 아예 접어버리는 것일 필요는 없으며 그 보다는 자신의 이론을 더 정치하게 전개하고 표현하는 방식에 좀 더 세심한 주의를 기울이는 것이 적절하다. 개인들이 어떻게 지각하는가를 연구하는 데 충분한 가치가 있다는 것은 분명하다. 아마 비트겐슈타인도 이를 부정하지 않을 것이다. 그리고 내적인 이미지가 지각의 일부라면, 혹은 실제 시지각과 유사한 속성을 지니고 있다면, 그러한 현상도 마찬가지로 연구될 가치가 있다. 그러나 그러한 능력이 덜 명시적이고, 또 덜 상호주관성을 가지며 덜 의존적이므로 좀 더 주의할 필요가 있는 것이다.

비트겐슈타인의 관점은 인지과학에 심오한 문제제기를 한다. 인지과학이라는 이 야심 찬 학문은 내적 표상에 관해 말할 수 있다고 가정한다. 즉 생리학적 신경세포와 한 집단의 행동적 표준 사이에 있는 어떤 수준에 대해 말할 수 있다고 가정하는 것이다. 비트겐슈타인은 '내적 구성물(internal constructs)'에 대한 지나치게 단순한 행동주의적 비판을 경계하고 커뮤니티가 세상을 개념화하는 방식을 어떻게 제공할 수 있는지에 관해 아주 세련된 견해를 소개하긴 했지만, 이러한 인지과학의 가정을 온전히 받아들이는 것을 거부하고 있었다.

이미지에 대한 연구는 마치 비트겐슈타인적 비판을 받기 위해 있는 듯 보이기도 한다. 한 개인의 물체 인식이나 세상에서 행동에 관해 이야기하는 것은 상대적으로 분명하다. 그리고 심지어 언어나 음악에 관해 얘기하는 것도 수월하게 분석 가능한 상징 체계로 분명히 방향이 설정되어 있다. 하지만 심적 이미지라는 내재적이고 신비에 싸인 현상은 ('마음의 눈'처럼) 은유를 자극하거나 (CRT 모니터처럼) 색다르고 이국적인 모델을 떠올리게 하는 면이 있다. 이런 모든 점들이 철학이라는 사자에게 좋은 먹잇감이 되는 것이다!

필리신처럼 조심스런 인지과학자들이 이미지에 대해 이야기하기를 멀리하고 좀 더 단단한 기초로 이동하려는 것은 일견 현명한 판단으로 보인다. 하지만 그와 달리 코슬린, 셰퍼드와 그 동료들이 택한 더 담대한 과학적 전략도 있을 수 있다. 심적 이미지와 같이 상대적으로 취약해 보이는 현상에 관해 인지과학이 성립될 수 있다면, 바로 그 지점에서 비트겐슈타인적 비판을 상대할 수 있다면, 인지과학은 좀 더 단단한 지반 위로 이동할 수 있을 것이다. 이런 관점에서 보자면, 이미지를 연구하는 데 걸림돌이 되는 것은 실제로 인지과학에서 성공적으로 진행되고 있는 시도에 큰 힘을 부여하는 계기가 될 수 있다.

그럼에도 불구하고 여전히 비트겐슈타인적 회의론이 여전히 유효한 최소한 하나의 비판이 존재한다. 만약 세상을 정확하게 지각하는 것에 대해서, 그리고 나아가 심적 이미지에 관여하는 이차적 지각형태에 대해서도 단단한 인지과학적 설명이 가능하다는 것이 설득력 있게 입증된다면, 언어와 개념적 시스템의 구조화를 참조하지 않으면서 이러한 형식의 마음의 활동이 그 자체로 건강하게 처리될 수 있을 것이다 (결국 언어적 능력이 없는 동물들도 이미지를 가진다고 주장 가능할 것이며 사람들과 유사한 방식으로 지각한다는 사실은 의심하지 않게 될 것이다). 하지만 이름에 걸맞게 인지과학이라면 결국엔 언어적이고 개념적인 처리 과정에 의해 깊숙히 침투 가능한 인지적 능력에 대한 설명을 제공해야만 할 것이다. 바로 이러한 지점으로 들어가게 되면, 인지과학자들은 자신들의 과학 분야에서 가장 곤란한 이슈들과 마주치게 된다. 그리고 그러한 이슈들은 사람들이 가장 깊이 알고 싶어하는 것들이기도 하다.

제12장

범주화된 세계

그리스인들이 인간을 깃털 없는 두 발 동물로 정의할 때, 자기 종을 그냥 간단히 정의하느라 그런 것이 아니다. 그리스인들은 공통의 대상들이 한 집단으로 분류될 수 있고 이 집단이 특정한 준거 속성을 통해 정의될 수 있다는 그들 믿음의 한 사례를 표현했던 것이다. 따라서 모든 인간은 인간이라 불리는 단일 집합에 속하고, 그래서 그 집합은 방금 언급된 다소 엉뚱한 어구로 정의될 수 있었다.

이 간결한 정식화를 통해 우리가 얻을 수 있는 것으로 무엇이 있는지 고려해보자. 모든 생명체는 그들이 유사하게 여기는 존재자에 유사한 방식으로 반응하지만 이런 반응들은 대개 무반성적이다. 한편 인간은 어디서건 존재자들을 함께 묶는다는 것은 주목할 만하다. 또한 이런 범주화가 안긴(nested) 위계를 형성한다는 것을 깨달음으로써 우리는 추가적 통찰을 얻을 수 있다. 예를 들어 사람은 테리어 한 마리의 다른 모습들을 테리어라는 동일한 종류의 여러 사례들로 취급하고, 모든 테리어를 함께 묶고, 테리어와 푸들을 개의 범주로 묶고, 개와 고양이를 가축의 범주로 묶고, 그렇게 위계를 올라가면 포유류, 척추동물, 동물, 생명체, 그리고 단순히 존재자에까지 이른다(Keil 1979). 게다가 범주를 형성하고 조직하는 것에 더해, 인간은 또한 각 범주를 정의하는 특성들을 찾아낸다. 만약 테리어나, 개, 가축 등과 같은 것에 대한 만족스런 정의를 찾아내면 모든 존재를 적절한 범주에 위치시킬 근거를 얻게 된다.

아리스토텔레스 이래로, 명명하고 정의하고 범주화하는 이런 습성은 철학적으로 면밀히 검토되었는데, 20세기 중반 무렵 한 입장이 범주(categories), 개념(concepts), 분류(classifications)에 대해 생각하는 '올바른 방식'으로 고착되었다(여기서 나는 '범주', '개념', '분류' 이 세 용어를 상호 교환될 수 있는 것으로 사용할 것이다). 하지만 인지과학이 지배력을 행사했던 바로 그 시기이기도 한 지난 35년간, 우리가 세계를 어떻게 범주화하는가에 대한 이 견해는 매우 신랄하게 공격받았고, 오늘날에 이르러 그 견해를 순수히 원래 형태로 받아들이는 이는 거의 없다.

이 장에서 나는 먼저 개념에 관한 고전적 견해가 지니는 주요 논점들을 검토하고, 심리학, 인류학, 그리고 철학 영역에서 이 입장에 가한 주요한 공격을 살펴볼 것이다. 오늘날 개념에 대한 고전적 견해는 개념에 관한 자연적 견해로 대체되었다고 말해도 과언이 아니다. 새로운 견해를 비판하는 사람이 없는 것은 아니다. 그들 가운데는 범주화를 고안하는 것이 가지는 효용성 자체를 의심하는 과격한 학자들도 있고, 고전적 견해가 지니는 상대적으로 덜 애매모호한, 더 확정적인 면모를 동경하는 논평자도 상당수이다. 자연적 견해에 대한 광범위의 대응들을 살펴보고 나서, 나는 인간의 범주 관행에 관해 현재 확립된 것이 무엇인지, 그리고 어떻게 이 지식이 신생 인지과학에 도움을 줄 수 있는지를 검토할 것이다.

12.1 범주에 대한 고전적 견해

어떻게 개인이 개념을 형성하거나 획득하는 것을 배우는가에 대한 브루너의 연구를 소개할 때 나는 고전적 견해를 일별한 바 있다(Bruner, Goodnow, and Austin 1956). 상기해보면, 피험자들은 크고 빨간 삼각형 또는 길고 파란 원기둥과 같은 기하학적 개념들의 사례를 재인하도록 요청되었다. 앞서 이 책 5.1.3. '제롬 브루너의 전략적 접근'에서 언급한 대로, 그런 경우 피험자는 범주를 (어떠한 속성들의 집합을 통해서라도) 자의적으로 정의하였고, 각 항목은 정의된 범주에 명료하게 속하거나 혹은 속하지 않는 것으로 간주되었다. 결국 깃털 없는 두 발 동물처럼 하나의 범주와 정의하는 성질들을 적용하는 전통적 기법이 적용된 것이다. 이러한 관점은 비단 실험인지심리학에만 국한된 것이 아니었다. 철학자들이 선호하는 개념 정의 또한 같은 절차를 고수했다. 총각은 결혼하지 않은 성인 남성이다. 인류학자들은 친족 연구에서 유사한 구조를 찾으려 했다(삼촌은 남성이고, 이전 세대이며, 직계 조상이 아님). 신경과학의 영역에서조차 다른 방향의 것들은 모두 제외하고 특정 방향으로 향한 선들 모두를 일의적으로 명료하게 등록한 탐지기를 찾으려 했다.

고전이론에 맞춰 고전주의자인 것처럼 말해보자면, 고전주의를 정의하는 성질들로 다음이 제시될 수 있을 것이다(Smith and Medin 1981 참조).

> 1. 범주는 자의적이다. 세계 혹은 우리 신경 시스템 내의 어떠한 것도 우리가 관찰하는 것을 어떻게 나누어야 하는지를 결정하지 않는다. 이런 일은 문화와 언어가 수행하는 것이다. 항목들은 어떠한 방식으로든 묶여 범주를 형성할 수 있고, 사람들은 그들의 문화가 정의하는 그런 범주들을 식별하고 구성하는 것을 배울 수 있다.

2. 범주는 정의하는 속성 혹은 준거 속성을 가진다. 해당 범주의 모든 구성원은 이 준거 속성들을 공유하고, 어떠한 비구성원도 그 속성을 공유하지 않으며, 구성원과 비구성원은 중첩되지 않는다.

3. 내포(intension, 또는 속성들의 집합)가 범주의 외연(extension, 즉 어떤 항목이 구성원인지)을 결정한다. 따라서 범주가 내적 구조를 가진다고 하는 것이나, 어떤 항목들은 다른 항목들에 비해 더 나은 구성원이라고 하는 것은 말이 되지 않는다. 특정 삼각형은 길고 빨갛거나 그렇지 않거나이다. 경계는 분명하고 흐릿(fuzzy)하지 않다.

이 가정은 대담한 형태로 진술되었다. 거슬러 올라가자면 영국 경험론자들의 저작들에서 범주를 그렇게 이해하는 것에 대한 반론을 발견할 수 있다. 그럼에도 불구하고 이 고전적 입장의 한 변형은 20세기 중반까지 널리 수용되다가 루트비히 비트겐슈타인(Ludwig Wittgenstein)과 그의 지지자들이 제기한 도전에 직면하게 된다. 그리고 그 도전은 상당히 많은 행동적·과학적 저작을 통해 최근 몇 십 년간 강화되었다. 고전적 견해가 약화되는 데 있어 아마도 대부분의 일을 했다고 할 수 있는 엘리너 로슈(Eleanor Rosch)는 1950년 즈음 만연한 지식을 다음과 같이 묘사했다.

그 프로세서는 합리적인 것으로 가정되었고, 사람들은 문제 해결 전략의 논리적 성격에 주의를 집중했다. 바로 그 '성숙한 서구 정신'은 개별적인 일상 경험들의 특징적인 것들로부터 지식을 추론하는 아리스토텔레스적 논리법칙을 채택했던 정신으로 가정되었다. 범주에 적용하자면, 범주를 안다는 것은 범주 구성원이기 위한 추상화되고, 분명하며, 필요하고 충분한 기준을 가졌음을 의미한다. 만약 형상화, 직시적(ostensive) 정의, 개별 사례들과의 유비에 의한 추론, 은유의 사용과 같은 다른 사유과정이 고려되었다면, 그것들은 보통 여성, 어린이, 원시인, 또는 심지어 인간 아닌 동물과 같이 열등한 존재자에게 속하는 것으로 경시되었다. (Rosch and Lloyd 1978: 2)

범주화에 대한 이 고전적 견해는 어떤 의미에서 인지과학의 정신에 부합하는 것이었다. 인지과학은 컴퓨터의 명료성에 기초한 과학이니 말이다. 하지만 하나의 만능 논리 기계로 컴퓨터를 이해하던 일반적 견해가 결국 다수의 계산적 상태들로 대체된 것처럼, 마찬가지로 범주화에 대한 이 일반적 견해는 다양한 영역에서 제시된 논증들 및 경험 데이터의 공격을 견뎌낼 수 없었다. 그 견해에 대한 직격탄은 고전적 견해가 처음에 자신의 것으로 채택했던 영역, 즉 색(color) 명명 영역에서의 연구에서부터 나왔다.

12.2 색 용어의 세계

순수히 물리적 관점에서 보자면, 어디서 한 색이 끝나고 다른 색이 시작하는지를 지시해주는 지표는 없다. 색 스펙트럼은 (또는 색 영역은) 전체적으로 하나의 연속체이다. 각각의 인간 집단은 색을 명명하고 표식하는 나름의 방법을 가지고 있으며, 이 스펙트럼을 분할하는 방법들은 정말 다양한 것처럼 보인다. 어떤 문화에서는 모든 색을 기술하는 데 단지 둘 또는 3개의 이름들만을 가진다. 반면 우리 사회를 포함해 다른 사회에서는, 매우 제한된 것(예를 들어 연하늘색)뿐만 아니라 제한되지 않은 것(예를 들어 파랑)에 이르기까지, 용어군을 가지는 특징이 있다. 각 문화는 자신이 보기에 적합하다고 생각하는 방식대로 색 영역을 나누는 것일 테니, 여기에 어떤 자연법칙이 작동한다고 보이지 않는다. 오히려 한 문화는 색 스펙트럼을 특정 지점, 예를 들어 파장 x에서 자르기로 결정하는 반면, 다른 문화는 그것을 파장 y에서 나누거나 다른 개수로 나눈다. 한 문화 내에서 개인의 과제는 그 문화가 자의적으로 갖게 되었던 색 이름을 배우는 것이다. 마치 우리가 가족 성원들, 식물군과 동물군, 도구들에서부터 정부의 형태들에 이르는 다양한 인공물의 이름을 배우는 것처럼 말이다.

이런 방식으로 생각했던 한 사람이 하버드 대학의 심리언어학자 로저 브라운(Roger Brown)이었다. 1950년대 초반 그의 대학원생 에릭 렌네버그(Eric Lenneberg)와 연구하면서, 브라운은 색 스펙트럼을 나누는 문화의 특정 방식이 그 문화권에서 개인들이 세부적인 색조를 분류하고 이후에 기억하는 데 어떻게 영향을 미치는가에 흥미를 가지게 되었다. 1975년에 쓴 논평에서, 브라운은 그 시기의 시대정신(Zeitgeist)에 사로잡힌 셈이 되었다. 그가 논평에서 제안한 방식은 약 20년 후 그의 학생이 된 엘리너 로슈에 의해 쇠퇴하였으니 말이다.

그의 논평에서 회상하듯, 브라운과 렌네버그(1954)는 워프-사피어 가설(Whorf-Sapir hypothesis), 즉 세계에 대한 사람의 개념화는 그 사람의 문화가 지니는 개별 용어들과 개념들을 반영한다는 가설을 테스트해보고자 했다(아울러 이 책 8.5 '언어와 언어학의 특별한 지위' 참조). 이 연구자들이 색을 선택한 것은 두 가지 주요한 이유에서였다. 첫째, 색은 광범위한 심리적·물리적 장치들의 도움으로 객관적·'탈문화적' 방식으로 기술될 수 있기 때문이다. 그리고 둘째, 통문화적(cross-cultural) 기록은 많은 문화들이 이질적인 색 어휘 체계를 가지고 있음을 나타내고 있기 때문이다.

여러 이유에서 브라운과 렌네버그가 실제로 수행했던 연구는 오직 영어 원어민만을 포함했다. 피험자들에게 24개의 색을 보여주고 그 색들을 명명할 것을 요청한다. 쉽게 명명되는 색들은 '부호화 가능'한 것으로 불렸다. 다른 피험자 집단에게 적은 수의 색들을 짧게 노출시키고 난 후 매우 많은 수의 색조를 보여주고는 어떤 것이 그들이 전에 본 것들이고 어떤 것이 그렇지 않은 것인지 나타내보라고 요청했다. 새로운 색들은 부호화 가능한 것으로 기록된 것들과 그렇지 않은 것들을 포함한다. 실험 결과는 워프-사피어 가설의 약한 버전을 입증했다. 더 구체적으로 말하면 피험자들은 매우 부호화 가능한 것들로 기록된 칩들을 그렇지 않은 칩들보다 다소 더 잘 재인할 수 있었다. 저자들은 미국 어휘 체계 안에 색 이름들이 있다는 점이 피험자들의 행동에 영향을 미쳤다고 판단했다. 그런 이름들의 존재가 명명된 색들을 재인하기 더 쉽게 만들었다고 생각하면서 말이다.

12.2.1 고전적 견해들에 대한 로슈의 비판

브라운과 레네버그의 초기 탐구에 이어 십여 년에 걸쳐 여러 후속 연구들이 실행되었다. 이 연구는 다양한 방향에서 진행되었지만 브라운-레네버그의 원래 연구만큼 결정적이지는 못했다. 워프-사피어 가설에 대한 온건한 지지가 있었고 소수의 결정적인 반대가 있었다. 그러다가 1970년경, 엘리너 로슈(당시는 엘리너 로슈 하이더)는 뉴기니에 있는 다니족을 방문할 기회를 얻게 되었다. 석기시대 민족인 다니족은 오로지 2개의 색 용어만을 가지고 있다. 밝고 따뜻한 색조들을 위한 '몰라(mola)'와 어둡고 차가운 색조들을 위한 '밀리(mili)'가 그것이었다. 그렇게 이례적으로 제한된 색 어휘를 가지는 것이 색과 관련한 다양한 수행과제에서 다니족들이 보일 행동에 어떤 결과를 미칠지 궁금해진 로슈는 다니족에게 4개의 밝기와 10개의 색조로 구성된 40개의 색 칩을 보여주었다. 각 피험자에게 칩들 각각을 명명할 것을 요청했고, 그러고 나서 재인 조건에서 피험자에게 하나의 테스트 칩을 보여주고 어둠 속에서 30초간 기다리게 한 뒤 40개의 칩들이 나열된 곳에서 그가 보았던 것을 집어내 보라고 했다. 명명 과제에서 다니족은 미국인과는 다른 문화 출신임을 분명히 보여주었다. 색의 맨 끝에서 다니족은 어떤 색이 밀리이고 어떤 색이 몰라인지에 대해 일치를 보였다. 하지만 중간 칩들과 관련해선 그런 일치를 보이지 못했다. 왜냐하면 개개의 피험자들은 다양한 지점에 두 색의 경계를 설정했기 때문이었다.

그러나 재인 조건에서 결과는 완전히 예상을 뒤엎었다. 다니족은—예를 들어 같은 방식으로 혼동하여—미국인들과 매우 유사한 방식으로 색들을 재인해내는 것으로 드러났다. 그들의 전체 점수가 그리 높지는 않았지만 말이다. 따라서 명명 구조의 차이는 색들이 기억에 저장되고 회상하는 방식의 차이와 유사하지 않았다(Heider 1972; Rosch 1973a; Rosch 1973b).

추가적 확인을 위해, 로슈와 그녀의 동료 도널드 올리비에(Donald Olivier)는 색 영역에서 서로 바로 인접한 색조들을 선별하여 채도와 밝기를 일치시켰다(1972). 피험자들은 때때로 한쌍을 이룬 두 색조를 색 이름의 같은 쪽에 놓았고(영어 이름이든 다니족 이름이든), 다른 때에는 다른 색 범주를 반영하여(예를 들어 초록과 파랑) 두 색조가 그 구분선에서 서로의 반대쪽에 위치하도록 놓기도 했다. 이렇게 단순화된 과제에서도 지각적으로 인접한 색조들에 대해서 그것들이 구분선의 한쪽에 놓이건 서로 다른 쪽에 놓이건, 동등한 정도로 예민하게 재인되는 것으로 밝혀졌다. 이는 고전적인 워프적 입장에 반하는 결정적 증거였다. 브라운은 이렇게 표현했다. "이 연구의 매력적인 아이러니는 그것이 먼저 강한 상대주의와 언어 결정주의의 정신에서 시작했다가 이제는 문화 보편주의와 언어적 사소함의 입장으로 귀착되었다는 것이다"(1975: 152). 또는 로슈 자신의 말로 하자면, "간단히 말해, 색 공간은 언어가 사유에 미치는 영향에 대한 연구에 적합한 영역이 아니라, 기저의 지각적 인지요인들이 언어적 범주들을 형성하고 지시하는 데 영향을 미치는 것을 보여주는 주요한 사례로 보인다"(Heider 1972: 20).

그러면 이러한 발견들이 왜 개념 형성에 대한 고전적 견해를 약화시키는 것인가? 오랜 시간 동안, 색 사이의 구분선은 자의적이라고, 해당 문화에서 적합하다고 생각되는 대로 그어진 것이라고, 그래서 개인들이 스스로 분류하고 연상하는 행위를 할 때 단지 이 경계를 반영하는 것일 뿐이라고 가정되었다. 로슈는 지금 이러한 노선의 논증들을 의문시하고 있는 것이다. 명명 관행은 우발적인 것으로 드러났다. 하지만 다른 문화 출신인 개인들이 색을 기억하는 방식은 개별 어휘 체계의 구조가 아니라 신경 시스템의 조직화를 반영하는 듯하다. 특정 색들이 한 색의 '좋은' 사례들인 것은 인간 시각 시스템의 생리학 때문이지 세부적 명명 관행 때문이 아니다. 사실 어휘 체계는 이미 두드러져 있는 색의 측면을 기호화하는 것이지 이 측면들을 두드러지게 만드는 것이 아니다.

로슈는 단순히 다른 문화에서 행해지는 색 명명에 관한 연구를 수행하는 것에 만족하지 않았다(Mervis and Rosch 1981; Rosch 1977, 1978). 미국으로 돌아오고 나서 그녀는 넓은 영역 전반을 탐색했고 색에 관한 연구 결과가 다른 영역에서도 역시 매우 유관하게 적용된다고 결론내렸다. 주로 인위적 자극을 사용하는 것에 기초한, 분류에 대한 고전적 견해에 의하면, 각 범주는 준거 성질들의 유한 목록을 통해 정의된다. 즉 구성원은 이런 성질들을 나타내고, 비구성원은 그렇지 않은 것으로 정의된다. 하지만 이런 고전적 견해는 (새들과 같은) 자연 대상들의 세계에는 적용되지 않는다. 그리고 그것은 가구, 도구와 같은 많은 인공물들의 영역에서도 특별히 우리의 이해를 돕는 바가 많지 않음이 드러났다. 일상의 실재 세계에서, 강하게 연관된 (독립적이지 않은) 성질들이 지배적으로 작용한다. 예를 들어, 깃털, 털, 그리고 날개를 지각하는 능력이 있을 때, 지각자는 곧 경험 세계에서는 날개가 털과 함께 나타나기보다 깃털과 함께 나타난다는 것을 깨닫게 된다. 다시 말해 같은 범주의 구성원들의 겉모습에는 상당한 정도의 잉여가 있다는 것이다. 고전적 견해에서 상정된 성질들의 독립성이 아니고 말이다. 재인 메커니즘은 이러한 잉여들을 이용하는 것이다.

실제로 그렇듯 세계로부터 들어오는 다른 방해 요소가 있다. 예를 들어 인공물들의 경우, 한 종류의 겉모습을 갖춘 대상들은 의자로 함께 묶일 개연성이 높은 반면(왜냐하면 그것들은 앉혀질 수 있는 잠재력을 가지기 때문에), 대상 집단은 음료 용기로 묶일 개연성이 높다(왜냐하면 그것들은 잡혀져 부어질 수 있는 잠재력을 가지기 때문에). 어떤 특징들은 의자를 구분하고 다른 특징들은 음료 용기를 구분해주겠지만, 그것들을 정의해주는 기준을 찾으려 한다면 그것은 헛수고일 뿐이다. 대신 이런 대상들이 유발하는 (또는 제공하는) 행위가 어떤 종류의 행위인가가 분류에 더 유용하다.

로슈는 넓은 범위의 범주들에 걸쳐 관찰 가능한 것으로 보이는 기본 구조를 감별했다. 범주들은 핵심 구성원 또는 원형(prototype)을 중심으로, 즉 해당 범주의 다른 구성원과 대부분의 성질을 공유하면서 그 집단 밖의 대상들과는 (만약 있다면) 적은 수의 성질들만을 공유하는, 그 집단의 대표적 사례를 중심으로 형성된다. 울새는 닭이나 펭귄보다 더 원형적인 새이다. 그래서 울새는 더 쉽게 새로 재인되고 (포유류나 어류와 같은) 다른 범주의 구성으로 잘못 분류되지 않는다. 유사하게, 세단은 컨버터블이나 리무진보다 더 원형적인 자동차로 나타난다. 실제로 인위적으로 설계된 범주의 경우에서도(예를 들어 일련의 점 패턴이나, 확실히 규정된 기준에 맞추어 형성된 터무니없는 도형들의 집합의 경우에서) 같은 결과가 도출된다. 즉 이런 형태에 대한 재인 혹은 기억에 관한 데이터는 피험자가 고정된 성질들의 목록을 찾고 있다고 (또는 고안하고 있다고) 가정함으로써가 아니라 그들이 원형들을 상정한다고 가정함으로써 더 잘 설명된다. 고전적 견해는 자신의 고유 영역에서조차 침몰하고 만다.

로슈는 범주 구조의 다른 측면들에도 주목했다. 많은 경험의 공통 범주들에서, 그녀는 피험자들이 이름을 배우고, 그것에 접근하고, 그것을 기억하는 등의 행위를 가장 쉽게 할 수 있는 특정한 수준을 식별했다. 그녀는 이것을 '기초 수준(basic level)'이라고 부른다. 한 범주 내에 기초 수준에 있는 대상들은 많은 지각적 유사성과 기능적 특징들을 공유한다. 예를 들면 가구의 영역에서 의자는 기초 수준 대상이다. 동물의 세계에서, 개나 새가 기초 수준 대상이다. 기초 수준 대상은 '상위자(superordinate)'라 불리는 더 상위의 수준과 대조되고(의자의 경우, 가구; 새의 경우, 동물), 또한 '하위자(subordinate)' 수준과도 대조된다(의자의 경우, 흔들의자; 새의 경우, 울새나 굴뚝새). 어린아이들은 모든 대상들을 기초 수준에서 명명하려는 강한 선호를 가진다. 그래서 모든 네 발 짐승은 한동안 '개'일 뿐이고, 동물과 콜리의 범주는 오직 그 이후에 등장한다. 개개인은 궁극적으로 다양한 수준에서 명명하고 분류할 수 있게 되지만 가능한 경우 기초 수준의 조직화를 수용하려는 경향이 있다.

마지막 논점으로 로슈는 범주들 간에 강한 또는 고정된 경계가 있다는 생각에 의문을 제기한다. 물론 우리는 정의하는 속성들을 가지고 고정된 경계를 가지는 범주를 구성할 수는 있겠지만 실재하는 세계의 범주는 뚜렷하지 않은 경계를 가지고 서로 섞이는 경향이 있다. 이러한 견해는 비트겐슈타인이 그보다 몇 해 전에 소개한 견해를 다시 확인해 주는 것이다.

이 생각을 수립하는 데 있어, 로슈는 고전적 견해의 주요 논제 각각을 문제시했다. 범주는 자의적이라기보다는 (촉발되어) 동기화되는 것으로 보인다. 깁슨적 견지에서 생각해 볼 때, 범주는 지각자의 지각 구조, 실행할 수 있는 행위의 종류들, 세계의 물리적 구조를 반영한다. 범주는 준거 속성을 가지는 것이 아니라 원형을 품고 있고, 덜 원형적인 구성원들은 그들이 원형에 얼마나 유사한가의 정도에 따라(혹은 유사하지 못한가의 정도에 따라) 이해된다. 범주는 내적 구조를 나타내고 있고 그 구조는 심리적 귀결을 산출한다. 기초 수준 대상들은 가장 쉽게 명명되고 상기되는 것으로 드러나고, 하위자들의 더 잘게 구분된 수준과 상위자의 포괄하는 수준은 심리적 접근성에서 떨어지지만 여전히 다양한 목적을 위해 유용하고 필요하다. 마지막으로 범주는 확고한 경계를 가지지 않는다. 많은 구성원은 둘 또는 그 이상의 범주들의 경계 사이에 걸쳐 있다.

범주화의 세계가 이러한 모습을 띠게 된 데는 여러 요인들이 있었을 수 있다. 효율적으로 그들의 환경에 대처할 수 있도록 오랜 시간 동안 진화하면서, 인간은 그들의 지각 장치에 유사하게 보이거나 혹은 유사한 행위를 일으키거나 혹은 둘 모두인 존재자들을 범주로 한데 묶는 경향이 있다. 게다가 유사하게 보이는 것은 결코 자의적이지 않다. 예를 들면, 우리 시각 시스템은 특정 빨간색들을 다른 빨간색들보다 더 나은 것으로 취급하도록, 그리고 (물리과학자들의 도구들에) 연속된 스펙트럼처럼 보이는 것에 세부 지점을 설정해 빨간색과 주황색 또는 주황색과 노란색 사이의 구분선을 긋도록 설계되어 있다. 이러한 견해는 색 시각 생리학에 관해 알려진 것과 잘 부합하고, 또한 논리학에서의 최근 작업과도 연결된다. 집단 안에서의 구성원관계의 정도(degree)를 다루는 퍼지 집합 논리는 다양한 형태로 로슈와 그녀의 동료들이 했던 주장들과 잘 들어맞는 것으로 드러난다. 그래서 먼 석기시대 부족에서의 색 명명에 관한 한 가지 숨길 수 없는 결과가 우리가 개념을 개념화하는 방식에 있어 혁명을 유도하기도 한 것이다.

로슈의 연구 결과가 개념에 대한 강력한 고전적 이론을 약화시킨다는 데 있어서는 거의 모든 이들이 동의하지만, 자연적 견해가 그것 혼자만으로 고전적 견해를 대체할 수 있는지에 대해서는 비판자들의 의문이 제기된다. 샤론 암스트롱(Sharon Armstrong), 릴라 글라이트먼(Lila Gleitman), 그리고 헨트리 글라이트먼(Hentry Gleitman)은 분명히 고전적 방식으로 정의되는 범주의 한 사례로 홀수 범주의 구조를 조사했다(1983). 이들은 개개인이 그들이 새나 채소와 같은 자연적 범주에서와 같은 개연성을 가지고 홀수 개념을 원형을 중심으로 조직한다고 단정했다(수 7이 원형 홀수로 드러난다). 이를 통해 그 연구자들은 로슈가 고전적으로 정의된 개념과 자연적 개념을 구분할 어떠한 방법도 가지고 있지 못하다고 결론내린다. 그러나 내가 보기에 이러한 방식의 증거는 심지어 '진정한' 고전적 개념들도 실은 로슈가 다른 곳에서 찾아낸 범주적 구조와 같은 종류의 범주적 구조를 가진다는 것을 보여주는 것으로 이해될 수 있다. 후자의 분석에 의하면, 모든 범주에서 자연주의적 성질을 감별하려는 경향은 자연적 견해를 반박하는 것이 아니라 입증하는 것으로 볼 수 있다.

대니얼 오셔슨(Daniel Osherson)과 에드워드 스미스(Edward Smith)에 의해 제시된 다른 비판적 견해(1981)는 원형 이론은 더욱 복잡한 개념들(예를 들어 애완 물고기와 같은 개념)이 기초적 개념들로 구성되어 있는 방식을 설명할 수 없다고 주장한다. 이들은 혼합이론을 제안한다. 즉 범주화는 고전적 개념이론의 노선을 따라 계속해서 핵심 개념을 필요로 할 것이지만, 이 핵심 개념은 식별 과정과(즉 범주의 구성원 관계를 결정하는 방식과) 결부되어야 한다. 로슈의 접근은 어떻게 우리가 자연적 종류 및 인위적 종류의 사례들을 식별하는가에 대한 설명으로 보인다. 오셔슨과 스미스의 견해에 따르면 그러한 혼합이론이 중요한 것은 "몇몇 기본 개념들로부터 사고와 복합 개념을 구성하는 능력은 인간의 정신활동의 심장부에 자리 잡고 있는 것으로 보이기" 때문이다(1981: 55).

내 생각에는 암스트롱과 그의 동료들의 연구 결과물이나 오셔슨과 스미스의 논증 모두 로슈 입장의 근간을 약화시키지는 못한다. 고전적 이론은 여전히 취약하고, 자연적 견해는 어떻게 개인이 범주를 형성하고 활용하는가를 보다 현실적으로 기술하는 것으로 보인다. 그렇기는 해도 그들의 비판은 중요한 논점을 제기하고 있기는 하다. 즉 인간 인지의 특정 측면들—홀수의 정의를 신빙성 있게 적용하는 능력 혹은 단순한 개념들로 더 정교한 개념들을 형성하는 능력 등—은 자연적 견해에서는 설명되기 어려워 보인다. 최소한 범주화의 어떤 측면들에서는 고전주의자들이 중요시하는 종류의 계산 연산이 채택되고 있는 것일지 모른다.

12.2.2 기초적 색 어휘에 대한 벌린과 케이의 연구

선택의 영역 안에 머무르면서, UC 버클리의 브렌트 벌린(Brent Berlin)과 폴 케이(Paul Kay)는 색 이름의 '자연성'에 관한 흥미로운 증거를 제시한 바 있다(1969). 내가 앞서 지적했듯이, 이 인류학자들은 (아랍어에서부터 나이지리아의 이보어, 태국어에 이르기까지) 20개의 유전적으로 다양한 언어들에서 추린 개인들의 색-명명 관행을 연구해서, 문화들이 그것이 가진 기본적 색 용어들의 수에 있어 (다니어에서와 같이) 2개에서 (영어에서와 같이) 11개까지 서로 상당한 차이가 있다는 것을 알아냈다.

벌린과 케이에 의해 정리된 바 있는 두 가지 중요한 현상은 이러한 차이를 축소시킨다. 첫째, 색조 전체의 스펙트럼에 걸쳐 놓인 칩들을 마주하게 되면 제보자들은 그들이 그 색들에 대한 이름을 가지고 있는가와 무관하게 색에 있어 같은 영역에 초점을 맞추어 선별한다. 즉 다양한 문화의 제보자들은 그들의 문화가 관련 색들에 대한 이름을 결여하고 있다고 하더라도, 무엇이 '좋은 파랑'인지 또는 '좋지 않은 초록'인지에 있어서 일치를 보였다. 한 언어의 개별 화자들 사이에서 나타나는 차이는 다른 언어들의 화자들 사이에서 나타나는 차이에 견줄 만한 것이었다. 벌린과 케이는 이러한 보편적 일치를 보이는 것은 영장류 신경 시스템의 구조 탓이라고, 그래서 특정 색조가 다른 것들보다 더 두드러진다고 주장한다(de Valois and Jacobs 1968).

두 번째 괄목할 만한 결과는 색 어휘 체계가 고정된 순서로 구성된다는 것이다. 99개의 다른 문화의 색 어휘 체계를 연구하면서 벌린과 케이는 다음의 연쇄를 밝혀냈다. 만약 (다니족과 같이) 한 문화가 오직 두 가지 색 용어를 가진다면, 용어들은 흑과 백을 기호화할 것이다. 만약 세 번째 용어가 추가되면, 그것은 빨강일 것이다. 네 번째와 다섯 번째는 노랑 또는 초록일 것이다(그리고 그 둘 중에 어느 것이건 사용된 바 없던 것이 그다음일 것이다). 파랑과 갈색은 그다음 쌍이어서 여섯 번째와 일곱 번째 자리를 두고 경쟁할 것이다. 그리고 자주, 분홍, 주황, 그리고 회색은 기호화될 마지막 네 가지 이름일 것이다. 이러한 결과를 일련의 역사적 우연에 의해 확산된 것으로 설명하는 것은 사실상 불가능하다. 대신, 문화가 색 가운데 짓고 있는 구분 그리고 그들의 어휘 체계에서 포착하려고 채택하는 구분의 종류들은 아마도 신경생리학적 이유들 때문에 세계에 대한 그들의 지각에 가장 두드러진 차이를 반영하는 것처럼 보인다.

벌린과 케이의 연구 결과는 로슈의 연구 결과가 심리학에서 그랬던 것만큼 인류학 영역에서 획기적인 것이었다. 심리학자들이 개념은 고전적으로 정의되는 것, 또는 범주는 자의적인 것이라는 그들의 믿음을 재고해야만 했던 것처럼, 인류학자들은 명명과 범주화 틀이 유연할 것, 또는 언어가 사유 구조에 영향을 미칠 것이란 그들의 믿음을 재조사해야만 했다. 하지만 몇몇 인류학자들은 벌린과 케이에 의해 도출된 결론이 지나치게 포괄적이라고 느낀다. 예를 들어 존 보스필드(John Bousfield)는 색 스펙트럼이 두 구간으로 분할됨을 것을 아는 것과 '검정'과 '하양' 같은 용어를 번역하는 것은 전혀 별개의 일이라고 주장한다. 그의 입장에서, 그런 쌍의 용어는 (그것들이 색에 관해 말할 수 있는 유일한 방식이기 때문에) 다색-용어 문화권에서보다 더 많은 의미를 포함한다.

> 우리가 방 안에 있는 모든 색조와 명암에 둘 중 한 범주 혹은 다른 범주를 할당한다면 이 두 영어 용어의 의미를 변화시키고 있음을 기억하는 것이 절대적으로 중요하다. 우리는 그렇게 할 수 있을 것이다. 마치 와인들의 맛을 건조함-달콤함의 차원 위에서 위치지을 수 있는 것처럼. (……) 하지만 우리가 우리 용어에 이 의미변화가 일어났다는 것을 깨닫지 못하고 대신 그들의 용어가 우리의 것과 '같은 것을 의미한다'고 생각한다면, 우리는 뭔가를 놓치고 있는 것이다. (1979: 208)

시카고 대학의 인류학자 마셜 샬린(Marshall Sahlins)은 심지어 거기서 더 나아간다(1976). 처음에, "상대주의는 색 범주화가 가지는 통문화적(cross-cultural) 규칙성과 씨름해야만 할 것이다"라고 말하면서, 그는 벌린과 케이의 결과를 제한 없이 수용한다(1976: 2). 하지만 그는 그 연구 결과를 해석하는 과정에서 사실상 정반대의 방향으로 나아가는데, 색 지각이 그 문화의 명명 관행을 이끈다는 것에 동의하지 않고 샬린은 인간의 지각 장치 자체는 널리 편재하는 문화적 관심에 의해 이용되는 것이라고 말한다. "색 용어 및 지각체는, 사회적·경제적·의례적 가치의 코드로서, 그들의 실제 문화적 중요성 안에 민족지적(ethnographical)으로 내재한다(8). 샬린의 '의미론적' 견해에서, 색은 샘플 칩들의 지수(즉 서구 기술에 의해 만들어진 자의적 발명)와 아무런 상관이 없고, 오히려 삶과 죽음, 고귀함과 미천함, 순수와 비순수 사이의 중요한 문화적 차이를 의미한다. 심지어 우리 문화에서, '빨강'이나 '노랑'과 같은, 혹은 '파랑'이나 '초록'과 같은 용어들은 정치, 신체상태, 종교와 같은 힘 있는 영역에서 중요한 구분을 강조하기에 적합하다. 인간이 색에 관심을 기울이는 것은 분노, 애국심 혹은 애도와 같은 현상에 대한—특징적인 색조와 연계하게 된 현상들에 대한—그들의 깊은 관심 때문이다. 샬린에 따르면 이러한 의미론적 출발점을 채택하는 것은, 생물학을 무시하는 것이 아니라 단지 생물학을 더 적합한 곳에 배치하는 것이다.

내가 보기에, 어느 것이 선행하는지, 모든 인간을 동기화하는 문화적 구분인지 또는 특정 선을 따라 색 자체를 구별하는 능력인지 같은 '닭이 먼저냐 달걀이 먼저냐'의 물음에 연루되는 것은 실수를 범하는 일이다. 내가 읽는 방식대로라면, 샬린의 논점은 다른 것이다. 아마도 우리가 피험자들에게 색 칩을 조사하라고 요청하는 인위적 상황을 제외하고는, 우리는 지각 자체를 직시하지 않는다. 지각은 항상 어떤 문화적 목적에 부합해 진행된다. 그래서, 레비-스트로스식으로, 우리는 지각 시스템을—그리고 더 넓게는 정신을—문화의 도구로, 인간 문화적 구상에 이용될 조직적 구조로 생각해야만 한다. 샬린의 결론처럼, "기초적 색 용어는 색에 관한 민족지학의 매우 흥미로운 전망을 열어준다. 민족지학의 일반적 목적은 의미론적 범주의 경험적 상관자를 결정하는 것을 훨씬 넘어서서, 색의 기호학적 구조와 지각적 구조의 상관관계를 밝히는 것일지도 모른다. 왜냐하면, 색 또한 그것과 함께 생각하기 좋은 것이기 때문이다"(1976: 16).

벌린과 케이의 연구 결과에 대한 반응들에서, 우리는 로슈의 작업이 똑같이 마주했던 영토보존의 충동을 보게 된다. 몇몇 심리학자들이 개념에 대한 고전적 견해를 옹호할 필요를 느꼈던 것과 마찬가지로, 몇몇 인류학자들은 강력한 보편적 사실들이 증명된 상황에서 문화의 영역이 사라지지 않도록 그것을 보장해주려 한다. 아마도 학자들은 결국 그 두 논점이 가지는 강점들을 혼합하는 어떤 방법을 발견할지도 모른다. 오셔슨과 스미스가 심리학에서, 샬린이 인류학에서 시도하듯이 말이다. 하지만 내 생각에는 이러한 노선의 어떠한 비판도 범주에 대한 자연적 견해의 주요 논점을 약화시키지는 않는다. 그 비판은 심리학이나 인류학에서 고전적 견해의 설득력 있는 경쟁이론들이라기보다는 논평이나 주의사항으로 이해되어야 한다.

12.3 개념에 대한 새로운 철학적 조망

엘리너 로슈가 뉴기니의 야생으로 갔던 시기 즈음에, 심리학과 인류학에서 나타났던 경향에 상응하여 철학계 내에서도 큰 전환이 일어났다. 이러한 철학적 전환은 비트겐슈타인의 사유에서 앞서 나타났다(1968). 20세기 초 비엔나 학파에 영감을 주었던, 혹은 주요하게 기여했던 비트겐슈타인은 논리학의 중요성과 언어에서 정확성이 필요함을 (그런 언어적 정밀함이 가능하지 않을 때는 침묵을 유지하는 게 바람직하다는 것과 함께) 강조했다. 그러나 그의 학자 생애의 두 번째 단계에서, 비트겐슈타인은 일상언어가 사용되는 방식에 집중하게 되었고 철학적 문제들은 전형적으로 언어사용에 내재한다는 논쟁적인 결론에 도달했다. 그는 언어를 느슨하고 파편적인 요소들의 집합으로, 그리고 개인들 간 의사소통의 필수적인 방법으로 보았다. 하지만 언어는 모든 다른 경험이 필연적으로 그것을 통해 지나가는 그물망이기 때문에 의사소통을 분명하게 할 뿐만 아니라 불명료하게 하는 경향도 있다. 개념은 머리 안에 있는 심적 구성물도 아니고 세계 안에 있는 추상적 관념도 아니다. 다만 그것은 공동체의 다른 구성원들에게 알려지도록 개인들이 채택하는 능력들로, 거칠게 말하자면, 무언가를 성취하는 방식으로 간주되어야만 한다.

비트겐슈타인의 회의적 견해에서, 분석가가 성취하고자 희망할 수 있는 최대치는 언어가 하나의 체계로서 어떻게 작동하는지 그리고 우리 자신의 관념이 언어 공동체의 언어적 관행에 의해 어떻게 형성되었던 것인지에 대해 더 나은 통찰을 제공하는 것이다. 무엇이 '실제로' 일어났는가를 알아내기 위해 언어의 베일을 거둬내려고 노력하는 것은 실패할 수밖에 없다. 논리학의 영광 혹은 공동체 안에서 효용이 결여된 추상적 개념들의 영광은 아무런 철학적 힘을 지니지 못한 무관한 움직임일 뿐이다.

비트겐슈타인이 언어와 개념화에 대해 근본적으로 다른 견해를 요청하고 있었다면, 논리경험주의는 콰인(W. V. O. Quine, 1953)이나 굿맨(Nelson Goodman, 1955) 같은 영미 전통 철학자들의 공격을 받았다. 제4장에서 살펴보았듯이, 분석적인 것과 종합적인 것 사이의 구분, 직접적인 것과 간접적인 것 사이의 대조, 관찰 문장을 확증(verify)할 가능성 같은 것들은 모두 배척되었다. 철학은 더 겸손한 목표를 추구하게 되었고 심지어 철학과 심리학이 병합하는 일종의 '자연화된 인식론'이 전개된 것이다.

궁극적으로, 개념에 대한 고전적 견해에 대한 보다 근본적 공격은 미국 철학자 솔 크립케(Saul Kripke, 1972)와 힐러리 퍼트넘(Hilary Putnam, 1975b)에 의해 거의 동시에 이루어졌다. 이들은 세계가 방대한 양의 감각으로서 이것이 (존재론적으로) 동등하게 나뉠 수 있는 방식이 무수히 많다는 믿음을 의심하게 되었다. 심리학에서 로슈의 방식과 유비적으로, 이 철학자들은 명명이나 분류와 관련해 가장 순수한 실재론의 기미가 있는 견해를 수용한다. 크립케, 퍼트넘, 그리고 다른 이들은 세계의 실재 구조가 있고, 우리 개념장치의 대부분은 이런 현실적이고, 접근 가능한 구조를 포착하도록 설계되었다고 논증했다. 퍼트넘(그의 '자연종' 논의에서)과 크립케(그의 '고정 지시어' 논의에서)는 금(gold)이나 금붕어(goldfish) 그리고 '리처드 닉슨'이나 '그레타 가르보'처럼, 많은 것들이 준거 속성들을 통해 정의될 수 없다고 주장한다. 실용적 목적을 위해서는, 이런 개념들은 정의도 내포도 가지지 않는다. 그들은 오직 외연 혹은 세계에 있는 그것의 지시체와 그 용어로 연장된 관계만을 가진다. 리처드 닉슨은 그의 어머니가 그렇게 명명한 사람이고 다른 누구도 될 수 없다. 그가 리처드 닉슨이라는 것을 확인할 유일한 길은 그가 그의 부모가 1913년에 그렇게 명명한 바로 그 사람이라고 역사적으로 입증하는 것이다. 마찬가지로 금은 그저 금인 것이다. 과학자들이 오늘날 그것을 원자번호 79로 정의할 수 있지만, 심지어 금에 대한 과학자들의 이해가 변한다고 하더라도 그것은 금으로 남을 것이다.

이 견해에 의하면, 같은 자연종의 모든 사례들은 확정적인, 기저의 구조속성을 공통으로 가진다. 따라서 임의로 선택한 두 레몬이 공통의 세부적 지각적 속성을 결여한다고 할지라도, 모든 레몬은 궁극적으로 같은 구조를 가진다. 범주는 일상인이 전형적 사례를 재인할 수 있도록 해주는 정형화된 관념들 주변에서 조직된다. 모든 레몬이 실제로 공유하는 기저의 유전속성이 필연적으로 알려져 있는 것이 아닌 한에 있어서만 그러한 조직화는 본질적인 것으로 드러난다.

스티븐 슈워츠(Stephen Schwartz, 1979)가 설명했듯이, 우리는 전문가들에 의존해 그런 자연종 용어의 적절한 사용을 결정하는 데 도움을 얻는다. 우리는 리처드 닉슨의 정체성을 입증할 수 있는 누군가(혹은 어떤 절차)가 있다고 가정한다. 우리는 이것이 레몬인지, 이 금속이 금인지 입증할 수 있는 누군가가 있다고 가정한다. 그리고 그러한 자연종 용어에 대해서 우리는 어렵지 않게 신뢰할 만한 일반화를 형성할 수 있다. 예를 들어 "만약 당신이 금에 X를 한다면, 그것은… 할 것이다"와 같은 식으로 말이다. 자연종 용어를 적절히 사용하기 위해, 당신은 그 용어의 외연을 결정하는 특질을 알 필요가 없다. 실제로 현재 아무도 그것을 알지 못할 것이다. 당신은 다만 그것이 언젠가 발견될 수 있다고 믿어야 하는 것이다. 다른 말로 하자면, 자연은 (원리상) 이미 거기 있어서 발견되는 것이다.

그럼 우리는 왜 자연종 용어를 가지는지 의문이 제기된다. 슈워츠는 그런 용어는 같은 물질 혹은 같은 것이 특징적으로 많은 형태를 취할 때 나타난다는 의견을 피력한다. 물은 다른 형태를 취할 수 있다. 마찬가지로 질병이나, 동물, 식물 등등도 그러하다. 이러한 변화가 '같은' 대상에 일어나는 것을 볼 때, 그것을 계속 같은 종류의 대상이게 만드는 어떤 기저의 특질이 있을 것이라고 가정하게 된다는 것이다. 대조적으로, '인위적 종류'는 극적 변화를 필연적으로 나타내는 것은 아니다. 자동차라고 해서 반드시 녹슬어야 하는 것은 아니다. 반지도 반드시 구부러져야 하는 것이 아니다. 이러한 것들은 어떠한 인공물이라도 겪을 수 있는 변화이다. 슈워츠는 또한 자연종 용어에 드러나는 변화들 안에 단일성이 있다고 생각한다. 개별 종류의 모든 구성원이 그 변화들을 겪어야 하는 것처럼 말이다. 얼음이 물로 전이될 때 혹은 애벌레가 나비로 전이될 때 법칙-지배적 본성을 가진 어떤 것이 남아 있어야 한다. "마찬가지로, 호랑이들이 본질을 공유한다고 믿는 이유는, 다시 말해 호랑이를 호랑이로 만드는 기저 특질이 있다고 상정할 수밖에 없는 이유는, 큰 호랑이들이 완전히 자연적이고, 무의식적이면서 피할 수 없는 과정으로, 작은 호랑이들을 생산하기 때문이다"(1979: 315). 크립케의 말로 표현하자면, 우리가 대상을 생각할 때 우리는 그것에 일어날 수도 있는 것을 통해, 양상적(modal) 가능성, 규칙성, 그리고 예외성을 통해 생각하는 것이다.

철학적 설전으로부터 다소 떨어져 있는 사람들에게, 자연종 용어와 관련한 이러한 움직임, 즉 자연종 용어를 결정하는 것은 필요충분조건의 목록("금은 A, B, C이다", 혹은 "닉슨은 X, Y, Z이다")이 아니라 직시적 정의나("이게 금이야") 발생의 역사("이 자가 항상 닉슨이었지")라는 생각은 충분히 무해한 것으로 보인다. 하지만 철학계 내에서 비트겐슈타인이 출범시키고 크립케와 퍼트넘이 새롭고 예상치 못한 방향으로 확장한 이 운동은 매우 급진적인 것으로 간주된다. 이 운동에서 아리스토텔레스로 거슬러 올라가는 신성화된 소(sacred cow)들이 직접적으로 도전받고 있는 것이고, 이 운동에 의해 경험주의와 유명론의 안정된 틀 안에서 평온했던 세계에 생물학적 경향의 강한 주장들("레몬은 본질을 가진다……")이 유입되고 있는 것이다. 퍼트넘-크립케 전통에서 의미는 사람의 머리 안에 있는 것이 아니라 세계에 놓여 있다. 즉 그것은 대상들의 실재 구조에 의해 주어진 법령(imperative)이자 개인들이 대상들에 대해 알게 되는 방식들이다.

준거(reference)에 대한 새로운 이해에 대한 논의는 철학계에 널리 퍼졌다. 본질에 대해서, 세계 내의 '실재' 구조에 대해서, ('리처드 닉슨'과 같은) 고유 명사와 ('레몬', '금'과 같은) 자연종 용어 간의 연관성에 대해 말하는 것은 때때로 복고적인 운동으로—지난 시절 철학자들이 범했던 오류들을 떠오르게 하고, 수 세기 동안 경험주의적 분석에 의해 표면적으로는 퇴출되어버린 것으로 회귀하는 운동으로—비쳐진다. 기저의 구조적 동일성을 바탕으로 다양한 요소들을 하나의 범주로 한데 묶는 관행은 위험한 것으로 비쳐지기도 한다. 실제로 실재론으로의 회귀는 이렇게 강한 철학적 함축들을 가지는 것이어서 심지어 퍼트넘 스스로도 (크립케에게서는 분명치 않지만) 이런 노선이 인도하는 위험한 교설에 대해 재고하기도 했다.

그러나 한 철학자 개인이 어떤 우려를 가지건, 인지과학의 관찰자는 여러 학문영역에 걸쳐 나타난 움직임이 얼마나 유사한가를 알면 깊은 인상을 받지 않을 수 없다. 심리학 실험실과 뉴기니에서의 현장 학습을 통해 경험적으로 얻은 결과들은, 실험을 해본다거나 인류학 연구팀에 참여해볼 것이라고 한 번도 생각하지 않았겠지만 관련 주제에 관한 2천 년 동안의 논쟁에 깊이 빠져 있었던 학자들의 논의를 밀접하게 반영하고 있었던 것이다. 이렇게 완전히 다른 기로에서 개념에 대한 고전적 견해가 공통으로 반박되었고, 준거 속성들의 목록들은 거부되었고, 세계에는 자연적 범주가 있다는, 즉 사례들('전형' 혹은 '원형'이라 불리는)에 의해 가장 잘 정의되고, 우리 인간이 재인하고 이해할 잠재력을 가진 기저의 구조를 반영하는 범주가 있다는 믿음이 제시된 것이다. 각 경우에, 그런 복고적 주장이 얼마나 해당 영역을 장악할 수 있을지는 의심되기도 하고, 어떤 비판가는 좋았던 옛 고전 시절을 동경하기도 했지만, 고전적 정식화에 제기된 도전은 널리 인정받았고 자주 수용되었다.

이렇게 우리는 인지과학의 여러 분과학문이 어떻게 연합하여 오래 지속된 철학적 퍼즐에 대한 해결책을 제시할 수 있었는가에 대한 전형적인 사례를 얻는다. 이러한 사례에서, 해당 퍼즐은 원소들을 하나의 범주의 구성원으로 묶어 내고 같은 경험의 일반 영역에서 그 범주를 다른 범주와 구분하는 인간의 능력과 관련한다. 수년에 걸쳐 일치된 생각은, 그런 범주화는 상대적으로 자의적이고 어떤 존재자들이 한데 묶여야 하는지를 문화가 결정한다는 것이었다. 어떠한 기준도 제안될 수 있었고, 일단 제안되면 그 기준은 어떤 것이 그 범주에 속하고 어떤 것이 속하지 않는지 결정하는 수단으로서 적절하게 사례들에 적용될 수 있었다. 집합들은 상대적으로 분명했고, 경계도 상대적으로 고정되어 있었다. 따라서 제롬 브루너 같은 연구자들이 인위적으로 고안된 집합들을 사용한 실험을 수행하는 것은 적절했다. 결국 그런 집합들이 우리가 일상에서 이용하는 종류의 집합들을 잘 반영한다고 생각되었으니 말이다.

심리학, 인류학, 철학의 영역에서 처음에는 서로 다소 독립적으로 연구하면서, 그렇지만 어쩌면 같은 요인 또는 같은 정신을 반영하면서, 이러한 고전적 견해가 그르다는 것을 점차로 깨닫게 되었다. 범주화는 인위적이고 일의적으로 명료한 것과는 다른 어떤 것이다. 오히려 그것은 우리가 한 종으로서 반응하도록 설계된 자연세계의 정보에 의존한다. 범주는 내적 구조를 가진다. 범주는 전형사례 혹은 원형사례를 중심으로 주어진다. 다른 사례들은 그것이 얼마나 중심 원형사례와 중요한 성질을 공유하는가에 따라 다소 주변적으로 정의된다. 지각적 정보는 한 범주의 차원을 정의하는 데 핵심적이다. 언어는 대부분 개인이 만든 구분들을 따르는 것이지, 세계를 어떻게 분류할 것인지 조정하는 역할을 하는 것이 아니다.

고전적 이론의 쇠퇴의 배후에는 우리가 다른 맥락에서 마주쳤던 아이러니가 있다. 개념에 대한 고전적 이론은 마음(mind)에 대한 계산론적 모형에 맞춰져 있다. 계산론적 모형에서 함께 연언적으로(conjunctively) 하나의 범주를 양산하는 엄밀히 정의된 차원들의 집합을 상정하고 있어서 컴퓨터는 이러한 마음의 양태를 시뮬레이션하기에(혹은 정형화하기에) 완벽한 장치였다. 눈에 띄는 것은 과학이 개념에 대한 특정 견해를 시뮬레이션하는 것과 동등한 장치를 제공해주었던 바로 그 시기에 그 견해가 근본적으로 결함이 있음이 드러났다는 점이다. 따라서 여러 학문분과에 걸쳐 범주화에 대한 자연적 견해가 가지는 다소 급진적 함축들에 저항이 있었던 것은 그리 놀라운 일도 아니다. 많은 분석가들은 넓은 범위의 범주들을 다룬다. 그들 중 누군가는 상대적으로 자연적이며, 다른 누군가는 더 자의적이고 고전적 이론에서 제시한 분석의 종류를 더 잘 지지한다. 그리고 자연적 이론이 법률 용어, 종교, 혹은 자아 개념보다 색이나 식물들의 경우를 더 잘 다룬다는 것은 분명히 참이다. 게다가 자연적 이론이 인공물을 만족스럽게 다루는 정도가 어디까지인지를 아는 것은 아직 요원한 일이다.

내 생각에 범주화에 대한 자연적 견해에 대한 주요한 도전은 이것이다. 우리는 기본-수준 대상들을 지각하고 분류하도록 '생물학적으로 되어 있다'. 하지만 자연적 견해가 이런 기본-수준 대상들에 대한 설명을 넘어서 어느 정도나 더 진행될 수 있을까 하는 것이 의문이다. 색은 분명 자연종 설명을 지지할 것 같다. 왜냐하면 우리 지각 시스템은 특정 색에 초점이 맞춰지도록 되어 있고, 또한 영장류가 전 세계적으로 (우연히 색명인 것이 아니라면) 유사한 방식으로 색을 본다고 믿지 않을 이유는 전혀 없으니 말이다. 식물, 과일, 동물과 같은 다른 '자연적' 존재자들에 관한 증거는 그만큼 잘 정립되어 있지는 않지만, 자연종 전통의 설명이면 충분하리라고 기대할 이유가 있다(Berlin, Breedlove, and Raven 1973)

그러나 일상에서 우리가 가지는 많은 범주는 우리가 그것에 대해 그렇게 분류하도록 진화적으로 결정된 그런 대상들을 넘어선다. 도구들, 기계들, 문학 및 예술 작품에 이르기까지, 굉장히 많은 인공적 대상이 있다. 정치 원리, 종교적 수칙, 믿음 체계, 경제 법칙과 같은 추상적 개념들도 있다. 그리고 성격과 관련한 개념, 동기, 성적 취향, 정서, 자아와 같이 개인의 사적 관심에 많은 영향을 미치는 개념들도 있다. 민족지학의 전통에 있는 인류학자들은 이러한 개념들을 친족 체계, 식물, 색과 같은 더 단순한 영역에서의 접근들에 적용했다. 제8장에서 주목한 바 있듯이, 이러한 시도들은 주목할 만큼 성공적이지 못했다. 그리고 사실상 민족지학 분과는 그것의 고전적 형태에서나 자연적 형태에서나 현재 잠잠한 상태이다. 고전적 견해에 대한 비판은 상대적으로 성공적이었던 반면, 자연적 접근은 더 복잡하고, 덜 '내장된(built-in)' 개념들과 관련해서는 아직 우리의 이해를 돕고 있다고 보기 어려울 수 있다.

12.4 범주화는 인지적 관점에서 연구될 수 있는가?

더욱 급진적인 비판을 이끈 것은 고등연구원(Institute for Advanced

Study)의 클리퍼드 기어츠(Clifford Greetz)와 상징인류학 학파의 다른 구성원들과 연계된 종류의 연구이다. 기어츠(1973, 1983)는 자신의 입장을 내세워 주류 인지과학적 '독단'에 맞섰다. 그 독단에서 사유는 통합되어 있고 개인의 정신에 속박되어 있고 진술 가능한 법칙들의 지배를 받는 것으로 간주된다. 이러한 뉴얼-사이먼의 시각을 대신해, 기어츠는 사유를 수천 년에 걸쳐 결과를 만들어온 역사적 힘들 덕택에 문화들마다 다르게 부호화된 집단적 산물이라고 주장한다.

다채롭고 이질적인 역사를 가진 많은 문화들이 존재한다는 사실은 문화 사이의 비교를 어렵게 만든다. 하지만 한 인구군의 심리학적 과정을 다른 인구군의 심리학적 과정과 비교하기보다, 우리는 한 공동체의 개념적 구조와 다른 공동체의 개념적 구조가 공유 가능한지에 대해 숙고해보아야 한다. 기어츠는 자연과학 혹은 물리학을 흉내 내는 것이 도움이 될 것이라 기대할 이유가 별반 없다고 본다. 오히려 그는 지금까지 인문학과 연계된 접근들을 이용할 것을 요청한다. 생소한 공동체의 개념적 구조나 범주화 관행을 이해하고자 애쓰는 인류학자는 원소들을 섞는 화학자나 실험을 수행하는 생물학자보다 텍스트를 이해하려고 노력하는 문학 비평가, 사료들이 의미를 찾도록 노력하는 역사학자, 그림 한 점을 분석하는 미술 비평가와 더 많은 것을 공유할 수 있다. 이런 접근에서, 문화의 분석은 법칙을 추구하는 실험과학이 아니라 의미를 추구하는 해석적 혹은 '해석학적' 검사이다. 여기서 필요한 방법은 '원주민'의 머리 안으로 혹은 그의 경험 안으로 스스로를 놓는 것이다. 주의 깊은 개별서술적(idiographic) 사례 연구들을 통해 접근하는 것이 선호된다. 종교 범주나 동물 생태에 대한 연구는 정의를 요구한다거나 분류 과제를 관리함으로써가 아니라 일상생활에서의 관행을 관찰함으로써 수행된다.

상징인류학은 다른 위험에 대해서도 주의를 준다. 천체의 움직임이나 원자의 법칙들은 그저 주어진 것으로, 심지어 우화적으로 화성에서의 관찰자에 의해 주어진 것으로, 합리적으로 간주될지 모른다. 하지만, 지각, 재인, 분류, 논리적 추론, 그리고 다른 인지 작용들의 연구에서 중요한 사안들은 본성상 그런 방식으로 주어지지 않을 수 있다. 오히려 규율이나 개념과 같은 것들을 개념화하는 우리의 방식은, 상당 부분 그리스인들의 시대에 일어났던 분석의 양태로 거슬러 올라가는, 특정한 지적·문화적인 역사의 산물이다. 우리가 이해하려고 애쓰는 것은 우리 자신의 철학적·역사적 전통으로부터 나온 개념에 대해서이다. 그런데 이런 과제(agenda)가 바로 보편적 과제라고, 우리가 지니게 된 개념이 유일하게 실현될 만하다고 가정한다면 중대한 오류를 범하는 것이다. 어쩌면 힌두 전통이나 다니 전통에선 인식이 매우 다른 방식으로 이해될지도 모르고, 혹은 인식 개념 자체가 부정될지도 모른다. 이러한 노선의 논증은 색 시각에 관한 샬린(1976)의 연구에 대한 비판과 맞닿아 있다. 이 비판에서 개인이나 문화가 중심적인 것으로 만들고자 선택한 사안들이 그 인지적 연산을 지배한다.—자연에 의해 제공되는 인지적 연산이 무엇이건 간에.

물론 그렇게 근본적인 논쟁에 대한 해결책이 미리 제공될 수는 없다. '어떤 노선의 설명이 (그것이 자연과학의 규범이든, 사회과학의 것이든, 인문학의 혹은 예술의 규범이든, 유관하다고 판단되는 규범의 견지에서) 가장 만족스럽고 흥미로운 것이냐'는 경험적 사안 혹은 아마도 경험적 물음이다. 하지만 이것이 단순히 취향의 문제는 아니다.

나의 견해를 말하자면, 개인들이 추론하고 분류하는 과정이 설사 전 세계적으로 유사할 수 있다 하더라도 실제 산물들과 그것들에 대해 생각되는 방식은 너무나 달라서 의미 있는 일반화를 만들어내기가 어려울지 모른다. 그리고 개별 개념들이 해당 문화의 언어 체계 내에 숨어 있는 편견의 결과인 한, 비트겐슈타인적이자 워프적인 늪으로 들어

갈 위험이 있다. 내가 보기에, 초기 유인원 시대 이래로 진화된 개념들 및 추론 원리들과 비교적 최근에 발달되어 사회·문화적 집단의 개별 역사, 관습, 가치를 반영하는 개념들 및 추론 원리들 사이에는 중요한 구분선이 있다. 분명 인간이 색의 개념이나 동물의 개념을 형성한 방식이 있고 이 방식들은 전 세계적으로 같은 것일 수 있다. 정형화된 표현을 쓰자면, 개념은 고전적으로 형성된 것이 아닐 수 있고 개념화와 추론에 대한 특정 측면들에 대한 자연주의적 접근은 가능한 것처럼 보인다.

그러나 우리가 예술, 의례, 과학과 같이 완전히 인공적인 세계로 들어가면, 효과적인 일반화를 찾을 가능성은 적어 보인다. 여기서 역사와 문화의 힘은 너무 지배적이어서 차이점들이 유사점들을 넘어설 수도 있다. 특정 일반화는 형성될 수 있더라도, 개별 상황에 대해 매우 흥미로운 일반화는 그 특정 상황을 넘어서까지 확장되지 않을 수 있다. 발리인에 관해 알려주는 설명이 벨기에인에 관해서는 별반 알려주는 것이 없을 수 있고 그 역도 성립할 수 있다.

과학자들은 자신의 성찰을 중시하고 그 성찰을 이용해 연구를 이끌어간다. 그들은 인위적인, 준거적으로 정의된 범주들을 이용하고 (그렇지 않으면 그들의 연구는 시작될 수도 없었을 것이다), 논리학의 엄밀한 규범을 따른다(그렇지 않으면 그들의 연구는 수용되지 않을 것이다). 사유 과정을 모형화하는 시도에서 그들은 일반 개인들에게서 그런 범주와 연산을 찾으려 했다. 하지만 그들이 비과학적 사람에게서(혹은 심지어 '과학자'로 역할하지 않을 때의 과학자에게서) 과학자의 표식을 찾으려고 할 때, 실망스러운 결과를 얻었다. 인위적 개념에 직면해, 피험자는(설사 적합한 것이 아니라 할지라도) 그 개념이 마치 자연적 개념인 양 취급한다. 논리적으로 추론하기를 요청할 때, 피험자들은 이미지와 전형사례들을 수용했다. 그래서 우리는 과학자들이 (실험적 목적을 위해) 자연 세계를 인위적으로 만들려고 시도하는 역설적인 상황에 직면한다. 하지만, 이 인위적 개념을 다루는 어려움에 직면해 피험자들은 (때때로 설사 적합한 것이 아니라 할지라도) 단순히 자연주의적 형태의 추론과 분류를 불러낸다.

가장 초기의 철학적 논쟁에서 제기된 사안으로 돌아가면, 우리는 진전이 있음을 발견하게 된다. 최소한 고전적 견해는 강력한 도전을 받았다. 자연종 개념 가운데는 '관념적 형상'과 '보편자'를 연상하게 하는 어떤 요소가 있다. 어쩌면 플라톤이 이에 대해 조금이라도 위안을 찾을지 모른다. 유사하게, 특정 상황에서 사람이 사용하는 언어가 그 사람이 세계를 개념화하는 방식에 영향을 미친다는 견해는 조금이나마 지지를 받을 수 있다. 실제로 복잡하고 추상적이고 덜 직접적으로 지각 가능한 영역으로 향할수록, 그의 상징 체계가 수행하는 역할이 매우 우세할 수 있다. 하지만 공통적 대상들의 분류 및 공통적 감각 경험들의 분류에서, 순수한 유명론이나 과격한 워프적 입장은 지지되지 않는다.

그러면 인지과학은 이런 협동 연구에서 얼마나 역할을 잘 수행하고 있는가? 다시 한 번 그 진전은 이질적 영역이 얼마나 수렴할 것인가에 달려 있다. 분류의 사안에 가장 집중적으로 연관된 개별 분과는 거기서 문제들이 규정되고 논의된 철학이다. 심리학에선 특정한 결정적 실험들이 고안되었고, 인류학에선 유관한 통문화적 연구들이 수행되었다. 엘리너 로슈, 브렌트 벌린, 폴 케이, 그리고 힐러리 퍼트넘과 같은 학자들이 이러한 보편적 정신을 집약적으로 말해준다. 지금까지 분류와 관련해 신경생리학에서 부과한 제약은 매우 미미했다. 그럼에도 색 명명의 결과와 같은 연구 결과가 생리학에서 알려진 것과 일치한다고 드러날 때 모두가 더 안정된 지반 위에 있다고 느낀다. 현재 시점에서 결정적인 설명을 가질 수 있으리란 희망을 소원하게 만드는 것은 부분적으로 추상적 개념에 대한 우리의 이해와 신경 시스템에 대한 우리의 이해 사이에 막대한 거리가 있기 때문이다.

지각과 형상화의 경우에 못지않게, 그 기획 전반에 대해서도 진실을 찾으려는 비판들이 제기되었다. 깁슨이 지각에 대한 표상적 견해들을 의문시한 것처럼, 그리고 비트겐슈타인이 형상화의 설명력을 의문시 한 것처럼, 마찬가지로 기어츠와 다른 인류학자는 서구에서 중점을 두는 범주에 대한 비교민족지학적 연구가, 사유에 대한 가장 칭송받는 이해를 도모할 것인지 의아해한다. 복합 개념들은 현재 탐구 기법들로는 잘 잡히지 않는다고 생각하는 점에 있어서 그 인류학자들이 옳을 수 있다. 그리고 최소한 당분간은 흥미롭거나 중요한 사실이 문학적 감수성에 의존한 접근법을 통해 알려질지 모른다. 동시에, 범주화가 일어나는 과정은 다양한 인구군와 다양한 경험의 영역에 걸쳐 인식 가능하다. 그런 의미에서 우리는 인지과학이 도래하기 전에 알았던 것보다 범주화에 대해 더 많이 알고 있다(그리고 우리는 그때와 다르게 알고 있다).

범주화의 물음에 직면할 때, 우리는 언어와 추론 능력을 포함하는, 그래서 인간에게 고유한 영역으로 들어온 것이다. 이 영역이 지각의 연구보다 덜 발달해 있다는 것은 누구나 인정할 것이다. 실제로 기어츠가 제안하듯이, 범주화에 대한 가장 결정적인 물음들은 계속해서 인지과학적 방법을 피해 갈지도 모른다. 어쩌면 한 분과로서의 인지과학은 우리의 복잡하고 연상적인 개념과 범주의 기원과 본성이 무엇이고 그것이 어떻게 사용되는가를 해명하는 과제를 감당할 수 없는 것으로 판명날지도 모른다.

하지만 범주화의 사안이 인지과학적 분석에 잘 들어맞는다고 하더라도, 예를 들어 자연주의적 견해가 충분히 정당화된다고 하더라도, 여전히 해결되지 않는 결정적 물음들이 남을 것이다. 왜냐하면 분류나 범주화는 궁극적으로 도구이기 때문이다. 즉 그것은 개인들이 특정 문제를 해결하고 특정 목표를 달성하려고 그들의 세계를 조직하는 방법이기 때문이다. 이 영역이 궁극적으로 무언가 성취할 수 있는가는 상대적으로 간단한 개념들과 단순한 분류를 다루도록 진화된 원리들이 복잡한 개념과 개념 체계에도 적용될 수 있는 것으로 밝혀질 것인가에 달려 있다.

어떤 종류의 유기체가 이러한 능력을 이용하고 어떤 목표를 향해 이러한 능력이 사용될 것인가? 여기서 인지과학자들은 인간 인지의 가치판단적인 측면에 직면하게 되었고, 특히 개인이 논리적 혹은 합리적 방식으로 진행해나간다고 생각될 수 있는지에 대한 물음에 상당한 주의를 기울이게 되었다. 이 물음은 과학적 이유에서 중요성을 가진다. 왜냐하면 인지과학의 많은 부분은 논리적 컴퓨터의 모형에 기초하기 때문이다. 이어질 장에서 다루게 될 인간의 합리성에 대한 물음에 대한 답변은 놀라운 것으로, 특히 그들의 신념을 이성에 놓는 사람들을 안심시키지 못하는 것으로 판명날 것이다.

제13장

얼마나 합리적인 존재인가?

평범한 사람들이 대부분 저지르는 단순한 오류가 있다면, 전문가들조차 오류를 범하는, 동일한 내용의 좀 더 복잡한 문제가 항상 존재한다.

—에이머스 트버스키(Amos Tversky)

그리스인들은 때때로 인간은 깃털 없는 두 발 동물이라고 정의하기도 하였지만, 그들이 가장 많이 사용한 정의는 따로 있었다. '사람은 합리적인 존재이다.' 오직 인간만이 규칙에 명백히 근거하며, 공동체에 의해 정당성을 판별받을 사유 과정이 가능하다. 이러한 그리스적 관념을 풀어 설명하면, 정당한 결론을 내리는, 그러므로 합리적이라고 여겨지는 개인과 그러한 결론을 도출하는 과정, 즉 논리라고 불리는 과정을 구분할 수 있다는 것이다. 또한, 우리는 합리적인 존재이지만 논리가 아닌 다른 과정들, 예를 들어 통찰력 있는 직감이나 운 좋은 추측, 혹은 오직 타당한 반응만 나타내는 프로그래밍 등을 통해 결론에 도달하는 어떠한 존재를 상정할 수 있다.

인간의 불합리성에 대한 근거가 다수 존재함에도 불구하고, 철학자들은 인간이 논리적이며 합리적인 존재라는 관념, 또는 인간은 적어도 합리성을 추구해야 하며 합리성에 도달할 잠재력이 있는 존재라는 이상에 집착해왔다. 철학이라는 학문 자체가 합리적인 방법을 통해 발전하고자 했기 때문에, 합리성의 이상적 모습에 대한 이러한 가정은 별로 놀라운 것이 아니다. 실제로 버트런드 러셀은 아리스토텔레스가 최초로 합리성의 용어로 인간을 정의하였다고 추측한 바 있다(Phlyshin 1984: 257). 수년간 논리학의 발전은 철학사와 밀접한 연관을 맺어왔다. 아리스토텔레스 때의 논리가 고대 그리스 철학에 대한 지식을 주었듯이, 프레게, 화이트헤드, 러셀과 크립케의 논리학이 현재의 철학에 대한 지식을 줄 수 있다.

인지과학은 현대 논리학적 배경으로부터 시작하였다. 제2장에서 힉슨 심포지엄에 대한 논의를 하면서 언급한 것처럼, 컴퓨터에 대한 초기 연구와 신경세포 모델을 논리적 회로로서 접근했던 방식은 사고 과정이 논리적이라는 관점을 촉진하였다(Jeffress 1951). 또한 1세대 인지과학자들은 인간이라는 존재가 확실하게 합리적이라는 가정을 수용하였다. 브루너, 사이먼, 뉴얼, 피아제 모두 인간이 합리적으로 사고할 수 있는 능력에 관련된 주제를 연구하였다. 최초의 컴퓨터 프로그램이 해결한 문제도 논리에 관한 것이었다. 심리학자들이 연구한 분류 과제 또한 연역적인 논리 과정이 필요하였으며 피아제는 논리에 대한 문제를 연구하는 것에서 한 발 더 나아가 성숙한 인간은 논리적 원칙을 통해 사고한다고 가정하였다. 그는 "사고 과정은 논리적 명제의 계산에 불과하다"라고 말하기도 하였다(Inhelder and Piaget 1958: 305).

그러나 논리 문제 연구의 초기 세대의 신념과 그들의 합리적 사고 과정에 대한 탐색은 잘못된 것이었을 수도 있다. 과거 30년간의 사고 과정에 대한 경험적 연구는 교양 있는 사람조차도 사고 과정에서 과연 합리적인 과정으로 사고하는가에 대한 심각한 의문을 제기하였다. 계산론의 시대는 또다시 컴퓨터와 같은 정밀성에 대한 안녕을 고했다. 이러한 자각은 다양한 연구를 통해 일어났으며, 존슨-레어드(영국), 카너먼과 트버스키(이스라엘)의 연구가 인지과학의 이러한 움직임을 대변한다는 데 이의를 제기할 이는 그리 많지 않을 것이다. 위의 학자들은 인간이 합리성으로부터 멀어지는 놀라운 사례를 보여주었을 뿐만 아니라 사람들이 자주 틀리는 원인에 대한 설명을 제공하였다.

13.1 인간 사고 과정의 불합리성

13.1.1 숫자가 있는 카드

피터 웨이슨(Peter Wason)과 필립 존슨-레어드(Philip Johnson-Laird)가 개발한 다음 문제를 생각해보자(Johnson-Laird and Wason 1970; Wason 1966; Wason and Johnson-Laird 1972). 네 장의 카드가 각각 E, K, 4, 7이 새겨진 앞면을 보인 채 놓여져 있다. 각 카드는 한 면에는 글자가 적혀 있으며 다른 한 면에는 숫자가 적혀져 있다고 한다. 진위 여부를 판별하기 위해 제시된 명제는 다음과 같다.—"카드 한 면에 모음이 있다면 다른 한 면에는 반드시 짝수가 적혀져 있다." 그리고 단 2개의 카드를 뒤집어서 위 명제의 진위를 판별해야 한다.

이미 이 문제나 비슷한 종류의 문제를 풀어본 경험이 있다면 정답을 찾는 데 별다른 어려움은 없을 것이다(그러한 경우에는 사고력이 아닌 기억에 대한 문제가 될 것이다). 그러나 이러한 문제를 처음 마주쳤을 경우에는, 대부분 이 문제를 다양한 상황에서 풀어보았던, 다수의 논리학자도 포함한 90퍼센트의 피험자들과 마찬가지로 틀린 선택을 하게 될 것이다. 대부분의 사람들은 판별해야 하는 명제와 명백히 상관없어 보이는 자음이 표시된 카드를 선택할 필요가 없다는 것을 인식하며, 또한 모음이 표시된 카드를 선택하여 뒷면에 홀수가 있는지를 검증해야 함을 알아챈다. 문제는 2개의 숫자가 표시된 카드 중에 어떤 것을 선택하는가에 있다. 앞의 명제에 짝수가 명시되어 있기 때문에 짝수가 적혀진 카드를 선택하고자 하는 강한 유혹을 받을 것이다. 그리고 이러한 유혹은 대부분의 피험자들에게 결정적인 영향을 미친다. 하지만 짝수가 적힌 카드 뒷면에 자음이 있든 모음이 있든 앞의 명제와는 별 상관이 없다. 명제에서는 짝수의 반대편에 어떠한 글자가 있어야 하는지에 대한 내용이 존재하지 않기 때문이다. 반면에 홀수가 적힌 카드는 필수적으로 선택해야 한다. 만약 그 카드의 뒷면에 자음이 있다면 그 결과는 명제에 위배되지 않는다. 하지만 만약 카드 뒷면에 모음이 있다면 이는 명제에 어긋나며 모음 뒤에는 (홀수가 아닌) 짝수가 적혀 있다는 명제는 그르다고 판별될 수 있다.

(비록 설명을 들은 후에는 납득이 쉽게 됨에도 불구하고) 위의 문제가 어렵다는 사실은 여러 가지에 대한 주저를 낳게 된다. 위의 결과는 인간의 논리적 사고력에 대한 믿음을 가진 이들이 이해하기 힘든 것이다. 그러나 웨이슨과 존슨-레어드의 사례에 대한 더욱 흥미로운 반전이 존재한다. 다음의 문제에서 카드는 각기 다른 여행을 의미한다. 각 카드의 한 면에는 목적지가 적혀 있으며 다른 한 면에는 교통편이 적혀 있다. 이번에 제시된 카드에는 각각 '맨체스터', '셰필드', '기차', '자동차'라고 적혀 있으며 제시된 명제는 다음과 같다. "내가 맨체스터에 갈 때는 항상 기차로 여행한다." 새로운 명제가 형식적으로 위의 숫자-글자로 이루어진 버전과 동일함에도 불구하고 사람들에게 이 문제는 별로 어렵게 느껴지지는 않는다. 실상 대략 80퍼센트의 피험자들이 '자동차'가 적혀진 카드를 뒤집어야 한다는 점을 깨닫는다. 분명 '자동차'라고 적힌 카드의 뒷면에 '맨체스터'라는 이름이 온다면 명제는 기각된다는 점

을 인식하며 '기차'라고 적혀진 카드의 뒷면에 어떤 장소가 오던 상관이 없다는 점, 즉 세필드로 여행할 때에는 어떤 교통편을 사용하던 주어진 명제와 상관이 없다는 점을 인식한다.

왜 80퍼센트의 사람들이 이 문제를 맞추는 반면 오직 10퍼센트의 사람들만이 논리적으로 동일한 모음-숫자 버전의 문제를 맞추는 것일까? 한 가지 가능성은 사람들이 어떠한 상황에 처한 자기 자신을 상상할 수 있도록 해주는 익숙한 물건을 수반하는 문제를 더욱 잘 해결할 수도 있다는 점이다. 당연하게도 만약 독자가 영국인이거나 (따라서 세필드와 맨체스터에 대해 안다면), 혹은 좀 더 나이가 있는 (기차를 타고 다니는 여행이 익숙한) 세대라면 정답을 맞출 확률이 더욱 높을 것이다.

위의 결과는 인간이 '논리 기계'로서 문제에서 주어지는 정보와 무관하게 동일한 사고방식을 적용한다는 관념에 이의를 제기한다. 그러므로 인간은 이상적인 컴퓨터와는 확연히 다른 존재이다. 문제의 실제 내용이(모음 대 이동수단) 구문(syntax. 프로그래밍 언어를 통해 미리 정해진 형식으로 정의하는 방법)에 의해 통제되는 기계에서는 어떠한 차이도 발생하지 않을 것이다. 그러나 로슈의 실험에서 각 분류의 구조가 피험자의 분류하는 방식에 영향을 미치듯, 특정 문제의 내용이 (훈련된 논리학자를 제외한) 우리 모두가 언뜻 간단해 보이는 사고 과제를 어떻게 해결하는가를 결정할 것이다.

선도적인 인지과학자인 존슨-레어드는 위의 결과와 여러 다른 문제에 기초하여 사람들이 문제 해결에 있어서 논리적 사고를 사용하지 않음을 인식하였다. 논리학자들이 말하는 논리적 사고 과정은 일반인들에게 별다른 영향을 주지 않았다. 우리는 진리표를 작성하거나 결과를 들여다보지 않는다. 우리는 추론의 형식적 법칙을 사용하지 않는다. 그러나 존슨-레어드는 논리 과정이 없는 사고 과정이 있다고 주장하였다. 인지주의자들이 맞닥뜨리는 딜레마는 합리성과 인간의 오류를 모두 수용할 수 있어야 한다는 것이다.

여행에 관한 퍼즐이나 모음과 숫자를 사용하는 게임은 얼핏 인위적으로 보일 수 있으나 삼단 논법에 대해서는 그러한 부자연스러움이 없다. 이 형태의 사고방식은 적어도 고대 그리스 시대에도 쓰이고 있었으며 이러한 주제에 대해 우리의 기준점이 되곤 하는 아리스토텔레스는 삼단 논법을 논리의 핵심이라고 생각하였다. 삼단 논법은 일반인들에게 일상적 경험상에서 별다른 사색 없이 사용되곤 한다. 존슨-레어드가 깔끔하게 보여준 것처럼, 삼단 논법의 중요성을 경시하는 비평가 또한 삼단 논법을 사용하게 된다. 예를 들어, "삼단 논법은 인위적이다". 더 나아가, "심리학자들은 인위적인 것을 연구해서는 안 된다". 따라서, "심리학자들은 일상생활에서 자주 쓰이는 추론 방식을 연구해야 된다". 삼단 논법에 대해 반박하는 과정 자체에서 이 비평가는 삼단 논법적 사고 과정을 사용하고 있는 것이다.

13.1.2 예술가와 양봉가

존슨-레어드의 분석에 따르면 아래 가정에 대해 총 64가지의 변형 삼단 논법 형식이 있다고 한다.

> 모든 예술가들은 양봉가들이다. (모든 A는 B이다.)
> 모든 양봉가들은 화학자들이다. (모든 B는 C이다.)

피험자들에게 위의 가정에 근거하여 유추할 수 있는 결론이 어떠한 것인지 물어보았다. 존슨-레어드와 그의 동료들은 위와 같은 삼단 논법이 상당한 어려움을 가지고 있으며 때때로 사람들은 부당한 결론을 내리기도 한다는 점을 발견하였다. 또한 문제 해결 성패의 패턴은 포괄적인 이유를 기대한 논리학자들이나 심리학자들이 이해하기에 쉬운 것은 아니었다. 이러한 어려움이 발생한 것은 전문가들이 논리학에 대한 정식 교육을 받지 못한 사람이라도 삼단 논법이나 오일러의 원이나 밴다이어그램과 같은 변형된 방법을 사용하여 문제를 해결할 것이라고 가정하였기 때문이다.

이들 전문가들은 평범한 사람이 삼단 논법에 어떻게 다가가는가를 보여주기 위한 정교한 예시들을 만들어내었다. 이와 같은 방법은 만약 어떠한 사람이 무제한적인 기억용량을 가지고 있으며, 정교한 수학적 기호 표시에 숙달되었다면 원칙적으로 가능할 수도 있다. 그러나 존슨-레어드는 유능한 대학생이라도 이러한 방법을 적용할 수 없음을 설득력 있게 보여주었다. "현재의 이론들은 인간의 이성의 무게를 감당하기에는 너무 나약하다"(1983: 93). 이론가들은 연역적 오류의 원인을 설명할 수는 있지만 피험자들이 보여준 합리성에 대한 설명을 실패하거나, 아니면 피험자들이 이상적인 조건하에서 합리적 사고를 할 수 있음을 보여줄 수는 있지만 피험자들이 범한 오류를 설명하는 것에는 실패한다. 이를 해결하기 위해서는 인간의 합리성과 인간의 오류를 모두 설명할 수 있는 이론이 필요하다. 존슨-레어드는 이 방면에서 사고 과정 모형이라는 개념을 도입하여 인지과학에 기여하였다.

그는 인간이 앞의 가정에서 명시된 대로 한 사람이 다양한 역할을 한다고 상정할 수 있는 능력이 있다고 가정하였다. 확실히 우리는 앞의 가정에서 명시된 세 가지를 모두 가진, 예술가이며 양봉가이자 화학자인 사람을 상정할 수 있다. 이러한 사람들은 사고 과정 모형에서 다음과 같은 형식을 띤다.

예술가-양봉가-화학자

예술가-양봉가-화학자

예술가-양봉가-화학자

또한, 우리는 양봉가이며 화학자이지만 예술가는 아닌 다음과 같은 사람을 떠올릴 수 있다.

양봉가-화학자

양봉가-화학자

양봉가-화학자

그리고 상식적으로 (혹은 문제에 대한 심사숙고 후에) 화학자이지만 양봉가는 아닌 사람이 존재함을 알고 있다.

화학자

화학자

화학자

우리는 주어진 가정으로부터 직접적으로 도출될 수 있는 정보를 모두 나열한 사고 과정 모형을 만든 것이다. 이를 통해 세 종류에 해당하는 사람들, 즉 세 직업을 모두 가진 사람들과 양봉가이자 화학자인 사람들, 그리고 화학자일뿐인 사람들이 있음을 알 수 있다(종류당 세 항목을 적은 것은 우연이며 다른 예시도 충분히 가능하다). 위의 나열된 항목을 읽으면서 우리는 관련 질문에 답하거나 결론을 도출할 수 있을 것이다. 예를 들어, 만약 모든 예술가들이 동시에 화학자인지를 물어본다면, 위의 모형을 보고 모든 예술가들이 화학자라는 것을 확인할 수 있을 것이다.

존슨-레어드의 접근 방식은 형식적 논의의 원칙을 어느 정도 직설적이거나 암시적으로 따르는 방식과는 다르다는 점이 중요하다. 주어진 가정을 직설적이거나 암시적으로 형식적 논의의 p나 q로 변역할 필요도 없으며, 모든 p가 q이며 모든 q가 r이며, 알고리즘에 따라서 연역적으로 이러한 배열에서 어떠한 결론이 내려지는가를 말할 필요가 없다는 것이다. 또한 오일러의 원과 같은 형식적 논리의 구체화 과정에 해당하는, 서로 겹쳐지는 원을 그릴 필요가 없으며 각 상황에서 어떠한 측면이 서로 겹치는가를 찾을 필요가 없다. 반면, 사고 과정 모형을 구성하는 사람은 자신에게 편한 매개체(단어, 심상, 혹은 그 둘의 합성물)를 아무렇게나 사용하여 주어진 정보를 편리하고 쉽게 접근 가능하도록 표상하면 된다.

존슨-레어드는 사람들이 개별적인 토큰(예술가, 양봉가)을 표상하고 주어진 첫 번째 가정에 대한 사고 과정 모형을 형성한다고 주장하였다. 그런 다음, 두 번째 가정에서 나오는 정보(양봉가와 화학자들)를 처음 가정의 정보에 기초한 모형에 다양한 가능한 방식으로 추가한다. 여기서 가능한 조합(예를 들어 양봉가이지만 예술가는 아닌 사람)을 찾기에 좋은 전략 중 하나는 가능한 한 소수의 '가상의 배우'를 상정하는 것이다.

앞의 예시에서는 단순히 사고 과정 모형을 구성하는 것만으로 타당한 결론을 도출할 수 있다. 따라서 이 문제의 해답은 상대적으로 간단하며 전형적인 삼단 논법적 사고 과정을 어렵게 만드는 수많은 조합적 확률 계산을 피할 수 있도록 해준다. 당연하게도 어떠한 문제들은 모형을 적용하기에는 너무 복잡하다는 것이 알려져 있다. 예를 들어, 존슨-레어드는 아래의 삼단 논법 예시를 소개한 바 있다.

> 모든 은행가들은 운동선수들이다.
> 의원 중에서 은행가인 사람들은 없다.

이 삼단 논법이 쉽다고 생각한다면 당신은 틀릴 가능성이 높다(만약 어렵다고 생각한다고 해도 실패할 가능성이 높다). 실제로 존슨-레어드는 아래의 명제만이 틀리지 않는 것임을 보여주었다.

일부 운동선수는 의원이 아니다.

이 결론에 도달하기 어려운 이유는 문제를 푸는 사람이 3개의 독립적인 사고 과정 모형을 구성한 후에 이를 통합시켜야만 하나의 결론에 도달할 수 있기 때문이다. 존슨-레어드가 연구한 64개의 가능한 삼단 논법 형식 중에서 4개의 형식은 이 예시와 같이 극도로 어려운 것이다. 그것들은 문제를 푸는 사람이 3개의 독립된 사고 과정 모형을 평가하고 그에 더하여 일반적으로 삼단 논법을 풀 수 있게 해주는 특정한 단면 또는 형상화된 단서를 제공하지 않는다.

지금까지 존슨-레어드가 이야기한 것은 합리적인 것으로 보인다. 그러나 그것을 삼단 논법적 사고 과정 중에서 가장 합리적인 것이라고 받아들일 이유는 무엇일까? 그는 사고 과정 이론에 적용되는 여러 기준을 제시하였고 자신의 접근 방식이 그러한 기준에 어떻게 부합하는지를 보여주었다. 첫 번째로, 삼단 논법의 64가지 형식을 분류하고 어떠한 문제들이 가장 어려움을 초래할 것인지 예상하였다. 피험자를 통한 경험론적 연구를 통해 이러한 주장의 기본적 윤곽을 확인할 수 있었다. 두 번째로, 개개인들이 이러한 문제를 해결하면서 필요로 하는 과정을 나열하고 가장 성공적인 개인들과 가장 실패율이 높은 개인들 간의 차이를 개인들의 가설로 세운 요소 기술의 사용 유무로 보여줄 수 있음을 주장하였다. 존슨-레어드의 사고 과정 모형은 구성되어야 할 모형의 수가 증가함에 따라 성과도가 감소함을 예상하였다. 세 번째로, 그 이론이 어린아이들이 삼단 논법을 다루는 방식을 설명할 수 있어야 하며 그들의 성과도를 증가시킬 요소를 정확히 찾아내야 함을 주장하였다. 어린아이들은 하나 이상의 모형을 필요로 하는 삼단 논법을 풀지 못한다는 것이 알려졌으며 아리스토텔레스가 완벽하다고 생각한 아래의 삼단 논법 형식에서 가장 성공율이 높다.

모든 A는 B이다.
모든 B는 C이다.
따라서, 모든 A는 C이다.

앞의 모든 연구는 심리학적인 관점에서 진행되었다. 물론 그 심리학은 논리적 사고 과정의 방법과 함정에 대해 정교한 지식으로 뒷받침되기는 하였다. 그러나 존슨-레어드가 인지과학의 핵심부에 도달할 수 있었던 이유는 (스티븐 코슬린이 연구한 심상의 분야와 마찬가지로) 그가 자신의 이론을 컴퓨터 프로그램을 통해 적용하였기 때문이다. 컴퓨터 프로그램은 다음의 세 가지 기본 과정으로 구성된다.

1. 첫 번째 가정에 대한 사고 과정 모형을 구성한다.
2. 두 번째 가정에서 도출되는 추가 정보를 첫 번째 가정으로부터 도출된 사고 과정 모형에 서로 다른 가능한 추가 방식을 고려하여 추가한다(이 단계가 가장 문제가 되며, 하나, 둘, 혹은 3개의 모형이 구성될 필요가 있는지 정하는 과정임이 밝혀졌다).
3. 모든 가정의 사고 과정 모형을 만족시키는 관계를 나타낼 결론을 도출한다.

위의 과정이 바로 존슨-레어드가 효율적 절차라고 명명한, 만약 개인이 이를 맹렬히 수행한다면 적절한 결론을 내리게 해주는 절차를 구성하는 것이다. 그의 시점에 따르면 인지과학은 사람과 같은 불완벽한 메커니즘뿐만 아니라 흠잡을 데 없는 메커니즘인 디지털 컴퓨터에 의해 수행될 수 있는 효율적 절차의 발견에 의지하고 있다. 존슨-레어드의 절차는 그의 컴퓨터에서 완벽하게 작동했으며 따라서 효율적이라고 부를 수 있을 것이다.

존슨-레어드는 자신의 이론의 힘이 사람들이 범하는 종류의 오류와 완벽히 타당한 연역적 추론을 모두 만족시키는 것에 있다고 하였다. 그는 아래와 같은 결론을 내렸다.

> 연역적 추론의 어떠한 갈래에서도 심리학적 현상을 정당화할 수 있는 정신적 논리 과정의 존재에 대한 가정은 필요하지 않다. 논리적이기 위해서 개인들은 추론의 형식적인 법칙이 아니라 모든 추론을 지배하는 기본적인 의미론적 원칙에 대한 무언의 지식이 필요하다. 연역적 추론이 타당하기 위해서는 결론과 부합하지 않는 방식으로 주어진 가정을 해석할 수 있는 방법이 없어야 한다. 논리는 그러한 반례를 찾는 체계적인 방법이다. 경험론적 증거는 평범한 개인들이 그러한 방법을 가지고 있지 않음을 지지한다. (Mehler, Walker, and Garrett 1982: 130)

13.1.3 사고 과정 모형은 만능 해결책인가?

삼단 논법은 존슨-레어드가 자신의 사고 과정 모형을 통한 접근 방식의 힘을 보여준 다양한 영역 중 하나에 불과하다. 자신의 저서 『사고 과정 모형(*Mental Models*)』(1983)에서 그는 자신의 접근 방식을 추론, 단어 의미, 문법, 대화의 이해에 성공적으로 적용할 수 있음을 보여주었다. 각 사례에서 그는 해결되어야 하는 문제의 특징과 경쟁하는 (명제, 스키마, 심상 및 다른 인지과학적 조합에 기초한 모형을 포함하는) 설명 모형을 설명하고, 왜 사고 과정 모형을 사용한 접근 방식이 사람들이 나타내는 과정을 설명할 수 있는지, 그리고 컴퓨터상에서 효율적으로 실현 가능한지를 보여주고자 시도하였다. 이는 단순히 일련의 효율적인 예시가 아니라 인지과학에서 특정 접근 방식의 적합성에 대한 설득력 있는 주장이다. 존슨-레어드의 『사고 과정 모형』은 다음 세대의 인지과학에 사고 과정 모형으로 적용될 수 있을 것이다.

사고 과정 모형이 무엇이며 그것이 다른 경쟁 접근 방식과 어떻게 다른지에 관한 존슨-레어드의 설명은 불완전했다. 이는 그가 하나의 개념에 너무 많은 요구사항을 부여했기 때문일 수도 있다. 예를 들어 그는 "우리가 가진 세계에 대한 모든 지식은 사고 과정 모형에 의존적이다"(1983: 419). 한 동정적인 비평가는 이렇게 평하기도 하였다. "존슨-레어드는 초기의 사고 과정 모형이 다른 모든 이가 가진 문제의 해결책이 될 것이라는 유혹에 넘어가고 말았다"(Stich 1984: 189).

존슨-레어드도 이러한 문제점을 인식했던 것으로 보이며 다만 이를 장애물이 아니라 기회로 생각했을 수도 있다. 그는 이러한 모형의 융통성을 수용하였다.

> 사고 과정 모형이 다양한 형태를 띠며 다양한 목적을 수행하기 때문에 그 내용물은 다를 수밖에 없다. 모형은 삼단 논법 사고에 필요한 다른 모형들처럼 개개인과 그 정체성을 표상하는 토큰만 담고 있다. 모형은 서로 다른 존재 간의 공간적 관계나 개별 사건들 간의 시간적·인과적 관계를 나타낼 수 있다. 세계에 대한 풍부한 가상 모형을 통해 한 심상에 필요한 주관적 관계를 계산하는 과정에서도 사용될 수 있다. 모형은 그 목적이 설명이든, 예상이든, 통제이든 간에, 목적에 맞는 내용물과 형식을 가지고 있다. (1983: 410)

아마도 과도하거나 지속 불가능한 위의 주장에도 불구하고, 사고 과정 모형은 삼단 논법과 같은 제한적 영역에서 개인의 행동을 설명하는 데 유용하였다. 첫 번째로, 존슨-레어드의 접근 방식은 개인들이 어떤 질문에는 성공적이지만 다른 질문들에는 실패하는 이유를 다른 형식적·논리적 방법을 사용하지 않고도 설명할 수 있다. 따라서 이는 다양한 범위의 성과도를 설명할 수 있다. 두 번째로, 모형에 포함된 다양한 예상들이 사람뿐만 아니라 컴퓨터 프로그램에서도 검증되었다. 다시 말하면 컴퓨터 프로그램이 성공의 확실한 보장은 되지 못하더라도 시뮬레이션이 작동 가능하다는 것은 이론에 숨겨진 문제점이나 모순이 없음을 의미한다. 조건이 맞다면 모형은 제대로 작동한다.

인지과학 분야에서 경쟁하는 설명 방식에 대한 논의에서 존슨-레어드는 한 시사점을 지적한다. 그의 의견에 따르면 심상이 표상의 방식이라고 (혹은 아니라고) 이야기하는 것이나 필리신(1984) 같은 학자들이 주장한 바와 같이, 모든 표상이 명제적 형태를 지녔다고 생각하는 것이 가장 적합하다거나, 사고 과정이 명제적 형태나 심상으로 처리된다는 것을 구별하기는 원칙적으로 불가능하다는 주장(Anderson 1978)*은 너무 단순한 서술이라는 것이다. 존슨-레어드는 최소 세 가지 심적 표상을 가정하는 것을 선호하였다. 자연어를 닮은 명제적 표상, 세계의 구조적 유사체인 심적 모형, 그리고 특정 시각으로부터 비롯된 모형과 지각적 상관이 있는 심상이 바로 그것들이다(1983: 165). 우리는 개개인들이 다양한 추상화 수준에서 정보를 표상한다고 생각하게 마련이다. 더 나아가 같은 수준에서의 표상의 형태가 같을 이유도 없다. 컴퓨터가 기계 부호로부터 고차원적 프로그래밍 언어를 포함하는 다수의 서로 다

* 앤더슨은 동등한 방식으로 행동하는 다른 종류의 표상을 사용하는 대안적인 설명을 만드는 것이 항상 가능함을 보여주는 증명을 했다(1978).

른 언어를 가지고 있듯, 심리학적 과정도 한 수준에서는 일련의 기호를 사용할 수도 있으며 다른 고차원적 표상에서는 이미지나 사고 과정 모형을 포함할 수 있다. 이런 보편적인 접근 방식은 단 하나의 심적 표상에 매달리는 것보다 문자의 해석이나 추론과 같은 문제를 풀기 위해 사용되는 다양한 범위의 인간의 심리 과정을 설명하기에 적합하다.

논리적 사고 과정의 문제로 다시 돌아가면 우리는 존슨-레어드가 두 가지 관점에서 우리의 이해도를 높였음을 발견한다. 우선 한때 사람들이 이성적 문제에 접근하는 방식으로 생각되었던 것이 단순히 틀렸음을 보여주었다. 사람들은 고전적인 논리학이 제시했던 것과 같이 사고하지 않는다. 반면에 사람들은 비합리적인 것도 아니다. 삼단 논법 과정에 대한 자세한 분석과 다양한 나이대와 전문성을 지닌 피험자들을 대상으로 하는 실험, 그리고 컴퓨터상에서의 모형의 시뮬레이션을 통해 존슨-레어드는 사고 과정에 대한 범용적이고 가능성 있는 청사진에 도달하였다. 다양한 인지과학 분야의 조합을 통해 우리는 오랫동안 지속되어온 철학적 문제—사람의 합리성의 정도—에 관한 진실된 설명에 도달했다.

논리학은 왜 실패하는가? 인류학자 드안드레드에 의하면 논리학자의 어휘는 이차적 어휘라고 한다(1982). 그것은 어떠한 사물이나 사건에 대한 것이 아니라 서술들 간의 일치성이나 불일치성에 대한 서술인 것이다. 일반적인 언어적 서술은 진리 조건에 대한 내용이 아니라 세계의 어떠한 사건 상태에 대해 이루어진다. 사람들은 어떠한 조건들 하에서 어떠한 일이 일어날 수 있는지에 대해 주로 관심을 가지도록 설계(혹은 교육)되었다. 개개인들이 보여주는 사고 과정의 건전성, 속도 및 복잡성은 어떤 특별하거나 일반적인 능력이 아니라 처리되는 내용물의 친숙도나 구성에 의해 결정된다. 따라서 형식적 관점에서 동일한 수준(혹은 원리)의 논리적 전문성을 필요로 하는 서로 다른 주제가 주어질 때 사람들이 다르게 반응하는 것이다.

존슨-레어드, 웨이슨, 드안드레드의 분석이 근거한 일련의 논리에 의하면 인간의 논리적 사고 과정을 이해하기 위해서는 형식적 논리 계산이 아닌 두 가지 요인에 초점을 맞추어야 한다. 첫 번째 요인은 바로 내용과 관련이 있다. 더욱 친숙할수록, 관련된 지식구조가 더욱 풍부히 주어질수록 문제를 더욱 쉽게 해결할 수 있다. 두 번째 요인은 바로 형식과 관련이 있다. 관련된 정보를 적절한 형태로 표현하는 사고 과정 모형을 구성할 수 있으며 사고 과정 모형을 유연하게 사용할 수 있으면 문제를 해결할 수 있다. 개인들이 이러한 사고 과정 모형을 구성하고 '실제 세계'에 대한 지식과 통합하여 적절한 상황에서 이를 사용하는 방법을 어떻게 배우는가는 발달심리학과 교육심리학에서 답하기 좋은 질문이다.

만약 존슨-레어드와 그의 동료들이 맞다면, 논리학자들이 개발한, 피아제와 같은 연구자들이 주제로 삼은 원칙들은 사람들이 현실 세계에서 사고하는 과정에 대해 제한적으로만 적용이 가능할 것이다. 사람들은 친숙한 요소를 가지고 있으며 손쉽게 사고 과정 모형의 구성과 변형이 가능한 과제에 성공할 수 있는 동물로 진화해왔음이 명백하다. 사람들의 생존 메커니즘이 제자리를 잡은 한참 뒤에 발달한 순수논리학의 고려 사항은 특정 조건하에 있는 특정 사람이 어느 특정한 종류의 정보를 처리할 때 중요할 수도 있다. 그러나 논리학은 대다수의 사람들이 다수의 문제들을 대개 어떻게 해결하는가에 대한 타당한 모형을 제공할 수는 없을 것이다.

13.2 인간의 인지 편향: 트버스키와 카너먼의 입장

마치 존슨-레어드와 그의 동료들의 맹렬한 비판이 충분치 않다는 듯이, 최근 (교활하지는 않더라도) 창의적인 연구자들은 인간의 합리성에 대한 또다른 비판을 가하였다. 그중 잘 알려진 연구는 1970년대 예루살렘의 히브리 대학교에 있던 에이머스 트버스키와 대니얼 카너먼(Daniel Kahneman)이 진행한 일련의 연구일 것이다. 다시 한 번 말하자면, 이러한 연구들의 결론은 개인들이 때로는 동일한 형식 구조를 가진 문제들에 대하여 극단적으로 다르게 행동한다는 것이었다. 더 나아가 이러한 행동은 인간의 사고 과정에 대한 어떤 이론을 구상하려 할 때 반드시 고려해야 할, 인간의 인지 시스템의 강한 편향을 반영한다는 것이다. 따라서 존슨-레어드가 고전적인 논리 문제를 해결하는 개인들의 사고 과정을 밝혀내었다면, 트버스키와 카너먼은 사람들이 일상생활에서의 사고 과정을 지도하는—혹은 결정짓는—어림법(heuristics)과 전략의 한 종류를 잡아낸 것이다(Kahneman, Slovic, and Tversky 1982; Kahneman and Tversky 1982, 1984; Tversky and Kahneman 1983).

13.2.1 위치

13.2.1.1 극장 티켓과 동전 던지기를 하는 사람들

트버스키와 카너먼이 소개한 수많은 흥미로운 예시 중에 일부를 이야기하자면 다음과 같다. 다음의 동전 던지기 결과인 '앞앞앞뒤뒤뒤'와 '앞뒤앞앞뒤뒤' 중에 어떠한 순서가 더 희박한 경우인지 물어본다면 대다수의 사람들은 전자를 선택할 것이다. 사람들은 명백하게 모집단의 성격과의 유사성에 기반하여 주어진 예시들의 빈도를 판단하려 한다. 불규칙성은 무작위성의 필수적 요소이기 때문에 비록 두 예시 간의 빈도 확률이 동일하다 하더라도 불규칙적인 예시는 규칙적인 예시보다 관찰될 가능성이 더 높다고 판단될 것이다.

40달러의 가치를 지닌(이는 몇 년 전의 연구이므로) 두 장의 연극표를 가지고 브로드웨이 공연을 보기 위해 가던 중에 이것을 잃어버린 걸 알게 되었다고 치자. 당신은 추가로 40달러를 지불할 용의가 있는가? 또 다른 경우 당신은 극장에 이 티켓을 사러 가는 중에 현금 40달러를 분실했음을 알게 되었다. 이때 당신은 티켓을 구매할 것인가? 명백히 객관적인 관점에서 40달러의 손해를 입었기 때문에 두 경우는 동일한 것이다. 그럼에도 불구하고 사람들은 현금을 분실했을 경우에 티켓을 구매할 가능성이 티켓을 분실했을 경우보다 높다. 논의점은 동일한 손실이 다른 '정신적 계좌'로 할당되었다는 것이다. 40달러의 현금 손실은 연극과는 다른 분류의 계좌로 할당이 되었으며, 따라서 새로운 티켓을 구매하는 행동에 미치는 영향이 상대적으로 약하다. 반면 티켓 손실의 비용은 '연극보기'라는 항목에 할당이 되며 그 개인은 연극의 가격이 두 배로 증가하여 두 티켓의 가격이 80달러에 달하게 되었음을 받아들이기 힘들어 할 것이다.

또 다른 예시는 다음과 같다. 크레인 씨와 토머스 씨는 같은 시각에 서로 다른 비행편을 이용하여 공항에서 떠나기로 예정되어 있었다. 그들은 같은 리무진을 사용하여 교통 체증으로 인해 예정된 비행시간보다 30분 후에야 공항에 도착하였다. 크레인 씨는 그의 비행편이 예정시간에 따라 출발하였음을 알게 되었으며 토머스 씨는 그의 비행편이 지연되었으며 5분 전에야 출발하였음을 알게 되었다. 거의 모든 사람들은 두 사람의 경우가 객관적 조건, 즉 둘 다 비행편을 놓쳤다는 사실이 동일함에도 불구하고 토머스 씨가 좀 더 아쉬워할 것이라는 점에 동의한다. 트버스키와 카너먼의 의견에 따르면 그 이유는 사람들의 상상 속에서 토머스 씨가 크레인 씨보다 비행편을 탈 가능성이 높았다는 점에서 기인한다고 한다. 유사한 사례로, 당첨번호와 한 자릿수가 틀린 복권을 가진 사람이 당첨번호와 완전히 다른 번호인 복권을 가진 사람보다 더 아쉬워할 것이다.

지금 당신이 재킷을 125달러에, 계산기를 15달러에 구매하려 한다고 가정해보자. 계산기를 파는 사람이 당신이 원하는 계산기는 20분 거리에 있는 다른 매장에서는 할인된 가격으로 10달러에 판매되고 있다는 것을 말해준다. 이때 당신은 이 거리를 이동할 것인가? 대다수의 사람들은 그리할 것이라고 대답한다. 또다른 집단에는 비슷한 질문을 던진다. 이번에는 재킷의 가격이 15달러이고 계산기의 가격이 원래의 매장에서는 125달러, 다른 매장에서는 120달러라고 한다. 이 질문을 받은 사람 대다수는 다른 매장으로 이동하지 않을 것이라고 응답했다. 두 사례 모두 총 구매 가격은 동일하다. 두 경우 모두 5달러를 아끼기 위해 20분을 사용할 것인가를 결정하는 것이다. 그러나 응답자의 대답은 5달러의 할인이 계산기의 가격과 대비되어 평가된다. 상대적으로, 15달러에서 10달러로의 할인(또는 33%)은 125달러에서 120달러로의 할인(5% 미만)보다 더 유혹적인 것이다.

마지막으로 린다의 예를 들어보자. 그녀는 31살이며, 미혼이며, 직설적인, 매우 똑똑한 사람이다. 그녀는 철학을 전공했다. 학생 때부터 차별과 사회 정의와 관련된 문제들을 깊이 고민하는 사람이었으며 반핵 시위에 참가하기도 하였다. 그 이후 당신은 다음의 주어진 여덟 가지 서술에 대하여 가장 가능성 높은 순서부터 낮은 순서대로 나열하도록 요구받았다. 그중에는 다음과 같은 항목도 포함되어 있다. '린다는 정신의학 사회사업가이다', '린다는 은행원이다', '린다는 은행원이며 페미니스트 운동에 적극적이다'. 합리적 측면에서 본다면 린다가 은행원일 가능성은 린다가 은행원이면서 동시에 페미니스트 운동에 적극적일 가능성보다 항상 높을 수밖에 없다. 어떠한 사건 x의 발생 확률은 어떠한 사건 x와 독립적인 또 다른 사건 y가 동시에 일어날 확률보다 항상 크다. 그럼에도 불구하고 통계학 교육을 받은 사람들을 포함한 피험자의 80퍼센트는 린다가 은행원이라는 진술보다는 린다가 은행원이며 페미니스트 운동에 적극적이라는 진술에 더 쉽게 동의한다.

왜 이렇게 명백하게 합리성이 어겨지는 것일까? 트버스키와 카너먼은 대표성의 원칙에 의해 확률의 법칙이 압도된 것이라고 생각한다. 사람들은 어떠한 특성을 지닌 사람들이 또다른 특성을 지니고 있을 가능성을 매우 잘 받아들인다(어떠한 이가 적극적 사회운동을 하고 있다면 그 사람은 페미니스트일 가능성이 높다고 생각할 정도이다). 당연하게도 주변 세부사항이 대표적인 표상에 부합할수록, 새롭게 추가된 세부사항이 합리적인 근거에 따라 제약을 추가하여 절대적으로 확률을 낮춘다고 하더라도, 새롭게 추가된 세부사항에 쉽게 동의하게 만든다. 따라서, 린다가 어떤 사람이라는 정보가 주어졌을 때 피험자들은 과거 그러한 성격을 가진 사람을 대표하였던 사건을 더욱 쉽게 끼워 맞추며, 그 과정에서 확률에 대해 그들이 알고 있는 또 다른 지식을 무시하는 것이다.

그리고 '또 다른 지식'은 여전히 존재하는 것이다. 'x만 일어날 경우'와 'x와 y가 같이 일어날 경우' 중 확률이 더 높은 것은 어떤 것인지에 관해 추상적으로 질문한다면 피험자들은 손쉽게 x만 일어날 확률이 더 높다는 데 동의한다. 더 나아가, 추상적 질문에 대한 응답과 린다에 관한 응답이 서로 다름을 지적하면 그들이 오류를 일으켰음을 손쉽게 받아들인다. 따라서 피험자들이 단순히 속아넘어갔다고 하는 것은 너무 단순한 시각이다. 대표성에 기반한 응답을 보이는 '린다 질문'은 인간의 판단 과정에 깊숙이 존재하는 편향성을 반영한다.

위의 사례는 트버스키와 카너먼이 연구한 다양한 명백한 예시 상황들 중 일부만을 가져온 것이며 제시하기 간단한 예시들일 뿐이다.* 그러나 이러한 예시들은 사람들이 논리적으로 일관되거나 확률의 법칙에 따라 결정을 내리지 않는다는 것을 강조한다. 그러나 이는 사람들의 행동이 비논리적이며 설명 불가능한 것이라는 의미는 아니다. 오히려 트버스키와 카너먼은 이익과 손실에 대한 경제적 계산을 엄정하게 따르는 것이 아니라 개인의 선택을 어떠한 틀로 해석하는가에 초점을 둔 선호에 관한 독립적 심리 작용을 밝혀낸 것이다. 이때 연관된 고려 사항은 다음과 같다. 피험자가 주어진 상황에서 손실을 (확률적인 조건에 대조되어) 확실한 것이라고 인식하는가, 예상되는 결과가 피험자의 삶의 수준에 중대한 영향을 주었는가, 문제시되는 손실 종류에 대한 손쉬운 사례적 접근이 가능한가, 발생 가능한 상황에 대한 피험자의 상상은 어떠한가, 해당 사례가 이미 피험자가 강한 의견을 가지고 있는 원형과 얼마나 유사한가, 피험자의 기분은 어떠한가, 실제로 어떠한 형태로 질문이 제시되었는가(예를 들어 6백 명 중에 4백 명을 죽이는 선택으로 제시되는가 아니면 6백 명 중에 2백 명을 살리는 선택으로 제시되는가) 등이다.

전반적으로 트버스키와 카너먼은 통계학적 원칙과 연역적 추론의 법칙이 과학자들의 측정기기에서 일상생활의 사고 과정으로 간단히 전달되는 것은 아니라고 결론지었다. 사람들은 그들이 믿고 싶어 하는 만큼 일관적이지는 않다. 트버스키와 카너먼은 침착한 어조로 다음과 같이 결론을 내렸다. "선호에 관한 기술적 연구는 합리적 선택에 대한 이론에 장애물이 된다. 왜냐하면 결정의 중요도, 참고점, 문제의 틀 및 후회가 오류나 편향으로 해석되어야 하는지, 혹은 인간 경험의 타당한 요소로서 받아들여져야 하는지 명확치 않기 때문이다"(Kahneman and Tversky 1982: 171).

* 관심 있는 독자들은 카너먼, 슬로빅 및 트버스키의 1982년 책에 나와 있는 다양한 예시를 통해 직접 피험자 역할을 수행해볼 수 있다.

13.2.1.2 철학적 비평

트버스키와 카너먼이 보고한 결과와 존슨-레어드, 웨이슨 및 다른 연구자들이 수집한 결과는 인간의 합리성을 옹호하는 사람들—전문적인 철학자들—에게 간과되거나 감지되지 않은 채로 넘어가지는 않았다. 그중 한 사람이 바로 트버스키, 카너먼과 그들의 동료들에게 일련의 비평을 통해 도전장을 던진 옥스퍼드 대학의 조너선 코헨(L. Jonathan Cohen)이다. 코헨(1981)은 대다수의 사람들이 논리적이거나 합리적인 방식으로 행동하지 않는다는 관념에 세 가지 공격을 가하였다. 첫 번째 논점은 무엇이 합리적인가는 일반 사람이 판단해야 한다는 것이다. 일반인이야말로 최종적인 심판자이며 통계학자나 실험자가 일반인에게 부여한 발견 사항은 엄밀히 말하면 무관하다. 이 일련의 논점은 개개인들이 오류를 당연히 범할 수 있지만 이러한 '성과'에 관한 문제를 제외하고 평균인들은 능숙하다고 가정해야 한다. 여하튼, 어떠한 사람도 문법에 대한 일반인의 판단에 관해 의문을 나타내지 않으며 합리성에 대한 판단도 마찬가지로 존중되어야 한다. 이러한 주장은 일정한 설득력을 가지고 있지만 결국 분석하면 논의 자체를 불가능하게 하는 반과학적 논점이라고 생각된다. 어쨌든, 만약 모든 사람들이 그들이 사고하는 방식에 무관하고 다른 이들이 동의하는가와 상관없이 합리적이라고 가정된다면 합리성을 연구할 방법 자체가 없어진다. 합리성 자체가 보편적이며 도전 불가능한 명제가 된다.

두 번째 논점은 일반인이 확률의 법칙이나 다른 통계적 규칙성에 관해 인식을 하고 있을 것이라는 예상이 불합리하다는 것이다. 대부분의 연구 결과는 인지 결함의 문제라기보다는 교육이나 특정한 지식의 부족을 반영하는 것이라고 주장한다. 이러한 일련의 논리에서 전문적인 교육을 받는다면 완벽하게 합리적일 수 있을 것이다. 아직 대중(John Q. Public)에게 통계학의 법칙을 교육시키겠다고 나선 이는 없지만 충분한 사례적 증거와 실험적 증거가 교육을 받은 전문가조차도 트버스키와 카너먼이 발견한 편향을 보인다는 것을 지지한다(Kahneman, Slovic, and Tversky 1982).

세 번째 논점은 가장 흥미로운데, 베이즈의 정리와 같은 통계학적 법칙의 상관성에 실질적으로 도전한다. 1763년 토머스 베이즈(Thomas Bayes)에 의해 주창된 정리에 따르면 특정 상황에 대한 통계적 판단을 내리기 위해서는 기저율을 고려해야 한다. 따라서 주어진 언어적 표상이 변호사인지 아니면 소송 변호사인지 판단하기 위해서는 변호사의 수가 소송 변호사의 수보다 훨씬 많음을 고려해야 한다는 것이다.

코헨은 트버스키와 카너먼의 연구에서 제시된 다음 사례를 통해 비판적 견해를 보여준다. 어떤 동네에 파란색과 녹색의 택시가 85대 15의 비율로 운행하고 있다(이는 베이즈 정리에서 말하는 이른바 기저율에 해당한다). 한 증인이 충돌사고에서 목격한 택시의 색이 녹색이라고 하였으며 특정 조명 조건하에서 증인이 파란 택시를 녹색 택시와 구분할 수 있는 확률은 80퍼센트라고 한다. 그런 다음 피험자들에게 '사고상황에 실제로 연루된 택시가 파란색일 가능성은 어느 정도인가?'라는 질문이 주어진다.

피험자들이 가장 많이 응답한 값은 0.2였다. 카너먼과 트버스키와 같은 연구자들은 이러한 반응이 사전 확률에 해당하는 기저율을 무시하는 심각한 오류를 범하고 있다고 한다. 연구자들의 논리는 다음과 같다. 파란색의 택시가 녹색 택시의 수보다 훨씬 많다는 점을 고려해야 한다는 것이다. 그에 해당하는 네 가지 연산은 다음과 같다. 파란 택시를 보았을 때 올바르게 파란 택시를 보았다고 할 가능성(85%×0.8=68%), 실제로 녹색 택시를 보았지만 파란 택시를 보았다고 할 가능성(15%×0.2=3%), 실제 녹색 택시를 보았고 올바르게 녹색 택시를 보았다고 할 가능성(15%×0.8=12%), 실제로 파란 택시를 보았지만 녹색 택시를 보았다고 틀리게 진술할 가능성(85%×0.2=17%). 종합해서 보면 택시를 녹색으로 보았을 가능성은 29퍼센트(17%+12%)이며 그중 틀린 비율은 29분의 17이다. 결론적으로 연구자의 사고방식에 따르면 사고 난 택시가 파란색일 가능성은 29분의 17이며 5분의 1이 아니다.

그러나 코헨에 의하면 이 문제를 교과서적으로 (이 경우는 베이즈의 정리에 따라서) 접근할 필요가 없다. 그가 주장하는 것은 예를 들어 배심원들은 확률에 의존하는 것을 피할 수 있다면 그렇게 해야 된다는 것이다. 확률적 접근 방식은 법정에서 다루어지는 주제가 장기간에 걸친 택시-색깔-분별 문제라고 가정하는 것이다. 반면 배심원들은 오직 이번 사건에 대해서만 판단해야 한다는 것이다. 엄밀히 말하자면 배심원들은 증인이 택시가 녹색이라고 증언한 경우에도 불구하고 파란색 택시일 확률을 구해야 한다. 배심원들은 택시의 색에 대한 증언이 대략 20퍼센트 틀렸다는 것만을 알고 있으며 따라서 해당 확률이 5분의 1이라는 것은 베이즈의 법칙을 어기지 않는 타당한 추측이라는 것이다. 택시의 색깔이 실제로 85대 15의 비율로 차이가 난다는 사실 때문에 아마도 주정이 부적합하다고 생각할 수 있을 것이다. 결국 이 사실은 이 특정 목격자에 의해서 식별되는 조건하에서 특정 택시의 색깔이 맞을 확률을 높이지도 않고 낮추지도 않는다. 코헨은 아래와 같이 이를 설명한다. "시각의 생리와 같은 인과적 특성에 근거한 사건의 확률은 개별 사건에 대한 어떠한 인과적 연관성도 없는 기저 확률과 같은 주변 사실에 의해 영향받지 않는다"(1981: 328-329).

코헨은 좀 더 핵심에 근접한 예시를 제시하였다. 예를 들어 당신이 현재 A나 B 질병 중 하나에 걸렸다고 가정하자. A가 B보다 19배 정도 더 많이 발생한다고 하며, 두 질병은 치료를 하지 않는다면 치명적이지만 치료를 동시에 적용하기에는 위험하다고 한다. 의사는 질병검사의 정확도가 80퍼센트라고 한다. 검사 결과에 따르면 당신은 훨씬 희귀

한 질병인 B에 걸렸다고 한다. 그럼에도 불구하고 A를 치료하는 것이 합리적인가? 베이즈의 정리에 따르면 이는 올바른 접근 방식이다. 질병 간의 사전 비율을 고려한다면 질병 A에 걸렸을 확률은 23분의 19이다. 그러나 사전 확률을 무시한다면 질병 B에 걸려 있을 확률은 5분의 4이다. 코헨에 따르면 환자가 전체적인 확률을 특정 진단에 우선하여 응답하는 것은 불합리적이다. 역설적으로 통계학 교과서의 관점을 따른다면 통계적 빈도수가 높은 질병 A에 걸렸다고 가정하는 것이 더 신중한 판단이기 때문에 질병의 진단 검사를 받는 것은 시간 낭비일 뿐이다.

코헨은 서로 다른 이익이 존재함을 파악한 것이다. 높은 확률의 정확한 진단을 최소한의 비용으로 보장받기 원하는 병원 행정가는 일반적인 통계학의 원칙에 따라야 한다. 그러나 장기적 진단 성공 확률보다는 자신이 겪고 있는 특정 사건에서의 성공을 원하는 환자는, 자신의 가능성만을 고려하여 진단 결과를 평가해야 할 필요가 있다.

코헨의 연구는 통계적 법칙을 전달하는 이들과 개별 결정에 영향을 주는 요인이 동일하지 않다는 것을 보여준다는 점에서 흥미롭다. 그러나 그러한 연구 방식은, 1981년 『행동 뇌과학』에 실린 그의 논문에 비평을 한 이들과 같은, 판단에 대한 다른 전문가들의 호의를 얻지는 못하였다. 코헨은 오류와 현상 유지의 옹호자로 비판을 받았으며 과학의 발전을 저지하고 일관적인 주장이나 논리를 내세우지 못하며 지지받지 못할 주장과 착각에 의존한다는 혹평을 받았다. 이러한 비판은 코헨에게 과도하게 혹독한 것으로 여겨진다. 그러나 나는 코헨은 (그 자신의 의도대로) 사람들이 논리적이라는 것을 보여준 것이라기보다는 사람들이 체계적인 방식으로 논리와 합리성에서 벗어남을 추가적으로 보여준 것이라고 생각한다. 그는 스스로 판단한 개별 이득에 근거하여 행동하는 것이 어떠한 가설적 상황 아래에 어떠한 결과가 나타날 것인지에 대한 판단을 하는 것과는 다를 수 있음을 시사하였다.

또한 추가적인 시사점이 있다. 첫 번째 시사점은, 사람들은 논리의 추상적 의미를 만족시키기 위해서가 아니라 특정한 범위의 생물학적·사회적 환경에서 살아남을 수 있도록 진화해왔다는 것이다. 사람들이 습관적으로 (혹은 반사적으로) 사용하는 귀납 및 연역적 추론 방식이 생존에 가장 도움이 될 수 있는 것이다. 비록 교과서적 원칙에 비한다면 불합리적으로 보일 수 있지만, 그러한 절대적 의미에서 이는 합리적인 것일 수 있다.

두 번째 시사점은 심리학적 패러다임 내에 존재하는 편향에 대한 강조이다. 실험은 대다수의 일상적 행동과 제한적인 연관성을 가지도록 착각과 속임수를 내재하고 있다. 만약 그러한 속임수가 질문 내에 포함이 된다면 잘못되거나 피험자를 바보처럼 보이도록 만드는 응답을 유도할 수 있을 것이다. 피아제와 그의 동료인 베벨 인헬더(Bärbel Inhelder)는 어린 피험자에게 다섯 송이의 튤립과 두 송이의 장미를 주고선 다음과 같이 물어보았다. "여기에 튤립이 많니 아니면 꽃이 더 많니?"(Inhelder and Piaget 1964). 7세 이전의 아동들은 꽃이라는 용어가 튤립과 장미를 포괄하는 용어인 것을 모른다는 것처럼 튤립이 더 많이 있다고 대답하였다. 피아제와 인헬더는 어린아이들이 전체집합(꽃)과 그 부분집합(튤립)을 비교할 수 있는 능력이 없다고 결론을 지었다. 그러나 철학자 조너선 애들러(Jonathan Adler)는 아이들이 그러한 비교 능력이 없다고 단언하는 것은 너무 단순한 생각이라고 지적한 바 있다(1984). 오히려 아이들은 관련성과 당면성이라는 대화의 원칙에 위배되는 질문을 받을 것이라고 기대하지 않고 있을 수 있다. 아이들은 명백히 기만적인, '튤립이 많니 아니면 튤립과 장미를 합친 수가 많니'와 같은 질문이 아니라, 요구되는 비교 대상이 지각적으로 분명한 것인 '튤립이 많은지, 장미가 많은지'를 물어보는 질문이라고 단순히 받아들였을 수도 있다. 위의 분석에서 만약 아이들에게 만약 부분집합과 전체집합을 좀 더 타당하게 비교할 수 있는 질문을 했다면 올바르게 대답하였을 것이다. 당연하게도 '아이들이 많니 아니면 사람들이 많니'와 같은 질문을 아이들에게 던졌을 때 집합의 귀속 관계를 구분할 수 있음이 입증되었다(Donaldson 1978 참조).

위의 시각을 그 이전 사례들에 적용해본다면, 트버스키와 카너먼이 제시한 문제들을 사람들이 주로 대화하고 정보를 주고받는 방식대로 제공한다면 충분히 해결 가능함을 알 수 있다. 예를 들어 '린다-은행원'의 문제에서 피험자는 린다의 과거 정치적 활동에 대한 정보 제공의 의도가 청자에게 그녀가 페미니스트라는 결론을 유도하기 위해서 주어진 것이라고 가정할 것이다. 따라서 청자는 질문자가 자신에게 린다가 페미니스트라는 사실을 믿도록 유도하고 싶어한다는 합리적 추론에 도달할 것이다. 그렇지 않다면 질문자가 그녀의 정치적·사회적 경향에 대해 언급할 이유가 없기 때문이다. 또한 택시에 관한 문제에서 기저율과 관련된 정보가 당면한 질문과는 무관한 것이라 받아들여질 수 있다. 트버스키와 카너먼 스스로가 발견한 것과 같이 만약 피험자에게 다음과 같은 설명이 제시된다면—"두 택시 회사의 크기는 거의 동일하며 85퍼센트의 택시사고에는 녹색 택시가 관련되어 있으며 15퍼센트의 사고에는 파란 택시가 관련되어 있다"—피험자들은 다르게 반응한다. 기저율에 관한 정보가 주어진 질문에 직접적으로 관련이 있기 때문에 피험자는 이를 고려한다. 피험자들의 명백한 불합리성의 원인을 문제가 주어진 형식과 관련된 대화 형식의 가정에 돌리는 것은 너무 단순한 사고방식이다. 그러나 동시에 그러한 요소들이 지니는 가능한 효과는 무시하기 힘든, 중요한 것들이다(Kahneman, Slovic, and Tversky 1982: 157).

코헨은 트버스키와 카너먼의 연구 결과를 사용하여 사람들이 진정으로 합리적이며, 실험자들이 일상생활에서의 생존에 별 영향을 미치지 않는 통계학적 미묘함에 사로잡혀 있다고 주장하였다. 그러나 또 다른 철학자들은 트버스키와 카너먼의 발견에 질문을 던지는 것과는 반대로 그들의 발견에 따라 자신들의 견해를 재설정하였다. 예를 들어 크리스토퍼 체르니악(Christopher Cherniak)은 합리적인 존재가 1차적인 연역 체계와 같은 논리를 사용해야만 한다는 관념을 거부하였다(1983). 물론 체르니악은 이상적인 합리성에 도달하려는 시도를 포기하라고 주장하였다. 그러한 목표를 달성하기 위해서는 무한한 자원을 필요로 할 것이다. 대신 그는 최소 합리성의 기준이라는 것을 제시하였으며 형식적으로 틀린 어림법들—스케치한 이미지 및 다른 간편한 장치들—을 사용하여 합리적인 시간 안에 합리적인 결정에 도달할 수 있다고 주장하였다.

로체스터 대학의 철학자인 헨리 카이버그(Henry Kyburg)는 합리성을 여전히 개인들이 추구할 수 있는 이상으로서 설명할 자격이 있다고 주장하였다. 그러나 그는 경험적 자료들이 추론, 확률, 그리고 결정의 원칙이 위배되는 것을 보여준다고 주장하였다. 카이버그는 일반인들이 합리성의 기준이 되어야 한다는 코헨의 관점을 거부하며 다음과 같이 말하였다. “그러한 질문이 귀납연역적 논리의 타당성에 관한 정상적 기준을 발전시키는 것에 가지는 연관성은 사람들의 수학적 직감에 대한 질문이 수학적 타당성의 기준의 발전에 있어서 가지는 연관성과 마찬가지이다”(Kyburg 1983: 232). 그러나 카이버그는 “경험적인 연구들이 정상적인 제약의 발전과 관련점이 있다”고 주장한다(244). 그와 같은 이론은 정상적인 요인들과 사람들이 실제적으로 하는 행동에 근거해야 한다. 그는 다음과 같이 결론짓는다.

> 나는 비록 합리성을 규정하는 문제가 많은 사람들이 생각하는 것보다 훨씬 어려운 일임을 명백히 알지만 극복하기 불가능한 것은 아니라고 생각한다. 우리가 어려움을 밝혀내는 것 자체가 우리의 이해에 기여

> 한다. 우리가 조금이나마 발전한다는 사실은, 즉 우리가 다른 사람들의 주장을 듣고 그에 대해 답할 의무가 있음을 인식한다는 것은, 우리의 목표가 도달 가능한 것이라는 것을 말해준다. (245)

철학적인 측면에서 주어지는 체르니악과 카이버그의 메세지는 우리의 질문에 중요하다. 합리성이라는 관념을 전부 버리는 것이나, 경험적 연구 결과가 무관하다고 결론을 짓기보다는 합리성에 대한 연구를 경험론자들의 발견과 철학적 분석가들의 분류와 구분을 필요로 하는 공동의 모험으로 인식한다는 것이다. 그들은 사람들이 엄밀한 논리학의 법규에서 벗어남에도 불구하고 타당한 형태의 합리성을 나타낼 가능성을 열어두고 있다. 우리는 여기서 인지과학의 보편적 모형을 볼 수 있다. 언어심리학과 같이 단순히 특정한 과학 분야들이 결합하는 것이 아니라, 더욱 폭넓은 대화가 진행되고 있다. 이 대화는 고전적인 철학적 문제에 대하여 고심을 계속하는 철학자와 이러한 존중할 만한 주제들을 공격할, 창의적인 접근 방식을 고심하는 경험적 과학자들 간의 대화이다. 비록 여기에 언급된 예시들이 주로 심리학의 영역에서 선택되었지만 굳이 그 분야에 제한된 것은 아니다. 내가 주장한 바대로, 웨이슨과 존슨-레어드, 트버스키와 카너먼이 연구한 주제들은 당연히 언어학의 주제들(특정 질문은 어떠한 형태로 제시되었는가)과 연관되어 있다. 이는 또한 다양한 인류학적 환경에서 적용될 수 있다(다른 종류의 편향을 가진 다른 집단에서 사고 과정은 어떻게 진행이 되는가). 또한 (마치 존슨-레어드가 자신의 연구에서 시뮬레이션을 사용한 것처럼) 인공지능에 의해 시뮬레이션이 진행될 수도 있을 것이다. 인지과학 중에서 신경과학자들의 관심사만이 논리, 사고 과정, 그리고 합리성과 상대적으로 동떨어져 있다. 이 진술이 현재에만 맞는지, 혹은 합리성과 논리적 믿음에 대한 영역은 신경과학과는 수준이 아예 다른 것인지는 아직 적절하게 고려되지 않고 있다.

13.3 결론

합리성에 대한 연구들을 다시 살펴봄으로써 나는 인지과학의 네 가지 현대적 접근 방식에 대한 조사를 마쳤다. 종합하여 말하자면 이러한 사례들은 학제 간 연구가 오랫동안 지속되어온 인식론적 주제를 풀어나가는 진실된 발전에 기여할 수 있음을 보여준다. 코헨의 비판과 같은 강한 비평을 받곤 하지만, 내 생각에 인지과학적 연구에 대한 큰 타격 없이 학제 간 연구는 진행될 수 있을 것이다. 신경계의 동작과 멀리 떨어져 있고 마찬가지로 시각적 형태를 지각하는 데 관련된 기본적인 과정에서도 멀리 떨어져 있는 합리성과 같은 영역에서 특히 인상적이다.

분류법에 대한 연구와 마찬가지로 합리성에 대한 연구는 아주 흥미로운 교훈을 남긴다. 컴퓨터가 발명되고 인지과학이 시작되기 전인 몇 십 년 전에는 인간이라는 존재가 고전적인 종류의 관념을 구성하고 일반적으로는 논리적인 방식으로 사고한다고 가정하였다. 고성능의 계산 기술이 발전한 지금의 인지 시대에는 사람이 정교한 방식으로 작동한다는 견해에 의문점을 남겼다. 이는 인간의 행동이 컴퓨터나 인지과학적 기술로서 더 이상 연구될 수 없다는 의미가 아니다. 존슨-레어드는 그러한 행동이 정확히 시뮬레이션될 수 있음을 보여주었다. 그러나 사람들이 디지털적이며 연역적인 방법으로 사고한다는 생각은 옳은 것 같지 않다. 아직 남아 있는 질문은 프로이트나 융과 같은 임상학자나 기어츠, 스퍼버(Dan Sperber)와 같은 인류학자들이 기록한 다양한 형태의 인간의 불합리성에 대한 설명을 인지과학적 방법으로 해명할 수 있는가이다.

부정적인 교훈들도 중요하며 과학은 그 결과로 인해 생성되는 메시지의 쾌활함이나 우울함까지 책임질 필요는 없다. 그럼에도 인간을 컴퓨터적인 존재로 보는 관점에 도전하는 것은, 깊이 있는 질문을 던져

인지과학이 인간의 사고 과정에 대한 올바른 시각을 정립할 수 있도록 하며, 그 연구의 정당한 방법론을 제공해줄 것이다. 나는 이러한 질문과 관련하여 인지과학의 주요 주제에 대하여 관련 역사와 최근 연구를 이 책의 마지막 장에서 같이 다시 다루고자 한다. 그 결론에서 나는 인지과학이 초기의 약속을 어느 정도 지켰는지 보여주고 인지과학의 원리적 모순과 현재 인지과학이 맞닿은 도전에 대하여 윤곽을 그리고자 한다.

제14장

결론: 계산론적 패러독스와 인지적 과제

미래를 예견하는 관찰자라면, 20세기 초 과학적 상황을 살펴본 현명한 관찰자라면 마음의 새로운 과학의 도래를 알리는 데 적절한 시기였다고 느꼈을 것이다. 결국, 그리스와 계몽주의의 철학적 전통 위에서 구축되어 물리학, 화학, 생물학의 극적인 혁신들 속에서 깨어나 인간의 정신적 처리 과정에 대한 신비를 풀 해결책이 곧 나타날 것처럼 보였다. 또 19세기 말부터 인간의 사고와 행동에 수복하는 새로운 학문들이 나타났다. 분명 여러 문화의 인간 개인을 바라볼 기회는 인간 신경계에 대한 최근의 발견들에 비추어 그리고 논리와 수학으로 무장한 강력한 도구들과 함께 마음에 대한 진정한 과학을 조만간 탄생시킬 것이다.

현대의 관점에서 보면 이 꿈이 결실을 맺기 전에 최소한 세 가지 조건이 제대로 맞아 떨어졌어야 한다는 것이 분명했다. 첫째, 행동주의적 접근의 부적절함을 제대로 보일 필요가 있었다. 둘째, 각 사회과학의 특정 한계가 드러났다. 마지막으로 컴퓨터의 도래가 새로운 인지과학의 발화에 방아쇠가 되어주었다.

앞의 장들에서는 이 세 가지 조건 각각이 어떻게 충족되었는지 볼 수 있었다. 1948년 칼 래슐리가 그의 유명한 힉슨 심포지엄 연설에서 행동의 순차적 순서에 대한 문제를 논했을 때, 많은 과학자들에게 행동주의 접근은 치명적인 오류를 가지고 있음이 분명하게 드러났다. 마찬가지로 행동주의의 궤도에 있던 다른 학파들, 즉 논리실증주의, 구조주의 언어학, 인류학적 기능주의, 파블로프 반사요법 등의 한계도 분명해졌다. 이들 문제들에 대한 신선한 접근이 강력하게 요구되었다.

행동주의 입장의 한계점 발견과 더불어 여러 인간 및 행동과학들이 따로 연구되었을 때 부족한 점들이 분명히 그리고 잠재적으로 발생한다는 자각도 늘어났다. 그것이 오랫동안 유지되었던 인식론적 문제들에 대한 경험적 데이터의 관련성에 대한 철학의 양면성이었든, 아니면 대규모의 문제들에 대한 실험적 접근을 조정하는 데 어려움을 겪는 심리학이었든, 아니면 단일 사례 연구의 한계를 벗어나려던 인류학의 문제였든, 신경 수준으로의 환원이 어려운 상황에서의 신경과학의 야심이든, 이 여러 상황들이 인접 학문과 결합하여 융성해져야 할 필요성은 점점 커지고 있었다.

마지막으로, 아마도 가장 결정적인 것은 다양한 수학 및 논리적 시연(섀넌, 튜링, 폰 노이만의 것과 같은)들이 20세기 중반 첫 컴퓨터를 둘러싸고 배양된 중요한 기술적 혁신과 합쳐졌다는 것이다. 컴퓨터의 기호재료를 다루는 능력이 드러나자마자, 많은 연구자들이 인지과학이 컴퓨터의 이미지 속에서 열풍을 일으킬 것임을 확신하게 되었다. 1956년까지 조지 밀러와 제롬 브루너 같은 심리학자, 앨런 뉴얼과 허버트 사이먼 같은 컴퓨터과학자, 노엄 촘스키 같은 언어학자가 (돌이켜보면) 인지과학적 정신의 연구를 수행했다. 그리고 30년 뒤, 이러한 선구자들의 노력을 기반으로 데이비드 마와 스티븐 코슬린(지각심리학과 인공지능의 교차점에서 연구를 했던), 엘리너 로슈(심리학과 인류학의 문제를 결합했던), 필립 존슨-레어드(철학, 심리학, 언어학, 인공지능으로부터 접근법을 합성했던) 같은 연구자들이 오랫동안 풀리지 않았던 철학 및 과학의 문제들을 해결하는 데 분명한 진척이 이루어질 수 있음을 잘 보여주었다. 지각적 문제들에 대한 연구가 분류나 이성에 대한 연구보다는 훨씬 더 진행되었지만, 1985년[이 책이 나온 해]을 맞아 인지과학이 성년이 되었다고 선언하는 것은 타당해 보인다.

따라서 과학의 일생과 이 연구의 과정을 재고정리하는 것은 적절한 일이다. 즉 지난 수십 년 동안 이룬 것들을 분류하고, 그 잠재력을 완전히 발휘하면 더 이루어야 할 것을 정리하기 위해 인지과학의 주요 주제들을 다시 돌이켜보는 것이다. 이 평가는 인지과학의 중심 개념(표상 수준의 개념)에 대한 고찰과, 이 책의 도입부 장들에서 소개되었던 두 가지 주제, 계산론적 패러독스와 인지적 과제에 대한 재검토를 수반한다.

14.1 정신표상의 중심성

내 생각에 인지과학의 주요 업적은 시지각에서 이야기 이해에 이르는 인지 현상을 설명하기 위해 끌어올 수 있는 구성체(construct)의 집합인 정신표상(mental representation)의 층위를 상정하는 것이 유효함을 분명하게 보여준 데 있다. 행동주의가 극을 달렸던 40년 전(1940년대), 스키마, 이미지, 규칙, 변환, 기타 정신 구조와 연산에 대해 감히 말하려는 과학자는 극소수였다. 이러한 표상의 상정과 개념은 이제 당연하게 받아들여지고 있으며 인지과학에 스며들었다.

대부분의 연구자들은(또 아마도 대부분의 독자들은) 표상의 층위를 당연하게 여기지만, 이러한 분석 형태는 반드시 상당한 수준의 설명과 분석을 참고해야 한다. 신경계, 더 일반적으로 생물학적 체계를 이야기하는 경험과학에서는 이것이 오랫동안 받아들여졌다. 결국 이것들은 볼 수 있고 심지어 상세히 분석할 수 있다. 물질을 다루는 과학자 대부분은 문화와 역사적 문제를 전문적으로 다루지 않았으며, 사회적 힘, 문화적 사례, 역사적 전통 등의 측면에서 설명을 제공하는 인문학과 사회과학의 학자들 사이에서는 이것이 논쟁의 여지 없이 받아들여졌다. 도대체 어떤 식으로 거시적인 사회 현상을 다루어야 할까? 인지주의의 승리 덕분에 우리는 표상에 대한 이야기를 한쪽에서는 신경계 층위에서, 다른 쪽에서는 사회문화적 층위에서 하는 것과 마찬가지로 확고한 기반에서 할 수 있게 되었다. 과학 담론에서 표상의 층위를 제거하고 싶어하는 사람이라면 언어, 문제 해결, 분류 등을 신경학 및 문화적 분석 측면에서 엄격하게 설명하고 싶을 것이다. 지난 30년 동안의 발견들을 보면 이러한 생각은 가장 받아들이기 쉽지 않을 것이다.

표상에 대한 일반적 사례를 만드는 것과, 그것을 정확하고 강력하게 만드는 것은 각각 다른 일이다. 많은 어휘들과 개념적 틀이 표상의 층위, 예를 들어 스크립트, 스키마, 기호, 프레임, 이미지, 정신 모델 등의 특징을 기술하기 위해 구축되었다. 또 이 정신의 실체, 예를 들어 변환, 결합, 제거, 전도 등을 수행하는 연산을 기술하는 용어들도 많이 있다. 인지과학은 이러한 자신의 개념들의 집을 정리하고 슬로건과 '떠벌이는' 단어들을 초월할 필요가 있다. 다양한 표상적 현상을 기술하기 위한 언어를 통일 및 정립해야 한다(그 언어 때문에 많은 변이가 나온다고 할지라도).

시작하면서 표상의 변형 두 가지를 지목하고자 한다. 첫 번째 형태는 처음에, 또는 후에 컴퓨터든 두뇌든 하드웨어로 내장된다. 이러한 변형은 정보에 무슨 일이 발생하는지 자세하게 기술하기 위해 끌어와야 한다. 그러나 이러한 표상의 변형은 그 유기체가 알지 못하는 새 일어난다. 예를 들어 마가 기술한 시각 처리의 초기 단계 동안에는 시각 시스템이 물리적 정보에 대한 기호적 표상을 만들어야 하며, 이러한 표상을 두고 연산이 수행된다. 하지만 그 어느 유기체도 이러한 처리 단계에 대해 어떤 선택을 할 수는 없으며, 이런 부분은 오로지 인지과학자만 들여다볼 수 있다.

두 번째 표상의 변화된 형태는 문제 해결 및 분류 행동 전반에 대한 것이다. 이 행동은 유연성을 가지고 수행되며 어느 정도 명시적으로 의식할 수 있다. 이야기나 문장을 분석하면서, 이미지를 만들거나 변환하면서, 사람은 어떤 정신적 표상(또는 정신적 모델)이 만들어지는 것을 의식하게 된다. 그리고 그 모델 위에서 작업을 계속 진행한다. 여기서 명시적인 의식이 꼭 필요하지는 않지만, 최소한 가능성은 있다. 또 이 경우 사람은 표상의 양식이나 끌어다 쓰는 규칙의 종류를 바꿀 수 있다. 이러한 정신적 활동은 표상적 언어의 측면에서 적절하게 기술되지만 자동적이고 아예 처음부터 탑재되었을 가능성이 있는 유형의 표상과는 독립적인 위상(또는 용어)을 갖는다.

표상의 변형은 여러 가지가 있을 수 있다. 아니면 암묵적인 것에서부터 명시적인 것까지, 또는 처음부터 전선처럼 내장되어 있는 것부터 후에 유연하게 프로그래밍할 수 있는 것까지, 연속체의 형태로 존재할 수도 있다. 그러나 분류용어집이 서로 일치할 때까지, 표상에 대한 논의는 즉흥적이고 불만족스러울 것이다. 표상이 인지과학에서 그렇게 중요한 것이라면, 물리학의 양자이론이나 생명공학의 유전 코드처럼 명확하게 기술되고 널리 전파되어야 한다. 이러한 명확성과 동의가 형성되려면 아직 갈 길이 멀어 보인다.

14.2 계산론적 패러독스

엄격하게 말하면 컴퓨터가 없어도 인지과학은 가능하다. 계산이론은 컴퓨터의 탄생보다 먼저였다. 그러나 역사적 사실 측면에서 인지과학이 컴퓨터의 등장 없이 지금의 형태를 가지거나, 혹은 그때 그렇게 태동할 수 있었을지는 의심스럽다. 인지과학 1세대 이후 컴퓨터는 가장 쉽게 쓸 수 있고 가장 적절한 사고 모델이었다. 매일매일의 경험적·이론적 연구 작업에 가장 필수적인 요소가 되었다. 계산주의와 인지주의의 연결이 필요한 사실이라기보다는 부수적인 것이라는 것이 드러나긴 했지만, 인지과학의 운명과 컴퓨터의 운명은 더욱 단단히 밀착되어왔다.

그리고 이는 이상한 상태의 관계로 이어지게 되었다. 나는 이것을 '계산론적 패러독스'라고 불러왔다. 그리스 시대 이후 지속된, 인간의 사고를 수학적 원칙의 구현으로 생각해왔던 격렬한 전통을 고려해 볼 때, 인지주의의 첫 세대(논리실증주의 전통을 등에 업은)가 인간의 마음에 대한 이 고도로 합리적인 견해를 포용한 것은 전혀 놀랍지 않은 일이다. 그러나 인지과학 초창기의 주요 성과 중 하나는 이러한 기존 가정에 대한 도전이었다.

분명히 시지각이나 구문 분석 같은 근본적이고 상대적으로 '꿰뚫어볼 수 없는' 처리 과정에 대한 믿을 만한 계산론적 설명이 언젠가는 주어질 것이다. 즉, 폰 노이만식의 디지털 컴퓨터의 측면에서 합당하게 제공된 설명들이 이러한 인간의 인지 과정에 대해서도 역시 적절한 설명을 제공하는 것으로 판정될 것이라는 얘기다. 그러나 존재론적 영역의 분류나 행동의 양자 택일 판단 과제 같은 더 복잡하고 믿음이 들어가는 과정으로 가면 계산론 모델의 적합도는 떨어지게 된다. 인간은 분명히 이러한 작업을 논리적이거나 합리적이거나 단계별 기호처리로 특징지을 수 있는 방식으로 처리하지 않는다. 오히려 휴리스틱, 전략, 편향, 이미지, 기타 모호하면서 근사적인 접근을 쓴다. 뉴얼, 사이먼, 기타 인지주의자 1세대가 사용한 기호 조작 모델(symbol-manipulation models) 유형은 이러한 핵심적인 인간의 능력을 기술하는 데 아주 적절해 보이지는 않는다.

패러독스는 이러한 통찰들이 대부분 계산론적 모델과 모델링을 사용하려는 시도를 통해 나온다는 사실에 있다. 계산론적 사고에 대해 세심하게 물고 늘어져야만 간이 직렬 디지털 컴퓨터(1세대 인지과학자들의 생각을 지배했던 폰 노이만형 컴퓨터)와 실제로 다른 방식을 발견할 수 있는 것이다.

한 가지 점을 다시 강조해야겠다. 계산론적 패러독스를 주장한다고 해서, 인간의 괴팍함, 비합리성, 주관성 등 모든 것들의 행동 및 사고 패턴에 대한 계산론적 설명이 불가능하다는 얘기를 하려는 것이 아니다. 어쩌면 가능할지도 모른다. 튜링 시대 이후로 알려졌듯이, 원칙적으로는 분명히 가능할 것이다. 오히려 이 패러독스가 암시하는 바는 인지과학에서 떠오른 인간 인지에 대한 초상이 인지과학의 선구자(그리고 먼 과거부터 인지에 대해 깊이 생각했던 이)들을 지배했던 생각과는 아주 많이 달라질 것이라는 점이다. 인간의 사고는 주관적인 표상으로부터 산란하고, 직관적이고, 주관적으로 떠오른다. 순수하고 완전한 계산에서 떠오르지 않는다. 이러한 처리 과정들이 궁극적으로 컴퓨터로 모델링될지도 모르지만, 그 최종 결과는 계산론에서 비롯된 설명으로 규범적으로 이루어지는 인지론과는 많이 다를 것이다.

컴퓨터를 사고에 대한 중추적인 모델로 의지하는 것에는 또 다른 어려움이 숨어 있다. 최근에 와서야 그에 대한 인식이 시작되었다. 컴퓨터의 적용은 논리적 문제 해결(뉴얼과 사이먼의)이나 순차적인, 고도로 규칙에 지배되는 분석(촘스키의)에 대한 집중으로 자연스럽게 이어진다. 그러나 신경심리학 및 발달학의 증거들은 인지에 대한 우리의 개념이 크게 확장되어야 함을 보여준다. 음악이나 다른 예술적 활동에 관여하는 과정, 그리고 아마도 다른 사람을 알고 자기 자신을 아는 과정들에 결부된 과정들에 '인지적인'이라는 수식어를 붙일 만하다(Gardner 1983). 이 입장이 유효한 한, 철저한 인지과학은 더 친밀한 마음의 논리

수학적 응용만큼이나 이러한 능력에 대해서도 설명을 제공해야 할 것이다. 인간 이성이나 문제 해결 연구에 대한 이들의 관련성이 어느 정도이든 간에, 컴퓨터에서 유도된 모델은 이러한 마음의 다른 영역에 대한 설명에는 적합할 가능성이 낮다.

인지과학은 논리적 사고 모델링에만 만족하고 다른 형태의 사고 모델링에는 실패할 것이라는 반론도 가능하다. 어쩌면 인지과학은 고전적인 계산론 설명을 받아들여야 할지도 모르겠다. 인간이 고전적인 컴퓨터와 전혀 닮지 않았다 하더라도 말이다. 그러나 인지과학을 인지의 한 형태에 대한 것으로만 제한하는 것은 현재의 연구 도구에 맞춰 그 소재를 재정의하는 것이 된다. 마찬가지로, 단지 어떤 설명이 가능하니 그 설명을 받아들이자는 말도 과학적으로는 근거가 약하다. 결국 과학의 목적은 가능한 분석(언제나 무한한 수의 분석이 존재한다)을 제안하는 것보다는 가장 적절하고 엄격하며 확신을 주는 분석을 들고 나오는 것이다. 결국 모든 인지적 현상은, 원자의 측면에서, 또는 역사적 변수의 측면에서 기술될 수 있다. 그리고 이 두 측면으로 보면, 표상적 설명은 필요하지도 않게 된다. 하지만 현재, 표상 차원의 설명이 받아들여진 이때에, 최적화된 표상 측면의 설명을 찾기 위해 노력하는 것은 매우 중요하다. 계산이 없는 표상이 인지과학의 특정 영역들에서 나올 수 있다.

현재까지 표상에 대한 아이디어는 우리가 컴퓨터에 대해 지금 가지고 있는 개념화와 밀접하게 결부되어 있다. 그러나 컴퓨터의 표상을 설명하기 위해 현재 받아들이는 방법이 짚신벌레든 교수든 어떤 유기체와 가장 가깝다고 증명하는 한도까지의 선험 조건(a priori)을 결정하는 방법은 없다. 제프리 힌튼(Jeffrey Hinton) 같은 신연합주의자가 선호하는 유형의 표상은 제리 포더나 제논 필리신이 옹호하는 것과는 극단적으로 다른 것으로 드러났다. 또, 꿈을 꾸고, 시를 쓰고, 음악을 듣는 인간 개인을 설명하는 데 둘 다 적합하지 않은 것으로 드러나게 될지도 모른다. 반사궁, 유압 엔진, 전화 교환대 같은 사고에 대한 그 이전의 모델들은 이제 극도로 제한적으로 보인다. 컴퓨터의 한 종류 역시 모든 사고를 모델링하는 데 충분하지 않다는 것도 이제는 분명해졌다. 우리는 인간이 여러 유형의 컴퓨터 또는 컴퓨터 모델의 혼합물이거나 아직 기술되지 않은 유형의 컴퓨터에서 유래되는 식의 대안을 찾아야 한다. 컴퓨터는 우리가 얼마나 컴퓨터 같은지를 알아내는 데 도움을 줄 것이지만, 궁극적으로 그 도움이란 아마도 "그리 크지는 않다"가 될 것이다.

인간 사고의 특정 측면에 대한 가능한 모델로 컴퓨터가 떠올랐지만, 인지과학자들이 일괄한 여러 측면의 인간의 성질들에 의문이 제기되고 있다. 제3장에서 살펴보았듯이, 거의 모든 인지과학자들은 인간의 행동과 사고에 대한 주변 상황의 역할, 경험의 감정적 측면, 문화 및 역사적 변인의 역할 같은 사소하지 않은 요인들을 고찰 대상에서 제외하는 데 동의해왔다(Norman 1980 참조). 일부 학자들은 이것이 인지의 개별 측면들이 해결될 때까지의 일시적인 경향일 뿐이라는 입장을 갖고 있다. 어떤 이들은 인지과학이 결코 이러한 측면들을 다루어서는 안 되며 심지어 인지과학적인 설명은 이렇게 '애매모호한' 변인들에 대해 궁극적으로는 불필요한 설명이 될 것이라는 강경한 입장을 취한다.

이렇게 '일괄화'된 주제들 각각을 짧게 고찰하는 것조차도 많은 페이지가 필요하며, 인지과학자들은 스스로 이러한 논의들을 피했기 때문에, 내가 설명할 수 있는 학문적 전통 안에서는 연구된 바가 적다. 나는 궁극적으로 인지과학이 이런 변수들을 한두 가지 방법으로 다루어야 한다고 믿고 있다. 예를 들어 행복이나 잔인함 같은 감정적 상태를 다루는 인지적 설명의 차원을 수반한 양적 방법론으로 제공해야 한다. 또는 기존 인지적 변수와 감정적 또는 문화적 변수의 상호작용이 어느 정도 모델링될 수 있는 복합적인 설명의 틀을 선택해야 한다. 이는 중요하지만 매우 어려운 작업이 될 것이다. 전통적인 계산론적 고찰로는 부족하기 때문이다.

다른 변수들이 근본적으로 어느 정도까지 인지적 변수를 포함할 것인가에 대해서는 학자들마다 그 의견이 많이 엇갈린다. 휴버트 드레이퍼스 같은 철학자, 로이 해리스 같은 언어학자, 베니 섀넌 같은 심리학자, 클리퍼드 기어츠 같은 인류학자들의 관점에서 이러한 변수들은 매우 중요하고, 인간 경험을 구성하는 필수적 요소이다. 이것들은 인지적 변수라기보다는 오히려 기본적인 변수이다. 나는 이러한 관점에 대해서는 크게 공감하지 않는다. 내 견해로는 다른 명확히 중요한 요소들을 인용할 필요 없이 자신의 용어로 설명할 수 있는 인지의 중심 영역이 존재한다는 것이다. 내가 이 책에서 설명하기 위해 노력했던 부분들, 특히 마지막 네 장이 인지과학의 그 핵심 영역이라고 볼 수 있다. 아마도 이 핵심 영역의 경계가 인지과학의 한계가 될 것이다.

컴퓨터가 인간 사고에 대한 모델로서 선도적인 역할을 할 것인지에 대한 내 의심은 두 가지의 중요한 고찰에서 비롯되었다. 힐러리 퍼트넘(1981)이 강조했듯이, 인지를 하는 인간 개인을 둘러싼 사회는 매우 중요하다. 우리 주변의 사회로부터 우리는 어떤 종류의 견해가 받아들여질 만하다고 간주되고, 어떤 것이 오류이거나 위험한지, 정당하거나 정당하지 않은지 이해하게 된다. 이러한 판단은 처음에는 개인이 내릴 수 있는 것이 아니라 집합성에 기반해 이루어질 수밖에 없는 것이다. 또 우리 모두 사회에 속해 있으므로, 이런 식으로 판단하는 것이 합리적이다. 이와는 아주 반대로, 컴퓨터가 오류를 저질렀다거나 그것의 믿음이 정당화되지 않는다고 하는 것은 말이 안 된다. 컴퓨터는 단순히 수행하라고 프로그래밍된 것만 수행할 뿐이며, 옳고 그름의 기준은 그 성능에 포함되지 않는다. 오로지 사회 안에 존재하고 사회와 상호작용을 하며 사회의 일부라고 고려되는 실체들만을 그렇게 판단할 수 있다.

내가 모델로서의 컴퓨터에 대해 또 한 가지 보류하고 있는 점은 생물학적 시스템과 기계적 시스템 간의 깊은 차이에서 비롯된다. 인간이라는 생물학적 종을 다른 유기체와 따로 떼어 개별적으로 바라보는 것은 왜곡이라는 생각이 든다. 인간의 종은 수천 년 동안 현재의 모습으로 진화했고, 다른 유기체들 역시 복잡한 유전적 기질과 환경의 변화에 맞춰 계속 변해왔다. 사고 처리 과정은 이러한 생물학적 발달 변수를 반영하고 퇴행, 기대, 절망, 양면적 느낌으로 가득 차 있는 한, 비유기적 시스템이 보여주는 사고 처리 과정과는 근본적으로 다를 것이다. 물론 꼭 이렇게 다르게 생각할 필요는 없다. 생물학적 시스템이 비유기적(기계적) 시스템과 거의 같을 수도 있으니 말이다. 그러나 컴퓨터는 분명히 다르다. 따라서 나는 인간 사고와 행동에 대한 적합한 모델은 기계적 시스템(예를 들어 전기 회로의 연산)의 측면과 생물학적 시스템(예를 들어 유기적 문화 또는 융합 과정)의 측면이 합쳐져야 한다고 믿는다. 유기적 구조 및 처리 과정과 기계적 구조 및 처리 과정의 적확한 비교는 어쩌면 과학에서 가장 배울 점이 많은 측면일지도 모른다. 인지과학은 인공지능과 신경생물학 모두를 동등하게 통합하고 연결해야 할 것이다.

14.3 인지적 도전 과제

인지과학에 대한 내 견해의 핵심은 오랫동안 이어져 내려온 인식론적 질문에 대한 경험적 노력이 수반되어야 한다는 것이다. 이 현대 학문의 지적 의제 상당수가 고전 철학에서부터 시작된다. 우리가 어떻게 세계를 지각하는지, 어떻게 사물을 분류하는지, 단어, 이미지, 기타 구성체의 상태, 인간의 이성과 비합리성에 대한 평가는 어떠한지에 대한 관심이 그것이다. 또 고전 철학자들이 형식화할 수 없었던(예를 들어 인간 사고를 계산론으로 보는 영역) 문제들도 철학적 용어로 일상적으로 제기되어왔다. 어쩌면 가장 주목할 만한 것은, 현대 인지과학이 선택된 철학적 질문들에 대한 합리적인 답을 제공해왔으며, 인지과학이 특정 문제를 거부하고 다른 문제를 급진적으로 변형시켰을 때도 이는 마찬가지였다는 점일지 모른다.

어떤 면에서 철학은 주류의 경험적 인지과학의 바깥 영역에 서 있는 것으로 볼 수 있다. 주류의 한쪽 강둑에서 철학은 연구해야 할 많은 이슈들을 공급한다. 다른 쪽 강둑에서 철학은 나오는 답들을 검토한다. 철학은 이 답들을 해석하고 통합하는 데 유용하며, 전반적인 연구 상황에 대한 비판을 제공한다. 따라서, 예를 들어 철학자는 인간의 합리성의 문제를 처음 제기했고, 프로이트, 피아제, 트버스키와 카너먼이 내놓은 발견을 해석하는 작업에 격렬하고 유용하게 참여했다.

그러나 경험과학의 외부에 서 있는 학문의 연구자로서, 인지과학을 다루는 철학자들은 위험에 빠진 것처럼 보일 수 있다. 철학적 질문에 경험과학이 답을 하면, 철학자는 그 자리에서 궁극적으로 물러나야 할 수 있기 때문이다. 사실, 물리학과 생물학 등 많은 영역에서 있었던 일들이다. 여전히 내 견해로는 예측 가능한 미래까지는 인지에 관심을 둔 철학자들이 지적으로 자리를 내줄 위험은 없어 보인다.

그러나 인지과학을 구성하는 다른 분야들과의 관계는 어떻게 될까? 하나의 완벽한 인지과학으로 함께 융합될까, 아니면 앞으로도 계속 개별적으로 유지될까? 그리고 가장 바람직한 것은 어떤 것일까?

인지과학은 두 가지의 전망이 대비된다. 야심이 없는 쪽은 6개 구성 분야들의 협력을 원한다. 제2부에서 나열되었던 각각의 주요 질문, 방법, 목표들이 그대로 유지된다. 이러한 조건에서 철학은 성공적으로 다루어지는 한 주요한 문제와 판단을 위한 도움을 제공한다. 신경과학과 인류학은 경계선의 분야로 남는다. 심리학과 인공지능은 핵심 분야로, 언어학은 인간의 인지 기능에서 가장 중심적인 능력에 대한 설명을 제공한다. 협력 시 이 연구자들은 '인지과학자'가 되고, 그렇지 않으면 그저 자신의 일을 하는 것이다.

이 '약한' 버전의 인지과학은 오늘날 가능성이 가장 높은 규준이 되었으나 하나의 중요하고 새로운 과학의 이름을 담보할 수는 없다. 더 강력하고 단호한 버전의 인지과학은 분야별 경계와 충성도가 점점 희석된다. 앞의 두 버전들은 가장 중요한 인간의 인지 기능을 모델링하고 해명하기 위한 표상적 설명에 전념하는 과학자들의 통합적인 노력에 의해 대치될 것이다.

이 인지과학 영역의 재구성은 다음의 분석에 기반한다. 오늘날 인지 연구에서 가장 핵심을 차지하는 것은 각 개인의 학문적 배경이다. 철학자로 연구하는지, 아니면 인류학자로 연구하는지의 여부가 언어 문제를 다루는지, 아니면 사회 상호작용 문제를 다루는지의 여부보다 더 두드러진다. 인지에 대한 실제 영역들이 중대한 차이를 갖지 않는다면, 기존 분야를 중심에 둔 이러한 조직화는 적절할 것이다. 같은 처리 과정이지만 각 영역의 내용이 서로 무관한 것으로 생각되는 한(예를 들어 음악 대 공간 인지), 기존의 분야별로 연구를 구분하는 것은 합리적인 선택이다.

나는 이와는 매우 다르고, 여전히 논쟁의 여지가 많은 전망을 갖고 있다. 이 책에서도 상술했지만, 내 관점에서 인지과학 내의 현격한 구분은 전통적인 학문적 관점이 아닌 특정 인지적 소재에 대해서 이루어져야 한다. 따라서 과학자는 자신이 연구하는 핵심 인지 영역, 그리고 언어, 음악, 사회 지식, 논리적 사고 등의 더 넓은 영역, 그리고 구문 처리, 시각 처리의 초기 단계, 리듬의 지각 같은 더 초점이 맞추어진 하위 영역으로써 특징지어져야 한다. 과학적 교육과 연구 사업은 이러한 문제를 중심에 놓고 점차 조직화되어야 한다. 이러한 문제를 연구할 때, 과학자들은 필연적으로 다양한 자신의 관점들을 융합하여 해당 특정 인지 영역을 전체적으로 아울러야 한다. 또 그리하여 구문 처리, 더 나아가 언어 전반에 대한 인지과학적으로 궁극적인 그림은 기존 분야들을 따로 언급할 필요 없이 기존 분야들 전체를 아우르는 표상 층위의 통합된 설명이 되어야 한다.

아직 각 분야들에 대한 질문, 또는 더 넓게는 설명의 층위에 대한 질문은 전반적으로 무시할 수는 없다. 바로 여기에서 우리는 현대 인지과학의 주요한 도전을 보고 있다. 표상 층위의 적정성을 수립한 지금, 인지연구자들은 인간 활동을 설명할 수 있는 다른 정당한(그리고 정당화된) 방법들에 이 표상의 층위를 사상(mapping)할 수 있는 방법을 알아내야 한다. 한때 표상의 층위를 믿었던 이들은 자신만의 길을 걸어야 했고, 그 길은 앞이 보이지도 않았다. 그리고 오직 한마음으로 집중했던 것이 1950년대의 선구 세대들의 천재적 업적으로 발현되었다. 그러나 궁극적으로 이러한 화려한 고립은 사라져야 한다. 우리는 문화가 두뇌에 사상되는 방식을 이해해야 한다. 또 이러한 이해를 위한 가장 좋은 길은 표상의 층위에 있다.

이러한 층위 간의 연결이 필요한 이유는 간단하지만 매우 중요하다. 각 과학에서의 연구의 중요성이 연접 영역에서 수행되고 있는 연구와 연결될 수 없는 한, 그 연구의 중요성(그리고 한계)을 평가할 수 없게 된다. 물리학, 화학, 생물학의 죽음을 두려워할 이는 아무도 없다. 아직까지 각 분야들은 다음 층위로 가는 역동적이고 명료하며 필요한 연결을 물리화학이나 생화학 같은 '경계지' 학문을 통해 보유하고 있다.

그러나 모순되게도 인지과학의 가장 빛나는 연구들 중 상당수가 정신표상의 층위만이 존재하는 것처럼 이루어졌다. 언어의 경우(더 구체적으로는 문법에서), 촘스키와 그 추종자들의 놀라운 연구는 두뇌 내의 실제 조건과 주변의 문화를 참고하지 않으며, 이것들 없이도 유지될 수 있다. 그러나 만약 인지과학이 성숙했다면 언어에 대한 궁극적인 표상적 설명은 반드시 한쪽 끝으로는 두뇌 좌반구의 특정 영역의 신경 구조에 대한 지식과, 또 다른 한쪽 끝으로는 여러 문화적 그룹별 언어의 구조와 기능에 대한 지식과 연결되어야 한다. 오로지 이러한 층위 간 연결만이 신경 및 문화적 고찰을 참고하여 제안하는 언어의 표상적 설명이 실제로 적절한지 여부를 보여줄 수 있다. 층위를 관통하려는 목표는 한 분야나 한 층위가 다른 분야나 다른 층위를 집어삼키는 것을 반복하려는 것이 아니라, 오히려 언어 같은 영역에 대한 우리의 이해가 뉴런에서 국가에 이르는 관련된 모든 과학적 관점을 다룰 수 있기 위해서이다.

인지과학에 전념했던 많은 연구자들이 자신의 연구를 표상의 층위로 제한하고 경계 영역을 제외했던 것만큼, 인지라고 볼 수 있는 범위 역시 좁게 제한할 것을 요구했다. 포더(1981)는 인지과학이 사고의 고차원적이거나 더 복잡한 형태를 설명할 수 있는지에 대해 회의를 표했다. 그는 사고가 한 개인의 믿음으로 '투과될 수 있는' 것이라고 했다. 또 필리신(1984)은 학습, 발달, '기분' 같은 영역을 제외시키는 인지의 정의를 주장했다.

아마도 단기적으로는 신중한 연구 전략이겠지만, 나는 이러한 입장이 인지과학 연구 전반을 잘못된 방향으로 이끈다고 본다. 우리의 현재 방법론이나 개념은 미숙하므로, 마음이 어떤 것인지에 대한 상식적 개념을 깨지 말아야 한다. 인간의 마음에 대한 가장 놀라운 업적을 그냥 지나치고 싶지 않다면 더더욱 그렇다. 또 내 생각에 인지과학의 궁극적인 목표는 (정확하게) 인간이 기호라는 가장 주목할 만한 산물을 어떻게 만들어냈는지, 어떻게 교향곡을 작곡하게 되었는지, 시를 쓰게 되었는지, (컴퓨터를 포함한) 기계를 만들었는지, (인지과학적인 것을 포함한) 이론을 구축하게 되었는지에 대한 설득력 있는 과학적 설명을 제공하는 것이어야 한다. 이러한 설명들은 그렇게 야심 찬 목표를 달성하기 위해 복잡한 작업을 시작하면서 사용했던 수단, 즉 어떻게 계획을 표상하는지, 어떻게 작업을 시작하는지, 매일의 일상(혹은 비일상)을 어떻게 조직하는지, 어떻게 다른 사람의 반응과 그들 자신의 동기와 표준의 측면을 고려하여 임시 초안을 평가하는지, 그러한 프로그램 또는 산물의 완료 시기를 어떻게 결정하는지, 어떻게 새로운 작업을 시작하는지 등등이 포함되어야 할 것이다.

이렇게 설명을 제공하는 연구 계획은 아마도 매우 질량적인 형태의 정신적 실체 또는 모델(과 많은 세밀한 실체들)을 수반할 것이다. 그것은 아마도 (언어 관련 처리 과정처럼) 좁은 영역들을 가로지를 것이며 창조성, 합성, 또는 의식과 연관된 처리 과정을 설명할 수 있는 별개의 구성체들을 필요로 할 것이다. 궁극적으로 인지적 과제의 일환으로, 이러한 인간의 지적 성취에 대한 표상적 층위의 설명을 알려진 신경 기질 정보에, 또 이 설명을 지원하고 흡수(또는 거절 또는 변형)하는 주변 문화와 연관시키는 것도 필요할 것이다.

복잡한 인간의 창조적 행위를 모델링하는 것은 그 시작 단계에서부터 엄청난 연구량과 현재 도구의 미숙함에 부닥치게 된다. 그리고 아직 인지과학자들은 이 목표를 계속 염두에 두고 있어야 한다(책상 위나 컴퓨터 모니터 가장자리에 메모지를 붙여놓아야 할 것이다). 그러나 사고에 대한 연구는 가장 주목할 만한 사례를 제외해서는 안 된다. 그 사례가 보여주는 설명이 자신의 연구와 동떨어져 보인다 해도 말이다.

인지과학의 미래가 가장 낙관적으로 펼쳐진다고 해도, 현존하는 과학적 및 인식론적 문제들 모두를 잠재울 수 있는 마음에 대한 설명을 기대할 수는 없을 것이다. 그래도 나는 『메논』, 『방법서설』, 『순수이성비판』, 『종의 기원』의 저자들은 그들이 탐구했던 그 오래된 문제들에 대해 현저한 진전이 있었다고 느낄 것이라 믿는다. 새로운 논리적 도구의 발달, 컴퓨터의 다양한 배치, 인간의 심리학적 처리 과정과 문화적 사례에 대한 과학적 방법 적용, 언어의 본질에 대한 깊고 철저한 이해, 신경계의 조직과 작동에 대한 많은 발견들 덕분에 우리는 플라톤, 데카르트, 칸트, 다윈 등이 처음 제기했던 문제들을 더 정밀하게 파악할 수 있게 되었다.

인지과학이 얼마나 더 멀리 나아갈지, 어떤 전망을 추구할지의 문제는 여전히 열려 있다. 자신을 인지과학자라 생각하는 이들 모두가 바로 이 지점에 서 있다. 우리가 과학적 역사와 철학적 배경에 숨어 있는 가르침에 유의한다면, 그리고 빈틈없는 회의론자들이 뿌리는 의구심에 당황하지 않으면서 주의를 기울인다면, 그리고 모든 탐구가 갖는 한계를 인식하되 그로 인한 패배감에 흔들리지 않는다면, 긍정적인 기반은 갖춰진 셈이다.

에필로그

1984년 이후 인지과학

주석: 마크 빅허드, 하이럼 브라우넬, 주디 그라이스먼, 포브 호스, 스티븐 코슬린, 스티븐 핑커, 에릭 워너, 엘렌 워너, 에드거 주리프 등이 이 글에 도움을 주었다.

인지과학은 개념적으로는 대략 40년 정도의 역사를 지니고 있으며 지난 10년 동안에는 독자적인 학문 영역으로 자리잡았다. 짧은 역사에도 불구하고 이전 장에서도 소개했듯이 인지과학 영역은 이미 여러 단계를 거쳐왔다. 이 책이 완성된 이후의 아주 짧은 시간에도 새로운 동향이 나타나기 시작했다. 마침 이 책의 문고본 출간에 즈음해서 이를 다루는 것이 적절해 보인다.

인지과학의 과거 몇 년을 돌이켜보며 나는 하나의 모순에 봉착했다. 현재 첨단 과학자들이 다루고 있는 문제와 접근 방식이, 일이십 년 전의 후속 인지과학자들에 의해 진행된 연구보다 인지과학의 설립 직전의 세계관(Weltanschauung)에 더 가깝다는 것이다.

이 모순을 좀 더 풀어보기로 한다. 1940년대에 인지과학 선구자들은 행동주의 접근 방식이 뇌에 대한 토론을 회피하고, 심적 표상의 개념적 접근을 거부하고, 상위 단계의 개념 및 문제 해결 과정에 대한 고려를 간과하는 것에 대해서 점점 더 참을 수 없게 되었다. 애슈비, 헵, 래슐리, 매컬러, 푀르스터(Heinz von Foerster), 폰 노이만, 위너 등과 같은 과학자들은 행동주의와는 대조되는 비전을 제시하였다. 이들이 본 것처럼, 뇌와 계산의 본질에 대한 이해는 인지 시스템, 특히 인간의 마음에서 나타나는 인지 시스템에 대한 연구로 귀결될 수 있다고 보았다.

이러한 관점은 다양한 형태로 나타났다. 매컬러 및 피츠의 논리적 계산으로서의 신경망 모델링, 헵의 초기 지각과 학습에 관한 뉴런 모형, 로젠블랫의 퍼셉트론을 통한 재인 시뮬레이션, 그리고 래슐리, 폰 노이만, 위너 등의 다학문에 걸친 종합적 설명이 그러한 예이다.

완전히 잊혀진 것은 아니지만, 이 관점은 적어도 인지과학의 1세대 연구자에 의해 잠정적으로 중지되었었다. 이들과 대조적으로 브루너, 촘스키, 레비-스트로스, 매카시, 밀러, 피아제 및 사이먼 등과 같은 선구적 인지주의자들은 인간의 뇌 또는 신경망에 대해 약간의 우려를 나타냈다. 이들은 거의 완전히 사유의 특성에 관심을 집중했으며, 이는 체계적인 자기 성찰, 심리학적 실험을 통한 조사, 컴퓨터에 의한 시뮬레이션, 또는 문화의 상징적 결과로 알 수 있다. 이들은 심적 표상의 단계, 상위 인지과정 모델링, 사람과 컴퓨터 기호 체계 간의 표면적인 호환성이 존재함을 주장하고 이를 증명하는 데 성공하였다.

과학적 진동자는 과거 몇 년 사이에 다른 방향으로 움직였다. 순차적 디지털 폰 노이만 컴퓨터의 한계가 더 분명하게 드러나고, 계산에 대한 대안적 견해가 설득력을 얻자, 인지에 대한 다른 모달 시각(modal view), 즉 심리적·계산적·신경적 견해가 훨씬 더 복잡하게 얽혀 있는 시각으로 변하였다. 이러한 시각은 앞서 제10장과 14장에서 이미 간략하게 서술되었다. 지난 몇 년 동안에 이 병렬분산처리(PDP) 접근 방식의 핵심 주장과 폭넓은 야심은 더욱 분명해졌다.

PDP 방식은 고전적인 뉴얼-사이먼과 포더의 인지에 대한 시각과 명백하게 반대되는 스타일이다. 기호나 기호열에 대한 순차적 작동이나 계산이나, '실행'이나 '해석'이나 '중앙 제어 장치' 대신에, PDP 방식은 전형적으로 수백 개의 유닛들 사이의 수천 가지 연결을 가정한다(원리로 보면 이 방식은 수백만 또는 수십억 개의 연결로 확대될 수 있다). 이 결과로 초래된 네트워크는 한 유닛에서 다른 유닛으로의 전기 자극 및 억제 신호를 특징으로 한다. '지각'이나 '행동' 그리고 '사고'는 이와 같은 유닛 간의 연결 강도(또는 가중치)를 변화시키는 결과로 일어난다. 작업이 완수되거나 입력이 처리되는 것은 이 시스템이 궁극적으로 만족스러운 값이나 안정된 상태들의 집합, 즉 해로 정착하거나 수렴하는(적어도 잠정적으로) 것이다.

PDP 계열의 모형은 지각과 사고의 다양한 영역에서 의도적으로 추출된 문제에서 아주 잘 동작함을 보였다. PDP 모형은 숙련된 타이핑과 같은 손가락 동작을 모사할 수 있고, 넘어지지 않고 물체에 도달할 수 있으며, 익숙한 패턴이나 착시를 지각적으로 '완성'할 수 있다. 또한 이들 모형은 보다 개념적인 단계에서 나타나는 문제를 다룰 수 있다. 예를 들어 55가지 다른 종의 동물들을 그들을 설명하는 특징에 기반하여 구별이 가능하며, 다수 조직의 구성원에 대한 인구통계학적 정보에 기반해서 개인이 속한 조직을 알아낼 수 있다.

제임스 매클렐런드(James McClelland)는 PDP 모형이 영어에서 과거 시제를 만들어내는 절차를 습득할 수 있음을 증명했다. 초기에 이 모형은 아이들이 과거시제에 'ed'를 붙이는 것과 같은 과다 일반화 오류를 범하였으며 이는 매우 흥미로운 일이다. 이러한 발견은 (고전적 인지과학적 견해에 의하면 그 수렴이 요원해 보이던) 계산적 설명과 발달적 설명 간에 궁극적인 수렴이 가능하다는 희망을 준다.

PDP 모형에서는 모든 지식이 그 연결 자체에 포함되어 있기 때문에 PDP 지지자들은 주요한 심리적 능력을 재개념화하기를 제안했다. 즉 기억은 뇌에 사실이나 사건의 집합으로 저장된다기보다는, 유닛들의 그룹이나 패턴으로 코딩되기 때문에 사실이나 사건의 다양한 측면들 간 관계들의 집합으로 여겼다. 저장되는 것은 후에 패턴이 생성될 수 있도록 하는 유닛들 간의 연결과 강도이다. 마찬가지로, 학습은 적절한 상황에서 적합한 활성화 패턴들이 생성될 수 있도록 하는 올바른 연결과 강도를 찾아내는 문제가 되었다.

분명해지겠지만 PDP 모형은 인간의 뇌를 닮은 방식으로 동작한다. 고전적 인지 관점의 지지자들조차도 뇌가 적어도 부분적으로 병렬처리를 통해서 작동한다는 것에 동의해왔다. 그러나 이 사실이 일반적인 순차적 관점에 타격을 줄 것이라고는 생각되지 않았다. 따라서 PDP 관점이 뇌의 처리에 대한 실제적인 모형을 주장하지는 않는다는 것을 강조할 필요가 있다. 럼멜하트와 매클렐런드도 그들은 신경 모형을 만드는 것이 아니라 "인지 과정에 대한 신경 모사 모델링(neurally inspired modelling of cognitive processes)"(1986, Vol. I: 130)을 하는 것이라 하였다. 그렇기는 하지만 PDP 모형의 특성을 갖는 프로세스들이 포유류 신경 시스템에서 일어나는 사고를 닮아 보인다는 것은 만족스러운 (그리고 또한 아마도 중요한) 일이다.

인지과학의 이질적인 단계 사이의 두 가지 잠재적인 통합에 대해서도 추가적으로 언급하고자 한다. 신경 분석 단계에서 캔델과 같은 신경생물학자는 학습은 새로운 시냅스 연결 구성으로 발생하는 것이 아니며 이전에 존재했던 상호작용에서의 강도의 변화로부터 온다고 오래전부터 주장하였다. 이 견해가 PDP류의 현재 인공지능 연구와 효율적으로 맞물릴 뿐만 아니라 특정 언어 습득 방식에 관한 촘스키의 최근 주장에 반향을 불러일으키고 있다. 촘스키는 신생아가 복잡하게 연결된 시스템을 소유하고 있으며 이 시스템의 일부 연결은 아직 정립되지 않았다고 본다. 스위치 또는 파라미터들은 제한된 방식으로만 설정될 수 있다. 아동이 언어에 노출될 때 이들 파라미터는 경험에 의해 설정되며 이들이 허용된 방식으로 설정되면 개인은 그 특유의 선택과 제한을 가진 특별한 언어를 소유하게 된다.

이러한 주장은 노벨상 수상자인 제럴드 에델먼(Gerald Edelman)의 세포 및 신경화학 단계에서 학습 시스템의 특성에 관한 기초 과학적 연구와도 맥을 같이한다. 에덜먼의 견해로는 신경 연결 패턴은 출생 시 고정되어 있으나, 어떤 연결은 특정 자극을 만나고 다른 신경 그룹 간의 경쟁의 결과로 다른 것에 비교하여 선택된다. 다른 그룹의 세포 또는 '지도(maps)'는 서로 통신하여 특별한 범주의 사물과 사건을 만들어 내며, 이들은 또한 시간이 감에 따라 후속 경험으로부터 변화한다. 에덜먼은 그의 모형이 인간 인지 경험의 보편적이면서도 고도의 개인적인 측면을 설명하는 한 가지 방법이라고 제언한다.

철학 및 심리학계에서도 인지가 반드시 기호를 조작하고 명시적인 규칙을 따르는 것으로 구성된다는 가설에 대한 반발이 있다. 철학적 관점에서 코슬린과 게리 햇필드(Gary Hatfield)는 기호와 그 조작 또는 규칙의 저장과 규칙 따르기 시스템이 필요하지 않으면서도 표상의 관점에서 지각(과 아마도 다른 인지적 능력도)을 설명하는 것이 가능하다고 주장한다. 필요한 처리는 시스템 자체의 설계를 통해서 수행될 수 있다. 이러한 분석하에 표상은 단순히 유기체나 장치의 상태로 볼 수 있으며, 이는 유기체나 장치에 적합한 임무나 기능을 수행하는 역할을 하는 상태는 표상의 자격이 있다는 것이다.

복잡한 발달과 인식론적 관점에서 마크 빅허드(Mark Bickhard)와 그의 동료들은 기호적 부호화에 의존하는 인지에 대한 설명을 반박한다. 표상의 개념은 궁극적으로 인지에 대한 어떤 설명에 대해서도 그

위치를 찾아야만 하는데 부호화에 기반한 설명은 항상 부호화된 선행하는 의미를 가져야 하기 때문에 무한 퇴행으로 이어진다. 빅허드가 설명하듯이, x는 y를 표상(부호화)하든지 아니면 x는 그것이 표상하는 어떤 것을 그것이 무엇이든 간에 부호화해야 한다. 그러나 후자는 x에 대한 어떤 표상적 내용도 제공하지 못하며, 따라서 x는 아무것도 부호화하지 못한다.

빅허드는 대안적 견해를 제시한다. 피아제와 마찬가지로 그는 다양한 목표와 능력을 추구하며 환경과 끊임없이 상호작용하는 유기체를 생각해야 한다고 믿는다. 표상은 환경을 구별하고, 더 일반적으로는 목표 지향적 상호작용 제어 구조를 수행하는 결과로서의 발달로부터 창발된다(emerge). 이러한 관점에서 볼 때 부호화는 창발되는 표상 기능의 특수화에서 유래하는 것이다.

최근에 제시되는 이러한 철학과 발달 관점은 지각에 관한 깁슨주의 접근 방식과 적어도 약간의 친밀함을 공유한다. 그러나 어떤 종류든 표상이 필수적이라는 이들의 인식은 인지과학적 전통 내에서(외부가 아니라) 명확히 구별된다.

물론 이러한 변화하는 조류에 직면하여 인지과학에서 '고전적 접근'과 관련된 사람들이 그들의 이전 입장을 완전히 버린 것은 아니다. 깁슨의 주장에 관한 비판에 대해서 포더와 필리신이 제기한 추론과 의도성의 문제는 PDP 접근법의 측면에서 다시 논의될 수 있다. 핑커 및 앨런 프린스(Alan Prince)는 언어 과정에 대한 PDP 모형의 비판을 통해서 이러한 회의론을 예시하였다. 이와 같은 비판적인 입장은, PDP 모형자가 음운론적 단위(언어의 소리)나 형태소적 단위(단어)가 아니라 순전한 '소리'를 다룸으로써, 언어에 대한 중요한 일반화를 부득이하게 놓치고 있다고 지적한다. 언어적 과정과 범주에 대한 일관성 있고 포괄적인 설명은 다양한 수준의 표상과 언어의 입력과 출력을 표상하는 적절한 방법을 가져야 하는데, PDP 설명은 그들 고유의 자기조직 원리에 맡김으로써 언어 현상을 잘 다룰 수 없다.

PDP적 접근 방식에 공감하는 사람들조차도 PDP 방식이 대규모 문제 해결이나 문제 발견, 발명, 다른 기호적인 작업보다는 지각이나 다른 '낮은 수준'(기호 아래 수준)의 과정에 더 효과적으로 작동한다는 것에 동의한다. 럼멜하트와 그의 동료들이 간명하게 이야기했듯이 PDP 틀에서 기술하기 어려운 것들은 "사고의 과정, 의식의 내용, 순차 과정의 역할, 정신 모형의 본성, 정신적 시뮬레이션의 이유, 사고와 우리의 사고를 형성하는 언어에 대한 중요한 시너지 역할"이다(1986, Vol. II: 38).

이 책의 양장본에서 제안한 것처럼 인간 인지 모형은 궁극적으로는 PDP와 고전적 '순차 기호' 모형의 두 가지 모든 측면을 포함해야 할 것이다. 하위 단계의 지각 과정은 PDP 모형 관점으로 잘 설명되나, 상위 단계의 개념 또는 언어적 과정(어쩌면 지각적 측면의 일부조차도)은 보다 더 복잡하고 다층 수준의 표상적 설명을 요구한다. 향후 이삼십 년 동안 진동자는 이들 두 가지 대조적인 접근 방법 사이에서 왔다 갔다 할 것으로 예측한다. 운이 좋다면 진동이 방법론들 사이에 더욱 훌륭하고 더욱 정교한 통합 쪽으로 갈 것이다.

인지과학과 같은 분야에서 새로운 지식의 창조에 기여하는 힘을 묘사함에 있어서 데이비드 펠드먼(David Feldman)과 내가 협력하여 미하이 칙센트미하이(Mihaly Csikszentmihalyi)가 개발한 스키마를 변형 적용하는 것이 유익해 보인다. 우리는 중요한 창조적 활동에 밀접히 관련되는 세 가지 구성 요소를 구별하였다. 첫째는 개인(individual)이며, 다양한 기술과 재능을 보유하고 일련의 중요 주제를 연구하는 선택을 한다. 둘째는 둘러싼 분야(filed)이며, 특별히 주목할 만한 어떤 개인들의 공헌을 엄선하는 기관이나 조직, 역할, 출판물들의 총체이다. 셋째는 영역(domain)으로, 이는 학문이나 활동에서의 지식의 조직적 구조이다.

이 구조는 시간이 지나면서 변화하며 수정된 영역은 학문의 다음 세대 연구자를 만나서 지식체가 된다.

이 책의 양장본은 인지과학의 시작과 꽃핌에 관여한 주요한 인물들을 일부 서술하는 것으로 시작하였다. 출간 후 몇 년이 지난 시점에서 이 목록은 본질적으로 변하지 않았다. 아마도 럼멜하트와 매클렐런드의 책에 나오는 PDP 접근법과 밀접하게 관련이 있는 개개인에게 이목이 더욱 집중된다는 것이 주요한 예외이다. 나 또한 1940년대에 오스트리아계 미국인 인공두뇌학자 하인츠 폰 푀르스터(Heinz von Foerster)와 영국의 박식가인 케네스 크레이크(Kenneth Craik)의 주요 업적이 이룬 공을 인정한다.

인지과학이라는 분야의 출현에 대해서 말하자면, 그 명성과 범위가 내가 예측한 것보다 훨씬 더 빠르게 확대되어 매우 기쁘게 생각한다. 1985년 6월에 대략 50여 개 대학의 대표들이 바사(Vassar) 대학에 모여서 인지과학의 학부 교육에 대해 토론하였다. 작년에는 브랜다이스 대학, 브라운 대학, MIT, UCLA 등을 포함하는 주요 대학들이 모여서 인지과학의 학제적 연구의 커지는 중요성을 반영하기 위해 대학원 교육을 재조직하였다. 나의 추정에 의하면 미국과 캐나다에서 백 개 이상의 대학이 인지과학 프로그램을 인정하고 있으며, 거의 매달 그 수가 늘어나고 있다. 아마도 비슷하게, 많은 사람들은 자신들을 스스로 '인지과학자'라고 칭하고 있으며, 이제 그 명칭은 전문논문이나 고급 일반 출판물에서 생소하지 않다. 물론 이 분야의 발전이 자동적으로 영역의 발전과 동일시될 수 있는 것은 아니지만, 과학적인 발전의 터를 마련하는 데 도움을 줄 것이다.

인지과학이라는 영역(domain)은 학문적 그리고 (점차 더) 학제적 연구를 통해서, 인간 인지에 대한 지식을 축적하는 과정으로 이루어져 있다. 단기적으로 이러한 과정을 자신있게 평가하는 것은 어렵다. 내

판단에 의하면 이 책에 기술된 연구 프로그램은 여러 전선에서 활발하게 추진되고 있다. 따라서 시지각, 자연언어처리, 영상화, 범주화, 인간 이성 이해에 대한 주요 발전을 다루는 상당히 많이 수정된 두 번째 판이 쓰일 수도 있었다. 그러한 개정판 대신에, 1984년도 이후의 인지과학을 이해하는 데 가장 유용하다고 증명된 글들을 주석과 함께 언급하며 이 에필로그를 마무리 짓는 것이 적절할 것이다.

On the emergence of new knowledge in the field: Csikszentmihalyi, M. In press. "*Society, Culture, and Person: A Systems View of Creativity*." In R. Sternberg, ed., *The Nature of Creativity*. New York: Cambridge University Press.

Feldman, D. 1986. *Nature's Gambit*. New York: Basic Books.

Gardner, H. In press. "Creative Lives and Creative Works." In R. Stenberg, ed., *The Nature of Creativity*. New York: Cambridge University Press.

The first two "gospels" on parallel distributed processing models:

Rumelhart, David E.; McClelland, James L.; and the PDP Research Group. 1986. *Parallel Distributed Processing: Explorations in the Microstructure of Cognition*. Vol. I: *Foundations*. Vol. II: *Psychological and Biological Models*. Cambridge: A Bradford Book/MIT Press.

The PDP approach applied to human categorization: Gluck, Mark A.; and Bower, Gordon H. 1986. "From Conditioning to Category Learning: An Adaptive Network Model." Unpublished paper. Stanford University.

A critique of PDP approach: Pinker, Stephen; and Prince, Alan. 1986. Presentation to the MIT Cognitive Sciences Colloquium, November. Manuscript in preparation.

Critical Updates on artificial intelligence:

Haugeland, J. 1985. *Artificial Intelligence: The Very Idea*. Cambridge: A Bradford Book/MIT Press.

Winograd, T.; and Flores, F. 1986 *Understanding Computers and Cognition*. Norwood, N.J.: Ablex Books.

Review of recent work in visual perception: Pinker, Stephen, ed., 1985. *Visual Cognition*. Cambridge: A Bradford Book/MIT Press.

A compendium of recent studies in cognitive anthropology: The introduction describes "cultural models" and "cultural programs" of a far more general sort than "scripts" and "frames": Holland, Dorothy; and Quinn, Naomi. In press. *Introduction to Cultural Models in Language and Thought*. Cambridge: Cambridge University Press.

Review by the field of Jerry Fodor's controversial work on modularity: Multiple Book Review of Jerry Fodor's *The Modularity of Mind, The Behavioral and Brain Sciences* 8 (1985).

A recent statement of Noam Chomsky's view on cognition: Beckwith, R.; and Rispoli, M. 1986. "Aspects of a theory of mind: An interview with Noam Chomsky," *New Ideas in Psychology* 4 (1986): 187-202.

A nontechnical introduction to Gerald Edelman's neuroscientific work on cognition: Rosenfield, I. 1986. "Neural Darwinism: A New Approach to Memory and Perception," *New York Review of Books*, 5 October 1986, pp. 21-27.

A comprehensive statement on the information-processing approach in psychology: Palmer, S. E.; and Kimchi, Ruth. 1986. "The Information Processing Approach to Cognition." In R. J. Knapp and L. C. Robertson, eds., *Approaches to Cognition: Contrasts and Controversies*. Hillsdale, N.J.: L. Erlbaum Associates.

A pioneering attempt to construct a cognitive science of music: Laske, O, E., ed., 1986. *"Cognitive Musicology." Journal for the Integrated Study of Artificial Intelligence, Cognitive Science and Applied Epistemology* 3 (3 [1986]).

Attempts to present a representational view that does not incorporate encoding or symbols:

Bickhard, Mark, H.; and Michael Richie, D. 1983. *On the Nature of Representation: A Case Study of James Gibson's Theory of Perception*. New York: Praeger.

Campbell, Robert L.; and Bickhard Mark, H. 1986. *Knowing Levels and Developmental Stage*. Basel, Switzerland: Karger.

Hatfield, G. "Representation and Content in Some (Actual) Theories of Perception, 1986. Reports of the Cognitive Neuropsychology Laboratory." In *Studies in History and Philosophy of Science*. Baltimore: Johns Hopkins University.

Kosslyn, S.; and Hatfield, G. 1984. "Representation: without Symbol Systems," *Social Research* 51 (1984): 1019-45

On cognitive science at the college and university level: "Teaching Cognitive Science to Undergraduates." Pamphlet available from the Vassar College Cognitive Science Program, Poughkeepsie, New York.

하워드 가드너

케임브리지, 매사추세츠

1987년 1월

참고문헌

Abel, R. 1976. *Man the Measure*. New York: Free Press.

Adler, J. E. 1984. "Abstraction Is Uncooperative," *Journal for the Theory of Social Behavior* 14: 165-81.

Allport, D. A. 1980. "Patterns and Actions: Cognitive Mechanisms Are Content-specific." In G. L. Claxton, ed., *Cognitive Psychology: New Directions*. London: Routledge & Kegan Paul.

Anderson, A. R., ed. 1964. *Minds and Machines*. Englewood Cliffs, N.J.: Prentice-Hall.

Anderson, J. R. 1978. "Arguments concerning Representations for Mental Imagery," *Psychological Review* 85: 249-77.

———. 1980. *Cognitive Psychology and Its Implications*. San Francisco: W. H. Freeman.

———. 1983. *The Architecture of Cognition*. Cambridge, Mass.: Harvard University Press.

Armstrong, S. L.; Gleitman L. R.; and Gleitman, H. 1983, "What Some Concepts Might Not Be," *Cognition* 13: 263-308.

Arnheim, R. 1969. *Visual Thinking*. Berkeley: University of California Press.

Ashby, W. Ross. 1952. *Design for a Brain*. New York: John Wiley.

Atkinson, R. L.; and Shiffrin, R. M. 1968. "Human Memory: A Proposed System and Its Control Processes." In K. W. Spence and J. T. Spence, eds., *The Psychology of Learning and Motivation: Advances in Research and Theory*, vol. 2. New York: Academic Press.

Austin, J. L. 1962. *How to Do Things with Words*. Cambridge, Mass.: Harvard

University Press.

Ayer, A. J. 1936. *Language, Truth, and Logic*. New York: Dover.

———. 1973. The Central Questions of Philosophy. Harmondsworth, Middlesex, England: Penguin Books.

———. 1982. *Philosophy in the Twentieth Century*. New York: Random House.

Baddeley, A. 1981. "The Cognitive Psychology of Everyday Life," *British Journal of Psychology* 72: 257-69.

Bahrick, H. P.; Bahrick, P. O.; and Wittlinger, R. P. 1975. "Fifty Years of Memory for Names and Faces: A Cross-sectional Approach," *Journal of Experimental Psychology: General* 104: 54-75.

Ballard, D. H.; Hinton, G. E.; and Sejnowski, T. J. 1983. "Parallel Visual Computation," *Nature* 306: 21-26.

Barnes, J. 1979. *The Presocratic Philosophers*. London: Routledge & Kegan Paul.

Bartlett, F. C. 1932. *Remembering*. Cambridge: Cambridge University Press.

———. 1958. *Thinking: An Experimental and Social Study*. London: George Allen & Unwin.

Bateson, G.; Jackson, D. D.; Haley, J.; and Weakland, J. 1956. "Toward a Theory of Schizophrenia," *Behavioral Science* 1: 251-64.

Beach, F. A.; Hebb, D. O.; Morgan, C. T.; and Nissen, H. W., eds. 1960. *The Neuropsychology of Lashley*. New York: McGraw-Hill.

Beaumont, J. C.; Young, A. W.; and McManus, J. C. 1984. "Hemisphericity: A Critical Review," *Cognitive Neuropsychology* 1: 191-212.

Benedict, R. 1934. *Patterns of Culture*. Boston: Houghton-Mifflin.

———. 1946. *The Chrysanthemum and the Sword: Patterns of Japanese Culture*. Boston: Houghton-Mifflin.

Berkeley, G. 1929. *Essays, Principles, Dialogues with Selections from Other Writings*. M. W. Calkins, ed. New York: Charles Scribner.

Berlin, B.; Breedlove, D. E.; and Raven, D. H. 1973. "General Principles of Classification and Nomenclature in Folk Biology," *American Anthropology* 75: 214-42.

Berlin, B.; and Kay, P. 1969. *Basic Color Terms: Their Universality and Evolution*.

Berkeley: University of California Press.

Bernstein, J. 1981. "Profiles: Marvin Minsky and Artificial Intelligence," *New Yorker* 57: 50-126.

——. 1982. *Science Observed: Essays Out of My Mind*. New York: Basic Books.

Berwick, R.; and Weinberg, A. 1983. "The Role of Grammars in Models of Language Use," *Cognition* 13: 1-61.

Block, N., ed. 1981a. *Imagery*. Cambridge, Mass.: MIT Press, Bradford Books.

——, ed. 1981b. *Readings in Philosophy of Psychology*, vol. II. Cambridge, Mass.: Harvard University Press.

——. 1983. "Mental Pictures and Cognitive Science," *The Philosophical Review* 92: 499-541.

Bloomfield, L. 1925. "Why a Linguistics Society?," *Language* 1: 1-5.

——. 1933. *Language*. 2nd. ed. New York: Holt, Rinehart & Winston.

——. 1936. "Language or Ideas?," *Language* 12: 89-95.

——. 1943. "Obituary of Franz Boas," *Language* 19: 198.

Blumenthal, A. L. 1979. "Psychology and Linguistics: The First Half-century." Lecture delivered at the APA centennial symposium: "Linguistics and Psychology," New York.

Bobrow, D. G. 1968. "Natural Language Input for a Computer Problem-solving System." In M. L. Minsky, ed., *Semantic Information Processing*. Cambridge, Mass.: MIT Press.

——; and Winograd, T. 1977. "An Overview of KRL, a Knowledge Representation Language," *Cognitive Science* 1: 3-46.

Boden, M. 1977. *Artificial Intelligence and Natural Man*. New York: Basic Books.

——. 1981. *Minds and Mechanisms*. Ithaca, N.Y.: Cornell University Press.

Boffey, P. M. 1983. "'Rational' Decisions Prove Not to Be," *New York Times*, 6 December 1983, pp. Cl, C7.

Bolinger, D. 1968. *Aspects of Language*. New York: Harcourt, Brace & World.

Boring, E. G. 1950. *A History of Experimental Psychology*. New York: Appleton-Century-Crofts.

Bousfield, J. 1979. "The World Seen as a Colour Chart." In R. F. Ellen and D.

Reason, eds., *Classifications in Their Social Context*. London: Academic Press.

Bower, G. 1976. "Comprehending and Recalling Stories." Address to the American Psychological Association, Washington, D.C.

Brainerd, C. J. 1978. "The Stage Question in Cognitive-Developmental Theory," *The Behavioral and Brain Sciences* 2: 173-213.

Bransford, J. D.; and Franks, J. J. 1971. "The Abstraction of Linguistic Ideas," *Cognitive Psychology* 2: 331-50.

Bransford, J. D.; Franks, J. J.; Morris, C. D.; and Stein, B. S. 1979. "Some Constraints on Learning and Memory Research." In L. S. Cermak and F. I. M. Craik, eds., *Levels of Processing and Human Memory*. Hillsdale, N.J.: Erlbaum.

Bransford, J. D.; and Johnson, M. V. 1972. "Contextual Prerequisites for Understanding: Some Investigations of Comprehension and Recall," *Journal of Verbal Learning and Verbal Behavior* 11: 717-21.

Bransford, J. D.; and McCarrell, N. S. 1975. "A Sketch of a Cognitive Approach to Comprehension: Some Thoughts about Understanding What It Means to Comprehend." In P. N. Johnson-Laird and P. C. Wason, eds., 1977. *Thinking: Readings in Cognitive Science*. Cambridge: Cambridge University Press.

Brentano, F. 1874. *Psychologie vom empirischen Standpunkte*. Leipzig.

Bresnan, J. 1978. "A Realistic Transformational Grammar." In M. Halle, et al., eds., *Linguistic Theory and Psychological Reality*. Cambridge, Mass.: MIT Press.

———. 1981. "An Approach to Universal Grammar and the Mental Representation of Language," *Cognition* 10: 39-52.

Brew, J. O., ed. 1968. *One Hundred Years of Anthropology*. Cambridge, Mass.: Harvard University Press.

Brewster, D. 1854. *North British Review*. Quoted in J. Miller, 1983. *States of Mind*. New York: Pantheon Books.

Broadbent, D. E. 1954. "The Role of Auditory Localization in Attention and Memory Span," *Journal of Experimental Psychology* 47: 191-96.

———. 1980. "The Minimization of Models." In A. J. Chapman and D. M. Jones, eds., *Models of Man*, pp. 113-27. London: British Psychological Society.

Broca, P. 1861. "Remarques sur la siege de la faculté du langage articulé," *Bulletin de la société d'anthropologie* (Paris) 6.

Brown, C. M. 1984. "Computer Vision and Natural Constraints," *Science* 224: 1299-1305.

Brown, R. 1956. "Language and Categories." In J. S. Bruner et al., *A Study of Thinking*. New York: John Wiley.

———. 1975. "Reference: In Memorial Tribute to Eric Lenneberg," *Cognition* 4: 125-53.

———; and Lenneberg, E. H. 1954. "A Study in Language and Cognition," *Journal of Abnormal and Social Psychology* 44: 454-62.

Bruner, J. S. 1944. *Mandate from the People*. New York: Duell, Sloan & Pearce.

———. 1973. *Beyond the Information Given; Studies in the Psychology of Knowing*. J. Anglin, ed. New York, W. W. Norton.

———. 1982. *In Search of Mind*. Preliminary version.

———. 1983. *In Search of Mind*. New York: Harper & Row.

———; Goodnow, J.; and Austin, G. 1956. *A Study of Thinking*. New York: John Wiley.

Carnap, R. 1959. "Psychology in Physical Language." In A. J. Ayer, ed., *Logical Positivism*. Glencoe, Ill.: Free Press.

———. 1967. *The Logical Structure of the World; Pseudoproblems in Philosophy*. Berkeley of California Press. Original work published in 1928.

Cazeneuve, J. 1968. "Lévy-Bruhl, Lucien." Entry in *International Encyclopedia of the Social Sciences*, ed. by D. Sills. New York: Macmillan.

———. 1972. *Lucien Lévy-Bruhl*, trans. by P. Riviére. Oxford: Basil Blackwell.

Cherniak, C. 1983. "The 'universal acceptance of logic.'" *Berkeley Cognitive Science Report*, no. 6.

Cherry, E. C. 1953. "Some Experiments on the Recognition of Speech, with One and with Two Ears," *Journal of the Acoustical Society of America* 25: 975-

79.

Chomsky, N. 1955. "The Logical Structure of Linguistic Theory." Doctoral dissertation, University of Pennsylvania. Published as a monograph by Plenum Press, New York, in 1975.

———. 1957. *Syntactic Structures*. The Hague: Mouton.

———. 1964a. "A Review of B. F. Skinner's Verbal Behavior." In J. A. Fodor and J. J. Katz, eds., *The Structure of Language: Readings in the Philosophy of Language*, pp. 547-78. Englewood Cliffs, N.J.: Prentice-Hall. Original work published in *Language* 35 (1959): 26-58.

———. 1964b. "A Transformational Approach to Syntax." In J. A. Fodor and J. J. Katz, eds., *The Structure of Language: Readings in the Philosophy of Language*, 1964, pp. 211-45. (Reprinted from A. A. Hill, ed. (1962). *Proceedings of the Third Taws Conference on Problems of Linguistic Analysis in English, 1958*, pp. 124-58. Austin, Tex.: University of Texas Press.) Englewood Cliffs, N.J.: Prentice-Hall.

———. 1965. *Aspects of the Theory of Syntax*. Cambridge, Mass.: MIT Press.

———. 1966. *Cartesian Linguistics*. New York: Harper & Row.

———. 1972. *Language and Mind*. New York: Harcourt Brace Jovanovich.

———. 1975. *Reflections on Language*. New York: Pantheon.

———. 1979. *Language and Responsibility*. New York: Pantheon. Originally published in French, 1977.

———. 1980. *Rules and Representations*. New York: Columbia University Press.

———. 1981. "Knowledge of Language: Its Elements and Origins," *Philosophical Transactions of the Royal Society of London*, Series B, 295: 223-34.

———. 1982. *Some Concepts and Consequences of the Theory of Government and Binding*. Cambridge, Mass.: MIT Press.

———. 1984. "Changing Perspectives on Knowledge and Use of Language." Paper delivered at the Society for Philosophy and Psychology, Massachusetts Institute of Technology, Cambridge.

———; and Halle, M. 1968. *The Sound Pattern of English*. New York: Harper & Row.

Clowes, M. 1971. "On Seeing Things," *Artificial Intelligence* 2: 79-116.

Cohen, G. 1977. *The Psychology of Cognition*. London, New York: Academic Press.

Cohen, L. J. 1981. "Can Human Irrationality Be Experimentally Demonstrated?," *Behavioral and Brain Sciences* 4: 317-70.

Colby, K. M. 1975. *Artificial Paranoia*. New York: Pergamon Press.

Cole, M.; and Scribner, S. 1974. *Culture and Thought*. New York: John Wiley.

Collins, A. 1977. "Why Cognitive Science," *Cognitive Science* 1: 3-4.

Copleston, F. 1964. *A History of Philosophy: Modern Philosophy: The British Philosophers*. New York: Doubleday.

Craik, F. I. M.; and Lockhart, R. S. 1972. "Levels of Processing: A Framework for Memory Research," *Journal of Verbal Learning and Verbal Behavior* 11: 671-84.

Crick, M. 1976. *Explorations in Language and Meaning: Towards a Semantic Anthropology*. New York: John Wiley.

D'Andrade, R. G. 1981. "The Cultural Part of Cognition," *Cognitive Science* 5: 179-95.

———. 1982. "Reason versus Logic," *The Ecology of Cognition: Biological, Cultural and Historical Perspectives*. Symposium, Greensboro, N.C.

Dasen, P. R. 1972. "Cross-Cultural Piagetian Research: A Summary," *Journal of Cross-Cultural Psychology* 3: 23-24.

———; and Heron, A. 1981. "Cross-Cultural Tests of Piaget's Theory." In H. C. Triandis and A. Heron, eds., *Handbook of Cross-Cultural Psychology*, vol. 4: *Developmental Psychology*. Boston: Allyn & Bacon.

Davis, M. 1958. *Computability and Unsolvability*. New York: McGraw-Hill.

Dejerine, J. 1892. "Contribution à l'étude anatomo-pathologique et Clinique des differents variétes de cécité verbale," *Comp. rend. scean. soc. biol.* 9(4): 61-90.

Dennett, D. C. 1978. *Brainstorms: Philosophical Essays on Mind and Psychology*. Cambridge, Mass.: MIT/Bradford Books.

———. 1983. "Cognitive Wheels: The Frame Problem of A.I." Unpublished paper, Tufts University.

Dennis, M. 1980. "Language Acquisition in a Single Hemisphere: Semantic Organization." In D. Caplan, ed., *Biological Studies of Mental Processes.* Cambridge, Mass.: MIT Press.

———; and Whitaker, H. A. 1976. "Language Acquisition Following Hemidecortication: Linguistic Superiority of the Left over the Right Hemisphere," *Brain and Language* 3: 404–33.

Descartes, R. 1951. *Meditation on First Philosophy*, trans. by L. J. Lafleur. New York: Library on Liberal Arts: Liberal Arts Press. Original work published in 1641.

de Valois, R. L.; and Jacobs, G. H. 1968. "Primate Color Vision," *Science* 162: 533–40.

De Waal Malefijt, A. 1974. *Images of Man: A History of Anthropological Thought.* New York: Alfred A. Knopf.

Diamond, S., ed. 1974. *The Roots of Psychology.* New York: Basic Books.

Dodwell, P. 1971. "Is a Theory of Conceptual Development Necessary?" In T. Mischel, ed., *Cognitive Development and Epistemology.* New York: Academic Press.

Donaldson, M. 1978. *Children's Minds.* London: Fontana.

Donders, F. C. 1868. "On the Speed of Mental Processes." Reprinted in *Acta Psychologica* 30 (1969): 412–31.

Dorf, R. C. 1974. *Computers and Man.* San Francisco: Boyd & Frazer.

Dresher, B. E.; and Hornstein, N. 1976. "On Some Supposed Contributions of Artificial Intelligence to the Scientific Study of Language," *Cognition* 4: 321–48.

Dreyfus, H. 1972. *What Computers Can? Do: A Critique of Artificial Reason.* New York: Harper & Row.

Dunker, K. 1945. "On Problem Solving," *Psychological Monographs* 58 (whole no. 270): 5.

Durant, W. 1926. *The Story of Philosophy.* New York: Simon & Schuster.

Durbin, M. 1966. "The Goals of Ethnoscience," *Anthropological Linguistics* 8: 22–33.

Ebbinghaus, H. 1913. *Memory: A Contribution to Experimental Psychology.* New

York: Columbia Teacher's College. Originally published 1885.

Edgerton, R. B.; and Langness, L. L. 1974. *Methods and Styles in the Study of Culture*. New York: Thomas Crowell.

Ehrenfels, C. von. 1890. "Über Gestaltqualitäten," *Viljsch. Wiss. Philos*. 14: 249-92.

Evans, T. G. 1968. "A Program for the Solution of Geometric-Analogy Intelligence Test Questions." In M. L. Minsky, ed., *Semantic Information Processing*. Cambridge, Mass.: MIT Press.

Fahlman, S. C.; Hinton, G. E.; and Sejnowski, T. J. 1983. "Massively Parallel Architecture for AI; NETL, Thistle and Boltzmann Machines." Unpublished manuscript, Carnegie-Mellon University.

Fancher, R. E. 1979. *Pioneers of Psychology*. New York: W. W. Norton.

Farah, M. J. 1984. "The Neurological Basis of Mental Imagery; A Componentical Analysis," *Cognition* 18: 243-61.

Fechner, G. T. 1912. "Elemente der psychophysik." In B. Rand, ed., *Classical Psychologists*, trans. by H. S. Langfeld. Boston: Houghton-Mifflin. Original work published in 1860.

Feigenbaum, E. A. 1959. "An Information-Processing Theory of Verbal Learning." Doctoral dissertation, Pittsburgh: Carnegie Institute of Technology, 1959. *Rand Corporation Paper*, P-1817.

———; Buchanan, B. G.; and Lederberg, J. 1971. "On Generality and Problem Solving: A Case Study Using the DENDRAL Program." In B. Meltzer and D. Michie, eds., *Machine Intelligence*, vol. 6. Edinburgh: Edinburgh University Press.

Feigenbaum, E. A.; and Feldmann. J., eds. 1963. *Computers and Thought*. New York: McGraw-Hill.

Feigenbaum, E. A.; and McCorduck, P. 1983. *The Fifth Generation: Artificial Intelligence and Japan's Computer Challenge to the World*. Reading, Mass.: Addison-Wesley.

Feldman, J. A. 1981. "A Connectionist Model of Visual Memory." In G. E. Hinton and J. A. Anderson, eds., *Parallel Models of Associative Memory*.

Hillsdale, N.J.: Lawrence Erlbaum.

Finke, R. A. and Schmidt, M. J. 1978. "The Quantitative Measure of Pattern Representation in Images using Orientation-specific Color After-effects," *Perception and Psychophysics* 23: 515-20.

Fodor, J. A. 1972. "Some Reflections on L. S. Vygotsky's 'Thought and Language,'" *Cognition* 7: 83-95.

———. 1975. *The Language of Thought*. New York: Thomas Y. Crowell.

———. 1980. "Methodological Solipsism Considered as a Research Strategy in Cognitive Psychology," *Behavioral and Brain Sciences* 3: 63-110.

———. 1981a. "The Mind-Body Problem," *Scientific American* 244: 114-23.

———. 1981b. *Representations: Philosophical Essays on the Foundations of Cognitive Science*. Cambridge, Mass.: MIT Press.

———. 1983. *The Modularity of Mind*. Cambridge, Mass.: MIT/Bradford Press.

———. 1984. "Information and Association." Unpublished paper, Massachusetts Institute of Technology.

———; Bever, T. G.; and Garrett, M. 1974. *The Psychology of Language*. New York: McGraw-Hill.

Fodor, J. A.; and Katz, J. J., eds. 1964. *The Structure of Language: Readings in the Philosophy of Language*, Englewood Cliffs, N.J.: Prentice-Hall.

Fodor, J. A.; and Pylyshyn, Z. W. 1981. "How Direct Is Visual Perception: Some Reflections on Gibson's 'Ecological Approach,'" *Cognition* 9: 139-96.

Foster, J. M. 1967. *List Processing*. London: Macdonald.

Foucault, M. 1970. *The Order of Things*. New York: Pantheon.

Fox, J. K. 1983. "Debate on Learning Theory is Shifting," *Science* 222: 1219-22.

Frazer, J. 1955. *The Golden Bough: A Study in Magic and Religion*, 3rd ed. New York: St. Martin's Press. Originally published in 1890.

Freeman, D. 1983. *Margaret Mead and Samoa: The Making and Unmaking of an Anthropological Myth*. Cambridge, Mass.: Harvard University Press.

Fries, C. C. 1963. "The Bloomfield School." In C. Mohrmann, A. Sommerfelt, and J. Whatmough, eds., *Trends in European and American Linguistics 1930-1960*, Utrecht: Spectrum.

Fritsch, G.; and Hitzig, E. 1870. "Uber die elektrische Erregbarkeit des Grosshirns," *Ardr. Anat. Physiol. u. Wisse. Med.* 37.

Fryer, D. M.; and Marshall, J. C. 1979. "The Motives of Jacques de Vaucanson," *Technology and Culture* 20: 257-69.

Gardin, J. C. 1965. "On a Possible Interpretation of Componential Analysis in Archaeology," *American Anthropologist* 67: 9-11.

Gardner, H. 1975. *The Shattered Mind: The Person after Brain Damage*. New York: Alfred A. Knopf.

———. 1978. *Developmental Psychology*. Boston: Little, Brown.

———. 1983. *Frames of Mind: The Theory of Multiple Intelligences*, New York: Basic Books.

Gazdar, G. 1981. "On syntactic categories," *Philosophical Transactions of the Royal Society of London*, Series B. 295: 267-83.

Gazzaniga, M. S. 1981. "Nobel Prize for Physiology or Medicine," *Science* 214: 517-18.

———. 1983. "Right Hemisphere Language Following Commisorotomy: A Twenty-Year Perspective," *American Psychologist* 38: 525 37.

Geertz, C. 1973. *The Interpretation of Cultures*. New York: Basic Books.

———. 1983. *Local Knowledge*. New York: Basic Books.

Geschwind, N. 1965. "Disconnexion Syndromes in Animals and Man," *Brain* 88: 585-644.

———. 1974. *Selected Papers on Language and the Brain*. Dordrecht-Boston/Reidel.

Gibson, J. J. 1950. *The Perception of the Visual World*. Boston: Houghton-Mifflin.

———. 1966. *The Senses Considered as Perceptual Systems*. Boston: Houghton-Mifflin.

———. 1967. "New Reasons for Realism," *Synthese*, 17: 162-72.

———. 1979. *The Ecological Approach to Visual Perception*. Boston: Houghton-Mifflin.

Glass, A. L.; Holyoak, K. J.; and Santa, j. L. 1979. *Cognition*. Reading, Mass.: Addison-Wesley.

Goldman, P. S.; and Galkin, T. W. 1978. "Prenatal Removal of Frontal Association Cortex in the Fetal Rhesus Monkey: Anatomical and Functional Consequences in Postnatal Life," *Brain Research* 152: 451-85.

Goldman-Rakic, P. S.; Isseroff, A.; Schwartz, M. L.; and Bugbee, N. M. 1982. "Neurobiology of Cognitive Development in Non-human Primates." Unpublished manuscript, Yale School of Medicine, New Haven.

Goldstein, H. 1972. *The Computer from Pascal to von Neumann*. Princeton: Princeton University Press.

Goodenough, W. H. 1951. *Property, Kin, and Community on Truk*. New Haven: Yale University Press.

———. 1956. "Componential Analysis and the Study of Meaning," *Language* 32: 195-216.

———. 1964. "Language and Property in Truk: Some Methodological Considerations." In D. H. Hymes, ed., *Language in Culture and Society: A Reader in Linguistics and Anthropology*. New York: Harper & Row.

———. 1968. "Componential Analysis." In D. Sills, ed., *International Encyclopedia of the Social Sciences*. New York: Macmillan.

Goodman, N. 1955. *Fact, Fiction and Forecast*. Cambridge, Mass.: Harvard University Press.

———. 1972. "The Revision of Philosophy." In N. Goodman, *Problems and Projects*. Indianapolis: Bobbs-Merrill. Originally published in 1963.

Gross, C. G.; Rocha-Miranda, C. E.; and Bender, D. 1972. "Visual Properties of Neurons in Inferotemporal Cortex of the Macaque," *Journal of Neurophysiology* 35: 96-111.

Grossberg, S. 1980. "How Does a Brain Build a Cognitive Code?," *Psychological Review* 87: 1-51.

Gruber, H. E.; and Voneche, J. J., eds. 1977. *The Essential Piaget*. New York: Basic Books.

Hacking, I. 1980. "Is the End in Sight for Epistemology?," *Journal of Philosophy* 77: 579-88.

———. 1982. "Wittgenstein the Psychologist" [review of *Remarks on the Philosophy of Psychology*, G. E. M. Anscombe, ed.], *New York Review of Books*, 1

April.

Halacy, D. S., Jr. 1962. *Computers the Machines We Think With*. New York: Dell.

Hanfling, O., ed. 1972. *Fundamental Problems in Philosophy*. Blackwell: Open University Press.

Harris, M. 1968. *The Rise of Anthropological Theory: A History of Theories of Culture*. New York: Thomas Y. Crowell.

Harris, R. 1981. *The Language Myth*. London: Duckworth.

Harris, W. H.; and Levy, J. S., eds. 1975. "Holography," *The New Columbia Encyclopedia*. New York: Columbia University Press.

Harris, Z. S. 1952. "Discourse Analysis," *Language* 28: 18-30.

Harth, E. 1982. *Windows on the Mind: Reflections on the Physical Basis of Consciousness*. New York: William Morrow.

Haugeland, J. 1981. "The Nature and Plausibility of Cognitivism." In J. Haugeland, ed., *Mind Design: Philosophy, Psychology, Artificial Intelligence*. Montgomery, Vt.: Bradford Books.

Havelock, E. A. 1982. *Preface to Plato*. Cambridge, Mass.: Belknap Press/Harvard University Press.

Hayes, J. R. 1978. *Cognitive Psychology: Thinking and Creating*. Homewood, Ill.: Dorsey Press.

Hayes, P. 1982. Personal communication. March 1982.

Hebb, D. O. 1949. *Organization of Behavior*. New York: John Wiley.

Heider, E. R. 1972. "Universals in Color Naming and Memory," *Journal of Experimental Psychology* 93: 10-20.

———; and Olivier, D. C. 1972. "The Structure of the Color Space in Naming and Memory for Two Languages," *Cognitive Psychology* 3: 337-54.

Heims, S. J. 1980. *John von Neumann and Norbert Wiener*. Cambridge, Mass.: MIT Press.

Helmholtz, H. von. 1962. *Treatise on Physiological Optics*. Vol. III. J. P. C. Southall, trans. New York: Dover.

Herrnstein, R. J.; and Boring, E. G., eds. 1965. *A Source Book in the History of Psychology*. Cambridge, Mass.: Harvard University Press.

Herskovitz, M. J. 1953. *Franz Boas: The Science of Man in the Making*. London: Charles Scribner.

Hilton, A. M. 1963. *Logic, Computing Machines, and Automation*. New York: World Publishing.

Hinton, G. E. 1981. "Implementing Semantic Networks in Parallel Hardware." In G. E. Hinton and J. A. Anderson, eds., *Parallel Models of Associative Memory*. Hillsdale, N.J.: Lawrence Erlbaum.

———; and Anderson, J. A. 1981. *Parallel Models of Associative Memory*. Hillsdale, N.J.: Lawrence Erlbaum.

Hinton, G. E.; Sejnowski, T. J.; and Ackley, D. H. 1984. "Boltzmann Machines: Constraint Satisfaction Networks That Learn," *Computer Science Memo*, Carnegie-Mellon University.

Hjelmslev, L. 1953. "Prologomena to a Theory of Language," *Indiana Publications in Anthropology and Linguistics*, no. 7.

Hochberg, J. 1978. *Perception*. Englewood Cliffs, N.J.: Prentice-Hall.

Hockett, C. 1958. *A Course in Modern Linguistics*. New York: Macmillan.

———. 1968a. Article on Leonard Bloomfield. In D. L. Sills, ed., *International Encyclopedia of the Social Sciences*, pp. 95-98. New York: Macmillan.

———. 1968b. *The State of the Art*. The Hague: Mouton.

Hodgen, M. T. 1964. *Early Anthropology in the Sixteenth and Seventeenth Centuries*. Philadelphia: University of Pennsylvania Press.

Hodges, A. 1983. *Alan Turing: The Enigma*. New York: Simon & Schuster.

Hofstadter, D. R. 1983. "Artificial Intelligence: Subcognition as Computation." In F. Machlup and U. Mansfield, eds., *The Study of Information: Interdisciplinary Messages*. New York: John Wiley.

———; and Dennett, D. 1981. *The Mind's I*. New York: Basic Books.

Holton, G. 1984. "Do Scientists Need a Philosophy?," *The Times Literary Supplement*, 2 November 1984, pp. 231-34.

Holyoak, K. 1983. "Toward a Unitary Theory of Mind" [review of J. R. Anderson, *The Architecture of Cognition*], *Science* 222: 499-500.

Hooper, J. 1982. Interview with Karl Pribram. *Omni*, October 1982, pp. 129-35,

169-76.

Horn, B. K. P. 1975. "Obtaining Shape from Shading Information." In P. Winston, ed., *The Psychology of Computer Vision*. New York: McGraw-Hill.

Hubei, D. H. 1978. "Vision and the Brain," *Bulletin of the American Academy of Arts and Sciences* 31: 17-28.

——. 1979. "The Brain," *Scientific American* 241: 44-53.

——; and Wiesel, T. N. 1959. "Receptive Fields of Single Neurones in the Cat's Striate Cortex," *Journal of Physiology* 148: 574-91.

Hubel, D. H.; and Wiesel, T. N. 1962. "Receptive Fields, Binocular Interaction and Functional Architecture in the Cat's Visual Cortex," *Journal of Physiology* 160: 106-54.

——. 1979. "Brain Mechanisms of Vision," *Scientific American* 241: 150-62.

Hume, D. 1739. *A Treatise of Human Nature*. London.

——. 1955. *An Inquiry Concerning Human Understanding*. New York: Liberal Arts Press. Original work published in 1748.

Humphrey, G. 1951. *Thinking: An Introduction to Experimental Psychology*. New York: John Wiley.

Hunt, M. 1982. *The Universe Within*. New York: Simon & Schuster.

Hutchins, E. 1980. *Culture and Inferences: A Trobriand Case Study*. Cambridge, Mass.: Harvard University Press.

Hymes, D. 1974. *Studies in the History of Linguistics*. Bloomington: Indiana University Press.

Inhelder, B.; and Piaget, J. 1958. *The Growth of Logical Thinking from Childhood to Adolescence*, trans. by A. Parsons and S. Milgram. New York: Basic Books.

——. 1964. *The Early Growth of Logic in the Child: Classification and Seriation*. London: Routledge & Kegan Paul.

Jackendoff, R. 1983. *Semantics and Cognition*. Cambridge, Mass.: MIT Press.

Jackson, J. Hughlings. 1932. *Selected Writings*. London: Hodder & Stoughton.

Jakobson, R. 1941. *Kindersprache, Aphasie and allgemein Lautgesetze*. Uppsala: Universitets Aarsskrift. English ed.: *Child Language, Aphasia and Phonological Universals*. The Hague: Mouton, 1968.

———. 1963. *Essais de linguistique générale*. Paris: Editions de minuit.

———; and Halle, M. 1956. *Fundamentals of Language*. The Hague: Mouton.

James, W. 1890. *The Principles of Psychology*. New York: Henry Holt.

Jefferson, G. 1949 "The Mind of Mechanical Man," Lister oration for 1949, *British Medical Journal* 1: 1105-21.

Jeffress, L A., ed. 1951. *Cerebral Mechanisms in Behavior. The Hixon Symposium*. New York: John Wiley.

Johnson, M. K.; Bransford, J. D.; and Soloman, S. 1973. "Memory for Tacit Implications of Sentences," *Journal of Experimental Psychology* 98: 203-5.

Johnson-Laird, P. N. 1982. "Propositional Representations, Procedural Semantics, and Mental Models." In J. Mehler, E. C. T. Walker, and M. Garrett, eds., *Perspectives on Mental Representation: Experimental and Theoretical Studies of Cognitive Processes and Capacities*. Hillsdale, N.J.: Lawrence Erlbaum.

———. 1983. *Mental Models: Towards a Cognitive Science of Language, Inference, and Consciousness*. Cambridge, Mass.: Harvard University Press.

———; and Wason, P. C. 1970. "A Theoretical Analysis of Insight into a Reasoning Task," *Cognitive Psychology* 1: 134-48.

Johnson-Laird, P. N.; and Wason, P. C., eds. 1977. *Thinking: Readings in Cognitive Science*. Cambridge: Cambridge: University Press.

Kahneman, D.; Slovic, P.; and Tversky, A., eds. 1982. *Judgement under Uncertainly: Heuristics and Biases*. New York: Cambridge University Press.

Kahneman, D.; and Tversky, A. 1982. "The Psychology of Preferences," *Scientific American* 246: 160-74.

———. 1984. "Choices, Values, and Frames," *American Psychologist* 39: 341-50.

Kandel, E. R. 1979. "Small Systems of Neurons," *Scientific American* 241: 66-84.

———. 1982. "Steps toward a Molecular Grammar for Learning: Explorations into the Nature of Memory." Paper presented at the Bicentennial Symposium of the Harvard Medical School, October 1982.

Kant, I. 1958. *Critique of Pure Reason*, trans. by N. Kemp Smith. New York: Random House. Original work published in 1781.

Kardiner, A.; and Preble, E. 1961. *They Studied Man*. Cleveland: World Publishing.

Katz, J.; and Fodor, J. 1963. "The Structure of a Semantic Theory," *Language* 39: 170-210.

Kay, P. 1966. "Comment on B. N. Colby, *Ethnographic Semantics: A Preliminary Survey*," *Current Anthropology* 7: 3-32.

Keesing, R. M. 1976. *Cultural Anthropology: A Contemporary Perspective*. New York: Holt, Rinehart & Winston.

Keil, F. C. 1979. *Semantic and Conceptual Development: An Ontological Perspective*. Cambridge, Mass.: Harvard University Press.

Kenny, A. 1973. *Wittgenstein*. Harmondsworth, Middlesex, England: Penguin Books.

Kessen, W. 1981. "Early Settlements in New Cognition," *Cognition* 10: 167-71.

Kimura, D. 1973. "The Asymmetry of the Human Brain," *Scientific American* 228: 70-80.

Kinsbourne, M., ed. 1978. *Assymetrical Function of the Brain*. Cambridge: Cambridge University Press.

Kitto, H. D. F. 1951. *The Greeks*. Middlesex, England: Penguin Books.

Köhler, W. 1925. *The Mentality of Apes*, trans. by E. Winter. New York: Humanities Press. (Original work published in 1917.)

———. 1969. *The Task of Gestalt Psychology*. Princeton: Princeton University Press.

Konishi, M. 1969. "Experimental Studies in the Ontogeny of Avian Vocalizations." In R. A. Hinde, ed., *Bird Vocalization*. Cambridge: Cambridge University Press.

Kosslyn, S. M. 1978. "Imagery and Internal Representation." In E. Rosch and B. B. Lloyd, eds., *Cognition and Categorization*. Hillsdale, N.J.: Lawrence Erlbaum.

———. 1980. *Image and Mind*. Cambridge, Mass.: Harvard University Press.

———. 1981. "The Medium and the Message in Mental Imagery: A Theory," *Psychological Review* 88: 46-66.

———. 1983. *Ghosts in the Mind's Machine: Creating and Using Images in the Brain*. New York: W. W. Norton.

———. 1984. "Imagery and Cerebral Lateralization: A Computational Theory." Unpublished paper, Harvard University.

———; Ball, T. M.; and Reiser, B. J. 1978. "Visual Images Preserve Metric Spatial Information: Evidence from Studies of Image Scanning," *Journal of Experimental Psychology: Human Perception and Performance* 4: 47-60.

Kosslyn, S. M.; Pinker, S.; Smith, G. E.; and Schwartz, S. P. 1979. "On the Demystification of Mental Imagery," *The Behavioral and Brain Sciences* 2: 535-81.

Kripke, S. 1972. "Naming and Necessity." In D. Davidson and G. Harman, eds., *Semantics of Natural Language*. Dordrecht/Boston: Reidell.

Kroeber, A. 1917. "The Super-organic," *American Anthropologist* 17: 163-213.

———. 1948. *Anthropology*. New York: Harcourt, Brace.

Kroeber, T. 1970. *Alfred Kroeber: A Personal Configuration*. Berkeley: University of California Press.

Kuhn, T. 1970. *The Structure of Scientific Revolution*, 2nd ed. Chicago: University of Chicago Press.

Kuper, A. 1973. *Anthropologists and Anthropology: The British School 1922-1972*. New York: Pica Press.

Kyburg, H. E. 1983. "Rational Belief," *The Behavioral and Brain Sciences* 6: 231-73.

Labbe, R.; Firl, A.; Mufson, E.; and Stein, D. 1983. "Fetal Transplants: Reduction of Cognitive Deficits in Rats with Frontal Cortex Lesions," *Science* 221: 470-72.

Lachman, R.; Lachman, J. L.; and Butterfield, E. C. 1979. *Cognitive Psychology and Information Processing: An Introduction*. Hillsdale, N.J.: Lawrence Erlbaum.

Lakoff, G. 1969. "Empiricism without Facts," *Foundations of Language* 5: 118-27.

———. 1980. "Whatever Happened to Deep Structure?," *The Behavioral and Brain Sciences* 3: 22-23.

———. 1982. "Categories and Cognitive Models." Working paper. Berkeley Cognitive Science Report no. 2.

———; and Ross, J. R. 1976. "Is Deep Structure Necessary?" In J. McCawley, ed., *Syntax and Semantics*, vol. 7. New York: Academic Press. Originally written in 1967.

Lashley, K. S. 1929. *Brain Mechanisms and Intelligence*. Chicago. University of Chicago Press.

———. 1950. "In Search of the Engram." In *Symposia of the Society for Experimental Biology* 4: 454-82.

Lashley, K. S.; Chow, K. L; and Semmes, J. 1951. "An Examination of the Electrical Field Theory of Cerebral Integration," *Psychological Review* 58: 123-36.

Lave, J. 1977. "Cognitive Consequences of Traditional Apprenticeship Training in West Africa," *Anthropology and Education Quarterly* 8: 177-80.

Leach, E. 1961. "Lévi-Strauss in the Garden of Eden: An Examination of Some Recent Developments in the Analysis of Myth," *Transactions of the New York Academy of Sciences* II, 23: 386-96.

———. 1974. *Lévi-Strauss*, rev. ed. London: Fontana.

Leary, D. E. 1978. "The Philosophical Development of the Conception of Psychology in Germany, 1780-1850," *Journal of the History of the Behavioral Sciences* 14: 113-21.

Lees, R. B. 1957. "Review of Noam Chomsky," *Syntactic Structures*, *Language* 33: 375-408.

Lenat, D. B. 1976. "AM: An Artificial Intelligence Approach to Discovery in Mathematics as Heuristic Search." Report STAN-CS-76-570. Stanford University, Computer Science Department.

———. 1984. "Computer Software for Intelligent Systems," *Scientific American* 251: 204-13.

Lettvin, J. Y. 1981. "Filling Out the Forms: An Appreciation of Hubel and Wiesel," *Science* 214: 518-20.

———; Maturana, H. R.; McCulloch, W. S.; and Pitts, W. H. 1959. "What the Frog's Eye Tells the Frog's Brain," *Proceedings of the IRE* 47: 1940-51.

Lévi-Strauss, C. 1963. *Structural Anthropology*, trans. by C. Jacobson and B.

Grundfest Schoepf. New York: Basic Books. Original work published 1958.

———. 1964. *Tristes tropiques*, trans. by J. Russell. New York: Atheneum. Original work published in 1955.

———. 1969. *The Raw and the Cooked*, trans. by J. and D. Weightman. New York: Harper & Row. Original work published in 1964.

Lighthill, J. 1972. "A Report on Artificial Intelligence." Unpublished manuscript, Science Research Council.

———; Sutherland, N. S.; Needham, R. M.; Longuet-Higgins, H. C.; and Michie, D. 1973. *Artificial Intelligence: A Paper Symposium*. London: Science Research Council.

Locke, J. 1975. *An Essay Concerning Human Understanding*. P. H. Nidditch, ed. Oxford: Clarendon Press. Original work published 1690.

Longuet-Higgins, H. C. 1979. "The Perception of Music," *Proceedings of the Royal Society of London series B 205*, pp. 307-22.

———. 1981. "Artificial Intelligence—A New Theoretical Psychology?," *Cognition* 10: 197-200.

———. 1982. "A Theory of Vision" [review of David Marr's *Vision*], *Science* 218: 991-92.

———; Lyons, J.; and Broadbent, D. 1981. *The Psychological Mechanisms of Language*. A joint symposium of the Royal Society and the British Academy, London.

Lorenz, K. 1935. "Der Kumpan in der Umwelt des Vogels," *Journal of Ornithology* 87: 137-413.

Lounsbury, F. G. 1956. "A Semantic Analysis of the Pawnee Kinship Usage," *Language* 32: 158-94.

———. 1963. "Linguistics and Psychology." In S. Koch, ed., *Psychology: A Study of a Science*. New York: McGraw-Hill.

———. 1968. "One Hundred Years of Anthropological Linguistics." In J. O. Brew, ed., *One Hundred Years of Anthropology*. Cambridge, Mass.; Harvard University Press.

Lovejoy, A. O. 1964. *The Great Chain of Being*. Cambridge, Mass.: Harvard University Press.

Lowry, R. 1971. *The Evolution of Psychological Theory 1650 to Present*. Chicago: Aldine-Atherton.

Luce, R. D.; Bush, R. R.; and Galanter, N. F., eds. 1963. *Handbook of Mathematical Psychology*. New York: John Wiley.

Luchins, A. S. 1942. "Mechanization in Problem Solving," *Psychological Monographs* 54(6), whole no. 248.

Luria, A. R. 1966. *Higher Cortical Functions in Man*. New York: Basic Books.

Lyons, J. 1968. *Introduction to Theoretical Linguistics*. Cambridge: Cambridge University Press.

———. 1970. *Noam Chomsky*. New York: Viking Press.

McArthur, D. J. 1982. "Computer Vision and Perceptual Psychology," *Psychological Bulletin* 92: 283-309.

McCarthy, J. 1984. Interview, Stanford University, February 1984.

———; Abrahams, P. W.; Edwards, D. J.; Hart, T. D.; and Levin, M. I. (1962). *Lisp 1.5 Programmer's Manual*. Cambridge, Mass.: MIT Press.

———; and Hayes, P. J. 1969. "Some Philosophical Problems from the Standpoint of Artificial Intelligence." In B. Meltzer and D. Michie, eds., *Machine Intelligence* 4. Edinburgh: Edinburgh University Press.

McCorduck, P. 1979. *Machines Who Think*. San Francisco: W. H. Freeman.

McCulloch, W.; and Pitts, W. 1943. "A Logical Calculus of the Ideas Immanent in Nervous Activity," *Bulletin of Mathematical Biophysics* 5: 115-33.

McDougall, W. 1961. *Body and Mind*. Boston: Beacon Press. Original publication in 1911.

Malinowski, B. 1961. *Argonauts of the Western-Pacific: An Account of Native Enterprise and Adventure in the Archipelagoes of Melanesian New Guinea*. New York: E. P. Dutton. Original work published in 1922.

———. 1968. Culture. In D. L. Sills, ed., *International Encyclopedia of the Social Sciences*. New York: Macmillan. Original work published in 1935.

Mandler, G. 1981. "What Is Cognitive Psychology? What Isn't?," Address to the APA Division of Philosophical Psychology, Los Angeles.

Mandler, J. M.; and Mandler, G. 1964. *Thinking: From Association to Gestalt*. New York: John Wiley.

Marcus, M. 1979. "A Theory of Syntactic Recognition for Natural Language." In P. H. Winston and R. H. Brown, eds., *Artificial Intelligence: An MIT Perspective*, vol. 1, pp. 191-229, Cambridge, Mass.: MIT Press.

———. 1980. *A Theory of Syntactic Recognition for Natural Language*. Cambridge, Mass.: MIT Press.

Marie, P. 1906. "Révision de la question de l'aphasie," *Semaine Médicale* 21: 241-47.

Marler, P. 1982. "Avian and Primate Communication: The Problem of Natural Categories," *Neuroscience and Biobehavioral Reviews* 6: 87-94.

———; and Peters, S. 1977. "Selective Vocal Learning in a Sparrow," *Science* 198: 519-21.

Marr, D. 1969. "A Theory of Cerebellar Cortex," *Journal of Physiology* 202: 437-470 (London).

———. 1979. "Representing and Computing Visual Information." In P. H. Winston and R. H. Brown, eds., *Artificial Intelligence: An MIT Perspective*, vol. II: *Understanding Vision, Manipulation, Computer Design, Symbol Manipulation*. Cambridge, Mass.: MIT Press.

———. 1982. *Vision: A Computational Investigation into the Human Representation and Processing of Visual Information*. San Francisco: W. H. Freeman.

———; and Nishihara, K. 1978. "Representation and Recognition of the Spatial Organization of Three-Dimensional Shapes," *Proceedings of the Royal Society London, B*, 200, pp. 269-94.

Marshall, J. C. 1980. "Artificial Intelligence—The Real Thing?," *The Behavioral and Brain Sciences* 3: 435-37.

———. 1981. "Cognition at the Crossroads" [review of M. Piattelli-Palmarini, ed., *Language and Learning: The Debate between Jean Piaget and Noam Chomsky*], *Nature* 289: 613-14.

Matthews, J. R. 1982. "Who's Afraid of Immanuel Kant?" [review of N. Block, ed., *Readings in Philosophy of Psychology*, vols. I, II], *Contemporary Psychology*

27: 433-34.

Mehler, J.; Morton, J.; and Jusczyk, P. 1984. "On Reducing Language to Biology," *Cognitive Neuropsychology* 1: 83-116.

Mehler, J.; Walker, E. C. T.; and Garrett, M., eds. 1982. *Perspectives on Mental Representation: Experimental and Theoretical Studies of Cognitive Processes and Capacities*. Hillsdale, N.J.: Lawrence Erlbaum.

Mervis, C. B.; and Rosch, E. 1981. "Categorization of Natural Objects," *Annual Review of Psychology* 32: 89-115.

Miller, G. A. 1956. "The Magical Number Seven, Plus or Minus Two: Some Limits on Our Capacity for Processing Information," *Psychological Review* 63: 81-97.

———. 1962. "Some Psychological Studies of Grammar," *American Psychologist* 17: 748-62.

———. 1979. "A Very Personal History." Talk to Cognitive Science Workshop, Massachusetts Institute of Technology, Cambridge, Mass. 1 June 1979.

———. 1982. Interview, Princeton University, January 1982.

———; Galanter, E., and Pribram, K. 1960. *Plans and the Structure of Behavior*. New York: Holt, Rinehart & Winston.

Miller, J. 1983. *States of Mind*. New York: Pantheon Books.

Milner, B. 1967. "Brain Mechanisms Suggested by Studies of Temporal Lobes." In F. L. Darley, ed., *Brain Mechanisms Underlying Speech and Language*. New York: Grune & Stratton.

Milner, P. M. 1970. *Physiological Psychology*. New York: Holt, Rinehart & Winston.

Minsky, M. 1963. "Steps toward Artificial Intelligence." In E. A. Feigenbaum and J. Feldman, eds., *Computers and Thought*. New York: McGraw-Hill. Originally circulated in 1957.

———, ed. 1968. *Semantic Information Processing*. Cambridge, Mass.: MIT Press.

———. 1975. "A Framework for Representing Knowledge." In P. H. Winston, ed., *The Psychology of Computer Vision*. New York: McGraw-Hill.

———. 1979. "The Society Theory." In P. H. Winston and R. H. Brown, eds.,

Artificial Intelligence: An MIT Perspective, vol. 1. (pp. 423-50). Cambridge, Mass.: MIT Press.

———. 1982. "Learning Meaning." Unpublished manuscript, Massachusetts Institute of Technology.

———; and Papert, S. 1968. *Perceptions*. Cambridge, Mass.: MIT Press.

Mishkin, M. 1967. "Visual Mechanisms beyond the Striate Cortex." In R. W. Russell, ed., Frontiers in *Physiological Psychology*. New York: Academic Press.

Moates, D. R.; and Schumacher, G. M. 1980. *An Introduction to Cognitive Psychology*. Belmont, Calif.: Wadsworth.

Mohrmann, C.; et al. 1963. *Trends in Modern Linguistics*. Utrecht: Spectrum.

Moray, N. 1969. *Listening and Attention*. Baltimore, Md.: Penguin.

Morris, C. 1971. *Writings on the General Theory of Signs*. The Hague: Mouton.

Morton, J. 1981. "Will Cognition Survive?," *Cognition* 10: 227-34.

Mountcastle, V. B. 1978. "An Organizing Principle for Cerebral Function: The Unit Module and the Distributed System." In G. M. Edelman and V. B. Mountcastle, eds., *The Mindful Brain*. Cambridge, Mass.: MIT Press.

Murray, H. A. 1945. "Assessment of the Whole Person," *Proceedings Meeting Military Psychologists and Psychiatrists*. University of Maryland Press.

Murray, S. O. 1982. "The Dissolution of 'Classical Ethnosciejrce'," *Journal of the History of the Behavioral Sciences* 18: 63-175.

Neisser, U. 1967. *Cognitive Psychology*. New York: Appleton-Century-Crofts.

———. 1976. *Cognition and Reality*. San Francisco: W. H. Freeman.

———. 1980. "Comments on Gestalt Psychology." Paper presented at APA Symposium, September 1980.

———. 1984. "Toward an Ecologically Oriented Cognitive Science," *Emory Cognition Project, Report 1*, Atlanta, Georgia, January 1984.

Newell, A. 1983. "Intellectual Issues in the History of Artificial Intelligence." In F. Machlup and U. Mansfield, eds., *The Study of Information; Interdisciplinary Messages*. New York: John Wiley.

———; Shaw, J, C., and Simon, H. A. 1964. "Elements of a Theory of Human

Problem-solving." In R. J. C. Harper, C. C. Anderson, C. M. Christensen, and S. M. Hunka, eds., *The Cognitive Processes: Readings*. Englewood Cliffs, N.J.: Prentice-Hall. Reprinted from *Psychological Review* 65 (1958): 151-66.

Newell, A.; and Simon, H. A. 1972. *Human Problem Solving*. Englewood Cliffs, N.J.: Prentice-Hall.

Newmeyer, F. 1980. *Linguistic Theory in America: The First Quarter Century of Transformational Generative Grammar*. New York: Academic Press.

Nilsson, N. J. 1980. *Principles of Artificial Intelligence*. Palo Alto, Calif.: Tioga.

Norman, D. 1980. "Twelve Issues for Cognitive Science," *Cognitive Science* 4: 1-32.

Nottebohm, F. 1970. "Ontogeny of Bird Song," *Science* 167: 950-56.

———. 1980. "Brain Pathways for Vocal Learning in Birds: A Review of the First 10 Years," *Progress in Psychobiological and Physiological Psychology* 9: 85-124.

Osherson, D. N.; and Smith, E. E. 1981. "On the Adequacy of Prototype Theory as a Theory of Concepts," *Cognition* 9: 35-58.

Paivio, A. 1971. *Imagery and Verbal Processes*. New York: Holt, Rinehart & Winston.

Peters; S.; and Ritchie, R. 1973. "On the Generative Power of Transformational Grammars," *Information Sciences* 6: 49-83.

Piaget, J. 1970. "Piaget's Theory." In P. Mussen, ed., *Carmichael's Manual of Child Psychology I*. New York: John Wiley.

Piattelli-Palmarini, M., ed. 1980. *Language and Learning*. Cambridge, Mass.: Harvard University Press.

———. 1983. "The Parliament of Mind" [review of J. A. Fodor, *The Modularity of Mind*], *The Times Literary Supplement*, 2 December 1983, p. 1357.

Pinker, S. 1984. *Language Learnability and Language Development*. Cambridge, Mass.: Harvard University Press.

Plato. 1956a. *Meno*. In E. H. Warmington and P. O. Rouse, eds., *Great Dialogues of Plato*, trans. by W. H. D. Rouse. New York: New American Library.

———. 1956b. *Thaetetus*. In I. Edman, ed., *The Philosophy of Plato*, trans. by B. Jowett. New York: Random House.

Popper, K. 1974. *Unended Quest: An Intellectual Autobiography*. Glasgow, Scotland: William Collins.

Posner, M. 1969. "Abstraction and the Process of Recognition." In G. H. Bower and J. T. Spencer, eds., *The Psychology of Learning and Motivation*, vol. 3. New York: Academic Press.

———; and Mitchell, R. F. 1967. "Chronometric Analysis of Classification," *Psychological Review* 74: 392-409.

Posner, M.; and Shulman, G. L. 1979. "Cognitive Science." In E. Hearst, ed., *The First Century of Experimental Psychology*, Hillsdale, N.J.: Lawrence Erlbaum.

Pribram, K. H. 1971. *Languages of the Brain: Experimental Paradoxes and Principles in Neuropsychology*. Englewood Cliffs, N.J.: Prentice-Hall.

———. 1980. "Mind, Brain, and Consciousness: The Organization of Competence and Conduct." In R. J. Davidson and M. Davidson, eds., *The Psychology of Consciousness*. New York: Plenum Press.

———. 1982. "Localization and Distribution of Function in the Brain." In J. Orbach, ed., *Neuropsychology after Lashley*. Hillsdale, N.J.: Lawrence Erlbaum.

Putnam, H. 1960. "Minds and Machines." In S. Hook, ed., *Dimensions of Mind*. New York: New York University Press.

———. 1973. "Philosophy and Our Mental Life." Paper presented at Foerster Symposium on Computers and the Mind at University of California at Berkeley. In H. Putnam, *Mind, Language and Reality: Philosophical Papers*, vol. 2. Cambridge: Cambridge University Press, 1975.

———. 1975a. *Mind, Language and Reality: Philosophical Papers*, vol. 2. Cambridge: Cambridge University Press.

———. 1975b. "The Meaning of 'Meaning.'" (Reprinted in Putnam, 1975, pp. 215-71.)

———. 1981. "Why Reason Can't Be Naturalized." Howison Lecture, University of California at Berkeley, 30 April 1981. Reprinted in Putnam, 1983.

———. 1983. *Realism and Reason: Philosophical Papers*, vol. 3. Cambridge: Cambridge University Press.

———. 1984. "After Ayer, after Empiricism," *Partisan Review* 2: 265-75.

Pylyshyn, Z. W. 1973. "What the Mind's Eye Tells the Mind's Brain: A Critique of Mental Imagery," *Psychological Bulletin* 8: 1-14.

———. 1979. "Imagery Theory: Not Mysterious—Just Wrong," *The Behavioral and Brain Sciences* 2: 561-62.

———. 1980a. "The 'Causal Power' of Machines" [commentary on J. Searle, "Minds, Brains and Programs"], *The Behavioral and Brain Sciences* 3: 442-44.

———. 1980b. "Cognitive Representation and the Process-architecture Distinction," *The Behavioral and Brain Sciences* 3: 154-69.

———. 1981. "The Imagery Debate: Analogue Media versus Tacit Knowledge," *Psychological Review* 88: 16-45.

———. 1984. *Computation and Cognition: Toward a Foundation for Cognitive Science*. Cambridge, Mass.: MIT Press.

Quillian, M. R. 1968. "Semantic Memory." In M. Minsky, ed., *Semantic Information Processing*. Cambridge, Mass.: MIT Press.

Quine, W. V. O. 1953. *From a Logical Point of View*. Cambridge, Mass.: Harvard University Press.

Radcliffe-Brown, A. R. 1940. "On Social Structure," *Journal of the Royal Anthropological Institute* 70.

———. 1952. *Structure and Function in Primitive Society*. Glencoe, Il.: Free Press.

Rapaport, D. 1951. *Organization and Pathology of Thought*. New York: Columbia University Press.

Reddy, D. R.; Erman, L. D.; Fennell, R. D.; and Neely, R. B. 1973. "The HEARSAY Speech Understanding System." In *Proceedings, Third International Joint Conference on Artificial Intelligence* 3: 185-93 (Stanford).

Rey, G. 1981. "What Are Mental Images?" In N. Block, ed., *Imagery*. Cambridge, Mass.: MIT Press.

Rieber, R. W. 1983. *Dialogues on the Psychology of Language and Thought: Conversations with Noam Chomsky, Charles Osgood, Jean Piaget, Ulric Neisser, and Mar-*

cel Kinsbourne. New York: Plenum Press.

Rivers, W. H. R. 1900. "A Genealogical Method of Collecting Social and Vital Statistics." *Journal of the Anthropological Institute of Great Britain and Ireland* 30: 74–82.

Roberts, L. G. 1965. "Machine Perception of Three Dimensional Solids." In T. T. Tippett et al., *Optical and Electro-optical Information Processing*. Cambridge, Mass.: MIT Press.

Robins, R. H. 1967. *A Short History of Linguistics*. Bloomington: Indiana University Press.

Robinson, D. M. 1976. *An Intellectual History of Psychology*. New York: Macmillan.

Romney, A. K.; and D'Andrade, R. G. 1964. "Cognitive Aspects of English Kin Terms," *American Anthropologist* 66: 146–70.

Rorty, R. 1979. *Philosophy and the Mirror of Nature*. Princeton, N.J.: Princeton University Press.

———. 1982a Personal communication. Princeton University, January 1982.

———. 1982b. "Mind as Ineffable." Unpublished manuscript, Princeton University.

Rosch, E. 1973a. "Natural Categories," *Cognitive Psychology* 4: 328–50.

———. 1973b. "On the Internal Structure of Perceptual and Semantic Categories." In T. E. Moore, ed., *Cognitive Development and the Acquisition of Language*. New York: Academic Press.

———. 1977. "Human Categorization." In N. Warren, ed., *Advances in Cross-cultural Psychology*, vol. I. London: Academic Press.

———. 1978. "Principles of Categorization." In E. Rosch and B. B. Lloyd, eds., *Cognition and Categorization*. Hillsdale, N.J.: Lawrence Erlbaum.

———; and Lloyd, B. B. 1978. *Cognition and Categorization*. Hillsdale, N.J.: Lawrence Erlbaum.

Rose, S. 1973. *The Conscious Brain*. New York: Alfred A. Knopf.

Rosenblueth, A.; Wiener, N.; and Bigelow, J. 1943. "Behavior, Teleology, and Purpose," *Philosophy of Science* 10: 18–24.

Rosenfield, I. 1984. "Seeing through the Brain," *New York Review of Books*, 11

October 1984, pp. 53-56.

Royce, J. R.; and Rozeboom, W. W., eds. 1972. *The Psychology of Knowing*. New York: Gordon & Breach.

Rumelhart, D. E. 1975. "Notes on a Schema for Stories." In D. G. Bobrow and A. M. Collins, eds., *Representation and Understanding*. New York: Academic Press.

———. 1982. "Comments on Cognitive Science." Unpublished manuscript. University of California at San Diego.

———; and McClelland, J. L. 1982. "An Interactive Activation Model of Context Effects in Letter Perception: part 2. The Contextual Enhancement Effect and Some Tests and Extensions of the Model," *Psychological Review* 89: 60-94.

Russell, B. 1961. *History of Western Philosophy*. London: George Allen & Unwin.

Ryle, G. 1949. *The Concept of Mind*. London: Hutchinson.

Sahlins, M. 1976. "Colors and Cultures," *Semiotica* 16: 1-22.

Sapir, E. 1921. *Language*. New York: Harcourt, Brace, & World.

—. 1929. "The Status of Linguistics as a Science." In *Selected Writings of Edward Sapir*. Berkeley: University of California Press.

Saussure, F. de. 1959. *Course in General Linguistics*, ed. by C. Balley and A. Sechehaye, in collaboration with A. Riedlinger; trans. by W. Baskin. New York: Philosophical Library. Originally published in 1915.

Schank, R. C. 1972. "Conceptual Dependency: A Theory of Natural Language Understanding," *Cognitive Psychology* 3: 552-631.

———. 1980. "An Artificial Intelligence Perspective on Chomsky's View of Language," *The Behavioral and Brain Sciences* 3: 35-37.

———; and Abelson, R. 1977. *Scripts, Plans, Goals, and Understanding*. Hillsdale, N.J.: Lawrence Erlbaum.

Schwartz, R. 1981. "Imagery—There's More to It Than Meets the Eye." In N. Block, ed., *Imagery*. Cambridge, Mass.: MIT Press.

Schwartz, S. P. 1979. "Natural Kind Terms," *Cognition* 7: 301-15.

Scribner, S. 1984. "Studying Working Intelligence." In B. Rogoff and J. Lave, eds., *Everyday Cognition*. Cambridge, Mass.: Harvard University Press.

———; and Cole, M. 1981. *The Psychology of Literacy*. Cambridge, Mass.: Harvard University Press.

Searle, J. 1980. "Minds, Brains and Programs," *The Behavioral and Brain Sciences* 3: 417–57.

———. 1983a. *Intentionality: An Essay in the Philosophy of Mind*. Cambridge: Cambridge University Press.

———. 1983b. "Minds and Brains without Programs." Unpublished essay.

Segall, M. H.; Campbell, D. T.; and Herskovits, M. J. 1966. *The Influence of Culture on Visual Perception*. Indianapolis: Bobbs-Merrill.

Shannon, C. E. 1938. "A Symbolic Analysis of Relay and Switching Circuits." Master's thesis, Massachusetts Institute of Technology; published in *Transactions of the American Institute of Electrical Engineers* 57: 1–11.

———; and McCarthy, J., eds. 1956. *Automata Studies; Annals of Mathematical Studies #34*. Princeton: Princeton University Press.

Shanon, B. 1985. "The Role of Representation in Cognition." In J. Bishop, J. Lockhead, D. N. Perkins, eds., *Thinking*. Hillsdale, N.J.: Lawrence Erlbaum.

Shebar, W. 1979. "Mental Imagery: A Critique of Cognitive Psychology." Paper submitted for A.B. with Honors in Philosophy, Harvard University, Cambridge, Mass.

Shepard, R. N. 1981. "Psychophysical Complementarity." In M. Kubovy and R. Pomerantz, eds., *Perceptual Organization*. Hillsdale, N.J.: Lawrence Erlbaum.

———. 1982. "Perceptual and Analogical Bases of Cognition." In J. Mehler, E. C. T. Walker, and M. Garrett, eds., *Perspectives on Mental Representation: Experimental and Theoretical Studies of Cognitive Processes and Capacities*. Hillsdale, N J.: Lawrence Erlbaum.

———; and Chipman, S. 1970. "Second-order Isomorphism of Internal Representations: Shapes of States," *Cognitive Psychology* 1: 1–17.

Shepard, R. N.; and Metzler, J. 1971. "Mental Rotation of Three-dimensional Objects," *Science* 171: 701–3.

Shiffrin, R. M.; and Schneider, W. 1977. "Controlled and Automatic Human Information Processing: II. Perceptual Learning, Automatic Attending, and a General Theory," *Psychological Review* 84: 127-90.

Silverstein, M. 1978. "The Three Faces of Function: Preliminaries to a Psychology of Language." In M. Hickmann, ed., *Proceedings of a Working Conference on the Social Foundations of Language and Thought*. Chicago: Center for Psychosocial Studies.

Simon, H. A. 1969. *Sciences of the Artificial*. Cambridge, Mass.: MIT Press.

———. 1982. Interview, Carnegie-Mellon University, February 1982.

———; and Newell, A. 1958. "Simulation of Cognitive Processes: A Report on the Summer Research Training Institute, 1958." In Social Science Research Council *Items* 12: 37-40.

Skinner, B. F. 1957. *Verbal Behavior*. New York: Appleton-Century-Crofts.

Sloan Foundation. 1976. "Proposed Particular Program in Cognitive Sciences." New York.

———. 1978. "Cognitive Science, 1978." Report of the State of the Art Committee. New York.

Sloman, A. 1978. *The Computer Revolution in Philosophy: Philosophy, Science and Models of Mind*. Hassocks, Sussex: Harvester Press.

Smith, E. E.; and Medin, D. L. 1981. *Categories and Concepts*. Cambridge, Mass.: Harvard University Press.

Smith, N.; and Wilson, D. 1979. *Modern Linguistics: The Results of Chomsky's Revolution*. Middlesex: Penguin Books.

Sperber, D. 1968. *Que'est-ce que le structuralisme? 3. Le Structuralisme en anthropologie*. Paris: Seuil.

———. 1982. *Le savoir des anthropologues*. Paris: Hermann.

Sperling, G. 1960. "The Information Available in Brief Visual Presentations," *Psychological Monographs* 24: whole no. 11.

Sperry, R. W. 1951. "Mechanisms of Neural Maturation." In S. S. Stevens, ed., *Handbook of Experimental Psychology*. New York: John Wiley.

———. 1974. "Lateral Specialization in the Surgically Separated Hemispheres."

In F. Schmitt and F. G. Worden, eds., *The Neurosciences: Third Study Program*. Cambridge, Mass.: MIT Press.

———; and Miner, N. 1955. "Pattern Perception Following Insertion of Mica Plates into Visual Cortex," *Journal of Comparative and Physiological Psychology* 48: 463-69.

Sternberg, S. 1966. "High-Speed Scanning in Human Memory," *Science* 153: 652-54.

———. 1969. "Memory-Scanning: Mental Processes Revealed by Reaction-Time Experiments," *American Scientist* 57: 421-57.

Stich, S. P. 1982. "The compleat cognitivist" [review of J. A. Fodor, *Representations: Philosophical Essays on the Foundations of Cognitive Science*], *Contemporary Psychologist* 27: 419-21.

———. 1983. *From Folk Psychology to Cognitive Science*. Cambridge, Mass.: MIT Press (Bradford Books).

———. 1984. "Thinking as per program" [review of P. N. Johnson-Laird, *Mental Models: Towards a Cognitive Science of Language, Inference, and Consciousness*], *Times Literary Supplement*, 4 February 1984, p. 189.

Stocking, G. W. 1982. *Race, Culture, and Evolution: Essays in the History of Anthropology*. Chicago: University of Chicago Press.

Stouffer, S. A.; et al. 1949. *The American Soldier*. Princeton, N.J.: Princeton University Press.

Sussman, G. J. 1975. *A Computer Model of Skill Acquisition*. New York: American Elsevier.

Sutherland, S. 1982. "The Vision of David Marr" [review of D. Marr, *Vision*], *Nature* 298: 691-92.

Thomason, R., ed. 1974. *Formal Philosophy: Selected Papers of Richard Montague*. New Haven: Yale University Press.

Thomson, R. 1968. *The Pelican History of Psychology*. Middlesex, England: Penguin.

Tinbergen, N. 1951. *The Study of Instinct*, London: Oxford University Press.

Tolman, E. C. 1932. *Purposive Behavior in Animals and Men*. New York: Century.

Treisman, A. M. 1960. "Contextual Cues in Selective Listening," *Quarterly Jour-*

nal of Experimental Psychology 12: 242-48.
———. 1964. "Selective Attention in Man," *British Medical Bulletin* 20: 12-16.
Turing, A. M. 1936. "On Computable Numbers, with an Application to the Entscheidungsproblem," *Proceedings of the London Mathematical Society*, Series 2, 42: 230-65.
———. 1963. "Computing Machinery and Intelligence." In E. A. Feigenbaum and J. Feldman, eds., *Computers and Thought*. New York: McGraw-Hill. Original work published 1950.
Turvey, M. T.; Shaw, R. E.; Reed, E. S.; and Mace, W. M. 1981. "Ecological Laws of Perceiving and Acting: In Reply to Fodor and Pylyshyn (1981)," *Cognition* 9: 237-304.
Tversky, A.; and Kahneman, D. 1983. "Extensional vs. Intuitive Reasoning: The Conjunction Fallacy in Probability Judgment," *Psychological Review* 90: 293-315.
Tyler, S. A., ed. 1969. *Cognitive Anthropology*. New York: Holt, Rinehart, & Winston.
———. 1978. *The Said and the Unsaid: Mind, Meaning, and Culture*. New York: Academic Press.
Tylor, E. 1871. *Primitive Culture*. London: John Murray.
Ullman, S. 1980. "Against Direct Perception," *The Behavioral and Brain Sciences* 3: 373-416.
Vachek, J. 1966. *The Linguistic School of Prague*. Bloomington: Indiana University Press.
Van Lehn, K.; Seely Brown, J.; and Greeno, J. 1982. *Competitive Argumentation in Computational Theories of Cognition* (Interim report). Cognitive and Instructional Science Series. Xerox Pare, Palo Alto.
Von Neumann, J. 1958. *The Computer and the Brain*. New Haven, Conn.: Yale University Press.
Waldrop, M. 1984a. "Artificial Intelligence (I): Into the World," *Science* 223: 802-5.
———. 1984b. "The Intelligence of Organizations," *Science* 225: 1136-37.

———. 1984c. "Artificial Intelligence in Parallel," *Science* 225: 608–10.

Wallace, A. F. C. 1968. "Cognitive Theory." In D. L. Sills, ed., *International Encyclopedia of the Social Sciences*. New York: Macmillan.

———; and Atkins, J. 1960. "The Meaning of Kinship Terms," *American Anthropologist* 62: 58–80.

Waltz, D. 1975. "Understanding Line Drawings of Scenes with Shadows." In P. H. Winston, ed., *The Psychology of Computer Vision*. New York: McGraw-Hill.

Wason, P. C. 1966. "Reasoning." In B. Foss, ed., *New Horizons in Psychology*, vol. 1. Harmondsworth, Middlesex: Penguin.

———; and Johnson-Laird, P. N. 1972. *The Psychology of Reasoning: Structure in Content*. Cambridge, Mass.: Harvard University Press.

Watson, J. B.; and Rayner, R. 1920. "Conditioned Emotional Reactions," *Journal of Experimental Psychology* 3: 1–14.

Watson, R. I., ed. 1979. *Basic Writings in the History of Psychology*. New York: Oxford University Press.

Weimer, W. B. 1973. "Psycholinguistics and Plato's Paradoxes of the Meno," *American Psychologist*, January, pp. 15–33.

Weiss, P. 1952. "Central versus Peripheral Factors in the Development of Coordination," *Research Publications of the Association for Research in Nervous and Mental Disease* 30: 3–23.

Weizenbaum, J. 1966. "ELIZA—A Computer Program for the Study of Natural Language Communication between Man and Machine," *Communications of the Association for Computing Machinery* 9: 36–45.

———. 1976. *Computer Power and Human Reason*. San Francisco: W. H. Freeman.

Wernicke, C. 1874. *Der aphasische Symptomenkomplex*. Breslau: Cohn & Weigart.

Werthheimer, M. 1912. "Experimentelle Studien über das Sehen von Bewegung," *Zeitschrift für Psychologie* 61: 161–265.

———. 1945. *Productive Thinking*. New York: Harper & Brothers.

Wexler, K. 1978. "A review of John Anderson, *Language, Memory and Thought*," *Cognition* 6: 327–51.

———. 1982. "A Principle Theory for Language Acquisition." In L. Geitman and

H. E. Wanner, eds., *Language Acquisition: The State of the Art*. New York: Cambridge University Press.

———; and Culicover, H. 1980. *Formal Principles of Language Acquisitions*. Cambridge, Mass.: MIT Press.

White, L. A. 1963. "The Ethnography and Ethnology of Franz Boas," *Memorial Museum Bulletin*, no. 6, Austin, TX.

Whitehead, A. N. 1925. *Science and the Modern World*. New York: Macmillan.

———; and Russell, B. 1910-13. *Principia Mathematica*. Cambridge: Cambridge University Press.

Whorf, B. 1956. *Language, Thought and Reality*, ed. by J. Carroll. Cambridge, Mass.: MIT Press.

Wiener, N. 1961. *Cybernetics, or Control and Communication in the Animal and the Machine*, 2nd ed. Cambridge, Mass.: MIT Press. Original work published in 1948.

———. 1964. *Ex-prodigy*. Cambridge, Mass.: MIT Press.

Wilensky, R. 1983. *Planning and Understanding: A Computational Approach to Human Reasoning*. Reading, Mass.: Addison-Wesley.

Wilson, M. D., ed. 1969. *The Essential Descartes*. New York: Mentor.

Winograd, T. 1972. *Understanding Natural Language*. New York: Academic Press.

———. 1975. "Frame Representation and the Declarative-Procedural Controversy." In D. G. Bobrow and A. Collins, eds., *Representation and Understanding: Studies in Cognitive Science*. New York: Academic Press.

Winston, P. H. 1977. *Artificial Intelligence*. Reading, Mass.: Addison-Wesley.

———; and Brown, R. H., eds. 1979. *Artificial Intelligence: An MIT Perspective*, vol. 2: *Understanding Vision, Manipulation, Computer Design, Symbol Manipulation*. Cambridge, Mass.: MIT Press.

Witherspoon, G. J. 1971. "Navajo Categories of Objects at Rest," *American Anthropologist* 73: 110-17.

Wittgenstein, L. 1961. *Tractatus logico-philosophicus*, trans. by D. F. Pears and B. F. McGuinness. London: Routledge & Kegan Paul. Original work published in 1921.

———. 1968. *Philosophical Investigations*, trans. by G. E. M. Anscombe. New York: Macmillan. Original work published in 1953.

Wolff, R. P., ed. 1967. *Kant*. New York: Doubleday.

Woods, B. T. 1980. "Observations on the Neurological Basis for Initial Language." In D. Caplan, ed., *Biological Studies of Mental Processes*. Cambridge, Mass.: MIT Press.

Woods, W. A. 1975. "What's in a Link: Foundations for Semantic Networks." In D. G. Bobrow and A. Collins, eds., *Representation and Understanding: Studies in Cognitive Science*. New York: Academic Press.

Young, R. M. 1974. "Production Systems as Models of Cognitive Development." In *Proceedings of AISB Summer Conference*. University of Sussex.

Zaidel, E. 1977. "Lexical Organization in the Right Hemisphere." In P. Busser and A. Rougel-Buser, eds., *Cerebral Correlates of Conscious Experience*. Amsterdam: Elsevier.

———. 1978. "Auditory Language Comprehension in the Right Hemisphere Following Cerebral Commissurotomy and Hemispherectomy: A Comparison with Child Language and Aphasia." In A. Caramazza and E. B. Zurif, eds., *Language Acquisition and Language Breakdown: Parallels and Divergencies*. Baltimore: Johns Hopkins University Press.

Zangwill, O. L. 1980. "Kenneth Craik: The Man and His Work" [The Kenneth Craik Lecture, 10 March 1978], *British Journal of Psychology* 71: 1-16.

찾아보기

[인명]

ㄱ

ㄴ

ㄷ

ㄹ

ㅁ

ㅂ

ㅅ

ㅇ

ㅈ

ㅊ

ㅋ

ㅌ

ㅍ

ㅎ

[용어]

ㄱ

ㄴ

ㄷ

ㅇ

지은이

하워드 가드너(Howard Gardner): 하버드 대학, 보스턴 의과대학 소속의 세계적인 인지심리학자이다. 주요 저서로 이 책 『마음의 새로운 과학(*The Mind's New Science*)』을 비롯하여 *Frames of Mind*(1983), *Art, Mind, and Brain*(1982), *Artful Scribbles*(1980) 등이 있다.

옮긴이(가나다순)

강윤희: 서울대학교에서 인류학 학사와 석사학위를, 미국 예일 대학(Yale University)에서 인류학 박사학위를 받았다. 현재 서울대학교 사회과학대학 인류학과 교수로 재직 중이다.

김기현: 서울대학교에서 철학 학사와 석사학위를, 미국 애리조나 대학(University of Arizona)에서 철학 박사학위를 받았다. 현재 서울대학교 인문대학 철학과 교수 및 협동과정 인지과학전공 겸임교수로 재직 중이다. 주요 저서로 『지식의 최전선』(공저), 『논리교실 필로지아』(공저)가 있다.

김청택: 서울대학교에서 심리학 학사와 석사학위를, 미국 오하이오 주립대학(Ohio State University)에서 심리학 박사학위를 받았다. 현재 서울대학교 자유전공학부 교수 및 사회과학대학 심리학과 교수, 인문대학 협동과정 인지과학전공 겸임교수로 재직 중이다.

이상훈: 서울대학교에서 심리학과 철학 학사와 석사학위를, 미국 밴더빌트 대학(Vanderbilt University)에서 시각신경과학 박사학위를 받았다. 현재 서울대학교 자연과학대학 뇌인지과학과 교수 및 협동과정 뇌과학전공 겸임교수로 재직 중이다.

이인아: 서울대학교에서 심리학 학사와 석사학위를, 미국 유타 대학(University of Utah)에서 신경과학 박사학위를 받았다. 현재 서울대학교 자연과학대학 뇌인지과학과 교수 및 협동과정 뇌과학전공 겸임교수로 재직 중이다.

장병탁: 서울대학교에서 컴퓨터공학 학사와 석사학위를, 독일 본 대학(Universität Bonn)에서 컴퓨터과학 박사학위를 받았다. 현재 서울대학교 공과대학 컴퓨터공학부 교수 및 인문대학 협동과정 인지과학전공, 자연과학대학 협동과정 뇌과학전공 겸임교수로 재직 중이다. 주요 저·역서로 『장교수의 딥러닝』, 『커뮤니케이션: 인간, 동물, 인공지능』(공역)이 있다.

정민화: 서울대학교에서 공학 학사학위를, 미국 남캘리포니아 대학(University of Southern California)에서 공학 석사와 박사학위를 받았다. 현재 서울대학교 인문대학 언어학과 교수, 협동과정 인지과학전공 겸임교수로 재직 중이다.

한성일: 서울대학교에서 철학 학사와 석사학위를, 미국 예일 대학(Yale University)에서 철학 박사학위를 받았다. 현재 서울대학교 인문대학 철학과 교수로 재직 중이다. 주요 논저로 「본질과 정체성」, 「아리스토텔레스적 본질주의의 귀환」이 있다.